建筑结构精品工程实施

金德钧　顾勇新　主编
张寿岩　刘仲元　主审

中国建筑工业出版社

图书在版编目（CIP）数据

建筑结构精品工程实施/金德钧，顾勇新主编．—北京：中国建筑工业出版社，2003

ISBN 7-112-05956-9

Ⅰ．建…　Ⅱ．①金…②顾…　Ⅲ．建筑工程-工程施工　Ⅳ．TU7

中国版本图书馆CIP数据核字（2003）第066858号

本书以创建筑结构精品的工程管理和施工实践为基础，全面系统地介绍建筑企业如何策划和实施建筑结构精品工程。内容包括十项新技术的应用介绍、建筑结构精品策划、建筑结构精品工程实施和控制、建筑结构精品工程质量标准、技术文件（施工组织设计、施工方案及技术交底）的编写和技术文件案例、建筑施工技术资料管理等。

本书可供施工企业管理人员、项目经理及广大施工技术人员参考使用，也可作为工程质量管理人员、监理人员的培训用书。

*　*　*

责任编辑　胡永旭　周世明

责任设计　孙　梅

责任校对　黄　燕

建筑结构精品工程实施

金德钧　顾勇新　主编

张寿岩　刘仲元　主审

*

中国建筑工业出版社出版、发行（北京西郊百万庄）

新　华　书　店　经　销

北京蓝海印刷有限公司印刷

*

开本：787×1092毫米　1/16　印张：29　字数：720千字

2003年11月第一版　2003年11月第一次印刷

印数：1—4000册　定价：**53.00**元

ISBN 7-112-05956-9

TU·5233（11595）

本社网址：http://www.china-abp.com.cn

网上书店：http://www.china-building.com.cn

《建筑结构精品工程实施》编委会

策　　划：顾勇新

编　　委：徐　波　王有为　葛恒岳　倪少勤　戴学治　郭宏若　季加铭　焦润明　吴月华　韩乾龙

主　　编：金德钧　顾勇新

主　　审：张寿岩　刘仲元

副 主 编：王海山　高俊峰　杨晓毅　何　强　侯本才　王　丽

编写人员：顾勇新　王海山　高峻峰　杨晓毅　何　强　侯本才　王　丽　刘　宾　王东宇　王召新　林鸿裕　马　楠　赵向前　王海峰　赵伟毅　张国东　田　华　高凌云　徐　萍　张超文

前　言

在我国加入 WTO 和建筑市场日益开放的形势下，如何尽快提高我国建筑业的整体素质和企业的竞争能力，以期在激烈的市场竞争中求得生存和发展，是当前我国建筑业迫切需要解决的问题。在这种大环境中，企业之间的竞争日趋激烈，每个建筑公司要想发展必须坚持精品名牌战略，塑造自身的企业形象，将大量新的技术应用到施工中，建立和健全建筑施工企业的工程质量管理体系，努力创建企业精品，增强企业的核心竞争力，是解决以上问题的最重要的途径之一。结构施工是整个施工中最基础也是最重要的一环，是关系到国计民生的大事。

本书编者根据多年现场施工管理和实践，总结了一批获得北京市“结构长城杯”工程的管理和施工具体做法和经验，在大家的帮助下编写了这本书。本书从策划、管理、施工各方面论述了创建筑结构精品工程过程中每一步需考虑和控制的要点及控制方法。

本书在编写过程中得到北京市工程建设质量管理协会、北京市新海玖仟科技发展有限公司及中国建筑一局（集团）有限公司技术人员的大力支持，在此表示感谢。

同系列图书还有：

《建筑精品工程策划与实施》

《建筑精品工程实施指南》

《住宅精品工程实施指南》

目　录

第一章　中国建筑业发展形势 …… 1
第一节　建筑业科学技术获得发展的背景 …… 1
第二节　建筑科学技术在国内的发展情况和应用 …… 2
一、地基基础工程施工技术 …… 3
二、高强高性能混凝土 …… 7
三、高效钢筋和预应力 …… 9
四、粗直径钢筋连接技术 …… 14
五、新型模板与脚手架应用 …… 17
六、建筑节能和新型墙体应用 …… 26
七、新型建筑防水和塑料管应用 …… 30
八、钢结构工程应用 …… 40
九、大型设备与结构整体吊装技术 …… 43
十、计算机应用及管理技术 …… 46
第三节　提高建筑技术水平的对策 …… 48
一、强化科技意识，牢固树立“科学技术是第一生产力”的观点 …… 49
二、强化科技管理，建立健全科技管理新机制 …… 49
三、加大新技术推广应用力度，提高建筑科技整体水平 …… 49
四、加强企业的技术改造，培育和发展机械设备的租赁和调剂市场 …… 50
五、提高建筑工业化水平 …… 50
第二章　结构精品工程策划 …… 51
第一节　结构精品工程策划 …… 51
一、工程目标策划 …… 51
二、组织策划 …… 52
三、施工组织管理策划 …… 57
四、结构工程精品策划 …… 58
第二节　精品工程技术文件的编制 …… 58
一、施工组织设计、方案、技术交底的作用、重要性 …… 58
二、施工组织设计、方案、技术交底之间的关系 …… 59
三、施工组织设计的编制 …… 59
四、施工组织设计编制内容 …… 60
五、施工组织设计编制要点 …… 60
六、施工方案的编制 …… 80
七、技术交底的编制 …… 87
八、施工组织设计、方案、技术交底的落实与管理 …… 88

第三节 精品工程技术资料的整理 …… 89
一、管理职责 …… 89
二、施工资料收集整理 …… 89
三、施工资料的管理流程 …… 90
四、工程资料的分类 …… 95
五、施工技术资料的组成及要求 …… 107
六、分项施工资料内容 …… 110
第三章 结构精品工程施工管理控制 …… 141
第一节 精品工程施工制度的建立 …… 141
一、目标管理（MBO）制度 …… 141
二、培训交底制度 …… 141
三、样板制度 …… 143
四、三检制度 …… 143
五、材料验收制度 …… 144
六、现场挂牌标识制度 …… 144
七、质量会诊制度 …… 145
八、质量追根制度 …… 146
九、质量奖罚制度 …… 146
十、生产例会制度 …… 146
十一、成品保护制度 …… 147
十二、计划考核制度 …… 147
第二节 精品工程计划管理 …… 147
一、项目计划管理职责 …… 147
二、计划编制程序 …… 149
三、计划编制规定 …… 149
四、计划的实施 …… 150
五、专项网络施工进度计划 …… 151
六、计划调整 …… 151
第三节 精品工程安全管理 …… 152
一、项目安全管理策划 …… 152
二、安全管理 …… 152
三、安全生产具体管理点 …… 154
四、安全培训 …… 154
五、安全防护方案 …… 157
六、安全防护方案案例 …… 158
第四章 结构精品工程的实施 …… 180
第一节 地基与基础工程 …… 180
一、土方工程 …… 180
二、降水工程 …… 182
三、基坑支护工程 …… 187

四、桩基础工程 …… 193
五、地基处理工程 …… 196
六、浅基础工程 …… 200
七、地下防水工程 …… 206
第二节　模板工程 …… 207
一、基本要求 …… 207
二、模板设计和制作 …… 208
三、模板体系的选用 …… 208
四、模板安装 …… 221
五、模板拆除 …… 222
六、模板工程实施要点及规矩 …… 224
第三节　钢筋工程 …… 224
一、基本要求 …… 224
二、钢筋加工 …… 225
三、钢筋锚固和搭接要求 …… 225
四、钢筋焊接连接 …… 226
五、钢筋机械连接 …… 227
六、钢筋绑扎 …… 232
七、钢筋质量要求 …… 233
八、钢筋绑扎控制要点 …… 234
第四节　混凝土工程 …… 237
一、混凝土原材料的质量控制 …… 237
二、混凝土配合比 …… 240
三、混凝土的配制 …… 242
四、混凝土浇筑 …… 244
五、混凝土质量检验 …… 250
六、混凝土工程控制要点及规矩 …… 254
七、冬期施工 …… 255
八、大体积混凝土 …… 258
第五节　预应力混凝土工程 …… 265
一、预应力筋的制作、运输 …… 265
二、预应力筋锚具、夹具和连接器 …… 266
三、施加预应力 …… 268
四、先张法施工 …… 269
五、后张法施工 …… 270
六、无粘结预应力施工 …… 271
第六节　钢结构工程 …… 274
一、钢结构详图设计 …… 274
二、钢构件的制作 …… 277
三、构件运输、卸货、存储和验收 …… 283

四、钢结构安装 …… 284
五、钢结构焊接 …… 289
六、高强度螺栓连接 …… 292
七、压型钢板的安装 …… 293
八、栓钉焊接 …… 295
九、防火喷涂 …… 295
第七节 外脚手架工程 …… 296
一、脚手架工程概述 …… 296
二、双排落地式脚手架 …… 301
三、碗扣式脚手架 …… 305
四、附墙悬挂脚手架 …… 308
五、导轨式爬架 …… 312
第五章 结构精品工程质量标准 …… 317
第一节 混凝土结构工程质量评审标准 …… 317
一、施工项目管理工作质量评审标准 …… 317
二、模板工程质量评审标准 …… 318
三、钢筋工程质量评审标准 …… 320
四、混凝土工程质量评审标准 …… 324
五、混凝土工程施工资料管理工作质量评审标准 …… 327
第二节 钢结构工程质量评审标准 …… 328
一、施工项目管理工作质量评审标准 …… 328
二、钢结构材料质量评审标准 …… 329
三、钢结构件制作质量评审标准 …… 329
四、钢结构安装工程质量评审标准 …… 329
五、钢结构施工资料管理工作质量评审标准 …… 331
第三节 砌体结构工程质量评审标准 …… 331
一、施工项目管理工作质量评审标准 …… 331
二、砌体工程材料质量评审标准 …… 332
三、砌体砌筑工程质量评审标准 …… 332
四、砌体工程质量评审标准 …… 332
五、砌体工程施工资料管理工作质量评审标准 …… 333
第四节 初评检查评议、评价方法 …… 334
一、初评检查项目的评议方法 …… 334
二、初评检查项目的评价方法 …… 334
三、结构长城杯工程评价方法 …… 336
第六章 案例 …… 343
第一节 施工组织设计案例 …… 343
一、编制依据 …… 343
二、工程概况 …… 345
三、施工部署 …… 346

四、施工准备 …… 349
五、主要施工方法及技术措施 …… 353
六、主要施工管理措施 …… 377
七、经济技术指标 …… 384
八、现场平面布置 …… 384
第二节 钢筋施工案例 …… 385
一、编制依据 …… 385
二、工程概况 …… 385
三、钢筋工程施工质量目标 …… 386
四、钢筋原材料的控制 …… 386
五、钢筋加工、钢筋连接及钢筋锚固和搭接 …… 387
六、钢筋工程施工 …… 390
七、质量保证措施 …… 399
八、成品保护 …… 399
九、安全文明施工 …… 400
十、环保措施 …… 401
第三节 混凝土施工案例 …… 402
一、编制依据 …… 402
二、工程概况 …… 402
三、质量目标 …… 403
四、混凝土配合比设计及审核 …… 403
五、混凝土的浇筑 …… 406
六、混凝土试块和养护 …… 411
七、质量保证措施 …… 411
八、成品保护 …… 412
九、安全文明施工 …… 413
第四节 模板施工案例 …… 414
一、编制依据 …… 414
二、工程概况 …… 415
三、施工准备 …… 415
四、模板的设计及配置 …… 416
五、施工缝设置 …… 428
六、质量标准及保证措施 …… 428
七、安全文明施工 …… 430
八、附图 …… 431
第七章 案例实施效果 …… 436
主要参考文献 …… 452

第一章　中国建筑业发展形势

中国建筑业是一个处于迅速发展的产业，在国民经济五大产业中，年完成总产值仅低于工业和农业，而高于运输业和商业，居第三位。2002 年全行业共拥有企业 65611 家，其中特级企业 106 家，占 0.2%；一级企业 3969 家，占 6%；二级企业 16929 家，占 25.8%；三级企业 42534 家，占 66.5%；劳务企业 2073 家，占 3.2%。从业人员 3669 万人，约占全社会劳动者总人数的 5%。近几年建筑业产值平均每年增长 10%以上，2001 年建筑业总产值达 15361.56 亿元，建筑业增加值达 4023.57 亿元，施工面积 188328.68m^2，竣工面积 36.74m^2，房屋建筑面积竣工率 51.9%，单位工程质量优良品率 33.3%。2001 年全行业拥有施工机械 702.22 万台，总功率 10251.72 万 kW；装备固定资产净值 1506.25 亿元，建筑企业技术装备率 7136 元/人，动力装备率 4.9kW/人。

建筑业的发展也带动了建材、冶金、机电、石化和轻工的发展。建筑业耗用的钢铁约占全国总耗用量的 25%，水泥占 70%，木材占 22%。化学建材是继钢材、木材、水泥之后新兴的第四大建筑材料，用途非常广泛。我国的建材工业发展很快，并已由供方市场转为需方市场。建筑工程所需的各种原材料及制品已基本立足于国内生产。

工程建设的生命是工程质量。工程质量包括工程的建筑体系质量、制品体系质量、功能质量、环境质量和服务质量以及信息化技术的集成优化水平等。我国虽然已有大量的工程综合应用了多项新技术，提高了工程质量，加快了工程进度，取得了明显的经济效益和社会效益；但是，我国目前工程建设工业化水平低，材料、制品、设备的工厂预制水平低，现场施工作业量大，劳动生产率为发达国家 1/2~1/3，人均年竣工面积仅为美国和日本的 1/5~1/6，建筑材料制品的生产与供应还停留在原材料供应的概念上，品种少(美国有 5 万种，日本有 1 万种，我国只有 1800 多种)，不配套，部件化水平非常低，这是导致现场作业量大，施工效率低，建筑体系和制品体系质量提不高的主要原因。其次是工程的规划设计尚不能以现代新技术作为支撑，这与发达国家综合运用现代材料、电子信息、能源再生、环保等高新技术相比还有很大的差距。因此推进建筑业进步，提高行业整体素质，通过新技术的应用提高工程建设的质量是目前急需解决的重要问题。

第一节　建筑业科学技术获得发展的背景

1998~2001 年，我国经济持续高速增长，建设规模空前巨大，全社会固定资产投资年均增长 10.5%，重大工程建设项目进展顺利，成效显著；全国城市建设完成固定资产投资 7311 亿元，占全社会固定资产投资的 5.7%，其中，国债资金安排城市基础设施建设项目（包括新增和续建项目）3948 个，安排国债资金 1354.7 亿元；2002 年完成城市建设固定资产投资 2900 亿元，比上年增长 23%。新增城市供水能力 2421.4 万 m^3/d，污水处理能力 1654.88 万 m^3/d，污水处理率达到 40.3%；新增生活垃圾处理能力 4.5 万 t/d，生活垃圾无害化处理率达到58.02%；新增城市道路1.5万km，集中供热面积6.6亿m^2。

城镇化进入快速增长期。2001年底城镇化率达到37.70%，四年提高了7个百分点。城镇人口数量增加到4.81亿。设市城市数量662个，建制镇20358个。东部地区初步形成京津环渤海地区、长江三角洲、珠江三角洲城镇密集地区格局，中西部省会的中心城市作用日益呈现。

改革开放以来，建成各类建设项目24万个，其中，大中型项目845个，新建城乡住宅45亿m^2。长江三峡、黄河小浪底工程相继开工，引大入秦等工程相继建成；新增发电装机容量7500万kW；新增铁路营运里程3000km，复线3848km，基本建成了京九、宝中新线和兰新复线；新建和改造公路9.2万km，其中，高等级公路8000km；新建和改造港口中级以上泊位170个；新建和改造了一批机场；铺设长途光缆干线10万km，新增电话交换机5800万门以及一批年产15万辆轿车、45万t乙烯、300万台彩电的大型工业生产基地。

城市的高层建筑、大型公用工程拔地而起，其数量之多、规模之大、外形之复杂、设计施工之新颖，绝非过去所能比拟。这些工程的相继建成，不仅大大增强了我国的经济实力，使人民物质文化生活和城乡面貌得到了明显的改善，同时也使建筑技术取得了长足的进步，基本上具备了解决工程实践中各种复杂技术问题的能力，标志着我国的建筑技术水平和施工能力又上了一个新台阶。

我国已累计建成高层建筑超过1.3亿m^2，国有建筑企业每年竣工的建筑面积中，高层已占20%。除了向空中发展外，体量大又是我国工程建设中的一个特点，如上海杨浦大桥，桥面采用双塔双索面叠合梁斜拉结构，跨度602m，一跨过江，在当时创造了世界斜拉桥跨度之最，该桥主塔高220m，施工垂直度偏差仅为1/15000；全桥100万个精制高强度螺栓，全部一次合格；桥面在自然状态下合龙只用了90min。上海东方明珠电视塔，总高468m，居亚洲第一，世界第三，施工中采用300m竖向预应力张拉和高强混凝土一次泵送高度达350m及380t天线桅杆高空安装就位，都创造了施工安装的新纪录。再如，深圳地王大厦，是一幢80层，高384m的钢和钢筋混凝土结构超高层建筑，建筑总面积26.7万m^2，地下三层采用半逆作法施工，上部钢筋混凝土结构施工采用大吨位、大行程千斤顶整体爬模，平均每一标准层只用2.75d，又一次开创了高速施工的新纪录。这些工程不仅规模大，技术复杂，而且施工难度也极大，由于施工中采用了许多新技术，有些技术达到或接近当代国际先进水平，才使这些工程能按预定工期保质保量地建成，同时，也反映了当代我国施工技术的总体水平。

第二节 建筑科学技术在国内的发展情况和应用

目前建筑施工技术已经是一门综合性的应用技术，涉及工程建设和社会生活的很多方面，是一项系统工程，需要工程建设、科研、设计、施工等单位以及各相关协会、学会、中介组织的协同配合，共同努力，才能取得更广泛和更大的成效。多年来，全国的建筑施工企业围绕建筑产品，在开发应用新技术、新工艺、新材料、新机具等方面，不断地进行着探索和实践，在提高工程质量、降低能耗和材料消耗、缩短工期等方面都获得了明显的成效。为了促进建筑技术的发展，建设部早在1994年就从建筑业中量大面广、技术比较成熟的新技术中，选出了“预拌混凝土”、“粗钢筋连接”等10项新技术进行重点推广。建筑施工技术随着建设工程的发展，技术内容不断更新。为适应新形势的需要，1998年建设部对原来的10项新技术做了修改和调整，增加了“深基坑支护技术”、“钢结构技术”、“大型构件和设备整体安装技术”等项新技术，较为全面地涵盖了建筑技术中的43个技术子项。

在重点建设项目和大型工程的带动下，我国的建筑技术水平有了很大的提高。目前我国在岩土工程、钢筋混凝土工程、建筑节能、化学建材应用、工程抗震、大型结构与设备整体吊装等技术领域，不仅具有中国特色，且普遍达到或接近国际先进水平。具体体现在：

一、地基基础工程施工技术

随着国内高层建筑和市政建设的发展，基坑支护技术已成为地基基础领域的一个难点、热点问题，引起了行政技术管理部门、设计施工监理单位、建设单位及本领域众多专家学者、工程技术人员的普遍关注，地基基础的工程造价和工期，一般要占整个建筑工程的20%～30%。我国在研究合理利用天然地基的基础上，已掌握了软土地基加固的成套技术。目前，桩基仍然是高层和重载结构支承的主要方式。地下工程和深基坑支护技术发展较快，并逐渐形成为地基基础的一个专门领域。

由于我国经济发展水平的特定国情，基坑支护结构作为地下结构施工期间的临时结构，一般是本着安全、经济的原则，在保证安全的前提下尽量合理节省工程投资。而在经济发达国家情况则不同，为了确保工程的安全可靠，不惜花费大量资金和建筑材料投入到临时的基坑支护工程中，工程设计安全度较高，也就造成了较大浪费。相对国外经济发达国家而言，国内对基坑支护计算理论、设计方法和施工技术的研究和开发更为必要，对基坑支护技术要求的难度更高，投入的精力更大。从20世纪80年代至今，国内在基坑支护技术领域取得了很大的发展，总结出了丰富的工程经验，同时在全国许多城市的基坑工程中，由于经验不足和对该技术掌握的不成熟等原因，也出现了少量的工程事故，留下了教训，值得人们总结和引以为戒。

在基坑支护领域国内的发展现状主要体现在以下几个方面：

（一）基坑支护技术的发展

基坑开挖支护技术由20世纪70年代以前较浅基坑常采用的放坡和钢板桩支护，到20世纪80年代广泛采用钢筋混凝土护坡桩加锚杆或内支撑方法，由于这种支护结构产生的水平变形较小，因此解决了深基坑支护的问题，有效保护了城市市区基坑垂直开挖和周边既有建筑、地下管线的安全。

桩基是当前应用最广的一种基础形式。现浇灌注桩承载力大，施工对环境的影响比较少，应用比重日益提高，且桩径越来越大，最大已超过了3m，桩长可做到104m，单桩承载力1万kN以上。预制的混凝土方桩已部分地为预应力管桩所取代。新编的《建筑地基基础设计规范》和《建筑桩基技术规范》为工程设计、施工提供了依据，广泛地应用于高层、重载的建筑结构基础或深基坑支挡。长桩基础施工设备除少数采用有套筒护壁外，大多仍为泥浆护壁，水下浇灌混凝土。为克服桩底虚土和缩颈的缺陷，大量应用桩底、桩侧后注浆技术，并和超声检测技术相结合，形成了具有我国特色的超长灌注桩施工成套技术。为检验桩基承载力，除静载试验外，桩基动测检测技术结合计算机的应用业已成熟。

在深基础施工中，逆作法和半逆作法技术因造价太高，只有在特殊情况下采用，而多数是要求做好深基坑开挖时的临时支挡。

土钉墙支护技术与护坡桩和地下连续墙相比，工程造价低20%~60%。土钉墙施工与基坑土方开挖同步交叉进行，施工速度较快，操作方便，不占用现场的空间和时间，得到迅速的推广应用。该技术的应用从早期的8m以内范围基坑深度发展到在15m以上深度的基坑，目前也有基坑深度20m的工程采用了土钉墙支护技术。特别是复合土钉墙支护技术，将土钉墙与搅拌桩、旋喷桩或预应力锚杆结合起来，使得土钉墙技术在深基坑中应用及垂直土钉墙成为现实，并改善了土钉墙支护形式变形较大的缺陷。

锚杆技术自应用到基坑支护工程中以后，结合基坑支护的特点，其施工工艺也得到了很大的提高和改进。为了提高锚杆承载力，由常用的一次性注浆发展为二次、多次重复高压注浆。成孔工艺也出现了机械、水冲、爆破等扩孔方法。施工机械大量引进了国外较为先进的设备，使适用地层的范围、成孔速度、锚杆施工长度等方面的能力都有了明显提高。可拆卸锚杆工艺也在国内一些工程上开始采用，可以在锚杆使用功能完成后，将锚杆中钢绞线抽出回收，可用于解决对周边地下存在后期施工障碍的问题，并可提高锚杆的承载力。

20世纪80年代以前，在高地下水位的地层条件下，基坑开挖与支护一般常与井点降水相结合。施工期的场地降水，会引起场地周围地下水位的下降，易造成周围房屋的下沉开裂和危及建筑物安全等严重问题，因此常造成建设方与相邻建筑产权方的矛盾和纠纷。这类工程事故的发生，使人们逐渐重视对周边环境的保护，并成为基坑支护工程要解决的一个非常重要的问题。旋喷、摆喷、定喷方法的喷射注浆截水帷幕和搅拌桩截水帷幕在目前的基坑截水中常被采用，化学注浆的方法有时也被应用。

（二）设计计算方法和计算应用软件的发展

基坑设计既要考虑坑壁土压力，降水隔水技术，开挖时环境的影响，同时，又要计算支挡结构的承载力和稳定性。当基坑深度不超过6~7m时，北方地区土质较好的情况下一般采用土钉支护或灌注桩做成的悬臂挡土壁。沿海地区地下水位高，往往用灌注桩挡土和搅拌桩隔水结合起来使用。当基坑深度超过6~7m时，应采用复合式支挡结构。基坑深度再增加，上述方法难以奏效，则应设置单支点或多支点的拉锚结构。沿海深2~3层的地下室基坑施工，有不少是采用环梁护壁（或中心岛）内支撑作为深基坑支挡。单支点或多支点拉锚的地下连续墙支护方法，在更深、更复杂的基础施工中，仍是一种重要的方法。地下连续墙技术在基坑支护工程中的应用，使得地下连续墙的优点得以充分发挥，既可以挡土，也能够有效截止基坑周边地下水向基坑内的渗流，解决了基坑开挖造成周边地面和建筑物的下沉问题。地下连续墙同时可作为地下室结构外墙，能扩大地下空间的利用范围。

基坑设计要综合考虑支撑或锚杆的变形刚度、支护结构嵌固段的变形、基坑在开挖过程中支护结构已产生的变形等因素，随着工程经验的积累和设计计算方法的完善，目前国内在工程应用中较为流行用弹性杆系有限元法计算支护结构。弹性支点法作为桩墙结构内力、位移、支点力计算方法已纳入现行的建设部行业标准《建筑基坑支护技术规程》。内支撑结构计算也普遍采用了杆系有限元法。作为支护结构计算方法的更深一步研究分析和发展，考虑土与支护结构相互作用的平面、空间有限元法也在探讨之中。

计算机技术突飞猛进的发展为岩土工程计算理论和方法提供了发展变革的契机。以前很多用手算不能解决的繁琐复杂的计算问题，现在也可以很轻松地通过计算机解决了。特别是在 Windows 等操作系统的平台下，开发出了一些图形用户界面的基坑支护设计计算软件。这类软件运行速度快，操作简单易学，形象直观，为不同支护方案的优化比较提供了方便工具。提高了设计计算速度和减少了人为因素的计算出错率。施工图软件也将大大减轻设计人员的劳动强度和提高其工作效率。

(三) 基坑支护结构的基本形式

基坑支护是保证地下结构施工及基坑周边环境的安全，对基坑侧壁采取的支挡、加固与保护措施。为了在基坑支护工程中做到技术先进，经济合理，确保基坑边坡、基坑周边建筑物、道路和地下设施的安全，应综合考虑场地工程地质与水文地质条件、地下室的要求、基坑开挖深度、降排水条件、周边环境和周边荷载、施工季节、支护结构使用期限等因素，因地制宜地选择合理的支护结构形式。

应用到基坑支护工程中的常用支护方法有：各种类型的桩锚体系、地下连续墙加锚杆、钢筋混凝土和钢结构内支撑、土钉和喷射混凝土护面、搅拌桩、旋喷桩、逆作拱墙、钢板桩、土体冻结法等。这些方法有的可以单独使用，也可以根据需要结合在一起使用。到目前为止，在实际工程中已被采用的单独或组合形式已不下十几种。

虽然具体的支护形式很多，但按照支护结构受力特点划分可归并为以下五种基本类型：桩墙结构、土钉墙结构、重力式结构、拱墙结构、放坡。

1. 桩墙结构

桩墙结构是在基坑开挖前沿基坑边缘施工成排的桩或地下连续墙，并使其底端嵌入到基坑底面以下。随着基坑的分层向下开挖，在桩墙表面设置支点，支点形式可以采用内支撑，也可以采用锚杆。在桩墙结构侧壁上土压力的作用下，桩墙结构的受力形式相当于梁板结构，内支撑可根据具体结构形式及平面尺寸进行结构设计计算，锚杆则单独进行承载力的设计计算。这种结构不设置支点时，为悬臂梁结构，但悬臂结构只适用于基坑深度较浅同时周边环境对支护结构水平位移要求不高的情况下采用。实际工程中常采用的桩墙结构形式主要有：排桩—锚杆结构、排桩—内支撑结构、地下连续墙——锚杆结构、地下连续墙——内支撑结构等。桩的类型包括各种工艺的钻孔桩、冲孔桩、挖孔桩或沉管桩等受力结构形式。

2. 土钉墙结构

最常用的土钉墙结构是在分层分段挖土的条件下，分层分段施做土钉和配有钢筋网的喷射混凝土面层，挖土与土钉施工交叉作业，并保证每一施工阶段基坑的稳定性。土钉的水平与竖向间距一般均在 1~2m 之间。其受力特点是通过斜向土钉对基坑边坡土体的加固，增加边坡的抗滑力和抗滑力矩，以满足基坑边坡稳定的要求。这类结构一般采用钻孔中内置钢筋，然后孔中注浆的土钉，坡面用配有钢筋网的喷射混凝土形成的土钉墙；也有采用打入式钢管再向钢管内注浆的土钉；也有采用土钉和预应力锚杆等结合的复合土钉墙结构。

3. 重力式结构

重力式结构是在基坑侧壁形成一个具有相当厚度和重量的刚性实体结构，以其重量抵抗基坑侧壁土压力，以满足该结构的抗滑移和抗倾覆要求。这类结构一般采用水泥土搅拌桩，有时也采用旋喷桩，使桩体相互搭接形成块状或格栅状等连续实体的重力结构。

4. 拱墙结构

拱墙结构是将基坑开挖成圆形、椭圆形等弧形平面，并沿基坑侧壁分层逆作钢筋混凝土拱墙，利用拱的作用将垂直于墙体的土压力转化为拱墙内的切向力，以充分利用墙体混凝土的受压强度。由于墙体内力主要为压应力，因此墙体厚度可做得较薄，很多情况下不用锚杆或内支撑就可能满足承载力和稳定的要求。这种结构一般采用分层分段施工的现浇钢筋混凝土拱墙结构。

5. 放坡

放坡是将基坑开挖成一定坡度的人工边坡，当基坑较深时可分级放坡，并保证边坡自身能够稳定，主要验算的是边坡的圆弧滑动稳定性。一般坡体应采用某种形式的护面进行保护。当坡体存有地下水时，应在坡面设泄水孔以减少水压力对边坡的不利影响。放坡后基坑开挖范围加大，只有在周边场地许可的情况下才能采用。

上述五种支护结构的基本形式具有各自的受力特点和适用条件，应根据具体工程情况合理选用。国家行业标准《建筑基坑支护技术规程》（JGJ 120—99）在第3.3节中对各种支护结构的选型做了明确的规定，提出了各种支护形式的适用条件。表1-1为该规程中支护结构的选型表。

支护结构选型表　　　　表1-1

结构形式	适用条件
排桩或地下连续墙	1. 适于基坑侧壁安全等级一、二、三级 2. 悬臂式结构在软土场地中不宜大于5m 3. 当地下水位高于基坑底面时，宜采用降水、排桩加截水帷幕或地下连续墙
水泥土墙	1. 基坑侧壁安全等级宜为二、三级 2. 水泥土桩施工范围内地基土承载力不宜大于150kPa 3. 基坑深度不宜大于6m
土钉墙	1. 基坑侧壁安全等级宜为二、三级的非软土场地 2. 基坑深度不宜大于12m 3. 当地下水位高于基坑底面时，应采取降水或截水措施
逆作拱墙	1. 基坑侧壁安全等级宜为二、三级 2. 淤泥和淤泥质土场地不宜采用 3. 拱墙轴线的矢跨比不宜小于1/8 4. 基坑深度不宜大于12m 5. 地下水位高于基坑底面时，应采取降水或截水措施
放坡	1. 基坑侧壁安全等级宜为三级 2. 施工场地应满足放坡条件 3. 可独立或与上述其他结构结合使用 4. 当地下水位高于坡脚时，应采取降水措施

（四）基坑支护工程的应用

基坑支护工程数量越来越多，规模越来越大，深度越来越深。在各种地基基础学术会议和期刊杂志上发表的论文中，介绍基坑支护工程实例的文章数量很大，在全国范围内对基坑支护工程数量和规模很难进行全面统计。根据已公开发表的基坑支护工程报道，表1-2仅列出了国内几个大城市有代表性的大型基坑工程情况，可以代表目前国内基坑支护工程的规模和水平。

国内几大城市代表性大型基坑工程情况表 **表 1-2**

序号	地点	工程名称	层数	基坑深度（m）	基坑面积（m^2）	支护形式	支锚形式
1	北京	中银大厦	15	23	12000	地下连续墙	3～4层锚杆
2	北京	东方广场	20	17～23	480×190	钻孔灌注桩 H488工字钢桩	锚杆
3	上海	金茂大厦	88	15～20	约20000	地下连续墙	钢筋混凝土支撑
4	上海	恒隆广场	66	15～18	约25000	地下连续墙	钢筋混凝土及钢管支撑
5	广州	新中国大厦	43	19	100×70	地下连续墙	逆作法施工
6	广州	金汇大厦	28	19～22	66×52	地下连续墙	钢管支撑
7	深圳	贤成大厦	60	16～17	98×80	挖孔灌注桩	锚杆
8	深圳	侨光广场	49	20.4	144×90	挖孔灌注桩	锚杆

二、高强高性能混凝土

混凝土材料，被认为是耐久性最好的传统建筑材料，为适应社会的发展的需要，不论是原材料、配合比设计技术，还是混凝土生产、运输和它的质量控制技术，都发生着深刻的变化。尤其是它的性能即为适应现代化施工需要的拌和物的性能、在严酷的条件下的耐久性以及它的各种物理力学性能，都达到了一个新水平。为与传统的混凝土技术相区别，称之为高性能混凝土（High Performance Concrete 简称 HPC）。

高性能混凝土是一种新型的高技术混凝土，是在大幅度提高普通混凝土性能的基础上采用现代混凝土技术制作的混凝土，它以耐久性作为设计的主要指标，针对不同用途要求，保证混凝土的适用性和强度并达到高耐久性、高工作性、高体积稳定性和经济性。为此，高性能混凝土在配制上的特点是低水胶比，选用优质原材料，并除水泥、水、骨料外，必须掺加足够数量的磨细矿物掺合料和高性能外加剂。

关于高强混凝土与高性能混凝土的关系，高强混凝土不一定是高性能混凝土，高性能混凝土不只是高强混凝土，而是包括各种强度等级的混凝土，其应用范围十分广泛。这也正是高性能混凝土成为混凝土发展方向的重要原因。

（一）混凝土技术发展步伐加快

混凝土仍然是我国工程结构最重要的材料。混凝土技术进步主要表现在材性的改善，平均强度等级的提高和工业化程度的提高上。

1. 用于工程结构的混凝土，不仅应具有足够的龄期强度，而且对其早强、缓凝、抗冻、抗渗、体积变化以及泵送性能等还会有不同的要求。预应力混凝土要求高强度、低收缩徐变的性能；基础大体积混凝土要求低发热量、低收缩、可泵性好等特点。由于胶凝材料和高性能外加剂技术的进步，有可能按工程使用和施工需要，设计和配制特定性能的混凝土，以满足超高层、大跨度、大体积以及各种特殊性能的要求。

2. 混凝土平均强度稳步提高。我国混凝土结构的平均强度已达到C30，C50、C60的高强混凝土在一些高层和桥梁工程中应用，C80混凝土已用在预应力管桩构件上。由于混凝土强度等级的提高，使结构截面和自重减少，密实度和耐久性也相应提高。

3. 预拌混凝土的发展是建筑工业化的重要标志，也为大型项目建设、高性能混凝土应用提供了可能。搅拌站采用机械上料，计算机控制和管理，并较普遍地使用了外加剂和掺合料，搅拌运输车输送，现场大多是用泵（固定泵或泵车）输送入模。目前，混凝土的最大泵送高度已达350m；基础大体积混凝土一次连续浇灌已达24000m^3。我国的碾压混凝土已在大坝和公路工程中应用。

4. 为提高混凝土工程质量，降低工程成本，各地都重视现浇模板的研究与开发，并要求企业做好模板的配板设计。

（二）高性能混凝土的结构特征

高性能混凝土的结构特征如下：

1. 孔隙率低，有良好的孔分布，不存在或有极少量的100nm以上的有害孔；

2. 水化物中C~S~H和AFt多而$Ca(OH)_2$少；

3. 包括矿物掺合料在内的未水化颗粒多，且具有最佳孔隙率和最佳水泥结晶度；

4. 消除了骨料和水泥石界面薄弱层，使界面强度接近于水泥石或骨料强度。

为满足施工需要，混凝土拌和物必须在一定时间内保持良好的流动性。混凝土拌制后，拌和物的流动性随着水泥水化的进程，渐渐失去流动性。一般的方法是在外加剂中复合缓凝剂。然而过多的缓凝剂会延长混凝土的凝结时间，从而影响拆模时间和施工进度。

（三）高性能混凝土拌和物配合比设计的基本要求

由于高性能混凝土的强度高，水灰比低，影响因素多，因此，通常作为混凝土配合比设计基础的鲍洛m（Bolomey）公式已不再适用。但是，迄今为止，世界上尚没有适合高性能混凝土配合比设计的统一方法，各国的研究人员也都是在各自的试验基础上，粗略地计算具体的配合比，然后通过试配，确定最终配合比。

高性能混凝土配合比设计的任务，就是要根据原材料的性能、工程要求及施工条件，合理地选择原材料，确定能满足工程要求和技术经济指标的各项组成材料的用量。具体说，高性能混凝土配合比设计的基本要求如下：

1. 高耐久性

高性能混凝土配合比设计与普通混凝土不同，首先是保证耐久性要求。因此．必须考虑以下内容：抗渗性、抗冻性、抗化学侵蚀性、抗碳化性、体积稳定性、碱—骨料反应等。

2. 强度

根据设计要求，配制出符合一定强度等级要求的混凝土。

3. 高工作性

一般新拌混凝土的施工性用工作性评价，亦即混凝土在运输、浇筑以及成型中不分离、易于操作的程度，这是新拌混凝土的一项综合性能。

4. 经济性

混凝土配合比的经济性，是配合比设计时需要着重考虑的一个问题。在高性能混凝土中不能单考虑经济问题，应在满足性能要求前提下考虑经济问题。

（四）高性能混凝土的应用

深圳赛格广场是目前国际国内已建和在建的同类的高层钢管混凝土柱结构建筑中最高的建筑，该大厦总高度为280mm，地下4层，地上70层。地下连同裙房共86根钢管混凝土柱，钢管直径分别为ϕ1600、ϕ1100、ϕ900和ϕ800，塔楼共44根钢管混凝土柱，直径分别为ϕ1600、ϕ1100和ϕ800三种。

在施工方案中为满足钢管柱壁不能开浇灌口的设计要求，钢管柱芯混凝土的浇筑采用两种方法：大管径ϕ1600、ϕ1100采用常规浇筑法，安装串筒下料，机械振捣；小管径ϕ900、ϕ800采用立式高抛浇筑法加机械振捣。由于一次浇筑高度为9.6~11.1m，人必须进入10m左右深的钢管中振捣密实混凝土，振实后人爬出钢管，再浇筑混凝土，再下管振捣，如此一直达到管顶。但由于存在柱内空间小、作业环境差、劳动强度大、施工作业时间长的不利因素，再加上对钢管混凝土芯柱进行质量检测的难度很大。为解决钢管混凝土浇筑的施工难题，中国建筑科学研究院建筑工程材料及制品研究所与中建二局深圳南方公司、深圳内恒山混凝土搅拌站合作，进行了大量的试验研究，经过对混凝土的原材料的选择试验、混凝土配合比验证性试验和两次11m高位抛落与低位浇筑模拟试验，成功研制成既能高位抛落又能低位浇筑的免振捣自密实高性能混凝土，并且解决了高位浇筑在混凝土内引入大量的气泡，降低混凝土的性能甚至影响混凝土的匀质性的问题。通过采用中国建筑科学研究院建筑工程材料及制品研究所的成套技术，应用该所生产的高性能混凝土外加剂，使用当地的强度等级42.5水泥（420kg/m^3）、粉煤灰以及砂、石，研制出在两小时内保持超高流动性、充填性、抗离析性的C60高抛免振捣自密实高性能混凝土，一次高抛成型，既加快了施工速度，又提高了工程质量，还减轻工人的劳动强度，从根本上避免危险作业，取得了良好的技术和经济效益。

三、高效钢筋和预应力

（一）冷轧带肋钢筋的应用

冷轧带肋钢筋已进入工程实际应用阶段。20世纪80年代中期引进的冷轧带肋螺纹钢筋，现已得到推广。各地已建成300多条冷轧带肋钢筋生产线，年生产能力200万t，年用量达100多万t。国家标准《冷轧带肋钢筋》、行业标准《冷轧带肋钢筋混凝土结构技术规程》均已颁布施行。

冷轧带肋钢筋在预应力混凝土构件中是冷拔低碳钢丝的更新换代产品；在现浇混凝土结构中可代换HPB235级钢筋以节约钢材，是同类冷加工钢材中较好的一种。其优点如下：

1. 钢材强度较高

冷轧带肋钢筋有三个强度级别，分别应用于不同结构和构件中：550级冷轧带肋钢筋与HPB235级钢筋相比，用在现浇混凝土楼、屋盖中，由于其强度设计值提高了71%，当考虑一些构造要求后，仍可节约钢材35%~40%。如考虑不用弯钩，钢材节约量还要多一些。650级钢筋的强度与甲级Ⅰ组冷拔低碳钢丝相当，与甲级Ⅱ组冷拔低碳钢丝相比，尚可节约一定量钢材。若用于预应力空心板，与甲级Ⅱ组冷拔低碳钢丝配筋的空心板比较，平均节约预应力钢筋13%左右，且每1m^{3}混凝土构件可节省水泥40kg；这是因为粘结锚固强度提高，混凝土强度等级可适当降低，节省水泥。综合效益，每 $1m^3$ 构件大约节省生产费用 15 元左右；用 800 级冷轧带肋钢筋代替 HRB335 级钢筋制作 180mm 空心板，平均节约预应力主筋 25%，水泥用量相同，每 $1m^3$ 混凝土构件可节省生产费用 35 元左右。这三个级别的冷轧带肋钢筋均已推广使用。应用中强度钢丝在工厂制造的焊接钢筋网片，已开始在部分桥梁、道路和楼盖中使用。

2. 钢筋的粘结锚固性能良好

冷轧带肋钢筋用于构件中杜绝了冷拔钢丝的沾油滑丝问题，且提高了构件端部的承载能力和抗裂能力；尤其在挤压机成型空心板时，避免了构件端部预应力冷拔钢丝的回缩现象；在钢筋混凝土结构中，可改善构件的裂缝状态，裂缝变得细而密，裂缝宽度比光面钢筋小，甚至比热轧螺纹钢筋还小。

3. 钢筋伸长率较大

冷轧带肋钢筋与冷拔低碳钢丝同属冷加工钢筋，原材料相同，且强度级别相当，按理其伸长率应差不多，但是，由于冷轧带肋钢筋对原材料有所选择，即选用牌号与直径适宜的高速线材，且冷加工工艺不同，因此其伸长率较其他冷加工钢筋高。如行业标准规定甲级冷拔低碳钢丝 $\phi5$ 的伸长率 δ_{100} 为 3%，而 650 级和 800 级冷轧带肋钢筋的伸长率 δ_{100} 不低于 4%，从而改善了预应力构件的延性和抗冲击性能。根据国内三个单位的部分试验结果表明，550 级冷轧带肋钢筋的最大均匀伸长率在 2.5% 以上，试验平均值分别达到 2.9%、3.74% 和 5.22%，表明它具有良好的塑性，在混凝土连续板的设计中，可以考虑塑性内力重分布。

（二）钢筋焊接网的开发

钢筋焊接网是在工厂制造，纵向钢筋和横向钢筋分别以一定间距排列且互成直角，全部交叉点均用电阻点焊（低电压、高电流，焊接接触时间一般不超过 0.5s）在一起的钢筋网片。工程上应用的承重焊接网，钢筋直径一般为 6～12mm（最大可达 25mm），网格尺寸一般为 100mm×100mm～200mm×200mm，个别情况一个方向网格尺寸可达 400mm，甚至到 1000mm。

钢筋焊接网可用于钢筋混凝土结构的配筋和预应力混凝土结构的普通钢筋。

1. 钢筋焊接网国内发展概况

焊接网主要用于房屋建筑、道路、桥梁、机场跑道、水管、隧洞衬砌等。

冷轧带肋钢筋的迅速发展，为焊接网的发展提供良好条件。我国焊接网产品标准已于 1995 年 12 月实施，对丁指导生产、保证产品质量具有重要意义，使用规程也于 1998 年 2 月正式施行，对于加速推广应用起积极促进作用。焊网机国产化问题已得到解决。已能制造符合国情，满足建筑工程对网片规模多变要求的多功能焊网机。布网图设计软件已初步编制。

1987 年青岛钢厂从德国引进 5 条焊接网生产线，之后南京轧钢总厂从奥地利引进 1 条生产线，接着江阴、花都、上海、深圳、马鞍山、鹤山、北京、天津等地也陆续建立了焊网厂。目前，焊接网厂家有 40 余家，可生产冷轧带肋钢筋或冷拔光面钢筋焊接网，设计年生产能力 15～20 万 t。最近三年统计，我国共用焊接网 6 万多 t。应用的工程有 500 多项，包括房屋建筑、桥梁、公路、构筑物、护栏等。

2. 钢筋焊接网的特点

(1) 钢筋工程的现场工作量大部分转到专业化工厂进行，可大量降低钢筋安装工时，比绑扎网少用人工 50%~70%，大大提高施工速度。

(2) 焊接网的受力筋和分布筋可采用较小直径，并可采用较密的钢筋间距，焊接网的纵筋与横筋形成网状结构共同起粘结锚固作用，有利于防止混凝土裂缝的产生与发展。国外经验，路面配置焊接网可减少混凝土表面龟裂 75%左右。

(3) 适用于大面积混凝土工程，焊接网的网格尺寸非常规整，远超过手工绑扎网，网片刚度大，弹性好，浇灌混凝土时钢筋不易局部弯折，混凝土保护层厚度易于控制、均匀，明显提高钢筋工程质量。

(4) 焊接网具有较好的综合经济效益，虽然焊接网的单价高于散支钢筋，但是焊接网钢筋的强度设计值比 HPB235 级钢筋高 50%（光面钢筋焊接网）~70%（带肋钢筋焊接网），考虑一些构造要求后，仍可节省钢筋 25%~30%左右。综合考虑（与 HPB235 级钢筋相比）可降低钢筋工程造价 5%左右，国外可降低钢筋工程造价 10%左右。

3. 钢筋焊接网的技术规定

使用规程规定，焊接网宜采用 550 级冷轧带肋钢筋制作，也可采用 510 级冷拔光面钢筋制作，一片焊接网宜采用同一类型的钢筋焊成，焊接网按形状、规格分为定型和定制两种。定型焊接网在两个方向上的钢筋间距和直径可以不同，但在同一方向上钢筋应具有相同的直径、间距和长度，并在有关标准、规程中均作了规定。定制焊接网的形状、尺寸应根据设计和施工要求，结合具体工程情况，由供需双方协商确定。

焊接网钢筋直径为 4~12mm，其中可采用 0.5mm 进级直径。考虑运输条件，焊接网长度不宜超过 12m，宽度不宜超过 3.3m。焊接网制作方向的钢筋（或称纵筋）间距宜为 100mm、150mm、200mm，另一方向的钢筋间距一般为 100mm、150mm、200mm，有时可达到 400mm，个别情况甚至达 1000mm。当焊接网纵横向钢筋均为单根钢筋时，较细钢筋的公称直径应不小于较粗钢筋公称直径的 0.6 倍，即 $d_{min} \geqslant 0.6 d_{max}$。焊接网焊点的抗剪力（单位为“N”）应不小于 150 与较粗钢筋公称横截面积（单位为“mm^2”）的乘积。焊接网钢筋的力学性能指标如表 1-3 所示。

焊接网钢筋力学性能指标表 表 1-3

焊接网钢筋	钢筋直径 (mm)	强度标准值 f_{stk} (N/mm²)	强度设计值 f_y (f'_y) (N/mm²)	弹性模量 E_s (N/mm²)
冷轧带肋钢筋	4~12	550	360	1.9×10^5
冷拔光面钢筋	4~12	510	320	2.0×10^5

网片搭接是钢筋焊接网很重要的构造要求。规程规定，钢筋焊接网的搭接接头应设置在受力较小处。同时指出，板的受力钢筋焊接网不宜在弯矩较大处进行搭接。

焊接网的搭接一般有三种方式：叠接法、扣接法和平接法。在一般的工程结构中多半采用叠接法搭接，方便、施工速度快，有时也采用扣接法。当板较薄，为了减少搭接处钢筋的厚度和保证板受力筋维持同一有效高度，有些情况下可采用平接法。规程进一步指出，单向板的下部受力钢筋焊接网和双向板短跨方向的下部钢筋焊接网均不宜设置搭接接头，双向板的长跨方向可按有关规定设置搭接接头。

4. 钢筋焊接网在房屋建筑中的应用

国内应用焊接网（含光面钢筋焊接网）的工业与民用建筑工程，据不完全统计已有400多项。主要用在高层及多层住宅、写字楼、宾馆、学校、商店、仓库和厂房等建筑。使用部位包括楼板、屋面、墙体、地坪、基础、船坞和游泳池等。工程主要采用在珠江三角洲、江苏省、上海市和东南沿海地区以及北京、天津等地。其中较典型的工程有：深圳地王大厦81层，高325m，总建筑面积27万m^2，所有楼板均采用焊接网，钢筋直径为10mm及8mm，网格尺寸均为200mm×200mm，共用各种型号焊接网675t，这是国内较早的在大型高层建筑中使用焊接网。深圳新世纪广场为一幢高185.82m、52层双塔楼多用途综合建筑，总建筑面积19万m^2，在14万m^2的楼板中采用冷轧带肋钢筋焊接网1500t。经济分析表明，本工程采用焊接网比采用绑扎HPB235级钢筋降低楼板用钢量3.8kg/m^2，相当节省钢材32.7%，降低钢筋工程造价5.21元/m^2。采用焊接网还可明显加快施工速度，该工程每层楼板面积为1400m^2，采用焊接网后每层施工速度由原来的4.5d/层提高到3.5d/层，为了保证按时封顶，最快速度达到2.5d一层，其中楼板焊接网的铺放（包括底网与面网间的管道安装）仅安排了4h，这种高速度是绑扎钢筋无法达到的。广州市中水广场大楼46层，高173.4m，总建筑面积7.8万m^2，从地下室到屋面，所有楼板的底筋为冷轧带肋钢筋手工绑扎，所有楼板负筋和剪力墙的分布筋均为冷轧带肋钢筋焊接网，共用焊接网840t。这是国内将焊接网用在高层剪力墙墙面配筋的最高建筑。深圳宝安区新安湖商城12层塔楼，在第5~12层，1.21万m^2楼板中采用了124t焊接网，在1017m^2的楼板中安装焊接网只用0.5d时间就完成了普通钢筋绑扎需1.5d才能完成的工作量，而且网片平整，保护层厚度均匀，钢筋间距准确，施工质量明显提高。按当时深圳地区的经济分析，楼板的钢筋成本降低6.43元/m^2，在1.21万m^2的楼面中因材料及人工费的降低，共节约7.85万元。另外，在广州的港澳江南中心大厦（54层）、深圳市邮电信息枢纽大厦（46层）及深圳市世贸中心大厦（54层）等工程中，也都大量采用焊接网，取得较好的效果。再有，江苏省的江阴、无锡、南京、张家港、苏州等地的一些工程中采用焊接网均取得满意的效果。

（三）有粘结预应力混凝土技术

1. 国内外发展概况

我国预应力技术从20世纪50年代初起步，一开始主要是采用冷拉钢筋制作有粘结预应力预制构件，随着高强预应力钢丝、钢绞线材料的应用和预应力设计、施工、工艺技术的发展，20世纪70年代中国建筑科学研究院研制成功JM15锚具，20世纪80年代研制成功锚固多根钢绞线及平行钢丝束的XM、QM锚具及相应的连接器，这些材料、技术及其标准规范的配套完善，促进了有粘结预应力技术迅速在房建、桥梁、水工和特种结构工程中广泛应用，取得了明显的经济和社会效益。

2. 技术特点

（1）施加预应力能控制构件的裂缝，提高结构的整体性能和刚度、减小挠度，发挥高强材料的特性，因而使构件小而轻，恒载与活载的比值得以减小，为发展重载、大跨度、大开间结构体系创造了条件。

（2）后张法是在构件或块体上直接张拉预应力筋，不需要专门的台座。大型构件可分块制作，运到现场拼装，利用预应力筋连成整体。因此，后张法灵活性较大。现场生产时还可避免构件的长途搬运。

(3) 后张预应力筋可曲线配置，其形状与外荷载弯矩图形相适应，可充分发挥预应力筋的强度。

(4) 与钢结构相比维修费用低，具有耐久性好和节约钢材、木材等优点。

3. 适用范围

(1) 大跨度预制预应力混凝土屋面梁、屋架、吊车梁等工业厂房构件。

(2) 大跨度预应力混凝土现浇框架、连续梁及井式梁板等预应力混凝土结构。

(3) 预应力简支桥梁、连续桥梁等大跨度桥梁结构。

(4) 水工结构、核电站安全壳、电视塔、圆形贮池与筒仓等大型特种结构，以及预应力岩土锚杆。

4. 有粘结预应力混凝土技术的应用

在房屋结构方面，有粘结预应力技术得到较为广泛应用，如单层工业厂房中常用的预制预应力屋架、屋面梁、吊车梁。在整体现浇结构中，有较大影响的工程如首都国际机场停车楼采用了双向大柱网、大面积超长度有粘结预应力技术，建筑面积 17 万 m^2；中国科技馆二期工程采用了圆环形平面布置的预应力框架，框架梁径向跨度 17.5m；中华世纪坛过街桥和地下剧场采用大跨有粘结预应力技术；中国大剧院穹顶下环梁为 500 多 m 长的有粘结预应力连续梁；浙江黄龙体育中心主体育场外环梁为周长 781m 的有粘结预应力连续梁；深圳车港工程采用了柱网为 25m × 16m 的预应力框架。

桥梁结构方面，基本上都采用有粘结预应力技术，典型工程如云南六库怒江公路预应力连续梁桥跨度达 154m，预应力混凝土连续钢构桥继黄石大桥 250m 主跨后，虎门大桥达 270m 主跨，为世界之冠；主跨 168m 的攀枝花金沙江预应力混凝土连续钢构铁路桥和主跨 80m × 14 孔的预应力混凝土连续梁钱塘江二桥等铁路桥均已达到世界先进水平。

特种工程结构方面，秦山、大亚湾核电站安全壳，上海、北京电视塔，阿尔及利亚预应力混凝土球形水塔等一批高难度、高水平的特种结构都采用了有粘结预应力技术，其技术水平都达到世界先进水平。

（四）无粘结预应力混凝土技术

1. 国内外发展概况

无粘结预应力成套技术包括采用挤出涂塑工艺制作无粘结筋的生产线及工艺参数，张拉锚固配套机具，以及无粘结预应力混凝土结构设计与施工方法。该技术由中国建筑科学研究院结构所负责，与有关单位共同合作完成，1989 年通过鉴定，研究成果达到国际先进水平。本成果自 1990 年分别列入建设部“八五”科技成果重点推广项目及国家科委“八五”第一批 20 项科技成果重点推广项目以来，已在国内数百项多层、高层建筑楼盖及特种结构中推广应用，面积达数千万平方米，经济和社会效益明显。在这期间还由中国建筑科学研究院负责主编《钢绞线、钢丝束无粘结预应力筋》和《无粘结预应力筋专用防腐润滑脂》产品标准，以及《无粘结预应力混凝土结构技术规程》行业标准，从而使该成套技术更趋完善和在国内多项重大工程中应用。本成套技术及工程应用曾获得建设部多项奖励及国家科技进步奖，并为建筑业 10 项重点推广项目之一。

2. 技术特点

(1) 提供了使用灵活的空间，为发展大跨度、大柱网、大开间楼盖体系创造了条件。

(2) 降低楼层高度，与同类建筑工程的梁板结构相比，每层至少可节约层高 300mm，在保持相同的建筑高度下，可较多地增加建筑面积，并可节约能源消耗及经常性的管理费用。

(3) 提高了结构整体性能和刚度。采用无粘结筋与普通钢筋混合配筋的原理，可提高无粘结预应力混凝土构件的延性。

(4) 无粘结筋可曲线配置，其形状与外荷弯矩图形相适应，可充分发挥预应力筋的强度。

(5) 设备管道及电气管线在楼板下可通行无阻，减少建筑、结构、设备的布局矛盾。

(6) 无粘结筋成型采用挤出成型工艺，产品质量稳定，摩阻损失小，便于工厂化生产，达到国外同类产品先进水平。

(7) 省去了埋管和灌浆工艺，施工方便，缩短工期。

3. 适用范围

(1) 多层及高层建筑大跨度、大柱网、大开间楼盖体系，如单向连续板，四边支承双向平板，柱支承无梁双向平板和密肋板等。

(2) 现浇连续梁、框架及预制梁式结构。

(3) 桥梁、飞机跑道、大型基础、筒壁结构、挡土墙的加固等设计允许的工程结构。当用于非正常使用环境条件下的结构时，应做特别的防腐蚀措施。

4. 无粘结预应力混凝土技术的应用

我国无粘结预应力技术应用的工程很多，其中代表性建筑工程为层数最多的广东国际大厦，63层，199m高；高度最高的青岛中银大厦，246m，58层；单体建筑面积最大、预应力工程量最大、使用部位最多的首都国际机场新航站楼，建筑面积为33.5万m^2，预应力钢绞线量达3600t，使用部位有基础底板、地下室外墙、无梁楼板、框架梁、柱、屋面钢结构等。

近20年来，无粘结预应力技术在欧洲、北美、东南亚等发达国家和发展中国家也广为应用，在北美地区年用量达1000万m^2，主要用于多、高层建筑。

四、粗直径钢筋连接技术

《混凝土结构设计规范》明确指出，受拉钢筋直径 $d>28$mm 及受压钢筋直径 $d>32$mm 时不宜采用绑扎搭接接头。粗直径钢筋连接是土建工程中一项量大面广的重要施工技术，它直接影响工程结构的安全、质量、速度和效益。近几年来，粗钢筋连接技术有新的突破，并在高层、大型和公用工程中普遍应用。竖向钢筋电渣压力焊始于20世纪80年代，现已成为粗钢筋连接的主要方法。套筒挤压连接、锥螺纹连接和直螺纹连接属机械连接，目前应用非常普遍。机械连接具有不受钢筋化学成分、可焊性或气候等条件的影响，接头强度稳定，操作简便，施工速度快等特点。目前，焊接和机械连接已占钢筋接头总数的70%，对节约钢材，降低成本，提高建筑工程质量、加快施工速度起了良好作用。全国每年用数亿个钢筋接头，其经济和社会效益均十分显著。建设部已将该技术列入建筑业推广应用10项新技术项目，且其技术内涵还在不断发展和完善。近年来，又有不少新型钢筋连接技术正在开发研制或进入市场。

(一) 钢筋的机械连接技术

1. 发展概况

我国于20世纪80年代后期，开始发展粗直径钢筋的机械连接技术。1987年，405m

高的北京电视塔率先采用套筒冷挤压连接，随后在全国很多省市开始推广应用。20世纪90年代初，国内一些工程开始采用锥螺纹连接，并较快地获得推广应用。等强度直螺纹接头是20世纪90年代钢筋连接的国际最新潮流，不仅接头质量稳定可靠、连接强度高，与挤压接头质量相媲美，而且又有锥螺纹接头施工方便、速度快的特点，因此直螺纹连接技术的出现给钢筋连接技术带来了质的飞跃。由于焊接连接受多种因素的影响，存在一些不稳定因素。例如工地电容量不足，电压不稳会影响焊接质量，某些地区气候潮湿或气温过低或钢材化学成分不稳定等因素也影响接头质量，尤其是建筑队伍中人员的技术水平和管理素质普遍较差，常常成为焊接技术推广应用的一种障碍。此外水平钢筋的现场连接还没有一种较好的焊接方法。钢筋的机械连接则成为一种优选方案。尽管机械连接的单项成本高于焊接，但其推广应用如此迅速和广泛，说明在质量、速度、效益、安全等诸多方面，在某些场合下仍有其竞争优势。

我国于1996年正式公布实施了《钢筋机械连接通用技术规程》（JGJ107—96）、《带肋钢筋套筒挤压连接技术规程》（JGJ108—96）和《钢筋锥螺纹接头技术规程》（JGJ109—96）。这三本规程的公布实施，大大促进了钢筋机械连接技术的发展，促进了钢筋机械连接接头质量和技术水准的提高。《钢筋机械连接通用技术规程》（JGJ107—96）（以下简称《通用规程》），对各种类型的钢筋机械连接接头规定了统一的基本性能要求，适用范围和使用要求，以及形式检验和现场检验方法。经过近两年的实施，积累了更丰富的工程应用经验，钢筋机械连接新技术不断涌现。为了适应工程应用和技术进步的需要，1999年又对《钢筋机械连接通用技术规程》（JGJ107—96）进行了局部修订。同时编制了《镦粗直螺纹钢筋接头》（JG/T3057—1999）行业标准。目前滚压直螺纹连接仍未有国家或行业标准，主要按照企业标准指导施工。

2.《钢筋机械连接通用技术规程》（以下简称《通用规程》）局部修订的主要内容介绍

（1）修改接头性能分级

《通用规程》将原来的接头性能等级A、B、C修改为SA级、A级和B级三个等级，其性能指标见表1-4。

接头性能检验指标表 **表1-4**

等级		SA级	A级	B级
单向拉伸	强度	$f^0_{mst} \geq f^0_{st}$或$\geq 1.15f_{tk}$	$f^0_{mst} \geq f_{tk}$	$f^0_{mst} \geq 1.35f_{yk}$
	极限应变	$\varepsilon_u \geq 0.04$	$\varepsilon_u \geq 0.04$	$\varepsilon_u \geq 0.02$
	残余变形	$u \leq 0.1$mm	$u \leq 0.1$mm	$u \leq 0.1$mm
高应力反复拉压	强度	$f^0_{mst} \geq f^0_{st}$或$\geq 1.15f_{tk}$	$f^0_{mst} \geq f_{tk}$	$f^0_{mst} \geq 1.35f_{yk}$
	残余变形	$u_{20} \leq 0.3$mm	$u_{20} \leq 0.3$mm	$u_{20} \leq 0.3$mm
大变形反复拉压	强度	$f^0_{mst} \geq f^0_{st}$或$\geq 1.15f_{tk}$	$f^0_{mst} \geq f_{tk}$	$f^0_{mst} \geq 1.35f_{yk}$
	残余变形	$u_4 \leq 0.3$mm $u_8 \leq 0.6$mm	$u_4 \leq 0.3$mm $u_8 \leq 0.6$mm	$u_4 \leq 0.6$mm

修改分级的主要目的是适应生产应用和技术进步的需要。

近年来钢筋机械连接技术发展迅速，国内外均已开发出能充分发挥钢筋母材强度的等强级机械连接接头，而接头成本则增加不多，从而为混凝土结构工程提高钢筋连接工程质量，加快施工进度创造了条件。工程中不少场合非常需要高质量接头，以满足在同一截面连接的要求，如装配式结构的连接，滑模或爬模施工的水平钢筋连接，新老结构连接，温度收缩缝的钢筋连接以及地下连续墙与板筋的连接等。鉴于我国钢筋机械连接技术的发展，已能为土建工程提供镦粗直螺纹、剥肋滚压直螺纹和滚压直螺纹钢筋接头等高质量接头。这一次局部修订中增加了 SA 级接头，以满足工程界的迫切需要，同时体现优质优用，鼓励Ⅰ、Ⅱ级抗震结构和重大结构工程采用更好的钢筋接头，提高工程质量，改善结构的防灾能力。

表 1-4 中 SA 级接头的强度指标定为 $f_{mst}^0 \geqslant f_{st}^0$ 或 $\geqslant 1.15f_{tk}$（f_{st}^0—钢筋母材实际抗拉强度，f_{tk}—钢筋母材抗拉强度标准值）。其目的是提高接头的可靠性，保证有 85%左右的概率，接头试件能断于钢筋母材而不断在接头处。对少量实际强度大于 $1.15f_{tk}$ 的超强钢筋，则容许断于接头部位。因为从经济角度出发，接头强度不再追求与其等强，根据《混凝土结构设计规范》课题组对全国建筑钢筋混合统计结果 16Mn、25MnSiHRB335 级钢筋抗拉强度的变异系数 CV 为 5.63%，据此可求得国产 HRB335 级钢筋的实际强度大于 1.15 倍 f_{tk} 的概率大约为 15.39%。也就是说对于 SA 级钢筋接头，其平均强度已超过钢筋母材的平均强度。绝大部分钢筋接头试件均能断于钢筋母材。从而大大提高了接头的可靠性，为放宽接头应用方面的限制创造了条件。

(2) 调整接头变形性能指标

钢筋机械连接的一个特点是连接件与钢筋在机械咬合部位受力后会发生不可恢复的非弹性变形。原有的弹性模量指标和残余变形指标都是为了控制这种变形量不超过容许值，但《通用规程》原表 3.0.5 中单向拉伸时的变形模量指标与残余变形指标不相协调，故局部修订中将变形模量指标取消。同时将残余变形 u 值从 $0.9f_{tk}$ 时的 0.3mm，修改为 $0.6f_{yk}$ 时的 0.1m，使这项指标更能代表结构在使用阶段的工况，并能与国际上先进国家的规范规定相一致。

(3) 补充、修改接头应用和检验方面某些规定

接头的应用方面，补充了“钢筋的机械连接宜优先选用 SA 级和 A 级接头；抗震结构中的重要部位应选用 SA 级；钢筋受力较小或对延性要求不高的部位，可采用 B 级接头。”增加这条内容是为鼓励设计人员根据工程结构的重要性及接头在结构中所处的部位，选用 SA 级钢筋接头或 A 级与 B 级接头，体现优质优用，充分发挥技术经济效益。

SA 级接头与钢筋母材性能基本一致，较高的检验指标确保了质量的高保证率，因此可以放宽接头百分率，达到方便施工、节约钢材、提高综合经济效益的目的。为此《通用规程》修订了一个条款“受力钢筋接头百分率不宜超过 50%，SA 级接头可不受限制。”

此外《通用规程》还对形式试验中试件变形测量标距由原来的接头以外各 20mm 改为各 $2d$，将单向拉伸试件数量由 6 个改为 3 个。《通用规程》还在条文及说明中补充了现场抽检接头试件后“允许采用同等规格的钢筋进行搭接连接，或采用焊接及其他机械连接方法进行补接”的条款，以及抽检不合格时的处理方法。

总之，《通用规程》的局部修订进一步提高了钢筋机械连接接头的质量要求，为高质量接头的应用和方便施工创造了更为宽松的环境。

(二) 钢筋焊接技术

1997 年 6 月 1 日，行业标准《钢筋焊接及验收规程》（JGJ19—96）开始实施。在该

“规程”中，对钢筋焊接的方法、适用范围、设备、材料、工艺、接头质量检查与验收等，均做出具体规定。适用于粗直径钢筋连接的方法有闪光对焊、电弧焊、电渣压力焊、气压焊等四种。这些方法具有各自特点，并取得不断发展和改进。在施工生产中应根据工作条件、工作环境和技术要求，推广选用合适的方法，达到最佳的综合效益。

五、新型模板与脚手架应用

模板和脚手架是钢筋混凝土结构建筑施工中量大面广的重要施工工具。模板工程一般占钢筋混凝土结构工程费用的20%～30%，劳动量的30%～40%，工期的50%左右。因此，促进模板和脚手架工程的技术进步，是减少模板工程费用，节省劳动力，降低混凝土结构工程费用的重要途径。改革模板、脚手架技术一直是国内外普遍重视的一个研究课题。

20世纪70年代初，我国建筑结构以砖混结构为主，约占各类结构的80%左右，建筑施工用模板以木模板为主。20世纪80年代初，各种新结构体系不断出现，钢筋混凝土结构迅速增加，到了20世纪80年代中期，随着建设规模迅速扩大，预制混凝土量大量减少，现浇混凝土结构猛增，如全国钢筋混凝土结构约占55%（其中现浇混凝土结构占70%左右），砖混结构约占30%～40%，因此，现浇混凝土模板的需要量也剧增。由于我国木材资源十分贫乏，难以满足基本建设的需要，在“以钢代木”方针的推动下，由原冶金部建筑研究总院等单位联合研制成功了组合钢模板先进施工技术，改革了模板施工工艺，节省了大量木材，取得了巨大经济效益。至1997年，全国建立钢模板厂500余家，形成年生产能力约3250万m^2；全国钢模板使用量达4500多万m^2，推广使用面占70%左右。建立各类钢模板租赁站3000余家，年经营总额达9.5亿元以上，以钢代木，节约木材量约2500万m^3，推广应用组合钢模板是我国模板工程的一次重大技术进步。

20世纪90年代以来，我国建筑结构体系又有了很大发展，首先是高层建筑和超高层建筑大量兴建，如北京、上海、广州、深圳等地都兴建了大批超高层建筑。第二是大规模的基础设施建设，如长江三峡工程、黄河小浪底、二滩水电站工程；秦山、大亚湾核电站工程；宝钢二期工程；齐鲁、扬子大型石化工程；以及京九铁路工程等。第三是城市交通和高速公路的飞速发展，需要建造大量桥梁，隧道和立交桥。这些现代化的大型建筑体系，工程质量要求高，施工技术复杂，施工工期要求紧，迫使我国建筑施工技术必须进行重大改革，同样，对模板、脚手架技术也提出了新要求，必须采用先进模板、脚手架体系，才能满足现代建筑工程施工的要求。20世纪90年代以来，我国不断引进国外先进模板、脚手架体系，同时，也研制开发了各种新型模板、脚手架。

国家科委和建设部对新型模板、脚手架的推广应用十分重视，尤其是1994年新型模板、脚手架应用技术被建设部选定为建筑业重点推广应用10项新技术之一以来，新型模板和脚手架的研究开发和推广应用工作，取得了重大进展，在国内很多示范工程和重点工程中均已大量应用，取得显著经济效益和社会效益。

几年来，新型模板和脚手架已在全国大中城市的许多重点工程中大量应用，在“全国建筑业新技术应用示范工程”中，大部分示范工程均采用了新型模板和脚手架，并取得显著经济效益。

（一）国外模板和支承系统技术的发展动向

近10年来，国内外模板和支承系统技术都有了较大的发展，我国一些科研、模板公司、施工企业等单位，在开发和研制新型模板和脚手架中，做了大量工作，取得了一定成绩，使新型模板和脚手架已在国内很多工程中大量应用，但是，我国模板技术水平和工业化程度与国外经济发达国家的差距较大。下面介绍国外模板和支承系统技术的发展动向，作为我国推广应用新型模板和脚手架技术的借鉴。

1. 模板工程技术的发展

(1) 模板规格的体系化

模板工程是随着混凝土工程同时发展起来的，有相当长的历史。最初的模板是采用木散板，按结构形状拼装成混凝土的成型模型，20世纪初，开始出现了装配式定型木模板，施工时可按结构形状在现场拼装，拆模后可周转使用。20世纪50年代后半期，又出现了大型模板，采用机械吊装。20世纪60年代初，组合式定型模板在工程中开始应用，由于其具有装拆灵活、通用性强、周转次数多、应用范围广等特点，所以已发展成为当前主要的模板形式。

20世纪70年代以来，欧美、日本等国的模板规格已形成了各具特色的模板体系。如适用于各种浇灌混凝土墙体的大模板体系；适用于各种混凝土结构的组合式模板体系；适用于浇灌混凝土楼板、平台的台模体系；适用于同时浇灌混凝土墙体与楼板的隧道模板体系；适用于筒体结构和高层建筑的滑动模板、爬升模板及提升模板体系；以及适用于坝堤施工的悬臂模板体系等。当前模板工程中，大模板体系和组合式模板体系的应用范围最广，使用量最多。

(2) 模板材料的多样化

最早的模板是用木材制作的，1908年美国最先使用钢模板，并且很快传入其他国家。日本在二次大战后从美国引进钢模板，1957年后钢模板大量推广应用，至今日本组合式钢模板的拥有量仍达到1000多万m^2。

木胶合板模板在欧美等国很早已开始应用。日本是在二次大战后从美国引进的，但由于胶合板模板在胶粘剂及其性能等方面的问题未解决，直到1965年才开始大量应用，并制订了木胶合板模板标准。由于经过酚醛树脂薄膜复合处理的模板具有材质轻、易加工、板面大、可多次重复使用等特点，目前木胶合板模板和钢框木胶合板模板已成为应用最广泛的模板形式。在经济发达国家，其施工使用面约占60%左右。

20世纪60年代初，美国又研制了铝合金模板，20世纪70年代，美国国际房屋有限公司生产了一套用铝合金铸造成型的Contech铸铝合金模板体系。这种模板具有重量轻、刚度好、使用寿命长、能多次周转使用、模板精度高、表面可带装饰图案等特点，所以在中东、东南亚、美洲、非洲等50多个国家和地区得到应用，其不足之处是价格过高。

20世纪60年代中期，日本开始使用ABS树脂制作塑料模板，这种模板的特点是表面光滑、易于脱模、重量轻、耐腐蚀等，还有其他模板不易做到的特点，即它能根据设计要求，形成独特的混凝土形状。但由于存在强度低、刚度小、价格比较高等缺点而未能大量应用。目前主要用于浇筑双向密肋楼板的塑料模壳，用于装饰混凝土表面的塑料衬模，以及其他特殊用途的模板。除此之外，还有采用玻璃钢、耐水纸、橡胶、纺织品等材料制作成的模板和骨架。随着新型材料的不断出现，模板将日益向轻质高强方向发展。

(3) 模板使用的多功能

为节省劳动量、缩短整个工程的工期和提高经济效益，模板使用也正在向多功能发展。如国外已开始将瓷砖等装饰材料和耐热砖等隔热材料预先贴在模板面上，浇灌混凝土后，使瓷砖或耐热砖与混凝土连成一体。还有一种树脂砂浆加衬模板，在拼装的大模板上喷涂一层厚3mm的树脂砂浆，脱模后，模板上的砂浆层会吸附在混凝土面上，这种加衬层的特点是既代替了脱模剂，又保护了模板面和混凝土面，还可以提前脱模，如果在砂浆中加入颜料，即可作为混凝土面的装饰面层，上述这些方法，将模板工程与装饰工程相结合施工，可简化装饰工程，保证质量，缩短工期，降低费用。

透光模板已被日本一些工程采用，这种模板的特点是能通过半透明的模板，用目测了解混凝土的浇筑和捣实情况、钢筋与预埋件的位移状况和模板受力情况，从而保证混凝土工程质量。

透水模板在英国、瑞典、澳大利亚都已得到应用。日本建筑业对透水模板的研究和开发更加重视。透水模板是在模板上打许多小孔，模板里侧粘一层聚酯类特殊织布。使用这种模板能排出混凝土里的空气和多余水分，从而能降低混凝土的水灰比，提高密实度和耐久性，减轻对模板的侧压力，简化支模工艺，减少支模用料。所以，虽然增加了渗透层的材料费用，但工程费用还可以低于常规模板，且工程整体质量好。

美国正在应用一种新型柔性充气模板。这种模板适合于做成几何形状比较复杂的曲面壳体结构，模板装拆十分方便，施工速度快，用压缩空气充模代替模板支架，可以节省大量支架材料和装拆用工，综合经济效益较好。美国已用这种模板施工了数百个壳体结构，今后将会得到更快的发展。

还有一种密肋网眼钢模板，是由厚0.4~0.75mm镀锌钢板冲压成单向的V形密肋和立体网格的钢板。主要用作混凝土的一次性模板，兼作部分配筋，还可以作竖向施工缝的挡板，能起到强化结构、简化模板施工工艺的作用。法国有一家模板公司，已研制成在工厂加工的网眼钢板墙体模板，到现场安装速度可比一般模板提高4倍，浇灌混凝土后外装饰层可采用石膏板或其他贴面层。

(4) 模板生产的工业化

经济发达国家的模板公司，不仅能设计、制作模板，还能生产配套附件、支承系统、辅助材料和专用工具等。生产工艺先进，关键生产工序均采用自动化、机械化作业，产品质量不是以手工操作来控制，而是靠工装设备来控制，所以产品质量稳定可靠。如模板钢框的拼装焊接，采用全自动多头焊，只需要一个人操作即可完成。另外，国外大型模板公司已发展为集团公司，其中包括子公司和姐妹公司等组成，由于专业化生产可以提高模板生产工业化程度，生产工艺达到自动化和机械化，形成规模生产，并可以确保产品质量。

(5) 模板管理的科学化

经济发达国家的模板制作已发展成为独立行业，形成了各类专业公司，如美国的Patent，Symons，德国的Hunnebeck，Perl，Noe，奥地利的Doka，英国的SGB，Mice，法国的Uniform，瑞典Abm等模板公司，这些公司大都集团化经营，如德国呼纳贝克模板公司，既是蒂森集团公司的成员，本公司又由8个子公司、一批姊妹公司和50多个租赁公司组成，集团化经营可以提高企业的竞争能力，有利于专业化生产，有利于改进产品设计，提高产品质量。从公司和管理机构来看，模板公司总部的管理人员约占公司总人数的7%，其中负责产品设计开发和质量管理；负责产品销售，配板设计，技术培训和现场指导等两个部分的人员力量最雄厚，约占公司总部人员的60%，而且都是精通模板设计和技术水平较高的技术人员。

2. 模板支承系统的发展

(1) 模板支承系统的工具化和多样化

模板支承系统是随着模板工程技术进步而相应得到发展的。目前，许多国家的支承系统已发展成为各具特色的施工工具，形成各种系列产品。

长期以来，与木模板工程配套的支承系统，普遍使用木支撑或竹支撑。20世纪初，英国首先应用了用连接件与钢管组成的钢管支架，并逐步完善发展为扣件式钢管支架。由于这种支架具有加工简便、拆装灵活、搬运方便、通用性强等特点，很快推广应用到世界各国。目前在许多国家已形成各种形式的扣件式钢管支架，并成为当前应用最普遍的模板支架之一。

20世纪30年代，瑞士发明了可调钢支柱，这是一种单管式支柱，利用螺管装置可以调节钢支柱的高度。由于这种支柱具有结构简单、装拆灵活等特点，在各国都已得到普遍应用，其结构形式有螺纹外露式和螺纹封闭式两种。与螺纹外露式钢支柱相比，螺纹封闭式钢支柱，具有防止砂浆等污物粘结螺纹，保护螺纹，并在使用和搬运中不被碰坏等优点。所以，螺纹封闭式钢支柱在欧洲一些国家应用较普遍。80年代以来，为增加钢支柱的使用功能，不少国家在钢支柱的转盘和顶部附件上作了改进，使钢支柱的使用功能大大增加，还有的在底部附设了可折叠的三角架，使单管式支柱可以独立安装，更有利于钢支柱的装拆施工。

20世纪50年代以来，美国首先研制成功了门形支架（门式脚手架），由于它具有装拆简单、承载性能好、使用安全可靠等特点，所以发展速度很快。到了20世纪60年代初，欧洲、日本等国家先后引进并发展了这种脚手架，并形成了各种规格的门形支架体系。在法国、德国、意大利等国家还研制和应用了与门形支架结构形式基本相似的梯形、四边形和三角形等模板支架体系。目前在欧洲、日本等国家，门式支架的使用量最多，约占各类支架的50%左右，各国还建立了不少生产各种门式脚手架体系的专业公司。

20世纪60年代以来，承插式钢管支架得到大量开发和应用。这种支架结构形式与扣件式钢管支架基本相似，只是在立杆上焊接多个插座，替代了扣件，避免了螺栓作业和扣件丢失，用横杆和斜杆插入插座，即可拼装成各种尺寸的模板支架。这种支架的种类繁多，使用功能也不一样，在欧洲各国应用较普遍，东南亚和我国也有应用。其中，英国SGB公司研制的碗扣式支架在设计和技术上都较先进，它可以在1个碗形插座内，同时连接4个方向的横杆或斜杆。近几年，德国又研制了一个插座上可以同时连接8个不同方向的横杆或斜杆的承插式多功能支架。据德国专家介绍，这种支架比碗扣式支架更先进。

(2) 改进支承系统，发展早拆支撑体系

为了能将楼板和梁底模板提早拆模，以加速模板周转，减少模板置备量，节省模板购置费，降低模板施工费用。目前，许多国家都在积极采用和发展早拆支撑体系。所谓“早拆支撑体系”就是在楼板或梁的混凝土构件未达到拆模强度时，用一部分支柱顶撑住混凝土构件，而将其他支柱和模板等提前拆除的一种施工方法。

目前采用的早拆支撑体系主要有两种形式。一种是日本等国家利用可调钢支柱作改进，在钢支柱的顶部增设一个带双翼的螺杆升降头，将此钢支柱作为晚拆支柱，这种升降头的顶板可以直接与梁、板混凝土接触也可以直接顶撑住专用钢模板。双翼上放钢管或钢梁，模板放在钢管或钢梁上。当梁、板混凝土达到一定强度时，一部分带升降头的钢支柱仍支撑住楼板或梁底混凝土，其他楼板模板和梁模及其他钢管、钢支柱可以提前拆除，待混凝土强度达到设计拆模要求时，再拆除带升降头的一部分钢支柱。

另一种是英国、德国等国家利用门式支架、承插式钢管支架等各种模板支架，在其主杆的柱头上附设一个滑动式升降头，组成早拆支撑体系。支撑时将升降头的顶板直接支撑住梁、板混凝土，托梁两端挂在升降头的两翼上，模板安放在托梁上。当梁、板混凝土达到一定强度时，即可拆模，拆模时用锤敲击升降头的斜板，托梁和模板随斜板一起下降，与混凝土脱离，然后将模板和托梁逐块拆除，一部分支架可以先行拆除，另一部分支架仍保留在原来位置，当梁、板混凝土达到设计强度时，再拆除这部分支架。

(3) 改进模板结构，简化支承系统

组合式模板是最主要的模板形式之一，其中组合式钢模板和组合式钢框胶合板模板是当前应用最多的两种。组合式模板根据模板面积的大小和重量的轻重，可分为轻型和重型两种。轻型组合式模板已有80多年的历史，由于其边框是板式实心截面，边框截面高度为55~80mm，模板板块本身的刚度较小，模板面积不能过大。如55mm边框的组合式钢模板安装时，必须在模板背面配置纵横钢楞，板块尺寸越小，配置的钢楞和支撑等配件的数量越多，模板装拆越费工。为此，国外模板公司的组合式模板，边框截面厚度和高度越来越大，以增加模板的刚度，减少支撑系统用料。这样虽然模板的价格增加了，但由于减少支承系统材料和装拆用工，模板工程的费用还是降低了。

20世纪80年代以来，有不少国家对轻型组合式模板的结构进行了改革，边框采用箱形空心截面，边框截面高度为100~140mm，宽度为50mm左右。由于这种模板框架的强度和刚度很大，可承受混凝土侧压力60~90kN/m^2，模板面积大，最大一块模板面积可达7.2m^2，最大拼装模板面积可达40m^2。这种模板的框架完全可以替代钢楞，安装模板时，模板的支承系统可以大大简化，只需用连接件直接将相邻模板的框架固定，不需安装钢楞，模板装拆更加方便，施工费用可以降低，进度可以加快。

目前，框架材料除采用钢材轧制成型外，还有采用铝合金型材，使模板重量减轻，便于工人操作。如德国的Topec模板体系，该模板采用铝合金框架，面板为厚18mm的覆面木胶合板，标准板规格为1800mm×900mm，每块模板面积可达1.6m^2，而每1m^{2}模板重量仅13kg。这种模板主要用作楼板、平台等模板工程，由于框架的刚度和强度大，安装模板时不用钢楞和连接件，支承系统很简单，只需用钢支柱支撑在铝框架的四角处，仅用1~2人就可以进行装拆作业，施工速度快，使用方便，工程质量也好。

(二) 我国新型模板的发展动向

1. 各种材料模板的研究和开发

20世纪80年代以来，我国在推广应用组合钢模板的同时，不少单位研究和开发了各种材料的模板，在各地工程中得到不同程度的应用，取得一定的效果。虽然，这些模板由于存在各种问题，没有得到大量推广应用，但是，在探索适合我国国情的新型模板工作中，起了很重要的作用。

(1) 塑料模板

1982年宝钢工程指挥部和上海跃华玻璃厂联合研制成“定型组合式增强塑料模板”，于1983年3月通过部级鉴定。这种模板选用玻璃纤维增强的聚丙烯为主要原料，注塑成型。模板结构和规格尺寸与钢模板基本相同，通过宝钢10多项工程应用，受到施工人员的好评。1984年常州市建筑科学研究所与东方红塑料厂联合研制成塑料模板，于同年7月通过省级鉴定。1985年无锡市塑料五厂也研制成了塑料模板，于同年4月通过市级鉴定。

塑料模板的优点是重量轻、导热系数小，耐腐蚀性好；表面光滑，易脱模；回收率高，加工制作简单等。缺点是模板的强度和刚度较低，耐热性和耐久性较差。尤其是塑料原材料供应不足，而且价格高，影响其推广应用。塑料模板较适宜于在地下工程、矿井、海堤坝等工程中使用。

(2) 铸铝合金模板

1985年北京市第二建筑公司引进美国Contech铸铝合金模板，在北京建造了几幢多层住宅试验楼。1986年北京铸铝制品厂与北京市二轻建筑公司合作，在学习美国Contech模板的基础上，研制成了稀土铸铝合金模板，并于同年12月通过市级鉴定。

这种模板主要由于铝原材料非常缺乏和铝价格十分昂贵，模板一次性投资很高。所以，不可能大量推广应用，至今在北京地区用于多层、高层住宅和工业厂房等工程约4万m^2。

(3) 玻璃钢圆柱模板

1985年12月，北京市建筑工程研究所和北京市六建公司联合研制的玻璃钢圆柱模板通过市级鉴定。这种模板采用玻璃纤维布为原材料，不饱和聚酯树脂为胶粘剂。其优点是重量轻，施工方便；易脱模，表面光滑；易成型，加工制作简单；强度高，可多次使用。缺点是通用性差，一种规格模板只能用于一种直径柱子；模板价格较高，玻璃钢材料主要适用于小曲率圆柱模板和玻璃钢衬模等。

(4) 中密度纤维板模板

1987年广东省建筑科研设计所研制成中密度纤维板模板，由三联建筑模板有限公司生产。这种模板的优点是在模板表面涂布一层纤维布，从而提高模板的强度和防水性能，改善模板的脱模能力；模板易于脱模，混凝土表面质量好；模板面积大，重量轻，使用较方便。缺点是中密度纤维板本身强度和刚度较低，防水性能较差，模板使用寿命较短，所以在一些工程应用后，未能得到大量推广应用。

(5) 砂塑板和木塑板模板

1988年昆明工学院研制出以废砂、炉渣、矿渣、石英砂等为主要原材料，以废塑料为胶粘剂的复合材料。可用来做地砖、装饰板、包装箱板、隔墙板、排水管等。昆明建筑安装公司曾用来试制建筑模板。另外，湖南邵东县复合材料厂生产一种木塑板，以木屑、茶子壳为主要原材料，以废塑料为胶粘剂。江西建筑机械厂曾用它们来试制钢框覆面模板。

上述二种模板的优点是模板材料均为废料，利废为宝；当时模板价格很低，砂塑模板每1m^2价格为25元左右，木塑模板每1m^2价格为17元左右；模板一次热压成型，加工工艺简单；表面光滑，脱模性能好。缺点是模板的强度和刚度较差，使用寿命较短。因此，也未能推广应用。

最近，常州威士顿有限公司引进了韩国生产技术，开发研制了一种耐磨性、耐腐蚀和防水性都较好的木塑板与竹（木）胶合板复合成混凝土模板。这种模板基材为竹（木）胶合板，强度和刚度较好，板面为木塑板，表面质量较好，使用寿命大大提高，使用效果还有待工程实践。

（6）覆面麻屑板模板

1986年原冶金部建筑研究总院与兰西县焊接设备厂联合研制了钢框覆面麻屑板模板，1987年2月通过技术论证。

我国黑龙江、宁夏、新疆等地区的亚麻资源十分丰富，年种植面积约3000万亩，年产麻屑约90万t，目前约有1/3用来生产刨花板，其余2/3当作燃料烧掉，如果用来生产麻屑板，可以加工14200万m^2。覆面麻屑板模板的主要优点是利用生产亚麻纤维的废料——麻屑模压成板材，不仅可节省钢材和木材，而且能利废为宝，降低模板成本。只要继续加大技术开发和投资，麻屑板的强度、刚度、表面硬度、防水性能等均能满足建筑模板的要求。所以，麻屑板是一种有发展前途的新型模板材料。

其他材料的模板，也曾在一些工程中应用过，如山东淄博的某个工程中，曾采用过透水模板，用50mm原木模板或胶合板作模板，里面钉细白布作过滤布，柱模混凝土浇灌1h左右即可拆模。在黑龙江的部分工程中，曾用橡胶布制充气模板来施工壳体结构。密肋网眼钢模板在上海一些工程中用于混凝土竖向施工缝的挡板，目前深圳市已批量生产。

2. 新型模板的开发和推广应用

自从1994年新型模板、脚手架应用技术被建设部选定为建筑业重点推广应用10项新技术之一以来，新型模板的研究开发和推广应用工作取得较大进展。随着各种新型模板的开发和推广应用的实践，被选定的新型模板的内容也不断作了调整。在目前的10项新技术中，新型模板的内容是指：

——钢框胶合板模板；

——中型钢模板；

——钢或胶合板可拆卸式大模板；

——塑料或玻璃钢模壳等工具式模板及其支撑体系。

现将被建设部选定的几项新型模板发展动向介绍如下：

（1）木胶合板模板

木胶合板模板是国外应用最广泛的模板形式之一，经酚醛覆膜表面处理的木胶合板模板，具有表面平整光滑、容易脱模，耐磨性强，防水性较好；模板强度，刚度较好，能多次周转使用；材质轻，适宜加工大面模板等特点，可适用于墙体、楼板等各种结构施工。

20世纪90年代以来，国内一些人造板厂开发了素面木胶合板模板，由于表面未经覆面处理，模板价格较低，因此在许多大城市的重点工程和示范工程中都大量应用，使用效果也较好。但是，由于表面未经覆面处理，模板使用寿命较短，一般只能使用6~7次，同时也不适宜于用作钢框胶合板模板的面板。近几年，已有一些人造板厂利用国内生产条件，开发出高质量的酚醛覆面木胶合板模板，这种模板不仅在表面平整度、厚薄均匀度和使用寿命等方面均优于竹胶合板模板，同时价格与竹胶合板模板相当，因此，覆面木胶板模板及无框木胶板模板体系应是重点推广应用的一种模板。

（2）竹胶合板模板

竹胶合板是充分利用我国丰富竹材资源，自行研制的一种新型模板材料。我国是世界上竹材资源最丰富的国家之一，竹材面积占世界的1/4，竹材年产量占世界的1/3。竹林产区分布较广，主要产地在华东、中南和西南地区，其中以福建、湖南、浙江、江西等省的竹材资源最丰富。竹材生长期短，一般 3 年左右即可成材，并且一次种植，可多次砍伐。

竹胶合板的物理力学性能也较好，它的强度、刚度和硬度都比木材高，而其收缩率、膨胀率和吸水率都低于木材。另外，竹胶合板不仅富有弹性，而且耐磨耐冲击，使用寿命长，能多次周转使用。

目前全国有竹胶板生产厂家约 170 多家，其中能生产覆膜竹胶板模板的厂家约 80 多家，年产能力约 750 万 m^2。据调查统计，1994 年竹胶板模板的年产量为 215 万 m^2，1995 年为 300 万 m^2，1996 年为 420 万 m^2，1997 年为 530 万 m^2，1998 年仍保持增长势头，年增长率为 35%左右，发展速度很快。

我国竹胶合板模板的产品质量仍属中低档水平，与芬兰维沙模板相比差距较大，主要问题是厚薄不均，表面色差大，板面有凹陷或麻点，存在不同程度的开胶等缺陷。使用寿命也较短，一般周转使用 20 次左右，如果管理不严的话，使用次数还要少，而国外的竹胶板模板可以周转 100 次左右。近几年，竹胶合板模板被建设部列入新型模板推广应用后，推广应用量越来越大，生产厂家越来越多，产品质量也越来越差。据生产厂家讲，这几年的产品质量明显下降，前几年生产的竹胶合板模板能在工程中使用 40 多次，现在的竹胶合板模板只能用几次就不行了。造成产品质量下降的主要原因：一是激烈的市场竞争，使一些厂家为了抢占市场，采用偷工减料等手法，低价进行竞争，忽视产品质量；二是盲目扩大生产，少数厂家不顾市场容量，大量并厂或增加生产线，忽视产品质量的管理；三是只图眼前利益，没有较大的技术和设备投入，大部分厂的技术力量薄弱，质量检测手段也落后。

目前，许多施工单位在重点工程或示范工程中采用竹（木）胶合板作为新型模板，与建设部的要求还有一定距离。许多工程中只使用竹（木）胶合板作模板，没有配套的“可拆卸式”的支撑和连接件，没有达到“无框胶合板模板体系”的要求。

(3) 钢框胶合板模板

钢框胶合板模板是指钢框与竹（木）胶合板组合的一种模板，这种模板采用模数制设计，横竖都可拼装，使用灵活，适用范围广，并有较完整的支撑体系，可适用于墙体、楼板、梁、柱等多种结构施工，是国外建筑工程中，应用最广泛的模板形式之一。

钢框胶合板模板根据模板面积大小，可分为大、中、小型三种，中、小型模板的边框是板式实心截面，边框截面高度为 63 ~ 80mm，由于模板面积小，重量轻，适宜于手工操作，装拆比较灵活方便。20 世纪 80 年代以来，不少国家开发大型模板，边框采用箱形空心冷弯型钢，边框截面高度为 100 ~ 140mm，由于这种模板框架的强度和刚度较大，模板面积可以扩大，并且可以替代钢楞，安装模板时，只需用连接件直接将相邻模板的框架固定，接缝处安装短钢楞，模板支承系统大大简化，装拆方便，支承用料省，施工速度快。

我国钢框胶合板模板的研究和开发工作搞了 10 年左右，从面板材料、模板设计、施工技术等方面取得了较大进步。我国新型模板的边框截面高度有 55mm、70mm、75mm、78mm 等多种规格，这些都属中、小型模板，55 型模板可与钢模板通用，连接件简单，但边框高度和厚度受到限制，模板刚度小，加工面积不宜过大，这种模板仅为过渡性模板。另外，70、75、78 型几种模板的截面高度相差不大，规格太多不利于生产厂和施工企业的应用，最近，组织编制的《钢框竹胶合板模板》（JG/T3059—1999）标准中，选定边框高度为75mm。

钢框竹胶合板模板在1994～1996年曾得到大量应用，但在1997年以后，使用量明显减少，不少生产厂纷纷转产。为什么钢框胶合板模板在国外经济发达国家较长时间内一直是主导模板，而在我国仅推广应用几年就减退呢？是这项技术不先进，还是不适合我国国情呢？当然不是，我们认为主要原因是：

1）我国钢框竹胶合板模板的使用寿命与国外钢框胶合板模板的差距较大。国外木胶板面板可以周转使用100次左右，而竹胶合板面板只能周转使用30次左右；国外钢框型材采用低合金钢，可以使用20年，我国钢框型材为普碳钢，只能使用3～5年。因而，目前我国钢框竹胶合板模板的使用寿命不能满足一个工程的周转使用要求。

2）由于竹胶合板的厚度公差较大，热轧钢框型材的精度也难控制，两者配合公差很难达到要求，拼装后的钢框竹胶合板模板质量更难以保证。

3）我国钢框竹胶合板模板的品种规格不全，各种连接件、附件也不配套，有些关键技术没有完全掌握，加工工艺和设备也较落后。

4）在技术上尚有其他一些问题没有解决，在产品质量管理和施工使用管理上也存在不少问题。

（4）中型钢模板

中型钢模板也可称宽面钢模板，目前有55型和70型两种，由于55型钢竹模板的强度和刚度较小，使用寿命不长，价格比钢模板还贵，因此，一些钢模板厂结合工程需要，开发了55型宽面钢模板。这种模板具有模板面积较大，施工工效高，拼缝少，使用寿命长，价格也较低等特点，所以，在一些工程中应用后，很快得到施工企业的欢迎。这种模板可与组合钢模板配套使用，应用范围广，是钢模板技术的进一步发展。这种模板的规格为长度有1800mm、1500mm、1200mm、900mm和600mm五种，宽度有600mm、550mm、500mm、450mm、400mm五种。肋高为55mm，其连接件和支承件可与组合钢模板通用。1997年中国模板协会在太原召开全国钢模板技术和质量工作会，会上对宽面钢模板作了重点交流和推广，会后协会又作了大量工作，首先进行国家标准《组合钢模板技术规范》修订，将宽面钢模板的规格、标准等扩充到国家标准中，使宽面钢模板的生产和应用得到规范化。其次，组织有关钢模板专用设备厂，研制出宽面钢模板专用轧机。再次，组织有关厂家开发出宽面钢模板修复机，帮助施工和租赁单位解决维修问题。使宽面钢模板推广应用发展很快，由3个生产厂发展到30多个厂，在不少工程中大量应用。

70型钢模板是北新施工技术研究所结合钢框胶合板模板和组合钢模板的特点，研究开发的一种新产品。模板的长度规格有1500mm、1200mm、900mm三种，宽度有600mm、300mm两种标准块，有250mm、200mm、150mm、100mm四种非标准块，这种模板可适用于各种现浇混凝土结构工程，与组合钢模板相比具有以下特点：

1）刚度大。由于肋高为70mm，截面惯性矩大一倍以上，能满足侧压力50kN/m^{2}的要求；

2）用钢省。由于边肋刚度大，整体受力性能好，拼装模板的连接件和支撑件省，综合用钢量可比组合钢模板节省15%左右；

3）工效高。由于模板和配件的数量少，拼装速度快；

4）使用寿命长。由于模板的整体刚度较大，能散装也能拼装大模整体吊装，使用寿命可达到200次左右。

(5) 塑料和玻璃钢模板

塑料模板具有表面光滑、易于脱模，重量轻，耐腐蚀性好，回收率高，加工制作简单等特点。另外，它允许设计有较大的自由度，可以根据设计要求，加工各种形状或花纹的异形模板。我国自1982年以来，先后在上海、江苏、天津等地的施工工程中，推广使用过塑料平面模板，由于它存在强度和刚度较低，耐热性和耐久性较差，价格较高等缺点，没有能大量推广应用。目前，主要生产塑料模壳，用于双向密肋楼板工程。

中国二十二冶轧钢厂也正在研制和开发以聚丙烯为基体，以玻璃纤维为增强材料的一种硬质增强塑料模板，经过三年多的研制工作，其物理力学性能指标基本上达到标准要求，静曲弹性模量等指标还优于美国和韩国的硬质增强塑料模板。这种模板的特点是板面平整光滑，厚薄均匀；使用寿命长，可周转使用100次以上；模板修复方便，报废模板可以回收，有利于环境保护；重量轻，施工方便。

玻璃钢模板是采用玻璃纤维布为基材，不饱和聚酯树脂为胶粘剂，利用模具加工的一种模板。它具有重量轻，施工方便；易脱模，表面光滑；易成型，加工制作简单，强度高，可多次重复使用等特点。由于原材料价格较贵，目前主要生产玻璃钢模壳和小曲率圆柱模板。

(三) 各种模板施工方法的新发展

在组合钢模板大量推广应用的同时，其他各种模板施工技术也得到了很大发展，在不同地区开发和应用了不同模板施工方法。在重新颁发的10项新技术中，要求因地制宜地发展多种支模方法，如台模、滑模、爬模、筒模、大模板、隧道模等各种施工方法和专用工具，推广工具式大模板和楼板模板的快拆支撑体系。

(四) 我国新型脚手架的发展动向

我国长期以来普遍使用竹、木脚手架，20世纪60年代以来，研究和开发了各种形式的钢脚手架。但是，其技术水平较低，使用功能单调，安全保证较差，施工工效低。随着高层建筑和大规模基础设施建设的发展，作为主体工程和外装饰工程必须的施工工具——模板支架和外脚手架正在不断进行改革，各种脚手架的施工技术也有新的发展。

钢脚手架大致可分为固定式组合脚手架、移动式脚手架和吊脚手架三大类，其中固定式组合脚手架又包括钢管脚手架和框式脚手架两大类。

1. 钢管脚手架（又称单管脚手架），是各国应用最广泛的脚手架之一。根据其连接方式的不同，又可分为扣件式、承插式等多种钢管脚手架。

2. 框式脚手架有门型、梯形、三角形等多种形式，其中门型脚手架在欧美、日本等国使用量最多，约占各类脚手架的50%左右。

六、建筑节能和新型墙体应用

随着国民整体素质的提高，改善居住舒适条件，提高能源利用率越来越受到重视；建筑能耗占社会能耗的比重很大，目前，我国一年的能耗约为13亿t标准煤，其中城市建筑的建造与能耗一般占全社会总能耗的13%以上，连同墙体材料生产能耗共占总能耗的20%左右。采暖地区（三北）的建筑能耗约占总能耗的25%，因此，建筑节能与墙体应用技术是我国能源可持续发展战略的重要组成部分。

建筑能耗包括；采暖、空调、热水供应、炊事、照明和其他家电等方面的能耗。

建筑节能，是以节约建筑能耗为核心，对建筑物围护结构和采暖（空调）系统进行控制。对于我国采暖地区，是在 1980 ~ 1981 年当地通用建筑设计标准的基础上，对建筑物围护结构和采暖（空调）系统进行改革，既改善我国居民的居住环境条件，又满足节约能源的需要。

新型墙体应用技术是针对我国东部及中部缺土地区禁用我国多年来使用的传统建材——实心粘土砖，用新型墙体材料取代，节约土地资源。

建筑节能与新型墙体应用技术均是以可持续发展为目标，使有限的资源得到合理利用。它们包括五个方面：

1. 小型空心砌块建筑体系

粘土砖不仅消耗大量能源，还要消耗大量不可再生的土地资源，为了减少土地资源的浪费，发展小型空心砌块，提高砌体建筑的保温隔热效果势在必行。

小型空心砌块是采用砂、石、工业矿渣、煤矸石、粉煤灰、尾矿和石屑为骨料，以硅酸盐水泥为胶结料，经破碎、筛选、配料，加入少量外加剂，经搅拌、振动、挤压成型的一种建筑材料产品，以此为承重或非承重材料建造建筑物。

2. 框架轻墙建筑体系

采用异形柱框架结构或整体预应力板柱结构体系，开发轻质保温隔热墙体材料，提高围护结构的保温隔热效果。

其特点：框架承受荷载，外墙板及屋盖保温防水系统仅起围护构件作用，因此可以充分利用轻质保温材料，达到保温隔热作用。

3. 外墙外保温隔热技术

外墙外保温即是对建筑物外围护结构与空气接触部位进行保温处理的一种施工方法。

4. 节能保温门窗和门窗密封技术

在围护结构的能量散失消耗中，门窗约占 1/2，因此门窗的保温和密封性能直接影响到节能效果。

推荐使用保温性能好的塑钢材质等优质门窗和优质密封条，逐渐淘汰保温性能差的劣质钢窗。

5. 高效先进的供热制冷系统

应用先进的高效锅炉、鼓风机、水泵、散热器和制冷（热）设备；使用直埋式保温管道，水力平衡阀和双管管网系统；按户安装热表，分室控制温度，以提高热效率，节约能源，提高居住热舒适度。

（一）国内外建筑节能的发展状况

20 世纪 70 年代中期，由于国际石油危机的出现，人们开始重视能源的利用，节约能源渗透到社会的各领域，建筑领域出现了建筑节能，它推动了建筑业各项技术的发展。

1. 建筑节能的发展阶段

在发达国家，建筑节能经历了三个阶段：

第一阶段：energy saving in buildings

即在建筑中节约能源，就是我们所说的建筑节能。

第二阶段：energy conservation in buildings

即在建筑中保持能源，减少热损失。

第三阶段：energy efficiency in buildings

即提高建筑中的能源利用率，是积极意义上的节能。

我国从20世纪80年代初开始重视建筑节能，我们所说的建筑节能实际是发达国家的第一阶段，但专家们均叫 energy efficiency in buildings，希望我国的建筑节能向提高能源的利用率方向发展。

2. 建筑节能与环境的关系

发展建筑节能的另一原因是人类环保意识的提高，保护环境，改善人类生存空间的环境质量，有利于人类身体健康。

固体燃料燃烧，放出大量有害物质，是大气污染的主要原因。

如法国采暖能源中，电力占50%，天然气占40%，煤和石油等其他燃料只占10%。

荷兰的主要能源中，天然气占46%，石油占46%，煤占6%，其他占2%；家庭能源消耗占整体的30%。天然气被家庭直接用于供暖和烧煮，只有4%的住宅没有天然气。

我国采暖能源是以煤为主，约占3/4，其他燃料只占很少，采暖期间，燃煤造成的空气污染十分严重，总悬浮颗粒、二氧化硫、氮化物严重超标，造成环境污染。

如果在生活中（特别是采暖和空调）减少能源的消耗，就可以减少有害气体的排放，保护环境。

3. 采暖系统的热效率

法国采暖系统：20世纪70年代初，供热锅炉的热效率为65%~70%；

20世纪80年代，其热效率提高到70%~75%；

近10年，其热效率提高到80%以上。

我国：1980~1981年供热锅炉的热效率为55%（即基础值）；

1986~1995年要求供热锅炉的热效率为60%（即节能30%）；

1996~2004年要求供热锅炉的热效率为68%（即节能50%）。

4. 围护结构

发达国家一般采用高效节能的保温材料复合而成的墙和屋面，使用保温和密封性能好的多层窗，并规定围护结构的传热系数，以此达到建筑节能的目的。

我国根据采暖地区不同，围护结构传热系数规定值不同，见表1-5。

围护结构传热系数规定值表　　**表 1-5**

	外墙	屋面	外窗
80—住2	1.57W/（m²·K）	1.26W/（m²·K）	6.40W/（m²·K）
节能30%	1.28~1.61W/（m²·K）	0.91W/（m²·K）	3.26~6.40W/（m²·K）
节能50%	0.86~1.16W/（m²·K）	0.60~0.80W/（m²·K）	2.20~4.00W/（m²·K）
哈尔滨地区：			
节能30%	0.73~0.84W/（m²·K）	0.64W/（m²·K）	2.09~3.26W/（m²·K）
节能50%	0.40~0.52W/（m²·K）	0.30~0.50W/（m²·K）	2.50W/（m²·K）
沈阳地区：			
节能30%	1.05W/（m²·K）	0.60W/（m²·K）	3.26W/（m²·K）
节能50%	0.56~0.68W/（m²·K）	0.40~0.60W/（m²·K）	3.00W/（m²·K）
西安、济南、青岛地区：			
节能30%	1.99W/（m²·K）	1.00W/（m²·K）	6.40W/（m²·K）
节能50%	0.70~1.28W/（m²·K）	0.60~0.80W/（m²·K）	4.00~4.70W/（m²·K）

目前我国与气候相近的发达国家相比其差距还很明显，多层住宅单位能耗外墙为他们的4~5倍，屋顶为2.5~5.5倍，外窗为1.5~2.2倍，门窗的空气渗透性为3~6倍。

5. 节能保温门窗

门窗是围护结构保温性能的重要因素之一，在我国三北地区，门窗消耗的能量约占采暖能耗的1/2以上，改善门窗的保温性能和气密性，是提高住宅建筑节能的关键。

法国多采用塑料窗，一般楼梯间为单层玻璃，其他窗为中空玻璃，并镀低发射率膜，其传热系数≤2.4 W/（m^2·K）；

英国有些是三层玻璃的保温窗，有的是两层；均为低发射率玻璃，中间充氪气（氢气），传热系数一般在1.1~1.3 W/（m^2·K）；

我国外窗一般较单薄，传热系数在3.3~6.4W/（m^2·K），现推广使用的塑钢双玻保温窗，其传热系数在2.8~3.0W/（m^2·K），在价位上比较适合我国国情。

（二）我国建筑节能标准的发展及现状

我国建筑节能标准经历了如下几个时期：

1.1986年建设部颁布了《民用建筑节能设计标准(采暖居住建筑部分)》(JGJ26—86)，该标准要求在1980~1981年当地通用设计标准的基础上节能30%，其中建筑物承担20%，采暖系统承担10%（不同地区围护结构传热系数指标详见JGJ 26—86附表3.1），这一标准颁布后，各地相应制定了细则，但效果并不理想，到1995年底全国建成的节能住宅4000万m^2。

2.1993年国家颁布了《民用建筑热工设计规范》（GB50176—93），该标准的颁布，使节能设计有了依据，从规范上提高和保证了室内基本热环境，降低了采暖和空调能耗，节约了能源。

3.1993年国家颁布了《旅游旅馆建筑热工与空气调节节能设计标准》（GB50189—93）。该标准按旅游旅馆空调耗能的特点与共性，对包括建筑热工在内的影响空调能耗的各设计因素，规定了各项技术要求。

4.1995年12月，建设部对《民用建筑节能设计标准（采暖居住建筑部分)》（JGJ26—86）标准进行修改，并于1997年7月1日起实施，这一标准是在1980~1981年基础上节能50%，其中建筑物承担30%，采暖系统承担20%，各地区也相应制定了细则，到1998年累计建成节能建筑1.01亿m^2；推广新型墙体材料建筑1.126亿m^2。这一标准在北京等省市是强制执行，要求所有住宅均按节能50%设计施工（包括公寓、单宿、旅馆、医院病房等)，有些省市刚刚起步。

此外国家还颁布了《建筑外窗保温性能分级及其检测方法》（GB8484—87）、《建筑外门保温性能分级及其检测方法》（GB/T16729—1997)，利用冷热室制造一维稳态传热的测试条件，测试门窗的保温性能，促进和提高我国门窗的保温性能和整体水平。

《建筑外窗物理性能分级及其检测方法》（GB7106~7108—86)、《建筑外门风压变形性能空气渗透性能和雨水渗漏性能分级及其检测方法》这些标准的制定，从不同方面促进了节能建筑的发展。

5. 在《民用建筑节能管理规定》中提出对建设、设计、施工单位未按节能标准和规范委托、设计、施工的单位要对相应责任者给予警告、罚款、降低资质等级等处罚；1999年11月21日在北京召开全国建筑节能工作座谈会提出了下世纪建筑节能工作的目标和任务，到2000年（最迟不超过12月底），北方采暖地区城镇新建居住建筑必须全面执行《民用建筑节能设计标准（采暖居住建筑部分）》（JGJ26—95），实现节能50%；对集中供暖的民用建筑，结合供热收费制度改革，一律按双管系统进行设计，按户预留热表的位置；从2001年起要在城市新建小区建设中扩大供热系统按热量计量收费的试点，并逐步对既有采暖建筑实施节能改造，扩大按户收费的范围，最迟在2010年全面推行；夏热冬冷地区应扩大新建居住建筑节能试点，积极准备夏热冬冷地区居住建筑节能设计标准；南方炎热地区要立即制定当地的建筑节能规划、政策，开展建筑能耗调查和综合技术研究，启动当地的建筑节能工作。

七、新型建筑防水和塑料管应用

（一）推广建筑防水工程新技术是时代的要求

我国的建筑防水工程多年来一直以单一的纸胎石油沥青防水卷材，作为解决柔性防水的主体材料，至今产量还稳定在近8亿 m^2（折合防水面积约2.67亿 m^2）。对于建筑结构形式简单的平房和简易楼房，以叠层热油法施工的纸胎石油沥青卷材防水工程，也曾有过应用10年甚至更长的实例。但是随着建筑事业的飞速发展，大跨度、平屋面、金属屋面、屋顶花园、厕浴间、桑拿房、室内游泳池、滑冰场等，以及深入地下几十米的地下室防水等等各种形式的现代建筑防水的要求，已使纸胎石油沥青防水卷材的各种自身缺陷：无延伸率、撕裂强度低、耐高温性能差、低温脆裂、施工工艺落后、污染严重等等暴露无遗。建筑防水工程更是根据建筑形式、防水部位、功能特点等的不同，要求防水材料除防水性能好之外，还需具有某些针对性的特点，如：外露防水工程需要考虑防水材料的耐候性；长期泡水的工程，需考虑耐水、耐腐性能、抗霉菌性能等；长期变形的部位需要考虑材料的变形能力、耐疲劳能力等。这种种的要求，是任何单一的一种防水材料都难以解决的。发展并推广建筑防水工程新技术，是建筑工程技术发展的要求，是势在必行的一项工作。

（二）国内外建筑防水技术发展形势

国外的新型防水材料及施工技术的研究与开发较早，自20世纪40年代就有使用合成橡胶材料防水的实例。之后，国外防水材料的发展形势一直很好，美国、日本以及欧洲一些先进国家，新型防水材料都有很高的应用比例。同时，根据资源、气候条件，各国建筑形式的设计特点和应用习惯，各种防水材料的应用比例是不一致的。欧洲的德国、意大利、法国等国家应用高聚物改性沥青防水卷材和PVC卷材的比例较大。

我国的建筑防水新技术近些年来也有很大的发展，通过自行开发或引进技术等方式，建成了多条新型防水材料的生产线，国际上先进国家有的一些防水材料的主要品种如：三元乙丙橡胶防水卷材、聚氯乙烯防水卷材、SBS改性沥青防水卷材、APP改性沥青防水卷材、聚氨酯涂料、丙烯酸涂料等，现国内均可生产。另外根据我国国情，还自行研究、开发了氯化聚乙烯-橡胶共混防水卷材、603卷材以及再生橡胶改性沥青防水卷材等，其中部分材料的性能已达到或接近国际先进水平，并已形成防水卷材（包括合成高分子卷材、高聚物改性沥青防水卷材）、防水涂料、密封材料、刚性防水材料等四大类别产品，应用范围不断扩大，产量已达到防水材料总用量的27%以上。

防水工程新技术总的推广趋势很好，推广面在逐年扩大，尤其是在建设部下达“推广10项新技术”的文件之后，通过政策导向、宣传教育以及有关标准、规范的贯彻执行，使广大的施工管理及操作人员、监理人员、设计人员，提高了对建筑防水工程新技术的认识，防水新技术的应用实践更增加了各界人士对防水新材料、新技术的信任。从1998年底对全国新建和修缮的防水工程面积统计，应用纸胎石油沥青油毡的数量占全部防水工程用量的比例，由过去的90%左右已下降至73%；高聚物改性沥青防水卷材用量约占总用量的11.0%；合成高分子卷材用量约占总用量的6%；各种涂料约占总用量的10%。

但是由于我国各地区气候条件，经济发展状况不同，防水工程新技术的推广情况也存在着相当大的差异。如：北京、华东、华南沿海地区、东北辽宁等区域，使用新材料、新技术的时间较早，比例相对较大。至1998年北京新型防水材料比例已高达75%。北京使用防水材料状况为：（1）北京纸胎石油沥青油毡的用量已下降到全部防水材料用量的1/4，失去了以往的主导优势。（2）各类新型防水材料并存，均占有一定比例并不断发展。（3）中档改性沥青类防水新材料的用量高于高档材料用量。可见防水工程新技术的优越性已被北京地区的设计、施工人员以及用户了解，但因为防水工程造价在建筑物总造价中所占比例偏低，因此综合性能较好的高档防水材料的应用尚受到一定的限制。

目前，中原、西南、西北地区应用比例还待进一步提高，并需要政策支持和研究推广新技术，与本地区的工程特点结合起来，就可取得很好的效果。

（三）建筑防水工程新技术的内容

建筑防水工程新技术是指在建筑防水工程中推行新型防水设计、新型防水材料、新型防水施工技术以及新型管理体系等一整套综合技术。建筑防水工程是建筑工程中的一项重要的分项工程，关系到建筑物使用功能的正常运行和建筑物的使用寿命，因此必须积极推广建筑防水工程新技术。根据各项防水工程的特点坚持因地制宜、按需选材、防排结合、综合治理的原则，不断提高防水新技术和应用水平，并抓住设计、材料、施工、管理四个环节的要点是成功的关键：

1. 优秀的防水设计是防水工程成功的先决条件

建筑防水工程是建筑工程的一个重要的组成部分，建筑防水工程的设计，体现了设计师对建筑物实现不同防水功能要求的构想。建筑物防水工程按照工程所在部位，分为四项分项工程，即：屋面防水工程、地下防水工程、厕浴间防水工程和外墙墙面及板缝防水密封工程。设计时必须考虑：

（1）根据工程的重要程度和防水等级，执行并达到国家规范的要求。在国家强制性标准《屋面工程质量验收规范》（GB50207—2002）和《地下工程防水技术规范》（GB50108—2001）中均明确的规定了一～四级的防水等级及设防要求和具体规定。设计人员应按建筑物的重要程度，分别按照使用功能及防水耐用年限等不同等级的防水设防要求进行防水构造设计。屋面、地下防水的等级划分、适用范围及设防要求，见表1-6、表1-7。

地下工程防水等级和适用范围表 表1-6

防水等级	标准
一 级	不允许渗水，结构表面无湿渍
二 级	不允许漏水，围护结构和内衬结构表面可有少量湿渍； 工业与民用建筑：总湿渍面积不应大于总防水面积（包括顶板、墙面、地面）的1/1000；任意$100m^2$防水面积上的湿渍不超过1处，单个湿渍的最大面积不大于$0.1m^2$； 其他地下工程：总湿渍面积不应大于总防水面积的6/1000；任意$100m^2$防水面积上的湿渍不超过4处，单个湿渍的最大面积不大于$0.2m^2$

续表

防水等级	标准
三级	有少量漏水点，不得有线流和漏泥沙； 任意 $100m^2$ 防水面积上的漏水点数不超过 7 处，单个漏水点的最大漏水量不大于 2.5L/d，单个湿渍的最大面积不大于 $0.3m^2$
四级	有漏水点，不得有线流和漏泥沙； 整个工程平均漏水量不大于 2L/（$m^2 \cdot d$）；任意 $100m^2$ 防水面积的平均漏水量不大于 4L/（$m^2 \cdot d$）

地下工程不同防水等级的适用范围表 表 1-7

防水等级	
一级	人员长期停留的场所；因有少量、偶见湿渍会使物品变质、失效的贮物场所及严重影响设备正常运转和危及工程安全运营的部位；极重要的战备工程
二级	人员经常活动的场所；在有少量湿渍的情况下不会使物品变质、失效的贮物场所及基本不影响设备正常运转和工程安全运营的部位；重要的战备工程
三级	人员临时活动的场所；一般战备工程
四级	对渗漏水无严格要求的工程

(2) 进行防水工程设计时，应充分分析该工程所处的工作环境条件：

1) 水文、地质和大气环境（温度、湿度、是否直接接触紫外光、臭氧等）的影响；

2) 建筑物结构情况：是否存在变形（一次性、长期反复变形）的可能；

3) 相关工程的影响（保温层、找平层、保护层等所用建筑材料及施工方法的影响）；

4) 有否化学物质（酸雨、化学污染源、高浓度臭氧等）及霉菌、生物损害的影响；

5) 有否外力损伤的可能。

通过对可能产生影响的各种环境因素，以及影响的主次程度的分析，设计选用最适宜的防水材料和最佳处理方案。

(3) 防水工程的设计除应达到规范规定的各项要求之外，还应特别注意下述重点部位的设计如：

1) 确保防水层的整体性，由几个群体组合而成的工程如结构有贯通，必须考虑实现防水整体性要求的有效措施；

2) 确保工程节点构造的妥善处理。节点部位的防水应按照规范的要求、标准图进行处理；

3) 坚持防排结合的防水设计原则，并应根据工程的具体设防等级的要求，考虑采用刚柔结合、卷材与涂料、密封材料相结合等多道防水设防的设计；

4) 选择最能满足本项工程防水要求的适宜的防水新材料。

2. 防水工程新材料的选择及应用

选好用好新型建筑防水材料是搞好建筑防水工程质量的基础条件。我国新型建筑防水材料的发展速度很快，目前新型防水材料主要可以分为五大类别：①高聚物改性沥青类防水卷材；②合成高分子防水卷材；③防水涂料；④密封材料；⑤刚性防水材料。各种防水材料分别具有不同的性能特点，将其用于它所适宜的防水部位，可有效的解决工程防水问题。

（1）高聚物改性沥青类防水卷材

高聚物改性沥青类防水卷材主要以高聚物改性后的沥青为涂盖层，用来改性沥青的高聚物的品种较多，主要可分为两大类：一类包括有公认改性效果显著的SBS以及SBR（丁苯橡胶）EPDM（三元乙丙橡胶）、废胶粉等，另一类主要有APP、APAO、EVA等，不同品种的改性剂对沥青的改性效果有一定的差别，如：以APP、APAO等塑性体改性沥青可有效地改善沥青耐高温的能力至高温110～130℃不流淌，而低温性能可在－15～－10℃。以SBS、SBR、EPDM等弹性体的加入则对改善沥青的低温性能有更大的贡献，可使沥青在低温－25℃时仍有一定的柔度而耐高温性能在90～100℃。

选择、应用高聚物改性沥青防水卷材应注意下述方面：

1）采用热熔施工的方法施工的高聚物改性沥青防水卷材的厚度必须达到4mm、3mm，3mm厚以下的卷材和自粘型橡胶沥青卷材一般采用冷粘法施工；

2）表面覆PE膜的高聚物改性沥青防水卷材在以冷粘法进行搭接缝处理时，应消除PE膜对冷粘剂的隔离作用；

3）在地下室等长期泡水的环境中应用的高聚物改性沥青防水卷材不宜使用以含棉、麻等易腐烂的植物纤维为胎体的卷材。

（2）合成高分子防水卷材

合成高分子卷材的品种繁多，目前在国内最有影响的品种为三元乙丙橡胶防水卷材，氯化聚乙烯-橡胶共混防水卷材，聚氯乙烯卷材，氯化聚乙烯防水卷材，聚乙烯防水卷材等。

上述的防水卷材按原材料的区别可分为两大类，合成橡胶类防水卷材、合成树脂类防水卷材，根据防水卷材的应用特点，防水卷材又被分别设计为纤维增强型和非增强型等品种。

合成橡胶类防水卷材：是以合成橡胶或以热塑性弹性体改性合成橡胶形成的高分子合金为主体材料，并配以适量的硫化剂、硫化促进剂、防老剂以及增塑剂、补强剂及其他加工助剂等多种材料经塑炼、密炼、混炼、压延或挤出成型，经过硫化等工艺，加工而成的硫化型或不经硫化工艺的非硫化型合成橡胶防水卷材。

合成树脂类防水卷材：是以合成树脂或以合成橡胶改性合成树脂形成的高分子合金为主体材料，并配以适量的增塑剂、稳定剂、润滑剂、填料及其他加工助剂等多种材料经捏合、密炼、挤出成型或吹塑成型而成的热塑型的防水卷材。

选择、应用合成高分子卷材应考虑下述五个方面：

1）卷材的主体合成高分子材料的品种是决定卷材性能的主要因素，如要求选用耐老化性能好的卷材，可选用三元乙丙橡胶防水卷材，或氯化聚乙烯—橡胶共混防水卷材；如要求整体性能好，且能长期保持整体性效果的水库、隧道等工程，则可选用聚乙烯卷材及聚氯乙烯卷材等热塑性防水卷材，该类卷材加热后熔融可采用热焊接方法施工，保持长期一体化效果；

2）合成高分子防水卷材的设计技巧是非常重要的，同一品种的不同厂家生产的合成高分子卷材，会因不同的设计者设计的生产配方不同（材料的配合比，共混比例，添加剂等的不同）而在性能及使用寿命上有较大的差异。因此在选材时，应对具体生产厂家产品的性能指标，业绩等对比后使用；

3）合成高分子防水卷材因制造方法不当，成型工艺条件不当，表面处理不好，均可能存有残留应力或降低耐老化能力，使防水卷材出现性能缺陷。因此，应用前应对选定的卷材进行复检，杜绝不合格的产品进入施工现场；

4）合成高分子防水卷材的老化，首先从表面开始，因此适当提高厚度可延长使用寿命；

5）合成高分子防水卷材的应用效果，需要通过必要的配套胶粘剂、基底处理剂、表面保护涂料、补强剂、密封剂及必要的配件、机具等，保证防水层具有可靠的整体性。因此应用合成高分子卷材，应全面考虑配套措施，目前，在新的《屋面工程质量验收规范》（GB50207—2002）中，特别规定了冷粘法施工的合成高分子卷材的接缝部位可采用双面胶粘密封带（满粘 50mm 宽、空铺等 60mm 宽）的处理措施，从而改变了接缝的粘结形式和功能。

（3）防水涂料

建筑防水涂料是建筑防水工程中应用范围最广泛的另一大类重要的防水材料，防水涂料在应用前是可流动或粘稠的液体，经现场涂刷后固化形成防水层。防水涂料具有防水卷材所不具有的一些特点，如：防水性能好，固化后可形成无接缝的防水层；操作方便，可适应各种形状复杂的防水基面；与基层粘结强度高；有良好的温度适应性；施工速度快，易于维修等。

防水涂料的品种较多，按成膜物的成分分类，可以分为合成高分子涂料和改性沥青类涂料。合成高分子涂料中包括聚氨酯系列涂料、丙烯酸酯类系列涂料，硅橡胶系列防水涂料以及合成橡胶系列防水涂料（如氯磺化聚乙烯涂料等）按涂料的溶剂类型分类。又可分为水乳型涂料和溶剂型涂料、聚合物水泥基复合涂料等。这些涂料各具特色的性能，决定了防水涂料有非常宽阔的应用范围，最适于使用防水涂料解决的防水工程是：构造复杂，穿墙管道多，防水要求高面积狭小的工程。采用涂料防水的厨房、厕浴间，可将各卫生洁具、穿墙管道与基层结合部位，包封严密、形成无接缝的整体防水层，达到很好防水效果。防水涂料还可应用于地下防水工程，以及屋面防水工程中的一道防线，墙面防水、屋面防水层的保护层、卷材防水的辅助材料，以及防水工程的维修材料。

影响防水涂料应用性能和工程质量的关键因素：

防水涂料是通过现场涂刷或涂刮方式，将涂料均匀地涂布于基层表面上，经固化成膜形成防水层。因此评价防水涂料的性能，主要有以下几方面：

1）防水涂料的品种和主要成分，决定了涂膜的主要性能，如聚氨酯涂料，具有很好的橡胶弹性，固化后耐水性好，但固化前遇水发泡、物理性能不好，耐紫外光能力差，一般不得外露使用等等。需外露使用时应选改性后耐候型的品种。而丙烯酸酯类涂料，耐候性能好，可外露使用，可配制成各种颜色，兼有装饰效果，硅橡胶涂料有微渗透能力等性能，均是由涂料的主体材料的品种决定的，因此在应用防水涂料，应根据工程特点选择不同品种的防水涂料。

2）防水涂料的性能，因其形式（单组分、双组分）、成膜速度等设计技巧决定了同一类型防水涂料的性能有较大的差异。以丙烯酸酯类涂料为例，该类涂料有一定的吸水性，但通过涂料的改性配方设计，以及固化交联等，则可防止吸水软化的可能。因此不同的生产厂家的产品应用效果会有一定的差距。

3）防水涂料的含固量与用量的关系：防水涂料经涂布后固化成膜，成膜后重量即为涂料中的固体成分值，即：涂料的含固量=（成膜后重量/涂料量）×100%；对于相同密度的涂料，含固量越高的，在单位面积上涂布后成膜厚度越大。而向大气中挥发的溶剂或水分越少。因此尽可能选用含固量较高的涂料，不但可提高劳动生产率，还可减少对大气的污染。

4）防水涂料的补强材料应用要合理：为提高防水涂料的强度，改性类沥青涂料在应用时必须加铺补强材料，一般为玻璃网格布或聚酯无纺布等。当用纤维补强后应注意保证每单层涂料层的实际厚度，才能达到理想的使用效果。

(4) 建筑密封材料

随着建筑形式的多样化，及新型墙体材料的大量应用，建筑密封材料在防水密封工程中的作用越来越重要。

建筑密封材料按产品形式分类，可分为三大类：定型密封材料（止水带、密封圈、密封带、密封件等)；半定型密封材料（遇水膨胀胶条等)；无定形密封材料（密封膏)。在建筑防水工程中应用最多的是各种建筑密封膏，近几年来，密封膏的应用范围还在不断扩大。

建筑密封膏类非定型密封材料有很好的粘结力，并能长期保持不出现剥离现象；有随动性，能承受一定的接缝位移；具有一定的内聚力，自身不会破坏。耐疲劳性能好，反复变形仍能充分恢复原有性能和状态。有很好的高低温性能，高温不下垂和流淌，低温下不会脆裂，还有良好的施工性能，挤注性能，贮存稳定性，无毒和低毒性。外露使用的密封膏，应有优良的耐候性。一般采用嵌缝枪施工。建筑密封带一般以合成橡胶为主体材料。在工厂预制成为有一定厚度的粘性条状物。外覆隔离纸。在现场按预制形状或任何需要的形状填封。

密封带被设计为非硫化型或自硫化型，非硫化型为密封带在应用于工程之后一直保持很好的粘结力，并能长期保持不出现剥离现象；自硫化型为密封带在应用于工程之后，在大气环境中密封带可逐渐硫化，最后形成与被密封物粘接在一起的弹性橡胶密封层。

密封膏及密封带的应用范围：

外墙板缝的密封、窗门与墙面连接部位的密封、屋面、厕浴间、地下防水工程节点部位的密封、卷材防水的端部密封以及各种缝隙及裂缝的密封。密封膏的品种较多以合成高分子密封膏为主。

(5) 刚性防水材料

刚性防水材料主要可分为两大类：防水混凝土、防水砂浆。主要原理是将外加剂或合成高分子材料经合理掺配加人水泥砂浆或混凝土中，起到减少或抑制孔隙率，堵塞毛细孔，增加密实性作用，而形成的具有一定抗渗能力的防水砂浆或防水混凝土。

防水混凝土是建筑物地下防水设防中的重要防水措施。地下工程防水技术规范中已明确规定：建筑物主体结构的地下防水应以防水混凝土结构为主防水层。并需根据建筑物的防水等级，在一~三类建筑中均应另设三道~一道防水层。

防水混凝土有三类：

第一类，是不加外加剂靠调整混凝土的水泥、砂、石、水等配合比达到抗渗要求。一般抗渗能力较差。

第二类是掺加防水剂、减水剂、早强剂等外加剂，提高抗渗性。

第三类是加入 UEA 等微膨胀剂，使混凝土产生微膨胀性能，从而补偿混凝土内部收缩，提高抗渗、抗裂性能。防水混凝土的质量主要与施工技术有极大的关系，如：外加剂的加入量及掺和的均匀度以及结构施工的工艺操作程序，养护措施及控制等。为提高抗渗的安全性，地下防水往往采用：在防水混凝土的主体结构外加覆柔性防水层的刚柔结合的作法，是目前地下防水较好的处理方式。

防水砂浆是将防水剂或合成高分子乳液等以一定量掺加到水泥砂浆中去，起到生成不溶物、堵塞毛细孔的作用。常用防水剂有：

1）金属盐类防水剂如氯化铝，氯化钙，氯化铁等无机盐类，这一类盐类含氯量高，对钢筋有腐蚀作用，所以不得用于接触钢筋部位。

2）金属皂类防水剂，是以碳酸钠、氢氧化钾等与氨水、硬脂酸和水混合配制加入水泥砂浆中使水泥砂浆具有憎水能力。

3）以阳离子氯丁胶乳或有机硅防水剂等合成高分子材料以一定比例掺入水泥砂浆中，或使用高分子益胶泥等直接加水使之固化后形成聚合物防水砂浆，具有较高的抗渗能力及憎水能力（有机硅防水砂浆）。

防水砂浆的防水能力与防水剂的种类、防水剂掺入量、防水砂浆的施工工艺有很大关系，尤其是防水砂浆层与基层的粘结性能极为关键，防水砂浆只有和基层结合为一体共同作用才可能产生预期的防水效果。

3. 施工是防水工程成功的关键

优秀的防水工程设计，只有通过施工来实现。优质的新型防水材料的应用效果，也只有通过合理的施工技术才能得到体现和认可。施工是防水工程成败的关键。防水工程施工可按下述工作程序进行：

准备阶段：查看设计图纸，了解工程设计要求、特点（防排水措施的合理性、节点设计的合理性、选材的合理性）→查看现场，了解工程现状、特点（工程水文、地质、气候等环境情况、施工季节、相关工程情况）→确定防水材料、施工方法、制定施工方案、施工计划→防水材料的复检→施工现场准备、基层处理→防水施工→防水检查、验收→防水层保护。

在施工中坚待防、排、截、堵相结合的原则，制定切实可行的合理的施工方案，是搞好施工的首件大事。防水施工方案是指导施工的重要文件，是根据防水工程设计的要求和现场的实际情况、施工季节，工程进度要求，相关工程的情况等综合环境条件及可能对施工条件，施工进度的影响全盘分析后，所制定出的具体的施工工艺方案和操作计划。

（1）防水施工方案内容：

1）根据防水设计的设防要求，以及设计选定的防水材料品种，确定每道设防的防水材料的规格，选择防水材料生产厂家，并进行防水材料的复检。计算单位面积用量，以及确定施工方法。

2）根据建筑物结构情况、施工季节、环境情况以及现场实际状况（基层处理质量、含水量等）选择防水层与基层最适宜的接合方法如：满粘法、条粘法、点粘法、空铺压顶法、机械固定法等；以及地下防水的外防外贴法、外防内贴法等，见表1-8。

地下柔性防水材料与基层的连接方式及特点表　表1-8

外防外贴法	外防内贴法
1. 适用于卷材或涂料防水施工； 2. 防水层直接粘贴在结构外表面； 3. 间断方式施工、底板施工完了后需留出接搓部位，待进行立墙施工时衔接； 4. 施工后防水层不易损坏，有问题易发现、易修补； 5. 占地面积大、开挖土方量多，工期较长； 6. 防水层与结构同步，出现结构沉降时，损坏可能性小	1. 适用于卷材防水施工； 2. 防水层粘贴在结构的永久性保护墙的内表面； 3. 一次性连续施工； 4. 施工完了的防水层易被钢筋等损坏，并不易被发现，修补困难，必须做好防水层的保护工作； 5. 节约占地，开挖土方量小可节约工期； 6. 立墙防水层与结构不易同步，出现结构沉降变形时损坏的可能性大

3）基层处理、节点部位处理的具体方案。基层处理工作、节点部位处理是防水工程实施的重要环节，基层的坚固程度、表面的平整度、清洁程度、含水率、会直接影响防水层与基层的黏结强度、防水层的平整度、施工难度，基层后期变形、裂缝、还可导致防水工程出现开裂、渗漏等质量问题。节点部位往往是工程的易渗部位，节点部位处理，应制定安全系数较高的方案处理。

4）施工工艺操作的顺序、步骤。二道或二道以上设防共同作用方案的具体施工办法。

5）对已完成部分的作业面的安全保护措施；以及继续施工时，为保证衔接部位防水可靠性，所进行的具体的加固措施等。

6）因施工季节（如冬期、雨期施工）对施工进度或质量可能造成的影响及处理措施。

7）对防水工程的保护措施。

8）全部施工过程安全措施。

(2) 在合理的施工方案指导下施工，是实现优质工程的基本保证。同时施工人员的操作水平也是决定工程质量的关键因素。因此进行防水施工要由专业防水施工人员和有防水施工资质的专业施工队伍进行防水施工。

(3) 防水施工完成之后应以闭水试验或淋水试验等方式对防水层的施工效果进行检查。有问题应及时进行修补。

4. 加强对防水工程的保养维护，提高防水工程的使用寿命

防水工程完成之后要注意保护，防止因使用不当，装修等引起的损伤。当防水层出现轻微损坏时，应及时对防水层进行修复。并应分析防水层损坏的原因和继续损坏的可能性，确定得当的维修措施，可以节省开支，减少返修，提高防水工程的使用寿命。

(四) 塑料管应用概述

在工业、农业、市政工程、建筑工程、通讯工程中，管道广泛应用于流体输送、电气线路保护等目的。目前应用的各种管道，如果按材质划分，可分为四大类：金属管道，包括钢管、镀锌钢管、铜管等；非金属无机材料管道，包括水泥管、玻璃管等；塑料管道，包括聚氯乙烯管、聚乙烯管、聚丙烯管、ABS管等；金属-塑料复合管道，包括铝塑复合管、涂塑钢管等。

金属管道和非金属无机材料管道是传统使用的管道，应用历史很长，如混凝土管道的应用已将近百年。塑料管道是20世纪40年代出现的新型管道，为了改善塑料管道的性

能，又于20世纪60年代开发出了金属-塑料复合管道。

管道由管材和各种管件组成，一般来说，管材与管件的材质是相同的，但也可以根据需要选用其他材质的管件。

日常人们习惯于把塑料管道简称为“塑料管”，把塑料管材也简称为“塑料管”，为了使概念不至于混淆，本书中将“塑料管道”简称为“塑料管”，提到塑料管材一律不用简称。

生产塑料管的原料主要是合成高分子材料，为了改善性能，还需要添加多种填料和助剂。一般来说，塑料管材经挤出工艺成型；塑料管件经注塑工艺成型。经过50多年的研究开发，塑料管道的品种逐渐增多，应用范围逐步扩大，目前已广泛应用于市政工程、建筑工程、石油、化工、农业、通讯等领域，已成为一门比较成熟的新技术。

1. 主要优点

与传统管道相比，塑料管有许多优点，如：

(1) 重量轻，减小了运输、安装过程中的工作量；

(2) 耐腐蚀，不会被酸类、碱类、盐类所腐蚀，不需要进行任何防腐处理，不会影响所输送流体的质量；

(3) 电气绝缘性优良；

(4) 使用寿命长，目前各国一般规定塑料管的设计寿命为50年；

(5) 管壁光滑，不易结垢，输送流体时摩擦阻力小；

(6) 具有较好的柔性，可盘绕存放，单位管段长，接头数量少；

(7) 连接方法简便，安装迅速；

(8) 外表光洁美观，可制成各种颜色，不需涂饰即可裸露使用；

(9) 价格合理，与传统使用的镀锌钢管基本持平，低于铜管；

(10) 以石油产品为主要原料，自然资源丰富。在金属资源紧张的地区，可以塑代钢；在金属资源和石油资源都紧张的地区，进口石油进行深加工比进口铁矿石更合理。

2. 塑料管的不足

塑料管的优异性能给社会带来了巨大的经济效益，从节能、提高管道使用寿命、提高所输送流体质量等因素来考虑，塑料管道是今后发展的方向，但任何事物都具有两面性，塑料管也存在一些不足之处，如：

(1) 力学性能较低；

(2) 工作温度范围较窄，低温下脆性易断裂，高温下易变形；

(3) 膨胀收缩变形大；

(4) 存在快速开裂问题；

(5) 复合材料的回收利用尚无较好的解决办法。

3. 分类方法

塑料管的分类及命名尚无标准，一般来说，可按固化形式、硬度、聚合物类型、结构形式、用途等不同的方式进行分类。

按固化形式塑料管分为热塑性和热固性两大类，热塑性塑料为线形分子结构，因其温度升高时变软，温度降低时变硬，故称为热塑性。

按硬度可分为硬质管和柔性管。

按聚合物类型可分为聚氯乙烯（PVC）管、聚乙烯（PE）管、聚丙烯（PP）管、聚丁烯（PB）管、ABS（丙烯腈、丁二烯、苯乙烯的三元共聚物）管、环氧树脂管等。

按结构形式可分为实壁管、波纹管、螺旋管、芯层发泡管、纤维增强管和复合管等。

按用途可分为供水管、排水管、化工用管、农业排灌用管、电线套管等。

（五）塑料管技术国内发展概况

我国从20世纪60年代初即开始研究塑料管的生产和应用技术，从塑料管这种新技术诞生的年限来看，起步还是比较早的。近年来，在政府管理部门的大力支持下，行业发展有了两次大的飞跃，目前从原材料、加工设备到生产工艺、检测技术均已建立了比较完整的体系，产品品种比较齐全，产量也在不断增长，一部分企业的产品和装备水平已接近先进国家水平。从人均消费量来看，1999年我国约为0.25kg，远低于美、日、欧的人均消费量，这说明在我国塑料管有着广阔的市场前景。总的来看，塑料管道行业发展态势良好，前景诱人。40多年来，塑料管的生产企业和施工企业从无到有，从小到大，目前已有生产企业2000多家，产品品种比较齐全，施工技术比较成熟，已形成一个颇具规模的行业。

1999年第二次颁布建筑业10项新技术时，塑料管仍然榜上有名。

2000年10月10日，建设部、国家石化局、国家轻工局、国家建材局和中国石化集团联合发布了《国家化学建材产业‘十五’计划和2010年发展规划纲要》，其中制定的“十五”发展目标要求到2005年塑料管道在全国各类管道中市场占有率达到50%以上。并指出：塑料管的推广应用主要以UPVC和PE塑料管为主，并大力发展其他新型塑料管。到2005年，在全国新建、改建、扩建工程中，建筑排水管道70%采用塑料管，建筑雨水排水管道50%采用塑料管，城市排水管道10%采用塑料管，建筑给水、热水供应和供暖管道60%采用塑料管，城市供水管道（*DN*400mm以下）50%采用塑料管，村镇供水管道70%采用塑料管，城市燃气管道（中低压管）20%采用塑料管，电线护套管80%采用塑料管。

为了进一步推动塑料管技术的推广应用，我们认为应注意以下几个问题：

1.生产企业应重视开发配套管件、施工辅料和便携式施工机具

目前，塑料管尚存在管材规格不全，管件配套不完善的问题。据对全国150多家有一定生产规模的塑料管生产企业调查统计，管材的生产能力过剩，管件的生产能力发展缓慢，大部分塑料管工程选用铜质管件。因此，企业在发展新产品时应做充分调查，应加大配套管件、施工辅料和便携式施工机具的研究开发。

2.用户应严把质量关，把假冒伪劣产品赶出市场

目前，我国塑料管生产厂家很多，由于各厂的设备条件、原料来源、管理水平有较大差别，市场上的产品质量也参差不齐。质量问题反映较多的是配合尺寸的稳定性较差，外观粗糙，易脆裂等。用户选用产品时一定要了解厂家的信誉、产品的真伪以及检测报告的真伪，为有效抵制假冒伪劣产品。

3.设计、施工人员应积极参加专业培训，不断更新知识，提高技术水平

虽然塑料管道在国外已有60多年的发展史，但在我国进入推广应用阶段只有十几年的历史，还属于一种新兴的化学建材，还处于快速发展阶段，很多经验还没有来得及总结，塑料管产品标准，设计、施工规范，标准图以及概预算定额等尚不完善。有些品种的

生产和检测还在参照执行国外标准。因此，工程技术人员必须积极参加专业培训，不断更新知识。实际上我国很多设计、施工人员从未接受过专业培训，在实际操作中沿袭金属管方法进行设计和施工，不能充分发挥塑料管的技术经济性能。

4. 研究开发人员应重视回收与再利用问题

在环境保护观念日益深入人心的今天，推出一种新产品时，应同时考虑这种产品对自然资源的利用是否会影响到生态平衡，是否可以重复利用，在生产、使用、废弃的过程中是否会对环境造成污染等问题。否则将影响到产品的发展前景。

便于回收，能够重复利用是塑料管的一个优势，但目前塑料管的回收利用还存在一些难题。交联聚乙烯管生产过程中产生的废品因已形成“不溶不熔”的网状结构，很难粉碎后重新利用，提高了生产成本。铝塑复合管回收过程中也存在着金属和塑料分离困难的问题。科研单位和大型生产企业应及早考虑解决塑料管回收利用的问题。

八、钢结构工程应用

1000 多年前，我国古代的冶金和营造技术已达到较高水平，相继建造了大跨度的铁链桥、高耸的铁塔等建筑。新中国成立以后，由于经济建设的大力发展，钢铁工业的恢复和发展，钢结构在许多领域中得到应用，鞍钢、武钢、包钢以及一汽、二汽等一批重工业厂房的扩建和新建都大量采用了钢结构。改革开放以来，特别是宝钢工程的建设，中国钢结构进入一个全面崭新的发展时期，但由于我国很长一段时期是属于贫钢国，“节约钢材”一直是我们的重要政策。建筑钢结构的推广应用受到一定的限制，与国外发达国家存在不小的差距。随着我国经济的突飞猛进快速发展，我国的钢产量和钢材产量都突破了 1 亿 t，成为世界第一产钢国，在这种情况下，国家提出了要从“节约用钢”转变成“合理用钢”以及“大力发展钢结构”的技术政策。建筑钢结构有了发展的技术政策和物质基础。

1998 年，建设部发文《关于建筑业进一步推广应用 10 项新技术的通知》，要求各地区、各部门和广大建筑企业积极大力推广 10 项新技术，其中钢结构技术首次列入 10 项新技术中，钢结构在建筑工程中发挥着独特的日益重要的作用，无论是高层、超高层、轻型钢结构、大跨度空间结构，都因其施工速度快、综合环保节能、经济技术指标佳、建筑造型美观、抗震性能好而被广泛应用；我国在钢结构研究、设计、制造、施工等方面都具备了比较成熟的成套技术，也建设了不少大型钢结构工程。

随着经济和科学技术的迅猛发展，钢结构技术也在不断发展。在此力求全面、系统地介绍近一二十年在建筑钢结构领域的新技术。由于钢结构应用面广，还有很多新技术在本书中没有涉及，有些新技术还处于研究开发阶段。作为推广，只能简要地介绍某项技术大体内容，也即现状、适用范围、技术特点和发展前景等内容。

(一) 钢结构发展的历史机遇

随着我国经济突飞猛进地快速发展，我国的经济实力和技术水平都得到了迅速地提高，钢结构以其独特的优越性，越来越被广泛重视和应用，钢结构发展的历史机遇已经到来。

1. 发展钢结构的物质基础

改革开放以来，我国的钢铁工业持续快速发展，钢产量从 1978 年的 3178 万 t 增加到 1996 年的 10124 万 t，年均增长 6.6%，1997 年我国钢产量为 10890 万 t，1998 年为 11430 万 t，已连续三年超过 1 亿 t，成为世界第一钢铁大国，钢材产量从 1978 年的 2208 万 t 增长到 1998 年的 10508 万 t，国内的钢材市场已经从过去的卖方市场转变成买方市场，钢材的生产能力已经大于目前的市场需求，这就为大力推广应用钢结构创造了坚实的物质基础。

2. 钢结构发展的技术政策

我国政府从整个经济发展的全局出发，及时调整有关技术政策，提出了要从“节约钢材”转变成“合理使用钢材”，从“限制使用钢结构”到“大力发展钢结构”的政策转变。最近建设部、国家冶金工业局联合成立了建筑用钢技术协调组，协调国家的相关部门在建筑用钢的生产和推广应用方面的工作，大力推动钢结构的发展。建设部在修订我国《建筑业推广应用10项新技术》中，首次列入了钢结构新技术，充分说明我国钢结构发展已经具备了非常好的大环境。

3. 钢结构发展的市场需求

随着改革开放的不断深入，我国社会主义市场经济体系的逐渐完善，国外的钢结构新技术，新产品不断地被引进和应用，人们对钢结构旧的观念逐渐转化，钢结构以其独特的优越性，越来越多地被接受并应用。以单层工业厂房为例，采用轻钢结构体系的工程总造价已经低于钢筋混凝土结构体系或砖混结构体系，且工期可以缩短 50% 以上，目前在经济发达地区，在新建工业厂房方面，钢结构已基本取代钢筋混凝土结构或砖混结构。随着人们对钢结构认识的加深和观念的转变，钢结构的市场需求会越来越大，市场需求的增大会极大地推动钢结构发展。

(二) 钢结构是一项“绿色环保工程”

国外发达国家，特别是国际大城市，新建的建筑物、构筑物等大都采用钢结构，他们已经把钢结构看做“绿色环保工程”的高度来发展应用。经济的发展，社会的进步，环境保护已经成为影响人类生存一项主要任务，我国也把环境保护作为一项基本国策。经济发展，城市建设离不开基本建设，工程项目建设是环境污染的重要来源，控制和减少工程建设的环境污染显得十分重要，钢结构和其他结构，如与钢筋混凝土结构、砖石结构、木结构相比，造成环境破坏的程度最小，我们应该把钢结构看做“绿色环保工程”来大力推广应用。

1. 有害气体及有害物的排放量少

一个钢结构建筑物的建成，其过程可简化为：矿石开采→炼铁、炼钢→钢材→加工制作→现场安装→装饰装修→建筑物成品

对于一个钢筋混凝土结构或砖混结构的建筑物，其建造过程为：石料开采→制造水泥→砂、石、水、钢筋→浇筑混凝土→装饰装修→建筑物成品

据国外有关机构的统计分析，对同样规模的建筑物，采用钢结构方案比采用钢筋混凝土结构或砖石结构方案在有害气体（主要是 CO_2）和有害物排放量方面，相差较大，钢结构建造过程中有害气体和有害物的排放量只相当于混凝土结构或砖混结构的 50% ~ 75%（平均 65%）。从对大气的保护来讲，钢结构确实是基本建设中首选的“环保”方案。

2. 废弃料可再生利用，是一种环保型建筑材料

几乎在每一个钢筋混凝土结构或砖混结构的建筑物施工现场，都可以看到很多建筑垃圾，这些垃圾成为城市建设和环保工作的一个大难题，几乎不可再生利用，造成环境污染和资源浪费。而对于钢结构来说，其废弃料可回炉炼钢，再生利用，既解决了废弃物的处

理问题，同时又节约了资源，发挥了其社会效益和经济效益。

3. 避免了砂、土、粉尘飞扬，净化空气

由于建筑工地使用大量的砂、石、土及水泥等散装料，在大风的情况下，非常容易引起尘土飞扬，造成空气污染，同时也没有行之有效的办法解决这一环保的难题。钢结构建筑工地很少使用砂、石、土和水泥等散装料，这就从根本上避免了尘土飞扬，污染环境的问题。

4. 工厂化生产、现场施工周期短、环境问题易解决

建筑工地是城市环境治理和环保工作的重点之一。工程的施工工期越短，对环保越有利。钢结构工程的工期比混凝土结构工程或砖混结构工程的工期普遍要短，同时钢结构工程有一半以上的时间是在工厂车间内部进行，因此钢结构工程的工地安装工期更短，现场工期的大量缩短，有利于城市的环境治理和环保。另外工厂化生产也使得加工制造阶段的环境污染问题能够很好地控制，因为工厂里环保的手段和条件要远远好于工地现场。

5. 围护体系宜采用环保产品

对钢筋混凝土结构或砖石结构的建筑物，其围护材料选用局限较大，一些非环保产品如粘土砖等仍在采用。钢结构建筑物由于其连接的灵活性，各种新型围护材料都可以采用，如彩钢板、金属幕墙、玻璃、屋面膜材料（膜结构）等，这些新的围护材料都属于环保产品，钢结构工程可以带动相关环保产品的推广应用。

除以上外，钢结构构件轻质高强，自重轻，能大大减少结构基础的混凝土量和土方量，减少工程材料的运输量，降低施工现场的噪声，所有这些优越性都是有利于环境保护，我们应该把钢结构的推广应用提高到环境保护的高度来认真对待，大力发展钢结构。

（三）目前存在的问题及对策

1. 钢结构设计力量薄弱

从全国范围来看，制约我国钢结构发展和推广应用的最大问题是设计力量薄弱。目前我国绝大部分设计院，都没有专业化的钢结构设计人员，绝大多数结构设计工程师习惯和擅长进行钢筋混凝土或砖混结构的设计，对钢结构设计不熟悉，主观上不接受钢结构方案，即使进行一些钢结构设计，也由于设计水平的不高，体现不出钢结构的优越性，客观上也阻碍了钢结构的推广应用。鉴于这种不利的情况，政府主管部门、行业协会、设计院、科研院所及高等院校应加强钢结构技术人才的培养，一方面对现有的结构设计人员进行钢结构设计的技术培训，提高设计人员在钢结构设计方面的整体素质，逐步在甲级设计院（所）配备一定数量的钢结构专业设计人员，另一方面对在校结构专业的专科生、本科生和研究生强化钢结构专业学习和培养，造就一批钢结构专业的高级工程技术人才。

2. 钢材的品种，规格和质量有待提高

我国是产钢大国，也是钢材的消费大国，目前，我国普通钢材的生产能力大于市场需求，但具有竞争力的真正能够满足市场各种要求的生产能力不足一半。钢结构用钢的品种选择面小，常用品种（Q235）与国外大多数国家的常用品种相比，其设计参数相差很大，无法接轨；高效，经济断面钢材，如 H 型钢、冷弯型钢、钢管等规格不齐全，不配套，使用率较低；一些特效钢材，如耐大气腐蚀钢、不锈钢、耐火钢及低合金高强度钢还没有进入实质应用阶段；超厚钢板还存在着严重的质量问题。总之我国建筑钢材在品种、规格和质量方面还存在不少不足，在一定程度上制约了钢结构的发展和推广。对我国建筑钢材

生产来说，一定要积极开发新的品种和规格，提高产品质量，学习国外的先进技术，缩小与国外发达国家的差距，逐渐与国际接轨，更好地推动我国钢结构的发展。

3. 提高我国钢结构制作、安装技术水平，规范钢结构市场

改革开放以来，我国从事钢结构加工制作，安装的厂家和施工队伍如雨后春笋，但真正具有技术实力，能够承接大型、复杂钢结构工程的单位很少，大部分都是设备简陋，技术水平低，小作坊作业的小单位，其工程质量低劣，甚至造成不少结构安全隐患，同时采取低价竞争等不正当手段，扰乱了钢结构市场，影响钢结构的发展和推广。

在建筑技术领域，钢结构技术在我国是一项新技术，国内外已经形成了完整的成套技术，如构件加工制作技术，焊接技术，高强度螺栓技术，现场安装技术等，每项技术都应有专门的技术人员和操作人员来实施，这些专门人员必须通过培训、考核，持证上岗；对钢结构加工制作厂家和安装企业实行资质审核，项目经理和技术负责人持证上岗，规范招投标制度，整顿钢结构市场，鼓励和支持条件比较好的企业进行技术创新，提高技术水平，组成专业化的钢结构制造、安装专业化队伍，淘汰一些不合格的企业。

九、大型设备与结构整体吊装技术

随着我国工业化进程的加快和大型公用设施建设的发展，国内大型设备与构件的整体吊装工程项目也日益增多，在这些项目中，由于设备的重量重，体积大，安装高度高，安装位置要求严格，对吊装技术提出了更新更严格的要求。通过近几年来工程实践与总结，使吊装技术得到改进与创新，并在发展中日趋成熟。这些新技术对于加快施工进度，提高工程质量和降低成本具有重要意义，值得大力推广。

大型设备与构件整体吊装技术，是一项相当复杂且严谨的技术，该技术在付诸实施时，需依据工程特点，对施工组织进行周密策划，做各种超静定计算，编制详细且可行的吊装方案，在施工中必须严格执行有关程序，否则就会严重影响其操作的合理性和安全性，甚至会发生人身和设备的安全事故。

大型设备与构件整体提升技术主要包括直立单桅杆整体提升桥式起重机技术、直立双桅杆滑移法吊装大型设备技术、龙门桅杆扳立设备技术、无锚点吊推大型设备技术、气顶升组装大型扁平罐顶盖技术、超高空斜承索吊运设备技术、集群千斤顶整体提升（滑移）大型构件技术等，现简要介绍如下：

(一) 直立单桅杆整体提升桥式起重机技术

1. 适用范围：

适用于在车间厂房内或露天的大型或重型桥式起重机的提升就位，尤其适用于在车间厂房内和其他难以采用吊机吊装的场合。在车间厂房内，采用本技术应具备如下条件：

(1) 足够的空间高度应保证直立单桅杆的竖立及起重机吊起后能旋转就位的需要。

(2) 起重机两根大梁的空间净距，应能满足经设计确定的起重桅杆截面尺寸要求。

(3) 厂房内具有能满足布置成套吊装机具所需条件。

(4) 吊装方法准确实施的可能性。

2. 方法与特点：

(1) 方法：

1) 将桥式起重机的大梁、端梁、大车行车机构在地面进行拼装；

2) 单桅杆直立于大梁的中间；

3）将小车、驾驶室安装就位；

4）试吊，求得大车平衡后将小车临时固牢；

5）利用卷扬牵引系统，一次性整体提升桥式起重机回转就位。除整体提升方法外，可根据桥式起重机及现场具体情况和吊装机工具拥有情况，分别采用：桅杆部分整体提升法、桅杆分片提升法、吊机分片提升法等。

(2）特点：

1）吊装时能保证厂房结构不受损坏或损伤；

2）绝大部分操作为地面作业，因此组装质量易保证；高空作业大量减少，施工安全得到切实保证；

3）直立单桅杆可多次重复使用，与使用吊机提升相比，吊装成本低，经济合理性强；

4）属成熟工艺，安全可靠性好。

(二）直立双桅杆滑移法吊装大型设备技术

1.适用范围：

(1）现场不能使用吊车的情况下；

(2）现场场地能满足桅杆组立的要求；

(3）设备基础标高较低，一般不大于1.5m（若设备基础较高，要采用滑移和夺吊相结合的方法，或者直接用夺吊法）；

(4）设备卧放就位后，可处于双桅杆之间，吊点可位于或接近基础上方。

2.方法与特点：

(1）方法：

1）在设备基础旁立两根桅杆，然后将要吊立的设备卧放就位在两桅杆之间，使其上部吊点位于基础上方，底部坐在滑动排子上；

2）起吊提升滑车组挂在吊耳上，起动卷扬机，设备上部不断提升，底部不断向基础方向滑移，直至设备安全直立悬空；

3）开提升滑车组，使设备安装固定在基础上。

(2）特点：

双桅杆滑移吊装的特点是起重量大，且设备吊起后直立、便于安装，吊装过程稳。设备上的梯子、平台、保温、工艺管线、电气等均可在地面全部完成，减少高空作用，加快工程进度，有利于保证工程质量，很适用于整体吊装高、重、大的设备。

(三）龙门桅杆扳立设备技术

1.适用范围：

该吊装工艺可适用于各种不同高度直立式设备的吊装工作。当施工场地狭窄时，更能显示出其独特的优越性。

2.方法与特点（以整体吊装火炬为例)：

(1）方法：

本方法是一种充分利用火炬塔架本身强度和基础承载能力，来分担起吊载荷，从而节省机索具的吊装方法。它以火炬底铰为支点，在重心附近施加起吊力，使火炬绕着支撑点从平卧状态回转至主吊索具限制的一定长度，再压下门架，利用门架的牵引力以及塔架和门架的自身重量，使塔架回转直立。

(2) 特点：

1) 塔架的主体及附属件的组装，以及除锈、涂漆、配管、电气、仪表、绝热等工程，均可在地面完成后，再进行整体吊装；

2) 除卷扬机与制动索具锚点外，吊装系统内不再设缆风绳和锚点；

3) 以门架和塔架的角度为依据，应用计算机进行塔架吊装静力计算，并用静力分析软件校核塔架整体和每一根杆件的强度和稳定性。在起吊开始时，这一工况的所有受力部件均处于最大受力状态，以后逐步减少，所以整个吊装过程容易控制，便于操作，易于进行方案的优化设计。

(四) 气顶升组装大型扁平罐顶盖技术

1. 适用范围：

气顶升法组装低温罐顶盖技术适用于类似结构形式的贮罐制作安装工程。

2. 吊装方法与特点：

气顶升法其特点是利用空气为介质，采取提高和保持一定的空气压力．使大而扁平的罐顶盖沿混凝土筒体向上顶升，同时用平衡导向装置来控制顶盖的上升平行度。此外在气顶升罐顶盖吊装时，将罐内胆的平形罐盖也同时吊起，解决了平形罐盖吊装的困难。

(五) 超高空斜承索吊运设备技术

1. 适用范围：

超高空斜承索吊运设备技术适用于高耸建筑物上部设备的吊运与安装，如类似具有足够刚度和强度的电视塔等顶部设备的吊运。

2. 方法与特点：

超高空斜承索的整体结构是由斜承索及其弛度调控装置，牵引小车及其提升装置以及小车返回装置等五个部分组成。吊装时，将被吊运的设备悬挂在牵引小车下，由小车提升装置沿斜承索向上提升到高空建筑物上就位，然后再由小车返回装置，将牵引小车拉回到地面。超高空斜承索吊运设备的施工方法具有吊升高度高，跨度大，吊运装置结构简单、操作安全可靠等特点。吊运时斜承索的弛度能通过弛度调控装置可进行调控，并配有张力指示装置，便于设备的起吊和就位。

(六) 集群千斤顶整体提升（滑移）大型构件技术

1. 适用范围：

本工艺技术适用于电视塔钢桅杆天线的整体提升和体育馆、游泳馆、飞机库、剧院、候车（船）室等大型公用工程的网架、屋盖、钢天桥（廊）等构件的整体提升和大型龙门起重机主梁的整体提升以及机场航站楼主楼钢屋架（盖）的滑移等。

2. 方法与特点：

(1) 方法：

目前提升方法多采用“钢绞线悬挂承重、液压提升千斤顶集群、计算机控制同步”方法，并分别有如下两种方式：

1) 上拔式（提升式）：将液压提升千斤顶设置在承重结构的永久柱上，悬挂钢绞线的上端与液压提升千斤顶穿心固定，下端与提升构件用锚具连固在一起，似“井台提水”样。液压提升千斤顶夹着钢绞线往上提，将构件提升到安装高度。

2) 爬升式（爬杆式）：悬挂钢绞线的上端固定在永久性结构（或设备本身结构、或基础或与永久物相联系的临时加固设施）上，将液压提升千斤顶设置在钢绞线下端（液压提升千斤顶通过锚具与提升构件连固），似“猴子爬杆”样。液压提升千斤顶夹着钢绞线往上爬，将构件提升到安装高度。上拔式多适用于屋盖、网架、钢天桥（廊）等投影面积大、重量重、提升高度相对较低的构件整体提升。爬升式多适用于如电视塔钢桅杆天线等提升高度高，投影面积一般，重量相对较轻的直立构件的整体提升。

（2）工艺特点：

1）用钢绞线承重，不仅是相当经济的承重方式，而且解决了长距离连续提升要求的施工技术难题。

2）借助机、电、液一体化工作原理，使提升能力可按实际需要进行任意组合配置，再加上应用已相当成熟的预应力锚具技术，使整个提升过程或呈悬停状态（必须锁紧），都相当安全可靠。

3）用计算机进行同步控制，可高精度控制提升点间的升差值，同时也不受提升点设置数和提升点间荷载差异的影响。

4）能充分利用工程使用阶段中的永久性结构（或基础等）作为吊装提升阶段中的承重柱，使施工阶段与使用阶段对承重结构（柱）的受力基本相近或一致，从而减少了为提升阶段而进行的对承重结构的加固量，节省了常规施工中设置辅助柱（设施）及加固费用。

5）对高重心直立构件（如钢桅杆天线）的提升，可尽量减少其配重量（件），节约施工成本。

设备与构件的吊装技术包括的种类很多，针对特定的工程条件，开发的新型吊装技术，各种起重吊装技术的介绍与推广应用，必将推动起重吊装的各种技术进一步发展、成熟与完善，促进起重吊装技术与工艺再上一个新台阶，也必将在我国工业化进程中创造出更多的经济与社会效益。

十、计算机应用及管理技术

（一）建筑业信息化管理

1. 在建设行业主管部门和建筑企业初步完成计算机的普及应用，但远没到信息化的阶段。

我国建筑业应用计算机是从人力无法完成的复杂结构计算分析开始的，直到20世纪80年代才逐步扩展到区域规划、建筑CAD设计、工程造价计算、钢筋计算、物资台账管理。工程计划网络制定等经营管理方面，20世纪90年代又扩展到工程量计算、大体积混凝土养护、深基坑支护、建筑物垂直度测量、现场的CAD等施工技术方面的应用。自1990年信息高速公路INTERNET/INTRANET技术出现，人们的目光开始转向利用计算机做信息服务，更关注整个施工过程中所发生的瞬间消失的信息综合利用，我们把这种高层次的计算机应用统称为信息化施工技术。信息化施工技术是当代建筑业技术进步的核心。在业务范围方面涵盖了建设管理、工程设计、工程施工三方面的信息化任务。在应用技术上包括三个领域：以互联网为中心的信息服务应用；施工经营管理的应用；施工涉及的专业技术应用。

自从1994年建设部10项新技术在全国展开后，在各级科技示范工程中得到推广。在政府管理部门和一、二级企业中普及了计算机的单项应用，少数单位建立了企业内部网络。

2. 初步形成了建筑业专用软件市场，推广应用一批自主知识版权的信息产品，满足单项应用要求。但缺少平台级系统软件和网络化应用。软件公司的规模较小、产品销售不理想。

3. 存在的问题和差距。与国内其他行业相比建筑业推广信息技术的力度小、投入的人力财力较小，应用的水平较低，更不用与西方发达国家相比较。主要差距为以下几点：

(1) 缺乏政府主管部门制定发展信息化施工技术的长远计划和工作规则。

(2) 缺乏行业部门或行业学术团体制定的技术规程、约定等，用于指导信息化网络发展。

(3) 建筑业专用软件产品市场刚刚形成，尊重知识产权的社会风气尚需政府主管部门大力提倡和引导。

(4) 目前的建筑企业普遍缺乏采用包括信息技术在内的新技术的主动性。

(5) 建筑管理体制不适应设计、施工及物业管理的信息一体化发展技术要求。

(二) 以互联网为中心的信息服务应用

企业公司级信息数据库应有投标报价库、人员库、物资设备库、技术规范工法库、常用法律法规库、工程经历库等，这些信息库要经常维护保持常新，用信息为企业基层服务。

现在多数的国内建筑企业领导者还没有认识到信息化的重要性，在组织机构设置上、在资金投入和人才录用等方面，同先进的国外工程承包商采用的信息决策制度（CIO: Chief Information Officer）存在着较大差距。项目管理是一个涉及多方面管理的系统工程，它包含了工程、技术、商务、物资、质量、安全、行政等多个职能系统。在项目实施过程中，每天都发生人力、材料、机械、资金等大量的瞬间即逝的资源流，即发生大量的数据和信息，这些数据和信息是各职能系统连接的纽带，也构成了整个项目管理的神经系统。如何在项目管理的各相关职能间将资源流转化成信息流，将信息流动起来，形成数据信息网络，达到资源共享，为决策提供科学的依据，使管理更加严谨、更量化、更具可追溯性，这是信息化施工在施工项目经理部的主旨。

“建筑工程项目施工管理信息系统”，结合工程实际，以解决各部门之间信息交流为中心，以岗位工作标准为切入点，采用系统模型定义、工作流程和数据库处理技术，有效地解决了项目经理部从数据采集、信息处理与共享到决策目标生成等环节的信息化，以及时准确地以量化指标，为项目经理部地高效优质管理提供了依据。该系统满足了工程常规管理的要求，即满足业主、监理、分包正常的对工作程序的要求。

(三) 信息化施工技术能保证工程质量和成本控制

所谓信息化施工就是利用计算机信息处理功能，将施工过程所发生的工程、技术、商务、物资、质量、安全、行政等方面，对发生的人力、材料、机械、资金等瞬间即逝的信息有序的存储，并科学地综合利用，以部门之间信息交流为中心，以岗位工作标准为切入点，解决项目经理部从数据采集、信息处理与共享到决策目标生成等环节的信息化，以及时准确地量化指标，为项目经理部高效优质管理提供依据。

一个实行信息化施工管理的经理部，只需10多台计算机联网，20万元以内投资即可从设备上具备条件。当然，项目经理实现集约化管理的决心和全体经营人员会使用计算机的技术素质更为重要。项目经理部的管理人员每天定时将当天发生的工程、技术、商务、物资、质量、安全、行政、材料、机械等方面的情况输入计算机，项目经理用这样的技术手段进行决策，用这样的办法管理的工程质量在技术措施上是万无一失的，可以向社会及业主交一个合格的答卷，提高建筑企业的技术含量。

工程成本管理多年来一直困扰施工企业，特别是当前建筑公司的经营点分散，进行成本管理更加困难。近年来，研制成功的工程项目成本管理系统，为建筑公司、项目经理部核算和集约化管理提供技术手段，使企业领导人在办公室里就能了解全局的经营状况，靠的是计算机软件、计算机网络和健全的工作制度。

第三节　提高建筑技术水平的对策

随着国民经济的高速发展，我国的施工技术确实取得了不少进步，有些单项施工技术达到或接近国际先进水平，但与经济发达国家相比，我国施工技术的总体水平、技术装备水平、原材料质量、工人的技术素质和组织管理能力，都有相当大的差距。建设周期长、工程质量差、劳动生产率低等顽症，长期困扰着建筑业的发展。特别是近几年来，由于种种原因，“科技是第一生产力”的认识并没有真正落实，企业的技术力量在削弱，工程技术人员大量流失；管理粗犷，工程质量、管理质量一时很难提高；施工中传统的手工作业方式大量存在，工业化程度近期不会有大的改变。我国施工技术上取得的成绩，是在建设任务推动下，用高投入方法取得的，也就是说：用缴高额学费的办法换来的点滴经验。只有走深化改革之路，用利益机制杠杆去调整政策，解决社会、企业之间深层次的问题，才能使企业或行业的发展真正转移到依靠技术进步的良性轨道上来。

根据“九五”计划和2010年远景目标，我国国民经济生产总值每年将以8％~9％的幅度递增。国民经济对建筑业需求旺盛，建筑业将以高于整个国民经济2％~3％的速度增长。“九五”计划规定，全社会固定资产投资总规模为13万亿元。建筑业仍然面临着广阔的发展前景。面对巨大的建设任务，建筑施工必须把握技术发展的方向，摸清工程技术上的热点和难点，选准重点，组织科技攻关，以期达到事半功倍的效果。我国今后15年内，国家重点工程项目和大型工程仍将占有相当大的比重。在城市建设中一批规模宏大、技术复杂的高层、超高层和大型公用设施仍将兴建，地下空间的利用将更加迫切。大型基础设施和工业建设项目不仅规模大，而且工艺技术都相当先进。一般工业与民用建筑项目数量相当可观。“九五”期间，仅新建的城镇住宅一项就起过10亿㎡。为此，今后建筑施工技术发展的重点应是：

1. 地下工程与深基础施工，特别是深基坑的边坡支护和信息化施工，同时，还应发展特种地基（包括软土地基）的加固处理技术。

2. 总结高层建筑施工经验，发展成套施工技术。要重视超高层钢结构、劲性钢筋混凝土结构和钢管混凝土结构的应用技术。

3. 重视高性能外加剂、高性能混凝土的研究、开发与应用。发展预应力混凝土和特种混凝土。

4. 开发轻钢结构，扩大应用于工业厂房、仓库和部分公用建筑工程。发展大跨度空间钢结构与膜结构。

5. 改进与提高多层建筑功能质量，发展小型混凝土砌块建筑和框架轻墙建筑体系。
6. 开发建筑节能产品，发展节能建筑技术。
7. 开发既有建筑的检测、加固、纠偏及改造技术。
8. 提高化学建材在建筑中的应用。
9. 开发智能建筑，研究解决施工安装与调试中的问题。
10. 发展桅杆式起重机的整体吊装技术和计算机控制的集群千斤顶同步提升技术。
11. 金属焊接与检测技术。
12. 建筑企业的现代管理和计算机应用技术。

为使建筑业逐步摆脱粗放经营的传统模式，提高建筑产品的科技含量，提高工程质量和建筑工业化水平，必须大力推进科技进步，着力抓好经济增长方式的转变。为此，应采取以下政策措施：

一、强化科技意识，牢固树立“科学技术是第一生产力”的观点

建筑企业都要树立“科学技术是第一生产力”的观点，贯彻落实“科教兴国”的方针。要加强对科技工作的领导，培养尊重知识、尊重人才的良好风气。切实调动广大科技人员、广大职工对开发、应用新技术的积极性，大力推进企业的技术进步。能否加大科技投入力度，也是检验建筑企业是否真正把科学技术放在第一生产力位置的重要标志。要提倡用经济大投入换取科技的大发展。使行业和企业逐步走上依靠技术进步提高工程质量，提高经济效益和行业企业素质的振兴之路。

二、强化科技管理，建立健全科技管理新机制

贯彻执行1992年建设部与国家科委联合颁发的施工企业总工程师职责规定，建立总工程师岗位职责，确立总工程师在企业技术指挥中的核心地位，充分发挥其在强化企业技术管理、质量管理和监督等方面的作用。要指导施工企业建立与现代企业管理制度相适应的现代企业技术管理制度和质量保证体系，重视基础管理和职工培训，办好继续教育，提高管理者和操作者的素质。还要重视技术开发和技术积累，建立本企业特有的工法与工艺管理制度；大力采用施工新技术、新工艺、新材料、新设备，并抓好新技术工程应用试点和多种新技术综合应用的示范工程。也可开创科技先导型企业或科技效益型的工程。

三、加大新技术推广应用力度，提高建筑科技整体水平

在高速发展的国民经济带动下，我国建筑科学技术成就巨大，成绩斐然，有一些单项技术已达到或接近国际先进水平。但是，更应清醒地看到，我国建筑科学技术的整体水平与经济发达国家仍有相当大的差距。我国建筑业的劳动生产率和年人均完成的实物工作量都大大低于经济发达国家。

由此可见，我国建筑业仍是传统的劳动密集型行业，产业技术水平低、劳动生产率低、物耗能耗高、工程质量差、产品附加值不高，企业经济效益差，难以适应现代化建设和发展成为国民经济支柱产业的需要。为此，必须加强管理，强化科技开发和成果转化，围绕转变经济增长方式这个中心，选择一批有利于优化产业结构、提高行业整体素质和工程质量与经济效益的关键技术，集中力量进行攻关。着力提高建筑业的科技实力，使之从粗放经营向集约经营转变，大幅度地提高工程质量和效益。

为使科技成果迅速转化为生产力，增强企业活力，必须重视新技术、新工艺、新材料、新机具的推广工作。当前仍应继续抓好预拌混凝土、粗钢筋连接等建筑业重点推广应用的10项新技术。在此基础上，各单位还可根据各自的情况，增加新技术推广的内容，加大技术推广力度。为使技术推广工作落到实处，应分阶段、分层次地抓好一批新技术示范工程项目，以发挥其典型示范、先导和辐射作用。

企业是技术进步的主体，科技成果的转化、新技术的推广没有企业的支持与应用，科技成果就不能体现其价值，技术进步也只是一句空话。企业要真正认识到技术进步是企业自身发展的需要，增强加快技术进步的自觉性和紧迫性，不断提高企业的技术素质，使企业成为技术开发、技术应用和推动技术进步的主体。

四、加强企业的技术改造，培育和发展机械设备的租赁和调剂市场

当前建筑企业技术装备水平低，老旧机械比重大，性能和安全性都比较差，难以适应建筑业发展的需要，更谈不上实现建筑工业化。为此，必须抓住一切有利时机，利用多种资金渠道，加速机械设备的更新改造。近5年来，建设部利用国家支持建筑安装企业技术改造专项贷款总计已达8亿多元，用于建筑企业机械设备的更新改造，重点发展预拌混凝土和机械设备租赁，已经取得了很大的效果。各地也应多方争取，扩大资金来源，逐步用先进机械取代约占总数1/3的性能差、能耗高、安全性欠佳的老旧机械，积极发展手持动力机具。机械设备应按专业或工种配套，逐步向专业化方向发展。要调整企业的装备结构，逐步减少自有机械比重，发展社会化租赁，对暂时不用的机械设备，及时组织转让，使有限的装备资源，得到较为合理的配置。建筑施工中的繁重体力劳动、危险作业和不用机械难以保证工程质量和施工安全的工序和工种，应实行机械化、自动化。

五、提高建筑工业化水平

建筑工业化是建筑业生产方式的综合概念，其内涵是要求建筑业从传统的手工作业的生产方式中解脱出来，并逐步向社会化大生产过渡。通过建筑业生产方式的变革，大幅度地提高劳动生产率，加快建设速度，提高经济效益和社会效益。建筑工业化要以科技为先导，采用先进、适用的技术、工艺和装备，科学合理地组织施工，发展专业化，提高施工机械化水平，减少繁重、复杂的手工劳动和湿作业；发展建筑构配件、制品、设备生产，并形成适度的规模经营，为建筑市场提供各类建筑适用的系列化的建筑构配件和制品；不断提高建筑标准化水平，采用现代管理方法和手段，优化资源配置，实行科学的组织和管理，培育和发展技术市场和信息管理系统。

第二章　结构精品工程策划

早在20世纪50年代，我国就提出工程建设“百年大计，质量第一”的基本方针，在这个方针指导下，曾创出了一大批优质工程。进入90年代以来，我国国民经济持续快速增长，固定资产投资居高不下，建筑队伍急速膨胀，企业竞争日益激烈引发不正当竞争，行业整体素质特别是一线操作层素质偏低，工程质量管理难以适应建筑事业的发展需要，重大工程质量事故时有发生；另外，一些建筑物墙体开裂、基础下沉、屋顶塌落，柱子倾斜等结构质量事故时有发生，同时也不同程度地存在着结构整体性不好、承载能力差、抗震能力低等质量隐患。低劣的建筑工程质量不仅影响建筑工程的使用，严重的还会给国家和人民的生命财产造成重大经济损失，因此建筑行业急需加强工程质量管理，以适应我国经济发展的需要。

我国已加入WTO，建筑市场的开放将愈益深入，对建筑企业的影响也越来越大：一方面，国外建筑企业更多地进入中国市场，其管理水平高、融资能力强、资金雄厚、技术先进、机制合理，进入中国市场后势必增加国内企业参与竞争的激烈程度；另一方面，也为国内建筑企业扩大利用外资、进入国际市场提供更为广泛的空间。在国内外激烈竞争状况下，建筑企业为了生存和发展，不仅要加快行业调整，改善经营机制，更重要的是提高自身的产品品质，走质量效益型道路。

第一节　结构精品工程策划

建筑业是国民经济的支柱产业，随着市场经济的发展，建筑业已全面走向市场，并参与竞争，而企业保持竞争优势的关键是要不断创建优质工程，特别是结构施工阶段更要精益求精地创建过程精品，也只有这样才能体现优质工程的货真价实性。

结构精品工程策划目的是完善结构精品工程预控能力，增强工程管理能力，按照目标管理→创优策划→过程监控→阶段考核→持续改进的创优方式进行展开分析工程的难点、重点，进一步规范现场的施工作业程序和标准，保证工程质量，使管理水平科学化、规范化，提高建筑施工的技术含量，达到“计划目标明确—技术措施保驾—质量体系严密—施工方法得当—工序流程控制严格—检查验收及时准确”这一科学化、规范化、标准化的施工管理目标；同时也使组织人员明确职责，领会项目运作程序，提高工作效率，保证施工作业能在正常有序的状态下进行，并与公司的施工管理要求相统一、相协调。

一、工程目标策划

目标管理是整个创优活动的开始，根据工程总体质量目标、工期目标、业主的要求和安全文明施工目标，结合工程的具体情况和特点，确定工程的各阶段目标，还要将质量目标层层分解，落实到各分部、分项工程。目标是指引我们前进的方向，目标的确定要有科学性和可行性。目标一旦确定，就要强调严肃性，对业主、对社会的承诺，要不折不扣地兑现。

(一) 第一层次目标分解

围绕目标配备相应的资源，一方面要综合考虑工程的周边地理环境、结构特点、建筑特点、工期进度和质量目标，分析工程施工中将面临的难点和重点，确定解决措施，明确目标实现的难易程度，也要考虑投标竞争的需要、工程造价和社会影响。确定工程各方面基本目标见表 2-1。

第一层次目标分解表　　**表 2-1**

序号	目标名称	内容
1	质量目标	结构工程：结构长城杯；整体工程：北京市优质工程
2	环保目标	顺利通过内审、外审、环保达标
3	工期目标	×××日历天
4	CI 目标	顺利通过各种检查、CI 达标
5	体系目标	按公司要求完成三大体系合并、运作
6	成本目标	按合同和公司相关要求完成成本控制
7	安全文明目标	安全文明工地
8	QC 目标	

(二) 第二层次目标分解

1. 施工组织管理及技术资料达到结构长城杯要求、分部工程优良率 100%、分项工程优良率不小于 90%、合格点率不小于 94%、一次验收合格率 100%。

2. 结构阶段分项工程质量目标分解见表 2-2。

结构阶段质量目标分解表　　**表 2-2**

序号	项目	分项优良率（%）	合格点率（%）	序号	项目	分项优良率（%）	合格点率（%）
1	土方	≥96	≥97	5	预应力	≥94	≥96
2	钢筋	≥94	≥97	6	钢结构	≥94	≥96
3	模板	≥92	≥96	7	防水	≥94	≥97
4	混凝土	≥90	≥95	8	砌筑	≥91	≥94

二、组织策划

(一) 组织机构的建立

项目经理部是实现目标的具体操作者，因此对每个部门、每个岗位的设置要科学合理，职责分明。人员选配上要由有创优经验、组织能力强、有责任感、技术过硬的管理人员组成能打硬仗的项目管理班子。项目应建立完善的质量岗位责任制，在项目开工之初或阶段工程开始时，制定项目质量岗位责任制度，明确领导班子成员的责任，确定每个部门的职责，最后落实到项目每个管理人员，并签订相应的质量岗位责任状，与个人收入挂钩，形成一个由项目经理为主责任人、项目总工和现场经理领导监控、各职能部门执行监督、分包队伍严格实施的网络化的项目组织体系。

(二) 主要成员和部门职责

1. 项目经理

(1) 项目经理是公司法人在项目上的授权代理，是本项目的质量第一责任人，代表公司履行与业主合同及分包合同相关的责任。

(2) 执行公司质量方针、质量体系文件；项目质量目标的制定与贯彻实施。

(3) 依据项目管理手册进行组织机构设置、人员聘任和质量职能分配及制定项目人员留置计划。

(4) 领导项目经理部全面管理工作。

(5) 领导编制项目制造成本实施计划，对项目成本支出审核签字。

(6) 领导与组织项目编制施工组织设计、质量计划、质量阶段预控计划、质量管理文件。

(7) 领导项目安全生产与质量管理工作，是质量、安全的第一责任人。

(8) 负责项目各类经济合同的审核签字。

2. 总工程师

(1) 贯彻执行质量方针、项目质量计划与科技发展规划的引进及推广应用工作，负责审核项目物资计划及工程物资需要计划，对工程质量负有第一技术责任。

(2) 具体负责组织相关人员编制施工组织设计、质量计划、质量阶段预控计划、质量管理文件；组织编制并审核专项施工方案、技术措施，负责分包提交技术方案的审批。

(3) 领导项目计量设备管理工作。

(4) 领导材料的选型、报批与控制；负责引进有实用价值的新工艺、新技术、新材料。

(5) 参加工程主体结构验收及竣工验收工作；参加工程质量事故的调查与处理。

(6) 贯彻执行技术法规、规程、规范和涉及工程质量方面的有关规定。

(7) 负责组织图纸会审及各专业问题技术处理，审定设计洽商和变更工作。

(8) 领导做好各项施工技术总结工作；参与项目制造成本实施计划的编制与分析工作。

(9) 领导与组织质量体系的运行，通过加强全过程的质量管理，确保项目质量目标的实现。

(10) 领导做好施工技术资料的整理、归档；参与编制总进度计划。

3. 现场经理

(1) 现场经理是施工生产的指挥者，对各分项、分部的施工质量负直接领导责任。

(2) 组织责任工程师认真贯彻执行项目的各类生产计划、施工方案，并定期进行检查；负责落实项目的质量计划和质量目标的执行。

(3) 负责协调各工程专业、各分包单位在施工生产中工序交叉及相配合工作，负责对公司内部专业公司的机械调配工作。

(4) 领导组织工程各阶段的验收工作，具体领导与落实工程质量管理工作，领导组织开展 QC 小组活动。

(5) 负责安排和指导施工现场的安全文明施工及 CI 形象管理工作。

(6) 参与项目制造成本实施计划的编制与分析工作。

(7) 对施工工期负直接领导责任，参与编制总工期计划，编制月进度计划，监督落实项目工程进度计划的执行和完成情况，负责审定、考核分包单位月、周计划。

(8) 领导现场试验站工作。

(9) 领导做好施工原始技术资料的填写。

(10) "一案三工序"的监督、落实。

4. 商务经理

(1) 贯彻执行公司质量方针和项目规划，熟悉合同中用户对产品的质量要求，并传达至项目相关职能部门。负责组织项目人员对项目合同学习和交底工作。

(2) 具体领导项目各类经济合同的起草、确定、评审。

(3) 负责项目经营报价、进度款结算及工程结算，负责编制对建设单位请款单、分包商的结算单。

(4) 负责与分包洽谈，为项目提供可靠的分承包方或制造商，负责材料供应商的报价审核。

(5) 负责项目的成本管理工作。

(6) 负责组织编制和办理工程款结算、经济索赔等工作。

5. 安装工程副经理

(1) 参与制定和执行项目管理大纲，主持和执行项目水电方面的施工组织设计。

(2) 配合现场经理工作，主管安装施工工作，负责安装工程管理部的管理工作。

(3) 负责对机电分包单位的管理工作。

6. 工程管理部

(1) 负责项目施工生产的管理、协调与质量管理工作。

(2) 执行项目施工组织设计及施工方案，并及时反馈管理信息。

(3) 负责根据项目月度计划分解成周作业计划，控制分包单位的施工进度安排。

(4) 负责对分包商进行技术及安全交底，审核分包商班组的交底，且各项交底必须以书面形式进行，手续齐全。

(5) 负责各项目施工基础资料（施工日记、技术交底等）的填写工作。

(6) 负责各项目施工管理日报、记录的填写工作。

(7) 负责施工中一般技术问题的处理，并将结果反馈技术管理部。

(8) 协助安全部门对现场人员定期进行安全教育，并随时对现场的安全设施及防护进行检查，负责现场文明施工的管理。

(9) 协助物资部对进场材料的构配件的检查、验收及保护。

(10) 负责安全整理的复查工作、现场的安全工作的评定工作，并作好记录。

7. 质量总监

(1) 编制项目"质量检验管理办法"，增加施工预控能力和过程中的检查，使质量问题消除在萌芽之中。参与技术方案的编制，加强预控和过程中的质量控制把关，严格按照项目质量计划和质量评定标准、国家规范进行监督、检查。

(2) 负责项目质量检查与监督工作，监督和指导分包质量体系的有效运行，定期组织分包单位管理人员进行规范和评定标准的学习。结合工程实际情况制定质量通病预防措施；负责工程的隐、预检，分部分项工程质量评定的审核和质量评定资料的收集工作。

(3) 严格"一案三工序"的检查，组织分包单位做好工序、分项工程的检查验收工作。

(4) 负责事故的调查和分析，根据处理方案监督和指导责任单位的修复。

(5) 具体负责项目质量检查验证与监督工作，协调好与业主、监理、分包的关系，为工程顺利报验创造条件。负责填写、收集各类质量资料（如质量评定等）。

(6) 具体领导项目质量监控部工作，监督施工过程，材料的检验与验证。

(7) 负责制定过程检验计划，定期进行工程质量分析，并提出改进措施，监督整改情况。负责主持召开项目质量例会。

(8) 负责对项目全体人员进行质量意识教育，提高全员质量意识，指定关键部位的质量要求和检验管理点。

(9) 负责合格产品控制检验状态管理。

(10) 负责制定项目标识管理计划；负责制定项目质量成本数据库。

8. 安全总监

(1) 执行公司要求的有关规章制度，结合工程特点制定安全活动计划，做好安全宣传工作。组织召开项目周一安全例会。

(2) 负责项目安全生产目标及安全技术措施的审定，并监督分包方组织实施。

(3) 负责分包方安全生产、文明施工的监督管理工作，检查安全规章制度的执行情况。对进场工人进行三级教育、特殊工种培训、考核工作，并及时做好安全记录。负责各种安全资料的填写、收集和归档。

(4) 及时对现场的平面布置及施工现场的不安全因素进行检查、监督、制止、处罚、下达整改、复查。

(5) 负责现场文明施工的监督检查，并做好检查记录。

(6) 组织现场特殊设施（如塔式起重机、外用电梯、外爬架）的验收，并建立特殊工种台账。

9. 技术管理部

(1) 编写施工组织设计、施工技术方案及技术措施，监督技术方案的执行情况。

(2) 负责对分包单位施工方案的审核工作。

(3) 组织施工方案和重要部位施工的技术交底。

(4) 负责施工技术保证资料的汇总及管理（按北京市技术资料管理规程和城建档案管理规定）。

(5) 工艺技术准备：施工技术审核管理；项目专项技术措施管理，编制过程控制计划，纠正和预防措施；编制和审定材料送审计划和需用计划，组织材料送审。

(6) 对本工程所使用的新技术、新工艺、新材料、新设备与研究成果推广应用；编制推广应用计划和推广措施方案，并及时总结改进。

(7) 负责计量器具的台帐管理，进行标识、审核。

(8) 负责图纸及施工技术书籍的管理；与总包方进行图纸问题的联络、确认；设计变更、洽商的管理。

(9) 负责现场试验及抽样试验工作。

(10) 影相资料管理的策划、组织和实施。

10. 物资管理部

(1) 负责项目物资的统一管理工作。

(2) 需编制采购计划，依据程序及采购计划购买，确保施工生产顺利进行。

(3) 监督各分包方进场材料的验证、复试，并记录存档。

(4) 及时组织自供材料的选择、送审，并跟踪及时将审定结果报技术管理部及经营管理部。

(5) 负责对自实施项目限额领料管理，对项目材料成本核算负责。

(6) 负责对项目主要材料进场时间、进场计划的安排。

(7) 负责盘点进场物资库存情况，制定物资管理办法，做好各类物资的标识。

(8) 负责进场物资的报验及在使用过程中的监督工作。

(9) 协助保安负责对进场供应车辆的记录、出门条的发放，在场时间的记录等工作。

(10) 对场内各类物资的装车、卸车的计划时间确定及统计。

11. 经营管理部

(1) 管理项目经营目标与具体实施，分解年季月经营目标。

(2) 负责组织对分承包方合同签订前的评审工作，参与相关的公司组织的合同评审工作。

(3) 负责项目经营合同管理，包括对分承包方、专业分公司以及其他零星聘用合同的管理工作。

(4) 参与分承包合同履约中的协调与结算管理。

(5) 做好工作预、决算及项目制造成本管理工作。

(6) 负责向业主、监理申报请款单及分包付款单工作。

(7) 负责计划与统计报量工作。

12. 财务部

(1) 负责项目成本管理工作。

(2) 负责项目成本台帐的建立与归档。

(3) 建立项目质量成本的归纳、统计、分析，并报项目经理。

(4) 负责项目劳资管理工作。

(5) 严格执行国家和企业的各项财经纪律。

13. 行政办公室

(1) 负责对项目及分包单位全体人员的思想教育及各项法规的宣传工作。

(2) 领导现场的消防保卫工作，维护现场的正常施工秩序。

(3) 按公司文件控制程序实施文件资料控制。

(4) 编制人员培训计划并组织实施。

(5) 建立培训与考核记录。

(6) 负责工会管理工作。

(7) 负责外来文函收发、交接及保管工作。

(8) 负责项目的后勤保障工作。

(9) 负责施工现场 CI 形象；主抓施工现场文明；组织劳动竞赛。

14. 机电管理部

(1) 负责全现场各机电分包单位协调工作。

(2) 负责现场临电、临水等项目管理工作。

(3) 负责编制有关安装配合施工进度计划、施工方案，参与材料设备的审定、实施情况，负责监督安装方面的工程技术及质量问题。

(4) 按照国家规范对机电工程进行报验及验收。

(5) 负责对项目安装工程质量事故进行调查、分析、监督、处理。

(6) 指导分包队伍各类安装工程质量台账、资料的建立，填写各类安装工作基础资料。

(7) 制定项目机电物资采购计划及工程物资需用计划。

(8) 制订机电分部、分项施工方案和质量保证措施。

(三) 管理体系和制度

按照企业的项目管理模式，以 ISO9001:2000 模式标准建立有效的质量保证体系，并制订项目《质量计划》，以合同为制约，强化质量的过程控制。

根据《质量计划》制订项目“创优计划”、“过程精品实施计划”、“地下结构质量检验计划”、“地上结构质量检验计划”。在项目上推行专业责任师负责制，对工程质量进行全面的管理与控制，使质量保证体系延伸到各专业分包，项目质量目标通过对各专业分包严谨的管理予以实现。

根据 ISO14001 环境管理体系制订《项目环保计划》，据此制订各种环保方案和措施：如“节水、节电施工方案”、“应急准备和响应方案”、“噪声、扬尘控制措施”、“环境因素台账”、“重大环境因素清单”等。

按照管理体系建立相应管理制度：挂牌制度、样板制度、会诊制度、奖罚制度、成品保护制度、专人负责制度等。

挂牌制度：技术交底、操作工艺等制成标牌放置在操作部位。

样板制度：不同形式的板、墙、柱钢筋绑扎、模板支设必须先做出样板，在样板验收后方可展开大面积施工。

会诊制度：对施工中发生的质量问题进行集体会诊，查出原因、教育工人、整改落实。

奖罚制度：把奖惩结果张贴在曝光板和光荣榜上，教育和引导工人施工。

成品保护制度：对钢筋、模板、混凝土成品进行保护。

专人负责制度：设专人负责混凝土小票记录、坍落度测试、冬期测温等。

三、施工组织管理策划

开工前，根据工程特点，明确工程质量控制点，编制质量控制点明细表，并制定需要编制的施工组织设计和施工方案的清单，明确时间和责任人。明确施工组织设计、施工方案和技术交底的编制方法和具体要求。

施工组织设计和方案在定稿前都要召开专题讨论会，充分参考有关部门及分包的意见。每个方案的实施都要通过方案提出→讨论→编制→审核→修改→定稿→交底→实施几个步骤进行。方案一旦确定就不得随意更改，并组织项目有关人员及分包负责人进行方案书面交底。如提出更改必须以书面申请的方式报项目技术负责人批准后，以修改方案的形式正式确定。现场实施中，项目应派专人负责在施工组织设计和方案的现场实施中的跟踪调查工作，将方案与现场实施中不一致的情况及时汇报给技术负责人，通过内部洽商或修改方案（有必要时）的方式明确如何解决。

施工中有了完备的施工组织设计和可行的工程方案，以及可操作性强的技术交底，就要严格按方案施工，从而保证全部工程整体部署有条不紊，施工现场整洁规矩，机械配备合理，人员编制有序，施工流水不乱，分部分项工程施工方案科学合理，施工操作人员严格执行规范、标准的要求，有力地保证了工程的质量和进度。

四、结构工程精品策划

（一）模板工程精品策划

依据模板的基本要求（模板尺寸准确，板面平整；具有足够的承载力、刚度和稳定性，能可靠地承受新浇筑混凝土的自重和侧压力，以及在施工中所产生的荷载；构造简单，装拆方便，并便于钢筋的绑扎、安装和混凝土的浇筑、养护；并在满足塔式起重机起重量要求、施工便利和经济条件下，应尽可能扩大模板面积、减少拼缝等）进行模板的选型、设计、承载力验算、细部处理、安装就位等施工策划。

（二）钢筋工程精品策划

钢筋工程在审图把关，确定控制的重点和难点，制定措施的前提下，根据具体情况制定相应的措施，如：

1. 若钢筋过密，要提前放样，如梁柱节点、剪力墙的门窗洞口等。

2. 悬挑构件的绑扎、钢筋接头的控制等。

3. 抗震结构的要求如加强区、箍筋加密区、边跨柱头等。

从钢筋原材、钢筋加工、钢筋堆放、钢筋绑扎、粗钢筋连接和钢筋保护层控制等方面进行策划，进一步明确现场钢筋方面控制的重点和要达到的质量目标。

（三）混凝土工程精品策划

混凝土的施工工艺和混凝土外观决定着结构本身的观感质量，是创优检查中两项很重要的内容。混凝土施工工艺施工是否合理、保证措施是否有力，直接决定着混凝土外观效果。

混凝土工程按照准备阶段（预拌混凝土供应合同的制定、混凝土浇筑申请、混凝土申请单和小票的管理、机械设备和场地准备、劳动力组织、措施交底和现场组织、试验准备、浇筑前的验收准备工作、检查模板接缝和阴阳角平整度及支撑情况）和混凝土工程的浇筑操作阶段（混凝土的分层浇筑、墙体混凝土浇筑前的接浆、混凝土坍落度的测试、混凝土的凝结时间及和易性、楼板混凝土的压光操作、混凝土的泵送、混凝土的振捣、混凝土施工缝的留置和处理、混凝土养护）来明确质量控制的要求和控制方法。

第二节 精品工程技术文件的编制

一、施工组织设计、方案、技术交底的作用、重要性

优质工程必须预先有工程的质量目标策划，有相应的管理预控措施，强调施工组织设计的科学性和指导性，方案的针对性和实用性，技术交底的可行性和可操作性。同时要结合施工现场的具体的管理和操作及工程实体的质量，检查是否按施工组织设计进行严格施工。施工组织设计、方案和技术交底对工程的质量、进度和成本起着关键的作用。对于创优工程，其施工组织设计、方案和技术交底编制的好坏，直接影响着工人的操作、生产的组织以及成本费用的高低，影响着创优成功与否，因此编制好施工组织设计、方案和技术交底，对工程创优具有重要意义。

二、施工组织设计、方案、技术交底之间的关系

(一) 施工组织设计、方案、技术交底的不同作用

1. 施工组织设计是一个工程的战略部署，是项目经理受企业法人委托，为履行企业同业主签订的合同和对业主的承诺，依据合同、设计图纸以及各类规范、标准、规定和文件来编制，是对工程投标、签订承包合同和工程从施工准备到工程竣工交验全过程的综合性纲领性文件。施工组织设计编制前由项目经理组织，项目全体人员在熟悉图纸和工程特点的基础上集体讨论，集思广益，最后由项目总工组织相关人员，按照项目经理和全体项目管理人员的意图编写。

2. 方案是依据施工组织设计关于某一分项工程的施工方法而编制的具体的施工工艺，并对此分项工程的材料、机具、人员、工艺进行详细的部署，保证质量要求和安全文明施工要求，它应该具有可行性、针对性。

3. 技术交底是依据方案对操作工人的工艺交底，主要针对工序的操作和质量控制，技术交底应该具有可操作性。

(二) 施工组织设计、方案、技术交底的不同点

1. 侧重点不同

施工组织设计侧重决策，方案侧重实施，技术交底侧重操作。

2. 出发点不同

施工组织设计从项目决策层的角度出发，是决策者意志的文件化反映，它更多反映的是方案确定的原则，是如何通过多方案对比确定施工方法的。方案从项目管理层的角度出发，是对施工方法的细化，它反映的是如何实施、如何保证质量、如何控制安全的。技术交底从操作层的角度出发，反映的是操作的细节。

三、施工组织设计的编制

对于施工组织设计的评价没有一个定论，但可以按照合理、可行、安全、经济、先进等几方面作为评价一个工程施工组织设计编制的依据，确保施工组织设计的准确性（符合实际情况）、先进性（具有创新意识）、群众性（体现集思广益，充分调动所有人的主观能动性）、严肃性（严格遵照执行）和实践性（实事求是切合实际情况）。施工组织设计编制的详细要求可按照以下八个方面进行控制：

(一) 技术文件层次的划分

分清施工组织设计、方案、措施交底的层次。施工组织设计是一个工程的战略部署，是宏观的部署，具有指导性；方案是每个分项工程战役计划，需要考虑细致、全面、有针对性；措施交底是针对作业班组长、工人编制的细化的施工安排，必须突出可操作性。

(二) 施工组织设计内容

施工组织设计不仅是指导现场施工，还要对工程的商务运作有一个明确的规划，施工组织设计必须内容全面，还需包含单位工程施工的经济效益分析、成本控制措施等与商务运作相关的内容。

(三) 工程难点、重点和特点的体现

施工组织设计作为工程的战略部署必须考虑到下一步施工中所将遇到的各种情况，针对各种难点、重点和特点提出切实可行的施工方法，做到有的放矢，保证工程施工顺利进

行。

（四）施工组织设计中合同内容的体现

施工组织设计的编制应满足合同的要求，参与编制人员必须清楚的了解合同要求，明确各方应承担的材料、设备和施工范围，确保材料、设备和人员的及时组织和供应，满足工程的施工要求。

（五）经济效益的保证

在施工组织设计中必须通过合理的施工组织、工序安排和施工方法的选用，在确保工程质量的前提下减少工程成本的投入，保证项目经济效益目标的要求。

（六）措施合理可行、切合实际情况

施工组织设计必须按照工程实际情况编制，不能照搬，各种施工方法的选用中必须充分体现现场的实际情况，做到合理可行。

（七）体现创新意识，反映现场施工管理水平

施工组织设计作为管理性的施工文件，必须体现出管理的创新意识，能够真正反映出现场的实际管理水平，通过细化的施工组织管理保证整个项目的有机运作。

（八）项目经济技术指标实现的保证

在施工组织设计中提出主要管理措施，通过各种有效措施的采取和实行，能够确保工程工期、质量、环保和消防等目标的实现。

四、施工组织设计编制内容

施工组织设计主要应包括：编制依据、工程概况、施工部署、施工准备、主要施工方法及技术措施、主要施工管理措施、经济技术指标、施工总平面图等八方面内容。

五、施工组织设计编制要点

（一）编制依据

1. 施工合同：有名称、有合同编号、有签字日期。见表2-3。

表 2-3

序号	合同名称	编号	签订日期
1	工程总包合同		
2	主分包合同		

2. 施工图纸：有图纸名称、图纸编号、出图日期，并按结构图、建筑图和专业图的顺序排列。见表2-4。

表 2-4

序号	图纸名称	图纸编号	出图日期
1	结构图	结施××~结施××	
2	建筑图	建施××~建施××	
3	电气图	电施××~电施××	
4	暖通图	暖施××~暖施××	
5	给排水图	水施××~水施××	
6	电信图	讯施××~讯施××	

3. 主要的规范、规程：分国家、行业、地方、企业，名称、编号写清楚，必须是现行有效。

4. 主要图集：分国家、行业、地方，名称、编号写清楚。

5. 主要标准：分国家、行业、地方、企业，名称、编号写清楚，必须是现行有效，相互统一。

6. 主要法规：分国家、行业、地方、企业，名称、编号写清楚。

7. 其他：包括地质勘察报告、条例、企业的各项管理手册和程序文件等。

（二）工程概况

主要包括四表、两图，对工程的整个情况作简单概述，主要以表格形式表达（最好不要填写简称，应该按各单位公章填写单位全称，而且名称一定要和工程前期报批手续中填写的保持一致）。

1. 工程名称见表 2-5。

表 2-5

序号	项　目	内　容
1	工程名称	
2	工程地址	
3	建设单位	
4	设计单位	
5	监理公司	
6	质量监督	
7	施工总承包	
8	施工主要分包	
9	合同承包范围	
10	投资性质	
11	合同工期	
12	合同质量目标	

2. 建筑设计概况见表 2-6。

表 2-6

<table>
<tr><td>序号</td><td>项　目</td><td colspan="4">内　容</td></tr>
<tr><td>1</td><td>建筑功能</td><td colspan="4"></td></tr>
<tr><td>2</td><td>建筑特点</td><td colspan="4"></td></tr>
<tr><td rowspan="3">3</td><td rowspan="3">建筑面积</td><td>用地面积</td><td></td><td>占地面积</td><td></td></tr>
<tr><td>地下建筑面积</td><td></td><td>地上建筑面积</td><td></td></tr>
<tr><td>标准层建筑面积</td><td></td><td>总建筑面积</td><td></td></tr>
<tr><td>4</td><td>建筑层数</td><td>地 上</td><td></td><td>地下</td><td></td></tr>
<tr><td rowspan="3">5</td><td rowspan="3">建筑层高</td><td>地下部分层高</td><td colspan="2">地下室</td><td>m</td></tr>
<tr><td rowspan="2">地上部分层高</td><td colspan="2">1～×层</td><td>m</td></tr>
<tr><td colspan="2">×～×层</td><td>m</td></tr>
</table>

续表

<table>
<tr><th>序号</th><th>项目</th><th colspan="4">内容</th></tr>
<tr><td rowspan="3">6</td><td rowspan="3">建筑高度</td><td>±0.000绝对标高</td><td>m</td><td>室内外高差</td><td>m</td></tr>
<tr><td>基底标高</td><td>m</td><td>最大基坑深度</td><td>m</td></tr>
<tr><td>檐口高度</td><td>m</td><td>建筑总高（m）</td><td>m</td></tr>
<tr><td rowspan="2">7</td><td rowspan="2">建筑平面</td><td>横轴编号</td><td>1轴～×轴</td><td>纵轴编号</td><td>A轴～×轴</td></tr>
<tr><td>横轴轴线距离</td><td>m</td><td>纵轴轴线距离</td><td></td></tr>
<tr><td>8</td><td>建筑防火</td><td colspan="4"></td></tr>
<tr><td>9</td><td>外墙保温</td><td colspan="4"></td></tr>
<tr><td rowspan="4">10</td><td rowspan="4">外装修</td><td>檐口</td><td colspan="3"></td></tr>
<tr><td>外墙装修</td><td colspan="3"></td></tr>
<tr><td>屋面工程</td><td colspan="3"></td></tr>
<tr><td>主入口</td><td colspan="3"></td></tr>
<tr><td rowspan="8">11</td><td rowspan="8">室内装修</td><td>门窗工程</td><td colspan="3"></td></tr>
<tr><td>顶棚工程</td><td colspan="3"></td></tr>
<tr><td>地面工程</td><td colspan="3"></td></tr>
<tr><td>内墙装修</td><td colspan="3"></td></tr>
<tr><td rowspan="2">门窗工程</td><td>普通门</td><td colspan="2"></td></tr>
<tr><td>特种门</td><td colspan="2"></td></tr>
<tr><td>楼梯</td><td colspan="3"></td></tr>
<tr><td>公用部分</td><td colspan="3"></td></tr>
<tr><td rowspan="3">12</td><td rowspan="3">防水工程</td><td colspan="2">屋面防水</td><td colspan="2"></td></tr>
<tr><td colspan="2">厕浴间防水</td><td colspan="2"></td></tr>
<tr><td colspan="2">地下室外防水</td><td colspan="2"></td></tr>
</table>

3. 结构设计概况见表2-7。

表2-7

<table>
<tr><th>序号</th><th>项目</th><th colspan="2">内容</th></tr>
<tr><td rowspan="3">1</td><td rowspan="3">结构形式</td><td>基础结构形式</td><td></td></tr>
<tr><td>主体结构形式</td><td></td></tr>
<tr><td>屋盖结构形式</td><td></td></tr>
<tr><td rowspan="3">2</td><td rowspan="3">土质、水位</td><td>基底以上土质</td><td></td></tr>
<tr><td>地下水位</td><td></td></tr>
<tr><td>地下水水质</td><td></td></tr>
<tr><td rowspan="3">3</td><td rowspan="3">建筑物地基</td><td>地基土质层</td><td></td></tr>
<tr><td>地基承载力</td><td></td></tr>
<tr><td>地基渗透系数</td><td></td></tr>
</table>

续表

序号	项　　目	内　　容	
4	地下防水系统，双道设防	混凝土自防水	
		柔性防水	
5	混凝土强度等级	垫层	
		地下室外墙、底板、消防水池	
		柱、梁、板	
		预应力梁、板	
6	抗震等级	工程设防烈度	
		框架抗震等级	
		剪力墙抗震等级	
7	钢筋类别	非预应力钢筋等级	
		预应力筋类别及张拉方式	
8	钢筋接头形式	滚压直螺纹（机械连接或焊接）	
		搭接绑扎	
9	结构断面尺寸	基础底板厚度（mm）	
		外墙厚度（mm）	
		内墙厚度（mm）	
		柱子截面尺寸	
		地梁断面尺寸	
		梁断面尺寸	
		楼板厚度（mm）	
10	楼梯结构形式		
11	结构工程预防碱集料反应管理类别		
12	二次围护结构		

4. 专业设计概况（包含水、暖、风、消防、电力、电梯、电讯、照明、人防设备、庭院绿化、环卫等）见表2-8。

表 2-8

序号	项　　目		设计要求	系统做法	管线类别
1	给排水系统	上水			
		下水			
		雨水			
		热水			
		饮用水			
		消防水			

续表

序号	项目		设计要求	系统做法	管线类别
2	消防系统	消防			
		排烟			
		报警			
		监控			
3	空调通风系统	空调			
		通风			
		冷冻			
		采暖			
		燃气			
4	电力系统	照明			
		动力			
		弱电			
		避雷			
5	设备安装	电梯			
		配电柜			
		水箱			
		污水泵			
		冷却塔			
6	通讯				
7	电视天线				
8	绿化				
9	楼宇清洁				
10	设备最大规格与重量				

5. 两图：包含标准层平面图和建筑剖面图。

6. 工程难点、特点的分析：根据施工合同、现场情况、土质情况、结构特点、机电设备安装、季节影响等因素确定工程的难点和特点，为施工组织设计的编制提供针对性的依据。

（三）施工部署

1. 施工组织

介绍项目的施工组织模式、组织机构图和职能分工，明确分工职责，落实施工责任，使各岗位各行其职。在项目的组织结构图中要注明人员名称、职务和职称，以利于了解项目的人员构成情况。

2. 任务划分

(1) 各单位负责范围见表2-9。

(2) 工程物资设备采购划分见表2-10。

(3) 工程使用大型设备情况（为后期的大型设备安装提供参考，应重点描述非标准的、非国产的、加工或采购周期长的大型设备）见表 2-11。

表 2-9

序号	负 责 单 位	任 务 划 分 范 围
1	业主自行施工范围	
2	总包合同范围	
3	总包对分包管理范围（业主制定分包范围）	

表 2-10

序号	负 责 单 位	工 程 物 资
1	业主自行采购范围	
2	总包采购范围	
3	分承包方采购范围	

表 2-11

大型设备	型号	数量	运输方法	进场时间	工程形象进度

3. 施工部署原则

需综合考虑各方面的影响因素，对任务、人力、资源、时间、空间进行总体布局。包括总施工顺序上的部署原则、在时间上的部署原则——季节施工的考虑、在空间上的部署原则——立体交叉施工的考虑、在资源上的部署原则——劳动力和机械设备的投入及根据基础、结构、装修三个阶段施工不同的特点安排的施工部署。

施工部署必须要体现出项目经理的指导思想，是如何对整个工程涉及的任务、人力、资源、时间、空间进行总体布局和构思，如何将质量控制贯穿于整个施工管理过程中的。施工部署是施工组织设计的核心内容，将影响到整个工程的成败。

施工部署作为工程施工进度计划的编制基础，应对工程各个里程碑目标进行描述。一般应包括结构工程分段验收次数及时间、地下结构施工到正负零时间、结构封顶时间、插入装饰作业时间、室内初装饰工程与室内精装修工程之间的交叉、现场施工与材料选型、二次深化设计之间的交叉、外装饰与结构施工的交叉、土建（结构、砌筑、装饰）与机电设备安装之间的交叉、地上结构与地下室外防水及回填土的交叉、塔式起重机的进出场时间、外用电梯的进出场时间、外用电梯与室内消防梯的衔接，正式消防楼梯的封闭施工时间等。

4. 施工进度计划

施工总控计划是施工部署在时间上的体现，要贯彻空间占满、时间连续、均衡协调、有节奏、力所能及、留有余地的原则，组织好土建与专业工程的插入、展开、撤场、转换，处理好施工机械进退场、设备进场与各专业工序的关系。

施工进度计划的编制要根据合同、工程量、投入的资金及劳动力确定。通过各类参数的计算找出关键线路选择的最优方案。明确三大分部工程形象进度控制、大型机械进场退场、季节性施工、专业配合与土建施工的关系，计划编排应层次分明、形象直观。分段流水的工程要以网络图表示标准层的各段工序的流水关系，并说明各段工序的工程量和塔式起重机吊次计算。

工序安排要符合逻辑关系，遵循先地下后地上、先结构后围护、先主体后装修、先土建后专业的一般规律，并明确各阶段的工期目标，处理好工期目标与现场配备的施工设备、资金投入、劳动力之间的相互关系。

土建进度以分层、分段的形式反映，专业进度按分系统、分干线和支线的形式反映，体现出土建以分层、分段平面展开，专业工种分系统以干线竖向展开、水平方向分层按支线配合土建施工的特点。

装修施工按内外檐划分施工顺序；内檐施工体现房间与过道、顶棚与墙面和地面、房间与卫生间的施工顺序；外檐装修体现外檐装修与屋面防水、封施工洞、拆室外垂直运输设备及专业施工的相互关系；首层的装修体现出与门头、台阶、散水施工的关系。实现土建与专业、内檐与外檐、机械退场与装修收尾的配合协调。

(1) 施工阶段目标控制计划表见表 2-12。

表 2-12

序号	阶段目标	起止日期	所用天数	净占工期
1	总工期			
2	施工阶段			%

(2) 施工总控进度计划表。

5. 组织协调

工程施工过程是通过业主、设计、监理、总包、分包、供应商等多家合作完成的，如何协调组织各方的工作和管理，是能否实现工期、质量、安全、降低成本的关键之一。因此，为了保证这些目标的实现，必须明确制定何种制度，确保将各方的工作组织协调好。

在协调外部各单位关系方面，建立图纸会审和图纸交底制度、监理例会制度、专题讨论会议制度、考察制度、技术文件修改制度、分项工程样板制度、计划考核制度等。

在协调项目内部关系方面，建立项目管理例会制、安全、质量例会制、质量安全标准及法规培训制等。

在协调各分承包方关系方面，建立生产例会制等。

6. 主要项目工程量

从地下各分项的工作量以表格形式表示见表 2-13。

表 2-13

项目名称	单位	数量	各层工程量						屋顶
			-1	1	2	3	4	…	
混凝土垫层	m^3								
垫层模板	m^2								
筏基	m^3								
基础模板	m^2								

续表

项目名称	单位	数量	各层工程量						屋顶
			-1	1	2	3	4	…	
土方	m^3								
回填土	m^3								
底板防水	m^2								
防水保护层	m^3								
梁钢筋	t								
墙钢筋	t								
柱钢筋	t								
板钢筋	t								
……									

7. 主要劳动力计划

用表格形式表示各工种的月劳动力安排，并用柱状图表示劳动力动态管理图见表2-14。

表 2-14

工种	1月	2月	3月	4月	5月	6月	7月	……月
钢筋工								
木工								
混凝土工								
架子工								
特殊工种								
起重工								
瓦工								
抹灰工								
水暖工								
电工								
通风工								
力工								
……								
月汇总								

（四）施工准备

1. 技术准备

（1）相关技术文件的学习、熟悉和落实（以表格形式注明见表2-15）。

（2）器具配置（以表格形式写明现场测量、计量、检测、试验用的工具、仪表、仪器，备注栏中应注明校准或标定时间见表2-16）。

表 2-15

序号	培训或交底内容	培训或交底计划时间	参加人员	方式	组织单位
1	内部图纸会审		项目全体	书面总结	技术部
2	图纸会审交底		甲方、监理和施工单位	书面总结	甲方
3	质量教育	每周一次	劳务人员	现场实体讲解	质量部 工程部
4	方案、措施交底	施工作业前	施工管理人员	书面交底及讲解	技术、质量、工程部
5	质量监控核查会	每周一次	施工管理人员	书面总结	质量、技术工程部
6	结构施工管理讲座	每月一次	施工管理人员	集中培训、现场指导及问答	公司相关人员
7	《混凝土结构施工图平面整体表示方法制图规则和构造详图》(00G101)		施工管理人员	讲课及考试	项目总工
8	《混凝土结构施工质量验收规范》(GB 50204—2002)		施工管理人员	书面总结分析	项目总工
……	其他相关规范的学习		施工管理人员	书面总结分析	项目总工

表 2-16

序号	器具名称	型号规格	准确度	制造厂家	购置日期	配备部门	使用人	备注
1	钢卷尺							
2	水表							
3	电表							
4	混凝十振动台							
5	温湿度自控器							
6	架盘天平							
7	干湿温度计							
8	压力试验机							
9	质量检测器							
10	游标卡尺							
11	水准仪							
12	经纬仪							
13	塔尺							
……								

(3) 技术工作计划（以表格形式注明分项施工方案编制计划和完成时间见表2-17、试验工作计划见表2-18、样板间工作计划见表2-19）。

施工组织设计和专项施工方案编制计划　表2-17

序号	计划名称	责任部门	截止日期	审批单位
1	临建施工方案	项目技术协调部		公司项目管理部
2	临电施工方案	项目技术协调部		公司项目管理部
3	临水施工方案	项目技术协调部		公司项目管理部
4	现场CI策划方案	项目技术协调部		公司项目管理部
5	降水、土方施工方案	项目技术协调部		项目主任工程师
6	垫层施工方案	项目技术协调部		项目主任工程师
7	防水施工方案	项目技术协调部		公司技术发展部
8	塔式起重机安拆施工方案	项目技术协调部		公司总工
9	钢筋施工方案	项目技术协调部		项目主任工程师
10	模板施工方案	项目技术协调部		公司技术发展部
11	混凝土施工方案	项目技术协调部		项目主任工程师
12	外架方案	项目技术协调部		公司总工
13	屋面施工方案	项目技术协调部		公司总工
14	初装方案	项目技术协调部		项目主任工程师
15	室内装修方案	项目技术协调部		项目主任工程师
16	门窗安装方案	项目技术协调部		项目主任工程师
17	雨期施工方案	项目技术协调部		项目主任工程师

试验工作计划　表2-18

序号	试验内容	取样批量	试验数量	备　注
1	钢筋原材	≤60t	1组	同一钢号的混合批，每批不超过6个炉号，各炉罐号含碳量之差不大于0.02%，含锰量之差不大于0.15%
		>60t	2组	
2	钢筋机械连接（焊接）接头	500个接头	3根拉件	同施工条件，同一批材料的同等级、形式、同规格接头500以个为一验收批，不足500个也为一验收批
3	水泥（袋装）	≤200t	1组	每一取样至少12kg
4	混凝土试块	一次浇筑量≤1000m³，每100m³为一个取样单位（3块） 一次浇筑量≥1000m³，每200m³为一个取样单位（3块）		同一配合比
5	混凝土抗渗试块	500m³	1组	同一配合比，每组六个试件
6	砌筑砂浆	250m³	6块	同一配合比
		一个楼层		

续表

序号	试验内容	取样批量	试验数量	备注
7	高聚物改性沥青防水卷材	100卷以内	2组尺寸和外观	≤1000卷做一卷物理性能检验
		100～499卷	3组尺寸和外观	
		1000卷以内	4组尺寸和外观	
8	土方回填	基槽回填每层取样6点		每层按≤50m取一点
9	……			

注：试验工作计划不但应包括常规取样试验计划，还应该包括有见证取样试验计划。而且有见证试验的试验室必须取得北京市相应资质和认可。

样板、样板间计划 表 2-19

序号	样板项目		样板部位	样板施工时间
1	钢筋工程	底板		
		反梁		
		墙、柱		
		梁、板		
2	模板工程	墙、柱		
		梁、板		
3	防水工程	底板		
		外墙		
		卫生间		
		屋面		
4	回填土工程			
5	装修样板间			

(4) 四新技术应用

按照建设部十项新技术用表格形式表达，要注明应用项目、应用部位、应用数量，并对于需要进行总结归纳的项目要列出项目跟踪责任人和施工总结的完成时间。编制项目科技推广应用计划实施纲要。

(5) 高程引测与定位

注明定位点的坐标点的位置和高程，最少应有两个控制坐标点。进场后复核建筑物控制桩引入高程控制水准点，并作好控制桩和水准点的测设和保护工作。

2. 生产准备

(1) 现场临水、临电和供热系统

临水设计中应考虑到室外消火栓给水系统、室内消防及生产和生活给水系统以及现场的污水排放系统。临水供水计算生产和生活用水量、消防用水量，二者比较选择大者。因一般工程生产和生活用水量都小于消防用水量，所以应按消防用水量布置管线。

在临电设计中应按照临电负荷表进行现场临电的负荷验算，校核业主方所提供的电量是否能够满足现场施工所需电量，如何合理布置现场临电的系统。通过计算确定变压器规格、导线截面、各级电箱规格和系统图。

临时供热根据现场的生产、生活设施的面积和形式，确定供热方式和供热量，并配管线设计图。

(2) 临时道路及围墙

在临时道路设置和施工上需要考虑到现场既要防止扬尘、满足现场车辆行走的要求，又要便于今后总图的施工，除主要车辆行走道路外，尽量减少混凝土路面的采用，多采用碎石或可周转使用的水泥方砖。

围墙的设置采用可周转使用的压型钢板及钢骨架组合拼接而成围挡，减少临建材料的投入。

(3) 生产、生活、临时设施

主要介绍现场的各种临时设施（办公室、工人宿舍、厕所、钢筋加工场、模板加工场、材料堆场、搅拌站、沉淀池、泵防、配电室等）布置位置、面积大小及平面布置的总体考虑。

(4) 加工订货计划（见表 2-20）

依据施工进度计划、现场施工情况和现场的生产条件编制各种材料、半成品、成品和大型设备的进场时间，并参照进场时间和设备厂家的加工周期制定最晚订货时间，以保证现场施工的正常进行。

加工订货计划　　表 2-20

序号	项目名称	规格型号	单位	数量	订货时间	进场时间
1	电气工程					
	配电室低压配电柜		台			
	……					
2	给排水工程					
	消防栓泵		台			
	……					
3	暖通工程					
	轴流式通风机		台			
	……					
4	电梯工程					
	电梯		部			
5	屋面工程					
	聚苯乙烯泡沫保温板		m^2			
	……					
6	外墙饰面					
	外墙面砖		m^2			
	……					
7	一般室内装修					
	外墙保温材料		m^2			
	……					

续表

序号	项目名称	规格型号	单位	数量	订货时间	进场时间
8	卫生间装修					
	墙、地砖		m^2			
	……					
9	楼梯间					
	地面石材		m^2			
	……					

(5) 其他准备

包括业主需提供的建设工程规划许可证、建设用地规划许可证、建设工程开工证等证件，其他有关证件（如：安全、卫生、消防、临建等）按有关规定及时办理、申报和备案。

（五）主要施工方法及技术措施

1. 流水段的划分

按照施工规范、图纸中后浇带位置、结构形式、现场混凝土供应能力、设备的配备、材料投入及劳动力情况来划分各部位施工流水段。施工缝的位置要留设合理，避开弯矩和剪力最大处，并要控制地下室外墙一次浇筑的长度，防止由于浇筑过长出现混凝土收缩裂缝。

2. 大型机械的选择

(1) 土方设备选择

根据进度计划安排、总的土方量、现场的周边情况和挖掘方式确定每天出土的方量，依据出土方量选择挖掘机、运土车的型号和数量。如果有护坡桩还需与护坡桩施工进度和锚杆的施工进度相配合。

(2) 塔式起重机选择

根据建筑物高度、结构形式（附墙位置）、现场所采用的模板体系和各种材料的吊运所需的吊次、需要的最大起重量、覆盖范围以及现场的周边情况、平面布局形式确定塔式起重机的型号和台数，并要对距塔式起重机最远和所需吊运最重的模板或材料核算塔式起重机在该部位的起重量是否满足。

(3) 其他设备选择

泵送机械的选择依据流水段的划分所确定的每段的混凝土量、建筑物高度和输送距离选择混凝土拖式泵的型号。

外用电梯的选择及使用情况说明。

对于现场施工所需的其他大型设备都应依据实际情况进行计算选择。

(4) 大型设备选择一览表

以表格形式列出各种大型机械的型号、数量、进场时间、出场时间和计划使用天数，使人对整个项目机械的投入情况有一个清晰的了解。

3. 主要施工方法

(1) 主要分部、分项工程施工顺序

按照分部工程来列出分项工程的施工顺序，可以和工艺计量流程图合并编制。

(2) 测量放线

1) 明确轴线控制及标高引测的依据。

2) 采用何种测量设备建立平面控制网和高程控制点。

3) 引至现场的轴线控制点及标高的具体位置，控制桩的保护要求。

4) 放线的步骤控制：建筑物定位→轴线控制网→高程控制网→基坑开挖线→基础位置线→+50控制线抄测部位和抄测方法。

5) 明确测量公司与各分承包方的任务范围。明确楼层内轴线控制点、标高控制点的部位及装修施工后的保护措施。提出发生沉降后的修正办法。

(3) 基坑降水、排水

需对地层土质、地下水情况进行说明。有降水方案选择分析，日排水量的估算和排水管的设计，并估算降水半径和对相邻建筑物的影响，并针对影响半径内建筑物不均匀沉降所采取的措施。降水深度必须能满足基坑最低点下500mm的施工要求（考虑到环保要求，应提出地下水尽可能的再利用措施，并提出土方开挖完成后，防止停电造成泡槽的措施）。

(4) 护坡和基础桩（基坑支护）

基坑支护是基坑开挖期间挡土、护壁，保证基坑开挖和地下结构的安全，并保证在地下施工期间不会对临近的建筑物、道路、地下管线等造成危害。

选择基坑支护结构应考虑下述因素：

1) 基坑的平面尺寸、基础形式、开挖深度和施工要求。

2) 各层土的物理、力学性质、地下水水位高度和涌水量等条件。

3) 临近建筑物、构筑物、树木距基坑的距离。

4) 大型机械的位置与基坑的关系，车辆行驶路线、载重与基坑的关系。

5) 现有材料、设备和施工条件的可能性。

6) 工期和造价的优化。

(5) 土方工程、钎探、验槽、垫层

选择土方机械和运土车的性能、型号、数量、作业时间和工期，确定挖土方向、坡道留置的位置、每步开挖深度、开挖步数及挖土与护坡、锚杆、工程桩等工序的穿插配合，每步开挖都应根据基坑护坡的工况计算变形情况，确定开挖深度。

明确清槽要求、钎探布点的方式、间距和钎探孔的处理方法，并绘制钎探点布置图，还要考虑季节性施工对基底的要求。

明确验槽后对垫层施工有何要求，垫层的强度等级。垫层如果作为防水基层一次压光，需说明施工方法。垫层如何分区浇筑施工。

(6) 防水施工

1) 防水设防体系。以表格形式列出各部位防水设防的方法，并明确混凝土自防水抗渗等级，见表2-21。

2) 防水施工。需明确防水施工方法、施工时间、施工条件、防水保护层做法和对防水材料、防水施工人员和防水基层的要求。针对不同的防水材料，确定防水的施工工序、施工要点、质量要求及试水要求。各部位防水的收头方式和临时防水保护做法，防水接槎的长度。变形缝、后浇带、水平施工缝、竖直施工缝、避雷出外墙的做法及管道穿墙处等细部防水的做法。

表 2-21

序号	设防部位	设防体系	设防做法
1	底板、外墙	三道设防：混凝土自防水 + 防水卷材两层	混凝土自防水：掺加防水剂防水卷材：外贴
2	消防水池	两道设防：混凝土自防水 + 防水涂料	混凝土自防水：掺加防水剂 防水：4 布 5 油环氧玻璃钢
3	屋面	两道设防：防水卷材	防水卷材：外贴
4	厨房、厕浴间	单道设防：防水涂料	防水涂料：涂刷防水涂膜
5	底板上部水平施工缝	设置阻水措施	周圈设置封闭的 BW 止水条
6	楼板上、下水平施工逢	设置阻水措施	周圈设置封闭的 BW 止水条
7	墙体竖向施工缝	设置阻水措施	设置 BW 止水条
8	穿墙螺杆、定位支撑	设置阻水措施	在杆件中心部位焊接止水钢片
9	穿墙套管	设置阻水措施	在套管中部焊接止水钢板
…			

防水工程在设计图纸中，一般对节点及细部做法的表述都不是很清楚。但这些细部节点的做法正确与否又恰恰是影响防水工程成败的关键。因此，不论是地下室底板防水、厕浴间防水还是屋面防水，施工之前，都应该根据地下防水规范或屋面防水规范，对穿墙管、出屋面管道、出屋面基础、落水口、防水收头、防水立面上卷高度、隔离层、滑动层、保温层或保护层分隔缝等做法进行深化设计。

为了保证工程在结构精品工程的基础上创竣工精品，屋面工程作为一个必须检查的分部工程，在施工之前，必须从方案到实施再到技术资料的收集整理全部经过精心组织和策划。

(7) 钢筋工程

1) 钢筋品种。主要构件的钢筋设计按表 2-22 填写。

表 2-22

构件名称	钢筋规格	截面 (mm)	间距
底板			
混凝土墙			
地梁			箍筋
框架柱 KZ			箍筋
框架梁 KL			箍筋
框架连梁 LL			箍筋
暗柱			箍筋

2) 钢筋的供货方式、进场检验和原材的堆放

3) 钢筋加工。明确现场钢筋的加工机具，钢筋接头的类别、等级和加工方式。

4) 钢筋施工。根据构件的受力情况，明确受力筋的方向和位置、钢筋绑扎顺序、水

平筋搭接部位、钢筋接头形式、接头位置、箍筋间距、马凳及垫块的要求；图纸中竖向钢筋的生根及绑扎要求；钢筋保护层要求；钢筋的定位和间距控制措施。

预留钢筋的留设方法，尤其是围护结构拉结筋。

钢筋的加工质量是现场绑扎质量的必要条件，因此在钢筋加工场要做出各种类型钢筋的加工样板。

(8) 模板工程

为了使混凝土的外形尺寸、外观质量都达到较高水平，就需对模板的施工技术提出较高要求。同时模板选型、设计是否合理决定了材料投入的多少，直接影响到整个项目效益。

1) 模板选型及配置数量

以表格形式列出模板采用的材料：各部位模板材料、支撑系统材料和规格、各种材料的一次投入量、脱模剂种类。

在模板选型上应考虑多采用可周转使用的材料，减少一次性的投入，降低项目的制造成本。例如：对于大跨度的楼板和梁，用工厂制作的木梁或铝合金型材背楞等环保型材料代替以前使用的 50mm × 100mm 或 100mm × 100mm 木方背楞，不仅提高模板的背楞刚度，还能减少项目结束时大量的材料积压。

2) 模板设计

保证模板具有足够的承载力、刚度和稳定性，能可靠地承受新浇混凝土的重量和侧压力。

能够保证工程结构各部分形状尺寸和相对位置正确，构造简单、拆除方便，便于钢筋的绑扎和连接，符合混凝土浇筑和养护的要求。

3) 模板施工

各构件的施工方法、注意事项和预留支撑点的位置。

墙柱侧模、楼板底模、梁侧模、异型模板、大模板的支顶方法和精度控制；电梯井筒的支撑方法；特殊部位的施工方法（后浇带、变形缝等）

层高和墙厚变化时模板的处理方法。

模板支撑上、下层支架的立柱对中的控制方法和支拆模板所需的架子和安全防护措施。

模板拆除时间、强度及拆模后的支撑要求，模板的使用维护措施要求。

(9) 混凝土工程

1) 混凝土强度等级（见表 2-23）

表 2-23

构件名称	混凝土强度等级	技术要求	材料选用				
			水泥	砂	石	外加剂	掺合料
基础垫层							
基础底板							
地下室外墙							
……							

注：要有混凝土碱含量的控制要求和计算。

2）混凝土的供应方式

预拌制混凝土搅拌站的选择，对预拌混凝土的技术要求（不同季节的初、终凝时间、外加剂的选择及氨味控制、坍落度损失控制及现场处理措施等应为重点）；不同强度等级混凝土的供应方法；现场混凝土水平、垂直运输方式和机具。

3）混凝土浇筑

大体积混凝土的浇筑方向、浇筑方法、浇筑时间；混凝土的浇筑高度的控制措施；顶板混凝土标高、厚度和平整度的控制方法；施工缝留置方法和清理；不同强度等级混凝土间浇筑范围的划分；墙体混凝土浇筑方法和浇筑时间；混凝土表面处理方法；后浇带施工要求和施工时间。

4）混凝土养护

混凝土养护的方法和养护时间，对于大体积混凝土必须根据测温情况来调整养护时间和方法。

（10）架子工程

脚手架是进行建筑工程施工必不可少的装备和手段，脚手架在搭设和使用过程中必须考虑以下要求：

1）杆件的承载力、刚度和稳定性；脚手架的整体性和稳定性。

2）内外架子的种类、构造要求、卸荷及与结构拉结方式。

3）钢筋绑扎、柱墙混凝土浇筑、外墙施工、电梯井内施工采用什么架子。

4）架子支搭、拆除的顺序和方法。

5）架子对下部结构的要求。

6）临边防护措施。

（11）装修装饰工程

1）施工部署及准备

以表格形式列出各楼层房间的装修作法表。确定总的装修工程施工顺序及如何与专业施工相互穿插、配合。绘制外、内装修的工艺流程。

2）砌筑工程

工程中采用的砌体材料、使用部位、砂浆强度；施工工艺、质量要求、墙压顶的施工方法和墙拉筋的留置方式。

明确构造柱、圈梁的设置要求。

3）外墙饰面工程

外墙饰面材料的使用情况、施工方法、成品保护、控制要点及与室外垂直运输设备拆除之间的时间关系等。

4）内墙饰面工程

针对不同的内墙饰面材料的特点，制定施工方法及质量要求。

5）楼地面工程

地面施工作法、施工时间、保养和成品保护，特别注意应保证施工期间有一条上下贯通的通道。

6）棚面及内隔墙

棚面及内隔墙的作法情况、施工方法、材料选用、质量要求及与水电专业之间的协调配合关系。

7）门窗安装

门窗规格、材料、有无附框、施工工艺和成品保护等问题。外墙金属窗、塑料窗的三性试验要求。

外墙金属窗的防雷接地做法要结合防雷及各类专业规范进行明确。

8）木装修工程

木装修内容、标准及注意事项

9）油漆、涂料工程

施工工艺、注意事项。

(12) 机电安装工程

1）主体配合阶段

结构预留洞口的留设方法，套管和埋件的预埋方法、部位，线管暗埋的作法。配合期间机电各工序穿插的时间。

2）电气工程

电气工程工艺流程，防雷接地、电管暗敷设、电管明敷设、金属线槽和桥架安装、穿线、电气器具安装及配电箱（盘）安装等的施工技术要求和施工方法。

3）管道安装工程

管道安装工程工艺流程，给水管道、排水管道、采暖管道、空调水管、喷洒管道、卫生器具、喷洒头、室内消火栓、散热器等安装施工技术要求和施工方法；管道试压冲洗、泄水的施工方法。

4）通风安装工程

通风安装工程工艺流程，风管支吊架安装、风管连接、测漏测试、风机盘管安装、风机安装、风口（散流器）安装、通风空调工程调试等施工技术要求和施工方法。

5）系统联合调试

工程最终的调试是重中之重，关系到工程的最终使用功能，各系统必须单独编制调试方案。

(13) 室外总图施工

外线各管线、各工种之间的施工程序及道路、庭院、路灯、绿化的施工程序和施工时间。

(14) 大型设备搬运就位

现场大型设备型号、就位位置、就位所采用的机械和就位方法。

大型设备与构件整体提升技术主要包括直立单桅杆整体提升桥式起重机技术、直立双桅杆滑移法吊装大型设备技术、龙门桅杆扳立设备技术、无锚点吊推大型设备技术、气顶升组装大型扁平罐顶盖技术、超高空斜承索吊运设备技术、集群千斤顶整体提升（滑移）大型构件技术等。

(15) 高层、超高层建筑中通讯联系方法

叙述工程在施工过程中，不同分项施工所采用的声、光等联络方式。

(16) 季节性施工措施

1）冬雨期施工部位

2）冬期施工措施

根据冬期的施工部位和施工内容，确定冬期施工应注意的施工要点。

3）雨期施工措施

根据雨期的施工部位和施工内容，确定雨期施工应注意的施工要点。并要成立防汛领导小组，制定防汛计划和紧急预防措施。

（六）主要管理措施

1.保证工期措施

（1）制定分级控制保证计划

根据总控计划编制月控制计划，根据月控制计划编制周计划，周计划根据前三天的实际情况，调整后三天计划并且制定下周计划，实行三天保周、周保月、月保总控计划的管理方式。

（2）根据进度计划、工程量和流水段划分合理安排劳动力和投入生产设备，保证按照进度计划的要求完成任务。

（3）加强操作人员对质量意识的培养，提高施工质量和一次成活率。达到质量标准的一次成活率提高了，也就加快了施工速度，从而可以保证施工进度。

（4）加强例会制度，解决矛盾、协调关系，保证按照施工进度计划进行。

2.保证质量措施

（1）基础工作

认真组织学习执行有关规章制度，对全体员工进行质量意识教育，牢固树立“质量是企业的生命”和“为用户服务”的思想。

按照ISO9001:2000体系运行文件的要求建立质量保证组织体系，设立专职质检员和成品保护管理员岗位，建立岗位责任制，并建立相应的台账，单位的领导要经常检查质量保证体系的运转情况。

要根据专业特点制定本工程的质量管理重点，并成立QC小组，经常开展质量分析活动和劳动竞赛活动，做好记录。

（2）物资检验规定，严把材料进场、加工订货关，不合格产品坚决退掉。

（3）过程检验及报验规定，加强三检制，作好验收工作

（4）不合格分项（工序）处理规定，坚持质量否决制度及质量分析例会，并认真对待实施的结果。

（5）建立工程质量检验评定规定。对施工过程中及成品发现的质量问题应及时检查及时纠正，并逐级认真实施解决，对反复出现的质量问题应采取有效对策。

（6）质量保证资料管理规定

（7）建立工程质量奖罚制度规定

3.技术管理措施

（1）按程序文件要求建立责任制和管理工作流程。

（2）明确分工和各业务部的职责，生产必须在技术保证的前提下进行。

（3）图纸会审和图纸交底管理制度。

（4）洽商变更管理制度。

（5）技术交底管理制度。

(6) 加强材料的管理使用，建立计量管理制度。

(7) 编制技术资料管理实施细则。

(8) 新技术、新材料在工程中的应用与管理工作。

4. 保证安全措施

(1) 安全管理方针

(2) 以项目经理为首，由现场经理、安全总监、区域责任工程师、专业监理工程师、各专业分包等各方面的管理人员组成安全保证体系。

(3) 严格执行国家及北京市有关现场安全管理条例及方法制定现场安全管理办法。建立定期联检、分阶段交底等制度，与分包方签订安全责任协议书。

(4) 分析安全难点，确定安全管理难点。

(5) 临边与洞口的安全防护。

(6) 临电的要求使用及防护。

5. 消防保卫措施

(1) 贯彻国家、省市的有关法规，建立消防保卫责任制，制定现场消防管理及安全保卫制度。

(2) 编制消防预案。

(3) 建立义务消防队。

(4) 执行用火申请审批制度。

(5) 签订总、分包消防责任协议书。

(6) 现场消火栓、消防通道的要求。

(7) 现场建立吸烟室，对现场易燃、易爆材料的使用制定有针对性的措施。

(8) 消防器具设置及使用。

(9) 临建用房的用电、防火要求。

6. 环保措施、文明施工

(1) 贯彻国家、省市的有关法规，建立环保责任制。

(2) 开工前进行排污申报登记。

(3) 文明施工内容。

(4) 现场防尘措施，垃圾及厕所的管理。

(5) 排污措施。

(6) 噪声防治。

(7) 现场场容管理。

7. 降低成本

应有降低成本措施、计划、台账，有降低成本率的目标值。

(七) 经济技术指标

1. 工期（合同工期)。

2. 工程质量目标（结构工程质量目标，单位工程质量目标)。

3. 安全目标。

4. 场容目标。

5. 消防目标。

6. 环保目标。

7. 制定施工回访和质量保修计划。

（八）施工总平面图

施工总平面图是内容非常丰富的一张图，可分阶段绘制，分为基础、主体和装修（水电应放在同一张图上）。

施工总平面图要画样图，不能画示意图，要有周围的环境，有比例（比例为1:100～1:500）、有图线（根据图幅与比例的大小确定线宽，拟建建筑物、图框线选用粗线，原有建筑物、各类临建、槽边线和签字栏等选用中粗线，尺寸线选用细线）、有标题栏与签字栏、有指北针、要注明尺寸和文字（图线不得与文字、数字或符号重叠、混淆，不可避免时应首先保证文字清晰）。

施工总平面图内容：

1. 施工现场的范围，拟建建筑物尺寸，及与地上、地下一切建筑物、构筑物、管线（煤气、水、电）和高压线等的位置关系。

2. 水源、电源的位置。变压器容量及供电线路、闸箱位置、供水干管、支管路径，泵房、水嘴、消防栓位置。

3. 塔式起重机或起重机轨道和行驶路线，塔轨的中线距建筑物的距离、轨道长度、塔式起重机型号、立塔高度、回转半径、最大最小起重量。

4. 材料、加工半成品、构件和机具堆放及垃圾堆放位置。

5. 生产、生活用临时设施用途、面积、位置。

6. 安全、防火设施、消防立管位置。

7. 临建办公室、材料堆放场尺寸标注。

8. 在建筑物上注明层数和±0.000的绝对标高、层数、设计室外地坪标高。

六、施工方案的编制

（一）钢筋方案的编制

1. 编制依据：合同、图纸、法规、规范、质量评定标准，并包括平面表示和抗震标准图集。

2. 工程概况：应是与钢筋有关的概况，注明各部位钢筋的基本分布情况。

3. 钢筋工程施工质量目标。

4. 钢筋原材料的控制：

（1）原材料供应，明确各种规格钢筋的产地和生产厂家。

（2）钢筋原材质量控制图，明确钢筋原材进场检验过程中各部门所应承担的责任。

（3）钢筋检验，钢筋检验的方式方法。

5. 钢筋加工、钢筋连接及钢筋锚固和搭接：

（1）钢筋放样。

（2）钢筋加工。

（3）钢筋连接。

（4）钢筋机械连接。

（5）钢筋锚固和搭接要求。

6. 钢筋工程施工：

（1）底板钢筋。

（2）墙体钢筋。

（3）梁钢筋。

（4）柱钢筋。

（5）楼板钢筋。

（6）楼梯钢筋。

（7）构造柱、圈梁钢筋。

其中包含不同部位钢筋保护层的控制尺寸及垫块（塑料卡）做法；钢筋间距控制措施（梯子筋、马镫铁）材料及做法图；二次结构所需要的拉结筋或插筋做法；现场钢筋接头取样后的钢筋连接措施；楼梯或坡道等需要预留钢筋时的做法；各类起步筋的要求；钢筋机械连接所需要的加工及现场连接工艺要求；竖向及水平钢筋接头位置要求；钢筋偏位的处理措施；横纵相交梁、板钢筋的位置关系。

7. 质量保证措施。

8. 成品保护。

9. 安全文明施工。

10. 环保措施。

（二）混凝土方案的编制

1. 编制依据：合同、图纸、法规、规范、质量评定标准。

2. 工程概况：应是与混凝土有关的概况，注明各部位混凝土的基本用量，预拌混凝土的供应商。

3. 质量目标。

4. 混凝土配合比设计及审核：

（1）混凝土对原材料的要求。

（2）混凝土的配合比要求。

（3）混凝土供应。

（4）混凝土泵送能力验算。

（5）混凝土的运输。

5. 混凝土浇筑：

（1）施工准备。

（2）施工条件。

（3）混凝土浇筑。

（4）柱混凝土浇筑。

（5）剪力墙混凝土浇筑。

（6）梁板混凝土浇筑。

（7）楼梯混凝土浇筑。

（8）构造柱、圈梁混凝土浇筑。

（9）后浇带混凝土浇筑。

其中包含混凝土外加剂的要求；混凝土凝结时间的要求；混凝土坍落度的要求；混凝土不同部位水平、垂直施工缝留设位置要求；混凝土施工缝处理要求；混凝土输送泵、泵管的位置及泵管固定要求；不同部位混凝土板抹面的要求；不同强度等级混凝土相交部位混凝土的分隔措施；混凝土振捣工具及振捣方法要求。

6. 混凝土试块和养护：

(1) 混凝土试块的制作。

(2) 混凝土养护。

7. 质量保证措施。

8. 成品保护。

9. 安全文明施工。

(三) 模板方案编制

1. 编制依据：图纸、法规、规范、质量评定标准，并包括脚手架、扣件的标准。

2. 工程概况：

(1) 设计概况、现场概况，应附上两张图（地下的、地上的，同时把流水段的划分也标注上）。应突出难点：现场难点、技术难点（往往现场的难点写的多，技术难点写的少，例如：地下室外墙单面支模，外沿造型复杂的难点，错层、楼面板厚薄不同下跨标高都为难点）。

(2) 工程所需的模板量。

(3) 各楼层模板需配置的高度。

3. 施工准备：

(1) 测量放线。根据平面控制网线，在板面或垫层上放出控制网线，对墙、柱要放5条控制线：一条轴线、两条墙柱截面边线、两条模板控制线。明确模板控制线的具体要求和现场的控制方式。

(2) 劳动力计划。

(3) 材料准备。明确各种施工材料的选择，包括模板、木方、支撑、脱模剂等。

(4) 技术准备。

4. 模板的设计及配置：

(1) 设计依据。体现出模板设计时基本的考虑思路和模板选型的依据。

模板及支撑的选型对工程成本的影响很大，因此模板的选型必须根据工程的质量要求、进度要求及成本要求进行综合技术经济比较后进行确定。

墙、柱模板支设时需要在混凝土中或钢筋上预先留设的支撑固定钢筋或导模筋留设位置等要求；模板起拱要求；模板拼缝要求；支撑的形式及要求、周转方式；墙柱模板、梁侧模板、梁底及板底模板的周转方式。

配置墙体大钢模板应注意：

1) 层间相接处的处理措施；

2) 模板拼接缝的处理措施；

3) 当有楼层超高时，模板接高措施；

4) 应尽量减小异型模板加工数量；

5) 应尽量减小塔式起重机吊次；

6) 当墙体采用大钢模板，同时混凝土强度等级较高时，应特别提出模板脱模剂的品种及模板清理和涂刷脱模剂的详细要求，以将表面气泡降至最低影响范围。

(2) 模板设计和配置:

1) 底板模板、反梁模板。

2) 墙体模板。

3) 柱模板。

4) 顶板、梁模板。

5) 其他模板(楼梯坡道模板、施工缝模板、梁柱接头模板、圈梁构造柱模板、洞口模板)。

(3) 模板验算(强度、刚度验算):

1) 直形墙体模板(面板、背楞、穿墙螺杆,大钢模还应有吊点的计算)。

2) 梁模板(面板、主次龙骨、支撑)。

3) 顶板模板(面板、主次龙骨、支撑)。

4) 框架柱模板(面板、龙骨、穿墙螺杆、柱箍)。

(4) 模板放置,大模板应进行倾覆验算。

5. 模板现场吊运。

6. 模板的安装:

(1) 施工流程。

(2) 标准施工。

(3) 模板支设。

(4) 模板拆除。模板拆除不能光抄规范的表,要结合工程情况,如有不同的拆除要求可画一张图示意,注明每块墙板的拆模要求;要有保护操作者的安全及保护模板措施,模板周转次数;施工荷载超出使用荷载要如何支撑;后浇带的拆除要求;预应力拆除;模板的维护及修理。

7. 施工缝设置:

(1) 施工缝留设。

(2) 施工缝处理。

8. 质量标准及保证措施。

9. 安全文明施工。

(四) 模板的计算

1. 荷载及荷载组合

(1) 荷载

计算模板及其支架的荷载,分为荷载标准值和荷载设计值,后者应以荷载标准值乘以相应的荷载分项系数。

1) 荷载标准值:

①模板及支架自重标准值——应根据设计图纸确定。对肋形楼板及无梁楼板模板的自重标准值,见表 2-24。

②新浇混凝土自重标准值——对普通混凝土,可采用 $24kN/m^3$;对其他混凝土可根据实际重力密度确定。

③钢筋自重标准值——按设计图纸计算确定。一般可按每 $1m^3$ 混凝土含量计算,框架梁:$1.5kN/m^3$,楼板 $1.1kN/m^3$。

④施工人员及设备荷载标准值:

模板及支架自重标准值（kN/m²）　　**表 2-24**

模板构件的名称	木模板	组合钢模板	钢框胶合板模板
平板的模板及小楞	0.30	0.50	0.40
楼板模板（其中包括梁的模板）	0.50	0.75	0.60
楼板模板及其支架（楼层高度为 4m 以下）	0.75	1.10	0.95

a. 计算模板及直接支撑模板的小楞时，对均布荷载取 2.5 kN/m²，另应以集中荷载 2.5kN 再进行验算，比较两者所得的弯矩值，按其中较大者采用；

b. 计算直接支撑小楞结构构件时，均布活荷载取 1.5 kN/m²；

c. 计算支架立柱及其他支撑结构构件时，均布或荷载取 1.0 kN/m²。

说明：

——对大型浇筑设备如上料平台、混凝土输送泵等，按实际情况计算。

——混凝土堆积高度超过 100mm 以上者，按实际高度计算。

——模板单块宽度小于 150mm 时，集中荷载可分布在相邻的两块板上。

⑤振捣混凝土时产生的荷载标准值——对水平模板可采用 2.0kN/m²；对垂直面模板可采用 4.0 kN/m²（作用范围在新浇筑混凝土侧压力的有效压头高度以内）。

⑥新浇筑混凝土对模板侧面的压力标准值——采用内部振捣器时，可按以下两式计算，并取其较小值：

$$F = 0.22\gamma_c t_0 \beta_1 \beta_2 V^{1/2}$$

$$F = \gamma_c H$$

式中　F——新浇筑混凝土对模板的最大侧压力（kN/m²）见表 2-25；

γ_c——混凝土的重力密度（kN/m³）；

t_0——新浇筑混凝土的初凝时间（h），可按实测确定。当缺乏试验资料时，可采用 $t_0 = 200/(T+15)$ 计算（T 为混凝土的温度℃）；

V——混凝土浇筑速度（m/h）；

H——混凝土侧压力计算位置处至新浇筑混凝土顶面的总高度（m）；

β_1——外加剂影响修正系数，不掺外加剂时取 1.0；掺具有缓凝作用的外加剂时取 1.2；

β_2——混凝土坍落度影响修正系数，当坍落度小于 30mm 时，取 0.85；50～90mm 时，取 1.0；110～150mm 时，取 1.15。

在有效高度内的水平压力与振捣作用力之和的取值不大于最大侧压力。

新浇筑混凝土对模板侧面的最大压力　　**表 2-25**

浇筑速度（m/h）	混凝土的最大侧压力标准值（kN/m²）在下列温度下						
	5℃	10℃	15℃	20℃	25℃	30℃	35℃
0.3	28.92	23.14	19.28	16.52	14.46	12.86	11.57
0.6	40.90	32.72	27.27	23.37	20.45	18.18	16.36

续表

浇筑速度 (m/h)	混凝土的最大侧压力标准值 (kN/m²) 在下列温度下						
	5℃	10℃	15℃	20℃	25℃	30℃	35℃
0.9	50.09	40.07	33.39	28.62	25.05	22.67	20.40
1.2	57.84	46.27	38.56	33.05	28.92	25.71	23.14
1.5	64.67	51.73	43.11	36.95	32.33	28.75	25.87
1.8	70.84	56.67	47.23	40.48	35.42	31.46	28.34
2.1	76.51	61.21	51.01	43.72	38.26	34.01	30.61
2.4	81.80	65.44	54.53	46.74	40.90	36.36	32.72
2.7	86.76	69.41	57.84	49.57	43.38	38.57	34.70
3.0	×91.45	73.16	60.97	52.26	45.73	40.65	36.58
4.0	×105.60	84.48	70.40	60.34	52.80	46.94	42.24
5.0	×118.06	×94.45	78.71	67.46	59.03	52.48	47.23
6.0	×129.33	×103.47	86.22	73.90	64.67	57.49	51.73

注：1. 根据 $F=0.22\gamma_c t_0\beta_1\beta_2 V^{1/2}$式计算，普通混凝土坍落度为5~9cm，未掺外加剂；

2. 带×的数值实际应按 90kN/m² 的限值采用。

⑦倾倒混凝土时产生的荷载标准值——倾倒混凝土时对垂直面模板产生的水平荷载标准值，可按表2-26采用。

倾倒混凝土时产生的水平荷载标准值 (kN/m²)　　表 2-26

向模板内供料方法	水平荷载	向模板内供料方法	水平荷载
溜槽、串筒或导管	2	容积 0.2~0.8m³ 的运输器具	4
容积小于 0.2m³ 的运输器具	2	容积大于 0.8m³ 的运输器具	6

注：作用范围在有效压头高度以内。

除上述7项荷载外，当水平模板支撑结构的上部继续浇筑混凝土时，还应考虑由上部传递下来的荷载。

2）荷载设计值：

荷载设计值，应为荷载标准值乘以相应的荷载分项系数，见表2-27：

模板及支架荷载分项系数　　表 2-27

荷载编号	荷载类别		γ_i
①	恒	模板及支架重	1.2
②	恒	新浇筑混凝土自重	
③	恒	钢筋自重	
④	活	施工人员及施工设备荷载	1.4
⑤	活	振捣混凝土时产生的荷载	
⑥	恒	新浇筑混凝土对模板侧面的压力	1.2
⑦	活	倾倒混凝土时产生的荷载	1.4

（2）荷载组合，见表 2-28。

表 2-28

项次	项目	荷载组合	
		计算承载能力	验算刚度
1	平板及薄壳的模板及支架	1.2（①+②+③）+1.4④	1.2（①+②+③）
2	梁及拱模板的底板及支架	1.2（①+②+③）+1.4⑤	1.2（①+②+③）
3	梁、拱、柱（边长≤300mm）、墙（厚≤100mm）的侧面模板	1.4⑤+1.2⑥	1.2⑥
4	大体积结构、柱（边长>300mm）、墙（厚>100mm）的侧面模板	1.2⑥+1.4⑦	1.2⑥

注：适用木模板的含水率小于25%时，设计荷载可乘以 0.9 予以折减。

2. 模板结构的允许挠度

模板结构必须保证足够的承载能力外，还应保证有足够的刚度。因此，应验算模板及水平支撑的挠度，其最大变形值不得超过下列允许值：

（1）对结构表面外露（不做装修）的模板，为模板构件计算跨度的 1/400。

（2）对结构表面隐蔽（作装修）的模板，为模板构件计算跨度的 1/250。

（3）支架的压缩变形值或弹性挠度，为相应的结构计算跨度的 1/1000。

当梁板跨度≥4m 时，模板应按设计要求起拱；如无设计要求，起拱高度宜为全长跨度的 1/1000～3/1000，钢模板取小值（1/1000～2/1000）。

（4）根据《组合钢模板技术规范》（GBJ 214—89）组合钢模板结构允许挠度按表 2-29 执行。

组合钢模板结构允许挠度 表 2-29

名称	允许挠度（mm）	名称	允许挠度（mm）
钢模板的面板	1.5	柱箍	$B/500$
单块钢模板	1.5	桁架	$L/1000$
钢楞	$L/500$	支撑系统累计	4.0

注：L 为计算跨度，B 为柱宽。

（5）根据《钢框胶合模板技术规程》（JGJ 96—95）规定：

1）模板面板各跨的挠度计算值不宜大于面板相邻跨度的 1/300，且不宜大于 1mm。

2）钢楞各跨的挠度计算值，不宜大于钢楞相应跨度的 1/1000，且不宜大于 1mm。

3. 材料与性能

（1）木模

1）木材强度设计值与弹性模量

松木：$f_m = 13N/mm^2$、$E = 10 \times 10^3 N/mm^2$

2）胶合板（见表 2-30）

3）竹胶板的计算值

三层板静曲强度 = 113.3/1.55 = 72.9 N/mm^2

弹性模量 = 10584 × 0.9 = 9525.6 N/mm²

胶合板的标准值与计算值（N/mm²） 表 2-30

厚度（mm）	静曲强度标准值/计算值		弹性模量/计算值		备注
	平行向	垂直向	平行向	垂直向	
12	≥25.0/16	≥16.0/10.3	≥8500/7650	≥4500/4000	1. 强度设计值 = 强度标准值/1.55 2. 弹性模量应乘以 0.9 予以降低
15	≥23.0/14.8	≥15.0/9.07	≥7500/6750	≥5000/4500	
18	≥20.0/12.9	≥15.0/9.7	≥6500/5850	≥5200/4680	
21	≥19.0/12.3	≥15.0/9.7	≥6000/5600	≥5400/4800	

注：1. 平行向指平行于胶合板表板的纤维方向；垂直向指垂直于胶合板表板的纤维方向。

2. 模板施工手册中胶合板的静曲强度为 98N/mm²（平行）和 65N/mm²（垂直），弹性模量为 10000 N/mm² 远大于该表值，建议实际应用时按产品说明书取值。

五层板静曲强度 = 105.5/1.55 = 68 N/mm²

弹性模量 = 9898 × 0.9 = 8908.2 N/mm²

竹胶板的计算值也应按产品说明书取值。

(2) 钢材断面特征与设计强度

1) 钢材（Q235）：

抗拉压弯设计强度为 215N/mm²

抗剪设计强度为 125N/mm²

端面承压设计强度为 320 N/mm²

弹性模量为 206×10^3 N/mm²

2) 钢管 $\phi 48 \times 3.5$：

抗拉、压、弯设计强度为 205N/mm²

弹性模量为 206×10^3 N/mm²

截面积为 489mm²

惯性矩为 121900mm⁴

截面模量为 5080mm³

回转半径为 15.8mm

七、技术交底的编制

首先是施工组织设计交底，主要针对现场施工管理人员，以使所有管理人员明确工程目标，了解工程总体施工的设想和意图。

其次为根据方案所编制的主要施工方案交底，主要针对施工管理人员和分包方管理人员，重点说明施工的难点和特点，以及所采用的施工方法。

最后为根据现场实际情况和施工方案细化编制的主要分项工程的施工技术交底，主要针对操作工人，是对施工方案的进一步深化，需要具有可操作性，不能照搬规范和方案，应有针对性的细化，将规范和方案中笼统的数据表示变成具体尺寸，以方便工人的施工、操作。

施工技术交底包括：

(1) 作业条件及其要求；

(2) 施工准备、作业面准备、工具准备、劳动力准备、对设备和机具的要求；

(3) 操作流程；

(4) 操作工艺及措施（要求要细，具有可操作性，不可违反规范）；

(5) 质量要求（对本工序的质量要求，不是抄质量验评标准，应有检查手段、方法、标准）；

(6) 成品保护；

(7) 安全文明施工；

(8) 交底的双方的签认手续等。

八、施工组织设计、方案、技术交底的落实与管理

施工组织设计、方案应该按照监理规程进行报审，经审批同意后方可执行。落实执行可采用交底会、书面等形式。施工组织设计、方案一经同意，施工单位必须严格遵照执行。作为最后交工资料，施工组织设计、方案、技术交底应由专人管理，加盖“受控”“有效”图章，遇有与原来方案不同时，应及时制订、修改或补充方案，并履行审核、审批程序。表 2-31 为施工方案调整变更索引表。

施工方案调整变更索引表 **表 2-31**

序号	页码	章节号	更改内容	更改人	日期	更改单号	备 注

在施工组织设计、方案、技术交底的管理上，我们总结的经验就是“凡是有详细方案和严格落实技术交底的分项工程，施工质量就能得到很好保证；凡是没有详细方案，落实技术交底不严格的分项工程，施工质量容易出现问题”。从项目一开始，就要特别重视技术管理的力度，应建立三级交底制度，即项目总工向项目全体管理人员进行施工组织设计的交底，方案编制者向现场施工管理人员进行方案的交底；现场责任师向分包施工负责人交底；分包施工负责人向施工操作人员交底，并由现场责任师监督执行。

在施工组织设计、施工方案、技术交底的编制过程中，经常会出现一些比较共性的问题应引起大家注意：

1. 用词不规范

“塔吊”应为“塔式起重机”，“地泵”应为“混凝土拖式泵”，“商品混凝土”应为“预拌混凝土”等等。

2. 图纸不规范

施工组织设计或专项施工方案中的图纸不标注尺寸、没有绘图人及审核人签字、没有图例等。

3. 表述不细致

这一点尤其在交底中体现的较为突出，比如经常出现钢筋搭接长度 $45d$、模板起拱高度 1/1000 等，应该直观表述出钢筋搭接长度的数值或起拱高度的数值。

第三节　精品工程技术资料的整理

施工资料是工程质量的一部分，是施工质量和施工过程管理情况的综合反映，也是我国建筑管理水平的反映，更为重要的是，施工资料是工程施工过程的原始记录，也是工程施工质量可追溯的依据。而施工资料管理，是一项复杂而又细致的工作，涉及专业项目和内外纵横相关部门很多，资料发生和收集整理的环节错综复杂，有一个环节错位，即可造成资料拖延或遗漏不全。因此，必须依照部门业务职责分工，建立严格的岗位责任制，并设专人依据各专业规范、规程和有关技术资料管理规定负责收集整理和管理工作；同时施工资料具有否决权，施工资料的验收应与工程竣工验收同步进行，施工资料不符合要求，不得进行工程竣工验收。

一、管理职责

1. 施工资料的填写应以施工及验收规范、工程合同与设计文件、工程质量验收标准等为依据。

2. 施工资料应随工程进度及时收集、整理，并应按专业归类，认真书写，字迹清楚，项目齐全、准确、真实，无未了事项。

3. 工程资料进行分级管理，各单位技术负责人负责本单位工程资料的全过程管理工作，工程资料的收集、整理和审核工作由各单位城建档案管理员负责。

4. 对工程资料进行涂改、伪造、随意抽撤或损毁、丢失等，应按有关规定予以处罚，情节严重的，应依法追究法律责任。

5. 施工资料的管理工作，实行技术负责人负责制，建立健全施工资料管理岗位责任制，并配备专职城建档案管理员，负责施工资料的管理工作。工程项目的施工资料应设专人负责收集和整理。

6. 总承包单位负责汇总整理各分承包单位编制的全部施工资料，分承包单位应各自负责对分承包范围内的施工资料进行收集和整理，各承包单位应对其施工资料的真实性和完整性负责。

7. 对于接受建设单位的委托进行工程档案的组织编制工作，要求在竣工前将施工资料整理汇总完毕并移交建设单位进行工程竣工验收。

8. 负责编制的施工资料不得少于两套，其中移交建设单位一套；自行保存一套，保存期自竣工验收之日起5年。如建设单位对施工资料的编制套数有特殊要求的，可另行约定。

二、施工资料收集整理

工程项目的资料管理人员要了解施工进度中应发生的文件资料，及时跟踪收集催办，不得造成资料拖延、不齐等现象。施工资料要随结构工程施工进度随发生、随整理，按分部分项工程，分专业项目类别及其发生的时间归类整理，按序排列，每一份资料都要有目录，从一开始就放入空白目录，并增加一份盒内总目录，来一份材料，分目录增加一条，并标明页码。目录应清晰，所附文件资料层次清楚有序，分类装订整洁，立卷存档保管，每填写完一页便打印一页替换手写目录，以便查阅。

施工技术资料是工程施工全过程进行组织管理和质量控制及分部、分项工程质量状况的原始记录，是工程档案的重要资料，是可追溯的原始依据。因此，施工技术资料不仅按照有关档案资料管理要求做到文件资料齐全，更重要的是资料的来源和内容、数据必须真实、准确、可靠。

为实现技术资料填写规范、及时、完整，收集、整理完善，项目必须在工程施工之初制订详尽的技术资料管理方案，明确各种表格的填写要求、各部门的职责分工、资料检查和收集整理责任人等。使工程档案的管理做到“凡事有人负责、凡事有人监督”，使规范化的管理自始至终贯穿于整个工程的施工管理全过程。

(一) 施工资料的报验与报批

施工过程的报验、报审，均应采用报审报验表和质量记录文件。质量记录文件包括产品质量文件、施工记录、施工试验记录、质量评定资料、设计文件等。分承包单位的送审、报验表应先通过总承包单位审核后，方可报送监理（建设）单位。

(二) 资料流程的时限性

为保证工程资料的时效性、准确性、完整性，工程相关各方宜在合同中约定资料（报审、报验资料等）的提交时间与提交格式以及审批时间；并应约定有关责任方应承担的责任。

应明确时限的资料包括：物资选样送审、技术送审（包括方案送审和深化设计送审）、物资进场报验、分项工程报验、分部工程报验和竣工报验等。

项目经理部技术协调部设专职资料员负责施工资料的管理，并定期对所收集的施工资料进行整理、交圈。

施工资料应随工程进度及时收集、整理，并应按专业归类，认真填写，字迹清楚，项目齐全、准确、真实，无未了事项。表格应统一采用规定表格。

凡涉及施工资料的各部门及配属队伍均应提供一式三份原件资料，交技术协调部进行归档。施工资料必须使用原件，内容填写清晰准确、无涂改，如有特殊原因不能使用原件的，应在复印件或抄件上加盖公章并注明原件存放处。

三、施工资料的管理流程

(一) 工程技术报审资料的管理流程（图 2-1）

报送下列资料时使用：

1.《工程技术文件报审表》；

2. 施工组织设计；

3. 施工方案；

4. 深化设计（应附：深化设计图纸等）。

(二) 工程物资选样资料的管理流程（图 2-2）

进行物资选样报审时应填报《工程物资报审表》，并附以下资料：

1. 产品性能说明书；

2. 质量检验报告；

3. 工程应用实例目录；

4. 生产企业资质文件等；

5. 环保检测报告；

6. 消防检测报告。

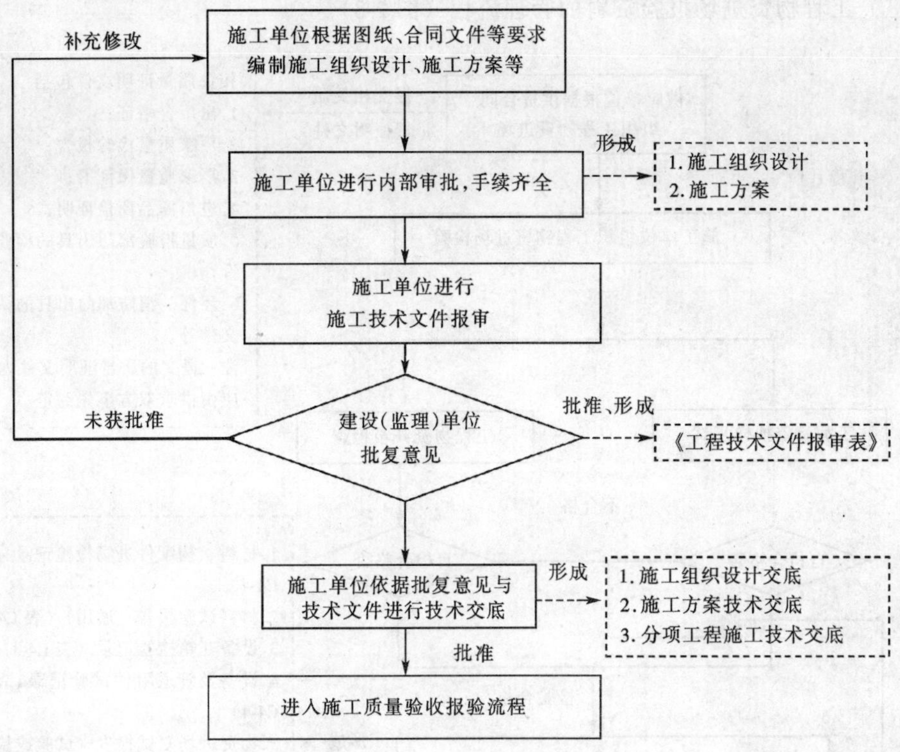

图 2-1　报审资料管理流程图

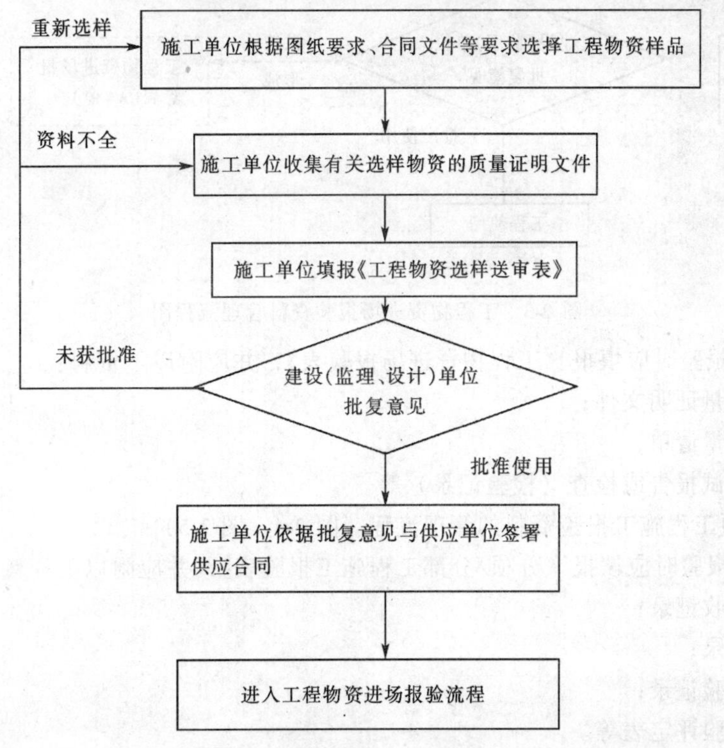

图 2-2　工程物资选样资料管理流程图

（三）工程物资进场报验资料的管理流程（图 2-3）

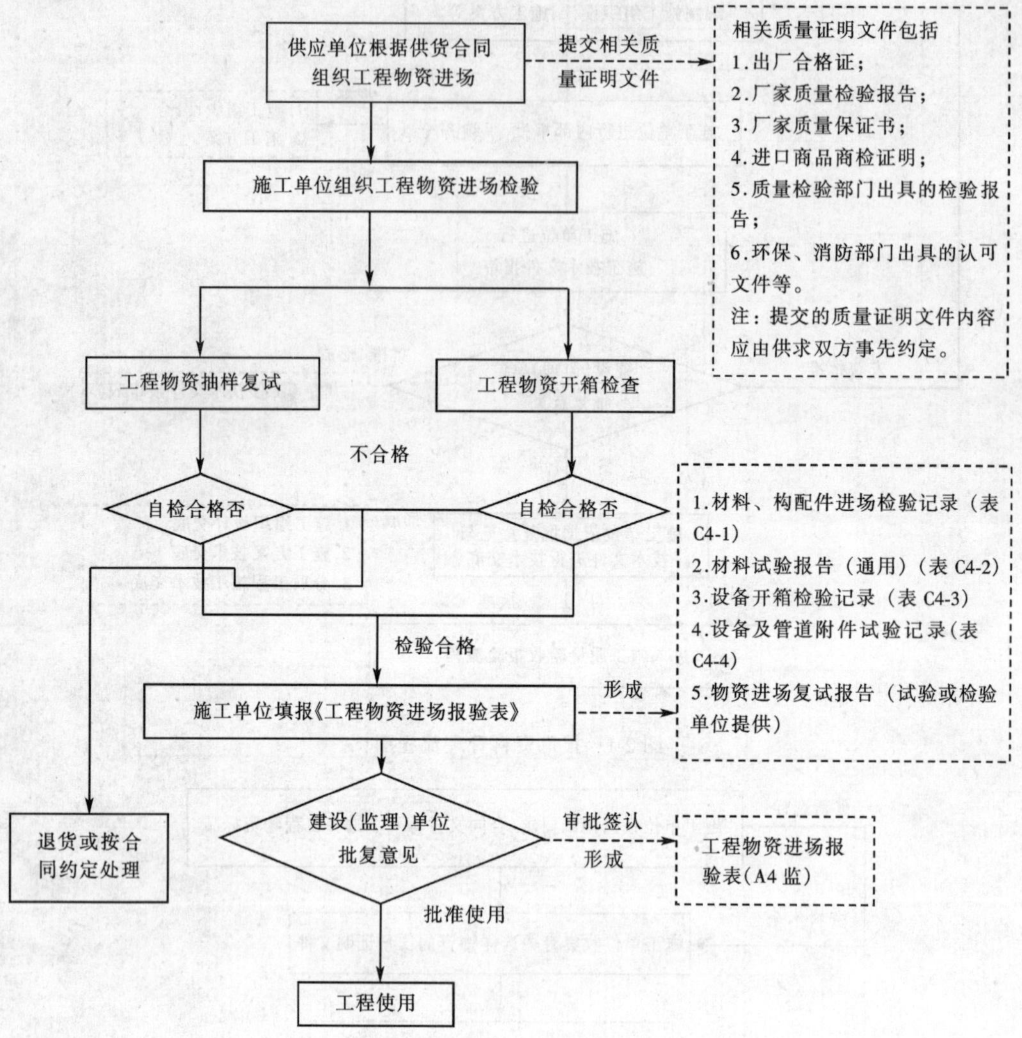

图 2-3　工程物资进场报验资料管理流程图

物资进场报验时应填报《工程物资进场报验表》，并应附以下资料：

1. 出厂质量证明文件；
2. 进场数量清单；
3. 进场复试报告或检查（检验记录）等。

（四）分项工程施工报验资料的管理流程（图 2-4、图 2-5）

分项工程报验时应填报《分项/分部工程施工报验表》，并应附以下资料：

1. 施工验收记录；
2. 施工记录；
3. 施工试验记录；
4. 质量检验评定表等。

（五）分部工程报验资料的管理流程（图 2-6、图 2-7）

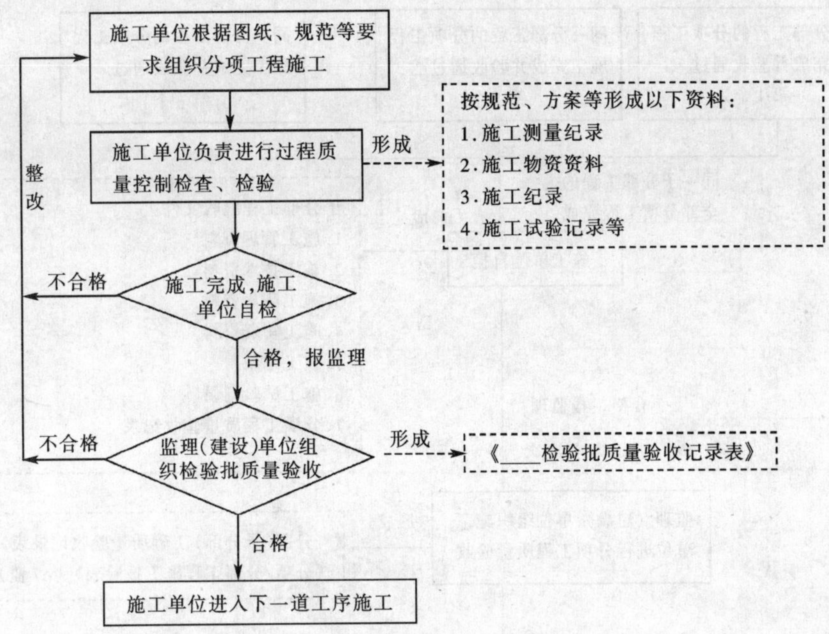

图 2-4　检验批质量验收流程图

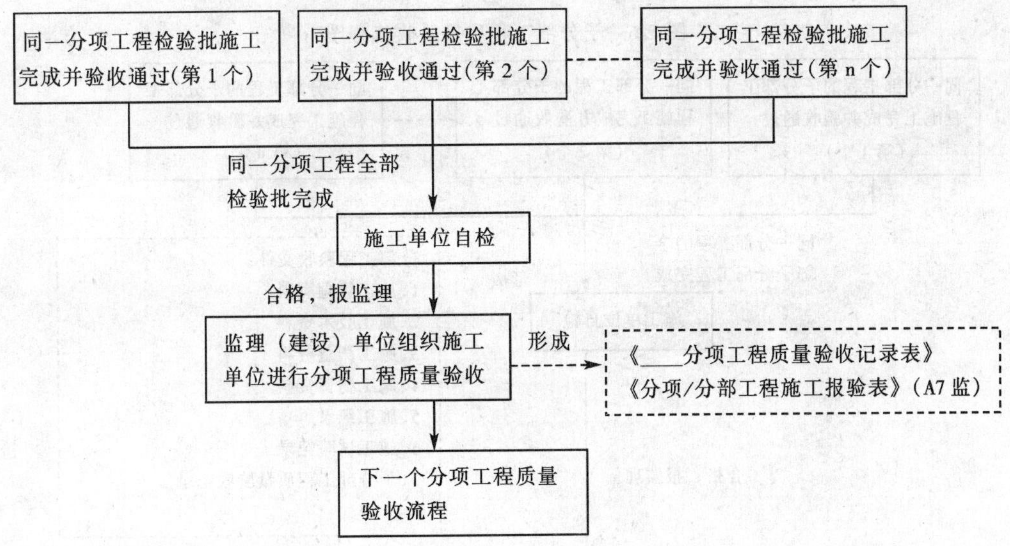

图 2-5　分项工程质量验收流程图

验收通过并出具相应验收证明，并应附下列资料：

1.《分项/分部工程施工报验表》；

2.分部工程质量核定表；

3.分项工程质量评定汇总表；

4.施工试验资料；

5.调试报告等。

（六）竣工报验资料管理流程（图 2-8）

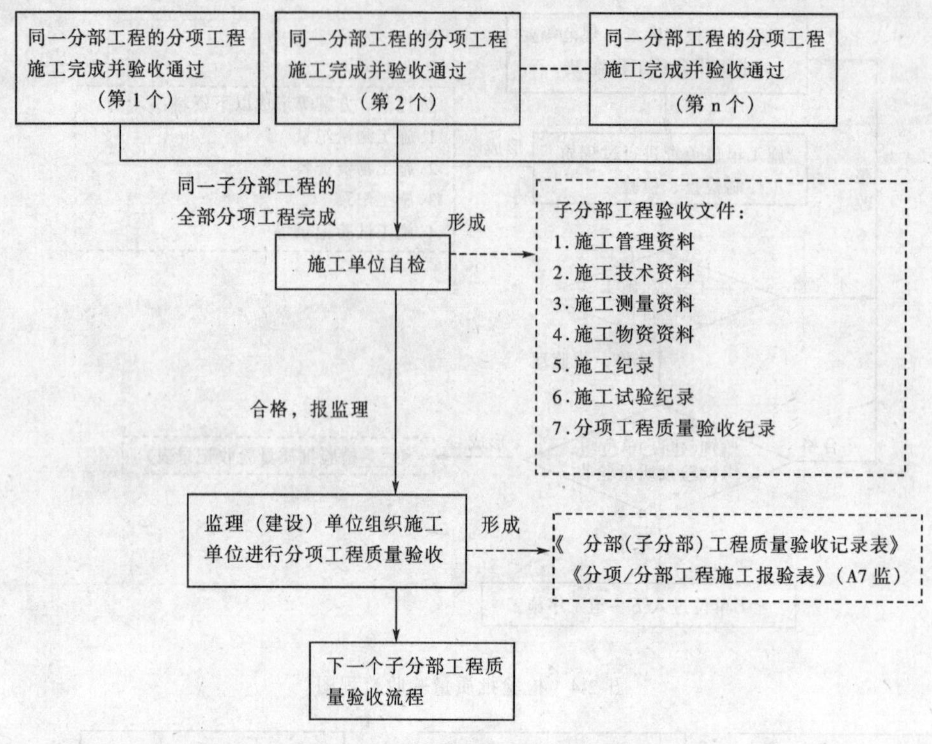

图 2-6 子分部工程质量验收流程图

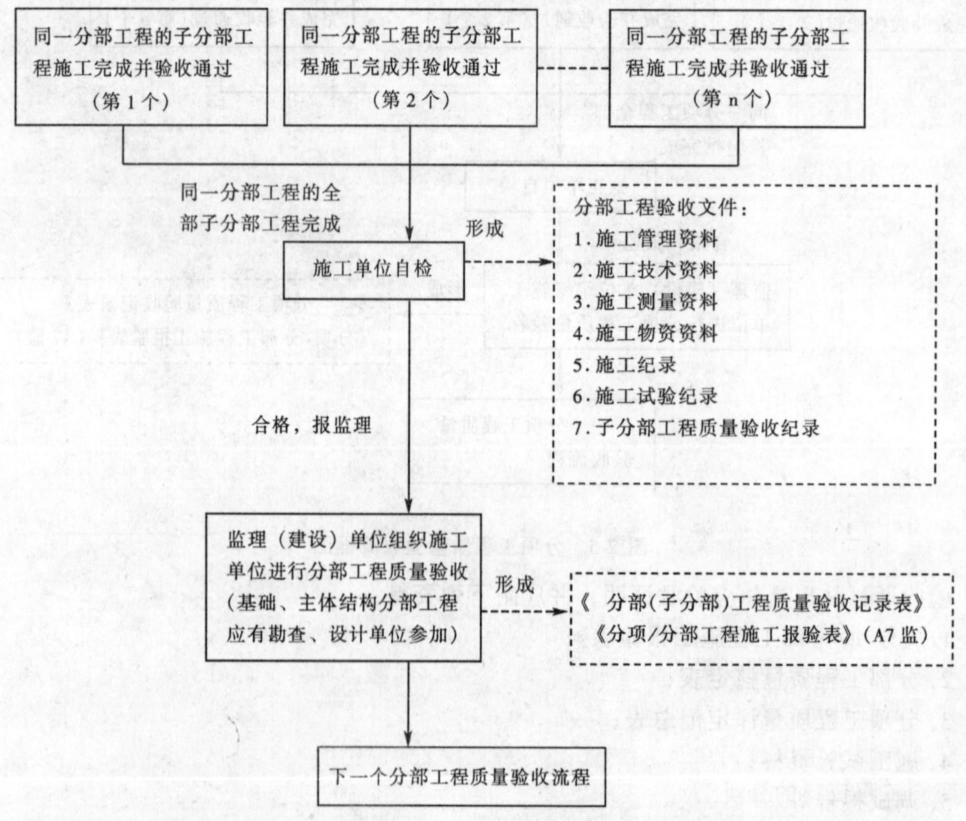

图 2-7 分部工程报验资料管理流程图

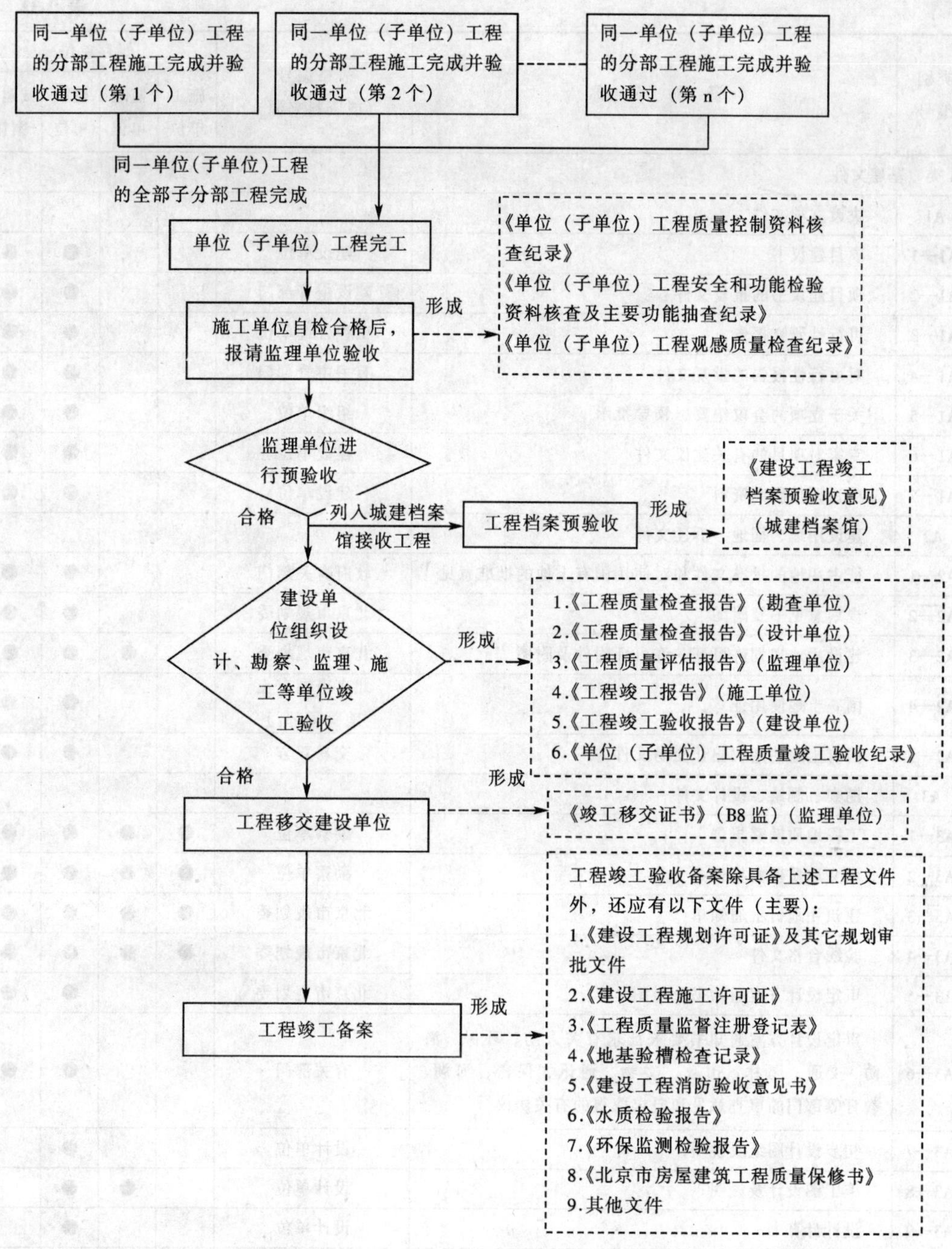

图 2-8　工程验收资料管理流程图

施工单位在工程完工后对工程质量进行检查，确认工程质量符合有关法律、法规和工程建设强制性标准，符合设计文件及合同要求，并提出工程竣工报告。工程竣工报告应经项目经理和施工单位有关负责人审核签字，向建设单位申请竣工验收。

四、工程资料的分类

根据工程资料的性质，以及收集、整理单位的不同，将工程资料列表2-32。

表 2-32

类别编号	资料名称	表格编号（或资料来源）	保存单位			
			施工单位	监理单位	建设单位	城建档案馆
A类 基建文件						
A1	决策立项文件					
A1—1	项目建议书	建设单位			●	●
A1—2	项目建议书的批复文件	建设主管部门			●	●
A1—3	可行性研究报告	工程咨询单位			●	●
A1—4	对可行性报告的批复文件	有关主管部门			●	●
A1—5	关于立项的会议纪要、领导批示	组织单位			●	●
A1—6	专家对项目的有关建议文件	建设单位			●	●
A1—7	项目评估研究资料	建设单位			●	●
A2	建设用地、征地、拆迁文件					
A2—1	征占用地的批准文件和对使用国有土地的批准意见	政府有关部门			●	●
A2—2	规划意见书及附图	北京市规划委			●	●
A2—3	建设用地规划许可证、许可证附件及附图	北京市规划委		●	●	●
A2—4	国有土地使用证	北京市国有土地管理部门			●	●
A2—5	国有土地使用权出让交易文件	交易双方			●	●
A3	勘察、测绘、设计文件					
A3—1	工程地质勘察报告	勘察单位	●	●	●	●
A3—2	水文地质勘察报告	勘察单位	●	●	●	●
A3—3	建筑用地钉桩通知单	北京市规划委	●	●	●	●
A3—4	验线合格文件	北京市规划委	●	●	●	●
A3—5	审定设计方案通知书及附图	北京市规划委			●	●
A3—6	审定设计方案通知书要求征求有关人防、环保、消防、交通、园林、市政、文物、通讯、保密、河湖、教育等部门的审查意见和要求取得的有关协议	有关部门			●	●
A3—7	初步设计图纸及说明	设计单位			●	
A3—8	施工图设计及说明	设计单位		●	●	
A3—9	设计计算书	设计单位			●	
A3—10	消防设计审核意见	北京市消防局		●	●	●
A3—11	施工图审查通知书	审查机构		●	●	●
A4	工程招投标及承包合同文件					
A4—1	勘察招投标文件	建设、勘察单位			●	
A4—2	设计招投标文件	建设、设计单位			●	
A4—3	施工招投标文件	建设、施工单位	●	●	●	
A4—4	监理招投标文件	建设、监理单位		●	●	

续表

类别编号	资料名称	表格编号（或资料来源）	保存单位			
			施工单位	监理单位	建设单位	城建档案馆
A4—5	勘察合同	建设、勘察单位			●	
A4—6	设计合同	建设、设计单位			●	
A4—7	施工合同	建设、施工单位	●	●	●	
A4—8	监理合同	建设、监理单位		●	●	
A5	工程开工文件					
A5—1	年度施工任务批准文件	北京市建委			●	●
A5—2	修改工程施工图纸通知书	北京市规划委			●	●
A5—3	建设工程规划许可证、附件及附图	北京市规划委	●	●	●	●
A5—4	建设工程施工许可证	北京市建委	●	●	●	●
A5—5	工程质量监督手续	质量监督机构	●	●	●	●
A6	商务文件					
A6—1	工程投资估算文件	工程造价咨询单位			●	
A6—2	工程设计概算	工程造价咨询单位			●	
A6—3	施工图预算	工程造价咨询单位	●	●	●	
A6—4	施工预算	施工单位	●	●	●	
A6—5	工程结、决算	合同双方	●	●	●	●
A6—6	交付使用固定资产清单	建设单位			●	●
A6—7	建设工程概况	A6—7				●
A7	工程竣工验收及备案文件					
A7—1	建设工程竣工验收备案表	建设单位	●	●	●	●
A7—2	工程竣工验收报告	建设单位	●	●	●	●
A7—3	由规划、公安消防、环保等部门出具的认可文件或准许使用文件	主管部门	●	●	●	●
A7—4	《房屋建筑工程质量保修书》	建设与施工单位	●	●	●	
A7—5	《住宅质量保证书》、《住宅使用说明书》	建设单位			●	
A7—6	建设工程规划验收合格文件	北京市规划委	●		●	●
A7—7	建设工程竣工档案预验收意见	城建档案馆			●	●
A8	其他文件					
A8—1	合同约定由建设单位采购的材料、构配件和设备的质量证明文件及进场报验文件	建设单位	●		●	
A8—2	工程竣工总结	建设单位			●	●
A8—3	工程未开工前的原貌、竣工新貌照片	建设单位			●	●
A8—4	工程开工、施工、竣工的录音录像资料	建设单位			●	●

续表

类别编号	资料名称	表格编号（或资料来源）	保存单位			
			施工单位	监理单位	建设单位	城建档案馆
B类 监理资料						
B1	监理管理资料					
	监理规划、监理实施细则	监理单位		●	●	●
	监理月报	监理单位		●	●	
	监理会议纪要	监理单位	●	●	●	
	监理工作日志	监理单位		●		
	监理工作总结（专题、阶段和军工总结）	监理单位		●	●	●
B2	监理工作记录					
	工程技术文件报审表	B2—1（A1监）	●	●	●	
	施工测量防线报验表	B2—2（A2监）	●	●	●	
	施工进度计划报审表	B2—3（A3监）	●	●	●	
	工程物资进场报验表	B2—4（A4监）	●	●	●	
	工程动工报审表	B2—5（A5监）	●	●	●	
	分包单位资质报审表	B2—6（A6监）	●	●	●	
	分项/分部工程施工报验表	B2—7（A7监）	●	●		
	（ ）月工、料、机动态表	B2—8（A9监）	●	●		
	工程复工报审表	B2—9（A10监）	●	●	●	
	（ ）月工程进度报审表	B2—10（A11监）	●	●	●	
	工程变更费用报审表	B2—11（A12监）	●	●	●	
	费用索赔申请表	B2—12（A13监）	●	●	●	
	工程款支付申请表	B2—13（A14监）	●	●		
	工程延期申请表	B2—14（A15监）	●	●	●	
	监理通知回复单	B2—15（A16监）	●	●		
	监理通知	B2—16（B1监）	●	●		
	监理抽检记录	B2—17（B2监）	●	●	●	
	不合格项处置记录	B2—18（B3监）	●	●	●	
	工程暂停令	B2—19（B4监）	●	●	●	
	工程延期审批表	B2—20（B5监）	●	●	●	
	费用索赔审批表	B2—21（B6监）	●	●	●	
	工程款支付证书	B2—22（B7监）	●	●	●	
	旁站监理记录	B2—23	●	●	●	
	质量事故报告及处理资料	责任单位	●	●	●	●
	见证取样备案文件	附表F	●	●	●	

续表

类别编号	资料名称	表格编号（或资料来源）	保存单位			
			施工单位	监理单位	建设单位	城建档案馆
B3	竣工验收资料					
	单位工程竣工预验收报验单	B3—1（A8监）	●	●	●	
	竣工移交证书	B3—2（B8监）	●	●	●	●
	工程质量评估报告	监理单位	●	●	●	●
B4	其他资料					
	工作联系单	B4—1（C1监）	●	●	●	
	工程变更单	B4—2（C2监）		●	●	
C类　施工资料						
C0	工程管理与验收资料					
	工程概况表	C0—1	●			●
	建设工程质量事故调（勘）查笔录	C0—2	●	●	●	●
	建设工程质量事故报告书	C0—3	●	●	●	●
	单位（子单位）工程质量竣工验收记录	施工单位提供	●	●	●	●
	单位（子单位）工程质量控制资料核查记录	施工单位提供	●	●	●	●
	单位（子单位）工程安全和功能检查资料核查及主要功能抽查记录	施工单位提供	●	●	●	
	单位（子单位）工程观感质量检查记录	施工单位提供	●		●	
	室内环境检测报告	检测单位提供	●		●	
	施工总结	施工单位编制	●		●	●
	工程竣工报告	施工单位编制	●	●	●	●
C1	施工管理资料					
	施工现场质量管理检查记录	C1—1	●	●		
	企业资质证书及相关专业人员岗位证书	施工单位提供	●			
	见证记录	监理单位提供	●	●		
	施工日志	C1—2	●			
C2	施工技术资料					
	施工组织设计及施工方案	施工单位编制	●			
	技术交底记录	C2—1	●			
	图纸审查记录	C2—2	●	●	●	●
	设计变更通知单	C2—3	●	●	●	●
	工程洽商记录	C2—4	●	●	●	●

续表

类别编号	资料名称	表格编号（或资料来源）	保存单位			
			施工单位	监理单位	建设单位	城建档案馆
C3	施工测量记录					
	工程定位测量记录	C3—1	●	●	●	●
	基槽验线记录	C3—2	●		●	●
	楼层平面放线记录	C3—3	●			
	楼层标高抄测记录	C3—4	●			
	建筑物垂直度、标高测量记录	C3—5	●			
	沉降观测记录	测量单位提供	●	●	●	●
C4	施工物资资料					
	通用表格					
	材料、构配件进场检验记录	C4—1	●			
	材料试验报告（通用）	C4—2	●		●	
	设备开箱检验记录（机电通用）	C4—3	●			
	设备及管道附件试验记录（机电通用）	C4—4	●		●	
	建筑与结构工程					
	出厂质量证明文件					
	各种物资出厂合格证、质量保证书和商检证等	供应单位提供	●		●	
	半成品钢筋出厂合格证	C4—5	●		●	
	预制混凝土构件出厂合格证	C4—6	●		●	
	钢构件出厂合格证	C4—7	●		●	
	预拌混凝土出厂合格证	C4—8	●		●	●
	检测报告					
	钢材性能检测报告	供应单位提供	●		●	
	水泥性能检测报告	供应单位提供	●		●	
	外加剂性能检测报告	供应单位提供	●		●	
	防水材料性能检测报告	供应单位提供	●		●	
	砖（砌块）性能检测报告	供应单位提供	●		●	
	门、窗性能检测报告（建筑外窗应有三性检测报告）	供应单位提供	●		●	
	吊顶材料性能检测报告	供应单位提供	●		●	
	饰面板材性能检测报告	供应单位提供	●		●	
	饰面砖性能检测报告	供应单位提供	●		●	
	涂料性能检测报告	供应单位提供	●		●	
	玻璃性能检测报告（安全玻璃应有安全检测报告）	供应单位提供	●		●	
	壁纸、墙布防火、阻燃性能检测报告	供应单位提供	●		●	

续表

类别编号	资　料　名　称	表格编号（或资料来源）	保存单位			
			施工单位	监理单位	建设单位	城建档案馆
	装修用粘结剂性能检测报告	供应单位提供	●		●	
	防火涂料性能检测报告	供应单位提供	●		●	
	隔声/隔热/阻燃/防潮材料性能检测报告	供应单位提供	●		●	
	钢结构用焊接材料检测报告	供应单位提供	●		●	
	高强度大六角头螺栓连接副扭矩系数检测报告	供应单位提供	●		●	
	扭剪型高强螺栓连接副预拉力检测报告	供应单位提供	●		●	
	木结构材料检测报告（含水率、木构件、钢件）	供应单位提供	●		●	
	幕墙性能检测报告（三性试验）	供应单位提供	●		●	●
	幕墙用硅酮结构胶检测报告	供应单位提供	●		●	●
	幕墙用玻璃性能检测报告	供应单位提供	●		●	
	幕墙用石材性能检测报告	供应单位提供	●		●	●
	幕墙用金属板性能检测报告	供应单位提供	●		●	
	材料污染物含量检测报告（执行 GB50325—2001）	供应单位提供				
	复试报告					
	钢材试验报告	C4—9	●		●	●
	水泥试验报告	C4—10	●		●	●
	砂试验报告	C4—11	●		●	●
C4	碎（卵）石试验报告	C4—12	●		●	●
	外加剂试验报告	C4—13	●		●	●
	掺合料试验报告	C4—14	●		●	
	防水涂料试验报告	C4—15	●		●	
	防水卷材试验报告	C4—16	●		●	
	砖（砌块）试验报告	C4—17	●		●	●
	轻集料试验报告	C4—18	●		●	
	预应力筋复试报告	检测单位提供	●		●	●
	预应力锚具、夹具和连接器复试报告	检测单位提供	●		●	
	装饰装修用门窗复试报告	检测单位提供	●		●	
	装饰装修用花岗石复试报告	检测单位提供	●		●	
	装饰装修用安全玻璃复试报告	检测单位提供	●		●	
	装饰装修用外墙面砖复试报告	检测单位提供	●		●	
	钢结构金相试验报告	检测单位提供	●		●	●
	钢结构用钢材复试报告	检测单位提供	●		●	●
	钢结构用焊接材料复试报告	检测单位提供	●		●	
	钢结构用高强度大六角头螺栓连接复试报告	检测单位提供	●		●	

续表

类别编号	资料名称	表格编号（或资料来源）	保存单位			
			施工单位	监理单位	建设单位	城建档案馆
C4	钢结构用扭剪型高强螺栓连接复试报告	检测单位提供	●		●	
	木结构材料复试报告	检测单位提供	●		●	
	幕墙用铝塑板复试报告	检测单位提供	●		●	●
	幕墙用石材复试报告	检测单位提供	●		●	●
	幕墙用安全玻璃复试报告	检测单位提供	●		●	
	幕墙用结构胶复试报告	检测单位提供	●		●	●
	建筑给水、排水及采暖工程					
	管材产品质量证明文件	供应单位提供	●		●	
	主要材料、设备等质量合格证及检测报告	供应单位提供	●		●	
	绝热材料产品质量合格证、检测报告	供应单位提供	●		●	
	给水管道材料卫生检测报告	供应单位提供	●		●	
	成品补偿器预拉伸证明书	供应单位提供	●		●	
	卫生洁具环保检测报告	供应单位提供	●		●	
	锅炉（承压设备）焊缝无损探伤检测报告	供应单位提供	●		●	
	水表、热量表计量检定证书	供应单位提供	●		●	
	安全阀、减压阀调试报告及定压合格证书	分别由试验单位及供应单位提供	●		●	
	主要器具和设备安装使用说明书	供应单位提供	●		●	
	建筑电气工程					
	低压成套配电柜、动力、照明配电箱（盘柜）出厂合格证、生产许可证、试验记录、CCC认证及证书复印件	供应单位提供	●		●	
	电力变压器、柴油发电机组、高压成套配电柜、蓄电池柜、不间断电源柜、控制柜（屏、台）出厂合格证、生产许可证和试验记录	供应单位提供	●		●	
	电动机、电加热器、电动执行机构和低压开关设备合格证、生产许可证、CCC认证及证书复印件	供应单位提供	●		●	
	照明灯具、开关、插座、风扇及附件出厂合格证、生产许可证、CCC认证及证书复印件	供应单位提供	●		●	
	电线、电缆出厂合格证、生产许可证、CCC认证及证书复印件	供应单位提供	●		●	
	导管、电缆桥架和线槽出厂合格证	供应单位提供	●		●	
	型钢和电焊条合格证和材质证明书	供应单位提供	●		●	
	镀锌制品（支架、横担、接地极、避雷用型钢等）和外线金具合格证和镀锌质量证明书	供应单位提供	●		●	

续表

类别编号	资料名称	表格编号（或资料来源）	保存单位			
			施工单位	监理单位	建设单位	城建档案馆
C4	封闭母线、插接母线合格证、安装技术文件、CCC认证及证书复印件	供应单位提供	●		●	
	裸母线、裸导线、电缆头部件及接线端子、钢制灯柱、混凝土电杆和其他混凝土制品合格证	供应单位提供	●		●	
	主要设备安装技术文件	供应单位提供	●		●	
	智能建筑系统工程（执行现行标准、规范）	专业施工单位提供	●		●	
	通风与空调工程					
	制冷机组等主要设备和部件产品合格证、质量证明文件	供应单位提供	●		●	
	阀门、输水器、水箱、分集水器、减震器、储冷罐、集气罐、仪表、绝热材料等出厂合格证、质量证明文件及检测报告	供应单位提供	●		●	
	板材、管材等质量证明文件	供应单位提供	●		●	
	主要设备安装使用说明书	供应单位提供	●		●	
	电梯工程					
	电梯设备开箱检验记录	C4—19	●	●		
	电梯主要设备、材料及附件出厂合格证、产品说明书、安装技术文件	供应单位提供	●		●	
C5	施工记录					
	通用表格					
	隐蔽工程检查记录	C5—1	●		●	●
	预检记录表	C5—2	●			
	施工记录（通用）	C5—3	●			
	交接检查记录	C5—4	●	●		
	建筑与结构工程					
	基坑支护变形监测记录	专业施工单位提供	●			
	桩（地）基施工记录	专业施工单位提供	●		●	●
	地基验槽检查记录	C5—5	●		●	●
	地基处理记录	C5—6	●		●	●
	地基钎探记录（应附图）	C5—7	●		●	●
	混凝土浇灌申请书	C5—8	●	●		
	预拌混凝土运输单	C5—9	●			
	混凝土开盘鉴定	C5—10	●			
	混凝土拆模申请单	C5—11	●			
	混凝土搅拌测温记录	C5—12	●			
	混凝土养护测温记录（应附图）	C5—13	●			

续表

类别编号	资料名称	表格编号（或资料来源）	保存单位			
			施工单位	监理单位	建设单位	城建档案馆
C5	大体积混凝土养护测温记录（应附图）	C5—14	●			
	构件吊装记录	C5—15	●			
	焊接材料烘焙记录	C5—16	●			
	地下工程防水效果检查记录	C5—17	●		●	
	防水工程试水检查记录	C5—18	●		●	
	通风（烟）道、垃圾道检查记录	C5—19	●		●	
	预应力筋张拉记录（一）	C5—20	●		●	●
	预应力筋张拉记录（二）	C5—21	●		●	●
	有粘结预应力结构灌浆记录	C5—22	●		●	●
	钢结构施工记录	专业施工单位提供	●		●	
	网架（索膜）施工记录	专业施工单位提供	●		●	
	木结构施工记录	专业施工单位提供	●		●	
	幕墙注胶检查记录	专业施工单位提供	●		●	
	电梯工程					
	电梯承重梁、起重吊环埋设隐蔽工程检查记录	C5—23	●		●	●
	电梯钢丝绳头灌注隐蔽工程检查记录	C5—24	●		●	●
	电梯导轨、层门的支架、螺栓埋设隐蔽工程检查记录	C5—25	●		●	●
	电梯电器装置安装检查记录（一）~（三）	C5—26	●		●	
	电梯机房、井道预检纪录	C5—27	●		●	
	自动扶梯、自动人行道安装与土建交接预检记录	C5—28	●		●	
	自动扶梯、自动人行道的相邻区域检查记录	C5—29	●		●	
	自动扶梯、自动人行道电器装置检查记录（一）（二）	C5—30	●		●	
	自动扶梯、自动人行道整机安装质量检查记录	C5—31	●		●	
C6	施工试验记录					
	通用表格					
	施工试验记录（通用）	C6—1	●		●	
	设备单机试运转记录（机电通用）	C6—2	●		●	●
	系统试运转调试记录（机电通用）	C6—3	●		●	●
	建筑与结构工程					
	锚杆、土钉锁定力（抗拔力）试验报告	检测单位提供	●		●	
	地基承载力检验报告	检测单位提供	●		●	●
	桩检测报告	检测单位提供	●		●	●
	土工击实试验报告	C6—4	●		●	●

续表

类别编号	资料名称	表格编号（或资料来源）	保存单位			
			施工单位	监理单位	建设单位	城建档案馆
C6	回填土试验报告（应附图）	C6—5	●		●	●
	钢筋机械连接形式检验报告	技术提供单位提交	●		●	
	钢筋连接工艺检验（评定）报告	检测单位提供	●		●	
	钢筋连接试验报告	C6—6	●		●	●
	砂浆配合比申请单、通知单	C6—7	●			
	砂浆抗压强度试验报告	C6—8	●		●	
	砌筑砂浆试块强度统计、评定记录	C6—9	●		●	●
	混凝土配合比申请单、通知单	C6—10	●			
	混凝土抗压强度试验报告	C6—11	●		●	
	混凝土试块强度统计、评定记录	C6—12	●		●	●
	混凝土抗渗试验报告	C6—13	●		●	●
	混凝土碱总量计算书	混凝土供应单位提供	●		●	●
	饰面砖粘结强度试验报告	C6—14	●		●	
	后置埋件拉拔试验报告	检测单位提供	●		●	
	超声波探伤报告	C6—15	●		●	●
	超声波探伤记录	C6—16	●		●	●
	钢构件射线探伤报告	C6—17	●		●	●
	磁粉探伤报告	检测单位提供	●		●	●
	高强螺栓抗滑移系数检测报告	检测单位提供	●		●	
	钢结构焊接工艺评定	检测单位提供	●		●	
	网架节点承载力试验报告	检测单位提供	●		●	
	钢结构涂料厚度检测报告	检测单位提供	●		●	
	木结构胶缝试验报告	检测单位提供	●		●	
	木结构构件力学性能试验报告	检测单位提供	●		●	
	木结构防护剂试验报告	检测单位提供	●		●	
	幕墙双组份硅酮结构胶混匀性及拉断试验报告	检测单位提供	●		●	
	给排水及采暖工程					
	灌（满）水试验记录	C6—18	●			
	强度严密性试验记录	C6—19	●		●	●
	通水试验记录	C6—20	●			
	吹（冲）洗（脱脂）试验记录	C6—21	●			
	通球试验记录	C6—22	●		●	
	补偿器安装记录	C6—23	●			
	消火栓试射记录	C6—24	●		●	●

续表

类别编号	资料名称	表格编号（或资料来源）	保存单位			
			施工单位	监理单位	建设单位	城建档案馆
C6	安全附件安装检查记录	C6—25	●		●	●
	锅炉封闭及烘炉（烘干）记录	C6—26	●		●	●
	锅炉煮炉试验记录	C6—27	●		●	●
	锅炉试运行记录	C6—28	●		●	●
	安全阀调试记录	试验单位提供	●		●	●
	建筑电气工程					
	电器接地电阻测试记录	C6—29	●		●	●
	电器防雷接地装置隐检与平面示意图	C6—30	●		●	●
	电器绝缘电阻测试记录	C6—31	●		●	
	电器器具通电安全检查记录	C6—32	●			
	电器设备空载试运行记录	C6—33	●		●	
	建筑物照明通电试运行记录	C6—34	●		●	
	大型照明灯具承载试验记录	C6—35	●		●	
	高压部分试验记录	检测单位提供	●		●	●
	漏电开关模拟试验记录	C6—36	●		●	
	电度表检定记录	检定单位提供	●		●	
	大容量电气线路节点测温记录	C6—37	●		●	
	避雷带支架拉力测试记录	C6—38	●		●	
	智能建筑工程（执行现行标准、规范）	专业施工单位提供	●		●	
	通风与空调工程					
	风管漏光检测记录	C6—39	●			
	风管漏风检测记录	C6—40	●			
	现场组装除尘器、空调机漏风检测记录	C6—41	●			
	各房间室内风量温度测量记录	C6—42	●			
	管网风量平衡记录	C6—43	●			
	空调系统试运转调试记录	C6—44	●		●	●
	空调水系统试运转调试记录	C6—45	●		●	●
	制冷系统气密性试验记录	C6—46	●		●	●
	净化空调系统测试记录	C6—47	●		●	●
	防排烟系统联合试运行记录	C6—48	●		●	●
	电梯工程					
	轿厢平层准确度测量记录	C6—49	●		●	
	电梯层门安全装置检验记录	C6—50	●		●	●
	电梯电气安全装置检验记录	C6—51	●		●	

续表

类别编号	资料名称	表格编号（或资料来源）	保存单位			
			施工单位	监理单位	建设单位	城建档案馆
C6	电梯整机功能检验记录	C6—52	●		●	●
	电梯主要功能检验记录	C6—53	●		●	
	电梯负荷运行试验记录	C6—54	●		●	
	电梯负荷运行试验曲线图	C6—55	●		●	
	电梯噪声测试记录	C6—56	●		●	
	自动扶梯、自动人行道安全装置检验记录（一）（二）	C6—57	●		●	
	自动扶梯、自动人行道整机性能、运行试验记录	C6—58	●		●	●
C7	施工质量验收记录		●	●	●	
	结构实体混凝土强度验收记录	C7—1	●	●	●	
	结构实体钢筋保护层厚度验收记录	C7—2	●	●	●	
	钢筋保护层厚度试验记录	C7—3	●	●		
	检验批质量验收记录表	执行GB50300和专业施工质量验收规范	●	●		
	分项工程质量验收记录表		●	●		
	分部（子分部）工程验收记录表		●	●	●	●
D	竣工图	编制单位提供	●		●	●

五、施工技术资料的组成及要求

（一）施工资料编号原则

1. 分部（子分部）工程划分及代号规定：

（1）分部（子分部）工程代号规定是参考统一标准（GB50300—2001）的分部（子分部）工程划分原则与国家质量验收推荐表格编码要求，并结合施工资料类别编号特点制定。

（2）建筑工程共分为九个分部工程（地基与基础、主体结构、建筑装饰装修、建筑屋面、建筑给水排水及采暖、建筑电气、智能建筑、通风空调、电梯），分部（子分部）工程划分及代号应符合建筑工程分部（子分部）工程划分与代号索引表规定。

（3）对于专业化程度高、施工工艺复杂、技术先进的子分部（分项）工程应分别单独组卷。

2. 施工资料编号的组成：

（1）施工资料编号应填入右上角的编号栏。

（2）通常情况下，资料编号应7位编号，由①分部工程代号（2位），应根据资料所属的分部工程规定的代号填写；②资料类别编号（2位），应根据资料所属类别规定的类别编号填写；③顺序号（3位），应根据相同表格、相同检查项目，按时间自然形成的先后顺序号填写；三部分每部之间用横线隔开。

编号形式如下：

××——××——×××　→共7位编号
①　　②　　③

（3）应单独组卷得子分部（分项）工程，资料编号应为9位编号，由①分部工程代号（2位），应根据资料所属的分部工程规定的代号填写；②子分部（分项）工程代号（2位），应根据资料所属的子分部（分项）工程规定的代号填写；③资料的类别编号（2位），应根据资料所属类别规定的类别编号填写；④顺序号（3位），应根据相同表格、相同检查项目，按时间自然形成的先后顺序号填写；四部分每部之间用横线隔开。

编号形式如下：

××——××——××——×××　→共9位编号
①　　②　　③　　④

（4）施工资料的类别编号填写原则：

施工资料的类别编号应依据《工程资料分类表》的要求，按C1～C7类填写。

（5）顺序号填写原则：

对于施工专用表格，顺序顺序号应按时间先后顺序，用阿拉伯数字001开始连续标注。

对于同一施工表格（如隐蔽工程检查记录、预检记录等）涉及多个（子）分部工程时，顺序号应根据（子）分部工程的不同，按（子）分部工程的各检查项目分别从001开始连续标注。

（6）无统一表格或外部提供的施工资料，应在资料的右上角注明编号，填写要求按照（1）～（5）规定。

（7）监理资料编号：

监理资料编号应填入右上角的编号栏。

对于相同的表格或相同的文件材料，应分别按时间自然形成的先后顺序从001开始，连续标注。

监理资料中的施工测量放线报验表（A2监）、工程物资进场报验表（A4监）应根据报验内容编号，对于同类报验内容的报验表，应分别按时间自然形成的先后顺序从001开始，连续标注。

（二）施工资料编目的原则

遵循自然形成的规律，按照时间先后和施工工序特性进行排列、编目，本着合理、完整、易察、易找的原则，每卷（盒）资料有总、分目录和封面，每卷（盒）资料的位置在分目录中标明，分目录在总目录中的位置也要标明，每卷（盒）资料的封面要标明其名称、资料代表的日期段、该卷的排列号等，做到易找、易查。

施工资料总目录、卷内目录、分目录样表见表2-33、表2-34和表2-35。

在施工过程中为便于资料的查找、交圈检查、分类汇总，钢筋原材、混凝土小票、混凝土试块试压报告应按以下分目录形式归档，见表2-36、表2-37和表2-38。

施工资料总目录 表 2-33

工程名称：

类别	类别名称	编号	名称	主要内容
			工程概况表	工程概况表
C1	施工管理资料	4	施工日志	施工日志
		8	见证记录	见证记录
……	……			

卷内目录 表 2-34

序号	责任者	文件编号	文件材料题名	日期	页次	备注

单位工程技术资料分目录表 表 2-35

单位工程名称： 分目录名称：

序号	编号	日期	部位	页次	备注

钢筋原材分目录 表 2-36

序号	施工部位	规格	牌号	产地	代表数量(t)	试件编号	试验日期	试验编号	材质编号	抗震要求		含碳量差值(%)	含锰量差值(%)	页次	备注
										强屈比≥1.25	屈标比≤1.3				

混凝土小票分目录 表 2-37

混凝土小票现场统计录						编号	T3—1		
工程名称及浇筑部位							浇筑日期		
混凝土强度等级		设计塌落度（mm）	××±×（mm）	混凝土搅拌站			浇筑方量（m^3）		
序号	车号	方量（m^3）	出站时刻	开浇时刻	浇完时刻	总用时间	验证初凝时间	实测坍落度	备注

混凝土试块试压报告分目录　表 2-38

序号	试验编号	制作日期	施工部位	混凝土强度等级	配合比编号	水泥厂家品种及强度	掺和料粉煤灰Ⅱ	外加剂	28d 混凝土强度等级 (N/mm^2)	达到设计强度%	页数	备注

（三）编目、组卷的要求

案卷采用统一规格尺寸的纸张和装具，装具采用硬壳卷（盒），保证资料在整个过程中保持平整，对于小于统一规格的资料要粘贴托纸。卷（盒）的封面和背脊应标明案卷编号、资料名称、资料分类名称等。

六、分项施工资料内容

（一）工程管理预验收资料

1. 工程概况表（C0—1）：工程概况表是对工程基本情况的简要描述，应包括单位工程的一般情况、构造特征、机电系统等。

一般情况：工程名称、建筑用途、建筑地点、建设单位、监理单位、施工单位、建筑面积、结构类型和建筑层数等。

构造特征：地基与基础。柱、内外墙、梁、板、楼盖、内外墙装饰。楼地面装饰、屋面构造、防火设备等。

机电系统名称：工程所含的机电各系统名称。

其他：指特殊需要说明的内容。

2. 工程质量事故报告（C0—2 ~ C0—3）

凡工程发生重大质量事故，应按表 C0—2 ~ 表 C0—3 的要求进行记载。其中发生事故时间应记载年、月、日、时、分；估计造成损失，指因质量事故导致的返工、加固等费用，包括人工费、材料费和管理费；事故情况，包括倒塌情况（整体倒塌或局部倒塌的部位）、损失情况（伤亡人数、损失程度、倒塌面积等）；事故原因，包括设计原因（计算错误、构造不合理等）、施工原因（施工粗制滥造、材料、构配件或设备质量低劣等）、设计与施工的共同问题、不可抗力等；处理意见，包括现场处理情况、设计和施工的技术措施、主要责任者及处理结果。

3. 单位（子单位）工程质量竣工验收记录

(1) 单位工程完工，施工单位组织自检合格后，应报请监理单位进行工程预验收，通过后向建设单位提交工程竣工报告并填报《单位（子单位）工程质量竣工验收记录》。建设单位应组织设计单位、监理单位、施工单位等进行工程质量竣工验收并记录，验收记录上各单位必须签字并加盖公章。

(2) 凡列入报送城建档案馆的工程档案，应在单位工程验收前由城建档案馆对工程档案资料进行预验收，并出具《建设工程竣工档案预验收意见》。

(3)《单位（子单位）工程质量竣工验收记录》应由施工单位填写，验收结论由监理单位填写，综合验收结论应由参加验收各方共同商定，并由建设单位填写，主要对工程质量是否符合设计和规范要求及总体质量水平做出评价。

(4) 进行单位（子单位）工程质量竣工验收时，施工单位应同时填报《单位（子单位）工程质量控制资料核查记录》、《单位（子单位）工程安全和功能检查资料核查及主要功能抽查记录》、《单位（子单位）工程观感质量检查记录》，作为《单位（子单位）工程质量竣工验收记录》的附表。

4. 室内环境检测报告

(1) 民用建筑工程及室内装修工程应按照现行国家规范要求，在工程完工至少7天以后。工程交付使用前对室内环境进行质量验收。

(2) 室内环境检测应由建设单位委托经有关部门认可的检测机构进行，并出具室内环境污染物浓度检测报告。

5. 施工总结

施工总结是建筑工程的阶段性、综合性或专题性文字材料。应由项目经理负责，可包括以下方面：

(1) 管理方面：根据工程特点与难点，进行项目质量。现场、合同、成本和综合控制等方面的管理总结。

(2) 技术方面：工程采用的新技术、新产品、新工艺、新材料总结。

(3) 经验方面：施工过程中各种经验与教训总结。

6. 工程竣工报告

单位工程完工后，由施工单位编写工程竣工报告，内容包括：

(1) 工程概况及实际完成情况；

(2) 企业自评的工程实体质量情况；

(3) 企业自评施工资料完成情况；

(4) 主要建筑设备、系统调试情况；

(5) 安全和功能检测、主要功能抽查情况。

(二) 施工管理资料

施工管理资料是在施工过程中形成的反映工程组织和监督等情况的资料统称。

1. 施工现场质量管理检查记录（C1—1）

建筑工程项目经理部应建立质量责任制度及现场管理制度；健全质量管理体系；具备施工技术标准；审查资质证书、施工图、地质勘察资料和施工技术文件等。施工单位应按规定填写《施工现场质量管理检查记录》（C1—1），报项目总监理工程师（或建设单位项目负责人）检查，并做出检查结论。

2. 企业资质证书及相关专业人员岗位证书

在正式施工前应审查分包单位资质以及专业工种操作人员的岗位证书，填写《分包单位资质报审表》，报监理单位审核。

3. 有见证取样和送检管理资料

(1) 施工试验计划

1) 单位工程施工前，施工单位应编制施工试验计划，报送监理单位。

2) 施工试验计划的编制应科学、合理，保证取样的连续性和均匀性。计划的实施和落实应由项目技术负责人负责。

(2) 见证记录

1) 施工过程中，应由施工单位取样人员在现场进行原材料取样和试件制作，并在《见证记录》上签字。见证记录应分类收集、汇总整理。

2) 有见证取样和送检的各项目，凡未按规定送检或送检次数达不到要求的，其工程质量应由有相应资质等级的检测单位进行检测确定。

(3) 有见证试验汇总表

有见证试验完成，各试验项目的试验报告齐全后，应填写《有见证试验汇总表》。

4. 施工日志（C1—2）

施工日志应以单位工程为记载对象，从工程开工起至工程竣工止，按专业指定专人负责逐日记载，并保证内容真实、连续和完整。

(三) 施工技术资料

施工技术资料是在施工过程中形成的，用以指导正确、规范、科学施工的文件，以及反映工程变更情况的正式文件。

1. 工程技术文件报审表（A1 监）

(1) 根据合同约定或监理单位要求，施工单位应在正式施工前将需要监理单位审批的施工组织设计、施工方案等技术文件，填写《工程技术文件报审表》(A1 监) 报监理单位审批。

(2) 工程技术文件报审应有时限规定，施工和监理单位均应按照施工合同或约定的时限要求完成各自的报送和审批工作。

(3) 当涉及主体和承重结构改动或增加荷载时，必须将有关设计文件报原结构设计单位或具备相应资质的设计单位核查确认，并取得认可文件后方可正式施工。

2. 施工组织设计、施工方案

(1) 单位工程施工组织设计应在正式施工前编制完成，并经施工企业单位的技术负责人审批。

(2) 规模较大、工艺复杂的工程、群体工程或分期出图工程，可分阶段报批施工组织设计。

(3) 主要分部（分项）工程、工程重点部位、技术复杂或采用新技术的关键工序应编制专项施工方案。冬、雨期施工应编制季节性施工方案。

(4) 施工组织设计及施工方案编制内容应齐全，施工单位应首先进行内部审核，并填写《工程技术文件报审表》(A1 监) 报监理单位批复后实施。发生较大的施工措施和工艺变更时，应有变更审批手续，并进行交底。

3. 技术交底记录（C2—1）

(1) 技术交底记录应包括施工组织设计交底、专项施工方案技术交底、分项工程施工技术交底、“四新”（新材料、新产品、新技术、新工艺）技术交底和设计变更技术交底。各项交底应有文字记录，交底双方签认应齐全

(2) 重点和大型工程施工组织设计交底应由施工企业的技术负责人把主要设计要求。施工措施以及重要事项对项目主要管理人员进行交底。其他工程施工组织设计交底应由项目技术负责人进行交底。

(3) 专项施工方案技术交底应由项目专业技术负责人负责，根据专项施工方案对专业

工长进行交底。

(4) 分项工程施工技术交底应由专业工长对专业施工班组（或专业分包）进行交底。

(5)“四新”技术交底应由项目技术负责人组织有关专业人员编制。

(6) 设计变更技术交底应由项目技术部门根据变更要求，并结合具体施工步骤、措施及注意事项等对专业工长进行交底。

4. 设计变更文件

(1) 图纸会审记录（C2—2）

1) 监理、施工单位应将各自提出的图纸问题及意见，按专业整理、汇总后报建设单位，由建设单位提交设计单位做交底准备。

2) 图纸会审应由建设单位组织设计、监理和施工单位技术负责人及有关人员参加。设汁单位对各专业问题进行交底，施工单位负责将设计交底内容按专业汇总、整理，形成图纸会审记录。

3) 图纸会审记录应由建设、设计。监理和施工单位的项目相关负责人签认、形成正式图纸会审记录。不得擅自在会审记录上涂改或变更其内容。

(2) 设计变更通知单（C2—3）

设计单位应及时下达设计变更通知单，内容详实，必要时应附图，并逐条注明应修改图纸的图号。设计变更通知单应由设计专业负责人以及建设（监理）和施工单位相关负责人签认。

(3) 工程洽商记录（C2—4）

1) 工程洽商记录应分专业办理，内容详实，必要时应附图，逐条注明应修改图纸的图号。工程洽商记录应由设计专业负责人以及建设、监理和施工单位的相关负责人签认。

2) 设计单位如委托建设（监理）单位办理签认，应办理委托手续。

(四) 施工测量记录

施工测量记录是在施工过程中形成的，确保建筑工程定位、尺寸、标高、位置和沉降量等满足设计要求和规范规定的资料统称。

1. 施工测量放线报验表（A2 监）

施工单位应在完成施工测量方案、红线桩校核成果、水准点引测成果及施工过程中各种测量记录后，填写《施工测量放线报验表》（A2 监）报监理单位审核。

2. 工程定位测量记录（C3—1）

(1) 测绘部门根据建设工程规划许可证（附件）批准的建筑工程位置及标高依据，测定出建筑的红线桩。

(2) 施工测量单位应依据测绘部门提供的放线成果、红线桩及场地控制网（或建筑物控制网），测定建筑物位置、主控轴线及尺寸、建筑物 ± 0.000 绝对高程，并填写《工程定位测量记录》（C3—1）报监理单位审核。

(3) 工程定位测量完成后，应由建设单位报请具有相应资质的测绘部门验线。

3. 基槽验线记录（C3—2）

施工测量单位应根据主控轴线和基底平面图，检验建筑物基底轮廓线、集水坑、电梯井坑、垫层标高（高程）、基槽断面尺寸和坡度等，填写《基槽验线记录》（C3—2）报监理单位审核。

4. 楼层平面放线记录（C3—3）

楼层平面放线内容包括轴线竖向投测控制线、各层墙柱轴线、柱边线、门窗洞口位置线、垂直度偏差等，施工单位应在完成楼层平面放线后，填写《楼层平面放线记录》（C3—3）报监理单位审核。

5. 楼层标高抄测记录（C3—4）

楼层标高抄测内容包括楼层 + 0.5m（或 + 1.0m）水平控制线、皮数杆等。施工单位应在完成楼层标高抄测后，填写《楼层标高抄测记录》（C3—4）报监理单位审核。

6. 建筑物垂直度、标高测量记录（C3—5）

(1) 施工单位应在结构工程完成和工程竣工时，对建筑物垂直度和全高进行实测并记录，填写《建筑物垂直度、标高测量记录》（C3—5）报监理单位审核。

(2) 超过允许偏差且影响结构性能的部位，应由施工单位提出技术处理方案，并经建设（监理）单位认可后进行处理。

7. 沉降观测记录

(1) 根据设计要求和规范规定，凡需进行沉降观测的工程，应由建设单位委托有资质的测量单位进行施工过程中及竣工后的沉降观测工作。

(2) 测量单位应按设计要求和规范规定，或监理单位批准的观测方案，设置沉降观测点，绘制沉降观测点布置图，定期进行沉降观测记录，并应附沉降观测点的沉降量与时间、荷载关系曲线图和沉降观测技术报告。

（五）施工物资资料

施工物资资料是反映工程所用物资质量和性能指标等的各种证明文件和相关配套文件（如使用说明书、安装维修文件等）的统称。

1. 工程物资主要包括建筑材料、成品、半成品、构配件、设备等，建筑工程所使用的工程物资均应有出厂质量证明文件（包括产品合格证、质量合格证、检验报告、试验报告、产品生产许可证和质量保证书等）。质量证明文件应反映工程物资的品种、规格、数量、性能指标等，并与实际进场物资相符。

2. 质量证明文件的复印件应与原件内容一致，加盖原件存放单位公章，注明原件存放处，并有经办人签字和时间。

3. 建筑工程采用的主要材料、半成品、成品、构配件、器具、设备应进行现场验收，有进场检验记录；涉及安全、功能的有关物资应按工程施工质量验收规范及相关规定进行复试（试验单位应向委托单位提供电子版试验数据）或有见证取样送检，有相应试（检）验报告。

4. 涉及结构安全和使用功能的材料需要代换且改变了设计要求时，应有设计单位签署的认可文件。

5. 涉及安全、卫生、环保的物资应有相应资质等级检测单位的检测报告，如压力容器、消防设备、生活供水设备、卫生洁具等。

6. 凡使用的新材料、新产品，应由具备鉴定资格的单位或部门出具鉴定证书，同时具有产品质量标准和试验要求，使用前应按其质量标准和试验要求进行试验或检验。新材料、新产品还应提供安装、维修、使用和工艺标准等相关技术文件。

7. 进口材料和设备等应有商检证明（国家认证委员会公布的强制性认证［CCC］产品

除外）、中文版的质量证明文件、性能检测报告以及中文版的安装、维修、使用、试验要求等技术文件。

8. 建筑电气产品中被列入《第一批实施强制性产品认证的产品目录》（2001 年第 33 号公告）的，必须经过“中国国家认证认可监督管理委员会”认证，认证标志为“中国强制认证（CCC）”，并在认证有效期内，符合认证要求方可使用。

9. 施工物资资料分级管理

工程物资资料应实行分级管理。供应单位或加工单位负责收集、整理和保存所供物资原材料的质量证明文件，施工单位则需收集、整理和保存供应单位或加工单位提供的质量证明文件和进场后进行的试（检）验报告。各单位应对各自范围内工程资料的汇集、整理结果负责，并保证工程资料的可追溯性。

(1) 钢筋资料的分级管理

钢筋采用场外委托加工形式时，加工单位应保存钢筋的原材出厂质量证明、复试报告、接头连接试验报告等资料，并保证资料的可追溯性；加工单位必须向施工单位提供《半成品钢筋出厂合格证》（C4—5），半成品钢筋进场后施工单位还应进行外观质量检查，如对质量产生怀疑或有其他约定时可进行力学性能和工艺性能的抽样复试。

(2) 混凝土资料的分级管理

1）预拌混凝土供应单位必须向施工单位提供以下资料：

配合比通知单（C6—10）；

预拌混凝土运输单（C5—9）；

预拌混凝土出厂合格证（32d 内提供）（C4—8）；

混凝土氯化物和碱总量计算书。

2）预拌混凝土供应单位除向施工单位提供上述资料外，还应保证以下资料的可追溯性：

试配记录、水泥出厂合格证和试（检）验报告、砂和碎（卵）石试验报告、轻集料试（检）验报告、外加剂和掺合料产品合格证和试（检）验报告、开盘鉴定、混凝土抗压强度报告（出厂检验混凝土强度值应填入预拌混凝土出厂合格证）、抗渗试验报告（试验结果应填入预拌混凝土出厂合格证）、混凝土坍落度测试记录（搅拌站测试记录）和原材料有害物含量检测报告。

3）施工单位应形成以下资料：

混凝土浇灌申请书（C5—8）；

混凝土抗压强度报告（现场检验）（C6—11）；

抗渗试验报告（现场检验）（C6—13）；

混凝土试块强度统计、评定记录（现场）（C6—12）。

4）采用现场搅拌混凝土方式的，施工单位应收集、整理上述资料中除预拌混凝土出厂合格证（C4—8）、预拌混凝土运输单（C5—9）之外的所有资料。

(3) 预制构件资料的分级管理

施工单位使用预制构件时，预制构件加工单位应保存各种原材料（如钢筋、钢材、钢丝、预应力筋、木材、混凝土组成材料）的质量合格证明、复试报告等资料以及混凝土、钢构件、木构件的性能试验报告和有害物含量检测报告等资料，并应保证各种资料的可追溯性；施工单位必须保存加工单位提供的《预制混凝土构件出厂合格证》(C4—6)、《钢构件出厂合格证》(C4—7) 其他构件合格证和进场后的试 (检) 验报告。

10. 工程物资进场报验表 (A4 监)

(1) 工程物资进场后，施工单位应进行检查 (外观、数量及质量证明件等)，自检合格后填写《工程物资进场报验表》(A4 监)，报请监理单位验收。

(2) 施工单位和监理单位应约定涉及结构安全、使用功能、建筑外观、环保要求的主要物资的进场报验范围和要求。

(3) 物资进场报验须附资料应根据具体情况 (合同、规范、施工方案等要求) 由施工单位和物资供应单位预先协商确定。

(4) 工程物资进场报验应有时限要求，施工单位和监理单位均须按照施工合同的约定完成各自的报送和审批工作。

11. 材料、构配件进场检验记录 (C4—1)

(1) 材料、构配件进场后，应由建设、监理单位会同施工单位对进场物资进行检查验收，填写《材料、构配件进场检验记录》(C4—1)。主要检验内容包括：

1) 物资出厂质量证明文件及检测报告是否齐全；

2) 实际进场物资数量、规格和型号等是否满足设计和施工计划要求；

3) 物资外观质量是否满足设计要求或规范规定；

4) 按规定须抽检的材料、构配件是否及时抽检等。

(2) 按规定应进场复试的工程物资，必须在进场检查验收合格后取样复试。

12. 材料试验报告 (通用) (C4—2)

凡按规范要求须做进场复试的物资，且本规程未规定专用复试表格的，应使用《材料试验报告 (通用)》(C4—2)。

13. 主要物资

(1) 钢筋

材质证明上必须有原件存放处、抄件人、进场日期、进场数量、注明所使用的炉批号，并要有钢筋料牌复印件，且与现场复试报告相吻合。每批钢材不得超过 60t。混合批构成 60t，炉批号不受限制，混合批含碳量两炉之差不得超过 0.02%，含锰量之差不得超过 0.15%，这两项最高值不得超过规范要求 (含碳量、含锰量如超过以上数量要多一组复试)。对一、二级抗震设防的框架结构检验所得的强度实测值应符合：钢筋的抗拉强度实测值与屈服强度实测值的比值不应小于 1.25，钢筋的屈服强度实测值与强度标准值的比值不应大于 1.3。

钢筋原材资料日常收集时应认真检查其炉批号与实验报告是否交圈；微量元素是否超标；强屈比、屈标比是否满足抗震要求；资料是否清晰；签字是否齐全等，并及时填写分目表，对其中的缺项漏项及时追补。

下列情况之一者，还必须做化学成分检验：

1) 进口钢筋；2) 在加工过程中，发生脆断、焊接性能不良和力学性能显著不正常的；3) 有特殊要求的，还应进行相应专项试验；4) 工厂和施工现场集中加工的钢筋，应有由加工单位出具的出厂证明及钢筋出厂合格证和钢筋试验报告的抄件；5) 不同等级、不同国家生产的钢筋进行焊接时，应有可焊性检测报告。

如工程所用的是半成品钢筋，那么有关资料应依次随每次现场进料由项目物资部钉成小本汇总。资料包括钢筋的部位、规格、产地、材质编号、原材复试编号、焊接试验编号、抗震等级、主要微量元素的数值；附注栏中注明是否为有见证试验。

现场钢筋焊接试验报告及上岗证（如焊工合格证）应放在一起，归到施工试验记录中。钢筋焊接资料应标明其部位、规格、日期、断裂部位及特征、闪光对焊的冷弯试验、焊工合格证编号、合格证级别、合格证有效期；附注栏中注明是否为有见证试验。这样就使焊接报告的主要试验指标及其和合格证的核对工作更加明了。钢筋焊接试验报告和焊工合格证日常收集时应随时填写（分目表，对其中的缺项漏项及时追补）。

冷挤压、直螺纹（凡机械连接）均要有厂家提供的形式检验报告。进场后要有工艺试验，套筒要有合格证等。

(2) 预拌混凝土

混凝土搅拌单位必须向施工单位提供质量合格的混凝土并随车提供预拌混凝土运输单，于45d之内提供预拌混凝土出厂合格证。

(3) 防水材料

防水材料主要包括防水涂料、防水卷材、粘结剂、止水带、膨胀胶条、密封膏、密封胶、水泥基渗透结晶性防水材料等。防水材料必须有出厂质量合格证、有相应资质等级检测部门具的检测报告、产品性能和使用说明书。新型防水材料，应有相关部门、单位的鉴定文件，并有专门的施工工艺操作规程和有代表性的抽样试验记录。按照《地下防水工程施工质量验收规范》(GB50208—2002）和《屋面工程质量验收规范》(GB50207—2002）的要求作防水材料的外观质量检验和物理性能检验。防水卷材出厂质量证明书内容包括：品种、标号等各项技术指标，并应有抽样检验报告，必试项目内容为拉伸强度、不透水性、耐热度、断裂延伸率、低温柔性等。各种接缝密封，粘结材料，应具有质量证明文件，使用前应按规定作外观检查（见表2-39)，抽样复验，具有试验报告。使用沥青玛𤧛脂作为粘结材料，应有配合比通知单和试验报告。

防水外观检查记录表　　**表 2-39**

<table>
<tr><td colspan="2" rowspan="2">防水卷材外观检查记录</td><td rowspan="2">编号</td><td>T5—1</td></tr>
<tr><td>×—××（检查卷数）</td></tr>
<tr><td>工程名称</td><td>××××</td><td>检验日期</td><td>年　月　日</td></tr>
<tr><td>卷材类型</td><td>SBS 沥青防水卷材（3mm）</td><td>进场批量</td><td>500卷</td></tr>
<tr><td>生产厂家</td><td></td><td>进场时间</td><td>年　月　日</td></tr>
<tr><td>检查项目</td><td colspan="3">检查结果</td></tr>
<tr><td>孔洞、缺边、裂口</td><td colspan="3"></td></tr>
<tr><td>胎体露白、未浸透</td><td colspan="3"></td></tr>
<tr><td>撒布材料颗粒、颜色</td><td colspan="3"></td></tr>
<tr><td>每卷卷材的接头</td><td colspan="3"></td></tr>
</table>

续表

随机抽取第×卷				
规格 / 点数	厚度（mm）	宽度（mm）	每卷长度（m）	边缘不整齐（mm）
1				
2				
3				
4				
技术负责人		检验人		

防水资料收集与编目

防水材料随进场后由项目的物资部和试验员组织复试，待复试合格资料齐全后按上面顺序装订成册，归至原材料、成品、半成品卷中。目录中注明卷材种类、进场卷数、试验编号、操作人、证件、证件有效期；附注栏中注明是否为有见证试验，日常收集时应随时填写分目表，对其中的缺项漏项在目录上作好临时标记、及时追补并消项，从而保证防水资料的完整性。

(4) 水泥

水泥必须有质量证明文件。水泥生产单位应在水泥出厂 7d 内提供 28d 强度以外的各项试验结果，28d 强度结果应在水泥发出日起 32d 内补报。

用于承重结构的水泥；使用部位有强度等级要求的水泥；水泥出厂超过三个月（快硬硅酸盐水泥为一个月）和进口水泥在使用前必须进行复试，有试验报告。混凝土和砌筑砂浆用水泥应实行有见证取样和送检。

用于钢筋混凝土结构、预应力混凝土结构中的水泥，检测报告应有害物含量检测内容。

(5) 钢结构用钢材、连接件及涂料

1) 钢结构工程物资主要包括钢材、钢构件、焊接材料、连接用紧固件及配件、防火防腐涂料、焊接（螺栓）球、封板、锥头、套筒和金属板等。

2) 主要物资应有质量证明文件，包括出厂合格证、检测报告和中文标志等。

3) 按规定应复试的钢材必须有复试报告，并按规定实行有见证取样和送检。

4) 重要钢结构采用焊接材料应有复试报告，并按规定实行有见证取样和送检。

5) 高强度大六角头螺栓连接副和扭剪型高强度螺栓连接副应有扭矩系数和紧固轴力（预拉力）检验报告，并按规定做进场复试，实行有见证取样和送检。

6) 防火涂料应有相应资质等级检测机构出具的检测报告。

(6) 焊条、焊剂和焊药

焊条、焊剂和焊药有出厂质量证明书，并应符合设计要求。按规定需进行烘焙的还应有烘焙记录。

(7) 砖和砌块

砖与砌块必须有质量证明文件。用于承重结构或出厂试验项目不齐全的砖与砌块应做取样复试，有复试报告。承重墙用砖和混凝土小型砌块应实行有见证取样和送检。

(8) 砂、石

1) 砂、石使用前应按规定取样进行必试项目试验:

砂子的试验项目有:颗粒级配、含泥量、泥块含量等;

石子的试验项目有:颗粒级配、含泥量、泥块含量、针、片状颗粒含量、压碎指标值等。

按规定应预防碱—集料反应的工程或结构部位所使用的砂、石,供应单位应提供砂、石的碱活性检验报告。

(9) 轻集料

1) 轻集料应按品种、密度等级分批取样,使用前应进行试验。

2) 轻集料的必试项目有:粗细集料筛分析试验、堆集密度试验;粗集料筒压强度试验、吸水率试验。

(10) 外加剂

外加剂主要包括减水剂、早强剂、缓凝剂、泵送剂、防水剂、防冻剂、膨胀剂、引气剂和速凝剂等。

外加剂必须有质量证明书或合格证、有相应资质等级检测部门出具的检测报告、产品性能和使用说明书等。内容包括;厂名、品种、包装、质量(重量)、出厂日期、有关性能和使用说明。使用前,应进行性能试验并出具掺量配合比试配单。

应按规定取样复试,具有复试报告。承重结构混凝土使用的外加剂应实行有见证取样和送检。

钢筋混凝土结构所使用的外加剂应有有害物含量检测报告。当含有氯化物时,应做混凝土氯化物总含量检测,其总含量应符合国家现行标准要求。

用于结构工程的外加剂应符合地方准用规定和试验报告(外加剂特性指标);防冻剂还应进行钢筋的锈蚀试验和抗压强度比。

(11) 掺合料

掺合料主要包括粉煤灰、粒化高炉矿渣粉、沸石粉、硅灰和复合掺合料等。

掺合料必须有出厂质量证明文件。用于结构工程的掺合料应按规定取样复试,有复试报告。使用粉煤灰、蛭石粉、沸石粉等掺合料应有质量证明书和试验报告。

(12) 预应力工程物资

预应力工程物资主要包括预应力筋、锚(夹)具和连接器、水泥和预应力筋用螺旋管等。主要物资应有质量证明文件,包括出厂合格证、检测报告等。预应力筋、锚(夹)具和连接器等应有进场复试报告。涂包层和套管、孔道灌浆用水泥及外加剂应按照规定取样复试,有复试报告。预应力混凝土结构所使用的外加剂的检测报告应有氯化物含量检测内容,严禁使用含氯化物的外加剂。

(六) 施工记录

1. 隐蔽工程检查记录为通用施工记录,适用于各专业。按规范规定须进行隐检的项目,施工单位应填报《隐蔽工程检查记录》(C5—1)

(1) 地基验槽:内容包括土质情况、高程、地基处理。详细内容为说明土质与勘探报告是否一致是何土层,写明地基持力层的绝对标高,地基处理应注明轴线位置、直径范围、深度。例如:土质是卵石、砂石、还是粘土,能否满足设计持力层要求;高程:写地基持力层的绝对标高。地基处理：写具体，假如有一枯井，在什么轴线部位、多深、直径范围等；地基验槽处理：应填写地基处理记录C5—6（内容包含地基处理方式、处理前的状态，处理过程及结果，并应进行干土质量密度或贯入度试验）。

(2) 基础和主体结构钢筋工程：内容包括钢筋的品种、规格、数量、位置、锚固和接头位置、搭接长度、保护层厚度和除锈除污情况、钢筋代用变更及胡子筋处理等。钢筋连接及焊接应填写在特殊工艺内，以数字形式注明连接位置、相互错开的比率和长度等

钢筋机械连接连接及焊接应单独做隐蔽，与钢筋工程隐蔽分开。

(3) 预应力结构：内容包括预应力筋的下料长度、切断方法、锚具、夹具、连接点的组装预留孔道尺寸、位置、端部的预埋钢板、预应力筋曲线的控制方式等。

(4) 施工现场结构构件、钢筋焊（连）接：内容包括焊（连）接形式、焊（连）接种类、接头位置、数量及焊条、焊剂、焊口形式、焊缝长度、厚度及表面清渣和连接质量等，大楼板的连接焊接，阳台尾筋和楼梯、阳台楼板等焊接。可能危机人身安全与结构连接的装饰件、连接节点。

(5) 屋面、厕浴间防水层及各层做法、构造节点、地下室施工缝、变形缝、止水带、过墙管（套管）做法等。

防水工程的找平、找坡、保温、防水附加层及防水各层均需要分别单独作隐蔽记录。而且填写内容要详细具体。例如防水基层，填写平整顺直，不起砂，不裂缝，干燥程度含水率不大于9%。防水层1）有冷底子油（品名）刷均匀；2）附加层的宽度；3）卷材长边搭接100mm，短边搭接150mm；4）如果有两层还应错开三分之一等等。

建筑屋面隐检：检查基层、找平层、保温层、防水层、隔离层材料的品种、规格、厚度、铺贴方式、搭接宽度、接缝处理、粘结情况；附加层、天沟、檐沟、泛水和变形缝细部做法、隔离层设置、密封处理部位等。

(6) 外墙保温构造节点做法。

(7) 玻璃幕墙工程：预埋件；构件与主体结构的连接节点的安装；幕墙四周、幕墙表面与主体结构之间间隙节点的安装；幕墙伸缩缝、沉降缝、防震缝及墙面转角节点的安装；幕墙防雷接地节点的安装；幕墙防火构造等。

(8) 直埋于地下或结构中，暗敷设于沟槽管井、设备层及不能进人的吊顶内，以及有保温、隔热（冷）要求的管道和设备。检查内容有：管道及附件安装的位置、高程、坡度；各种管道间的水平、垂直净距；管道安排和套管尺寸；管道与相邻电缆间距；接头做法及质量；管径和变径位置；附件使用、支架固定、基底处理；防腐做法；保温的质量以及试水方式、结果等。

(9) 埋在结构内的各种电线导管；利用结构钢筋做的避雷引下线；接地极埋设与接地带连接处的焊接；均压环、金属门窗与接地引下处的焊接或铝合金窗的连接；不能进人吊顶内的电线导管及线槽、桥架等的敷设；直埋电缆。检查内容包括：品种、规格、位置、高程、弯度、连接、跨接地线、防腐、需焊接部位的焊接质量、管盒固定、管口处理、敷设情况、保护层及与其他管线的位置关系等。

(10) 敷设于暗井道和被其他工程（如设备外砌砖墙、管道及部件外保温隔热等）所掩盖的项目、空气洁净系统、制冷管道系统及部件。检查内容包括：接头（缝）有无开脱、风管及配件严密程度，附件设置是否正确；要求项目的坡度情况；支、托、吊架的位

置、固定情况；设备的位置、方向、节点处理、保温及防结露处理、防渗漏功能、互相连接情况、防腐处理的情况及效果。

(11) 施工缝（地下部分施工缝按隐检）：要求写明留置方法、位置和接缝处理。

2. 预检记录（C5—2）是对施工重要工序进行的预先质量控制检查记录，为通用施工记录，适用于各专业，预检项目及内容如下：

(1) 模板：内容包括几何尺寸、轴线、高程、预埋件及预留孔位置、模板牢固性、清扫口留置、模内清理、脱模剂涂刷、止水要求等。节点做法，放样检查。模板工程预检内容要变成具体数字化，例如要求起拱高度等。

(2) 预制构件吊装：内容包括构件型号、外观检查、楼板堵孔、清理、锚固、构件支点的搁置长度、高程、垂直偏差等。

(3) 设备基础：包括设备基础位置、高程、几何尺寸、预留孔、预埋件等。

(4) 混凝土工程结构施工缝留置方法、位置和接槎的处理等。

(5) 管道、设备：内容包括位置、高程、坡度、材质、防腐。支架形式、规格及安装方法、孔洞位置、预埋件规格、形式和尺寸、位置。

(6) 机电明配管线（包括能进人吊顶内管线）：内容包括品种、规格、位置、高程、固定、防腐、保温、外观处理等。

(7) 变配电装置：内容包括位置、高低压电源进出口方向、电缆位置、高程等。

(8) 机电表面器具（包括开关、插座、灯具、风口、卫生器具等）：内容包括位置、高程等。

(9) 工程测量定位：建筑物位置线，现场标准水准点，坐标点。要画平面详图，工程位置有二个坐标点就算定位了，坐标点要X坐标和Y坐标的具体数据。（根据勘察设计给的坐标点导测过来的）。如果C4—1图画不下，用其他纸画也可以，但必须有编号，或在平面图上签字，有时间才有效。

(10) 楼层放线记录（包括：各楼层墙柱轴线、边线、门窗洞口位置线等）

(11) 楼层50线：楼层0.5m（或1m）水平控制线（按工程流水段做，内容为工程具的情况）。

(12) 钢筋：包括定位卡具、梯子筋、马凳、保护层垫块、顶模棍尺寸。

3. 施工检查记录（通用）（C5—3）

按照现行规范要求应进行施工检查的重要工序，且本规程无相应施工记录表格的，应填写《施工检查记录（通用）》（C5—3），施工检查记录（通用）适用于各专业。

4. 交接检查记录（C5—4）

不同施工单位之间工程交接，应进行交接检查，填写《交接检查记录》（C5—4）。移交单位、接收单位和见证单位共同对移交工程进行验收，并对质量情况、遗留问题、工序要求、注意事项、成品保护等进行记录。

5. 地基验槽检查记录（C5—5）

建筑物应进行施工验槽，检查内容包括基坑位置、平面尺寸、持力层核查、基底绝对高程和相对标高、基坑土质及地下水位等，有桩支护或桩基的工程还应进行桩的检查。地基验槽检查记录应由建设、勘察、设计、监理、施工单位共同验收签认。地基需处理时，应由勘察、设计单位提出处理意见。

6. 地基处理记录（C5—6）

施工单位应依据勘察、设计单位提出的处理意见进行地基处理，完工后填写《地基处理记录》报请勘察、设计、监理单位复查。

7. 地基钎探记录（C5—7）

钎探记录用于检验浅层土（如基槽）的均匀性，确定地基的容许承载力及检验填土的质量。钎探前应绘制钎探点平面布置图，确定钎探点布置及顺序编号。按照钎探图及有关规定进行钎探并记录。

8. 混凝土浇灌申请书（C5—8）

正式浇筑混凝土前，施工单位应检查各项准备工作（如钢筋、模板工程检查；水电预埋检查；材料、设备及其他准备等），自检合格填写《混凝土浇灌申请书》报请监理单位后方可浇筑混凝土。

9. 预拌混凝土运输单（C5—9）

预拌混凝土供应单位应随车向施工单位提供预拌混凝土运输单，内容包括工程名称、使用部位、供应方量、配合比、坍落度、出站时间、到场时间和施工单位测定的现场实测坍落度等。

10. 混凝土开盘鉴定（C5—10）

(1) 采用预拌混凝土的，应对首次使用的混凝土配合比在混凝土出厂前，由混凝土供应单位自行组织相关人员进行开盘鉴定。

(2) 采用现场搅拌混凝土的，应由施工单位组织监理单位、搅拌机组、混凝土试配单位进行开盘鉴定工作，共同认定试验室签发的混凝土配合比确定的组成材料是否与现场施工所用材料相符，以及混凝土拌合物性能是否满足设计要求和施工需要。

11. 混凝土拆模申请单（C5—11）

在拆除现浇混凝土结构板、梁、悬臂构件等底模和柱墙侧模前，应填写混凝土拆模申请单（C5—11）并附同条件混凝土强度报告，报项目专业技术负责人审批，通过后方可拆模。

12. 混凝土搅拌、养护测温记录（C5—12～C5—13）

冬季混凝土施工时，应进行搅拌和养护测温记录。混凝土冬施搅拌测温记录应包括大气温度、原材料温度、出罐温度、入模温度等。混凝土冬施养护测温应先绘制测温点布置图，包括测温点的部位、深度等。测温记录应包括大气温度、各测温孔的实测温度、同一时间测得的各测温孔的平均温度和间隔时间等。

13. 大体积混凝土养护测温记录（C5—14）

大体积混凝土施工应对入模时大气温度、各测温孔温度、内外温差和裂缝进行检查和记录。大体积混凝土养护测温应附测温点布置图，包括测温点的布置、深度等。

14. 构件吊装记录（C5—15）

预制混凝土构件、大型钢、木构件吊装应有《构件吊装记录》（C5—15），吊装记录内容包括构件名称、安装位置、搁置与搭接长度、接头处理、固定方法、标高等。

15. 焊接材料烘焙记录（C5—16）

按照规范和工艺文件等规定须烘焙的焊接材料应进行烘焙，并填写烘焙记录。烘焙记录内容包括烘焙方法、烘干温度、要求烘干时间、实际烘焙时间和保温要求等。

16. 地下工程防水效果检查记录（C5—17）

地下工程验收时，应对地下工程有无渗漏现象进行检查，填写《地下工程防水效果检查记录》(C5—17)，检查内容应包括裂缝、渗漏部位、大小、渗漏情况、处理意见等。发现渗漏现象应制作《背水内表面结构工程展开图》。

17. 防水工程试水检查记录（C5—18）

凡有防水要求的房间应有防水层及装修后的蓄水检查记录。检查内容包括蓄水方式、蓄水时间、蓄水深度、水落口及边缘的封堵情况和有无渗漏现象等。屋面工程完工后，应对细部构造（屋面天沟、檐沟、檐口、泛水、水落口、变形缝、伸出屋面管道等)、接缝处和保护层进行雨期观察或淋水、蓄水检查。淋水试验持续时间不得少于2h；做蓄水检查的屋面，蓄水时间不得少于24h。

18. 通风（烟）道、垃圾道检查记录（C5—19）

建筑通风道（烟道）应全数做通（抽）风和漏风、串风试验，并做检查记录。垃圾道应全数检查畅通情况，并做检查记录。

19. 支护与桩（地）基工程施工记录

桩基包括各种预制桩和现制桩，如：钢筋混凝土预制桩、板桩、钢管桩、钢筋混凝土灌注桩、CFG素混凝土桩（泥浆护壁成孔、干作业成孔、套管成孔、爆破成孔等)。

(1) 基坑支护变形监测记录

在基坑开挖和支护结构使用期间，应以设计指标及要求为依据进行过程监测，如设计无要求，应按规范规定对支护结构进行监测，并做变形监测记录。

(2) 桩施工记录

桩位测量放线记录，并应有放线依据；桩位平面图，图上注明方向、轴线、柱编号、位置、标高、深度，如在施工桩过程中出现了问题的桩要在记录中注明情况，标出具体位置，用箭头指出施工桩顺序，要有施工负责人签字，制图人、记录人签字。

试桩和试验记录：桩基打桩前应做试桩的动载、静载试验，试验时应有建设（监理)、设计、监督单位参加，作好试桩记录及桩的深度记录。预制桩、板桩、钢管桩还应记录打入各上层的锤击数、贯入度等。预制桩构件出厂证明、桩的节点处理记录。

补桩记录：打桩如出现断桩、偏位，应进行补桩的要有补桩记录和补桩平面示意图。

桩的隐蔽检查验收记录：其中灌注桩钢筋笼隐蔽记录：尤其应写清楚桩编号、钢筋规格、灌注桩基底深度、土质情况等。

灌注桩、CFG桩试验资料：桩所使用原材料质量证明书及复试报告；混凝土配合比、混凝土试块抗压强度报告（直径800mm以上大直径桩应每桩有一组报告)。

桩位竣工图：桩位竣工图要标注清楚桩施工完的准确位置，桩的试验位置、桩的编号、深度桩与各轴线的变更情况及处理方法等。

(3) 桩施工记录应由有相应资质的专业施工单位负责提供。

20. 预应力工程施工记录

(1) 预应力筋张拉记录（C5—20～C5—21）

预应力筋张拉记录（一）包括预应力施工部位、预应力筋规格、平面示意图、张拉程序、应力记录、伸长量等。

预应力筋张拉记录（二）对每根预应力筋的张拉实测值进行记录。

后张法预应力张拉施工应实行见证管理，按规定做见证张拉记录。

(2) 有粘结预应力结构灌浆记录（C5—22）

后张法有粘结预应力筋张拉后应灌浆，并做灌浆记录，记录内容包括灌浆孔状况、水泥浆配比状况、灌浆压力、灌浆量，并有灌浆点简图和编号等。

(3) 预应力张拉原始施工记录应归档保存。

(4) 预应力工程施工记录应由有相应资质的专业施工单位负责提供。

21. 钢结构工程施工记录

(1) 构件吊装记录（C5—15）

钢结构吊装应有《构件吊装记录》（C5—15），吊装记录内容包括构件名称、安装位置、搁置与搭接长度、接头处理、固定方法、标高等。

(2) 烘焙记录（C5—16）

焊接材料在使用前，应按规定进行烘焙，有烘焙记录。

(3) 钢结构安装施工记录

钢结构主要受力构件安装应检查垂直度、侧向弯曲等安装偏差，并做施工记录。

钢结构主体结构在形成空间刚度单元并连接固定后，应检查整体垂直度和整体平面弯曲度的安装偏差，并做施工记录。

(4) 钢网架结构总拼完成后及屋面工程完成后，应检查挠度值和其他安装偏差，并做施工记录。

(5) 钢结构安装施工记录应由有相应资质的专业施工单位负责提供。

22. 木结构工程施工记录

应检查木桁架、梁和柱等构件的制作、安装、屋架安装允许偏差和屋盖横向支撑的完整性等，并做施工记录。

木结构工程施工记录应由有相应资质的专业施工单位负责提供。

23. 幕墙工程施工记录

(1) 幕墙注胶检查记录

幕墙注胶应做施工检查记录，检查内容包括宽度、厚度、连续性、均匀性、密实度和饱满度等。

(2) 幕墙淋水检查记录

幕墙工程施工完成后，应在易渗漏部位进行淋水检查，并做淋水检查记录，填写《防水工程试水检查记录》（C5—18）。

幕墙工程施工记录应由有相应资质的专业施工单位负责提供。

24. 电梯工程施工记录

(1) 电梯机房、井道的土建施工应满足《电梯主参数及轿厢、井道、机房的形式与尺寸》（GB/T7025）的相关规定；自动扶梯、自动人行道的土建施工应满足机房尺寸、提升高度、倾斜角、名义宽度、支承及畅通区尺寸的要求，并应符合《自动扶梯和自动人行道的制造与安装安全规范》（GB16899）的有关规定。

(2) 施工记录应符合国家规范、标准的有关规定，并满足电梯生产厂家的要求。电梯工程中的安装样板放线、导轨安装、层门安装、驱动主机安装、轿厢组装、悬挂装置安装、对重（平衡重）及补偿装置安装、限速器、缓冲器安装、随行电缆安装等施工记录，应按照相应的国家规范、标准、行业标准及企业标准的有关规定填写相应的表格。

(3) 液压电梯安装工程应参照《液压电梯》(JG5071) 和企业标准的相关要求填写。

(七) 施工试验记录

施工试验记录是根据设计要求和规范规定进行试验，记录原始数据和计算结果（试验单位应向委托单位提供电子版试验数据)，并得出试验结论的资料统称。

1. 施工试验记录（通用)：

(1) 按照设计要求和规范规定应做施工试验，且本规程无相应施工试验表格的，应填写《施工试验记录（通用)》(C6—1)。

(2) 采用新技术、新工艺及特殊工艺时，对施工试验方法和试验数据进行记录，应填写《施工试验记录（通用)》(C6—1)。

2. 回填土：

(1) 土方工程应测定土的最大干密度和最优含水量，确定最小干密度控制值，由试验单位出具《土工击实试验报告》(C6—4)。

(2) 应按规范要求绘制回填土取点平面示意图，按时间段整理签发，标高连续、取样点连续，应有分层、分段、分步的干密度数据及取样平面布置图和剖面图，做《回填土试验报告》(C6—5)。

3. 钢筋连接：

电渣压力焊接在施工开始前及施工过程中，进行焊接性能试验，并有焊条、焊剂和焊药的出厂合格证，焊药要做烘焙记录。钢筋滚压直螺纹连接应进行工艺检验，并要有厂家提供的形式检验报告和套筒的合格证等。施工过程中进行焊（连）接接头试验，应附有操作工人的上岗证，结构受力钢筋接头按规定实行有见证取样和送检的管理。

(1) 用于焊接、机械连接钢筋的力学性能和工艺性能应符合现行国家标准。

(2) 正式焊（连）接工程开始前及施工过程中，应对每批进场钢筋，在现场条件下进行工艺检验。工艺检验合格后方可进行焊接或机械连接的施工。

(3) 钢筋焊接接头或焊接制品、机械连接接头应按焊（连）接类型和验收批的划分进行质量验收并现场取样复试，钢筋连接验收批的划分及取样数量和必试项目符合规范规定。

(4) 承重结构工程中的钢筋连接接头应按规定实行有见证取样和送检的管理。

(5) 采用机械连接接头形式施工时，技术提供单位应提交由有相应资质等级的检测机构出具的形式检验报告。

(6) 焊（连）接工人必须具有有效的岗位证书。

4. 砌筑砂浆：

应有配合比申请单和试验室签发的配合比通知单，见 C6—7。应有按规定留置的龄期为 28d 标养试块的抗压强度试验报告。承重结构的砌筑砂浆试块应按规定实行有见证取样和送检。砂浆试块的留置数量及必试项目按规范进行。应有单位工程《砌筑砂浆试块抗压强度统计、评定记录》(C6—9) 按同一类型、同一强度等级砂浆为一验收批统计，评定方法及合格标准：①同一验收批砂浆试块抗压强度平均值必须大于或等于设计强度等级所对应的立方体抗压强度；②同一验收批砂浆试块抗压强度的最小一组平均值必须大于或等于设计强度等级所对应的立方体抗压强度的 0.75 倍。

5. 混凝土：

(1) 现场搅拌混凝土应有配合比申请单和配合比通知单。预拌混凝土应有试验室签发的配合比通知单（C6—10)。

(2) 应有按规定留置龄期为28d标养试块和相应数量同条件养护试块的抗压强度试验报告，见C6—11。冬施还应有受冻临界强度试块和转常温试块的抗压强度试验报告。

试块留置：①每拌制100盘且不超过100m^{3}的同配合比的混凝土，取样不得少于一次；②每工作班拌制的同一配合比的混凝土不足100盘时，取样不得少于一次；③当一次连续浇筑超过1000m^{3}时，同一配合比混凝土每200m^{3}混凝土取样不得少于一次；④每一楼层，同一配合比的混凝土，取样不得少于一次；⑤冬期施工还应留置，转常温试块和临界强度试块；⑥对预拌混凝土，当一个分项工程连续供应相同配合比的混凝土量大于1000m^{3}时，其交货检验的试样，每200m^{3}混凝土取样不得少于一次；⑦建筑地面的混凝土，以同一配合比，同一强度等级，每一层或每1000m^{2}为一检验批，不足1000m^{2}也按一批计。每批应至少留置一组试块。

取样方法及数量：①用于检查结构构件混凝土质量的试件，应在混凝土浇筑地点随机取样制作，每组试件所用的拌和物应从同一盘搅拌混凝土或同一车运送的混凝土中取出，对于预拌混凝土还应在卸料过程中卸料量的1/4～3/4之间取样，每个试样量应满足混凝土质量检验项目所需用量的1.5倍，但不少于0.2m^3。②每次取样应至少留置一组标准养护试件，同条件养护试件的留置组数应根据实际需要确定。

(3) 抗渗混凝土、特种混凝土除应具备上述资料外应有专项试验报告，见C6—13。

试块留置：①同一混凝土强度等级、抗渗等级、同一配合比，生产工艺基本相同，每单位工程不得少于两组抗渗试块（每组6个试块）；②连续浇筑混凝土每500m^{3}应留置一组抗渗试件（一组为6个抗渗试件)，且每项工程不得少于2组。采用预拌混凝土的抗渗试块留置组数应视结构的规模和要求而定。③留置抗渗试件的同时需留置抗压强度试件并应取自同一盘混凝土拌合物中。取样方法同普通混凝土中第②项。④试块应在浇筑地点制作。

(4) 应有单位工程《混凝土试块抗压强度统计、评定记录》。

(5) 抗压强度试块、抗渗性能试块的留置数量及必试项目按规范进行。

(6) 承重结构的混凝土抗压强度试块，应按规定实行有见证取样和送检。

(7) 结构由有不合格批混凝土组成的，或未按规定留置试块的，应有结构处理的相关资料；需要检测的，应有相应资质检测机构检测报告，并有设计单位出具的认可文件。

(8) 潮湿环境、直接与水接触的混凝土工程和外部有供碱环境并处于潮湿环境的混凝土工程，应预防混凝土碱集料反应，并按有关规定执行，有相关检测报告。

6. 建筑装饰装修工程施工试验记录：

地面回填应有《土工击实试验报告》和《回填土试验报告》。装饰装修工程使用的砂浆和混凝土应有配合比通知单和强度试验报告；有抗渗要求的还应有《抗渗试验报告》。外墙饰面砖粘贴前和施工过程中，应在相同基层上做样板件，对样板件的饰面砖粘结强度进行检验，有《饰面砖粘结强度检验报告》(C6—14)，检验方法和结果判定应符合相关标准规定。后置埋件应有现场拉拔试验报告。

7. 支护工程施工试验记录：

锚杆应按设计要求进行现场抽样试验，有锁定力（抗拔力）试验报告。支护工程使用的混凝土，应有混凝土配合比通知单和混凝土强度试验报告；有抗渗要求的还应有抗渗试验报告。支护工程使用的砂浆，应有砂浆配合比通知单和砂浆强度试验报告。

8. 桩基（地基）工程施工试验记录：

地基应按设计要求进行承载力检验，有承载力检验报告。桩基应按照设计要求和相关规范。标准规定进行承载力和桩体质量检测。由有相应资质等级检测单位出具检测报告。桩基（地基）工程使用的混凝土，应有混凝土配合比通知单和混凝土强度试验报告；有抗渗要求的还应有抗渗试验报告。

9. 预应力工程施工试验记录：

预应力工程用混凝土应按规范要求留置标养、同条件试块，有相应抗压强度试验报告。后张法有粘结预应力工程灌浆用水泥浆应有性能试验报告。

10. 钢结构工程施工试验记录：

高强度螺栓连接应有摩擦面抗滑移系数检验报告及复试报告，并实行有见证取样和送检。施工首次使用的钢材、焊接材料、焊接方法、焊后热处理等应进行焊接工艺评定，有焊接工艺评定报告。设计要求的一、二级焊缝应做缺陷检验，由有相应资质等级检测单位出具超声波、射线探伤检验报告或磁粉探伤报告。《超声波探伤报告》（C6—15)、《超声波探伤记录》（C6—16）《钢构件射线探伤报告》（C6—17)。建筑安全等级为一级、跨度 40m 及以上的公共建筑钢网架结构，且设计有要求的，应对其焊（螺栓）球节点进行节点承载力试验，并实行有见证取样和送检。钢结构工程所使用的防腐、防火涂料应做涂层厚度检测，其中防火涂层应有相应资质的检测单位出具的检测报告。焊（连）接工人必须持有效的岗位证书。

11. 木结构工程施工试验记录：

胶合木工程的层板胶缝应有脱胶试验报告、胶缝抗剪试验报告和层板接长弯曲强度试验报告。轻型木结构工程的木基结构板材应有力学性能试验报告。木构件防护剂应有保持量和透入度试验报告。

12. 幕墙工程施工试验记录：

幕墙用双组份硅酮结构胶应有混匀性及拉断试验报告。后置埋件应有现场拉拔试验报告。

13. 设备单机试运转记录：

给水系统设备、热水系统设备、机械排水系统设备、消防系统设备、采暖系统设备、水处理系统设备，以及通风与空调系统的各类水泵、风机、冷水机组、冷却塔、空调机组、新风机组等设备在安装完毕后，应进行单机试运转，并做记录。

设备单机试运转记录见 C6—2。

14. 系统试运转调试记录：

采暖系统、水处理系统、通风系统、制冷系统、净化空调系统等应进行系统试运转及调试，并做记录。

系统试运转调试记录见 C6—3。

15. 灌（满）水试验记录：

非承压管道系统和设备，包括开式水箱、卫生洁具、安装在室内的雨水管道等，在系统和设备安装完毕后，以及暗装、埋地、有绝热层的室内外排水管道进行隐蔽前，应进行灌（满）水试验，并做记录。

灌（满）水试验记录见 C6—18。

16. 强度严密性试验记录：

室内外输送各种介质的承压管道、设备在安装完毕后，进行隐蔽之前，应进行强度严密性试验，并做记录。

强度严密性试验记录见 C6—19。

17. 通水试验记录：

室内外给水（冷、热）、中水及游泳池水系统、卫生洁具、地漏及地面清扫口及室内外排水系统应分系统（区、段）进行通水试验，并做记录。

通水试验记录见 C6—20。

18. 吹（冲）洗（脱脂）试验记录：

室内外给水（冷、热）、中水及游泳池水系统、采暖、空调、消防管道及设计有要求的管道应在使用前做冲洗试验；介质为气体的管道系统应按有关设计要求及规范规定做吹洗试验。设计有要求时还应做脱脂处理。

吹（冲）洗（脱脂）试验记录见 C6—21。

19. 通球试验记录：

室内排水水平干管、主立管应按有关规定进行通球试验，并做记录。

通球试验记录见 C6—22。

20. 补偿器安装记录：

各类补偿器安装时应按要求进行补偿器安装记录。

补偿器安装记录见 C6—23。

21. 消火栓试射记录：

室内消火栓系统在安装完成后，应按设计要求及规范规定进行消火栓试射试验，并做记录。

消火栓试射记录见 C6—24。

22. 安全附件安装检查记录：

锅炉的高、低水位报警器和超温、超压报警器及联锁保护装置必须按设计要求安装齐全，并进行启动、联动试验，并做记录。

安全附件安装检查记录见 C6—25。

23. 锅炉封闭及烘炉（烘干）记录：

锅炉安装完成后，在试运行前，应进行烘炉试验，并做记录。

锅炉封闭及烘炉（烘干）记录见 C6—26。

24. 锅炉煮炉试验记录：

锅炉安装完成后，在试运行前，应进行煮炉试验，并做记录。

锅炉煮炉试验记录见 C6—27。

25. 锅炉试运行记录：

锅炉在烘炉、煮炉合格后，应进行 48h 的带负荷连续试运行，同时应进行安全阀的热状态定压检验和调整，并做记录。

锅炉试运行记录见 C6—28。

26. 安全阀调试记录：

锅炉安全阀在投入运行前应由有资质的试验单位按设计要求进行调试，并出具调试记录。表格由试验单位提供。

27. 电气接地电阻测试记录：

接地电阻测试主要包括设备、系统的防雷接地、保护接地、工作接地、防静电接地以及设计有要求的接地电阻测试，并应附《电气防雷接地装置隐检与平面示意图》(C6—30) 说明。电气接地电阻的检测仪器应在检定有效期内。

电气接地电阻测试记录见 C6—29。

28. 电气绝缘电阻测试记录：

绝缘电阻测试主要包括电气设备和动力、照明线路及其他必须摇测绝缘电阻的测试，配管及管内穿线分项质量验收前和单位工程质量竣工验收前，应分别按系统回路进行测试，不得遗漏。电气绝缘电阻的检测仪器应在检定有效期内。

电气绝缘电阻测试记录见 C6—31。

29. 电气器具通电安全检查记录：

电气器具安装完成后，按层、按部位（户）进行通电检查，并进行记录。内容包括接线情况、电气器具开关情况等。电气器具应全数进行通电安全检查，合格后在记录表中打钩（√）。

电气器具通电安全检查记录见 C6—32。

30. 电气设备空载试运行记录：

成套配电（控制）柜、台、箱、盘的运行电压、电流应正常，各种仪表指示正常。

电动机应试通电，检查转向和机械转动有无异常情况；可空载试运行的电动机，时间一般为 2h，记录空载电流，且检查机身和轴承的温升。

交流电动机空载可启动次数及间隔时间应符合产品技术条件的要求；无要求时，连续启动 2 次的时间间隔不应少于 5min，再次启动应在电动机冷却至常温下。空载状态运行，应记录电流、电压、温度。运行时间等有关数据，且应符合建筑设备或工艺装置的空载状态运行的要求。

电动执行机构的动作方向及指示应与工艺装置的设计要求保持一致。

电气设备空载试运行记录见 C6—33。

31. 建筑物照明通电试运行记录：

公用建筑照明系统通电连续试运行时间为 24h，民用住宅照明系统通电连续试运行时间为 8h。所有照明灯具均应开启，且每 2h 记录运行状态 1 次，连续试运行时间内无故障。

建筑物照明通电试运行记录见 C6—34。

32. 大型照明灯具承载试验记录：

大型灯具（设计要求做承载试验的）在预埋螺栓、吊钩、吊杆或吊顶上嵌入式安装专用骨架等物件上安装时，应全数按 2 倍于灯具的重量做承载试验。

大型照明灯具承载试验记录见 C6—35。

33. 高压部分试验记录：

应由有相应资格的单位进行试验并记录，表格自行设计。

34. 漏电开关模拟试验记录：

动力和照明工程的漏电保护装置应全数做模拟动作试验，并符合设计要求的额定值。

漏电开关模拟试验记录见 C6—36。

35. 电度表检定记录：

电度表在安装前应送有相应检定资格的单位全数检定，应有记录（表格由检定单位提供）。

36. 大容量电气线路结点测温记录：

大容量（630A 及以上）导线、母线连接处或开关，在设计计算负荷运行情况下应做温度抽测记录，温升值稳定且不大于设计值。

大容量电气线路结点测温记录见 C6—37。

37. 避雷带支架拉力测试记录：

避雷带的每个支持件应做垂直拉力试验，支持件的承受垂直拉力应大于 49N（5kg）。

避雷带支架拉力测试记录见 C6—38。

38. 风管漏光检测记录：

风管系统安装完成后，应按设计要求及规范规定进行风管漏光测试，并做记录。

风管漏光检测记录见 C6—39。

39. 风管漏风检测记录：

风管系统安装完成后，应按设计要求及规范规定进行风管漏风测试，并做记录。

风管漏风检测记录见 C6—40。

40. 现场组装除尘器、空调机漏风检测记录：

现场组装的除尘器壳体、组合式空气调节机组应做漏风量的检测，并做记录。

现场组装除尘器、空调机漏风检测记录见 C6—41。

41. 各房间室内风量温度测量记录：

通风与空调工程无生产负荷联合试运转时，应分系统的，将同一系统内的各房间内风量、室内房间温度进行测量调整，并做记录。

各房间室内风量温度测量记录见 C6—42。

42. 管网风量平衡记录：

通风与空调工程进行无生产负荷联合试运转时，应分系统的，将同一系统内的各测点的风压、风速、风量进行测试和调整，并做记录。

管网风量平衡记录见 C6—43。

43. 空调系统试运转调试记录：

通风与空调工程进行无生产负荷联合试运转及调试时，应对空调系统总风量进行测量调整，并做记录。

空调系统试运转调试记录见 C6—44。

44. 空调水系统试运转调试记录：

通风与空调工程进行无生产负荷联合试运转及调试时，应对空调冷（热）水、冷却水总流量、供回水温度进行测量、调整，并做记录。

空调水系统试运转调试记录见 C6—45。

45. 制冷系统气密性试验：

应对制冷系统的工作性能进行试验，并做记录。

制冷系统气密性试验记录见 C6—46。

46. 净化空调系统测试记录：

净化空调系统无生产负荷试运转时，应对系统中的高效过滤器进行泄漏测试，并对室内洁净度进行测定，并做记录。

净化空调系统测试记录见 C6—47。

47. 防排烟系统联合试运行记录：

在防排烟系统联合试运行和调试过程中，应对测试楼层及其上下二层的排烟系统中的排烟风口、正压送风系统的送风口进行联动调试，并对各风口的风速、风量进行测量调整，对正压送风口的风压进行测量调整，并做记录。

防排烟系统联合试运行记录见 C6—48。

48. 智能建筑工程中通信网络系统、办公自动化系统、建筑设备监控系统、火灾报警及消防联动系统、安全防范系统、综合布线系统、智能化集成系统、电源与接地、环境、住宅（小区）智能化系统等各子分部工程的施工试验记录，按现行相关行业规范及标准执行，待国家相关专业的施工质量验收规范颁布实施后，按国家规范执行；其表格由专业施工单位自行设计。

49. 建筑节能、保温测试记录：

建筑工程应按照建筑节能标准，对建筑物所使用的材料、构配件、设备、采暖、通风空调、照明等涉及节能、保温的项目进行检测。

节能、保温测试应委托有相应资质的检测单位检测，并出具检测报告。

50. 电梯具备运行条件时，应对电梯轿厢的运行平层准确度进行测量，并填写《轿厢平层准确度测量记录》(C6—49)。

51. 电梯层门安装完成后，应对每一扇层门的安全装置进行检查确认。并填写《电梯层门安全装置检验记录》(C6—50)。

52. 电梯安装完毕，应进行电梯《电气接地电阻测试记录》(C6—29) 和电梯《电气绝缘电阻测试记录》(C6—31)；调试运行时，由安装单位对电梯的电气安全装置进行检查确认，并填写《电梯电气安全装置检验记录》(C6—51)。

53. 电梯调试结束后，在交付使用前，由安装单位对电梯的整机运行性能进行检查试验，并填写《电梯整机功能检验记录》(C6—52)。

54. 电梯调试结束后，在交付使用前，由安装单位对电梯的主要功能进行检查确认，并填写《电梯主要功能检验记录》(C6—53)。

55. 电梯调试时，由安装单位对电梯的运行负荷和试验曲线、平衡系数进行检查试验，并填写《电梯负荷运行试验记录》(C6—54)。

《电梯负荷运行试验曲线图》(C6—55)。

56. 电梯具备运行条件时，应对电梯轿厢内、机房、轿厢门、层站门的运行噪声进行测试，并填写《电梯噪声测试记录》(C6—56)。

57. 自动扶梯、自动人行道安装完毕后，安装单位应对其安全装置、运行速度、噪声、制动器等功能进行测试，并填《自动扶梯、自动人行道安全装置检验记录》(C6—57)、《自动扶梯、自动人行道、整机性能、运行试验记录》(C6—58)。

（八）施工验收资料

施工质量验收记录是参与工程建设的有关单位根据相关标准、规范对工程质量是否达到合格做出的确认文件统称。

1. 结构实体检验

涉及混凝土结构安全的重要部位应进行结构实体检验，并实行有见证取样和送检、结构实体检验的内容包括同条件混凝土强度、钢筋保护层厚度，以及工程合同约定的项目，必要时可检验其他项目。结构实体检验报告应由有相应资质等级的试验（检测）单位提供。结构实体检验混凝土强度验收记录见 C7—1，结构实体钢筋保护层厚度验收记录见 C7—2，并附钢筋保护层厚度试验记录见 C7—3。

2. 检验批质量验收记录

（1）检验批施工完成，施工单位自检合格后，应由项目专业质量检查员填报《________检验批质量验收记录表》。（按照建设部施工质量验收系列规范标准表格执行）。

（2）检验批质量验收应由监理工程师（建设单位项目专业技术负责人）组织项目专业质量检查员等进行验收并签认。

（3）分项工程质量验收记录。分项工程完成（即分项工程所包含的检验批均已完工），施工单位自检合格后，应填报《分项工程质量验收记录表》和《________分项/分部工程施工报验表》（A7 监）。分项工程质量验收应由监理工程师（建设单位项目专业技术负责人）组织项目专业技术负责人等进行验收并签认。

（4）分部（子分部）工程质量验收记录。分部（子分部）工程完成，施工单位自检合格后，应填报《________分部（子分部）工程质量验收记录表》和《________分项/分部工程施工报验表》（A7 监）。分部（子分部）工程应由总监理工程师（建设单位项目负责人）组织有关设计单位及施工单位项目负责人和技术。质量负责人等共同验收并签认。地基与基础、主体结构分部工程完工，施工项目部应先行组织自检，合格后填写《________分部（子分部）工程质量验收记录表》，报请施工企业的技术、质量部门验收并签认后，由建设、监理、勘察、设计和施工单位进行分部工程验收，并报建设工程质量监督机构。

3. 按 GBJ300 系列标准执行，按分项工程、分部工程、单位工程顺序进行评定，并分为先评定、后核定两个程序。分目录要求按地下、地上分别归目（基础、主体分部），分目录上有序号、验收时间、验收部位、质量等级等。

4. 建筑工程施工质量验收统一标准表格的填写方式

（1）施工现场质量管理检查记录表的填写

一般一个标段或一个单位（子单位）工程检查一次，在开工前检查，由施工单位现场负责人填写，由监理单位的总监理工程师（建设单位项目负责人）验收。下面分三个部分来说明填表要求和填写方法。

1）表头部分

填写参与工程建设各方责任主体的概况。由施工单位的现场负责人填写。

工程名称栏。应填写工程名称的全称，与合同或招投标文件中的工程名称一致。

施工许可证（开工证），填写当地建设行政主管部门批准发给的施工许可证（开工证）的编号。

建设单位栏填写合同文件中的甲方，单位名称也应写全称，与合同签章上的单位名称相同。建设单位项目负责人栏，应填合同书上签字人或签字人以文字形式委托的代表××工程的项目负责人。工程完工后竣工验收备案表中的单位项目负责人应与此一致。

设计单位栏填写设计合同中签章单位的名称。其全称应与印章上的名称一致。设计单位的项目负责人栏，应是设计合同书签字人或签字人以文字形式委托的该项目负责人，工程完工后竣工验收备案表中的单位项目负责人也应与此一致。

监理单位栏填写单位全称，应与合同或协议书中的名称一致。总监理工程师栏应是合同或协议书中明确的项目监理负责人，也可以是监理单位以文件形式明确的该项目监理负责人，必须有监理工程师任职资格证书，专业要对口。

施工单位栏填写施工合同中签章单位的全称，与签章上的名称一致。项目经理栏、项目技术负责人栏与合同中明确的项目经理、项目技术负责人一致。

表头部分可统一填写，不需具体人员签名，只是明确了负责人的地位。

2）检查项目部分

填写各项检查项目文件的名称或编号，并将文件（复印件或原件）附在表的后面供检查，检查后应将文件归还。

现场质量管理制度。主要是图纸会审、设计交底、技术交底、施工组织要求处罚办法，以及质量例会制度及质量问题处理制度等。

质量责任制栏，质量负责人的分工，各项质量责任的落实规定，定期检查及有关人员奖罚制度等。

要专业工种操作上岗证书栏。测量工、起重、塔式起重机等垂直运输司机，钢筋、混凝土、机械、焊接、瓦工，防水工等建筑结构工种。电工、管道等安装工种的上岗证，以当地建设行政主管部门的规定为准。

分包方资质与对分包单位的管理制度栏。专业承包单位的资质应在其承包业务的范围内承建工程，超出范围的应办理特许证书，否则不能承包工程。在有分包的情况下，总承包单位应有管理分包单位的制度，主要是质量、技术的管理制度等。

施工图审查情况栏，重点是看建设行政主管部门出具的施工图审查批准书及审查机构出具的审查报告。如果图纸是分批交出的话，施工图审查可分段进行。

地质勘察资料栏：有勘察资质的单位出具的正式地质勘察报吉，地下部分施工方案制定和施工组织总平面图编制时参考等。

施工组织设计、施工方案及审批栏。检查编写内容、有针对性的具体措施，编制程序，内容，有编制单位、审核单位、批准单位，并有贯彻执行的措施。

施工技术标准栏。是操作的依据和保证工程质量的基础，承建企业应编制不低于国家质量验收规范的操作规程等企业标准。要有批准程序，由企业的总工程师、技术委员会负责人审查批准，有批准日期、执行日期、企业标准编号及标准名称。企业应建立技术标准档案。施工现场应有的施工技术标准都有。可作培训工人、技术交底和施工操作的主要依据，也是质量检查评定的标准。

工程质量检验制度栏。包括三个方面的检验，一是原材料、设备进场检验制度；二是施工过程的试验报告；三是竣工后的抽查检测，应专门制订抽测项目、抽测时间、抽测单位等计划，使监理、建设单位等都做到心中有数。可以单独搞一个计划；也可在施工组织设计中作为一项内容。

搅拌站及计量设置栏。主要是说明设置在工地搅拌站的计量设施的精确度、管理制度等内容。预拌混凝土或安装专业就没有这项内容。

现场材料、设备存放与管理栏。这是为保持材料、设备质量必须有的措施。要根据材料、设备性能制订管理制度，建立相应的库房等。

3）检查项目填写内容

直接将有关资料的名称写上，资料较多时；也可将有关资料进行编号，将编号填写上，注明份数。

填表时间是在开工之前，监理单位的总监理工程师（建设单位项目负责人）应对施工现场进行检查，这是保证开工后施工顺利和保证工程质量的基础，目的是做好施工前的准备。

填写由施工单位负责人填写，填写之后，并将有关文件的原件或复印件附在后边，请总监理工程师（建设单位项目负责人）：验收核查，验收核查后，返还施工单位，并签字认可。

通常情况下一个工程的一个标段或一个单位工程只查一次，如分段施工、人员更换，或管理工作不到位时，可再次检查。

如总监理工程师或建设单位项目负责人检查验收不合格，施工单位必须限期改正；否则不许开工。

(2) 检验批质量验收记录表填写

1）表的名称及编号

检验批由监理工程师或建设单位项目技术负责人组织项目专业质量检查员等进行验收，表的名称应在制订专用表格时就印好，前边印上分项工程的名称。表的名称下边注上“质量验收规范的编号”。

检验批表的编号按全部施工质量验收规范系列的分部工程、子分部工程统一为9位数的数码编号，写在表的右上角，前6位数字均印在表上，后留三个□□□，检查验收时填写检验批的顺序号。其编号规则为：

前边二个数字是分部工程的代码，01—09。地基与基础为01，主体结构为02，建筑装饰装修为03，建筑屋面为04，建筑给水排水及采暖05，建筑电气为06，智能建筑为07，通风与空调为08，电梯为09。

第3、4位数字是子分部工程的代码。

第5、6位数字是分项工程的代码。

其顺序号见附录B，表B.0.1；建筑工程分部（子分部）工程、分项工程划分表。

第7、8、9位数字是各分项工程检验批验收的顺序号。由于在大体量高层或超高层建筑中，同一个分项工程会有很多检验批的数量会多，故留了3位数的空位置。

如地基与基础分部工程，无支护土方子分部工程，土方开挖分项工程，其检验批表的偏号为010101□□□，第一个检验批编号为：01010 0 0 1

还需说明的是，有些子分部工程中有些项目可能在两个分部工程中出现，这就要在同一个表上编2个分部工程及相应子分部工程的编号；如砖砌体分项工程在地基与基础和主体结构中都有，砖砌体分项工程检验批的表编号为：

010701□□□

020301□□□

有些分项工程可能在几个子分部工程中出现，这就应在同一个检验批表上编几个子分部工程及子分部工程的编号。如建筑电气的接地装置安装，在室外电气、变配电室、备用和不间断电源安装及防雷接地安装等子分部工程中都有。

其编号为：060109□□□

060206□□□

060608□□□

060701□□□

4行编号中的第5、6位数字分别是第一行09，是室外电气子分部工程的第9个分项工程，第二行的06是变配电室子分部工程的第6个分项工程，其余类推。

另外，有些规范的分项工程，在验收时也将其划分为几个不同的检验批来验收。如混凝土结构子分部工程的混凝土分项工程，分为原材料、配合比设计、混凝土施工3个检验批来验收。又如建筑装饰装修分部工程建筑地面子分部工程中的基层分项工程，其中有几种不同的检验批。故在其表名下加标罗马数字（Ⅰ）、（Ⅱ）、（Ⅲ）……。

2）表头部分的填写

检验批表编号的填写，在3个方框内填写检验批序号。如为第11个检验批则填为0|1|1。

单位（子单位）工程名称，按合同文件上的单位工程名称填写，子单位工程标出该部分的位置。分部（子分部）工程名称，按验收规范划定的分部（子分部）名称填写。验收部位是指一个分项工程中的验收的那个检验批的抽样范围，要标注清楚，如二层①——轴线砖砌体。

施工单位、分包单位、填写施工单位的全称，与合同上公章名称相一致。项目经理填写合同中指定的项目负责人。在装饰、安装分部工程施工中，有分包单位时，也应填写分包单位全称，分包单位的项目经理也应是合同指定的项目负责人。这些人员由填表人填写不要本人签字，只是标明他是项目负责人。

施工执行标准名称及编号

这是这次验收规范编制的一个基本思路，由于验收规范只列出验收的质量指标，其工艺等只提出一个原则要求，具体的操作工艺就靠企业标准了。只有按照不低于国家质量验收规范的企业标准来操作，才能保证国家验收规范的实施。如果没有具体的操作工艺，保证工程质量就是一句空话。企业必须制订企业标准（操作工艺、工艺标准、工法等），来进行培训工人，技术交底，来规范工人班组的操作。为了能成为企业的标准本系的重要组成部分，企业标准应有编制人、批准人、批准时间、执行时间、标准名称及编号。填写表时只要将标准名称及编号填写上，就能在企业的标准系列中查到其详细情况，并要在施工现场有这项标准，工人在执行这项标准。

3）主控项目、一般项目的质量验收规范的规定

质量验收规范的规定填写具体的质量要求，在制表时就已填写好验收规范中主控项目、一般项目的全部内容。但由于表格的地方小，多数指标不能将全部内容填写下，所以，只将质量指标归纳、简化描述或题目及条文号填写上，作为检查内容提示．便查对验收规范的原文；对计数检验的项目，将数据直接写出来。这些项目的主要要求用注的形式

放在表的背面。如果是将验收规范的主控、一般项目的内容全摘录在表的背面，这样方便查对验收条文的内容。根据以往的经验，这样做就会引起只看表格，不看验收规范的后果，规范上还有基本规定、一般规定等内容；他们虽然不是主控项目和一般项目的条文，但这些内容也是验收主控项目和一般项目的依据。所以验收规范的质量指标不宜全抄过来，故只将其主要要求及如何判定注明。这些在制表时就印上去了。

4）主控项目、一般项目施工单位检查许定记录

填写方法分以下几种情况，判定验收不验收均按施工质量验收规定进行判定。

对定量项目直接填写检查的数据。

对定性项目，当符合规范规定时，采用打“√”的方法标注；当不符合规范规定时，采用打“×”的方法标注。

混凝土、砂浆强度等级的检验批，按规定制取试件后，可填写试件编号，待试件试验报告出来后，对检验批进行判定，并在分项工程验收时进一步进行强度评定及验收。

对既有定性又有定量的项目，各个子项目质量均符合规范规定时，采用打“√”来标注；否则采用打“×”来标注。无此项内容的打“/”来标注。

对一般项目合格点有要求的项目，应是其中带有数据的定量项目；定性项目必须基本达到。定量项目其中每个项目都必须有80%以上（混凝土保护层为90%；）检测点的实测数值达到规范规定。其余20%按各专业施工质量验收规范规定，不能大于150%，钢结构为120%；就是说有数据的项目，除必须达到规定的数值外，其余可放宽的，最大放宽到150%。

“施工单位检查评定记录”栏的填写，有数据的项目，将实际测量的数值填入格内，超企业标准的数字，而没有超过国家验收舰范的用“○”将其圈住；对超过国家验收规范的用“△”圈住。

5）监理（建设）单位验收记录

通常监理人员应进行平行、旁站或巡回的方法进行监理，在施工过程中，对施工质量进行察看和测量，并参加施工单位的重要项目的检测。对新开工程或首件产品进行全面检查，以了解质量水平和控制措施的有效性及执行情况，在整个过程中，随时可以测量等。在检验批验收时，对主控项目、一般项目应逐项进行验收。对符合验收规范规定的项目，填写“合格”或“符合要求”，对不符合验收规范规定的项目，暂不填写，待处理后再验收，但应做标识。

6）施工单位检查评定结果

施工单位自行检查评定合格后，应注明“主控项目全部合格，一般项目满足规范规定要求”。

专业工长（施工员）和施工班、组长栏目由本人签字，以示承担责任。专业质量检查员代表企业逐项检查评定合格，将表填写并写清楚明结果，签字后，交监理工程师或建设单位项目专业技术负责人验收。

7）监理（建设）单位验收结论

主控项目、一般项目验收合格，混凝土、砂浆试件强度待试验报击出来后判定，其余项目已全部验收合格。注明“同意验收”。专业监理工程师建设单位的专业技术负责人签字。

(3) 分项工程质量验收记录表

分项工程验收表为附录 E.0.1。

分项工程验收由监理工程师组织项目专业技术负责人等进行验收。分项工程验收记录用附录 E 表。分项工程是在检验批验收合格的基础上进行，通常起一个归纳整理的作用，是一个统计表，没有实质性验收内容。只要注意三点就可以了，一是检查检验批是否将整个工程覆盖了有没有漏掉的部位；二是检查有混凝土、砂浆强度要求的检验批，到龄期后能否达到规范规定；三是将检验批的资料统一，依次进行登记整理，方便管理。

表的填写：表名填上所验收分项工程的名称，表头及检验批部位、区段，施工单位检查评定结果，由施工单位项目专业质量检查员填写，由施工单位的项目专业技术负责人检查后给出评价并签字，交监理单位或建设单位验收。

监理单位的专业监理工程师（或建设单位的专业负责人），应逐项审查，同意项填写“合格或符合要求”，不同意项暂不填写，待处理后再验收，但应做标记。注明验收和不验收的意见，如同意验收并签字确认，不同意验收请指出存在问题，明确处理意见和完成时间。

(4) 分部（子分部）工程验收记录表

分部（子分部）工程验收记录表。分部（子分部）工程的验收，比 88 标准增加了内容，是质量控制的一个重点。由于单位工程体量的增大，复杂程度的增加，专业施工单位的增多，为了分清责任，及时整修等，分部（子分部）工程的验收就显得较重要，以往一些到单位工程验收的内容，移到分部（子分部）工程来了，除了分项工程的核查外，还有质量控制资料核查；安全、功能项目的检测；观感质量的验收等。

分部（子分部）工程应由施工单位将自行检查评定合格的表填写好后，由项目经理交监理单位或建设单位验收。由总监理工程师组织施工项目经理及有关勘察（地基与基础部分）、设计（地基与基础及主体结构等）单位项目负责人进行验收，并按表的要求进行记录。

1) 表名及表头部分

表名：分部（子分部）工程的名称填写要具体，写在分部、（子分部）工程的前边，并分别划掉分部或子分部。

头部分的工程名称填写工程全称，与检验批、分项工程、单位工程验收表的工程名称一致。

结构类型填写按设计文件提供的结构类型。层数应分别注明地下和地上的层数。

施工单位填写单位全称。与检验批、分项工程、单位工程验收表填写的名称一致。

技术部门负责人及质量部门负责人多数情况下填写项目的技术及质量负责人，只有地基与基础、主体结构及重要安装分部（子分部）工程应填写施工单位的技术部门及质量部门负责人签字。

分包单位的填写，有分包单位时才填，没有时就不填写，主体结构不应进行分包。分包单位名称要写全称，与合同或图章上的名称一致。分包单位负责人及分包单位技术负责人，填写本项目的项目负责人及项目技术负责人。

2) 验收内容，共有四项内容：

分项工程。按分项工程第一个检验批施工先后的顺序，将分项工程名称填写上，在第二格栏内分别填写各分项工程实际的检验批数量，即分项工程验收表上的检验批数量，并将各分项工程评定表按顺序附在表后。

施工单位检查评定栏，填写施工单位自行检查评定的结果。核查一下各分项工程是否都通过验收，有关有龄期试件的合格评定是否达到要求；有全高垂直度或总的标高的检验项目的应进行检查验收。自检符合要求的可打“√”标注。否则打“×”标注。有“×”的项目不能交给监理单位或建设单位验收，应进行返修达到合格后再提交验收。监理单位或建设单位由总监理工程师或建设单位项目专业技术负责人组织审查，在符合要求后，在验收意见栏内签注“同意验收”意见。

质量控制资料。应按表G.0.1—2单位（子单位）工程质量控制资料核查记录中的相关内容来确定所验收的分部（子分部）工程的质量控制资料项目，按资料核查的要求，逐项进行核查。能基本反映工程质量情况，达到保证结构安全和使用功能的要求，即可通过验收。全部项目都通过，即可在施工单位检查评定栏内打“√”标注检查合格。并送监理单位或建设单位验收，监理单位总监理工程师组织审查，在符合要求后，在验收意见栏内签注“同意验收”意见。

有些工程可按子分部工程进行资料验收，有些工程可按分部工程进行资料验收，由于工程不同，不强求统一。

安全和功能检验（检测）报告。这个项目是指竣工抽样检测的项目，能在分部（子分部）工程中检测的，尽量放在分部（子分部）工程中检测。检测内容按表G.0.1—3单位（子单位）工程安全和功能检验资料核查及主要功能抽查记录中相关内容确定摸查和抽查项目。在核查则要注意，在开工之前确定的项目是否都进行了检测；逐一检查每个检测报告，核查每个检测项目的检测方法、程序是否符合有关标准规定；检测结果是否达到规范的要求。检测报告的审批程序签字是否完整。在每个报告上标注审查同意。每个检测项目都通过审查，即可在施工单位检查评定栏内打“√”标注检查合格。由项目经理送监理单位或建设单位验收，监理单位总监理工程师或建设单位项目专业负责人组织审查，在符合要求后，在验收意见栏内签注“同意验收”意见。

观感质量验收。实际不单单是外观质量，还有能启动或运转的要启动或试运转，能打开看的打开看。有代表性的房间、部位都应走到，并由施工单位项目经理组织进行现场检查，经检查合格后，将施工单位填写的内容填写好后。由项目经理签字后交监理单位或建设单位验收。监理单位由总监理工程师或建设单位项目专业负责人组织验收，在听取参加检查人员意见的基础上，以总监理工程师或建设单位项目专业负责人为主导共同确定质量评价，好、一般、差。由施工单位的项目经理和总监理工程师或建设单位项目专业负责人共同签认。如评价观感质量差的项目，能修理的尽量修理，如果确难修理时，只要不影响结构安全和使用功能的，可采用协商解决的方法进行验收，并在验收表上注明，然后将验收评价结论填写在分部（子分部）工程观感质量验收意见栏格内。

3）验收单位签字认可。按表列参与工程建设责任单位的有关人员应亲自签名，以示负责，以便追查质量责任。

勘察单位可只签认地基基础分部（子分部）工程，由项目负责人亲自签认，设计单位可只签地基基础、主体结构及重要安装分部（子分部）工程；由项目负责人亲自签认；

施工单位总承包单位必须签认，由项目经理亲自签认，有分包单位的分包单位也必须签认其分包的分部（子分部）工程，由分包项目经理亲自签认。

监理单位作为验收方。由总监理工程师亲自签认验收。如果按规定不委托监理单位的工程，可由建设单位项目专业负责人亲自签认验收。

(5) 单位（子单位）工程质量竣工验收记录表

单位（子单位）工程质量验收由五部分内容组成，每一项内容都有自己的专门验收记录表，而单位（子单位）工程质量竣工验收记录表是一个综合性的表，是各项目验收合格后填写的。

单位（子单位）工程由建设单位（项目）负责人组织施工（含分包单位）、设计单位、监理等单位（项目）负责人进行验收。单位（子单位）工程验收表中的表 G.0.1—1 由参加验收单位盖公章，并由负责人签字。

1）表名及表头的填写：

将单位工程或子单位工程的名称（项目批准的工程名称）填写在表名的前边，并将子单位或单位工程的名称划掉。

表头部分，按分部（子分部）表的表头要求填写。

2）验收内容之一是"分部工程"，对所含分部工程逐项检查。首先由施工单位的项目经理组织有关人员逐个分部（子分部）进行检查评定。所含分部（子分部）工程检查合格后，由项目经理提交验收。经验收组成员验收后，由施工单位填写"验收记录"栏。注明共验收几个分部，经验收符合标准及设计要求的几个分部。审查验收的分部工程全部符合要求，由监理单位在验收结论栏内，写上"同意验收"的结论。

3）验收内容之二是"质量控制资料核查"，这项内容有专门的验收表格（表 G.0.1—2），也是先由施工单位检查合格，再提交监理单位验收。其全部内容在分部（子分部）工程中已经审查。通常单位（子单位）工程质量控制资料核查，也是按分部（子分部）工程逐项检查和审查，一个分部工程只有一个子分部工程时，子分部工程就是分部工程，多个子分部工程时，可一个一个地检查和审查，也可按分部工程检查和审查。每个子分部、分部工程检查审查后，也不必再整理分部工程的质量控制资料，只将其依次装订起来，前边的封面写上分部工程的名称，并将所含子分部工程的名称依次填写在下边就行了。然后将备子分部工程审查的资料逐项进行统计，填入验收记录栏内。通常共有多少项资料。经审查也都应符合要求。如果出现有核定的项目时，应查明情况，只要是协商验收的内容，填在验收结论栏内，通常严禁验收的事件，不会留在单位工程来处理。这项也是先施工单位自行检查评定合格后，提交验收，由总监理工程师或建设单位项目负责人组织审查符合要求后，在验收记录栏格内填写项数。在验收结论栏内；写上"同意验收"的意见。同时要在表 G.0.1—1 单位（子单位）工程质量竣工验收记录表中的序号 2 栏内的验收结论栏内填"同意验收"。

4）验收内容之三是安全和主要使用功能核查及抽查结果。这个项目包括二个方面的内容。一是在分部（子分部）进行了安全和功能检测的项目，要核查其检测报告结论是否符合设计要求。二是在单位工程进行的安全和功能抽测项目，要核查其项目是否与设计内容一致，抽测的程序、方法是否符合有关规定。抽测报告的结论是否达到设计要求及规范规定。这个项目也是由施工单位检查评定合格，再提交验收，由总监理工程师或建设单位项目负责人组织审查，程序内容基本是一致的。按项目逐个进行核查验收。然后统计核查的项数和抽查的项数，填入验收记录栏，并分别统计符合要求的项数，也分别填入验收记录栏相应的空档内。通常两个项数是一致的，如果个别项目的抽测结果达不到设计要求，则可以进行返工处理达到符合要求。然后由总监理工程师或建设单位项目负责人在验收结论栏内填写“同意验收”的结论。

如果返工处理后仍达不到设计要求，就要按不合格处理程序进行处理。

5）验收内容之四是观感质量验收。观感质量检查的方法同分部（子分部）工程，单位工程观感质量检查验收不同的是项目比较多，是一个综合性验收。实际是复查一下各分部（子分部）工程验收后，到单位工程竣工的质量变化，成品保护以及分部（子分部）工程验收时，还没有形成部分的观感质量等。这个项目也是先由施工单位检查评定合格，提交验收。由总监理工程师或建设单位项目负责人组织审查，程序和内容基本是一致的。按核查的项目数及符合要求的项目数填写在验收记录栏内，如果没有影响结构安全和使用功能的项目，由总监理工程师或建设单位项目负责人为主导意见，评价好、一般、差，则不论评价为好、一般、差的项目，都可作为符合要求的项目。由总监理工程师或建设单位项目负责人在验收结论栏内填写“同意验收”的结论。如果有不符合要求的项目，就要按不合格处理程序进行处理。

6）验收内容之五是综合验收结论。施工单位应在工程完工后，由项目经理组织有关人员对验收内容逐项进行查对，并将表格中应填写的内容进行填写，自检评定符合要求后，在验收记录栏内填写各有关项数，交建设单位组织验收。综合验收是指在前五项内容均验收符合要求后进行的验收，即按表 G.0.1—1 单位（子单位）工程质量竣工验收记录表进行验收。验收时，在建设单位组织下，由建设单位相关专业人员及监理单位专业监理工程师和设计单位、施工单位相关人员分别核查验收有关项目，并由总监理工程师组织进行现场观感质量检查。经各项目审查符合要求时，由监理单位或建设单位在“验收结论”栏内填写“同意验收”的意见。各栏均同意验收且经各参加检验方共同同意商定后，由建设单位填写“综合验收结论”。

7）参加验收单位签名

勘察单位、设计单位、施工单位、监理单位、建设单位都同意验收时，其各单位的单位项目负责人要亲自签字，以示对工程质量的负责，并加盖单位公章，注明签字验收的年月日。

第三章　结构精品工程施工管理控制

第一节　精品工程施工制度的建立

一、目标管理（MBO）制度

目标既是一切管理活动的出发点，又是一切管理活动所预期达到的终点；既是管理活动的依据，又是考核管理效率和效果的标准，见表 3-1。

目标管理制度表　　　　表 3-1

目标划分	序号	管理文件	作用	目标
质量目标	1	《质量计划》	明确质量管理程序	1. 分项工程一次验收合格率 100%；优良率 90%以上
	2	《过程精品实施计划》	明确质量管理责任	
	3	《质量检查计划》	明确质量控制要点、内容、检查方法	
	4	《施工管理规定》	明确工序检验报验程序及质量管理的奖罚原则，保证 ISO9001:2000 质量体系标准在本工程中正常运行	
管理目标	5	《项目管理条例》	明确施工管理职责，强化管理科学体系	2. 形成项目施工管理规矩
	6	《项目施工管理手册》	明确专业队伍管理范围及标准，提高管理工作质量，提升管理水平，加大管理力度	
	7	《项目部门工作手册》	明确各部门职责，理顺项目运作程序，统一协调施工管理，提高工作效率	
	8	《项目试验管理方案》	明确试验项目、取样数量、取样方法及管理程序	
	9	《项目技术资料管理方案》	明确技术资料填写标准、内容、注意事项、管理程序及责任划分，有效控制技术资料管理	
	10	《项目安全生产管理制度》	明确各级人员安全生产责任	3. 安全文明工地
	11	《项目安全管理手册》	具体明确安全技术措施	
	12	《项目环境管理计划》	明确 ISO14001 的标准及要求识别环境因素与评价程序	4. 环保示范工程工地
	13	《专业队伍技术管理制度》	明确专业队伍技术工作程序及内容，对技术活动和技术工作要素进行科学管理	

二、培训交底制度

培训交底制度的目的是强调预控，强调过程控制，明确规范要求，严肃质量保证体系，使之不流于形式。同时在施工中检验方案和交底是否具有指导性、针对性、可操作性和严肃性；层次是否清楚，内容是否严谨全面，是否符合规范要求。保证进入现场的人员了解现场实况，了解国家、部委的法律、法规和标准及现场管理制度和规定；掌握必要的安全、质量知识；提高自我防护及安全意识，提高质量意识，自觉遵守现场纪律、维护本企业形象，保证施工生产的顺利进行，见表 3-2。

培训交底制度表　　表 3-2

序　号	培训内容	培训时间	培训对象	培训方式	培训单位
1	《混凝土结构施工质量验收规范》(GB50204—2002)	每周一次	施工管理人员	讲课及考试	项目总工
2	质量教育	每周一次	劳务人员	现场实体讲解	质量部 工程部
3	质量讲评	每周一次	施工管理人员	分析质量问题集中培训及现场指导	公司领导及专家
4	方案、措施交底	施工作业前	操作工人 管理人员	书面交底及讲解	技术、质量、工程、安全部
5	质量监控核查会	每周一次	施工管理人员	书面总结分析	质量、技术、工程部
6	结构施工管理讲座	每周一次	施工管理人员	集中培训、现场指导及问答	专家及总工

（一）进行质量意识的教育

增强全体员工的质量意识是创精品工程的首要措施。工程开工前针对工程特点，由项目总（主任）工程师负责组织有关部门及人员编写本项目的质量意识教育计划。计划内容包括公司质量方针、项目质量目标、项目创优计划、项目质量计划、技术法规、规程、工艺、工法和质量验评标准等。通过教育提高各类管理人员与配属队伍单位施工人员的质量意识，人人树立“百年大计、质量第一”的思想，并贯穿到实际工作中去，以确保项目创优计划的顺利实现。项目各级管理人员的质量意识教育由项目经理部总工程师及现场经理负责组织教育；参与施工的各配属队伍各级管理人员由项目质量总监负责组织进行教育；施工操作人员由各配属队伍组织教育，现场责任工程师及专业监理工程师要对配属队伍进行教育的情况予以监督与检查。

（二）加强对配属队伍的培训

配属队伍是直接的操作者，只有他们的管理水平和技术实力提高了，工程质量才能达到既定的目标，因此要着重对配属队伍进行技术培训和质量教育，帮助配属队伍提高管理水平。项目对配属队伍班组长及主要施工人员，按不同专业进行技术、工艺、质量综合培训，未经培训或培训不合格的配属队伍不允许进场施工。项目要责成配属队伍建立责任制，并将项目的质量保证体系贯彻落实到各自施工质量管理中去，并督促其对各项工作落实。

（三）加强对图纸、规范的学习

严格按规范施工的工程才是精品工程，如北京市“结构长城杯”的一个重要宗旨是“学规范”。项目应定期组织技术人员、现场施工管理人员以及配属队伍的主要有关人员进行图纸和规范的学习，做到熟悉图纸和规范要求，严格按图纸和规范施工。同时也给图纸多把一道关，在学习过程中对图纸中存在的问题及时找出，并将信息及时反馈给业主和设计院。

(四) 加强合同的预控作用

合同管理贯穿工程施工经营管理的各个环节，合同是约束自己也是保护自己必不可少的手段。我们要特别注重配属队伍的选择，比较各分包方价格、工期、质量目标，细化合同的内容，将对配属队伍的质量要求写入合同中，合同内容要力求全面严谨，责权明确，不留漏洞。工程开工后，应随工程合同签订的进展情况，对项目各部门进行合同交底，做到人人心中有数，用合同条款要求配属队伍的质量。

三、样板制度

即在分项（工序）施工前，由责任工程师依施工方案和技术交底以及现行的国家规范、标准，组织进行分项（工序）样板施工，在施工部位挂牌注明工序名称、施工责任人、技术交底人、操作班长、施工日期等。可将每一层的第一个施工段的各分部分项工程及重点工序都作为样板，请监理共同验收，样板未通过验收前不得进行下一步施工。同时分包在样板施工中也接受了技术标准、质量标准的培训，做到统一操作程序，统一施工做法，统一质量验收标准。建立分项工程（工序）样板制是保证过程精品的关键程序，是检验施工方法、技术交底以及施工部署的合理性、准确性的依据，更是预防质量通病，明确质量控制要点的依据，见表3-3。

样板制度表　**表3-3**

样板范围	1. 工序样板 2. 分项工程样板 3. 样板墙体 4. 样板间 5. 样板段 6. 样板回路等多方面
样板施工时间	各分项工程（工序）施工前
样板施工依据	1.《施工验收规范》2.《图纸会审》3.《设计变更》4.《施工组织设计》5.《施工方案》6.《技术交底》7.《施工作业指导书》
样板施工前准备	1. 由责任工程师依施工方案和技术交底组织操作人员进行认真的书面及现场技术交底，明确工序操作标准和要求 2. 在施工部位挂牌：注明工序名称、施工责任人、技术交底人、操作班长、施工日期等
样板施工中要求	1. 工程部负责跟踪检查方案、交底在样板施工中的执行情况 2. 组织本工种人员到现场学习施工标准及要求
样板施工结束	1. 样板施工结束后必须经监理、业主及设计方确认后方可进行大面积施工 2. 样板未通过验收前不得进行下一步施工

四、三检制度（见表3-4）

自检：在每一项分项工程施工完后均需由施工班组对所施工产品进行自检，如符合质量验收标准要求，由班组长填写自检记录表。

互检：经自检合格的分项工程，由项目经理部专业监理工程师组织配属队伍工长及质量员进行相同工序之间的施工班组互检，对互检中发现的问题应认真及时地予以解决。

交接检：下道工序班组通过检查认为符合分项工程质量验收标准要求，在双方填写交接检记录，经配属队伍工长签字认可后，方可进行下道工序施工。项目专业监理工程师要亲自参与监督。

三检制度表　　　　表 3-4

制度原则	施工过程中严格履行工序间自检→互检→交接检制度的管理
制度目的	保证本道工序质量，检查上道工序质量，服务下道工序
操作要求	严格履行《施工部位开工申请单》→《分项工程（工序）交接单》→《下道工序开工申请单》填写制度
验收要求	认真执行检查验收，未经验收合格的项目不得进行下道工序
验收标准	《施工验收规范》、《技术交底》、《施工作业指导书》

五、材料验收制度

现场使用材料的质量是影响工程质量及安全的重要因素，见表 3-5。

材料验收制度表　　　　表 3-5

材料分类	A类：钢材、水泥、砂、石、砖、构件、混凝土外加剂、防水材料、精密仪器设备 B类：工程设备、水电材料、木材、焊接材料、保温材料、装饰材料 C类：机械配件、五金油料、工具及低值易耗品等
材料进场前	上报《材料进场计划单》经相关部门审批同意后方可进场
材料进场后	1. 对钢筋、水泥、砂、石、模板等必须进行检验验收，合格后方可使用。未经验收合格的材料不得留置在现场内 2. 钢筋的材质证明、复试报告、合格证等必须齐全，加工尺寸符合要求。如：箍筋的弯钩角度、平直段尺寸等 3. 所有进场材料必须满足安全使用要求
材料使用前	1. 搅拌站计量器具是否准确，填写混凝土开盘鉴定，检查混凝土坍落度是否在技术性能要求的范围内 2. 模板在上墙前必须经过严格检查验收，检查其是否有变形现象、清理是否彻底、脱模剂是否涂刷均匀、有无遗漏
材料使用中	1. 计算混凝土供应速度是否满足技术性能要求，并记录跟踪 2. 现场责任工程师在施工过程中，对发生的质量问题、通病，要及时检查并对操作人员进行讲解纠正，明确整改措施，帮助操作人员在以后的施工过程中少犯或不犯类似错误。如：箍筋绑扎时开口要螺旋形错开、主筋要到角、到位等

六、现场挂牌标识制度

《技术交底》挂牌：在工序开始前针对施工重点和难点以及施工操作的具体要求，如：钢筋规格、设计要求、规范要求等写在专用技术交底牌子上，既有利于管理人员对工人进行现场交底，又便于工人自觉阅读技术交底，达到了理论与实践的统一。

《施工部位开工申请单》挂牌：牌上注明施工日期、部位、内容、施工负责人、质检员、班组长及操作人员的姓名，便于管理人员监督检查现场作业情况，为会诊制度提供了追究责任人的依据。同时，要对已经施工完毕的部位采取项目统一标识牌进行标识，并严格过程中的标识制度。

《作业指导书》挂牌：注明作业条件及质量要求、施工准备、操作流程、操作工艺及要点、检查的手段方法及标准、成品保护和文明安全施工要点，责任人和执行人。

《质量标识》挂牌：①对施工现场使用的钢筋原材、半成品；水泥、砂石料等进行挂牌标识，标识须注明物资名称、使用部位、规格、数量、产地、进场时间、检验状态、标识人、标识时间等，必要时必须注明存放要求，见表3-6。②对现场成品采用粘贴标识牌，注明：分项工程名称、施工单位、验收部位、垂直度、平整度、阴阳角方正、质量等级、验收时间、现场负责人等，见表3-7。③混凝土工程要在待浇部位及混凝土拖式泵处设置醒目的标识牌，注明：混凝土强度等级、浇筑位置、浇筑标高、计划方量、坍落度、初凝时间和浇筑速度等。

物资标识牌表　　表3-6

物资名称		产地	
规格		数量	
进场时间		检验状态	
标识人		标识时间	
存放要求			

成品标识表　　表3-7

分项工程名称		协力单位	
验收部位			
垂直度		平整度	
阴阳角方正			
质量等级		验收时间	
协力单位负责人		现场负责人	

七、质量会诊制度

项目依据ISO9001:2000质量标准体系的要求和质量管理文件，结合现场施工的实际情况，每周进行一次现场质量会检，将不同施工阶段或不同部位和工序出现的质量问题进行汇总。并就检查中发现的问题，及时召集项目技术人员和具体施工操作人员分析其产生问题的原因，找出问题症结和相关因素制定切实可行的预防和纠正措施方案及施工技术管理办法，做到有的放矢，有针对性。

由工程部派专人负责落实检查方案、措施的实施效果并及时向现场总工及质量部汇报情况，以便做出准确合理的调整。

（一）每周生产例会质量讲评

项目经理部可每周召开生产例会，现场经理要把质量讲评放在例会的重要议事议程上，除布置生产任务外，还要对上周工地质量动态作一全面的总结，指出施工中存在的质量问题以及解决这些问题的措施。措施要切合实际，要具有可操作性，并要形成会议记要，以便在召开下周例会时逐项检查执行情况。对执行好的配属队伍可进行口头表彰，对执行不力者要提出警告，并限期整改。对工程质量表现差的配属队伍，项目可考虑解除合同并勒令其退场。

（二）每周质量例会

由项目经理部质量总监主持，参与项目施工的所有配属队伍行政领导及技术负责人参加。首先由参与项目施工的分承包方汇报上周施工项目的质量情况，质量体系运行情况，质量上存在问题及解决问题的办法，以及需要项目经理部协助配合事宜。

项目质量总监要认真地听取他们的汇报，分析上周质量活动中存在的不足或问题，和与会者共同商讨解决质量问题所应采取的措施，会后予以贯彻执行。每次会议都要作好例会纪要，分发与会者，作为下周例会检查执行情况的依据。

（三）每月质量检查讲评

每月底由项目质量总监组织配属队伍行政及技术负责人对在施工程进行实体质量检查，之后由配属队伍写出本月度在施工程质量总结报告交项目质量总监，再由质量总监汇总，建议以《月度质量管理情况简报》的形式发至项目经理部有关领导、各部门和各配属队伍。简报中对质量好的承包方要予以表扬，需整改的部位应明确限期整改日期，并在下周质量例会上逐项检查是否彻底整改。

八、质量追根制度

定期召开《质量监督核查追踪》专题会，追查造成质量问题的责任单位和责任人，评定责任大小，明确整改措施、整改期限、整改标准、整改负责人和监督执行人。对施工中出现的质量问题，追根制度是其最好的解决办法。追根工作可按以下流程（图 3-1）进行。

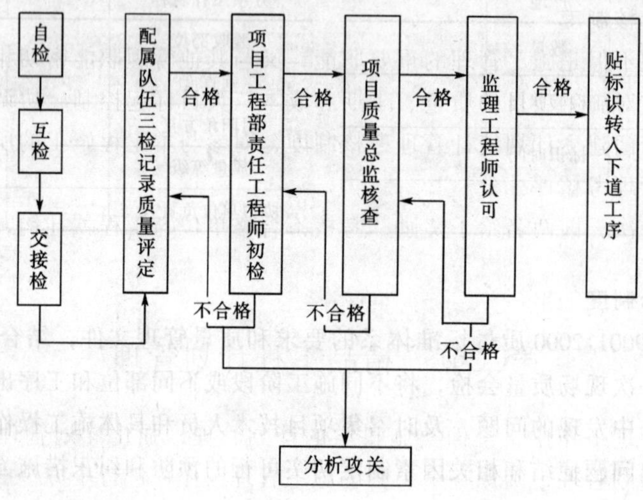

图 3-1 质量追根工作流程图

九、质量奖罚制度

根据施工质量的高低以及对施工要求的执行程度采取相应的保证和提高施工质量的奖罚措施。

依据国家的质量验收规范，项目制订详细的验收标准，每周进行一次现场质量大检查，检查结果作为奖罚的依据。

通过两周《质量监督核查追踪》专题会的总结落实结果，对于严格按照质量要求和标准进行施工的单位和个人进行奖励，而对出现施工质量问题并整改不到位且达不到验收标准的单位和个人给予经济处罚，对于造成严重施工质量事故的单位和个人坚决予以清退出场，并追究相应责任。

通过奖罚制度，使操作工人自觉提高质量意识，从而达到了练就施工队伍的目的；也使管理人员认真找出工作中的不足，不断提升施工管理水平，创建过程精品。

将奖罚结果粘贴在宣传栏中，以达到鼓励先进，激励后进的目的。

十、生产例会制度

每天下午 3:00 时由现场经理组织工程部全体人员、质量、安全负责人和各协力单位施工负责人召开生产例会，总结昨天施工任务完成情况，提出和解决当天施工中发现和应注意的问题，统筹安排布置第二天的施工要点。同时对质量和安全的具体要求以《工作指令书》的形式在会上下发。

十一、成品保护制度

为保证每道工序质量，需制定一系列措施严格保护成品：如为保护板筋，绑扎顶板上铁时，操作人员必须在已搭好的木跳板上进行施工；柱子及墙表面养护剂干了之后立即用木条保护柱角及门窗洞口，以防碰坏；楼梯踏步拆模后立即用竹胶板保护楼梯踏步；墙体表面养护剂干了之后，立即保护线槽和配电柜部位；底板大体积混凝土施工期间对底板混凝土进行保湿、测温、搓毛工作时，均必须在马凳上搭设跳板进行操作。通过制定实施以上措施，可保护成品质量。

向各施工单位下发《成品保护管理实施细则》及“奖罚条例”。

十二、计划考核制度

项目计划管理不但是施工管理的重要职能，又与其他管理职能密切相关，处于管理工作的核心位置，它对施工项目的质量、工期和成本三大目标起控制、协调作用。

项目经理部专门建立计划统计管理考核制度，对参与本工程施工的所有专业施工单位进行《施工计划管理考核评计分》。

每两周评比一次，前两名给予奖励，考核不合格单位与工程款挂钩，即暂扣适量金额以示惩罚。

第二节 精品工程计划管理

在项目各项管理工作中，全面实施科学的计划管理，强化计划管理的科学性、严肃性，以标准化的计划管理，确保整个工程的施工管理工作，进行全方位的计划，组织协调控制，保证各施工方、各分项工程、各工序科学地组织实施，确保工期目标的实现。

完善的计划体系是掌握施工管理主动权、控制生产各方面的依据。它涉及面十分广泛，不仅指施工生产进度计划，而且还包括材料设备、劳动力供应计划及因现场条件制约的材料设备进场堆放计划，还涵盖各分包交叉作业的协调计划，以及现场文明施工等，并由此派生出一系列的技术保障计划、成本控制计划、物资供应计划等配套计划，做到各项工作有章可循，减少管理的随意性。

为了实现对业主工期目标的承诺，项目经理部要制定工程总进度计划，计划管理以施工总控进度计划为指导纲领，月施工进度计划作为阶段控制目标，将计划管理的控制单元划分为日计划，保证日计划就保证了周计划和月计划，从而确保施工进度计划目标的实现。

一、项目计划管理职责

（一）项目经理

1．制定计划管理的总目标和各阶段目标，并在实施过程中不断调整和修正阶段目标，保证总目标实现。

2．协助业主方组织编制为业主服务的工作计划，使业主方的工作计划与项目总的计划及阶段计划相吻合，保证总体计划的实现。

（二）执行经理

1．按照工程总目标和阶段目标，组织编制施工总进度计划和阶段目标计划，制定总体工作计划。

2．按照施工总进度计划和阶段目标计划制定总体工作计划。

3．组织编制为用户服务的工作计划，确保为用户服务的工作计划与施工总进度计划相吻合，保证总进度计划目标和阶段目标合理实现。

4．组织落实总体施工进度计划和阶段性施工进度计划及工作计划。

（三）现场经理、安装经理

1．负责编制总体施工进度计划和阶段性施工进度计划，组织编制年度、季度施工进度计划。

2．按照总体施工进度计划和阶段性施工进度计划组织实施、控制、协调，确保计划实现，是落实施工计划管理的主要负责人。

（四）项目总工程师

1．参与编制总体施工进度计划和阶段性施工进度计划。

2．负责编制保证总体施工进度计划和阶段性施工进度计划实现的工作准备总计划和阶段性工作计划。

（五）工程综合管理部经理

1．参与编制工程总体施工计划和阶段性施工进度计划。

2．负责编制年度、季度、月、周、日施工进度计划。

3．负责组织、协调、控制施工现场各施工方，按照总体施工进度计划、年度、季度、月、周、日施工计划执行。

（六）工程综合管理部职能

1．参与编制月、周、日施工进度计划。

2．组织现场各责任区、各施工方按照月、周、日施工进度计划落实施工。

3．项目计划管理目录：

（1）总体施工进度计划和阶段性施工进度计划；

（2）施工保证工作计划；

（3）年、季、月施工进度计划；

（4）总体工作计划和阶段性工作计划；

（5）周、日施工进度计划；

（6）电梯使用计划；

（7）材料/设备送审计划；

（8）劳动力需用计划；

（9）资金需用计划；

（10）材料/设备供应计划；

（11）材料/设备进场计划；

（12）质量检验计划；

（13）安全保卫管理计划；

（14）职工培训计划；

（15）CI宣传与执行计划；

(16) 工程音像管理计划。

二、计划编制程序

(一) 工程总体施工进度计划

工程中标后，根据合同的总工期目标，结合施工图纸，及时编制总体施工进度计划，施工准备计划、机械设备使用计划、劳动力进场计划。

(二) 阶段性进度计划

在工程的实施过程中，对影响工期的关键线路的工作，如已影响总目标的实现，应及时调整，重新编制，总体施工进度计划、施工工作准备计划、机械设备使用计划、劳动力需用计划。

(三) 年、季、月施工进度计划

在每年12月中旬编制次年度施工进度计划、工作准备计划、机械设备使用计划、劳动力用量计划。

在每季度开始前10天内编制季度施工进度计划，每月25号至月底前编制月度施工进度计划。

(四) 周、日施工进度计划

每周一上午10:00前编制本周周计划，并下发到各施工方，每日下午1:30前编制次日施工进度计划，并下发至各施工方。

(五) 施工保证工作计划

配合月施工进度计划，每月25日至月底前编制次月施工保证工作计划。

(六) 电梯使用计划

在每日计划会上，编制完次日电梯使用计划，并下发至各施工方及电梯操作负责方。

(七) 材料/设备送审计划

工程施工2个月前，编制材料/设备送审计划。

(八) 材料/设备供应计划

在总体施工进度计划、年、季、月施工进度计划确定后配套编制材料/设备供应计划。

(九) 材料/设备进场计划

在材料/设备进场30d前编制材料/设备进场计划。

(十) 工程音像管理计划

在单位、分部工程开工前15d内编制工程音像管理计划。

三、计划编制规定

总体施工进度计划按十个分部工程编制，对分项工程进行适当合并突出关键分项工程。

(一) 阶段性施工进度计划

为确保总体施工进度计划实现，分阶段编制、阶段性施工进度计划，按楼层、分项工程编制。

(二) 季、月施工进度计划

依据总体施工进度计划的工期控制，编制季度、月施工进度计划，季、月进度计划按楼层分部工程，分项工程编制。

(三) 周施工进度计划

周进度施工计划，采用18d形式滚动式周计划，周进度计划体现上周7d，本周7d，下周4d的工作安排，从本周的施工工作安排上反映出上周的工作延伸情况和本周计划工作的延续情况，以避免传统的7个工作日式周计划的不足之处。周计划按分项工程分工序进行安排。

（四）日作业计划

日作业计划按统一标准的表格形式安排，施工项目按工序编制，计划中体现各工种用工情况，材料/设备进场计划情况，施工安全注意事项，每日计划完成量情况。

（五）施工保证工作计划

按照总体施工进度计划目标和阶段性施工进度计划目标，制定保证计划的实现需要的生产要素的计划，明确保证项目解决日期、责任单位责任人及质量标准。

（六）电梯使用计划

由于工程施工高峰期有很多个分承包商进场施工，为保证电梯的合理使用，需提前一个工作日编制电梯使用计划，电梯计划使用表格化管理，计划中注明材料、设备的规格尺寸、数量、使用时间及注意事项。

（七）材料/设备送审计划

按照总体施工进度计划和阶段性施工进度计划的施工安排，按照材料/设备的供货周期和施工先后的施工顺序，列出详细的材料清单，规格尺寸、型号、使用部位、标段、计划使用日期、申报日期和要求批准日期编制材料/设备送审计划，因材料/设备选型周期较长，必须保证至少20d的时间供审核批准，保证确定的材料/设备质量符合设计要求。

（八）材料/设备供应计划

按照施工进度计划和批准的材料/设备，编制材料/设备供应计划，以根据合理的计划组织材料/设备进场，保证工程施工按计划进行。

（九）材料/设备进场计划

为保证现场施工材料/设备合理堆放，且按时运输到位，安排运输计划，材料进场前15d内，编制材料/设备进场计划，详细列出材料的名称、重量、规格尺寸、使用部位。

四、计划的实施

（一）计划的签发

1．总体施工进度计划、年度阶段性施工进度计划、材料/设备送审计划由项目执行经理签发下达实施。

2．季度、月、周施工进度计划由现场经理签发实施。

3．施工保证工作计划由项目总工程师签发实施。

4．电梯使用计划由工程综合管理部经理签发实施。

5．材料/设备供应计划由现场经理签发实施。

6．材料/设备进场计划由现场经理签发实施。

7．日作业计划由工程综合管理部、质量部经理联合签发实施。

（二）计划运行控制

1．计划签发后，项目执行经理组织召开由各施工方参加的计划安排专题会将阶段目标和计划布置、关键线路进行安排动员，明确劳动力机械设备和材料的使用量和进场安排，明确完成计划所需配套完成的资源配备。

2. 固定一天每周组织召开综合例会，检查劳动力材料、设备落实情况、周计划完成情况，分析计划拖后原因及时采取补救措施，落实各部门、各施工方责任。

3. 每日安排工程综合管理部、质量部召开日计划专题会议，各分包施工方汇报前一天日计划完成情况，分析没完成原因，检查当天计划实施情况、质量情况，安排落实次日日计划，通过日计划会协调土建、机电交叉平行施工，保证土建、机电施工有条不紊运行，通过日计划会检查日计划实施对周计划保证程度。

4. 每周对工程综合管理实施情况进行汇总，各职能部门编制每周周报表。

工程综合管理部：编制上周各施工方管理人员、分工种劳动力情况周报，编制上周周计划与实际周进度对比周报告表，用深浅不同线条分别表示计划与实际进度。

机电部：编制上周分层、分项工程完成量周报告，编制机电设计材料设备报审情况报告，编制急需解决问题汇总报告，编制机电设计图纸下发情况报告。

合约部：编制周每层分项工程完成量情况报告表。

工程协调部：编制上周工程设计变更下发情况报告，编制施工图纸下发情况周报告，编制施工及待解决问题情况报告。

质量部：编制周材料/设备送审情况周报，周报告由质量部通过计算机联网统一汇总形成周报。

5. 每周工程综合管理分析

根据每周周报情况，周一召开项目领导班子由工程部经理、工程协调部经理参加的项目班子扩大会，对周报的计划与实际完成情况报告，每周进度情况报告，周劳动力情况报告，周亟待解决问题情况报告，周材料/设备送审情况报告，进行分析研讨，分析影响计划完成的因素及下步措施，责任落实到部门和解决日期。

6. 现场控制

现场经理按照总体施工进度计划、阶段性计划、月计划组织现场施工进度检查。工程部经理组织周计划和日计划实施情况检查，强化计划管理的严肃性，避免计划与实际工作安排分离现象。每周设三天由现场经理组织各部门、各施工方参加的施工作业面巡视检查工作，确保关键线路的施工得到保障，当天召开巡视检查会，纠正偏离计划的施工项目，及时调整生产要素，各责任师是现场周计划、日计划落实的第一责任人。

五、专项网络施工进度计划

对于由较多施工单位参与施工的部位和工艺复杂对工期影响较大的主要部位，需编制专项网络施工进度计划，确定多个施工单位工序交叉平行施工，插入开始进入结束时间，并每日召开专项计划协调会，组织协调各施工方按计划完成施工。

六、计划调整

由于工程施工受各种因素的制约，计划在实施过程中将会不同程度的偏离计划目标，项目经理部每周召开一次研讨会，对劳动力情况、现场组织管理、材料/设备审批、供货情况进行综合分析，并分阶段制定阶段性施工进度计划，调整生产要素配备，赶上拖后的进度计划。

第三节　精品工程安全管理

一、项目安全管理策划

为有效地贯彻国家劳动法、建筑法有关规定，坚持“安全第一、预防为主”的方针，建立健全安全生产的责任制度和群防群治制度，实施安全生产各项法规、规程、规范，强化安全生产制度管理与专业管理，确保项目安全生产方针目标的实现，在项目开工后要制订安全施工计划，对工程的安全方针和安全目标做出具体规定。它是贯穿工程施工过程中安全管理全过程的纲领性文件，是项目安全生产、精品实施计划、创安全样板计划及各项安全保证措施方案的最为重要的依据。要求描述整个施工过程安全职能的各要素，适用于工程施工管理的全过程。

通过预先对工程的安全管理进行周密的策划、精心组织、严谨的计划、严格的管理及部门人员的最佳组合，制定具有针对性、可操作性的施工组织设计、各项施工方案及安全技术保证措施和各项安全管理制度，使施工的全过程的各分部、分项工序处于有组织的受控安全状态，进而最终实现项目的各项安全管理目标。

安全精品工程即是以现行有效的安全规范、标准为依据，通过全员参与的安全管理方式，对工序全过程进行精心的操作，严格控制和周密组织，达到优良的内在品质，最终实现项目的各项安全管理目标。

如某项目的安全管理目标为：

1. 杜绝重大伤亡事故、因工死亡责任指标为零；

2. 因工负伤频率千分之六以下，其中重伤事故频率万分之四以下；

3. 杜绝急性中毒事故；

4. 杜绝重大机械事故；

5. 创北京市文明施工样板工地。

安全施工计划编制的依据为：施工合同；工程设计图纸及组织设计文件；国家、地方建委有关安全法规、规章制度；企业相关安全文件等。

二、安全管理

(一) 组织机构设置

成立“安全施工计划”实施小组，具体负责“安全施工计划”的策划、创建及实施过程中的管理、监督检查及补充完善。

例：某项目“安全施工计划”实施小组名单

总策划：项目经理

组长：执行经理

副组长：现场经理、项目总工程师、安全总监

成员：项目书记、工程管理部经理、技术协调部经理、物资供应部经理、行政部主任、区域责任工程师、专业责任工程师

(二) 安全生产各级职责分解

1. 项目经理为项目安全生产第一责任者，对项目安全生产负全面领导责任。领导制定并组织实施年度及阶段安全生产目标与规划，对安全专职机构设置与人员配备负责。

2．项目执行经理协助项目经理全面负责经理部安全生产工作，保证安全技术措施费用及时到位，按规定审批各项劳动保护费用和安全生产奖励资金。领导制定并组织实施年度及阶段安全生产目标与规划，决定和批准安全管理工作重要活动及重要决议、决策及文件的制定、贯彻与执行。

3．项目总工程师对项目安全技术管理负领导责任，组织领导各项安全技术措施的编制、审定和批准，使其符合有关安全规程和技术规范，保证施工的安全性能。领导新工艺、新技术、新材料开发、应用的安全技术配套管理。

4．项目现场经理协助项目经理实施对经理部安全生产工作的管理，领导经理部安全部、工程管理部实施全面安全管理工作，是本项目安全生产的直接责任者，负责贯彻执行安全生产方针、政策、法规。

5．项目商务经理负责合约、报价等系统，贯彻落实安全生产相关职责，按国家有关部门规定审批核准与配属单位安全生产责任与义务。

6．项目党支部书记对项目安全生产负领导责任，领导后勤、工会、行政系统积极配合安全生产管理，负责领导劳动法有关法规的宣传贯彻，以及对施工管理实施过程中上级有关部门检查接待的领导协调工作。

7．项目安全总监在现场经理的直接领导下履行对项目安全生产管理和监督职责，宣传贯彻安全生产方针政策、规章制度，推动项目安全保证体系的运行。对项目各项安全管理制度的贯彻与落实情况进行检查与具体指导，及时发现薄弱环节或失控部位，向项目工程管理部及时下达整改指令书，并跟踪复查，督促如期整改；组织配属队伍安全专兼职人员开展安全监督与检查工作；查处违章指挥、违章操作、违反劳动纪律的人员，对重大事故隐患采取有效的控制措施，必要时可采取局部停产的非常措施；做好安全相关资料的记载、管理、备案工作。每月召开一次安全讲评会，分析与总结本月安全生产情况；参与安全事故的调查与处理；协助项目行政部门对进场配属队伍三级安全教育，并负责考核、办理与发放安全上岗证；定期或不定期对现场使用中的劳动保护用品、护具抽样检测。在每月底对本月安全生产动态、存在问题、解决方法与下月安全防范重点以书面形式报项目经理、生产经理、项目工程管理部及企业安全监督部门，并做好本工程安全施工计划的编制工作。

8．项目工程管理部为本项目安全生产的责任部门。每周配合安全部进行现场安全检查，并负责贯彻执行安全生产方针、政策、法规和施工组织设计及安全施工计划所明确的安全技术保证措施；定期组织对施工现场文明施工进行检查，对发现的安全隐患及安全部所发安全隐患整改指令书按要求时间及时整改；管理和指导配属队伍认真履行安全生产职责，搞好现场安全防护与管理；认真做好各分项施工的安全技术交底，以及相应季节安全技术交底；负责安排组织大、中、小型设备设施的安装、验收、使用。

现场区域责任工程师是所辖区域安全生产的直接责任者，必须认真贯彻各项安全生产政策法规，全面履行责任工程师安全生产职责。对配属队伍进行安全技术交底并监督检查，及时发现并制止配属队伍的违章指挥、违章操作行为，确保施工人员的作业环境与条件是否符合安全生产规定。

9．项目技术协调部为本项目安全生产技术管理的直接责任部门。负责提供项目工程安全技术措施、方案审核稿；提供新工艺、新技术安全技术标准；安全部反馈安全技术措施、方案修改意见；并负责提供新的安全技术规范。

10. 项目物资供应部为本项目安全生产的相关责任部门。负责提供劳动保护用品、安全防护用品的质量状况、产品合格证、数目、价格、厂家、进场时间一览表。负责提供有毒有害建筑、装饰化工材料产品性质介绍和安全使用说明。

11. 项目行政部为本项目安全生产的相关责任部门。负责提供配属队伍安全生产资格证书、地方建委人员注册手续、配属队伍人员进场计划以及进场人员花名册便于企业安全监督部门安排进场安全培训。企业安全监督部门应及时向经理部行政部门反馈劳务、配属队伍安全管理方面存在的资质、证件有效性等安全管理中存在问题。

三、安全生产具体管理点

1. 深入学习贯彻《建筑法》。

2. 贯彻执行企业安全管理文件，完善安全管理体系，落实安全生产各项管理制度，确保安全生产。

3. 安全生产管理实施分级管理、分层负责、预控预防的原则，各级各类人员必须履行自己的职责。从项目的策划开始就建立以项目经理为第一负责人的项目安全生产、文明施工管理责任体系并不断促进有效运行，并将所有配属队伍纳入项目的安全管理体系中来，使安全责任体系落实到底到边。

4. 坚持安全生产教育培训考核审核制度，重点抓好三级安全教育和特种作业人员的教育培训取证及经理部自身管理人员安全资格年审工作。

5. 发挥安全技术措施在安全生产、文明施工方面的保证和促进作用。所有施工必须遵循经批准的施工组织设计（或方案）。施工组织设计（或方案）中必须有针对本工程特点的能保证施工人员安全的安全技术措施贯穿施工全过程的各个环节。

6. 加强对配属队伍的管理，高度重视总分包合同和安全生产施工协议书（责任状）的签订及管理；严格审查配属队伍的资质，凡进入本工程的配属队伍人员和机械设备必须是合格的、是符合有关标准和法规要求的，其素质与数量必须满足现场安全生产的需要；特种作业人员必须持有合格有效证件；在分项工程具体实施前必须签订有明确的安全生产、文明施工、消防管理目标和管理责任划分条款的经济合同，或含有上述内容的协议书、责任状；配属队伍必须贯彻执行安全生产、文明施工法规，必须认真执行安全生产责任制，必须尊重并服从经理部对施工现场的安全生产管理。

7. 加强经理部监督管理力度，对严重违章指挥、违章作业、违反劳动纪律者进行必要的处罚及曝光。

8. 对重要劳动防护用品必须使用企业安全认定产品。

9. 严肃事故报告制度及事故现场的保护，以及紧急意外事件的应急处理。

四、安全培训

(一) 安全培训的组织

依据有关安全法规规定，经理部必须对所有新入场工人、特种作业人员、各级生产指挥人员、技术人员、安全监督专职人员以及职工全员开展安全教育、培训及考核，以提高各级管理人员和施工人员安全生产的责任感和自觉性，增强安全意识，掌握安全生产知识，不断提高安全管理水平和安全操作技术水平，加强自我防护能力。

1. 新入场工人需接受三级安全教育——经理部级安全教育（由经理部安全部人员实

施)、配属队伍自身安全教育和班组安全教育（由配属队伍自身安全人员实施并报经理部安全部备案）。教育应达到规定时间，并组织考试。经理部安全部随时将已考核合格后的新工人名单、成绩及照片报企业安全监督部门，经审核后发给《安全培训考核证》方可上岗作业。

2．经理部生产责任师必须接受公司级安全培训教育，经考试合格取得工长安全生产资格证后方可上岗，每年接受年审培训考试。年审考试由经理部安全部配合企业安全监督部门进行。

3．项目经理必须接受安全培训、考试并取得项目经理安全生产资格证书，持证上岗，每年参加企业组织的培训、考核。

4．从事特种作业人员含登高（架子)，起重信号、电工、电气焊，塔式起重机装拆，塔式起重机司机等工种必须接受专业技术培训，考试合格并持有特种作业证才允许上岗操作。配属队伍人员中，特种作业人员所持外埠特种作业证需经经理部安全部考核审验，并办理特种作业代用证方准进入现场上岗操作。

5．安全监督专职人员每年度接受企业安全监督部门专业培训学习，重新学习安全生产法规、规范、专业技能；学习新颁规范和规定并接受考试、考核，配属队伍基层全员专业技能培训纳入企业专业人员培训管理范围。

6．每年初由经理部职工全员开展一次法企结合（执法机关与经理部工会、安全部一起举办）的安全生产意识教育，进行预防违章、渎职犯罪的法纪教育。

7．每月的第一周，项目经理部进行一小时全现场施工人员的安全教育活动，由经理部工程管理部主持，经理部安全部组织教育。

8．每周五下午，经理部安全部组织现场各配属队伍安全负责人会议，分析研究本周安全动态，部署落实下周安全工作。

9．经理部安全部组织重大活动教育如每年一次“安全周”活动，节假日安全教育。

10．季节性安全教育，如冬、雨期施工安全生产知识教育，季节性返回岗位人员安全收心教育。

(二）安全培训的内容

培训内容主要包括安全生产思想、知识、技能三个方面的教育。

1．安全生产思想教育

安全生产思想教育的目的是为安全生产奠定思想基础，通常从加强思想路线、方针政策和劳动纪律教育两个方面进行。

通过提高各级管理人员及施工人员对安全生产重要意义的认识，从思想、理论上认识安全生产的重大意义，以增强关心他人、保护他人的责任感。通过安全方针政策教育，提高各级管理人员、施工人员的政策水平，使其正确全面理解党和国家的安全生产方针政策，严肃认真地执行安全生产方针政策和法规。

2．劳动纪律教育

使施工人员懂得严格执行劳动纪律对实现安全生产的重要性。企业施工的劳动纪律是劳动者进行共同劳动时必须遵守的规则和秩序，严格执行安全操作规程，遵守劳动纪律是贯彻安全生产方针，杜绝伤亡事故，保障安全生产的重要保证。

3．安全知识教育

(1) 本工程全部管理人员都必须接受安全知识教育，每年按规定的学时进行安全培训，所有管理人员及施工人员必须具备安全基本知识。

(2) 安全基本知识教育的主要内容是：工程的基本概况、施工方法、施工现场的危险区域、危险部位、各类不安全因素等及其安全防护的基本知识和注意事项。

4. 安全技能教育

(1) 安全技能教育，就是结合本工种或本专业的特点，实现安全操作、安全防护所必须具备的基本技术知识。

(2) 每个施工人员都要熟悉本工种、本岗位专业安全技术知识。

(3) 安全技能教育是比较专门、细致和深入的知识，包括安全技术、劳动卫生和安全操作规程。

5. 特种作业人员专项安全培训

凡进入本现场从事特种作业（登高架设、起重、焊接、电气、爆破、塔式起重机司机等）人员，必须首先将其特种作业操作证经经理部安全部验收并认可后，经过经理部安全部进行入场专项安全培训，并经考试合格后，方可从事该项特种作业。

(1) 培训内容

特种作业人员劳动安全相关管理办法；本工程基本情况及必须遵守的现场安全规定；文明样板工地有关要求及标准；该特种作业具体安全要求。

(2) 培训方式

项目行政部组织，安全部授课

(3) 考核方法

参加项目专项统一安全考试，由经理部安全部统一出卷并审阅判卷。考试成绩及格者取得现场安全上岗证方得进入现场作业。

6. 阶段性安全重点教育

(1) 基础阶段

边坡安全防范要点；冬季施工安全交底。

(2) 主体施工

节后（春节）收心教育；雨季安全技术交底；结构施工安全防范要点；高空坠落、物体打击、临电伤害、机械伤害、交叉作业防范措施；

(3) 装饰及设备安装施工

装修阶段安全防范要点；临电伤害、消防安全、交叉作业防范措施；

7. 特殊情况安全教育

在工程出现几种情况时，项目经理必须及时安排有关部门及人员对施工工人进行安全教育，时间不少于2小时：

(1) 因故改变安全操作规程；

(2) 实施重大和季节性安全技术措施；

(3) 更新仪器、设备和工具，推广新工艺、新技术；

(4) 发生因工伤亡、机械损伤事故及重大安全未遂事故；

(5) 出现其他不安全因素，安全生产环境发生变化。

五、安全防护方案

(一) 安全防护方案的编制及审批程序

1. 施工组织设计将分为三个阶段编制（地基与基础阶段、主体工程阶段、装饰工程阶段）由经理部技术协调部负责编制，项目总工审核，报企业总工审批后方可实施。

2. 专项施工方案由经理部技术协调部责任师编制，技术协调部经理报项目总工审批后方可实施。

(二) 安全防护方案的编制依据、编制原则

1. 编制依据

国家和政府颁发的有关安全生产的法律、法规；行业有关安全生产的规范、规程和制度。

2. 编制原则

安全防护方案的编制，必须考虑现场的实际情况、施工特点及周围作业环境，措施要有针对性。凡施工过程中可能发生的危险因素及建筑物周围外部环境不利因素等，都必须从技术上采取具体且有效的措施予以预防；安全防护方案必须有设计、有计算、有详图、有文字说明。

(三) 安全防护方案的编制内容

1. ±0.00 以下结构施工防护方案；

2. 工程临时用电安全防护措施或方案；

3. 结构施工临边、洞口、施工作业防护安全防护措施；

4. 垂直交叉作业防护方案；

5. 高处作业安全防护方案；

6. 塔式起重机、施工外用电梯、垂直提升架等安装与拆除安全防护方案；

7. 大模板施工安全防护方案（含支撑系统）；

8. 高大脚手架使用及拆卸安全防护方案；

9. 特殊脚手架——悬挑架安装使用及拆卸安全防护方案；

10. 钢结构吊装安全防护方案；

11. 防水施工安全防护方案；

12. 大型设备安装安全防护方案；

13. 新工艺、新技术、新材料安全防护措施；

14. 冬雨季施工安全防护措施；

15. 临街防护、临近外架供电线路、地下供电、供气、通风、管线等安全防护措施；

16. 主体结构、装修工程安全防护方案。

(四) 安全防护方案编制标准及审批管理

1. 安全防护方案审批管理

(1) 一般工程安全防护方案（措施）由项目经理部工程技术部门负责人审核，项目经理部总工程师审批，报公司项目管理部、安全监督部审核备案。

(2) 重大工程、大型、特大工程安全防护方案（措施）由项目经理部总工程师审核，报企业总工程师审批，安全监督部门审核备案；

2. 安全防护方案编制

施工组织设计（或技术方案、措施）的编制审核、审批按有关规定的程序办理，但安全防护措施必须经安全部审定。所有的编制、审核，审批人必须亲笔签名。临时用电安全防护方案、措施的编制由电气工程师或具备相应能力的工程技术人员编写。

3．安全防护方案（措施）变更

(1) 施工过程中如发生设计变更，原定的安全防护措施也必须随着变更，否则不准施工。

(2) 施工过程中确实需要修改拟写的安全防护措施时，必须经原编制人同意，并办理修改审批手续。

4．安全防护方案实施过程的验收

(1) 安全总监对一般安全防护方案或措施实施过程中的监督与验收，并对重大安全防护措施或施工工序负责检查、预控和把关。

(2) 安全防护措施与方案验收采用验收表，并如实填写验收时的检测数值。

(3) 安全防护措施与方案验收，必须由方案、措施的编制人员负责组织。经理部安全部、工程管理部、实施单位共同参加。

5．安全防护交底

(1) 项目在进行工程技术交底的同时要进行安全防护交底。

(2) 安全防护交底与工程技术交底一样需分级进行。

项目经理部总工程师会同现场经理向项目有关施工人员（项目工程管理部、工程协调部、物资部、合同部有关人员及区域责任工程师和配属队伍行政和技术负责人等）进行交底，交底内容同前款；配属队伍技术负责人要对其管辖的施工人员进行详尽的交底；项目责任工程师要对所管辖的配属队伍的工长向操作班组所进行的分部分项工程技术交底进行监督并在施工过程中予以检查控制；各级安全防护交底都应按规定程序实施书面交底签字制度，并存档以备查用。

六、安全防护方案案例

(一) 编制依据

1．《建筑施工安全检查标准》(JGJ 59—99)；

2．《建筑施工扣件式钢管脚手架安全技术规范》(JGJ 130—2001)；

3．《建筑施工高处作业安全技术规范》(JGJ 80—91)；

4．《施工现场临时用电安全技术规范》(JGJ 46—88)；

5．《建筑机械使用安全技术规程》(JGJ 33—2001/J119—2001)；

6．《建设工程施工现场供电安全规范》(GB 50194—93)；

7．《建设施工安全技术手册》；

8．《北京市建筑施工现场安全防护标准》(91 京建施字第 124 号)；

9．《北京市建筑施工现场管理基本标准》(91 京建施字第 125 号)；

10．《北京市建筑施工现场环境保护工作基本标准》(91 京建施字第 126 号)；

11．《文明施工管理暂行规定》及《施工现场文明安全施工补充标准》；

12．《北京市建设工程施工现场保卫工作基本标准》《北京市建筑施工现场保卫工作基本标准》(91 京建施字第 127 号)；

13．《北京市建筑工程施工安全操作规程》(DBJ01—62—2002/J 10169—2002)；

14．关于转发《高层建筑工程钢管脚手架安全技术暂行规定》的通知（84）京建企字第35号；

15．公司《项目安全管理手册》及有关手册、程序文件。

（二）工程概况

略

（三）现场安全管理

1．安全管理方针、目标

（1）项目安全总方针：安全第一、预防为主；健全体系、分级管理、分层负责、预控预防、落实责任。

（2）项目安全管理目标：

1）杜绝重大伤亡事故、因工死亡责任指标为零；

2）因工负伤频率千分之六以下，其中重伤事故频率万分之四以下；

3）杜绝急性中毒事故；

4）杜绝重大机械事故；

5）争创北京市文明安全工地。

2．安全生产责任制

略

3．安全检查

（1）项目经理部安全文明施工领导小组每天上午组织一次巡查（周六、日除外），各分包单位安全文明施工检查员要准时参加，接受总包方提出的整改通知，进行自我考评和诊断，并做好记录，对本施工专业的问题要及时下达整改，并督促落实。

（2）项目经理部除组织分包单位对现场进行日常巡检外，每月10日、25日上午9:00进行由总包带队，所有分包参加的安全文明施工检查，分包单位主要负责人必须参加，对总包方提出的各类隐患必须在限期内整改完毕。

4．安全教育

（1）教育培训目的

保证进入现场的人员了解现场实况，了解国家、北京市和我公司的管理法规制度；掌握必要的安全、质量知识；提高自我防护及安全意识，提高质量意识，自觉遵守现场纪律，维护本企业形象，保证施工生产的顺利进行。

（2）教育培训内容

总包教育培训主管部门为办公室，负责根据各分包方进场实际情况，按教育培训大纲安排教育培训计划并组织实施，分包方取得教育合格证后方准正式进入现场。

教育培训的内容按阶段划分为：入场教育、工程施工过程中教育（表3-8）。

（3）教育培训实施

分包驻现场代表是教育培训程序第一责任人，无论是成建制进场或零星人员，进场均须按进场程序规定履行手续，经过进场教育合格后才能开始正式施工。

各分包方应根据自身所从事或所承担工作内容编制施工过程中教育培训计划并于进场后两周内报至总包办公室，经审查批准后组织实施。

由分包自行组织的现场教育培训应做记录并报至办公室备案，教育内容及课时不得少于本制度教育培训大纲之规定。

分包方应保证现场依据实施的各类有效法规、规范及文件作为教育培训的教材及工作标准和依据。

分包方应按合同规定保证具有足够数量符合资质的人员进场，并提供相应资质证明，总包不负责分包特种作业人员的上岗取证培训。未经培训取证上岗或操作人员素质与所报岗位证书不符合者将立即清退该人员出场。

安全教育培训内容　　　　表 3-8

内容			课时	教育部门	考核方式	标准	参加人员
进场教育	现场制度	教育制度	1	总包办公室	考勤及签认	100%出勤率	分包管理人员
		消防保卫	1	总包办公室	考勤及签认	100%出勤率	分包全体人员
		质量管理	2	总包质量总监	考勤及签认	牢记质量方针及目标	分包管理人员
		计划管理	1	总包工程部	考勤及签认	100%出勤率	分包管理人员
		生产管理	1	总包工程部	考勤及签认	100%出勤率	分包管理人员
		文明施工管理	0.5	总包工程部	考勤及签认	100%出勤率	分包管理人员
		成品保护	0.5	总包工程部	考勤及签认	100%出勤率	分包管理人员
		现场物资	1	总包物资部	考勤及签认	100%出勤率	分包管理人员
		技术管理	2	总包技术部	考勤及签认	100%出勤率	分包管理人员
		技术资料管理	2	总包技术部	考勤及签认	100%出勤率	分包管理人员
		后勤管理	1	总包办公室	考勤及签认	100%出勤率	分包全体人员
		统计及工程款结算	1	总包商务部	考勤及签认	100%出勤率	分包代表及经营人员
	安全教育	各类安全规定 特殊作业规定	4或8小时 各分包方	总包安全总监 各分包方	开卷考试验证	90分合格	分包全体人员 特殊工种人员
施工中教育	制度教育	各项	每月不少于1次	分包自学新制度由总包办公室检查	考勤		分包全体人员
	安全教育	标准、规范处罚规定	每周不少于2小时	分包自行组织	考勤		分包全体人员

5．日常安全管理

(1) 班前安全活动

由分包班组长进行，做好班组活动记录，分包班组长保存备查。总包安全总监负责监督各分包安全活动情况。

(2) 周一安全教育

每周一中午 12:00～13:00 分包全体员工参加，时间不少于 60min，分别由各分包现场负责人组织，发表上周安全情况和本周安全注意事项。分包安全员做好周一安全活动记录并存留备查。总包责任工程师分别参与各分包周一安全教育。

(3) 日常安全管理

分包人员必须佩带出入证进场，暂未办理出入证者须向门卫出示本人身份证并通报所在单位，由门卫核实名单后进场。

分包方必须每日携带《日材料进出场计划》和《日材料进出场及场地布置示意图》参加“三点例会”，并交总包方裁定。总包裁定后将《示意图》交门卫执行。未经总包同意，不得随意进出。

分包在参加“三点例会”，宣布第二天生产计划的同时，必须告知其危险作业区、动火作业地点及动火人员数量、可能存在交叉作业的工序、所占用的安全通道等，由总包裁定是否进行此项作业。

总包安全总监按专项抽查各分包安全情况（对内业进行检查或指导）。

分包安全员应向总包安全总监上报本单位违章及事故、未遂事故情况。

（4）现场安全标志设置

绘制现场安全标志布置总平面图，根据现场安全标志总平面布置图设置安全标志，确保安全标志悬挂醒目、牢固，能够起到提示、警惕的作用。

任何作业人员不得善自拆动施工现场的脚手架、防护设施、安全标志和警告牌，如必须拆动时许经施工负责人允许方可。

6．安全验收

（1）安全防护方案实施情况的验收

1）项目的安全防护方案由项目总工程师牵头组织验收；

2）交叉作业施工的安全防护措施由工程管理部组织验收；

3）分部分项工程安全防护措施由区域责任工程师组织验收；

4）一次验收严重不合格的安全防护措施应重新组织验收；

5）安全总监要参与以上验收活动，并提出自己的具体或见解，对需重新组织验收的项目要督促有关人员尽快整改。

（2）设施与设备验收

1）一般防护设施和中小型机械设备由专业责任师会同协力队伍工长共同验收；

2）整体防护设施以及重点防护设施项目总（主任）工程师组织区域经理、专业责任师及有关人员进行验收；

3）区域内的单位工程防护设施及重点防护设施由工程管理部组织区域责任工程师、协力队伍施工、技术负责人、工长进行验收；

4）项目经理部安全总监及相关协力队伍安全员都应参加验收，其验收资料归档；

5）高大防护设施、大型设备需在自检自验基础上报公司安全监督部验收。包括：20m以上高大外脚手架；双排脚手架；垂直卷扬提升架；塔式起重机；其他大型防护设施；

6）因设计方案变更，重新安装、架设的大型设备及高大防护设施重新进行验收；

7）塔式起重机、施工外用电梯安装、顶升的验收。

（3）现场临时用电验收

1）现场临时用电按JGJ 46—88规范规定，先编制临时用电安全技术措施或方案报公司安全监督站会审并经总工程师或主方案工程师审批，方可施工。

2）现场临时用电工程安装预检后先试运行，至工程施工至±0——即用电负荷量接近设计的百分之百时，报公司安全监督站验收。在试运行期间，经理部在现场临时用电管理、维护、设施设备的逐步完善方面接受公司安全监督站检查和指导，并及时整改和消除隐患。

（四）外脚手架安全事项

1．脚手架的搭设作业规定

（1）脚手杆件不得钢木混搭，钢管脚手架的杆件连接必须使用合格的钢扣件，不得使用铅丝和其他材料绑扎。

（2）在搭设之前，必须对进场的脚手架杆配件进行严格的检查，禁止使用规格和质量不合格的杆配件。

（3）脚手架的搭设作业，必须在统一指挥下，严格按照以下规定程序进行：

1）按施工设计放线、铺垫板、设置底座或标定立杆位置。

2）周边脚手架应从一个角部开始并向两边延伸交圈搭设；"一"字形脚手架应从一端开始并向另一端延伸搭设。

3）应按定位依次竖起立杆，将立杆与纵、横向扫地杆连接固定，然后装设第 1 步的纵向和横向钢管，随校正立杆垂直之后予以固定，并按此要求继续向上搭设。脚手架各杆件相交伸出的端头均大于 10cm，以防止杆件滑脱。

（4）剪刀撑、斜杆等整体拉结杆件和连墙件应随搭升的架子一起及时设置。

（5）脚手架处于顶层连墙点之上的自由高度不得大于 6m。当作业层高出其下连墙件 2 步或 4m 以上、且其上尚无连墙件时，应采取适当的临时撑拉措施。

（6）脚手板或其他作业层板铺板要求

1）脚手板或其他铺板应铺平铺稳，应予绑扎固定。

2）脚手板采用对接平铺时，在对接处，与其下两侧支承横杆的距离应控制在 100～200mm 之间。

3）脚手板采用搭设铺放时，其搭接长度不得小于 200mm，且在搭接段的中部应设有支承横杆。铺板严禁出现端头超出支承横杆 250mm 以上未作固定的探头板。

4）长脚手板采用纵向铺设时，其下支承横杆的间距不得大于：冲压钢脚手板为 1.5m。纵铺脚手板应按以下规定部位与其下支承横杆绑扎固定：脚手架的两端和拐角处；沿板长方向每隔 15～20m；坡道的两端；其他可能发生滑动和翘起的部位。

5）由于内排立杆距结构 20～40cm（若此脚手架作为装修时使用，考虑装修距离），必须在此处的小横杆上满铺脚手板，并且将脚手板用 14 号铁丝绑扎牢固。脚手架的操作面必须满铺脚手板，不得有空隙、探头板和飞跳板。

（7）装设连墙件或其他撑拉杆件时，应注意掌握撑拉的松紧程度，避免引起杆件和整架的显著变形。

（8）工人在架上进行搭设作业时，作业面上宜铺设必要数量的脚手板并予临时固定。工人必须戴安全帽和佩挂安全带。不得单人进行装设较重杆配件和其他易发生失衡、脱手、碰撞、滑跌等不安全的作业。

（9）在搭设中不得随意改变构架设计、减少杆配件设置和对立杆纵距作≥100mm 的构架尺寸放大。确有实际情况，需要对构架作调整和改变时，应提交技术主管人员解决。

（10）脚手板操作面的端头处设 1.2m 高防护栏杆两道，建筑物顶部脚手架要高出屋面 1.0m，高出部分要绑两道护身栏，并立挂安全网。

2．脚手架搭设质量的检查验收规定

(1) 脚手架的验收标准规定

1) 构架结构符合前述的规定和设计要求，个别部位的尺寸变化应在允许的调整范围之内。

2) 节点的连接可靠，其中扣件的拧紧程度应控制在扭力矩达到40~60N·m。

3) 钢脚手架立杆垂直度应不大于1/300，且应同时控制其最大垂直偏差值：当架高不超过20m时为不大于50mm；当架高大于20m时为不大于75mm。

4) 纵向钢平杆的水平偏差应不大于1/250，且全架长的水平偏差值不大于50mm。

5) 作业层铺板、安全防护措施等需符合上述的要求。

(2) 脚手架的验收和日常检查按以下规定进行，检查合格后，方允许投入使用或继续使用：

1) 搭设完毕后；

2) 施工中途停止使用超过15d，在重新使用之前；

3) 在遭受暴风、大雨、大雪、地震等强力因素作用之后；

4) 在使用过程中，发现有显著的变形、沉降、拆除杆件和拉结以及安全隐患存在的情况时。

3. 脚手架使用规定

(1) 作业层每$1m^2$架面上实用的施工荷载（人员、材料和机具重量）不得超过以下的规定值或施工设计值：施工荷载（作业层上人员、器具、材料的重量）的标准值，结构脚手架取$3kN/m^2$；装修脚手架取$2kN/m^2$。

(2) 施工设备单重不得大于1kN，使用人力在架上搬运和安装的构件的自重不得大于2.5kN。

(3) 在架面上设置的材料应码放整齐稳固，不影响施工操作和人员通行。按通行手推车要求搭设的脚手架应确保车道畅通。严禁上架人员在架面上奔跑、退行或倒退拉车。

(4) 作业人员在架上的最大作业高度应以可进行正常操作为度，禁止在架板上加垫器物或单块脚手板以增加操作高度。

(5) 在作业中，禁止随意拆除脚手架的基本构架杆件、整体性杆件、连接紧固件和连墙件。确因操作要求需要临时拆除时，必须经主管人员同意，采取相应弥补措施，并在作业完毕后，及时予以恢复。

(6) 工人在架上作业中，应注意自我安全保护和他人的安全，避免发生碰撞、闪失和落物。严禁在架上嬉闹和坐在栏杆上等不安全处休息。

(7) 人员上下脚手架必须走设安全防护的出入通（梯）道，严禁攀援脚手架上下。

(8) 每班工人上架作业时，应先行检查有无影响安全作业的问题存在，在排除和解决后方许开始作业。在作业中发现有不安全的情况和迹象时，应立即停止作业进行检查，解决以后才能恢复正常作业；发现有异常和危险情况时，应立即通知所有架上人员撤离。

(9) 在每步架的作业完成之后，必须将架上剩余材料物品移至室内；每日收工前应清理架面，垃圾清运出去；在作业期间，应及时清理落入安全网内的材料和物品。在任何情况下，严禁自架上向下抛掷材料物品和倾倒垃圾。

4. 斜马道搭设

斜马道设在外脚手架的四角，采用之字形。马道采用钢管搭设，宽度为1.2m，坡度为1:1.9，拐弯处设置平台，平台宽度为1.2m，马道两侧及平台外围均设置栏杆及挡脚板，栏杆高度为1.2m，挡脚板高度为180mm。马道附着外脚手架设置，其设施只供人员上下。

5. 脚手架的拆除规定

脚手架的拆除作业应按确定的拆除程序进行。连墙件应在位于其上的全部可拆杆件都拆除之后才能拆除。在拆除过程中，凡已松开连接的杆配件应及时拆除运走，避免误扶和误靠已松脱连接的杆件。拆下的杆配件应以安全的方式运出和吊下，严禁向下抛掷。在拆除过程中，应作好配合、协调动作。

6. 环境保护措施

(1) 在搭拆脚手架时，搭设各种杆件要轻拿轻放，严禁向下抛掷，在外脚手架外侧满挂密目安全网、操作层处加设隔声屏，以减小噪声。

(2) 在外脚手架外侧满挂密目安全网，以减小在结构和装修施工阶段由于在一些工序施工过程中粉尘飞扬的现象，降低粉尘向大气中的排放。

(五) 基础施工阶段安全防护

1. 机械管理措施

(1) 建立健全现场机械管理制度，落实机械管理人员，明确其职责。

(2) 所有机械必须由专职操作手操作和维修，持证上岗。严禁非操作人员随意动用机械。

(3) 机械管理人员必须对机手做安全技术交底，并做好记录。

(4) 所有机械做好进场验收，并做好使用及维修保养记录，必须每天检查，确保机械设备的安全使用。操作人员应做好交接班记录。

(5) 土方施工机械和运输车辆在进场前进行彻底的检修和保养，确保施工期间机械的正常运转。土方施工机械必须在牢固、安全的位置作业。

2. 安全防护措施

(1) 降水井成孔后应设孔盖，以免人员、物体坠入。

(2) 泥浆池成形后，周围搭设安全保护栏杆，避免人员跌落坑中。

(3) 基坑开挖必须按照设计方案中的坡度进行开挖，防止出现边坡塌方现象。

(4) 土方开挖后，按现场安全防护要求在距基坑1.5m外封闭搭设不低于1.2m的两道安全防护栏杆，立挂密目安全网，避免人员跌落坑中和积土、料具及施工机械设备距槽边过近。

(5) 在基坑东南角和东北角设置人员上下通道，通道两侧作1.2m高护栏，通道坡度为30°。

3. 文明施工

本工程位于××，机械施工有带水作业，且有多工种多单位交叉施工，因此必须做到文明施工，减少噪声对居民和学生的干扰。

(1) 合理进行施工现场的平面布置，科学合理地挖砌泥浆池沟，科学有序地安排施工顺序，以达到现场有条不紊、干净利落。

(2) 所有车辆、机械进入现场后禁止鸣笛，以减小噪声。

(3) 为保持环境卫生，避免运土车发生遗洒，在现场搭设拍土架，指派专人负责将运土车上的土拍实并盖好帆布，避免路上遗洒。

(4) 在大门出口处设置冲洗车槽，每辆车必冲洗。门口外铺设草帘。

(5) 每天收车后项目经理部指派专人清扫马路，以达到环卫要求。

(6) 施工机械要经常清洗，保证外表干净。

(7) 现场要有 3 台左右的备用潜水泵，遇雨时能及时抽基坑内明水。

(六) 模板工程安全事项

1. 模板支撑

(1) 顶板模板支撑设置

顶板、梁模板面板采用 15mm 厚双面覆膜多层板，采用 50mm×100mm 木方为次搁栅，间距 250mm，下方垂直处平铺 100mm×100mm 木方主搁栅，间距 1200mm。梁高为 650mm 在梁侧为 3 道 50mm×100mm 木方背楞，其他梁侧为 2 道 50mm×100mm 木方背楞。在梁柱接头处对角设置清扫口，并在梁底设一至二个清扫口，以保证在混凝土施工前吹干净木屑等杂物。支撑为碗扣脚手架，立柱间距 1200mm，扫地杆距地 300mm，水平杆间距 1200mm，立柱下部设置 200×200 竹胶板作为垫板。模板支撑按照轴线位置开始排距，确保每层支撑位置统一，以利施工荷载的传递。

(2) 梁模板支撑校核

略。

(3) 顶板模板支撑校核

略。

2. 模板拆除

(1) 墙体、柱模板拆除

墙体、柱模板必须在混凝土强度保证其表面及棱角不因拆除模板受损坏方可进行，即拆模强度达到 1.2MPa。现场可以简易测定方法：用手指稍用力压混凝土，混凝土略有压痕，即达到拆模强度。拆模后必须及时清理干净，集中指定堆放地点，并堆放整齐，以便于周转使用，并作好清理后的模板养护工作。

柱模拆除时，先将模板松动并脱落墙、柱面，使模板远离结构面，并确认所有穿墙螺栓杆拔开方可示意信号工指挥起吊、提升。

(2) 梁、板模板拆除

梁、板混凝土必须达到表 3-9 强度后，经技术部同意方可拆除。

底模拆除时的混凝土强度要求　　表 3-9

结构类型	结构跨度	设计强度标准值百分率%
梁	≤8m	≥75
	>8m	≥100
板	≤2m	≥50
	>2、≤8m	≥75
悬臂构件	—	≥100

(3) 施工荷载传递计算

施工荷载计算：(按层高为 4.200m 计算)

1) 三层顶板恒载：

最不利立杆承自重：4.2×0.0384　　=0.161kN

该立杆承受的木方重：4×0.1×0.1×1　　=0.040kN

该立杆承受的可调托撑重：　　=0.085kN

十字扣件重：　　=0.0135kN

合计： $=0.421kN$

三层顶板施工活荷载：

新浇筑混凝土自重：$25\times1.0\times0.15$ $=3.75kN$

总荷载量：$Q=1.2\times0.421+1.4\times3.75$ $=5.76kN$

2）图纸中提示楼面可承受除楼板自重外活荷载为 $=3.0kN/m^2$

所以二层顶板可承受施工荷载：$3.0\times1.4\times0.7$ $=2.94kN$

3）二层向下传递荷载：$5.76-2.94$ $=2.82kN$

二层顶板模架重： $=0.421kN$

4）一层顶板所能承受施工荷载：3.0×1.4 $=4.20kN$

5）一层顶板承受荷载：$1.2\times0.421+2.82$ $=3.33kN$

因为 $3.33kN<4.20kN$

所以一层顶板达到拆模要求，为了进一步保证混凝土强度上升不受影响，在6m跨梁下设置2000mm间距的钢管回顶支撑。

3．注意事项

（1）作业人员除必须执行作业时间限制，并在作业过程中应自觉减少和消除噪声。

（2）起吊模板挂钩时应用卡环，严禁采用短钢筋拐挂。

（3）模板就位应先将大模板与墙柱拉牢，方可摘钩。

（4）拆除模板应确认所有穿墙螺栓杆拔开方可示意信号工指挥起吊。

（5）拆除楼板顶板时应一边拆支撑一边拆模板，禁止一次性拆完支撑。

（6）利用卸料平台垂直转运模板，料不得超过围栏或踩围护栏杆工作，起吊模板时，配合人员必须离开平台。

（7）大模板在工地加工成型后，下面用木方垫平，防止变形，并应对模板型号、数量进行清点、编号，并用钢管搭好架子，模板双向立起堆放，角度为68度左右，堆放于现场施工段内，便于吊装，模板上部要与模板架临时固定。

（七）重要劳动防护用品及其他区域的安全防护

1．重要劳动防护用品的监管

（1）重要劳动防护用品管理

1）重要劳动防护用品范围：

安全网：水平安全网、密目式安全网；安全带：常用安全带、防坠器；安全帽；漏电断路器；配电箱、开关箱；临时用电的电缆、电源线；脚手架扣件；安全标志。

2）整个工程施工重要防护用品使用管理按《××集团重要劳动防护用品定点使用管理办法》执行。

（2）重要劳动防护用品监督控制

1）由局集团安全部实行认定厂家认定产品的监督控制办法，由项目经理部安全总监进行监督，各协力队伍可从中选择认定厂家的认定产品。

2）项目经理部安全部负责对本工程项目重要劳动防护用品进行验收，并对使用和管理等实施检查监督。

3）工程项目对工程进行专向分包时，必须同时就劳动保护和保健做相应的要求，劳动保护及保健的费用必须由总分包双方在合同（或协议）中做明确划分。

4）项目经理部安全部对本工程项目重要劳动防护用品和保健执行情况进行经常性的检查和监督，发现问题应立即解决或上报解决。

2．其他区域的安全防护

（1）结构入口处防护架

本工程在东侧中部设一个人员入口，外架与防护架分别搭设，防护架所用材质与脚手架材质相同，人员入口防护架架高 3m，宽 6m，长 6m（从建筑物外边到防护架外边的距离）。立杆间距 1.5m，步距 1.5m，每排架设剪刀撑，外排架设扫地杆和斜支撑，防护架上满铺双层木脚手板，每排架立挂密目安全网。

（2）西侧人行通道防护架

本工程西侧为北侧家属区出入的一条主要通道，由于塔式起重机尾部已伸出外墙。为保证过往行人的安全，在塔式起重机尾部所覆盖的区域搭设防护架，防护架长度为 20m，宽度为 8m。防护架立杆间距 1800mm，水平杆间距 1400mm，防护架内部净高 5025mm（满足消防通道的要求）。防护架上铺 15mm 厚多层板和一层彩条布。

（3）人员入口防护

本工程在东侧中部设一个人员入口，外架与防护架分别搭设，防护架所用材质与脚手架材质相同，人员入口防护架架高 3m，宽 6m，长 6m（从建筑物外边到防护架外边的距离）。立杆间距 1.5m，步距 1.5m，每排架设剪刀撑，外排架设扫地杆和斜支撑，防护架上满铺双层木脚手板，每排架立挂密目安全网。

（4）洞口防护

本工程施工中 150cm×150cm 以上的洞口，四周必须用钢管搭设围护架，并设双道防护栏杆，洞口中间支挂水平安全网，网的四周要栓挂牢固、严密。墙面等处的竖向洞口，凡落地的洞口应绑防护栏杆，下设挡脚板。低于 80cm 的竖向洞口，应加设 1.2m 高的临时防护栏。洞口必须按规定设置照明装置和安全标志。见图 3-2。

小于 150cm×150cm 的洞口，洞内钢筋禁止切断，采用洞上盖竹胶板，并做 100mm 厚水泥砂浆盖板的作法进行洞口封闭。

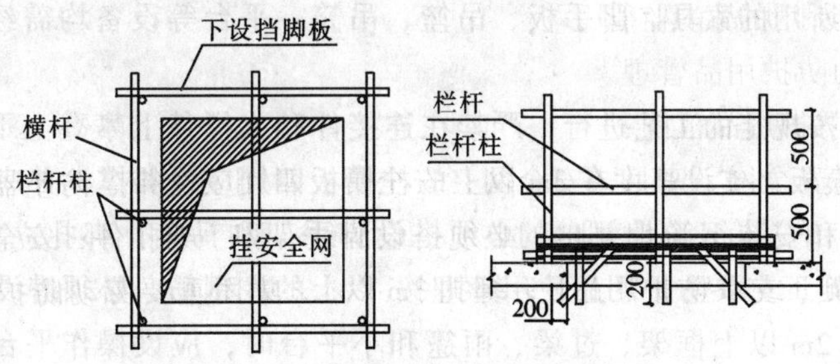

图 3-2 洞口防护架示意图（单位：mm）

（5）电梯井防护

电梯井口必须设不低于 1.2m 的金属防护门，井内首层和首层以上每隔 10m 设一道水平安全网，安全网应封闭严密。电梯井内不得做垂直运输通道和垃圾通道。电梯井防护门底部设 15～20cm 高的挡脚板（见图 3-3）。

（6）楼梯防护

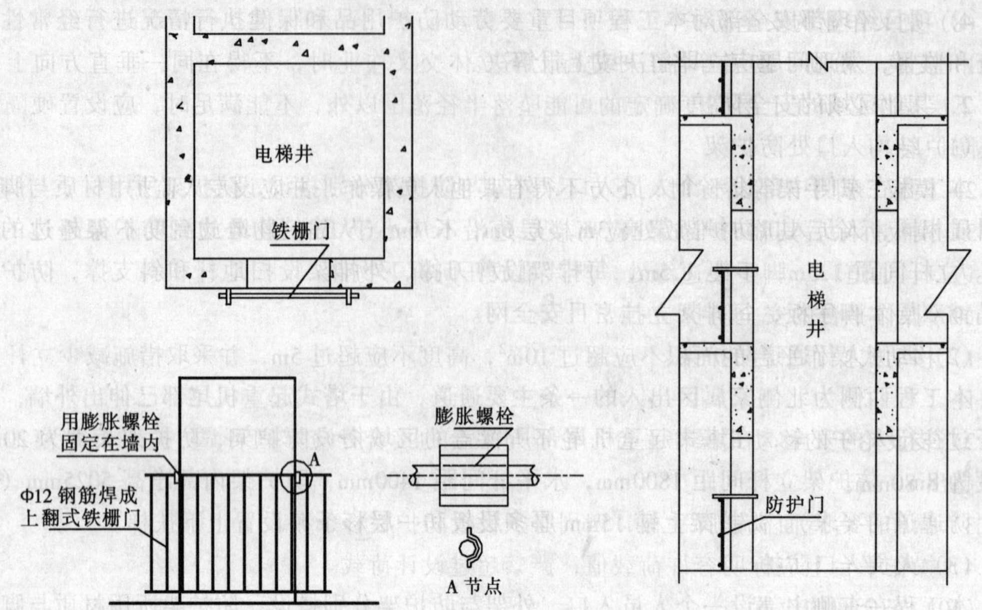

图 3-3　电梯井防护示意图

分层施工的楼梯口、梯段边及休息平台处必须安装不低于 1.2m 的临时护栏。顶层楼梯口应随工程结构进度安装正式防护栏杆。回转式楼梯间沿梯段的方向铺设安全网，与两侧的防护栏杆拉接固定。

(7) 悬空作业安全防护

1) 在楼板临边和屋面上 500mm 高女儿墙处要用钢管搭设 1200mm 高临时护栏，并罩有安全网。

2) 悬空作业处应有牢靠的立足处，并必须视具体情况，配置防护栏网、栏杆或其他安全设施。

3) 悬空作业所用的索具、脚手板、吊篮、吊笼、平台等设备均需经过技术鉴定或验证后方可使用。

4) 支模板应按规定的工艺进行，严禁在连接件和支撑件上攀登上下，并严禁在同一垂直面上装、拆模板。支设高度在 3m 以上的柱模板四周应设斜撑，并应设立操作平台。

5) 绑扎钢筋和安装钢筋骨架时，必须搭设脚手架和马凳。绑扎立柱和墙体钢筋时，不得站在钢筋骨架上或攀登骨架上下，绑扎 3m 以上的柱钢筋，必须搭设操作平台。

6) 浇筑离地 2m 以上框架、过梁、雨篷和小平台时，应设操作平台，不得直接站在模板或支撑件上操作。

7) 悬空进行门窗作业时，严禁操作人员站在樘子、阳台栏板上操作，操作人员的重心应位于室内不得在窗台上站立。

8) 特殊情况下如无可靠的安全设施，必须系好安全带并扣好保险钩。

9) 预应力张拉区域应标示明显的安全标志，禁止非操作人员进入。张拉钢筋的两端必须设置挡板。挡板应距所张拉钢筋的端部 1.5 ~ 2m，且应高出最上一组张拉钢筋 0.5m，其宽度应距张拉钢筋两外侧各不小于 1m。

(8) 交叉作业的安全防护

1) 支模、粉刷、砌墙等各工种进行上下立体交叉作业时，不得在同一垂直方向上操作。下层操作必须在上层高度确定的可能坠落半径范围以外，不能满足时，应设置硬隔离安全防护层。

2) 模板、脚手架等拆除时，下方不得有其他人员操作，并应设专人监护。

3) 模板拆除后其临时堆放处应离楼层边沿不应小于 1m，且堆放高度不得超过 1m。楼层边口、通道口、脚手架边缘处，严禁堆放任何拆下物件。

(9) 操作平台的安全防护

1) 移动式操作平台的面积不应超过 $10m^2$，高度不应超过 5m，并采取措施减少立柱的长细比。

2) 装设轮子的移动式操作平台，轮子与平台的接合处应牢固可靠，立柱底端离地面不得超出 80mm。

3) 操作平台台面满铺脚手板，四周必须设置防护栏杆，并设置上下扶梯。

4) 操作平台上应标明容许荷载值，严禁超过设计荷载。

(10) 安全网的设置

安全网采用经国家指定的监督检验部门鉴定许可的厂家产品，同时应具备监督检验部门批量验证和工厂检验合格证，安全网力学性能符合《安全网力学性能试验方法》(GB 5726—88)。

架设外围安全网时，其伸出宽度从墙外皮向外为 6m，使用规格 3.0m×6.0m，网眼为 100mm×100mm 的菱形网。每隔一定距离用拉绳将斜杆拉牢。

搭设时严格避免产生间隙和漏洞，首层顶部设一道安全网。

施工过程中经常要对安全网进行检查和维修，每块支设好的安全网应能承受不小于 1600N 的冲击荷载。

外排架内侧挂绿色密目安全网，操作层底部满挂大眼网，且满铺钢跳板。由于建筑物北侧为居民，为减少噪声扰民，在北侧外脚手架作业层外侧还需悬挂隔声布，以降低施工噪声。

(八) 临电安全防护

1. 临电施工

(1) 电缆铺设

根据临电平面布置图，从配电室到一级配电箱、一级到二级电箱的电缆在围墙附近、临建周边埋地敷设，埋深 0.8m，电缆上下各铺 10cm 细砂，再满铺宽 240mm 的红机砖一层。电缆过大门或穿越道路时穿钢套管保护。所有电箱下电缆经 150mm 钢管引入施工作业面，塔式起重机应直接从一级箱引入，不设置中间电箱。

(2) 电箱布置

1) 所有电箱应保证完好，器具无尘土，接地可靠；

2) 严格区分电箱等级，确保"三级配电两级保护"，为方便使用，电箱应编号喷涂于门上，并做好检查维修记录，具体如下：S…2…1→电箱序号；三极电箱以此类推；

(3) 作业面临电布置

1) 电缆从二级电箱引至施工作业面或结构一层，从建筑内的风洞处引电缆至作业面，并设三级电箱（带外插孔式活动电箱）电缆在每个三级电箱处预留 2.5m，盘于电箱下，三级电箱应隔层设置，电箱应置于风洞边，并要求不允许随意搬动。

2）在装修施工时，考虑到风洞的砌筑，每个电缆在接线前要加塑料套管，以备装修施工时电缆过墙使用。

3）在加工区及设备使用处（塔式起重机除外）不能将设备直接和二级电箱连接，必须设置三级电箱，手提工具应加设手提电箱，确保“一闸一机”，使用安全。

(4) 办公楼临电设置

1）办公楼处设二级电箱；

2）办公室电源由二级电箱从办公楼外侧窗上口引入，室内设 PVC 电管明装，每两间办公室一个回路，尽量做到三箱平衡；

3）办公室内设空调和加热器共同使用的三孔插座一个，二三孔普通插座两个分别位于两面墙上，空调插座不低于 1.8m，普通插座距地 300mm，为方便电脑的使用，在技术协调部和商务部各增设二三孔普通插座两个；

4）每间办公室均安装双管日光灯（40W×2），开关距地 1.4m，使用跷板式开关；

5）卫生间临电设置。男女厕配吸顶灯，并配置排气扇，由距地 1.4m 双联开关控制。

(5) 地下室及施工通道、生活区照明

1）分别在南北两侧及东侧设置低压变电器，取 36V 输出；

2）36V 电压供地下室施工照明及楼梯间照明使用，配备低压电线。

2. 施工技术要求

(1) 本工程按 JGJ 46—88《施工现场临时用电安全技术规范》的有关规定进行施工。所有电箱必须是公司指定产品。

(2) 本工程使用临时配电箱应符合北京市有关临时用电管理规定，配电箱符合三相五线制接零保护系统 TN-S 要求。

(3) 二级配电箱处 PE 线各做一组重复接地。接地极采用 50×50×5 镀锌角钢，接地极每根长度 2.5m，间距 5.0m，接地电阻小于 10Ω，塔式起重机接地电阻小于 4Ω。

(4) 二级配电箱的漏电开关的动作电流 30mA，动作时间应为小于 0.1s。

(5) 开关箱内的用电设备不可一闸多用，固定式设备应有各自的开关箱，严禁一个开关电器控制两台以上的用电设备（含插座）以保证安全。

(6) 电缆敷设前要检查表面有无损伤，型号、截面是否符合设计要求，施工前做耐压试验，电缆敷设时弯曲半径不小于外径的十倍，围墙上每隔 30m 应设警告牌，写明“下有电缆”并注明埋深，在大门口及电缆弯曲处应加设警告牌。

3. 临电安全措施

(1) 安全用电措施

1）非安全电压线路穿墙体须留洞进入楼层。

2）楼层照明灯具高度必须大于 1.9m。

3）楼层配电箱必须安放在干燥通风部位。

4）电缆穿越建筑物、构筑物、道路、易受机械损伤的场所及引出地面 2m 至地下 0.2m 处，必须加设防护套管。固定机械的电源电缆沿地面敷设时应穿管并埋地。现场所有埋地电缆，地面必须有电标桩，并指明走向。

5）电缆接头要牢固、可靠，并用绝缘物包扎，不得承受张力。接头应设在地面上的专用接线盒内，接线盒应能防水、防尘、防机械损伤，并应远离易燃、易爆、易腐场所。

6）配电系统应实行分级配电，即分为总配电箱，分配电箱和开关箱三级。动力配电箱与照明配电箱分别设置，以保证发生火灾等紧急情况时，保证现场照明不间断。

7）配电箱采用外插式、加锁，不得随意打开。配电箱应安装牢固，便于操作。

8）施工现场的电气设备应实行两级漏电保护，即在总配电箱和开关箱内设置漏电保护器。

9）施工现场的电动建筑机械、手持电动工具和用电安全装置必须符合相应的国家标准、专业标准和安全技术规程，并应有产品合格证和使用说明书。

10）所有电气设备的外露导电部分，均应作保护接零。对产生振动的设备其保护零线的连接点不少于两处。

11）电器防火设施器具齐备，如配备二氧化碳灭火器、手提式灭火器、砂子等。

12）机电起重设备的操作人员进行定期培训考核，并签发作业合格证，持证上岗。

13）进行安全用电交底，及时落实安全技术措施，对现场不安全隐患尽早排除，避免违章操作。

14）线路穿墙时须加套管保护，导线连接处应包扎绝缘，线路对地电阻不应小于0.5Ω。

15）办公楼照明线路采用1.5铜线，插座采用2.5铜线，确保安全可靠。

16）临电施工应做好以下记录并备案建档：

①电缆绝缘遥测记录；电线绝缘遥测记录；

②配电箱编号及维修检查记录；

③电工值班及安全记录；

④临电故障及事故记录；

⑤绝缘电阻遥测记录（上报公司）。

17）电焊机使用规定：

①电焊机应单独设开关，并设漏电保护装置；

②电焊机应放置在防雨、防砸的地点，下方不得有堆土和积水。周围不得堆放易燃、易爆物品及其他杂物；

③电焊机一次线长度应小于5m，二次线长度应小于30m，两侧接线应压接牢固，并安装可靠防护罩，焊机二次线宜采用YHS型橡皮护套铜芯多股软电缆。中间不得超过一处接头，接头及破皮处应用绝缘胶布包扎严密；

④电焊机把线和回路零线必须双线到位，不得借用金属管道，金属脚手架、钢盘等作回路地线。二次线不得泡在水中，不得压在物料下方；

⑤焊工必须按规定穿戴防护用品，持证上岗。

18）照明：

①地下室内照明采用绝缘铜芯电线按要求路线固定于楼板下方。地下室、楼梯间及潮湿部位照明采用低于36V的安全电压。

②一般场所的照明应在电源侧装设漏电保护器，并应有分路开关和熔断器。照明灯具的金属外壳和金属支架必须作保护接零。金属支架的手持部位必须包缠绝缘材料。

③室外镝灯等使用的自镇器应有防雨、防尘、防砸措施，镝灯上采用镀锌铁皮搭设防护棚。

(2) 电器防火措施

1) 严禁带电搬移配电箱。现场备1222干粉灭火器，并定期检查完好。

2) 电气接线不得有压接不实现象，以免打火。

3) 使用足够截面的电缆线，避免电缆发热引起火灾。

4) 电气失火必须拉闸断电以防止火势蔓延。

(3) 电工安全操作

1) 从事电器作业人员必须持有效维护电工操作证件上岗，认真执行安全操作规程

2) 施工现场严禁带电作业，停电操作时必须悬挂“禁止合闸、有人操作”安全标志。

3) 从事电器操作应有两名电工共同承担。

4) 夜间施工应有足够的照明。

5) 严格执行作业范围规定，严禁违章作业。

6) 电工作业前必须穿戴符合要求的劳动保护用品，并使用基本安全用具及必要工具。

7) 每班前巡视检查一次，重点检查线路保护，漏电开关及保护零线完好，作好交接班，接班电工未到时值班电工不得离开岗位。

8) 作好电工值班记录，电工检查复查记录。

9) 定期检测重复接地和保护接地电阻值，其中重复接地不大于10Ω，保护接地不大于4Ω。

10) 停电时设备必须拉闸断电，配电箱加锁。

(九) 龙门架注意事项

1．龙门架安装技术要求

(1) 安装前必须作好一切准备工作，清点零、部件数量，检查构件焊缝，标准件的质量等。

(2) 安装时必须有专人指挥，所有操作人员必须服从指挥，精神集中，必须戴安全帽和安全带等安全用品，门架下和立柱周围5m内禁止站人，以防物体跌落伤人，5级风以上禁止安装作业。

(3) 底柱立好后应加临时支撑，组装立柱（标准节）时应逐层与脚手架连接。

(4) 用倒链提升操作平台时必须加保险绳，滑架下加保险杠，提升时要精神集中，小心谨慎。

(5) 工件与零件传递不得扔抛，需放到工具袋中上下传递。严禁整体安装。

(6) 龙门架安装完毕应组织有关部门验收，试吊重量为设计荷载的125%。验收合格后方可使用，龙门架荷重1.5t，天梁下面4m处必须安装高度限位器。

(7) 龙门架初期安装高度12m，不需要附墙。龙门架通过自升来满足使用要求。需要附墙必须按《龙门架安拆方案》要求进行，在相应的建筑物楼层用ϕ48钢管、扣件与建筑物连接。

(8) 在安装过程中必须注意控制龙门架架身垂直度在0.15%内；两导轨平行度偏差不大于5mm；标准节接头处阶差小于1mm；各连接螺栓必须紧固。

(9) 龙门架使用高度等于或低于24m，不需要拉结缆风绳，通过架体外侧全封闭脚手

架及地锚压重，在5级风载下可保证垂直提升物料，使用高度超过24m时，必须拉结缆风绳。

(10) 龙门架卷扬机安装必须安装在平整结实的地面上，且卷扬机距离龙门架架身合理距离（不低于卷扬机卷筒长度的20倍），以保证驾驶员视野良好为宜，卷扬机与地连接必须牢实（必须做两水平地锚，地锚用一根ϕ240mm，长2500mm横置木埋置1.7m深度，上用土填压夯实，木材的容许应力为11MPa，填土密度为1600kg/m^3），并搭设卷扬机防护棚。

2．龙门架拆除说明

龙门架拆除要用作业滑架和操作平台，使用时要注意安全。拆除龙门架时严防整体拆卸，应该自上而下逐层拆除，不得先拆除上料平台。

3．安全施工措施

(1) 基础表面水平度的控制在1%内。

(2) 必须严格执行方案中的龙门架安拆技术要求。

(3) 操作人员必须按照SAB150型门架要求进行操作与施工。

(4) 龙门架架身纵横两方向轴线偏差不超过1.5‰。

(5) 经验收和试车合格后，方能交付使用。

(6) 水平地锚横置木容许应力为11MPa，填土密度为1600kg/m^3。

(7) 在龙门架材料进口处搭设防护棚，并在龙门架升降平台到建筑物出入口之间搭设卸料平台，卸料平台两侧设置防护栏杆，并在进料口和卸料平台上设置用钢筋加工制作的定型防护门，并在防护门上悬挂限载标志。

(8) 龙门架架体外侧用立网密闭防护。

4．操作使用及注意事项

(1) 操作者必须持主管部门颁发的操作上岗证，熟悉本设备技术性能，能熟练掌握卷扬机操作，注意及时停机，拉断总闸，严禁冲顶和冲底事故。

(2) 安全装置——停层控制、超载、超高限位必须由专人管理，并按规定进行调试检查，保持灵敏可靠，不许带病作业。一般情况下，每月及暴雨后，需对架体基础、钢丝绳磨损程度、楔块抱闸、所有销轴、滚动轮、紧固件、各种弹簧、卷扬机等易损和关键部件及立柱垂直度进行一次全面检查，发现问题及时维修。

(3) 导轨表面严禁涂抹任何油脂，以防抱闸失灵。

(4) 升降吊篮每班首次作业时，应作空载及满载试运行，检查制动灵敏可靠后方可投入运行。

(5) 吊篮内铺设不小于5cm厚木板，铺满、铺严。吊篮载物升降时，应使载荷均匀分布，严禁超载、偏载运行，禁止载人运行。

(6) 吊篮停靠就位，联络信号要做到准确无误。

(7) 吊篮停好后再打开防护门，防护门开启支稳后方可上人卸料。吊篮下降时，首先必须关好防护门，插好销轴后，再明确联络信号。

(8) 安装时，专职的操作机手参加安装调试，以便进行使用和调整维护的技术交底。

(9) 禁止在5级风以上作业，严禁非操作人员启动卷扬机。

(10) 收班时应放下吊篮，严禁将吊篮搁置在空中长时间停放，并要拉闸断电，锁好电源箱。

（十）塔式起重机注意事项

本工程共安装两台塔式起重机以满足工程施工的需要，1号塔为ST70/30轨道行走式基础安装，轨道总长度12（双）m，标准节共计10节，吊钩高度39m（相对于±0），2号塔为ST50/15固定式基础安装，标准节共计12节，吊钩高度33m（相对于±0）。

1．轨道行走式1号塔

（1）铺设路基时由专人负责，以保证施工质量。

（2）路基旁必须设600mm宽排水沟。

（3）对路基基础进行钎探，以了解地基承载力是否满足塔式起重机的安装施工要求，路基不允许铺设在暗沟、防空洞等地下建筑物上和冻土层上。

（4）路基高出地面250mm，路基下部回填1200mm厚的3:7灰土，以保证塔基基础承载力≥16t/m^2。

（5）道渣石应采用40～60mm的碎石要整平捣实添满枕木间隙。

（6）轨道纵横向坡度不得大于1‰。

（7）两条轨道的接头必须错开1.5m以上，钢轨接头间隙不大于4mm，接头应架在枕木上，不得悬空，两端高差不得大于2mm。

（8）轨距偏差不得超过±3mm。

（9）轨道每隔6m必须设一个轨距拉杆。

（10）距轨道两端1m处轨面上设缓冲止挡装置，其止挡高度应大于塔机行走半径尺寸。

（11）轨道端部必须安装机械式的行走限位止挡装置，其止挡装置应达到限位器动作停车后距轨端缓冲止挡装置不小于1.5m。

（12）轨道两端必须设接地装置，较长的轨道每隔20m应设一接地装置，两轨之间的接地要有一定的截面尺寸，接地电阻不得大于4Ω。

2．固定式2号塔

（1）在相应位置上开挖塔机基坑，塔基坑大小为5.6m×5.6m，塔基础与建筑物底板标高相同，厚度1.45m，对塔机基础附近的地下部分进行钎探，查明地底下是否有不实结构（如防空洞、化粪池等）以及地下物质运输管道（如煤气管道、水管等），计算坑底土层承载力是否不小于16t/m^2。

（2）制作塔机基础素混凝土垫层5.6m×5.6m×0.1m，垫层素混凝土强度等级不小于C10，垫层要求平整，水平度控制在0.2%，混凝土垫层达到强度达到60%，方可进行基础预埋工序。

（3）标1.6m×1.6m的正方形，此正方形中心必须与5.6m×5.6m×0.1m素混凝土垫层中心重合。

（4）安放马镫、预埋节，并用斜铁找平。预埋节檐口水平度控制在1‰内，达到要求后将马镫、斜铁及预埋节焊好，以免由于后面工序的操作，动摇了已经调整好的水平度。

（5）将接地电阻与预埋节焊接好，并将接地电阻的另一端插于土层里，接地电阻不得大于4Ω。

（6）绑扎塔机基础钢筋后再次测试马镫、预埋节的垂直度，直到其垂直度控制在规定的范围以内，作好测量记录。

(7) 浇筑混凝土过程中必须随时监测预埋节檐口水平度，如有变化，则随时进行调整，确保塔式起重机预埋节檐口水平。

3. 塔式起重机现场维护规定

(1) 塔式起重机司机必须经常地对塔式起重机进行日常检查和维护保养。

(2) 塔式起重机由专职修理工对塔式起重机故障进行维修。

(3) 每月必须集中对塔式起重机进行两次不小于 4h 的维护保养。

(4) 每月或连续大雨后，应及时对轨道基础进行全面检查，检查内容包括：轨道偏差，钢轨顶面的倾斜度，轨道基础的弹性沉陷，钢轨的不直度及轨道的通过性能等。对混凝土基础，应检查其是否有不均匀的沉降。

4. 安全规程

(1) 拆装工及带班工长必须熟悉相同型号的塔机安全规程及本工种的安全操作规程。

(2) 塔式起重机司机、塔式起重机拆装人员以及塔式起重机指挥都必须持有市级劳动部门签发的特殊工种操作证。

(3) 塔式起重机司机每班作业前都必须对设备进行例行检查，塔式起重机的各项安全限位必须齐全可靠。

(4) 塔身标准节之间的连接销及其他任何部件之间的连接销都必须穿开口销。

(5) 塔身垂直度偏差不大于 4‰。

(6) 高空作业严禁物体坠落。

(7) 作业中如遇 6 级风以上大风或阵风，应立即停止作业，将小车收回到交错区域以外，锁紧夹轨器，将回转机构的制动器完全松开，起重臂应能随风转动。风力在 4 级风及以上时，不得进行升降作业，在升降作业中风力突然增大到 4 级时必须立即停止，并应紧固上、下塔身各连接螺栓。

(8) 安拆作业现场必须设置不小于 $20m \times 20m$ 的安全作业区。

(9) 现场东西各安装一台塔式起重机，两塔的塔臂交错范围为 $452m^2$，最大交错距离为 12m，在两台塔式起重机起吊重物时应将重物避开交错区域 2m 以上，当需向交错区域内吊放物品时，塔司和信号工必须注意另一台塔式起重机的运转方向和起吊物品的高度。

(10) 操作人员在作业前必须对工作现场环境、行驶道路、架空电线、建筑物以及构件重量和分布情况进行全面了解。

(11) 现场施工负责人应为起重机作业提供足够的工作场地，清除或避开起重臂起落及回转半径内的障碍物。

(12) 在起重臂、吊钩、平衡重等转动体上应标以鲜明的色彩标志。

(13) 起重吊装的指挥人员必须持证上岗，作业时应与操作人员密切配合，执行规定的指挥信号。操作人员应按照指挥人员的信号进行作业，当信号不清或错误时，操作人员可拒绝执行。

(14) 操纵室远离地面的起重机，在正常指挥发生困难时，地面及作业层（高空）的指挥人员均应采用对讲机等有效的通讯联络进行指挥。

(15) 在露天有 6 级及以上大风或大雨、大雪、大雾等恶劣天气时，应停止起重吊装作业。雨雪过后作业前，应先试吊，确认制动器灵敏可靠后方可进行作业。

(16) 起重机的变幅指示器、力矩限制器、起重量限制器以及各种行程限位开关等安全保护装置，应完好齐全、灵敏可靠，不得随意调整或拆除。严禁利用限制器和限位装置代替操纵机构。

(17) 起重机作业时，起重臂和重物下方严禁有人停留、工作或通过。重物吊运时，严禁从人上方通过。严禁用起重机载运人员。

(18) 严禁使用起重机进行斜拉、斜吊和起吊地下埋设或凝固在地面上的重物以及其他不明重量的物体。现场浇筑的混凝土构件或模板，必须全部松动后方可起吊。

(19) 起吊重物应绑扎平稳、牢固，不得在重物上再堆放或悬挂零星物件。易散落物件应使用吊笼栅栏固定后方可起吊。标有绑扎位置的物件，应按标记绑扎后起吊。吊索与物件的夹角宜采用45°~60°，且不得小于30°，吊索与物件夹角之间应加垫块。

(20) 起吊载荷达到起重机额定起重量的90%及以上时，应先将重物吊离地面200~500mm后，检查起重机的稳定性，制动器的可靠性，重物的平稳性，绑扎的牢固性，确认无误后方可继续起吊、对易晃动的重物应拴拉绳。

(21) 重物起升和下降速度应平稳、均匀，不得突然制动。左右回转应平稳，当回转未停稳前不得作反向动作。非重力下降式起重机，不得带载自由下降。

(22) 严禁起吊重物长时间悬挂在空中，作业中遇突发故障，应采取措施将重物降落到安全地方，并关闭发动机或切断电源后进行检修。在突然停电时，应立即把所有控制器拨到零位，断开电源总开关，并采取措施使重物降到地面。

(23) 起重机使用的钢丝绳，应有钢丝绳制造厂签发的产品技术性能和质量的证明文件。当无证明文件时，必须经过试验合格后方可使用。

(24) 起重机使用的钢丝绳，其结构形式、规格及强度应符合该型起重机使用说明书的要求。钢丝绳与卷筒应连接牢固，放出钢丝绳时，卷筒上应至少保留三圈，收放钢丝绳时应防止钢丝绳打环、扭结、弯折和乱绳，不得使用扭结、变形的钢丝绳。使用编结的钢丝绳，其编结部分在运行中不得通过卷筒和滑轮。

(25) 钢丝绳采用编结固接时，编结部分的长度不得小于钢丝绳直径的20倍，并不应小于300m，其编结部分应捆扎细钢丝。当采用绳卡固接时，应使用与钢丝绳直径匹配的绳卡的规格。最后一个绳卡距绳头的长度不得小于140mm。绳卡滑鞍（夹板）应在钢丝绳承载时受力的一侧，"U"螺栓应在钢丝绳的尾端，不得正反交错。绳卡初次固定后，应待钢丝绳受力后再度紧固，并宜拧紧到使两绳直径高度压扁1/3。作业中应经常检查紧固情况。

(26) 向转动的卷筒上缠绕钢丝绳时，不得用手拉或脚踩来引导钢丝绳。钢丝绳涂抹润滑脂，必须在停止运转后进行。

(27) 塔式起重机作业严格执行交底、十不吊的规定。

（十一）施工机具注意事项

略

（十二）意外事件紧急处理

1．现场意外事件紧急处理

(1) 工地突发因工重伤、死亡事故，经理部安全部必须立即组织抢救伤员，保护现场，并以最快方式向经理部直接领导和公司安全监督站报告简要情况。

(2) 如认定重伤或死亡事故，由经理部负责保护事故现场，绘制事故现场平面图、立体图，并提供有关资料。

(3) 由经理部安全部填写事故快报。

(4) 各级人员认真配合上级和政府主管部门人员勘察现场，开展事故调查。

(5) 重伤调查事故由项目经理部组织事故调查组，并在10天内提出事故报告报公司安全监督站。

(6) 轻伤事故由安全部调查分析并报告。

(7) 机械事故报工程管理部，因机械事故伤及人员的，报机械部门的同时报公司安全监督站。

(8) 经理部发生重伤事故，主管安全生产工作经理要采取组织会议等多种方法通报事故经过、原因，提出改进措施，吸取教训，强化安全生产管理，预防同类事故重复发生或其他事故的再发生。

(9) 如事件发生在夜间，须由经理部夜间值班人员紧急上报经理部有关人员。

2. 因工发生伤亡事故的应急处理

(1) 急救中心及医疗单位联系方法见表3-10。

医疗机构联系方法　表3-10

急救医院名称	联系电话
★北京急救中心	120、66014433（总机）
××急救站	××

(2) 急救首选医院具体方案

1) 项目经理部管理人员接到因工伤害事故报告后，应立即组织抢救受伤人员，指导现场急救或送专门医院抢救，并组织人员救险，防止险情扩大；

2) 必须根据具体受伤部位需送相应医院，其指导原则为尽最大努力减少拖延时间，保证抢救及时，把损失降低到最低限度；

3) 根据表3-10所列医院顺序选出最佳急救方案；

4) 表中所列联系电话均为该医院总机电话；

5) 如现场无应急车辆，须打“120”请求急救车；

6) 若医院路线不清，可要求“120”急救车送往指定医院。

7) 伤员送往医院过程中，必须由项目经理部管理人员相陪（夜间施工由值班人员相陪）以避免产生不必要的麻烦。并保护好现场，及时通报经理部有关领导及安全人员。

3. 因工伤亡事故报告、调查与处理

(1) 因工伤亡事故报告

1) 项目发生因工伤害事故，应严格执行逐级报告制度。发生重伤以上（含重伤）（下同）事故，必须立即报告公司主管领导及安全监督部；

2) 项目经理部主管领导接到因工伤害事故报告后，应立即组织抢救受伤人员，指导现场急救或送专门医院抢救，并组织人员救险，防止险情扩大；

3) 项目经理指令有关人员保护事故现场，组织有关部门配合安全总监准备接受上级调查人员的现场调查。

(2) 因工伤亡事故调查与处理

1) 公司安全监督部赶赴现场，协助项目经理部接受政府部门的现场调查与勘察。负伤人员因抢救无效死亡的还须报告当地公安部门，并接受其调查与现场勘察；

2) 项目经理部负责提供安全事故的有关资料、证件及相关证人，接受政府部门及执法部门的调查；

3）经政府劳动部门依据调查确定了事故责任方后，由责任方填写事故快报；

4）项目成立事故调查组按程序开展调查分析，在事故发生后20d内写出事故调查报告及相关附件上报；

5）按事故报告分析提出的防止重复事故发生的措施，由项目经理部组织整改。

(3) 因工伤亡事故的处理

1）轻伤事故由项目经理部将处理意见报公司安全监督部备案；

2）重伤以上事故，项目经理部提出事故报告处理意见报公司事故调查组，经局安全部报北京市政府部门批复后，按批复文件进行处理。

4．对违章人员和事故责任者的处罚

(1) 处罚范围

1）违章指挥或经项目经理部安全总监及以上专职监督部门下达隐患整改通知令在整改限期内不予纠正，致使作业人员仍处于不安全环境的；

2）违章操作，不严格执行安全技术交底要求，违反公司《施工现场作业工人安全操作规定》，其操作行为有可能导致如下后果的：自身或他人受到伤害；机械设备受到损坏、损失；有可能诱发火警火灾及压力容器爆炸；引起化学中毒、窒息伤害的。

3）违反劳动纪律，不服从管理指令或作业指导书要求，不按规定配戴劳动防护用品；破坏现场防护设施、设备以及在劳动过程中酗酒等。

(2) 处罚

1）凡发生上述情况或对隐患整改不力造成一般事故的，监督检查人员可视其情节给予教育、警告、通报或罚款，罚款金额暂定为500~5000元。

2）重伤1人事故或机械设备损失2万元以下，火灾事故损失2万元以下，急性中毒3人以下：①对直接责任人罚款上限2000元；②对直接管理责任者罚款上限1000元；③对直接领导负责人罚款上限500元；

3）重复发生事故对直接管理责任者以上人员加倍罚款。

(十三) 文明施工

1．现场封闭管理

略。

2．临时场地

略。

3．环境卫生保护措施

由于施工现场北侧为居民楼，距现场较近，所以在现场北侧搭设降噪围挡，降噪围挡高10m、长132m，满挂消声布。

在现场北侧大门口设置沉淀池，出场地车辆必须经过冲洗，避免将尘土、泥浆带到场外，运输散装材料的车辆，车厢后封闭，避免撒落。

专人负责现场道路及大门出入口的清扫工作，并经常洒水，防止扬尘，现场内的道路必须压实，表面铺一层豆石混凝土，防止雨季产生泥浆。在现场的东侧设垃圾站，定期进行清运。

行政部抓好办公、生产区域的环境卫生工作，设置专门的生活垃圾回收站，每日有专人清理宿舍，临时宿所要专人每日清扫。

4．现场料具管理

现场料具管理是施工现场管理的重要内容，也是场容场貌的具体体现，现场料具的管理到位对减少安全隐患，降低施工成本起着关键作用。

根据现场平面布置图，各种料具应按指定位置存放，并分规格码放整齐、稳固，做到一头齐，一条线。

施工现场的机具保管中，应依据材料性能采取必要的防雨、防潮、防冻、防火、防爆、防损坏等措施，贵重物品、易燃、易爆和有毒物品应及时入库，专库专管，加设明显标志，严格执行领退料手续。

进入装修阶段后，现场将进入大量砌块，在码放时注意实心砖应成丁、成行，高度不得超过1.5m，空心砌块码放高度不得超过1.8m。

模板要存放在专用的堆放架内，木方、木制多层板必须按规格码放整齐。对于超高堆放的木方和模板应在四角设置缆风绳、地锚，以防止材料倾倒。

5．消防保卫措施

由于本工程所处的特殊地理位置，又受现场条件限制，在施工生产全过程中必须认真贯彻实施“预防为主、防消结合”的方针，确保在我项目不出现消防、伤亡事故。

(1) 建立完善的保障体系

在施工的全过程，建立以项目经理牵头，行政部及安全部主抓，其他部门配合的管理体系，结合工程施工特点，对每位员工进行消防保卫方面的教育培训，做到每个人在思想上的重视。

(2) 消防保证措施

实行逐级防火责任制，明确各级的职责，组建消防小组，负责日常的消防工作。

专业队伍在项目方的监督检查下，建立专业队伍内部的逐级防火责任制，加强民工消防教育。

施工现场不允许吸烟，生活、办公区设置吸烟处，除特殊批准外，不允许使用电炉，并且在生活区、办公区及现场设足够消防器材。

加强对易燃、易爆物品的管理，有专用仓库存放，在存放处挂明显警示牌，对于此类材料严格执行限额领材料制度。

加强对电气焊的管理，操作人员必须持证上岗，严格按规程进行操作。

现场及楼层内的临时设施应经常检修，挂明显标示牌，任何人不允许私自挪动或改为它用。

(3) 保卫措施

加强对每位员工的思想教育工作，建立有针对性的保卫制度和处罚制度。

现场经警实行24h值班制度，进出场车辆必须进行登记，并对每辆汽车使用数码相机进行照相并存档。

现场每位员工必须佩带胸卡及带有本人信息的磁卡（实行上下班刷卡制度）进出现场，对于来访者要进行登记。

实行材料出门条制度，材料出场必须有物资部签发的出门条，其他部门签发无效，现场贵重物品必须入库保管，专人专管。

第四章　结构精品工程的实施

第一节　地基与基础工程

一、土方工程

（一）基坑开挖准备工作

1．有甲方提供的周边和施工场区内的地下障碍物和管线的详图，并依此采用保证毗邻房屋、水渠、道路以及地下埋设物等安全的施工方法和设计；

2．设计说明中是否明确记载了有关出现地下障碍物的处理问题，事前应核查清楚；

3．基础底标高原土层承载地基时，用挖掘机开挖时注意不得超挖，要用不扰动承载地基的人工开挖方法进行清底；

4．基坑坡面状况、坡度、尺寸是否正确；

5．护坡方式与挖掘方法互相一致；

6．护坡设计、计算书等要求和措施；

7．预计基坑可能出水时，挖掘前要制定排水方案，并注意基坑底面不要因地下涌水而受扰动；

8．基础底面落在软弱地基上时，有时会发生隆起现象，一旦发生时，要采取部分挖除，并浇筑混凝土垫层等手段；

9．基坑开挖方案是否适合周围地基；

10．弃土场内解决时，确认弃土堆放场所；

11．弃土场外解决时，确认弃土堆置处所和外运路径；

12．挖掘机械种类、挖掘方法；

13．机械的出入路径、道路状况、交通高峰时间段的调查；

14．防止道路污损措施；

15．绘制土方开挖图，表明开挖步数，每步开挖深度，坡道留设宽度、坡道放坡的坡度等；

16．大面积机械开挖前，应首先人工开挖探测沟。

（二）护坡监测

1．基坑开挖之前应调查护坡做法、施工方案等（如强度计算书、护坡设计文件）；

2．注意基坑深度、大小、基坑底面平整、超挖量、坡度、回填土堆积场所等；

3．护坡施工时，要常备应急器材，如装土用的草袋、麻袋、千斤顶、应急用楞木等；

4．确认紧急情况下的联络系统；

5．充分认识护坡崩裂所引起的情形，并考虑如何处理；

6．大雨和台风袭来时，设监视员专职巡视，另安排现场工人待命，应急器材准备就绪等。

7．监测护坡桩变形的同时，还需对相邻的建筑物、道路等同时进行监测。

（三）基坑开挖（图 4-1）

1．为防止不均匀沉降，基础底面应落在冰冻线以下；

2．基坑开挖前应确认排水方案，如排水沟、排水井点和排水设备的安排；冬施还应有基底防冻措施，并尽量减少基底暴露的时间；

3．一次开挖到高出设计基坑底面 30cm，然后在不扰动基坑底面的条件下，均匀地修整成平整的基坑底面，如果在冬期施工阶段，还必须注意要防止基底受冻；

4．无护坡开挖时应控制坡面的坡度、尺寸、坡顶、坡面裂缝；

5．有护坡开挖时挖方应在设置锚杆腰梁或内支撑横梁稍下 60cm 处停止，待完成支撑系统再继续开挖；

6．到达基坑底面时，一定要用眼睛确认土质的情况。

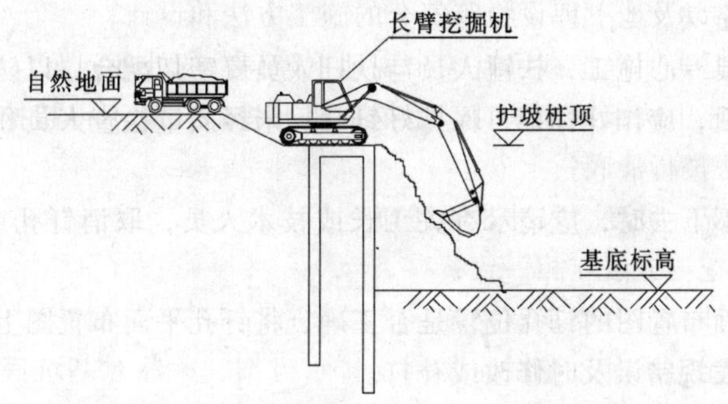

图 4-1　基坑开挖示意图

（四）基底处理

1．由设计文件及测绘通知单确定底面高程；

2．通过眼睛观察和钎探试验确认基坑底面层的土质情况；

3．不论是全部开挖、条形基础开挖、单独基础开挖都要挖排水沟，以便用潜水泵将水从集水坑排除；

4．自然土层挖土中扰动后，各种强度都显著降低。再加上向基坑底投入材料等物，又有涌水和雨水淤积，为防止承载地基受损害，要用跳板等加以防护。

（五）钎探验槽

1．施工准备

主要机具准备：轻便触探器试验设备，主要由探头、触探杆和穿心锤组成；触探杆为直径 $\phi25$ 长 2.0m 的钢探杆；锤重量为 10 kg + 0.21kg；探头直径 $\phi40$，60°尖锥形状。其他有凳子、手推车、撬棍（拔钢钎用）和钢卷尺等。

材料准备：中砂（钎孔回填）。

内业准备：提前绘制好钎探布点图，备好记录表。按图放线作好记录。

2．工艺流程

确定触探顺序→就位触探→拔探杆盖孔→移位→灌砂→整理记录。

3．基槽钎探

（1）按钎探孔位置平面布置图放线；孔位钉上小木桩或洒上白灰点。

(2) 操作打钎人员每组三人（扶钎、打钎、记录各一人）。一人扶正探钎，一人站在操作凳上扶起穿心锤进行锤打。锤自由下落高度 50±2cm，将探杆垂直打入土层中。探杆每打入 30cm 土层时记录一次锤击数。触探深度为 2.0m。

(3) 打完的探孔经过质量检查人员和有关工长检查孔深与记录无误后，即可进行灌砂。灌砂时每填入 30cm 左右即可用钢筋棒振捣一次。

(4) 整理记录：按钎孔顺序编号，将锤击数填入统一表格内。字迹要清楚，再经过打钎人员和技术员签字后归档，应设专人记录。

(5) 探孔采用梅花形式布点，中间各孔之间间距为 1.2m，最边一排孔距基槽为 0.3m。

4．注意事项

(1) 夜间施工时，应有足够的照明设施，并合理地安排钎探顺序，防止错打或漏打。

(2) 触探深度必须符合设计要求，锤击数记录准确不得作假，探位要准确，探孔不得遗漏，探孔灌砂要密实。

(3) 操作人员要专心施工，扶锤人员与扶杆人员要密切配合，以防出现意外事故。

(4) 钎探完成后，应作好标记，保护好钎孔，未经质量检查人员和有关工长复验，不得堵塞或灌砂。

(5) 遇钢钎打不下去时，应请示有关工长或技术人员，取消钎孔或移位。不得不打，就任意填写锤数。

(6) 记录和平面布置图的钎孔位置是否正确，将钎孔平面布置图上的钎孔与记录表上的钎孔先行对照，发现错误及时修改或补打。

(7) 在记录表上用有色铅笔或符号将不同的钎孔（锤击数的大小）分开。

(8) 在钎孔平面布置图上，注明过硬或过软的孔号位置，以便有关部门验槽时分析处理。

（六）弃土处置

1．向场外处置时，确认土的运量、运出日期、弃土堆放场等；

2．场内处置时，回填剩下的弃土注意场内排水等情况下均匀铺在场地上；

3．应控制优质弃土作为填土等在场内周转的情况。

（七）回填

1．检查基础混凝土结构部分的强度；

2．进行回填等作业，由重型机械进入时，事前要审查对地下梁、墙的防护；

3．检查回填铁件的防锈处理；

4．检查回填结构的防水处理情况；

5．回填和填方中的瓦砾、木屑、石块等异物是否清除干净；

6．回填土尽量采用含砂的好土，每 15cm 厚以内进行夯实。

（八）场地平整

房屋周围 4m 以内平整到不妨碍后续工程施工的建筑地平线的高度，清除瓦砾、木屑等，露出好土，并修整出排水通畅的坡度；房屋周围 4m 以外，清除瓦砾、木屑等，清扫、清理恢复到开工时的状态。

二、降水工程

较大的地下构筑物或深基础在地下水位以下的含水层施工时，如采用一般的大开挖、明沟排水方法，常会遇到大量地下水涌水或较严重的流沙现象，不但使基坑无法继续施工，还会造成大量水土流失，影响邻近建筑物的安全，遇此情况，必须采用人工降低地下水位。

人工降低地下水位，常用井点排水方法，是沿基坑的四周或一侧埋入深于坑底的井点滤水管或管井，以总管连接抽水，使地下水低于基坑底，以便在无水干燥的状态下挖土，不但可防止流沙现象和增加边坡稳定，而且便于施工。降水与排水是配合基坑开挖的安全措施，施工前应有降水与排水设计。如在基坑外降水时，应有降水范围的估算，若影响邻近建筑物的沉降与安全，应采取措施，如回灌法、旋喷加固土壤等予以解决，并对重要建筑物或公共设施在降水过程中应监测。

对不同土质应用不同的降水形式，表4-1为常用的降水形式。

降水类型及适用条件 表4-1

适用条件 / 降水类型	渗透系数（cm/s）	可能降低的水位深度（m）
轻型井点 多级轻型井点	$10^{-2} \sim 10^{-5}$	3~6 6~12
喷射井点	$10^{-3} \sim 10^{-5}$	8~20
电渗井点	$< 10^{-6}$	宜配合其他形式降水使用
深井井管	$\geqslant 10^{-5}$	>10

（一）轻型井点降水

1．降水施工

（1）施工工艺流程：

放线→地下管线调查→钻孔→下井点管→下滤料→洗井→装泵抽水→地下水排放→水位观测记录

1）放线：由测量人员按设计要求，沿基坑周边一定距离布设井位标识；

2）地下管线调查：依据甲方提供的地下障碍物资料对有怀疑区段挖深坑，以探明地下管线布设情况；

3）钻孔：采用小循环钻机成孔，孔径接近30cm；

4）下井点管：滤水井管外包60目尼龙纱二层，钻机自行吊装；

5）下滤料：从井点管四周均匀送下，以保证井管垂直；

6）洗井：采用水冲洗井法；

7）装泵抽水：组装泵与井点管、集水管系统必须严格密封，使真空度达95%以上；

8）地下水排放：通过排水总管线将地下水排放至现场南侧的污水井内；

9）由于无法将降水井布设到西南侧新旧污水管线交接处，所以在该处设置一集水坑，将坑内局部的集水排出。

（2）水泵运转：

1）必须连续运转；

2）停泵检修时，时间不能超过1h；

3）填写水泵运转记录；

4）连续观测水位，水位降至槽底下 50cm 方能开挖土方。

2．地面防渗措施

（1）在基坑四周 5.0m 范围内不得设置用水点；在场地内的所有用水点，均应设置排水沟，将水引入下水管道。

（2）在基坑四周边沿设置排水沟（或排水管道），并在 1.5m 范围的地面用水泥抹面，防止降雨和人工用水的渗入。

（3）堵塞并排出基坑周边附近的上下水管道中的积水，防止涌入基坑。

3．残留水头的处理

基坑侧壁在含水层的底板位置局部可能出现少量残留滞水，可以采用在基坑四周边坡的含水层底部的边坡上插入引流管，基坑底部设置排水沟和集水井，将隔水层所托的少量残留滞水引入集水井中排出。

4．降水方案设计

以某工程为例，根据该场地的水文地质条件和降水技术要求，其降水目的层为台地潜水含水层，含水层岩性为粘质粉土、粉质粘土、砂质粉土、粉砂、细砂，基坑出水量较大。基坑平面为矩形，实际降水面积（98.57×63.37）m^2，周长 323.88m，$K = 3m/d$，基础埋深 $-3.35m$（相对自然地面），地下水位埋深 $-0.6m \sim -2.0m$（相对自然地面），基坑中心处水位降深值为 2.75m。水量局部较大，已对基坑边坡的稳定和结构施工造成一定的影响。如采用管井，井间距较大（6～8m），不能有效的阻挡基坑四周含水层中的地下水流向基坑内，因此在降水施工中设计采用轻型井点，井点间距 1.5m，以有效的阻挡基坑四周的地下水向基坑内渗流。

（1）基坑出水量的计算

计算参数的选择：地下水位为 0.60m；地层渗透系数 $K = 3.0m/d$；含水层厚度 $H = 4.7m$；设计降深 $S = 3.85m$。

基坑半径：$r = \sqrt{\dfrac{F}{3.14}} = 44.60m$

影响半径：$R = 2S\sqrt{HK} = 28.91m$

$$Q = 1.366\,\frac{K(2H - S)S}{\lg R_0 - \lg r_0} = 465.77m^3/d$$

单井点出水量：$q = 64\pi d \cdot l\sqrt[3]{K} = 2.21\ m^3/d$

井点个数：$n = 1.1\,\dfrac{Q}{q} \approx 212$ 个

井点间距：$a = \dfrac{L}{(n-1)} = 1.5m$

基坑中心降深：$S = H - h = H - \sqrt{H^2 - \dfrac{Q}{1.366K}\left[\lg R_0 - \dfrac{1}{n}\lg\left(x_1 x_2 \cdots\cdots x_n\right)\right]} = 4.2m \geqslant$ 设计降深 3.85m，满足设计要求。

（2）降水方案设计

根据以上分析，降水工程采用轻型井点的降水方案。降水井点孔径 300mm，管径 50mm，井点深为 9m，井点间距为 1.5m，沿基坑周圈布置，共布置井点 218 个。

（3）轻型井点结构

1）孔深：井点深 9m；

2）孔径：井点孔径 300m；

3）管径：下入 50mm 的钢管，下部 2m 为滤水管；

4）滤料：井管外填入水洗粗砂。

（二）管井井点降水

1．降水施工方法

（1）工艺流程

测量放线→降水井成孔→下井管→填滤料封孔口→洗井→排水干管铺设→抽水。

（2）降水井施工工艺

1）成孔：采用旋挖钻机无循环泥浆护壁成孔方法，孔径 650mm，一径到底。

2）下管：成孔完毕后立即将滤水管依次用钻机卷扬垂直居中下入井中。

3）填滤料及封井口：在滤水管外填入碎石，碎石填至距孔口 1m 时填入粘土封孔。

（3）观测井及回灌井施工

成井工艺同降水井。

（4）洗井

洗井采用空压机气举法，要从上至下逐节、逐层吹洗，将井底泥砂吹净，洗至清水为止。

（5）地面抽水系统的安装

沿基坑四周设置排水总管，各管井水泵管与排水总管相连，排入甲方指定的下水管道排走。将电源接到现场，并在现场四周安装 4～6 个配电箱。

（6）封井

降水工程完工后，用级配石填封降水井。

2．残留滞水的处理

基坑侧壁在上层滞水层的底板位置局部可能出现少量残留滞水，可以采用在基坑四周边坡的含水层底部，插入引流管或设置排水沟，将隔水层所托之少量残留滞水引入管井或集水井中排出。

3．地面防渗措施

（1）基坑四周 5m 范围内不得设置用水点；场地内的所有用水均应设置排水沟，将水引入下水管道。

（2）基坑四周边沿设置排水沟（或排水管道），防止降雨和人工用水流入基坑。

（3）基坑上部放坡坡面及坡顶应用水泥砂浆抹面，以防雨季降雨渗入引起边坡坍塌。

（4）堵塞并排出基坑周边附近的人防通道、上下水管道和暖气沟等的积水，防止涌入基坑。

4．降水方案的设计

以某工程为例，根据该场地的水文地质条件和降水技术要求，其降水目的层为潜水含水层，含水层岩性为细砂、粉质粘土和粉土，基坑出水量较大。基坑平面为矩形，实际降水面积（54.4×40.6）m^2，周长 190m，$K=6m/d$，基础埋深 －11.15m，地下水位埋深 －1.05m（相对自然地面），水位降深较深，基坑中心处水位降深值为 9.3m。根据场地的地质、水文地质条件和建筑物基础埋深对降深的要求，采用管井井点降水方法。

(1) 基坑涌水量计算

1) 计算降水区的等效半径(r_0)

$$r_0 = u\frac{L+B}{4} = 28\text{m}$$

2) 确定影响半径(R)

由勘察报告及经验取 $R=100\text{m}$

3) 降水区总涌水量($Q_总$)

采用潜水非完整井计算:

$$Q = 1.336K\frac{H^2-h_m^2}{\lg\left(1+\frac{R}{r_0}\right)+\frac{h_m-l}{l}\lg\left(1+0.2\frac{h_m}{r_0}\right)} = 3011.34\text{m}^3/\text{d}$$

其中 $K=6\text{m/d}$、$h_m=\frac{H+h}{2}=44.6\text{m}$、$l=7\text{m}$

(2) 单井的出水能力(q')

采用管井,单井最大出水量

$$q' = \frac{l'd}{a'}\times 24 = 167.30\text{m}^3/\text{d}$$

(3) 确定井点数量(n)

$$n = 1.1\frac{Q_总}{q} = 20\text{口}$$

(4) 确定井点间距(a)

$$a = \frac{L}{n-1} = 10\text{m}$$

(5) 井深 D

$$D = 12.9 + iB/2 + 4 = 12.9 + 5.08 + 4 \approx 22\text{m}$$

(6) 基坑降水导致相邻已有建筑物的变形计算

相邻建筑物主要有:

1) 西侧的××宾馆:四层砖混结构,距西侧降水井约46m,钢筋混凝土筏片基础,基础埋深1.2m,建筑物为长方形,平面尺寸63m×17m,长边垂直于基坑西边线;

2) 东侧的××办公楼:距东侧降水井约70m,钢筋混凝土条形基础,基础埋深1.2m,建筑物为两个"L"形,平面尺寸57.5m×22.5m和50m×27.5m,长边平行于基坑东边线,长度约60m;

3) 东北侧的××浴室:距离北侧降水井约40m,钢筋混凝土条形基础,基础埋深1.2m,建筑物为矩形,平面尺寸36m×46m,长边垂直于基坑北边线。

影响半径 $R=100\text{m}$,通过沉降量估算,在距离基坑46m处的沉降量为9.43mm。

地基容许变形值的确定主要取决于三个因素,即建筑物结构强度的要求、生产和使用的要求、外部联系的要求。现行《建筑地基与基础设计规范》(GBJ 7—89)表5.2.4中有相应的规定,其中对于多层和高层建筑高度小于24m时基础的倾斜允许值为0.004。对西侧的××宾馆进行由不均匀沉降引起的倾斜计算,结果为0.00016,小于0.004,满足规范要求。

为确保基坑周边已有建筑物的安全，在××宾馆、××浴池和××楼建筑外墙转角位置上设置沉降观测点共×个，对其进行沉降观测，以防止意外情况的发生，其基准点要选择在降水影响半径以外的建筑物上。在这三侧共设置3口水位观测井、8口回灌井，随时观察地下水位的变化和已有建筑物的沉降量，当已有建筑物处的地下水位低于其基础埋深时，或已有建筑物的沉降量超过6mm时，应立即采取回灌措施。

（7）降水方案的设计

1）降水井：为拦截地下水向基坑内涌入和排降基坑内的地下水，保持基坑无水，保证基础施工，沿外侧护坡桩外缘2m布置降水管井，井管间距为7～8m，场区内共布置降水井20口。

2）观测井及回灌井：在基坑周围共设置7口观测井，呈放射状分布。回灌井共8口，以备回灌时使用。

（8）井孔结构

1）孔深：降水井22m，观测井12m，回灌井15m。

2）钻孔井径：降水井、观测井、回灌井孔径650mm，井径均为450mm。

3）滤水管：降水井、回灌井为外径450mm的无砂滤水管。

4）滤料：在滤水管外填入2～4mm碎石作为滤料。

三、基坑支护工程

边坡支护是一门综合性学科和边缘性强的工程技术，在边坡工程设计时应取得下列资料：工程用地红线图，建筑平面布置总图以及相邻建筑物的平、立、剖面和基础图等；场地和边坡的工程地质和水文地质勘察资料；边坡环境资料；施工技术、设备性能、施工经验和施工条件等资料；条件类同边坡工程的经验。

一级边坡工程应采用动态设计法。应提出对施工方案的特殊要求和监理要求，应掌握施工现场的地质状况、施工情况和变形、应力监测的反馈信息，必要时对原设计作校核、修改和补充。

边坡支护结构形式可根据场地地质和环境条件、边坡高度以及边坡工程安全等级等因素，参照表4-2选定。

边坡支护结构常用形式　　表4-2

条件 结构类型	边坡环境	边坡高度（m）	边坡工程安全等级	说明
重力式挡墙	场地允许，坡顶无重要建筑物	土坡，$H \leqslant 8$ 岩坡，$H \leqslant 10$	一、二、三级	土方开挖后边坡稳定较差时不应采用
扶壁式挡墙	填方区	土坡，$H \leqslant 10$	一、二、三级	土质边坡
悬臂式支护		土层，$H \leqslant 8$ 岩层，$H \leqslant 10$	一、二、三级	土层较差，或对挡墙变形要求较高时，不宜采用
板肋式或格构式锚杆挡墙支护		土坡，$H \leqslant 15$ 岩坡，$H \leqslant 30$	一、二、三级	坡高较大或稳定性较差时宜采用逆作法施工。对挡墙变形有较高要求的土质边坡，宜采用预应力锚杆

续表

条件 结构类型	边坡环境	边坡高度（m）	边坡工程安全等级	说　明
排桩式锚杆挡墙支护	坡顶建筑物需要保护，场地狭窄	土坡，$H \leqslant 15$ 岩坡，$H \leqslant 30$	一、二级	严格按逆作法施工。对挡墙变形有较高要求的土质边坡，应采用预应力锚杆
岩石锚喷支护		Ⅰ类岩坡 $H \leqslant 30$	一、二、三级	
		Ⅱ类岩坡 $H \leqslant 30$	二、三级	
		Ⅲ类岩坡 $H < 15$	二、三级	
坡率法	坡顶无重要建筑物，场地有放坡条件	土坡，$H \leqslant 10$ 岩坡，$H \leqslant 25$	二、三级	不良地质段，地下水发育区、流塑状土时不应采用

边坡工程应按其损坏后可能造成的破坏后果（危及人的生命、造成经济损失、产生社会不良影响）的严重性、边坡类型和坡高等因素，根据表 4-3 确定安全等级。

边坡工程安全等级　　表 4-3

边坡类型		边坡高度（m）	破坏后果	安全等级
岩质边坡	岩体类型为Ⅰ或Ⅱ类	$H \leqslant 30$	很严重	一级
			严重	二级
			不严重	三级
	岩体类型为Ⅲ或Ⅳ类	$15 < H \leqslant 30$	很严重	一级
			严重	二级
		$H \leqslant 15$	很严重	一级
			严重	二级
			不严重	三级
土质边坡		$10 < H \leqslant 15$	很严重	一级
			严重	二级
		$H \leqslant 10$	很严重	一级
			严重	二级
			不严重	三级

注：一个边坡工程的各段，可根据实际情况采用不同的安全等级；对危害性极严重、环境和地质条件复杂的特殊边坡工程，其安全等级应根据工程情况适当提高。

（一）土钉墙护壁

1．工艺流程

边坡开挖→边坡修整→定位放线→成孔→插锚筋→注浆→挂网→锚头安装→喷射混凝土→养护（图 4-2）。

（1）边坡开挖：采用反铲挖土机，预留 20～30cm 人工修坡，开挖深度在土钉孔位下 50cm，开挖宽度保证 10m 以上，以确保土钉成孔机械钻机的工作面。土方开挖严格按设

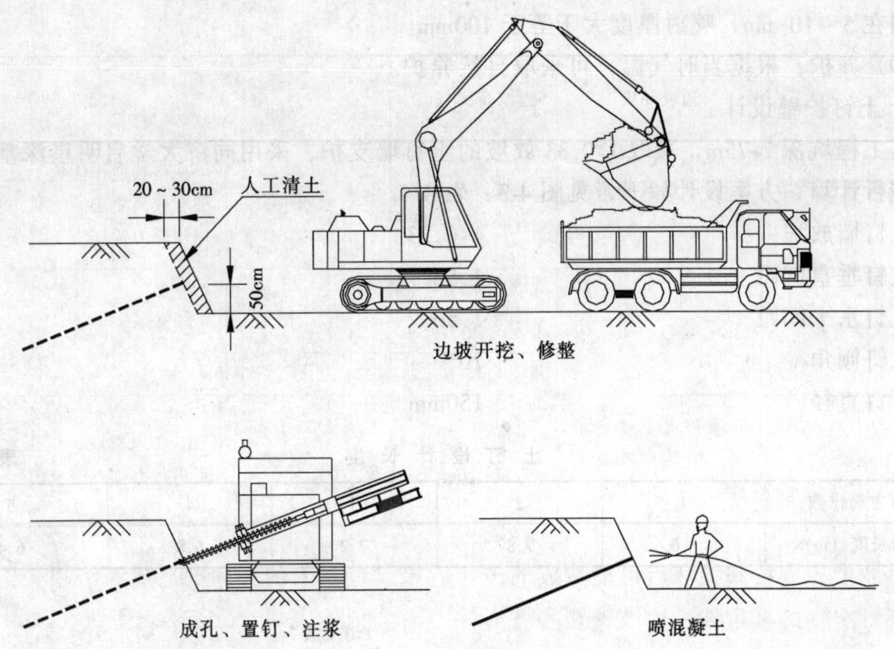

图 4-2 土钉墙护壁工艺流程

计规定的分层开挖深度按作业顺序施工，在完成上层作业面的土钉及喷混凝土以前，不得进行下一层土方的开挖。

(2) 边坡修整：采用人工清理，为确保喷射混凝土面层的平整，此工序必须挂线定位。对于土层含水量较大的边坡，可在支护面层背部插入长度为400～600mm，直径不小于40mm的水平排水管包滤网，其外端伸出支护面层，间距为2m，以便将喷混凝土面层后的积水排走。

(3) 定位放线：按设计方案要求用 $\phi8$ 长30cm的钢筋放出每一个土钉的位置。

(4) 成孔：因土质为杂填土，采用机械螺旋钻机成孔，局部可采用人工洛阳铲成孔。钻孔后进行清孔检查，对孔中出现的局部渗水塌孔或掉落松土立即进行压浆处理，并及时安设土钉钢筋并注浆。

(5) 土钉主筋制作及安放：主筋按设计长度加20cm下料，外端设90°20 cm的弯钩，主筋每隔2m焊对中支架，防止主筋偏离土钉中心；安放主筋时，将注浆管与主筋捆绑在一起，注浆管离孔底0.5m左右。

(6) 造浆及注浆：采用搅拌机造浆，应严格控制水灰比为 $W/C=0.5$；注浆采用注浆泵，注浆时，将导管缓慢均匀拔出，但出浆口应始终处于孔中浆体表面之下，保证孔中气体能全部排出。

(7) 挂网及锚头安装：钢筋网片用插入土中的钢筋固定，与坡面间隙3～4cm，不应小于3cm，搭接时上下左右一根对一根搭接绑扎，搭接长度应大于30cm，并不少于两点点焊。钢筋网片借助于井字架与土钉外端的弯钩焊接成一个整体。

(8) 喷射混凝土：喷射混凝土顺序可根据地层情况“先锚后喷”，土质条件不好时采取“先喷后锚”。喷射作业时，空压机风量不宜小于 $9m^3/min$，气压0.2～0.5MPa，喷头水压不应小于0.15 MPa，喷射距离控制在0.6～1.0m，通过外加速凝剂控制混凝土初凝和终凝时间在 5～10 min，喷射厚度大于等于 100mm。

(9) 养护：根据当时气温，可采取自然养护。

2. 土钉护壁设计

某工程坑深 7.75m，采取 1:0.33 放坡的土钉墙支护，采用同济大学启明星深基坑支护软件进行计算，方案设计如下，见图 4-3、表 4-4。

土钉墙放坡	1:0.33
土钉垂直间距	1.5m
土钉水平间距	1.5m
土钉倾角	10°
土钉直径	150mm

土 钉 设 计 长 度 **表 4-4**

土钉主筋排数	1	2	3	4	5
锚筋长度（m）	8.0	7.8	7.2	6.8	6.4

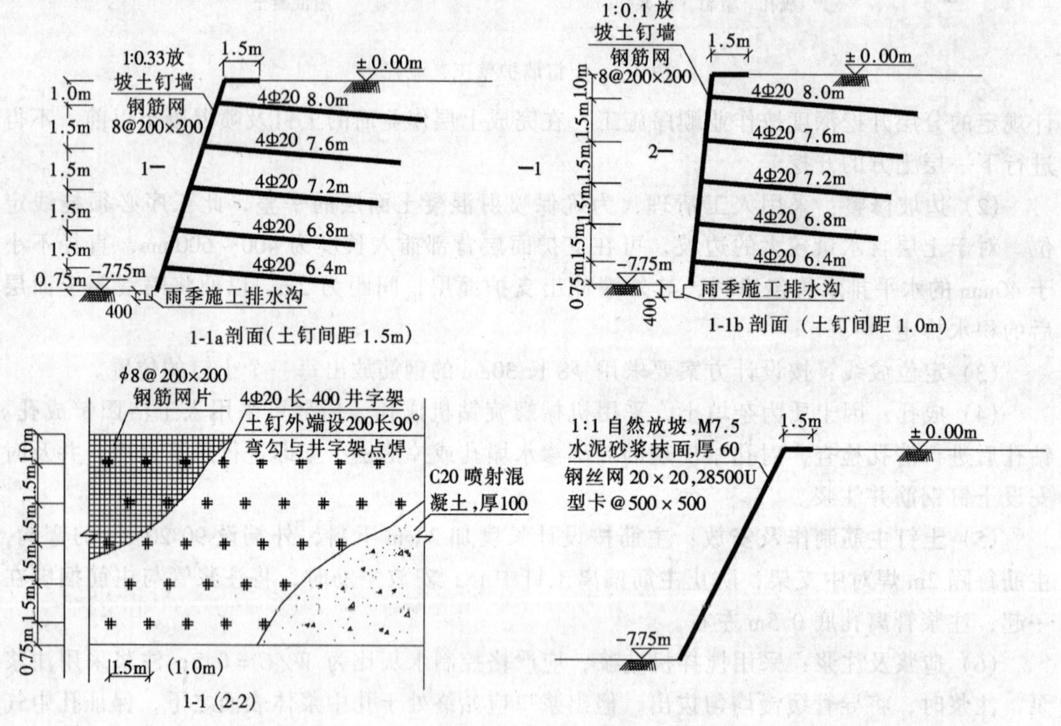

图 4-3 土钉墙设计示意图

3. 土钉护壁材料

(1) 土钉水泥浆配比 $W/C=0.5$，采用普通硅酸盐 42.5 级水泥

(2) 土钉主筋规格 Φ20 螺纹钢

(3) 喷射混凝土：设计强度 C20，水泥:砂:碎石:8880 速凝剂＝1:2:2:0.03（此为重量比）

采用普通硅酸盐 42.5 级水泥，中粗砂，豆石（直径 20mm 以内）

（4）钢筋网：$\phi 8@200$ mm×200mm

（二）地下连续墙工程

地下连续墙是在地面上用特殊的挖槽设备，沿着深开挖工程的周边，在泥浆护壁的情况下，开挖一条狭长的深槽，在槽内放置钢筋笼并浇筑水下混凝土，筑成一段钢筋混凝土墙段。然后将若干墙段连接成整体，形成一条连续的地下墙体。

地下连续墙能得到广泛的应用，是因为它具有两大突出特点，一是对邻近建筑物和地下管线的影响较小；二是施工时无噪声、无振动，属于无公害的施工方法。但由于地下连续墙的造价高于普通桩，因此对其选用须经过认真的技术经济比较后才可决定采用。一般在以下几种情况下宜采用地下连续墙：

——处于软弱地基的深大基坑，周围又有密集的建筑物或重要的地下管线，对基坑工程周围地面沉降和位移值有严格限制的地下工程。

——既作为土方开挖时的临时基坑围护结构，又可作主体结构的一部分的地下工程。

——采用逆作法施工，地下连续墙同时作为挡土结构、地下外墙、地面高层房屋基础的工程。

地下连续墙采用逐段的施工方法，且周而复始地进行。每段的施工过程，大致可分为七步，如图 4-4。

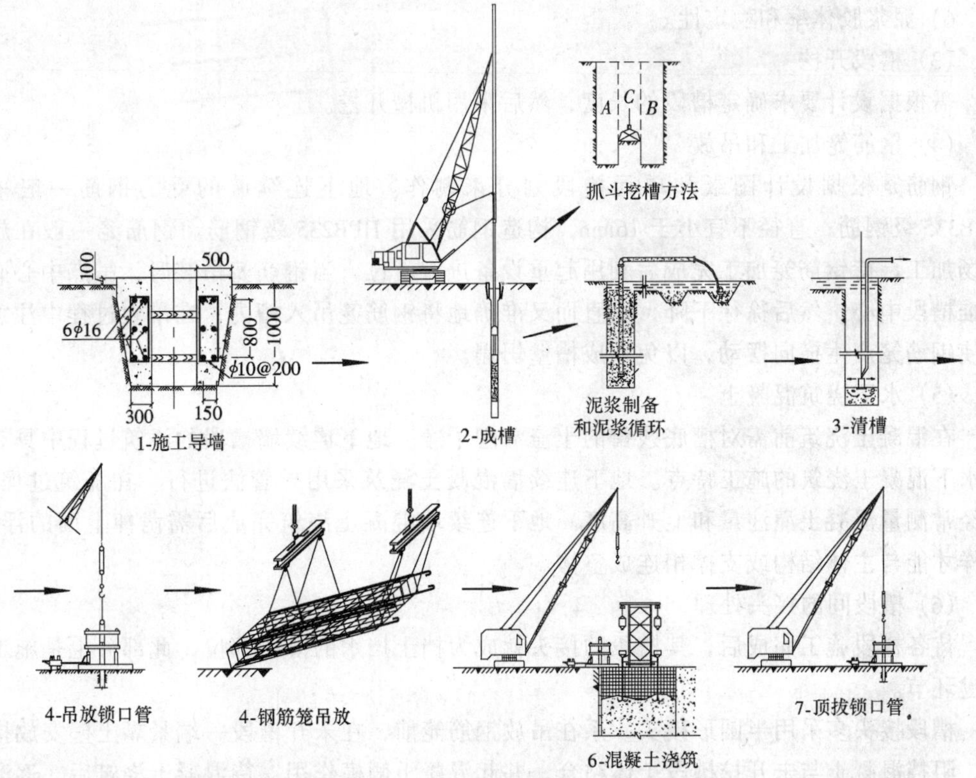

图 4-4 地下连续墙施工过程

1. 地下连续墙施工要点

(1) 导墙施工

导墙一般采用 C20 混凝土浇筑，配筋通常为 $\phi12\sim\phi14@200$。当表土较好，在导墙施工期间能保持外侧土壁垂直自立时，则以土壁代替模板，避免回填土，以防槽外地表水渗入槽内。如表土开挖后外侧土壁不能垂直自立时，外侧需设模板。导墙外侧的回填土应用粘土回填密实，防止地面水从导墙背后渗入槽内，引起槽段塌方。

地下墙两侧导墙内表面之间的净距，应比地下连续墙厚度略宽，一般为 40mm。导墙顶面高于地面 100mm，以防雨水流入槽内稀释及污染泥浆。

现浇钢筋混凝土导墙拆模以后，应沿其纵向每隔 1m 设上、下两道木支撑，将两片导墙支撑起来，在导墙的混凝土达到设计强度之前，禁止任何重型机械和运输设备在两边行驶，以防导墙受压变形。

(2) 泥浆护壁

泥浆的作用是护壁、携渣、冷却机具和切土润滑，其中护壁为最重要的功能。

泥浆质量好坏是施工质量的关键，在具体施工中需从以下几方面控制泥浆的质量：

1) 泥浆密度；

2) 泥浆粘度和切力；

3) 泥浆失水量和泥饼厚度；

4) 泥浆含砂量；

5) 泥浆 pH 值；

6) 泥浆胶体率和稳定性。

(3) 槽段开挖

需根据设计要求确定槽段的长度，然后采用机械开挖。

(4) 钢筋笼加工和吊放

钢筋笼根据设计图纸和单元槽段划分来制作。地下连续墙的受力钢筋一般采用 HRB335 级钢筋，直径不宜小于 16mm，构造钢筋采用 HPB235 级钢筋。钢筋笼一般在施工现场加工，待钢筋笼加工完成后利用起重设备进行就位。当钢筋笼吊装时，吊点中心必须对准槽段中心，然后徐徐下降，垂直而又准确地将钢筋笼吊入槽内，在吊装过程中注意不要使钢筋笼产生横向摆动，以免造成槽壁坍塌。

(5) 水下浇筑混凝土

在混凝土浇筑前需对槽底残留的土渣清理干净。地下连续墙槽段的浇筑过程中具有一般水下混凝土浇筑的施工特点。地下连续墙混凝土浇筑采用导管法进行。在浇筑过程中，要经常测量混凝土灌注量和上升高度。地下连续墙混凝土浇筑完成后需凿掉上面的浮浆，这样才能与主体结构或支撑相连成整体。

(6) 槽段间的接头处理

待各槽段施工完成后，其槽段的接头就成为挡土挡水的薄弱部位，此部分也是施工的关键环节。

槽段接头多采用半圆形接头，系在吊放钢筋笼前，在未开槽段一端紧靠土壁安放接头管，阻挡混凝土与未开挖槽段土体粘合，并起混凝土侧模作用，待混凝土浇筑后，逐渐拔出接头管，在浇筑段端部形成半圆形的混凝土接缝面。

接头管用吊车吊放槽内紧靠壁端，使管中心与地下墙中心一致，并使整个管保持垂直状态，管下端放至槽底，上端固定在导墙上。接头管上拔方法采用吊车直接上拔。

提拔接头管要掌握好混凝土的浇筑时间、浇筑高度、混凝土的凝固硬化速度，不失时机地提动和拔出。一般在混凝土开始浇筑后 2~3h 开始拔动，再使管子回落，且无涌浆等异常现象，可每隔 20~30min 拔出 0.5~1.0m，如此往复进行，在混凝土浇筑结束后 4~8h 内，将接头管全部拔出。

四、桩基础工程

(一) 预制桩施工注意要点

1. 桩中心的确认

定位中心确认后，根据定位中心核定桩中心。

(1) 柱下基础

单桩：柱、基础、桩中心一致见图 4-5。

多桩：柱、基础、桩中心的关系，见图 4-6。

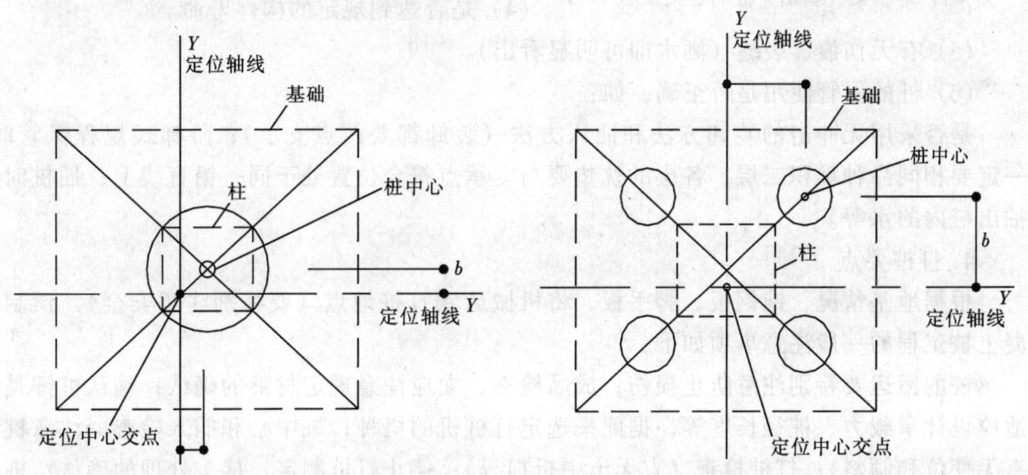

图 4-5　柱、基础、桩中心关系图（单桩）　　图 4-6　柱、基础、桩中心关系图（多桩）

(2) 地下梁下有基础时：地下梁、基础、桩中心一致，见图 4-7。

(3) 柱中心偏离（偏心打入）时的处置确认：偏心量超过 100mm 时，须与设计洽商改变基础的形状。

2. 试验桩的施工与检验要点

(1) 打桩开始前与毗邻房屋联系，开始打桩时对他们的振动情况留心调查（钻孔灌注桩也同样调查发动机声音、方钻杆的转动声音等）。

(2) 有时达不到预想的桩长，有时桩过长。无论按预定打桩或改变设计，第一根桩施工时必须请设计人员到场。

(3) 试验桩原则上使用普通桩，并对下述各点检查、确认：

桩长、根数、位置要事先指明；准备资料（地层剖面表、桩表面载力计算公式、计算表格）；材料（标准尺寸、出厂合格证，材龄 28d 以上，制造年月日，有无损伤，测定用刻度画在桩的表面上）；打入时（桩中心的确认，桩和打桩机的垂直插入、埋深、桩尖最

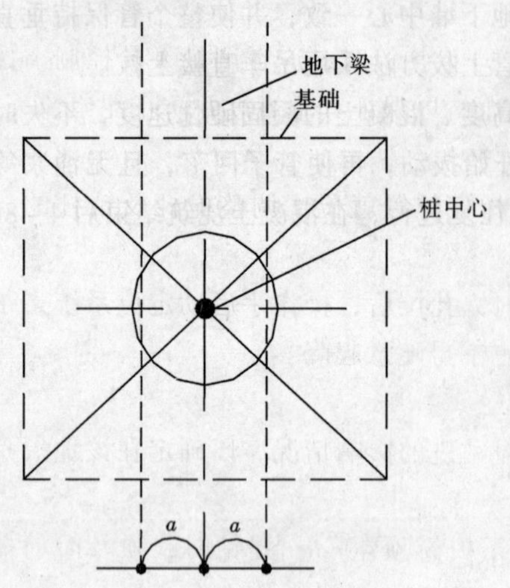

图 4-7 地下梁、基础、桩中心关系图

后打到层，最后加打）；桩有接头时（现场焊接、接头接合检查）；下降测定记录：如每 0.5～0.1m 的锤击次数，合计锤击次数和打入深度；打入所需时间、落锤高度、最后贯入量及回弹量等；根据打桩试验结果确定桩长之后，再将桩运进现场。

3. 成品桩的检查

(1) 品种（预应力混凝土桩、空心预应力混凝土桩、钢管柱、H 型钢桩等）和生产厂家的确认。

(2) 桩径、壁厚、长度、数量、支承点画线符号、接头、桩帽铁件（铅笔型桩、闭合型桩插入困难时可以开孔）。

(3) 根据生产厂家的出厂合格证证实，容许轴向荷载是否超过桩的长期设计承载力。

(4) 是否达到规定的构件寿命。

(5) 有无伤痕、裂缝（洒水即可明显看出）。

(6) 桩的保管使用是否正确，如：

是否采用无冲击的装卸方法和插入方法（装卸都要两点支承）；阶梯式规程保管时，一定要相同品种堆积二层；各层的枕垫要与支承点符合位置处于同一铅直线上；插桩时要抽出桩内的水等。

4. 打桩要点

根据地基情况，铺钢板、脚手板，将机械运到打桩地点（要特别注意安全），预制混凝土桩工程的一般注意事项如下：

桩的搬运要特别注意防止损伤；成品检查，尤应注意规定材龄的确认；确认桩锤是否适应设计承载力、桩径长度等，据此来选定打桩机的机种；桩中心和插入检查（注意桩轴有无变位和倾斜）；打桩检查（有无土中折损等）；停止打桩测定；接头处理的确认；桩顶处理的检查等。

5. 桩顶处理与桩间清理

(1) 为保证桩的钢筋与基础钢筋连接，将桩顶修平铺上混凝土垫层；

(2) 对于钻孔灌注桩，要在确认混凝土强度（28d 抗压强度）后进行；

(3) 当采用手动工具冲击破碎桩头时，应采取：

为防止开裂用钢箍箍紧桩头，并用凿子楔入楔子；不要只从一侧凿，应从四周均匀地用锤子敲击。

(4) 多数情况是要地基承受基础的部分荷载，所以桩间要切实清理平整；

(5) 使用预应力混凝土桩、高压蒸汽养护的预应力混凝土桩时，不要让垫层混凝土掉进桩中，为此应采取相应措施防止掉入。

(二) 灌注桩施工注意要点

以旋挖钻机为例

1. 放桩位线

依据设计图纸的桩位进行测量放线，并经甲方及监理复查验收。

2. 埋设护筒、对孔位

(1) 护筒长度为2m（若土质不好时，应加长），埋设护筒时，应在测量人员控制下保证筒中心偏差不超过20mm，护筒外分层夯实回填粘土，以保证其垂直度并防止泥浆流失，避免护筒发生位移、掉落。

(2) 钻机就位时，须将路基垫平填实，钻机按指定位置就位，调整桅杆及钻杆的角度。

(3) 对孔位时，采用十字交叉法对中孔位。在对完孔位后，操作手启动定位系统，予以定位记忆。对中孔位后，钻机不得移位，大小臂也不得随意起降。

3. 钻孔

(1) 第一根桩施工时，要慢速运转，掌握地层对钻进的影响情况，以确定在该地层条件下的钻进参数。

(2) 在钻进过程中，一定要保持泥浆面不得低于护筒顶40cm。提钻时，须及时向孔内补浆，以保持泥浆面不得低于护筒顶40cm。钻进过程中，要经常检查钻斗尺寸（可根据试钻情况决定其大小）。

4. 钢筋笼制作及吊放

(1) 根据设计，计算箍筋用料长度、主筋分布段长度，将所需钢筋调直后用切割机成批切好备用。由于切断待焊的主筋、箍筋、绕筋的规格尺寸不尽相同，注意分别摆放，防止错用。

(2) 在钢筋圈制作台上制作箍筋并按设计要求焊接。

(3) 将支撑架按2m的间距摆放在同一水平面上对准中心线，然后将配好定长的主筋平直摆放在焊接支撑架上。

(4) 将箍筋按设计要求套入主筋并保持与主筋垂直，进行点焊。

(5) 箍筋与主筋焊好后，将绕筋按设计规定间距绕于其上，用细铁丝绑扎。

(6) 焊接或绑扎钢筋笼保护层钢筋环或混凝土垫块。

(7) 将制作好的钢筋笼稳固放置在平整的地面上，防止变形。

5. 钢筋笼起吊

起吊钢筋笼采用扁担起吊法，起吊点在钢筋笼上部箍筋与主筋连接处，且吊点对称。钢筋笼设置4~6个起吊点，以保证钢筋笼在起吊时不变形。

6. 下放钢筋笼

(1) 在下放过程中，吊放钢筋笼入孔时应对准孔位，保证垂直、轻放、慢放入孔。入孔后应徐徐下放，不得左右旋转，若遇障碍停止下放，查明原因进行处理，严禁高提猛落和强制下放。

(2) 下放钢筋笼时，使用吊筋以控制钢筋笼的桩顶标高。

7. 水下灌注对混凝土的要求

(1) 该工程使用现场搅拌混凝土，要求混凝土坍落度为18~22cm。

(2) 水下混凝土要求2h内析出的水分不大于混凝土体积的1.5%。

(3) 要求的混凝土的初凝时间不得低于6h。

8. 导管的使用

(1) 导管在使用前，要检查导管的密封性，可由压水试验检查。

(2) 导管下入孔内必须居中，其实际长度必须做严格量测，使导管底口与孔底的距离能保持在0.3~0.5m左右。

(3) 堆放导管时，须垫平放置，不得搭架摆置。

(4) 吊运导管时，不得超过5节连接一次性起吊。

(5) 导管在使用后，应立即冲洗干净，以备再用。

9. 首浇（初灌量）

(1) 首浇混凝土须保证埋管深度不少于1.5m。

(2) 实际操作中，投入球胆，放入锥型塞，当混凝土灌满漏斗，立即拔起塞子，同时继续向漏斗补加混凝土，使混凝土连续浇筑。

10. 灌注混凝土

(1) 采用自由塞隔水（即充气球胆），充气球胆直径大小能自由通过导管即可。

(2) 在完成首浇后，灌注混凝土要从漏斗口边侧溜滑入导管内，不可一次放满，以避免产生气囊。

(3) 拔管时，要准确测量和计算导管埋深后，方可拔管。导管埋深不得大于6m，也不得小于2m。

(4) 当混凝土面快到钢筋笼下端时，为防止钢筋笼上浮，当混凝土面接近和初入钢筋笼时，应保持较大的导管埋深，放慢灌注速度，当混凝土面进入钢筋笼后，应适当提升导管，减少埋深（不得少于2.0m）以增加钢筋笼对导管底口下的埋置深度。

在最后一次拔管时，要缓慢提拔导管，以避免孔内上部泥浆压入桩中。

11. 桩顶标高的控制

(1) 在下放钢筋笼前，用水准仪测量护筒顶面标高，由责任工程师计算吊筋长度，采用此方法控制钢筋笼的标高。

(2) 灌注混凝土过程中，及时测量混凝土面的标高，严格控制超灌高度，确保有效桩长和保护桩头的高度。

12. 试块制作

直径大于800mm的工程桩每桩制作一组15cm×15cm×15cm试块，小直径桩按照《混凝土施工验收规范》留置试块；对试桩每桩取4组15cm×15cm×15cm试块，分别测取7d、10d、14d、28d强度。

13. 基础桩完整性检测

基础桩可采用静载检测桩的承载力（见图4-8），采用小应变检测桩身的完成性（见图4-9）。

五、地基处理工程

地基处理工程一般称为地基加固工程，它主要是通过对基底下软弱土质进行处理，来满足基底的设计承载能力，保证建筑物的安全。一般有换垫法、夯实法、挤密桩法、深层密实法和高压喷射注浆法等施工方法。

(一) 换垫法施工要点

换垫法是先将基础底面下一定范围内的软弱土层挖去，然后分层回填素土、灰土、砂石、矿渣和粉煤灰等的一种工艺。该种方法主要适用于处理软弱土、湿陷性黄土和杂填土地基，由于承载力较低，一般仅用于上部建筑荷载不大和相对沉降差要求不高的浅层地基

图 4-8　基桩静载检测

图 4-9　基桩小应变检测

加固。

1. 需根据不同软弱层土质特点来决定采用何种回填材料，特别是几种材料混合回填时的级配、粒径的大小以及是否性能稳定、无侵蚀性等。

2. 回填的厚度一般根据垫层底部软弱土层的承载力来决定，应使垫层传给软弱土层的压力不超过软弱土层顶部的承载力。湿陷性黄土地基的垫层厚度根据地质勘察报告试验结果来确定。

3. 垫层的宽度需根据不同软弱层土质特点来决定垫层的宽度。特别是需结合回填材料的不同确定不同的回填宽度。

比如在素土回填时根据其侧面土质的好坏来计算垫层宽度，特别在砂和砂砾石回填时，还需满足基底应力扩散的要求。

4. 铺设垫层前应验槽，将基底表面浮土、淤泥、杂物清除干净，两侧应设一定坡度，防止振捣时塌方。

5. 接近垫层底面标高时，土面应挖成阶梯或斜坡搭接，并按先深后浅的顺序施工，搭接处应夯实。

6. 对于有级配的回填材料应先拌合均匀后再回填。

7. 垫层铺设时，严禁扰动垫层下卧侧壁的软弱土层，防止被践踏、受冻、浸泡，降低其强度。

8. 垫层应分层铺设，分层夯实或压实。需根据不同回填材料来决定垫层的分层厚度。

9. 每层铺设完成经检测合格后，需及时铺筑上层回填土，以防干燥、松散、起尘、污染环境，并应严禁车辆在其上行驶。待全部回填完成后及时进行上部基础的施工。

（二）夯实法施工要点

夯实法主要是利用起重机械将夯锤提升到一定高度，然后自然落下，重复夯击基土表面，使地基表面形成一层比较密实的硬壳层，从而使地基得到加固。对于夯实法一般分为两种，即重锤夯实法和强夯法。虽然两种叫法不同，但其原理基本相同。且强夯法因具有强大的冲击力冲击土层中的孔隙水和气体逸出，使土粒重新排列，达到地基处理效果。这也是我国目前最为常见和常用的最经济的地基加固方法之一，已得到广泛的应用。这里主要简单介绍强夯法的施工方法。

强夯法是在极短的时间内对地基土体施加一个巨大的力量，使得土体发生一系列的物理变化，如土体结构的破坏或液化、排水固结压密以及触变恢复等。

强夯法加固特点是：使用工地常备简单设备；施工工艺、操作简单；适用土质范围广，加固效果好等。一般情况可提高地基承载力 2~5 倍。

1. 机具准备：夯锤用钢板作外壳，内部焊接钢筋骨架后浇筑 C30 混凝土，或用钢板制作组合成的夯锤，以便使用和运输。一般锤底面积为 $3\sim4m^2$，锤重为 8、10、12、16、25t；起重设备一般使用履带式起重机，重量为 15、20、25、30、50t，亦可采用专用起重架或龙门架作起重设备；脱钩装置主要通过动滑轮组用脱钩装置来起落夯锤。脱钩装置要求有足够的强度，使用灵活，脱钩快速安全。

2. 做好强夯地基的地质勘察，对不均匀土层适当增多钻孔和原位测试工作，掌握土质情况，作为制定强夯方案和对比夯前、夯后加固效果之用。

3. 强夯前需平整场地，周围作好排水沟。

4. 施工前需进行试夯，确定有关技术参数，如夯锤重量、底面直径及落距、最后下沉量及相应的夯击遍数和总下沉量。

5. 强夯应分段进行，顺序从边缘夯向中央，先深后浅。

6. 落锤应保持平稳，夯位应准确，夯击坑内积水应及时排除。强夯后，基坑应及时修整，浇筑混凝土垫层。

（三）挤密桩法施工要点

挤密桩法分为灰土桩、石灰桩、砂石桩和水泥粉煤灰碎石桩（CFG 桩）等四类，以上仅是材质的不同而分成四类，但原理基本相似。均是利用锤击将钢管打入土中侧向挤密成孔，将管拔出后，桩孔中分层回填，桩间土共同组成复合地基以承受上部荷载。对于挤密桩法在具体实施中要注意以下几个方面：

1. 桩直径的确定。一般根据土质类别、成孔机具设备条件和工程情况而定。一般为30~60cm。

2. 桩的长度的确定。当地基中的松散土层厚度不大时，可穿透整个松散土层；当厚度较大时，应根据建筑物地基的允许变形值和不小于最危险滑动面的深度来确定。

3. 桩的布置和桩距。桩的平面布置宜采用等边三角形或正方形。桩距取决于桩径和要求达到的挤密程度且需通过现场试验确定，但不宜大于桩直径的4倍。

4. 处理宽度。挤密地基的宽度应超出基础的宽度，每边放宽不应小于1~3排。

5. 一般挤密桩均采用机械进行成孔。

6. 桩机就位平整、稳固，沉管与地面保持垂直，垂直度偏差不大于1%。

7. 在沉管过程中用料斗在空中向桩管内投料，待沉管至设计标高后需尽快投料，直至填充料与钢管上部投料口齐平。

8. 沉管此时可在原地留振10s，即可边振动边拔管，每提升1.5~2.0m，留振20s。

9. 在桩体经7d强度后，方可进行基槽的开挖。

(四) 深层密实法施工要点

深层密实法分为振冲法和深层搅拌法，两者的不同在于振冲法是通过高频振动把振冲器逐步沉到土中的预定深度，经清孔后从地面向孔中回填碎石或振动使土密实；而深层搅拌桩主要利用水泥作为固化剂，通过深层搅拌机在地基深部，将软土与固化剂强制拌合，使其成为一个整体达到土层密实的目的。

1. 振冲法

(1) 构造要求：

处理范围：大于建筑物基础范围，在建筑物基础外缘每边放宽不得小于5m；

振冲深度：当可液化土层不厚时，应穿透整个可液化土层；当液化土层较厚时，应按要求确定深度；

每一振点所需的填充量，随地基土要求达到的密实程度和振点间距而定，需通过现场试验确定。

(2) 施工要点：

施工前应先进行振冲试验，以确定成孔合适的水压、水量、成孔速度及填料方法；

振冲法施工流程：定位→成孔→清孔（边振边上提）→填料→振实；

振冲法施工关键是控制水量大小和留振时间。水量的大小是保证地基中砂土充分饱和，受到振动能够产生液化；足够的振动时间是使地基中的砂完全液化，在停振后土颗粒便重新排列，使孔隙比减少，土密实度提高。

2. 深层搅拌法

(1) 特点：在地基的加固过程中无振动、无噪音，对环境无污染；对土无侧向挤压，对临近的建筑物影响很小。

(2) 桩平面布置：深层搅拌桩平面布置可根据上部建筑对变形的要求，采用柱状、壁状、格子状、块状等处理形式。

(3) 施工要点：

深层搅拌法施工流程：深层搅拌定位→预搅下沉→配制水泥浆→喷浆搅拌、提升→重复搅拌下沉、提升→清洗场地平整，清除桩位上的一切障碍物。

施工前标定搅拌机械的灰浆泵输送量、灰浆输送量到达搅拌机喷浆口的时间和起吊设备提升速度等施工工艺参数，并以此来确定搅拌桩的配合比。

开动砂浆泵将砂浆从深层搅拌中心管不断压入土中，并与软土搅拌。

搅拌机预搅下沉时，不宜冲水；当遇到较硬土层下沉太慢时，方可适量加水。

（五）高压喷射注浆法施工要点

高压喷射注浆法主要利用钻机把带有特殊喷嘴的注浆管钻进至土层的预定位置后，用高压脉冲泵将水泥浆通过钻杆下端的喷射装置，向四周以高速水平喷入土体，借助流体的冲击力使土体与水泥浆充分搅拌混合固化，从而使地基加固。高压喷射注浆法分为单管法、二重管法和三重管法。

1. 桩径的选择。桩直径的选择由注浆方法、土的类别、密度、施工条件等来确定。

2. 单管法与二重法可进行注浆管射水成孔至设计深度后，再一边提升一边进行喷射注浆。三重管法施工预先用钻机或振动打桩机钻成直径 150 ~ 200mm 的孔，然后将三重注浆管插入孔内，由上而下进行喷射注浆，注浆管分段提升的搭接长度不得小于 100mm。

3. 喷嘴直径、提升速度、旋喷速度、喷射压力、排量等需根据现场试验确定。

4. 喷射时，先达到预定的喷射压力，喷浆量再逐渐提升注浆管。

5. 喷到桩高后迅速拔出注浆管，用清水重洗管路，防止凝固堵塞。

六、浅基础工程

浅基础作为最常见基础形式，广泛应用在各类工业、民用建筑中。浅基础根据构造不同可分为刚性基础、扩展基础、杯形基础、筏板基础和箱形基础等五大类。

（一）刚性基础施工要点

刚性基础是指用砖、石、混凝土、毛石混凝土、灰土、三合土等材料建造的基础，这种基础的特点是抗压性能好，而整体性、抗拉、抗弯、抗剪性能差。它主要用于地基坚实、均匀，上部荷载小，六层和六层以下的一般民用建筑和轻型厂房。

1. 截面形式

刚性基础的截面形式有矩形、阶梯形、锥形等，详见刚性基础形式图（图 4-10）。

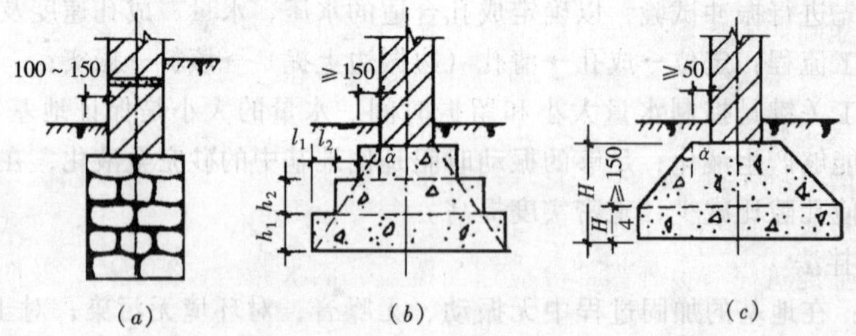

图 4-10 刚性基础形式

（a）矩形；（b）阶梯形；（c）锥形

h_1/l_1、h_2/l_2—对带形基础为 1.35 ~ 1.75；对独立基础为 1.56 ~ 2.0

2. 构造要求

详见刚性基础构造示意图（图 4-11）。

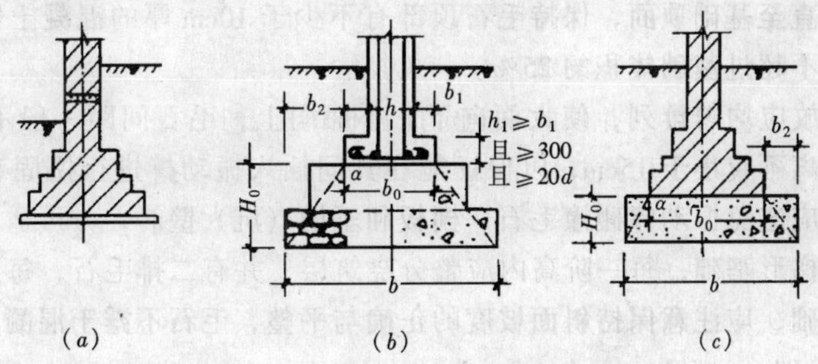

图 4-11 刚性基础构造示意图

(a) 砖基础;(b) 毛石或混凝土基础;(c) 灰土或三合土基础

d—柱中纵向钢筋直径

3. 混凝土基础

(1) 基槽(坑)应进行验槽,局部软弱土层应挖去,用灰土或砂砾分层回填夯实至基底相平。如有地下水或地面滞水,应挖沟排除;对粉土或细砂地基,应用轻型井点方法降低地下水位置至基坑(槽)底以下 50cm 处;基槽(坑)内浮土、积水、淤泥、垃圾、杂物应清除干净。

(2) 如地基土质良好,且无地下水,基槽(坑)第一阶可利用原槽(坑)浇筑,但应保证尺寸正确,砂浆不流失。上部台阶应支模浇筑,模板要支撑牢固,缝隙孔洞应堵严,木模应浇水湿润。

(3) 基础混凝土浇筑高度在 2m 以内,混凝土可直接卸入基槽(坑)内,应注意使混凝土能充满边角;浇筑高度在 2m 以上时,应通过漏斗、串筒或溜槽下灰。

(4) 浇筑台阶式基础应按台阶分层一次浇筑完成,每层先浇边角,后浇中间。施工时应注意防止上下台阶交接处混凝土出现蜂窝和脱空(即吊脚、烂脖子)现象。措施是待第一台阶捣实后,继续浇筑第二台阶前,先沿第二台阶模板底圈做成内外坡度,待第二台阶混凝土浇筑完成后,再将第一台阶混凝土铲平、拍实、拍平;或第一台阶混凝土浇完后稍停 0.5~1.0h,待下部沉实,再浇上一台阶。

(5) 锥形基础如斜坡较陡,斜面部分应支模浇筑,或随浇随安装模板,并应注意防止模板上浮。斜坡较平时,可不支模,但应注意斜坡部位及边角部位混凝土的捣固密实,振捣完后,再用人工将斜坡表面修正、拍平、拍实。

(6) 当基槽(坑)因土质不一挖成阶梯形式时,应先从最低处开始浇筑,按每台阶高度,其各边搭接长度应不小于 500mm。

(7) 混凝土浇筑完后,外露部分应适当覆盖,洒水养护;拆模后,及时分层回填土方并夯实。

4. 毛石混凝土基础

(1) 混凝土中掺用的毛石应选用坚实未风化、无裂纹、洁净的石料,强度等级不低于 MU20;毛石尺寸不应大于所浇部位最小宽度的 1/3,且不得大于 30cm;表面如有污泥、水锈,应用水冲洗干净。

(2) 毛石混凝土的厚度不宜小于 400mm。浇筑时,应先铺一层 10~15cm 厚混凝土打底,再铺上毛石,毛石插入混凝土约一半后,再灌混凝土,填满所有空隙,再逐层砌毛石和浇筑混凝土，直至基础顶面，保持毛石顶部有不少于10cm厚的混凝土覆盖层。所掺加毛石数量应控制不超过基础体积的25%。

(3) 毛石铺放应均匀排列，使大面向下，小面向上，毛石间距一般不小于10cm，离开模板或槽壁距离不应小于15cm，以保证能在其间插入振动棒进行捣固和毛石能被混凝土包裹。振捣时应避免振动棒碰撞毛石、模板和基槽（坑）壁。

(4) 对于阶梯形基础，每一阶高内应整分浇筑层，并有二排毛石，每阶表面要基本抹平；对于锥形基础，应注意保持斜面坡度的正确与平整，毛石不露于混凝土表面。

（二）扩展基础

扩展基础是指柱下钢筋混凝土独立基础和墙下混凝土条形基础。这种基础由于钢筋混凝土的抗弯性能好，可充分放大基础底面尺寸，达到减小基础底面尺寸、减小地基应力的效果，同时可有效的减小埋深，节省材料和土方开挖量，加快施工速度。用于六层和六层以下的一般民用建筑和整体式结构厂房的柱基和墙基。

1. 截面形式。扩展基础的截面形式有阶梯形、锥形等，详见柱下钢筋混凝土独立基础图（图4-12）。

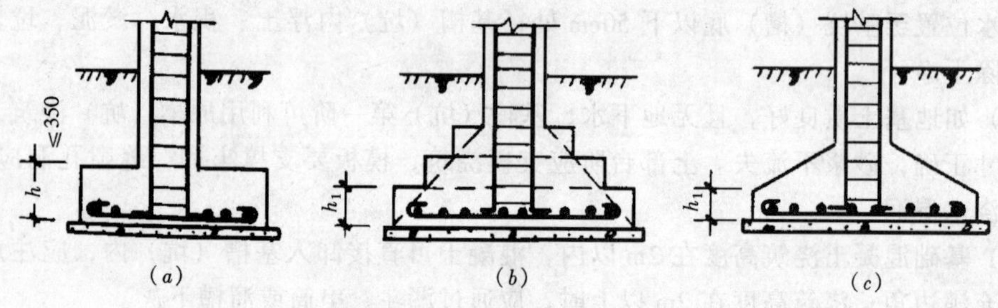

图4-12　柱下钢筋混凝土独立基础

(a)、(b) 阶梯形；(c) 锥形

2. 构造要求

详见扩展基础构造示意图（图4-13）。

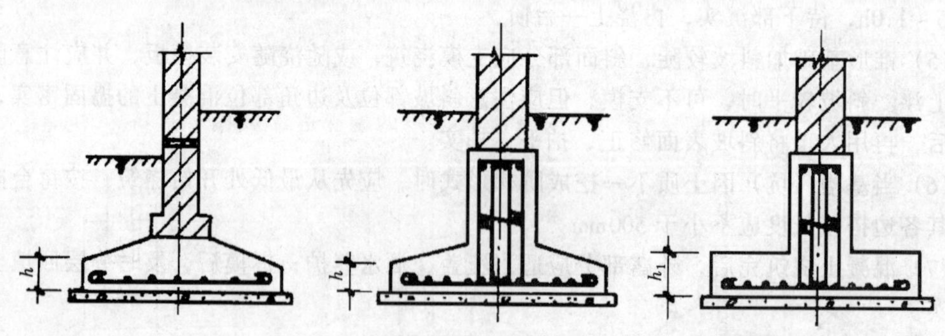

图4-13　扩展基础构造示意图

3. 基坑验槽清理同刚性基础。垫层混凝土在基坑验槽后应立即浇筑，以免地基土被扰动。

4. 垫层达到一定强度后，在其上画线、支模、铺放钢筋网片。上下部垂直钢筋应绑扎牢，并注意将钢筋弯钩朝上，连接柱的插筋，下端要用90°弯钩与基础钢筋绑扎牢固，按轴线位置校核后用方木架成井字形，将插筋固定在基础外模板上；底部钢筋网片应用与混凝土保护层同厚度的水泥砂浆块垫塞，以保证正确位置。

5. 在浇筑混凝土前，模板和钢筋上的垃圾、泥土和钢筋上的油污等杂物，应清除干净。模板应浇水加以湿润。

6. 浇筑柱下基础时，应特别注意柱子插筋位置的正确，防止造成位移和倾斜。在浇筑开始时，先满铺一层5～10cm厚的混凝土，并捣实，使柱子插筋下段和钢筋网片的位置基本固定，然后再对称浇筑。

7. 基础混凝土宜分层连续浇筑完成。对于阶梯形基础，每一台阶高度内应整分浇捣层，每浇筑完一台阶应稍停0.5～1.0h，待其初步获得沉实后，再浇筑上层，以防止下台阶混凝土溢出，在上台阶根部出现烂脖子。每一台阶浇完，表面应随即原浆抹平。

8. 对于锥形基础，应注意保持锥体斜面坡度的正确，斜面部分的模板应随混凝土浇捣分段支设并顶压紧，以防模板上浮变形；边角处的混凝土必须注意捣实。严禁斜面部分不支模，用铁锹拍实。基础上部柱子后施工时，可在上部水平面留设施工缝。施工缝的处理应按有关规定执行。

9. 条形基础应根据高度分段分层连续浇筑，一般不留施工缝，各段各层间应相互衔接，每段长2～3m左右，做到逐段逐层成阶梯形推进。浇筑时，应先使混凝土充满模板内边角，然后浇筑中间部分，以保证混凝土密实。

10. 基础上有插筋时，要加以固定，保证插筋位置的正确，防止浇捣混凝土时发生移位。

11. 混凝土浇筑完毕，外露表面应覆盖浇水养护。

（三）杯形基础

杯形基础：所用材料为钢筋混凝土，接头采用细石混凝土灌浆。杯形基础用作工业厂房装配式钢筋混凝土柱的基础；高杯口基础仅用于吊车在75t以下、顶标高14m以下、基本风压小于0.5kPa、短柱的高度不大于5m的一般工业厂房柱基础。

1. 杯形基础形式、构造要求：杯形基础形式有杯口基础、双杯口基础、高杯口基础等截面形式，详见杯形基础形式、构造示意图（图4-14）。

2. 杯口模板可用木或钢定形模板，可作成整体的，也可作成两半形式，中间各加楔

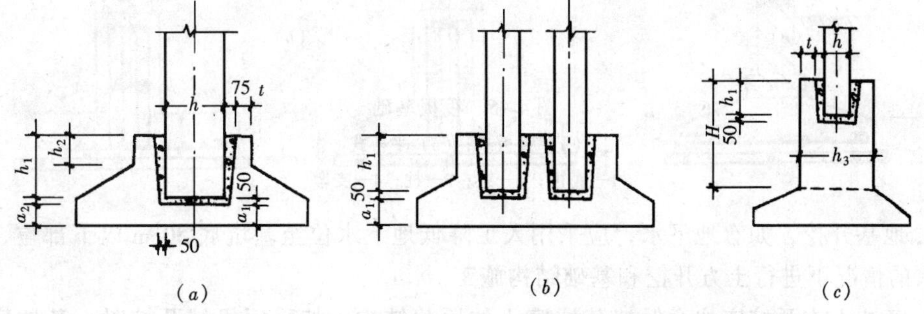

图4-14　杯形基础形式、构造示意图
（a）一般杯口基础；（b）双杯口基础；（c）高杯口基础
H—短柱高度

形板一块，拆模时，先取出楔形板，然后分别将两半杯口模取出。为便于周转宜作成工具式的，支模时杯口模板要固定牢固。

3. 混凝土应按台阶分层浇筑。对高杯口基础的高台阶部分按整体分层浇筑，不留施工缝。

4. 浇捣杯口混凝土时，应注意杯口模板的位置。由于杯口模板仅上端固定，浇捣混凝土时，四侧应对称均匀下灰，避免将杯口模板挤向一侧。

5. 杯形基础一般在杯底均留有 50mm 厚的细石混凝土找平层，再浇筑基础混凝土时要仔细控制标高，如用无底式杯口模板施工，应先将杯底混凝土振实，然后浇筑杯口四周的混凝土，此时宜采用低流动性混凝土；或杯底混凝土浇完后停 0.5～1.0h，待混凝土沉实，再浇杯口四周混凝土等办法，避免混凝土从杯底挤出，造成蜂窝麻面。基础浇筑完毕后，将杯口底冒出的少量混凝土掏出，使其与杯口模下口齐平，如用封底式杯口模板施工，应注意将杯口模板压紧，杯底混凝土振捣密实，并加强检查，以防止杯口模板上浮。基础浇捣完毕，混凝土终凝前用倒链将杯口模板取出，并将杯口内侧表面混凝土划（凿）毛。

6. 施工高杯口基础时，由于最上一台阶较高，可采用后安装杯口模板的方法施工，即当混凝土浇捣接近杯口底时，在安装固定杯口模板，继续浇筑杯口四侧混凝土，但应注意使位置标高正确。

（四）筏板基础

筏板基础由整体式钢筋混凝土平板与梁等组成，它在外形和构造上像倒置的钢筋混凝土平面无梁楼盖。它扩大了基底面积，增强了基础的整体性，抗弯强度大，故可调整和避免结构物局部发生显著的不均匀沉降。适用于地基土质软弱又不均匀，有地下室或当柱子或承重墙传来的荷载很大的情况。

1. 筏板基础分为平板式和梁板式两类，详见筏板基础图（图 4-15）。

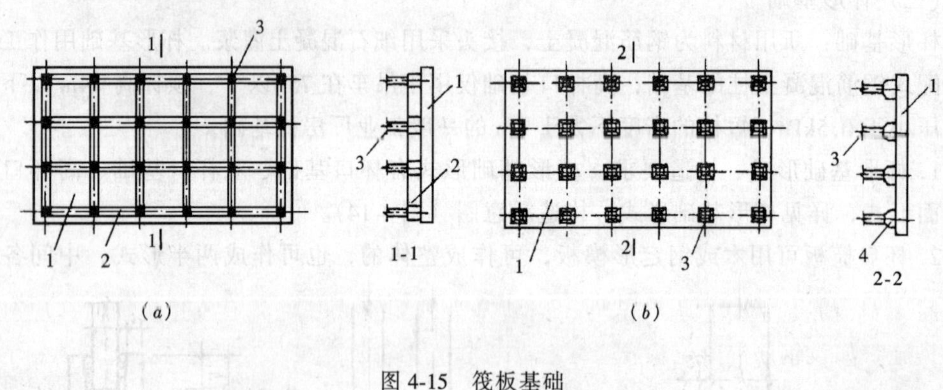

图 4-15 筏板基础

（a）梁板式；（b）平板式

1—底板；2—梁；3—柱；4—支墩

2. 地基开挖，如有地下水，应采用人工降低地下水位至基坑底 50cm 以下部位，保持在无水的情况下进行土方开挖和基础结构施工。

3. 基坑土方开挖应注意保持基坑底土的原状结构，如采用机械开挖时，基坑底面以上 20～40cm 厚的土层，应采用人工清除，避免超挖或破坏基土。如局部有软弱土层或超挖，应进行换填，采用与地基土压缩性相近的材料进行分层回填，并夯实。基坑开挖应连续进行，如基坑挖好后不能立即进行下一道工序，应在基底以上留置150~200mm一层不挖，待下道工序施工时，再挖至设计基坑底标高，以免基土被扰动。

4. 筏板基础施工，可根据结构情况和施工具体条件和要求采用以下两种方法之一施工：

(1) 先在垫层上绑扎底板梁的钢筋和上部柱插筋，先浇筑底板混凝土，待达到25%以上强度后，再在底板上支梁侧模板，浇筑完梁部分混凝土；

(2) 采取底板和梁钢筋、模板一次同时支好，梁侧模板用混凝土支墩或钢支角支撑并固定牢固，混凝土一次连续浇筑完成。

前法可降低施工强度，支梁模方便，但处理施工缝较复杂；后法一次完成施工，质量易于保证，可缩短工期。但两种方法都应注意保证梁位置和柱插筋位置正确，混凝土应一次连续浇筑完成。

5. 当筏板基础长度很长（40m以上）时，应考虑在中部适当部位留设贯通后浇缝带，以避免出现温度收缩裂缝和便于进行施工分段流水作业；对超厚的筏形基础，应考虑采取降低水泥水化热和浇筑入模温度措施，以避免出现过大温度收缩应力，导致基础底板裂缝。

6. 基础浇筑完毕，表面应覆盖和洒水养护，不少于7d，必要时应采取保温养护措施，并防止浸泡地基。

7. 在基础底板上埋设好沉降观测点，定期进行观测、分析，作好记录。

(五) 箱形基础

箱形基础由钢筋混凝土底板、顶板、外墙和一定数量的内隔墙构成一封闭空间的整体箱体。它具有整体性好，刚度大，可调整不均匀沉降能力及抗震力强，可消除因地基变形使建筑物开裂的可能性。适于作软弱地基上的面积较大、平面形状简单，荷载较大或上部结构分布不均的高层建筑物的基础。

现将箱形基础的施工要点介绍如下：

1. 施工前应查明建筑物荷载影响范围内地基土的组成、分布、均匀性及性质和水文情况，判明深基坑开挖坑壁的稳定性及对相邻建筑物的保护等方面的具体施工方案。

2. 基坑开挖时如地下水位较高，应采取措施降低地下水位至基坑底以下50cm处，当地下水位较高，土质为粉土、粉砂或细砂时，不得采用明沟排水，宜采用轻型井点或深井点方法降水措施，并应设置水位降低观测孔，井点设置应有专门设计。

3. 基础开挖应验算边坡稳定性，当地基为软弱土或基坑邻近有建筑物时，应有临时支护措施，如设钢筋混凝土钻孔灌注桩，桩顶浇混凝土连续梁连成整体，支护离箱形基础应不少于1.2m，上部应避免堆载、卸土。

4. 开挖基坑应注意保持基坑底土的原状结构。当采用机械开挖基坑时，在基坑底面设计标高以上20~40cm厚的土层，应用人工挖除并清理，如不能立即进行下道工序施工，应预留10~15cm厚土层，在下道工序进行前挖除，以防止地基土被扰动。

5. 箱形基坑开挖深度大，挖土卸载后，土中压力减小，土的弹性效应有时会使基坑坑面土体回弹变形，基坑开挖到设计基底标高经验收后，应随即浇筑垫层和箱形基础底板，防止地基土被破坏。冬季施工时应采取有效措施，防止基坑底土的冻胀。

6. 箱形基础底板，内外墙和顶板的支模、钢筋绑扎和混凝土浇筑，可采取分块进行。

外墙水平施工缝应在底板面上部300～500范围内和无梁顶板下部30～50mm处，并应做成企口形式，有严格防水要求时，应在企口中部设镀锌钢板止水带。

7. 当箱形基础长度超过40m时，为避免出现温度收缩裂缝，宜在中部设置贯通后浇缝带，缝带宽度不宜小于800mm，并从两侧混凝土内伸出贯通主筋，主筋按原设计连续安装而不切断。

8. 钢筋绑扎应注意形状和准确，接头部位用闪光接触对焊和套管压接，严格控制接头位置及数量，混凝土浇筑前需经验收。

9. 混凝土浇筑要合理选择浇筑方案，根据每次浇筑量，确定搅拌、运输、振捣能力，配备机械人员，确保混凝土浇筑均匀、连续，避免出现过多的施工缝和薄弱层面。

10. 箱形基础混凝土浇筑完后，要加强覆盖，浇水养护；冬期要保温，防止温差过大出现裂缝，以保证结构使用和防水性能。

七、地下防水工程

地下工程的防水对建筑物至关重要，我国建筑业一般遵循“防排结合、刚柔并用、多道设防、综合治理”这一原则。在具体实施中应根据建筑功能及使用要求，按现行国家标准规范正确划定防水等级，结合工程所处地形地貌、水文地质、工程地质、冻结深度等自然条件，以及结构形式、选用材料、施工工艺等因素，合理确定防水方案。

所谓“刚柔并用”即采用刚性与柔性防水相结合方式来防止水进入建筑物的一种做法，也是目前我国最为常见和较为有效的方法。刚性防水（也称防水混凝土、砂浆）即在混凝土（砂浆）中添加一定量的外加剂，来缩小混凝土（砂浆）中的孔隙率，以此来堵断水进入建筑的通道。柔性防水即在建筑物外围通过胶粘材料来粘贴防水卷材或滚刷防水涂膜，使建筑物达到封闭，阻止水进入建筑物。

（一）防水混凝土

防水混凝土结构工程质量的优劣，除取决于优良的设计、材料的性质及配合成分以外，还取决于施工质量的好坏。一般情况从以下几方面进行考虑。

1. 模板工程

模板应平整，拼缝严密不漏浆，并应有足够的刚度、强度，吸水性要小；模板构造应牢固稳定，可承受混凝土浇筑产生的侧压力和施工荷载；模板的对拉螺栓必须带有止水片，且为一次投入，不再周转使用。

2. 钢筋工程

钢筋相互间绑扎牢固，以防混凝土浇筑时钢筋移位，造成露筋；绑扎钢筋时需按设计图纸要求预留钢筋保护层，应垫以相同强度等级的混凝土垫块或塑料垫块，并绑扎牢固。

3. 混凝土搅拌

宜采用预拌混凝土，严格按选定的施工配合比进行配料。外加剂的掺加方法应遵循材料使用说明；混凝土搅拌时间应不低于120s。

4. 混凝土运输

混凝土在运输过程中需防止产生离析现象和坍落度的减少，同时防止漏浆。拌好的混凝土及时运到浇筑地点并及时浇筑，若发现混凝土坍落度损失较大时，现场可加入减水剂，并拌合均匀。

5. 混凝土的浇筑和振捣

混凝土浇筑前应清除模板上的积水、木屑等杂物。混凝土的浇筑高度不得超过1.5m，否则应使用串筒、溜槽、泵管等工具进行浇筑。

混凝土浇筑应分层，每层厚度控制在40cm以内。

6. 混凝土的养护

防水混凝土的养护对其抗渗性能影响极大，特别是早期湿润养护更为重要，一般在混凝土进入终凝后即进行覆盖养护。冬期采用综合蓄热法，夏季采用浇水养护。养护时间不得少于14d。因在湿润条件下，混凝土内部水分蒸发缓慢，不致形成早期失水，有利于水泥水化，保证混凝土的密实。

（二）卷材防水层

地下防水卷材一般分为内防水和外防水两种方法，由于防水效果好，一般情况均采用此法，而外防水又分为"外防外贴法"和"外防内贴法"，这两种方法的优劣详见表4-5。

防水施工优缺点对照表　　表4-5

名　称	优　点	缺　点
外防外贴法	由于绝大部分卷材防水层直接贴在结构外表面，所以防水层较少受结构沉降变形影响； 由于是后贴立面防水层，所以浇捣结构混凝土时不会损坏防水层，只需保护底板与留槎部位防水层即可； 便于检查混凝土结构及卷材防水层的质量，且容易修补	工序多，工期长，需要一定工作面； 土方量大，模板需用量大； 卷材接头不易保护好，施工繁琐，影响防水层质量
外防内贴法	工序简单、工期短，节省施工占地，土方量较小； 节约外墙外侧模板； 卷材防水无需临时固定留槎，可连续铺贴，质量容易保证	受结构沉降影响，容易断裂、产生漏水； 卷材防水层及混凝土结构的抗渗质量不易检验、修补

无论采用哪种方法，均可以满足建筑防水要求，但关键是防水基层必须坚实、平整和表面无起砂现象；且卷材接缝处密实、粘贴牢固；转角处、后浇带和阴阳角等特殊部位附加层卷材宽度满足要求、粘贴牢固；水平接茬、防水收头等位置的细部节点选用合理；另外由于防水卷材材料众多，必须结合所在地气候、地形情况、使用部位合理选用，保证材质正确无误。

（三）涂膜防水施工

涂膜防水就是在需防水结构的混凝土或砂浆基层上涂以一定厚度的合成树脂、合成橡胶，或高聚物改性沥青乳液，经过常温固化形成弹性的连续封闭，且具有防水作用的结膜。

涂膜防水需具有重量轻、耐候性、耐水性好，属于冷作业施工简便安全等特点，但由于很难保证涂膜厚度一致，且材料抵抗结构变形能力差，与潮湿基层粘接力差等缺点，涂膜防水在地下结构中已很少单一使用，必须配合卷材共同工作，以保证建筑物的防水效果。

第二节　模　板　工　程

一、基本要求

模板必须尺寸准确，板面平整；具有足够的承载力、刚度和稳定性，能可靠地承受新浇筑混凝土的自重和侧压力，以及在施工中所产生的荷载；构造简单，装拆方便，并便于钢筋的绑扎、安装和混凝土的浇筑、养护等要求。

二、模板设计和制作

模板设计结构构造合理，选材适当，符合基本规定要求。模板材料，宜选用钢材、胶合板、竹胶板、塑料等，模板支架宜选用钢材（型钢、钢管）、钢木结合、选用木材其材质不宜低于Ⅲ等材。

设计模板及其支架，应依据工程结构形式、各项荷载、地基土类、施工方法等条件进行，并应符合国家相应规范、标准。

模板设计中必须要有模板体系的计算，计算内容应包括以下几项：

1. 混凝土侧压力及荷载计算；
2. 板面强度及刚度验算；
3. 次龙骨强度及刚度验算；
4. 主龙骨强度及刚度的验算；
5. 穿墙螺栓强度的验算（对板模要有支撑体系的验算）；
6. 大模板自稳角的验算。

模板及其支架设计应考虑的荷载有：

1. 模板及其支架自重；
2. 新浇筑混凝土自重；
3. 钢筋自重；
4. 施工人员及施工设备荷载；
5. 振捣混凝土时产生的荷载；
6. 新浇混凝土对模板侧面的压力；
7. 倾倒混凝土时产生的荷载。

模板结构构造合理，强度、刚度满足要求，牢固稳定，拼缝严密，规格尺寸准确，便于组装和支拆。封闭型模板，宜加排气孔。

新模板使用前，应检查验收和试组装，并按其规格、类型编号和注明标识。

模板设计规格类型和制作数量，应兼顾其后续工程的适用性和通用性，宜多标准型、少异型，多通用、多周转，不断改进和创新。

采用毛面混凝土模板，内衬网格布、铅丝（钢板）网，应与内模固定牢固，既便于拆模或揭除，又要防止振捣移位、滑落。

三、模板体系的选用

在组合钢模板大量推广应用的同时，其他各种模板施工技术也得到了很大发展，在不同地区开发和应用了不同模板施工方法，如台模、滑模、爬模、筒模、大模板、隧道模等各种施工方法和专用工具。推广工具式大模板和楼板模板的快拆支撑体系。下面介绍几种目前国外工业发达国家应用量最多，施工技术较先进的模板施工方法。

（一）台模

台模也称飞模，它是由面板和支架两部分组成，可以整体安装、脱模和转运，利用起重设备在施工中层层向上转运使用。台模施工方法适用于各种结构体系的现浇混凝土楼板和梁的模板工程。台模施工是在20世纪60年代首先在欧洲推广应用，由于台模施工可以一次组装，多次重复使用，节省装拆时间，施工操作简便，具有很显著的优越性。所以，不久就很快推广应用到其他一些国家。目前，在国外经济发达国家的各模板公司，台模施工方法已形成了各具特色的台模体系。图 4-16 活动钢支柱台模为德国呼纳贝克模板公司的台模体系，支撑采用活动式钢支柱。

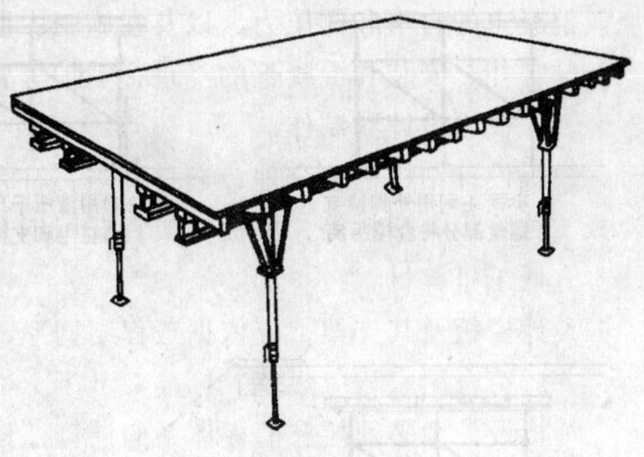

图 4-16 活动钢支柱台模

近年来，铝合金型材的台模体系逐渐增多，台模的面积越来越大，应用面也越来越广。图 4-17 铝合金型材台模为加拿大 Aluma 公司的铝型材台模。台模施工流程见图 4-18。

我国台模施工方法应用的历史较短。在 20 世纪 70 年代末和 20 世纪 80 年代初，首先在一些商业冷库的无梁楼盖工程中，大量采用了台模施工方法，仅四年内连续施工了 5000t 以上冷库工程 40 多座，其面板均用组合钢模板，支架用脚手钢管组装。20 世纪 80 年代中期，我国台模施工方法得到较快的发展，出现了各种形式的台模，主要有以下几种：

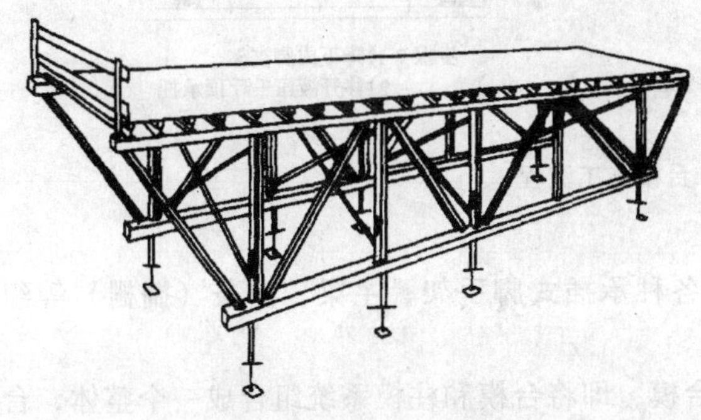

图 4-17 铝合金型材台模

1）立柱式台模

这种台模是由传统的满堂支模的形式演变而来，其特点是结构简单，加工容易。台模的面板主要采用组合钢模板，支架的主次梁和立柱采用钢管。所以，一般施工企业利用自备的钢模板和钢管就可以制作。这种台模应用范围较广，可适用于各种结构体系的楼板施工。

2）桁架式台模

这种台模的面板可以选用组合钢模板或胶合板，支架由桁架、檩条和可调底座组成，桁架可采用型钢或铝合金型材组装。其特点是可以整体脱模和转运，承载力强、装拆速度快、台模面积大，尤其适用于大开间、大进深、无柱帽的现浇无梁楼盖结构。

3）悬架式台模

这种台模没有立柱，其特点是台模自重和上部荷载不是传递到下层楼面．而是将台模支承在混凝土柱或墙体的托架上，这样可以加速台模周转，缩短施工周期。台模的面板可采用组合钢模板或胶合板，支架由桁架、檩条、翻转翼板和剪刀撑等组成。这种台模尤其适用于框架结构和剪力墙结构体系。

4）门架式台模

这种台模的支架是由门架、交叉斜撑、水平架和可调底座等组成。其特点是可以利用施工企业已有的门式脚手架进行组装，拼装简便，拆除后仍可用作脚手架，节省施工费用。这种台模也可适用于各种结构体系的楼板施工。

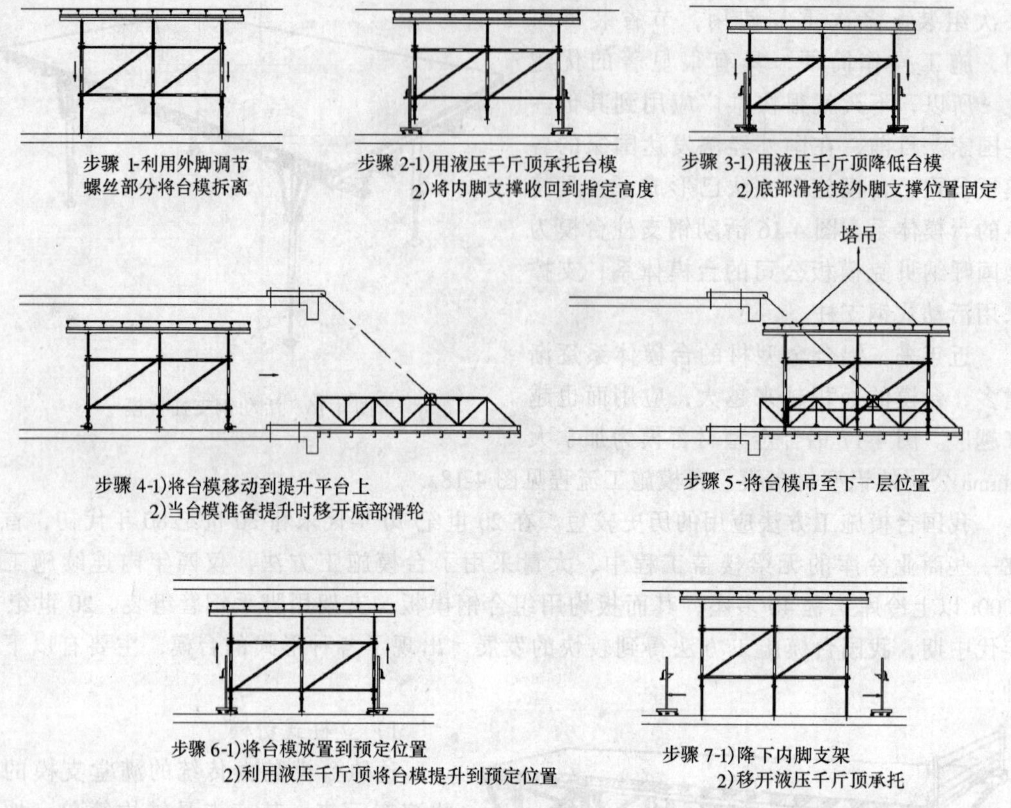

图 4-18 台模施工流程

5) 构架式台模

这种台模的支架是由碗扣式脚手架等各种承插式脚手架、主梁、檩条（搁栅）等组成，其特点和适用范围与门架式台模相同。

另外，还有些施工企业试用过整体式台模，即将台模和柱模系统组合成一个整体，台模及其上部荷载均由柱模系统承担，这种台模施工不受楼板和柱子的混凝土强度影响，可以加快模板周转，提高施工效率。

(二) 滑升模板

滑升模板（简称滑模）如图 4-19 所示，是由模板结构系统和提升系统两部分组成，在液压控制装置的控制下，千斤顶带着模板和操作平台沿爬杆连续或间断自动向上爬升。主要用于筒塔、烟囱和高层建筑，也可以水平横向滑动，用于隧道、地沟等工程。

我国在 20 世纪 50 年代已经用滑模施工筒壁结构，那时的提升设施为手动丝杠千斤顶，劳动强度大，只作为特殊结构的特殊施工工艺。20 世纪 70 年代从罗马尼亚引进液压千斤顶，并加以改进，使模板滑升成为自动集控的操作工艺。滑模系统一经组装完毕，对竖向结构就可自下而上连续进行钢筋绑扎和混凝土浇筑，省去了支模工序。因其操作简便，施工速度快，结构整体性能好，受到施工人员的欢迎。

多年来，液压滑模施工工艺得到迅速推广应用和发展，应用范围越来越广，由原来的等截面结构发展到变截面结构；由简单框架发展到大型多层复杂框架结构；由整体结构发展到成排单层厂房柱；由工业建筑发展到民用高层建筑。液压千斤顶由滚珠式发展到楔块

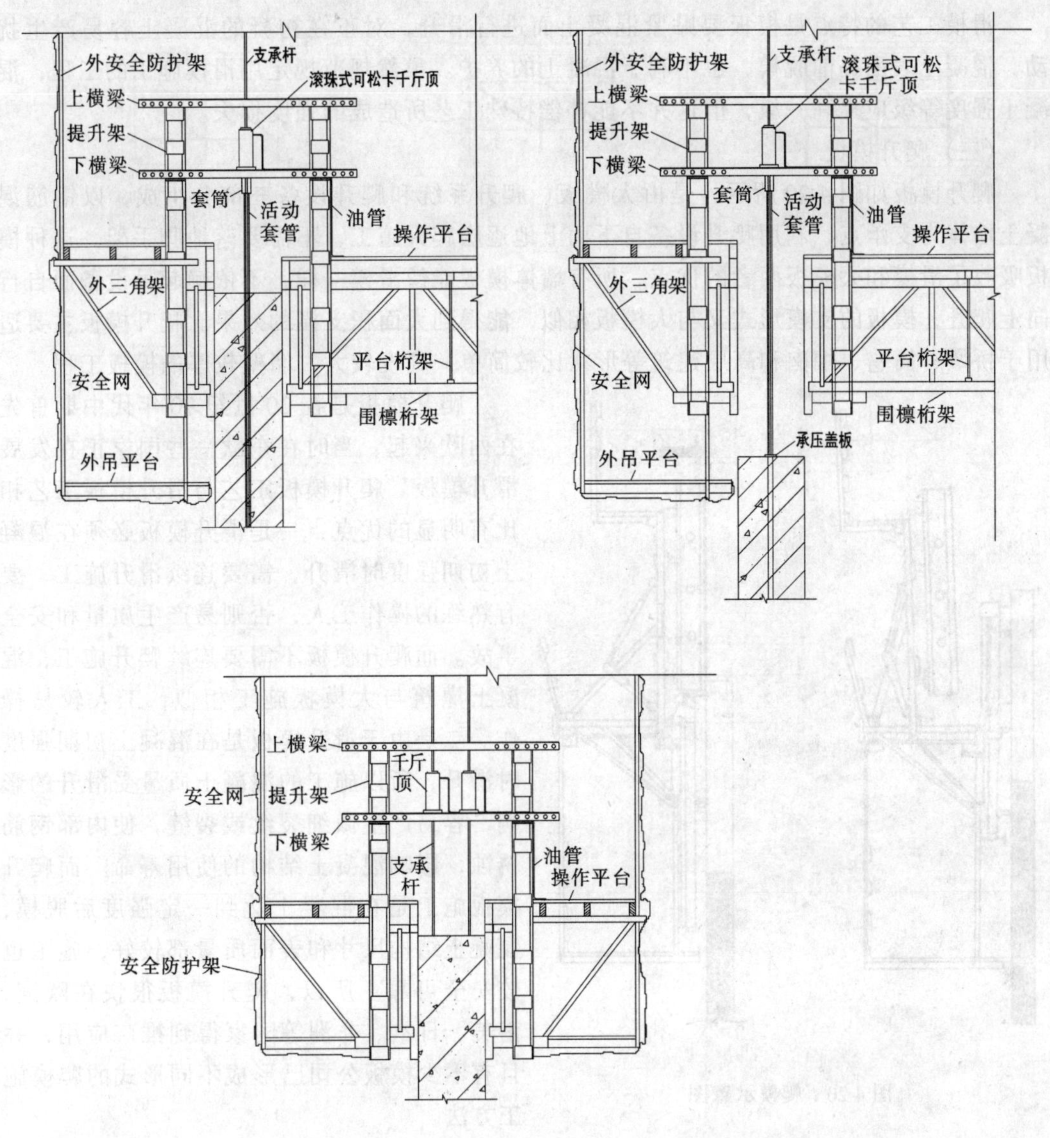

图 4-19　滑升模板

式、颚片式；由爬升式发展到升降式；由小吨位千斤顶发展到中吨位和大吨位千斤顶。精度控制由手动控制向激光和自动控制发展。滑模施工工艺的特点，给工程设计和工程施工都带来一些特殊要求，同时也存在一些问题。如滑模工艺虽然简化了模板的装拆工序，但工人需要有熟练的操作和控制经验，要有专业队伍进行施工，才会熟能生巧，滑模设施也才能得到充分利用。但我国有不少工程公司虽都置备了滑模设施，使滑模成为普遍推广的施工技术，却不能形成熟练的施工队伍，出现了许多工程质量事故。而且可以用滑模施工的工程毕竟也不多，滑模设施得不到充分利用，闲置锈损，以至于报废。

滑模所用的爬杆（支承杆）是工具式的承重支柱，杆外有一段套管起到加固保护作用，使爬杆在使用过程中不会弯曲，并可拔出重复使用。后来利用结构钢筋兼作爬杆，取消了套管，这样的爬杆容易弯曲倾斜，需要随时用钢筋或角钢焊接加固，多花费了工料。用结构钢筋兼作支承杆，使钢筋预先受到压缩和倾斜变位，对工程质量不利。

滑模工艺的特点是模板要贴紧混凝土面进行滑升，对正在初凝的混凝土容易产生扰动，混凝土表面提前脱模，也不利于混凝土的养护。虽然规范规定用滑模施工的工程，混凝土强度等级应提高一级，但这并不能补偿特殊工艺所造成的强度损失。

（三）爬升模板

爬升模板如图 4-20 所示，是由大模板、爬升系统和爬升设备三部分组成，以钢筋混凝土墙体为支承点，利用爬升设备自下而上地逐层爬升施工，不需要落地脚手架。这种模板吸收了滑模和大模板两者的优点，所有墙体模板能像滑模一样，不依赖起吊设备而自行向上爬升，模板的支模形式又与大模板相似，能得到大面积支模的效果。爬升模板主要适用于桥墩、筒仓、烟囱和高层建筑等形状比较简单，高度较大，墙壁较厚的模板工程。

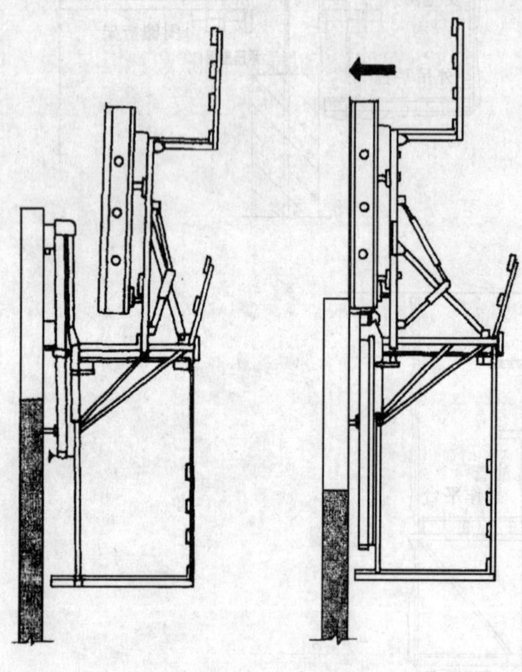

图 4-20 爬模示意图

爬升模板是在 20 世纪 70 年代中期首先在西欧兴起，当时在东欧一些国家正在发展滑升模板。爬升模板工艺与滑升模板工艺相比有明显的优点：一是滑升模板必须在混凝土初期强度时滑升，需要连续滑升施工，要有熟练的操作工人，否则易产生质量和安全事故。而爬升模板不需要连续爬升施工，混凝土灌筑与大模板施工相似，工人较易操作。二是由于滑升模板是在混凝土初期强度时滑升，所以施工的混凝土质量受滑升的影响，容易产生微细裂纹或裂缝，使内部钢筋锈蚀，影响混凝土结构的使用寿命。而爬升模板施工是在混凝土达到一定强度后脱模，混凝土结构尺寸和表面质量都较好，施工也较安全可靠。所以，爬升模板很快在欧洲、南美、日本、非洲等国家得到推广应用，并且有不少模板公司已形成不同形式的爬模施工方法。

现在有些人认为爬升模板将可能替代滑升模板。我国爬升模板起步较晚，从 20 世纪 80 年代初首先在烟囱、筒仓等工程中试用爬升模板，取得较好的效果。20 世纪 80 年代中期，上海一些建筑施工企业在高层建筑工程中相继采用爬升模板获得成功，并且很快推广到其他省市，应用范围越来越广，在施工技术上也不断创新。我国爬升模板发展趋势主要有以下几个方面。

1. 在爬升设备方面，从采用倒链葫芦的手动爬升发展到采用液压千斤顶或电动设备的自动爬升。

2. 在模板材料方面，从采用组合钢模板拼装成大模板，发展到采用按设计要求加工的大钢模板或钢框胶合板模板等。

3. 在爬升方法方面，从“架子爬架子”，即以混凝土墙体为支承点，通过提升设备，使大爬架与小爬架交替爬升，不断循环，使固定在大爬架上的模板同步爬升。发展到“架子爬模板，模板爬架子”，即爬架上升时，以模板为支点，通过提升设备，使爬架同步上升，到达位置后，固定在墙壁上，模板爬升时，以爬架为支点，通过提升设备，使模板同步上升。以及发展到“模板爬模板”，即B模板借助螺栓固定在墙体上，以B模板为支点，通过提升设备带动A模板上升。反之，以A模板为支点，通过提升设备带动B模板上升。目前，有的模板公司采用与滑模相似的爬升方法，利用千斤顶爬升爬杆，带动提升架上模板一起上升。

4. 在爬升施工范围方面，从外墙爬升施工发展到内、外墙同时爬升施工。国外爬模施工方法，一般只能爬升施工外墙，20世纪90年代以来，上海一些施工企业试制成功了内外模同时爬升的施工方法，使爬升模板有了新的发展。

（四）大模板

大模板由于模板面积大，所以称为大模板，如图4-21所示，模板上的混凝土侧压力由较强的支撑系统来承担，而且，模板上可带有脚手架，模板组装、拆除和搬运都较方便，工人操作简便。大模板施工主要适用于浇筑钢筋混凝土墙体。大模板按其结构形式的不同可分为以下几种：

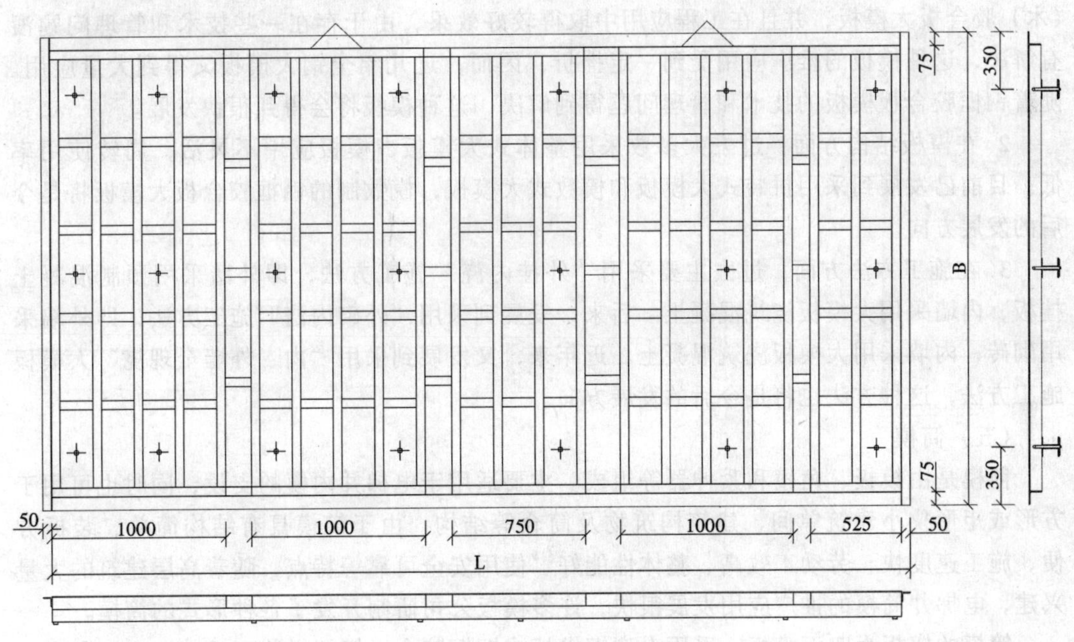

图4-21 大模板拼装图

1. 整体式大模板：模板高度等于建筑物的层高，长度等于房间的进深，一块大模板为房间一面墙大小。其特点是拆模后墙面平整光滑，没有接缝。但墙面尺寸不同时，就不能重复利用，模板利用率低。

2. 拼装式大模板：用组合钢模板根据所需模板尺寸和形状，在现场拼装成大模板。其特点是大模板可以重新组装，适应不同板面尺寸的要求，提高模板的利用率。

3. 模数式大模板：模板根据一定模数进行设计，用骨架和面板组成各种不同尺寸的模板，在现场可按墙面尺寸大小组合成大模板。其特点是能适应不同建筑结构的要求，提高模板的利用率。

大模板是在20世纪50年代后半期，首先在法国等国家开发和应用，由于可以采用机械代替人工进行大块模板的安装、拆除和搬运，用流水法进行施工，从而提高施工工效，节省劳动力，缩短施工工期等，所以，这种施工方法很快普及到欧洲各国。多年来，大模板施工方法在欧洲、美国和日本等国家有了很大发展，被认为是一种工业化的施工方法。在许多国家的模板公司都已形成了各具特色的大模板体系，在模板工程中，大模板是应用范围最广，使用量最多的模板施工方法之一。

我国从20世纪70年代初开始研制全钢大模板，北京市的一些建筑公司，在开发全钢大模板方面做了大量工作，仅20世纪70年代建成住宅建筑总面积达2000万 m^2。目前，大模板施工方法在北京、上海、广州等地已大量推广应用，并且不断有了新的发展。随着各地高层建筑的大量建造，大模板施工方法越来越得到设计、施工和建设单位的欢迎。我国大模板施工的发展趋势主要有以下几个方面：

1. 大模板材料方面：国外的大模板材料，主要是由钢框与胶合板面板组合的。我国的大模板材料过去一直采用全钢结构，1994年以来，在许多工程中曾大量应用钢框竹（木）胶合板大模板，并且在工程应用中取得较好效果，由于存在一些技术和管理问题没有解决，这种模板的推广应用受到一定挫折，因而，近几年全钢大模板又得到大量应用。随着钢框胶合板模板的技术和管理问题得到解决，这种模板将会得到很快发展。

2. 在模板结构方面：过去大多数采用整体式大模板，模板应用不灵活，周转使用率低。目前已发展到采用拼装式大模板和模数式大模板，模数制的钢框胶合板大模板将是今后的发展方向。

3. 在施工方法方面：过去主要采用“外挂内浇”施工方法，即外墙采用预制混凝土挂板，内墙采用大模板浇筑混凝土。后来，发展到采用“外砌内浇”施工方法，即外墙采用砌砖，内墙采用大模板浇筑混凝土。近年来，又发展到采用“内、外墙全现浇”大模板施工方法，这种方法也将是今后的发展方向。

（五）筒模

筒模是由模板、角模和紧伸器等组成。主要适用于电梯井内模的支设，同时也可用于方形或矩形狭小建筑单间、建筑构筑物及筒仓等结构。由于筒模具有结构简单、装拆方便、施工速度快、劳动工效高、整体性能好、使用安全可靠等特点，随着高层建筑的大量兴建，电梯井筒模的推广应用发展很快，许多模板公司研制开发了各种形式的筒模。

筒模的模板为四面模板，采用大型钢模板或钢框胶合板模板拼装而成。一个工程完成后，模板可以整体拆散，再按工程需要的尺寸重新组装，满足不同尺寸电梯井的施工要求。

筒模的角模有固定角模和活动角模两种。固定角模即为一般的阴角钢模板（见图4-22*a*），活动角模已开发出单铰链角模和三铰链角模等的多种不同构造形式。单铰链角模（图4-22*b*）只在转角处设铰链，三铰链角模（图4-22*c*）在转角和角模与平模相接处都设铰链，这种角模收合比较灵活方便。

紧伸器有集中式和分散操作式等多种形式。集中操作式紧伸器（图4-22*a*）是通过转动中央调节螺杆，带动四面拉杆伸缩，使支撑在拉杆上的四面模板内外移位。分散操作式紧伸器是各面模板的内外移位，均通过各自的调节螺杆来完成，其形式较多，见图4-22（*b*）、图4-22（*d*）所示，连接相对模板的紧伸器，在脱模时，通过旋转调节螺杆，牵动

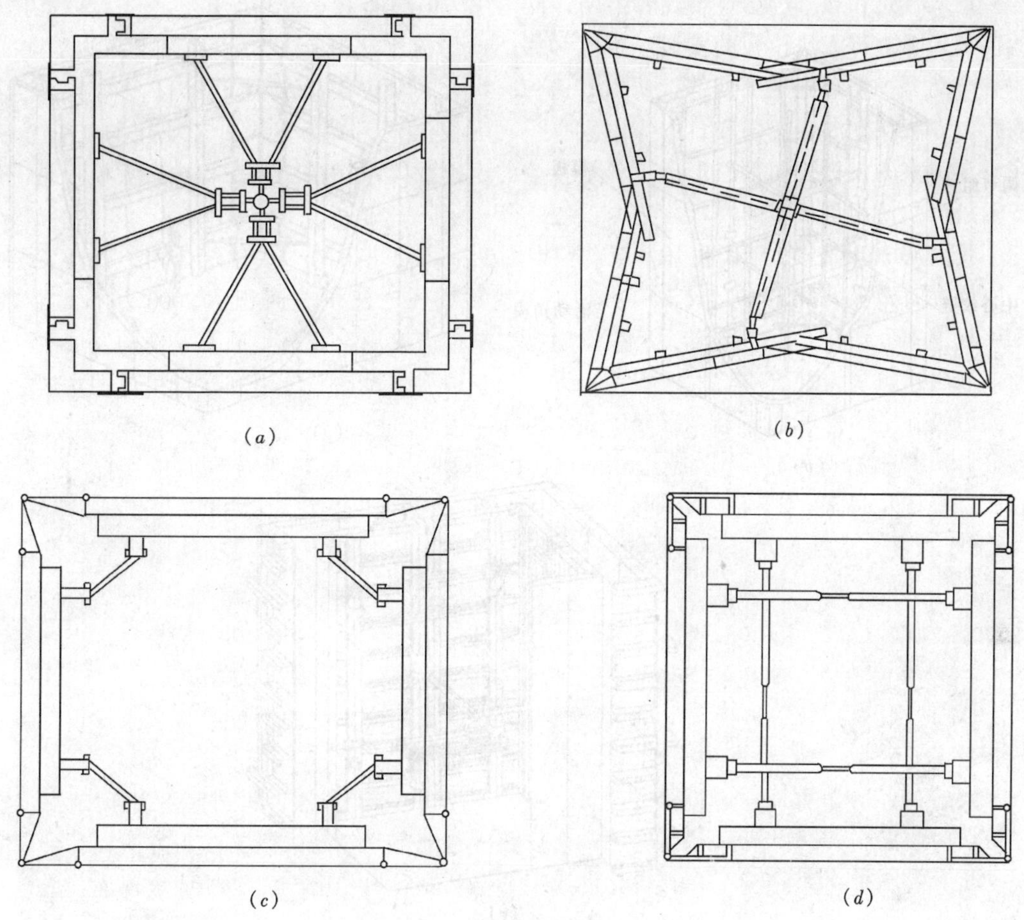

图 4-22　筒模示意图

两对面模板向内移动，使角模收缩，达到脱模的目的。支模时，反转调节螺杆，使两对面模板向外推移和角模伸张，达到支模的目的。如图 4-23（*b*）所示，连接相邻模板的紧伸器在脱模或支模时，通过旋转四角的调节螺杆，牵动相邻两面模板向内或向外移动，使角模板收缩或伸张。图 4-23（*a*）和图 4-23（*b*）为目前常用的几种电梯井筒模支模透视图。筒模在国外应用也很多，图 4-23（*c*）所示为德国呼纳贝克模板公司的电梯井筒模透视图。

提升筒模一般采用塔式起重机，先将筒模工作平台吊装上升，待工作平台上的支腿上升到上一层预留洞时，自动弹入洞内，再将工作平台落实就位。然后将筒模吊运在平台上，调整紧伸器，使角模伸张至与平模成一个平面。为了解决在塔式起重机运输条件缺乏的情况下，进行筒模的安装、拆卸和搬运工作，有的模板公司已开发了自升筒模技术，即在原筒模和工作平台基础上，增加提升架和提升机，将提升机固定在提升架底座上，通过四个导轮、四根钢丝绳及其紧绳器，将筒模和提升架互为提升，完成筒模提升操作施工。

（六）早拆支撑体系

早拆支撑体系是现浇楼板模板施工的先进施工工艺，传统的现浇混凝土楼板模板施工中，现浇混凝土养护 10～14d 后，才能全部拆除模板和支撑，因此，一般现浇楼板施工中，需配备三层模板和三层支撑。而早拆支撑体系是当楼板混凝土浇筑 3～4d，达到设计

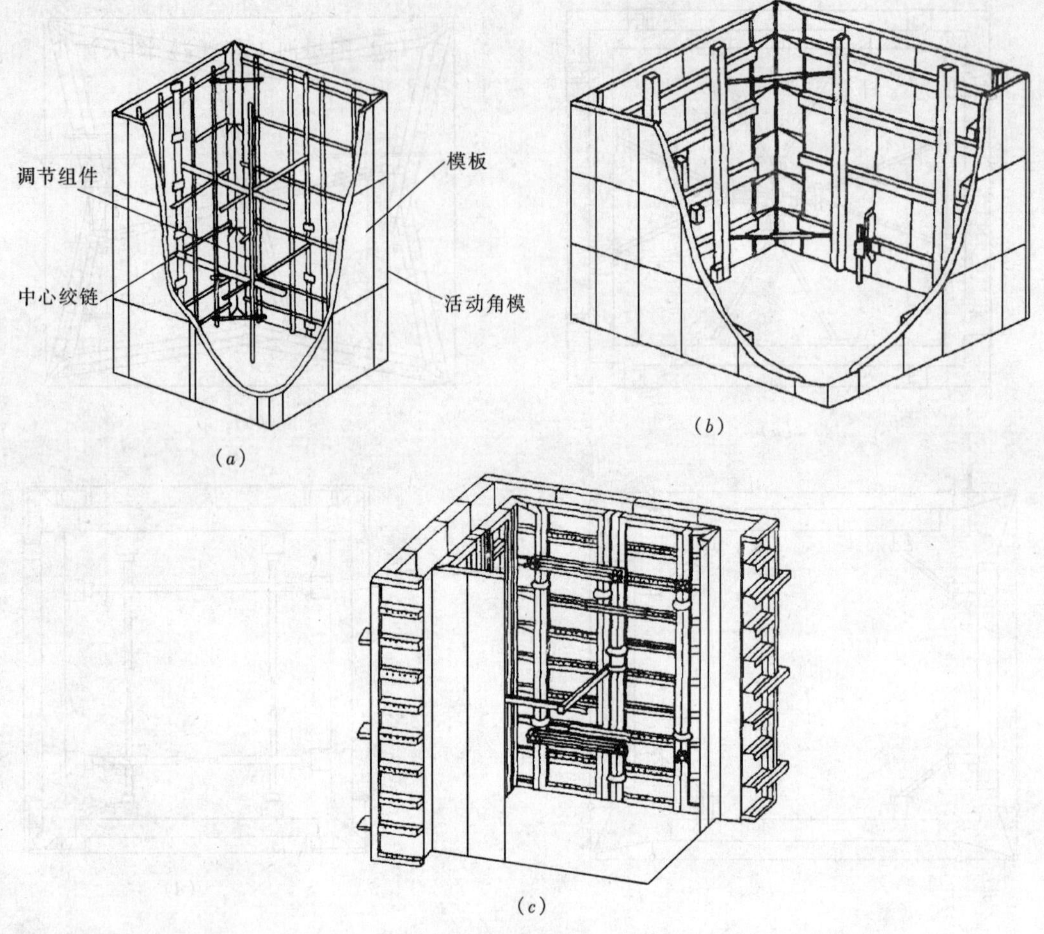

图 4-23 筒模透视图

强度 50%时，即可拆除模板和横梁，只保留支撑楼板的柱头和立柱，直到养护期结束时再拆除。

1. 早拆体系的优点：

(1) 提高装拆工效，缩短施工工期。由于早拆支撑体系结构合理，操作简便，装拆速度快，一般可提高施工工效 1~2 倍，施工工期每层至少可缩短一天。

(2) 减少模板使用量，降低施工费用。早拆支撑体系只需配备一层模板和二层支撑，与常规支模配备三支三模相比，不仅可降低模板和支撑费用 33%，而且可减少人工费 40%左右。

(3) 施工文明安全，降低劳动强度，早拆支撑体系的结构简单，装拆模板既安全，又不易损坏，提高现场文明施工程度，并可延长模板使用寿命。另外，模板和支撑用量少，倒运量小，可降低工人劳动强度。

2. 早拆支撑体系的组成：

早拆支撑体系由平面模板、模板支架、早拆柱头、横梁和底座等组成。

(1) 平面模板：可采用钢框胶合板模板、组合钢模板、竹（木）胶合板、塑料或玻璃钢模壳等。

(2) 早拆柱头：有螺杆式升降头，滑动式升降头及螺杆与滑动组合的升降头等多种形式，如图 4-24 所示，(*a*) 图北新 1 为滑动式升降头，(*c*) 图星河 1 和 (*e*) 图天津 1、(*f*) 图天津 2 为螺杆式升降头，其余均为螺杆与滑动结合的升降头。

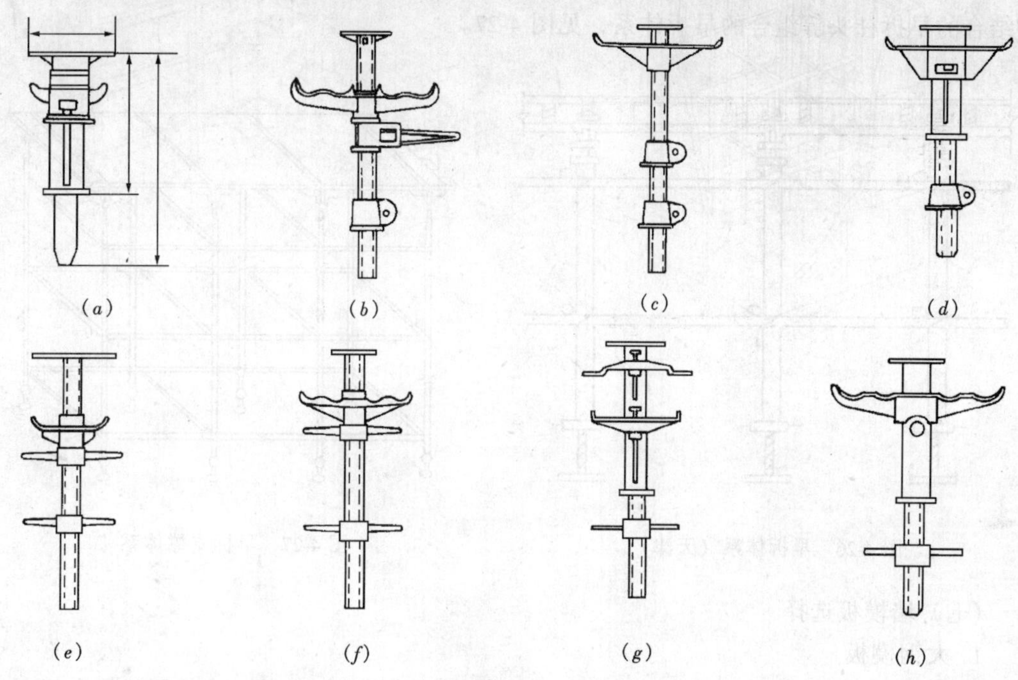

图 4-24 各种早拆柱头

(*a*) 北新 1；(*b*) 北新 2；(*c*) 星河 1；(*d*) 星河 2；
(*e*) 天津 1；(*f*) 天津 2；(*g*) 赫然；(*h*) 中辰

(3) 支架：有扣件式钢管支架、碗扣式支架、门式支架等多种脚手架。

(4)横梁:有箱形钢梁、工字形木梁、ϕ48×3.5mm 钢管、100mm×50mm×3mm 方钢管等。

我国早拆支撑体系最早应用于 20 世纪 80 年代末，由北新施工技术研究所开发的北新模板体系如图 4-25 所示，采用 SP-70 钢框胶合板模板作面板，箱形钢梁作横梁，承插式支架作垂直支撑，采用滑动式升降头。这种早拆体系的特点是装拆简单，工效高，速度快。缺点是由于箱形钢梁高度的限制，通用性差。另外，箱形钢梁的造价也较高。

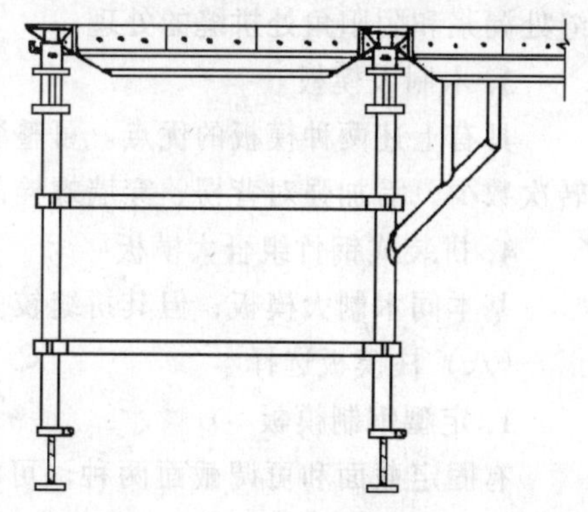

图 4-25 早拆体系（北新）

天津采用的早拆体系应用也较早，如图 4-26 所示，早拆柱头为螺杆式升降头，面板可采用钢模板或胶合板，支架用扣件式钢管支架，横梁可用钢管或方木。这种早拆体系的特点是通用性强，可适用于各种模板作面板、支架和横梁都可利用现有的钢管，不需要重新投资，施工成本低。缺点是组装较慢、工效低。

为使早拆体系能适用于组合钢模板、竹（木）胶合板和钢框胶合板等多种面板，同时要求早拆柱头装拆简便、施工速度快，对早拆柱头作了改进，不少模板公司研制出多功能早拆柱头，其构造一般采用螺杆与滑动结合的升降头。目前一般采用竹（木）胶合板或钢框胶合板模板作面板；碗扣式支架；圆钢管、矩形钢管或木方作横梁；螺杆式或螺杆与滑动结合的早拆柱头等组合的早拆体系，见图 4-27。

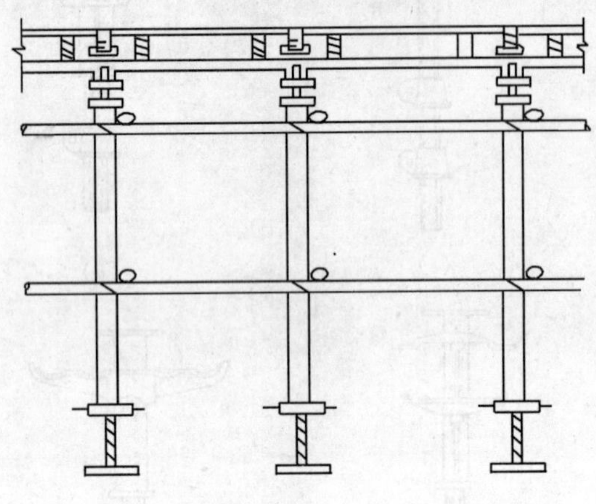

图 4-26 早拆体系（天津）

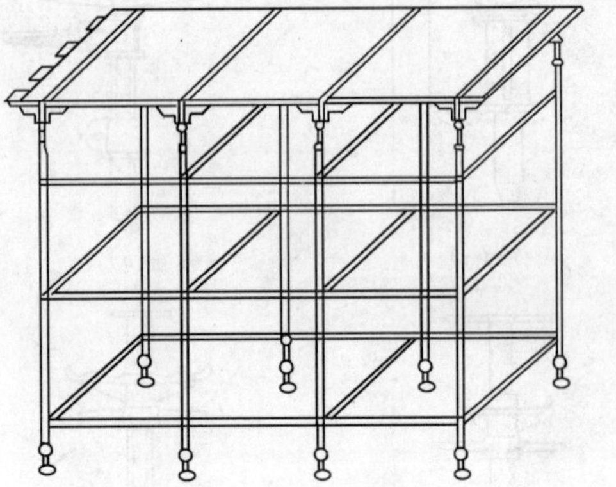

图 4-27 早拆支撑体系

（七）墙模板选择

1. 大钢模板

可租赁、定型加工。适用于标准层较多，特别是楼层开间一致，或楼层对称布局时采用比较理想，能充分发挥其整装整拆、快捷、方便等特点，其接缝较少，浇筑混凝土的效果较好（图 4-28）。

2. 小钢模板

一般较少采用。可在楼层、开间、层高不规则，变化较多的情况下采用。支设前必须整理平整方正，并做好排列图。小钢模具有一定的装饰效果更好。采用小钢模应加强对拼缝处漏浆和阴阳角处拼缝的处理。

3. 木制大模板

具有上述两种模板的优点。可整装、整拆，接缝少。但因其刚度小，可连接性差，周转次数少，需加强对背楞、穿墙螺栓的设计计算和阴阳角连接处的措施制定。

4. 拼装式钢竹组合大模板

基本同木制大模板，但其拼缝较多。

（八）柱模板选择

1. 定型钢制模板

有固定截面和可调截面两种。可调截面柱模板在因楼层变化而柱变截面时采用较好（图 4-29）。

2. 多层板、双面覆膜竹胶板组拼

要加强背楞和对拉螺栓的设计计算，保证其刚度，其可周转的次数低于钢模板。

（九）梁、顶板模板选择

多采用双面覆膜竹胶板，多层板。

图 4-28　墙体大模板

图 4-29　可调截面柱模

1. 优点：特别是对于剪力墙结构的顶板，宜采用双面覆膜竹胶板，其具有良好的刚度和强度，表面平整，易拼装、易拆卸、接缝严密，浇筑后混凝土表面光滑等优点。

2. 梁顶模的起拱。应严格执行规范中的起拱要求，采用该类模板时起拱要取高限。

（十）顶板支撑体系选择

1. 次龙骨：多采用 50mm × 100mm 木方。木方要采用变形小的木材如白松等，使用前采用压刨，保证规格一致、平整，平直度控制在 1/1000 以内。

2. 主龙骨：最好采用方钢管及桁架式、工字形梁，如楼板较薄也可采用 100mm × 100mm 的木方。

3. 支撑：多采用碗扣式脚手架早拆支撑体系，具有装拆方便、快捷、省工、省料的特点。支撑下要加垫木方，支撑立柱根据设计放线确定，并使上下层对齐搭设，确保传力均匀，合理（见图 4-30）。

（十一）门窗洞口模板选择

为保证门、窗洞口的位置及尺寸准确，要求门窗模板可拼装、易拆除、刚度好、支撑牢、不变形、不移位。如洞口可采用便于拆装的木模，木材采用不易变形的红白松，表面覆盖 5mm 厚的 PVC 塑料板，模板阴角处用 L150 × 150 × 6 的角钢与木模固定，阳角处用 L75 × 75 × 6 的角钢与木模固定，同时洞口模板内部加支撑。为了保证外门窗洞口位置准确，使上下层洞口位置在同一条垂直线上，可在外墙外侧模板上连接一角钢，用以固定门窗套，在模板两侧加设限位钢筋，底部设定位钢筋（见图 4-31），这样一来就能达到既能控制洞口尺寸，又能保证混凝土在浇筑后的质量。注意洞口模板下要设排气孔，洞口模板侧面加贴海绵条防止漏浆，浇筑混凝土时从窗两侧同时浇筑，避免窗模偏位。窗间墙的混凝土，必须在窗台上部的模板上设排气孔并在大模板上设观测孔。

(*a*)

(*b*)

图 4-30　支撑

(*a*) 支撑下加垫木方；(*b*) 梁模、顶板模支撑

(*a*)

(*b*)

(*c*)

图 4-31　门窗洞口模板

(*a*) 洞口模板；(*b*) 洞口模板角部角钢；(*c*) 洞口模板限位钢筋

（十二）电梯井筒模板选择

可采用整体式筒模，通过四铰或八铰连接，整体拆装；或采用中央丝杠，统一收分。四周的合页用油腻子封严，防止被混凝土嵌固。

（十三）楼梯模板选择

1. 住宅工程

由于层高固定，标准层较多，可采用定型钢制模板。可每三阶设一浇筑口，中间一阶排气孔。要求认真设计，专业制作。

2. 公用建筑

可采用组拼式模板，加工尺寸要准确，规格一致，安装牢固。

四、模板安装

（一）支模前的准备工作

1. 模板安装位置、轴线、标高、垂直度应符合设计要求和标准。模板安装前先测放控制轴线网和模板控制线。根据平面控制轴线网，在防水保护层或楼板上放出墙、柱边线和检查控制线，待竖向钢筋绑扎完成后，在每层竖向主筋上部标出标高控制点。

2. 检查模板的杂物清理情况、浮浆清理情况、板面修整情况、脱模剂涂刷情况等。在梁端部、柱根角部，剪力墙转角处留置清扫口。模板安装前，施工缝处已硬化混凝土表面层的水泥薄膜、松散混凝土及其软弱层，应剔凿、冲洗清理干净，受污染的外露钢筋应清刷干净。

3. 按要求安装好门、窗洞口模板。

4. 模板安装应拼缝严密、平整，不漏浆，不错台，不涨模，不跑模，不变形。浇筑混凝土前防止模板漏浆、烂根、错位等的设施设置完毕。堵缝所用胶条、泡沫塑料不得突出板模表面，严防浇入混凝土。

5. 模板安装前，钢模板内、外灰浆（含模板零部件）必须铲除清刷干净，并涂刷柴油、机油（不准刷黑色黏稠废机油）或脱模剂，要涂刷均匀，不准汪油和淌油。

（二）模板支架相关要求

模板安装支架、拉杆、斜撑符合基本规定，牢固稳定。模板竖向支架的支承部位，当安装在土层地基时，基土必须坚实，且有排水措施，支架支柱与基土接触面加设垫板。要有雨期施工防基土沉陷和冬期施工防基土冻胀措施。

在安装上层梁、板底模及其支架时，下层楼板应具有足够的强度，能承受上层荷载。上层支架立柱应与下层支架立柱对准同一中心线，并铺设垫板。层间高度大于5m时，宜采用多层支架或桁架支模，并应保持横垫板平整，上下层支柱垂直在同一中心线上，拉杆、支撑牢固稳定。

（三）模板起拱要求

梁、板的底模板应按规范或设计要求的起拱高度支模，起拱线要顺直，不得有折线。现浇钢筋混凝土梁、板，当跨度等于或大于4m时，模板应起拱；当设计无具体要求时，起拱高度宜为全跨长度的1/1000～3/1000。

（四）模板安装质量要求

结构构件尺寸准确，门窗和大小洞口、水、电线盒、预埋件、螺栓、插铁（含预应力筋、固定端、张拉端支承垫板、穴模等），位置尺寸准确，固定牢固。预埋件和预留孔洞的允许偏差参见表4-6。

预埋件和预留孔洞的允许偏差　　表4-6

项目		允许偏差（mm）
预埋钢板中心线位置		3
预埋管、预留孔中心线位置		3
预埋螺栓	中心线位置	2
	外露长度	+10~0
预留洞	中心线位置	10
	截面内部尺寸	+10~0

梁柱节点、主次梁节点或板墙与顶板、楼梯、阳台等模板，应尺寸准确，边角顺直，拼缝平整。

后浇带和结构各部位的施工缝，应按规范或设计规定的位置、形式留置，模板固定牢固，确保留槎截面整齐和钢筋位置准确。

模板安装后，应进行自检、互检和专业检查验收。

模板安装允许偏差和检查方法列于表4-7。

模板安装允许偏差（mm）　　表4-7

项次	项目		允许偏差值（mm）	检查方法
1	轴线位移	基础	5	尺量
		柱、墙、梁	3	
2	标高		±3	水准仪或拉线尺量
3	截面尺寸	基础	±5	尺量
		柱、墙、梁	±2	
4	每层垂直度		3	2m托线板
5	相邻两板表面高低差		2	直尺、尺量
6	表面平整度		2	2m靠尺，楔形塞尺
7	阴阳角	方正	2	方尺、楔形塞尺
		顺直	2	5m线尺
8	预埋铁件预埋管、螺栓	中心线位移	2	拉线、尺量
		螺栓中心线位移	2	
		螺栓外露长度	+10，-0	
9	预留孔洞	中心线位移	5	拉线、尺量
		内孔洞尺寸	+5，-0	
10	门窗洞口	中心线位移	3	拉线、尺量
		宽、高	±5	
		对角线	6	

五、模板拆除

（一）结构强度要求

模板拆除时，结构混凝土强度应符合设计要求或规范规定。

1. 侧模板拆除，以混凝土强度能保证其表面及棱角不因拆模而受损坏时，即可拆除。

2. 底模板拆除，当设计无要求时，可按表4-8中所列混凝土强度拆除底模板。

现浇结构拆模时所需混凝土强度 表 4-8

结构类型	结构跨度（m）	按设计的混凝土强度标准值百分率计（%）	结构类型	结构跨度（m）	按设计的混凝土强度标准值百分率计（%）
板	≤2	50	梁、拱、壳	≤8	75
	>2，≤8	75		>8	100
	>8	100	悬臂构件	—	100

注：本规定中“设计的混凝土强度标准值”系指与设计混凝土强度等级相应的混凝土立方体抗压强度标准值。

3. 预应力结构应在结构构件张拉后，拆除底模板。

（二）施工荷载控制

结构拆除底模板后，其结构上部应严格控制堆放料具施工荷载，必要时应经过核算或加设临时支撑。悬挑结构，均应加临时支撑。模板拆除，混凝土强度和临时支承符合要求，拆模对结构面层、棱角无损伤。结构上层堆放物料施工集中荷载不超重。

（三）模板清理

拆除的模板，应及时维修保养，清理干净刷油或脱模剂，并分类整齐堆放。

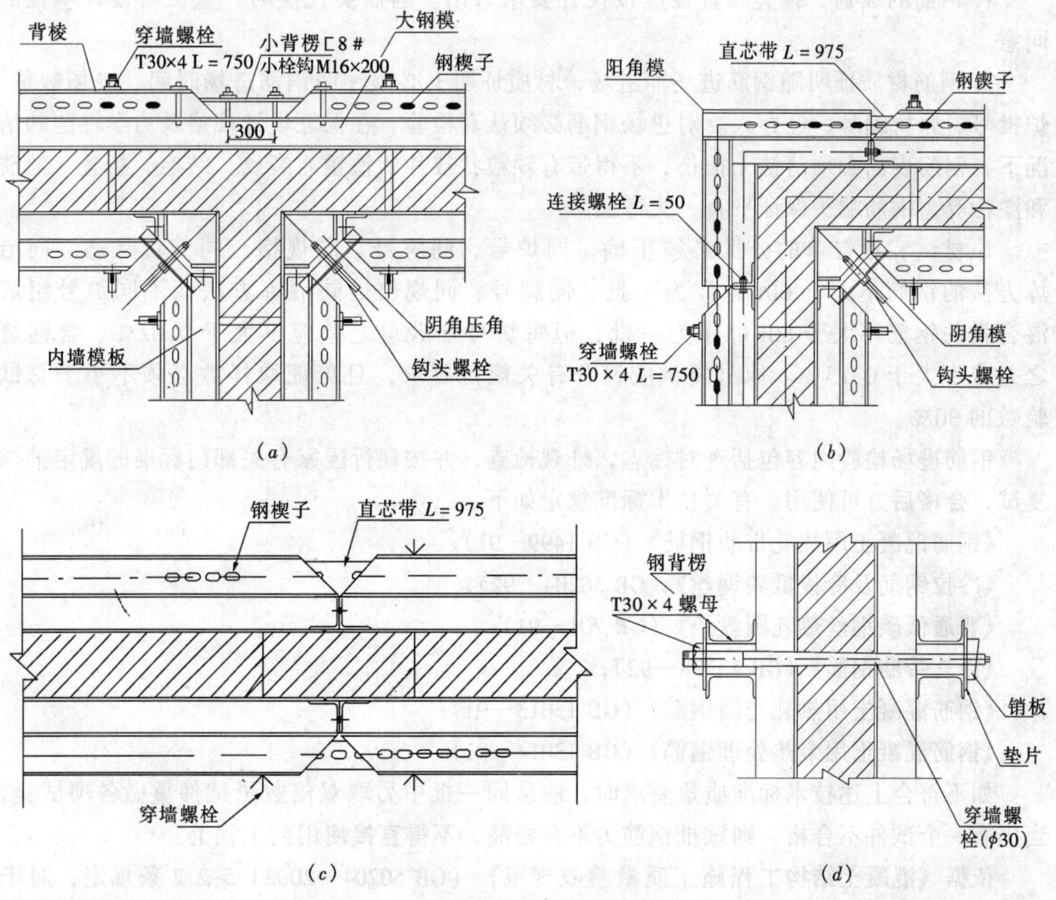

图 4-32 墙体支模

（a）墙体丁字墙处理图；（b）墙体角模处理图；（c）直墙连接节点图；（d）穿墙螺栓节点图

六、模板工程实施要点及规矩

（一）顶板及梁模板

几何尺寸、轴线、标高、接缝平整度、顶板及梁模板支撑间距、支撑横纵成线、垫木规格统一、垫木摆放整齐顺直、边梁斜撑牢固稳定（防止梁涨模变形）、梁柱接头方正、顶板与墙交接处加木方、梁起拱、梁直线度、后浇带及施工缝模板与混凝土楼板接缝严密防止错台漏浆、施工缝模板开槽间距准确保证钢筋间距。

（二）墙、柱定型大钢模板

垂直度、几何尺寸、牢固性、连接螺栓数量及垫片、芯带、模板变形修整、清理、脱模剂二次擦拭、拆模时间、楼梯间及电梯井筒层间接缝平整、螺杆孔洞封堵、门洞口固定防止偏移、门洞口模板与大模板之间拼接严密防止漏浆、柱模阳角胶条防止漏浆。见图4-32。

第三节　钢　筋　工　程

一、基本要求

1. 钢筋的级别、种类和直径应按设计要求采用。当需要代换时，应征得设计单位的同意。

2. 钢筋材质证明随钢筋进场而进场，材质证明上必须注明钢筋进场时间、进场数量、炉批号、原材编号、经办人。对进场钢筋必须认真检验，在保证设计规格及力学性能的情况下，钢筋表面必须清洁无损伤，不得带有颗粒状或片状铁锈、裂纹、结疤、折叠、油渍和漆污等，钢筋端头保证平直，无弯曲。

原材试验报告单的分批必须正确，同炉号、同牌号、同规格、同交货状态、同冶炼方法的钢筋不大于60t可作为一批；同牌号、同规格、同冶炼方法而不同炉号组成混合批的钢筋不大于60t可作为一批，但每炉号含碳量之差应不大于0.02%、含锰量之差应不大于0.15%。原材复试应符合有关规范要求，且见证取样数必须不小于总试验数的30%。

钢筋进场检验内容包括查对标志，外观检查，并按现行国家有关部门标准的规定抽样复试，合格后方可使用。有关技术标准规定如下：

《钢筋混凝土用热轧带肋钢筋》（GB 1499—91）；

《冷拉钢筋及冷拔低碳钢丝》（GB 50204—92）；

《普通低碳钢丝热轧圆盘条》（GB 701—91）；

《冷轧带肋钢筋》（GB 13788—92）；

《钢筋混凝土用热轧光圆钢筋》（GB 13013—91）；

《钢筋混凝土用余热处理钢筋》（GB 13014—91）。

如不符合上述技术标准质量要求时，应从同一批中另取双倍数量试件重做各项试验，当仍有一个试件不合格，则该批钢筋为不合格品，不得直接使用到工程上。

依据《混凝土结构工程施工质量验收规范》（GB 50204—2002）5.2.2条规定，对于一、二级抗震等级的框架结构应在复试报告上注明：钢筋的抗拉强度实测值与屈服强度实测值的比值 = × × ≥1.25；钢筋的屈服强度实测值与强度标准值的比值 = × × ≤1.3。

3. 钢筋加工的形状、尺寸必须符合设计要求。钢筋的表面应洁净、无损伤，油渍、漆污和铁锈等应在使用前清除干净，带有颗粒状或片状老锈的钢筋不得使用。

4. 钢筋半成品加工、连接接头和绑扎质量，必须坚持自检、互检和专业检查验收，隐蔽工程验收。

5. 钢材管理应有入库、出库台账。钢材应按批，分钢种、品种、直径、外形妥善堆放，每垛钢材应有标识牌，写明钢材产地、规格、品种、数量、复试报告单编号，注明合格或不合格。

6. 钢筋半成品加工工艺设备和操作方法符合规程要求，专业工种人员均经过技术培训，特殊工种均持岗位资格证书上岗。

7. 现场钢材和钢筋半成品堆放保管工作规范，标识清晰。

二、钢筋加工

1. HPB235 级钢筋采用控制冷拉率（≤4%）的方法进行调直，调直时用红油漆划出起始标志线和终止标志线（根据冷拉率算出）。

2. 箍筋：弯钩角度 135°、平直部分长度为 10d。见图 4-33。

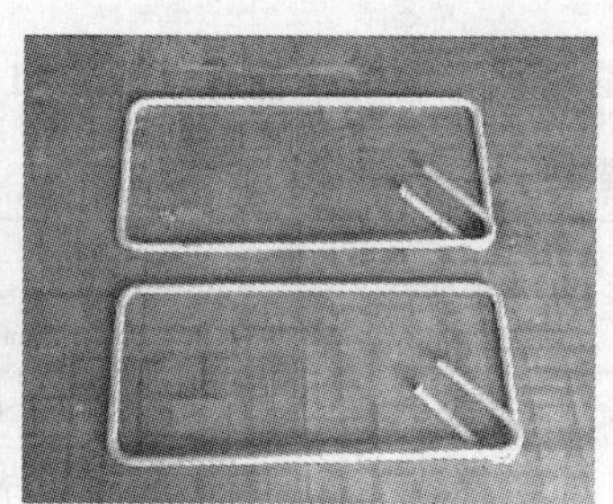

图 4-33 箍筋加工

3. 严格控制钢筋半成品加工质量，钢筋平直、切断、弯曲、焊接、连接质量，必须符合规范、规程、标准和抗震等要求。应分规格堆放，并有标识牌，标明半成品编号、直径、规格尺寸和使用部位。钢筋弯折时，需根据不同的弯折角度、直径，使用不同的弯心模具详见表 4-9。

钢筋加工弯折半径 **表 4-9**

弯折角度	钢筋弯折直径 D		
	ϕ6.5 ~ ϕ16	ϕ12 ~ ϕ22	ϕ25 ~ ϕ32
90°	弯弧内直径不小于钢筋直径 5d		
135°	2.5d	4d	4d
180°	2.5d		

三、钢筋锚固和搭接要求

（一）一、二级抗震纵向受拉钢筋锚固长度和搭接长度（表 4-10）

钢筋锚固和搭接长度表（一、二级抗震）　　**表 4-10**

抗震等级	混凝土强度等级	钢筋级别	钢筋直径	锚固长度 (*d*)	锚固长度 (mm)	搭接长度 (*d*)	搭接长度 (mm)
一级 二级	C30	HPB235	ϕ6	25*d*	250	41.4*d*	300
			ϕ8		250		331.2
			ϕ10		250		414
		HRB335	ϕ28	40*d*	1120	—	—
			ϕ25	35*d*	875	—	—
			ϕ22		770	—	—
			ϕ20		700	48.3*d*	966
			ϕ18		630		869.4
			ϕ16		560		772.8
			ϕ14		490		676.2
			ϕ12		420		579.6

注：以 C30 混凝土为例，其他强度等级混凝土可参照上表计算；墙体钢筋接头按 50%错开。粗直径钢筋采用焊接或机械连接。

（二）三级抗震纵向受拉钢筋锚固长度和搭接长度（表 4-11）

钢筋锚固和搭接长度表（三级抗震）　　**表 4-11**

抗震等级	混凝土强度等级	钢筋级别	钢筋直径	锚固长度 (*d*)	锚固长度 (mm)	搭接长度 (*d*)	搭接长度 (mm)
三级	C30	HPB235	ϕ6	25*d*	250	37.8*d*	300
			ϕ8		250		302.4
			ϕ10		250		378
		HRB335	ϕ28	35*d*	980		
			ϕ25	30*d*	750		
			ϕ22		660		
			ϕ20		600	44.1*d*	882
			ϕ18		540		793.8
			ϕ16		480		705.6
			ϕ14		420		617.4
			ϕ12		360		529.2

注：以 C30 混凝土为例，其他强度等级混凝土可参照上表计算；梁、板钢筋接头按 50%错开。受压钢筋搭接为上表相应数值乘以系数 0.7，搭接长度且不小于 200mm。

四、钢筋焊接连接

1. 热轧钢筋的对接焊接，可采用闪光对焊、电弧焊、电渣压力焊或气压焊。

2. 钢筋焊接的接头形式、焊接工艺和质量验收，应符合有关规定。钢筋焊接接头的试验方法应符合有关规定。采用钢筋气压焊时，其施工技术条件和质量要求应符合规定。

3. 钢筋焊接前，必须根据施工条件进行试焊，合格后方可施焊。焊工必须有焊工考试合格证，并在规定的范围内进行焊接操作。

4. 冷拉钢筋的闪光对焊或电弧焊，应在冷拉前进行冷拔低碳钢丝的接头，不得焊接。

5. 当受力钢筋采用焊接接头时，设置在同一构件内的焊接接头应相互错开。在任一焊接接头中心至长度为钢筋直径 d 的35倍且不小于500mm的区段 l 内，同一根钢筋不得有两个接头（见图4-34）；在该区段内有接头的受力钢筋截面面积占受力钢筋总截面面积的百分率，应符合下列规定：

非预应力筋：受拉区不超过50%；

预应力筋：受拉区不超过25%，当有可靠保证措施时，可放宽至50%。

注：承受均布荷载作用的屋面板、楼板、檩条等简支受弯构件，当在受拉区内配置的受力钢筋少于3根时，可在跨度两端各四分之一跨度范围内设置一个焊接接头。

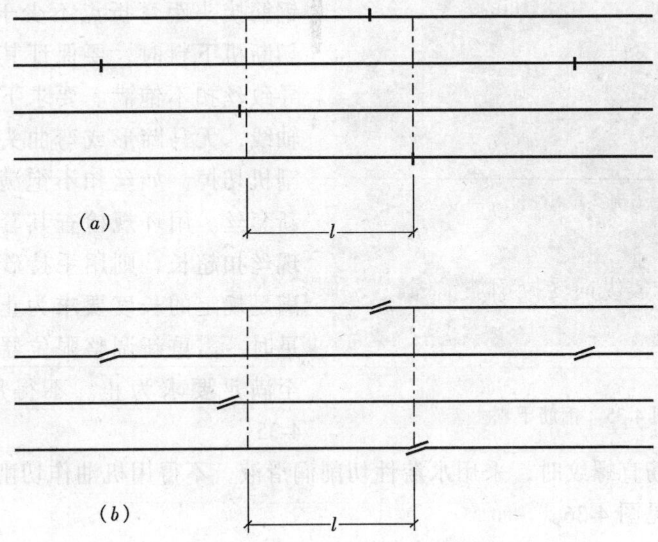

图4-34 焊接接头设置

（a）对焊接头；（b）搭接焊接头

——焊接接头距钢筋弯折处，不应小于钢筋直径的10倍。

五、钢筋机械连接

钢筋直螺纹连接是使用比较广泛和可靠度较高的机械连接方式，主要有剥肋滚压直螺纹、滚压直螺纹和墩粗直螺纹，现以滚压直螺纹和剥肋滚压直螺纹进行介绍。

（一）滚压直螺纹

直螺纹接头加工设备选用华北建筑机械设备厂加工

1. 对钢筋直螺纹接头进行工艺检验，确定其各项工艺参数，见表4-12。

直螺纹接头丝扣加工长度 **表4-12**

钢筋规格	$\phi 20$	$\phi 22$	$\phi 25$	$\phi 28$	$\phi 32$
套丝牙数（整牙数）	10	12	10	11	13

2. 直螺纹连接套筒分标准型套筒和正反丝套筒。标准型套筒的几何尺寸规定见表4-13。

标准型套筒的几何尺寸（单位：mm）　　表 4-13

规　格	螺距（P）	长度（L）	外径（ϕ）	螺纹小径（D_1）
ϕ20	2.5	54	31	18.1
ϕ22	2.5	60	33	20.4
ϕ25	3	64	39	23.0
ϕ28	3	70	44	26.1
ϕ32	3	82	49	29.8

3. 钢筋加工

（1）按钢筋配料单进行钢筋下料，且钢筋接头距弯折点不少于 10d。采用钢筋切断机下料时，要保证其端部不因挤陷而导致丝扣不饱满。要求下料断面垂直钢筋轴线，无马蹄形或弯曲头，否则用砂轮切割机切掉。如丝扣不饱满者，切掉 2cm 重新套丝。用环规检查其套丝长度时，如出现丝扣超长，则用手持砂轮机磨掉，直至满足规定的长度要求为止。如丝扣长度不足时，需重新调整限位器并重新套丝，直至满足要求为止。不得用气割下料见图 4-35。

图 4-35　钢筋下料

（2）滚扎钢筋直螺纹时，采用水溶性切削润滑液，不得用机油作切削润滑液或不加润滑液滚扎丝头，见图 4-36。

图 4-36　滚扎丝头

（3）钢筋套丝完成后，要求用牙形规、环规逐个检查钢筋丝头的加工质量；

（4）自检合格的丝头，一头拧上同规格的保护帽，另一头拧上同规格的连接套，见图 4-37；

（5）质检人员用牙形规、环规，按 10％的加工数量抽检钢筋丝头加工质量，并填写钢筋螺纹加工检验记录，如发现一个不合格丝头，则逐个检查，剔除不合格丝头。

4. 钢筋连接

图 4-37　丝头保护

(1) 拧下待连接钢筋的保护帽和连接套上的密封盖；

(2) 将待连接钢筋拧入连接套。拧入前应仔细检查钢筋规格是否与连接套规格一致，钢筋连接丝扣是否干净完好无损。

(3) 被连接的两钢筋端面应处于连接套的中间位置，偏差不大于1P（P为螺距），并用工作扳手拧紧，使两钢筋端面顶紧，同时随手画上油漆标记，以防钢筋接头漏拧。

5. 连接钢筋注意事项

(1) 钢筋丝头经检验合格后应保持干净无损伤；

(2) 所连钢筋规格必须与连接套规格一致；

(3) 连接水平钢筋时，必须从一头往另一头依次连接，不得从两头往中间或中间往两端连接；

(4) 连接钢筋时，一定要先将待连接钢筋丝头拧入同规格的连接套之后，再用工作扳手拧紧钢筋接头，以防损坏接头；连接成型后用红油漆做出标记，以防遗漏。

6. 检查钢筋连接质量

随机抽取同规格接头数的10%进行外观检查，钢筋与连接套规格一致，接头外露完整丝扣不大于3扣。

7. 直螺纹接头试验

同条件施工，同一批材料的同等级、同形式、同规格接头以500个为一验收批，不足500个也为一验收批。

每一批取3个试件作单向拉伸试验。

钢筋机械连接接头应符合《钢筋机械连接通用技术规程》（JGJ 107—96）表3.0.5的要求。

直螺纹接头丝扣加工长度　表 4-14

钢筋规格	≤ϕ28	ϕ32
套丝牙数（整牙数）	8	10

（二）剥肋滚压直螺纹

直螺纹接头选用中国建筑科学研究院建筑机械化研究分院廊坊凯博新技术开发公司研制的钢筋滚压直螺纹成型机进行加工连接。

1. 对钢筋直螺纹接头进行工艺检验，确定其各项工艺参数，见表4-14。

2. 直螺纹连接套筒分标准型套筒和正反丝套筒。标准型套筒的几何尺寸规定见表4-15。

标准型套筒的几何尺寸（mm）　表 4-15

规　格	螺纹直径	套筒外径	套筒长度	规　格	螺纹直径	套筒外径	套筒长度
20	M21×2.5	31	60	28	M29×3	45	80
22	M23×2.5	33	65	32	M33×3	49	90
25	M26×3	39	70				

3. 钢筋加工

(1) 按钢筋配料单进行钢筋下料，且钢筋接头距弯折点不少于10d。采用钢筋切断机下料时，要保证其端部不因挤陷而导致丝扣不饱满。要求下料断面垂直钢筋轴线，无马蹄形或弯曲头，否则用砂轮切割机切掉。

(2) 加工丝头时，应用水溶性切削液，严禁用机油作切削液或不加切削液加工丝头。

(3) 经自检合格的丝头，应由质检员随机抽样进行检验，抽检不得少于10个，当合格率小于95%时，应加倍抽检，如复检中合格率仍小于95%时，应对全部钢筋丝头进行检验，并切去不合格丝头，查明原因并解决后重新加工。具体丝头加工尺寸规定见表4-16。

丝头加工尺寸 (mm) 表4-16

规格	剥肋直径	螺纹尺寸	丝头长度	完整丝扣圈数
20	18.8±0.2	M21×2.5	27～30	≥8
22	20.8±0.2	M23×2.5	29.5～32.5	≥9
25	23.7±0.2	M26×3	32～35	≥9
32	30.5±0.2	M33×3	42～45	≥11

(4) 用环规检查其套丝长度时，如出现丝扣超长，则用手持砂轮机磨掉，直至满足规定的长度要求为止。如丝扣长度不足时，需重新调整限位器并重新套丝，直至满足要求为止。不得用气割下料。

(5) 检验合格的丝头，一头拧上同规格的保护帽，另一头拧上同规格的连接套。分类放好。

4. 连接钢筋

(1) 拧下待连接钢筋的保护帽和连接套上的密封盖；

(2) 将待连接钢筋拧入连接套。拧入前应仔细检查钢筋规格是否与连接套规格一致，钢筋连接丝扣是否干净完好无损。

(3) 底板钢筋连接时，考虑到钢筋拧紧时存在转动摩擦阻力，将力矩扳手的游动标尺刻度调到比待连接钢筋规格略大一等级。

(4) 先把套筒拧在一端的钢筋上，用扭矩扳手将其固定，用扭矩扳手按表4-17规定的力矩值把钢筋接头拧紧直至扭矩扳手在调定的力矩值发出“咔哒”声为止，并随手画上油漆标记，以防钢筋接头漏拧。

连接钢筋拧紧力矩值 表4-17

钢筋直径 (mm)	20～22	25	32
拧紧力矩 (N·m)	200	250	320

5. 连接钢筋注意事项

(1) 钢筋丝头经检验合格后应保持干净无损伤。

(2) 所连钢筋规格必须与连接套规格一致。

(3) 连接水平钢筋时，必须从一头往另一头依次连接，不得从两头往中间或中间往两端连接。

(4) 连接钢筋时，一定要先将待连接钢筋丝头拧入同规格的连接套之后，再用力矩扳手拧紧钢筋接头，以防损坏接头；连接成型后用红油漆做出标记，以防遗漏。

(5) 力矩扳手不使用时，将其力矩值调为零，以保证其精度。

6. 检查钢筋连接质量

(1) 检查接头外观质量应无完整丝扣外露，钢筋与连接套之间无间隙。如发现有一个完整丝扣外露，应重新拧紧，然后用检查用的扭矩扳手对接头质量进行抽检。

(2) 用质检力矩扳手检查接头拧紧程度。

7. 直螺纹接头试验

(1) 同一施工条件下，采用同一批材料的同等级、同形式、同规格接头，以500个为一验收批进行检验和验收，不足500个也为一验收批。每一批取3个试件作单向拉伸试验。

(2) 当三个试件抗拉强度均不小于该级别钢筋抗拉强度的标准值时，该验收批定为合格。如有一个试件的抗拉强度不符合要求，应取六个试件进行复检。复检中仍有一个试件不符合要求，则该验收批判定为不合格。

8. 力矩扳手的精度为±5%，要求每半年用力矩仪检定一次。

9. 钢筋机械连接接头应符合《钢筋机械连接通用技术规程》(JGJ107—96) 的规定。

(三) 钢筋锥螺纹连接

锥螺纹接头由于接头属于薄弱点，较易出现在接头区域拉断，锥螺纹接头的可靠性较直螺纹接头和冷挤压接头低，目前使用面在逐步缩小。本书对此种接头的加工、连接和验收过程不再进行叙述。

(四) 钢筋冷挤压连接

1. 机械设备

钢套筒挤压钳、超高压电动油泵站、超高压油管、悬挂器（手动葫芦）。

2. 挤压前的准备工作

(1) 清除钢套筒和钢筋压接部位的铁锈、油污、泥砂等污染物，钢筋端部要顺直，如有弯折较严重、马蹄形等必须用砂轮切割机切割或扳直的方法予以矫直。

(2) 对照《带肋钢筋套筒挤压连接技术规程》中挤压接头的检验标准，保证满足接头质量的要求，对钢套筒做外观及尺寸检查。

(3) 按照《钢筋配料单》对各部位钢筋逐根就位，并检查接头位置的正确。

(4) 根据各种规格钢筋伸入钢套筒的深度，钢筋连接端划出明显的红色定位标记，确保钢筋伸入套筒长度的正确性。

(5) 检查挤压设备，保证其完好，并进行试压确定其油压参数后，方可开始作业。

(6) 为了防止液压油污染钢筋，挤压设备下应垫12厚整块竹胶板，垫板面积不小于$2.0m^2$。

3. 挤压操作应符合的要求

(1) 参加挤压接头作业的人员必须经过厂家技术培训，并经考核合格后方可持证上岗。

(2) 挤压时采用的挤压力、压模宽度、压痕直径或挤压后套筒长度及压痕道数，均应符合技术参数要求。

(3) 按钢筋上标记插入套筒内深度，钢筋端头离套筒长度中点不超过5mm。

(4) 挤压时，挤压钳与钢筋轴线保持垂直。

(5) 挤压宜从套筒中央开始，并依次向两端挤压。

(6) 挤压完成后用检查卡规对每道压痕进行检查，挤压面应为“人”字纹面，不得挤压带肋面。符合标准后对合格的接头用红油漆涂上标记。每完成一个涂一个。

4. 挤压接头的施工现场检验与验收

(1) 同条件施工，同一批材料的同等级、同形式、同规格接头以500个为一个验收批，不足500个也作为一个验收批。

(2) 每一批取三个试件做单向拉伸试验。

5. 外观检查

钢套筒挤压接头压痕直径 d：当 $d_2 \leqslant d \leqslant d_1$ 时，即为合格见图4-38、图4-39及表4-18。

(1) 挤压后套筒长度应为原套筒长度的1.1~1.15倍或压痕处套筒外径为原套筒外径的0.8~0.9。

(2) 压痕道数应符合形式确定的道数，而且均匀。

(3) 接头处弯折不得大于4°，超标准的可用调直机调直。

(4) 套筒上不得有肉眼可见裂缝。

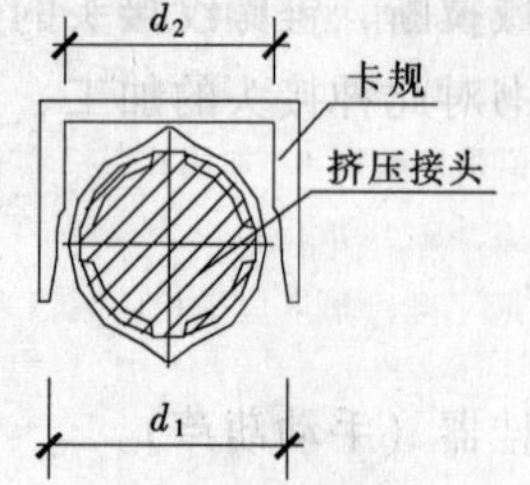

图4-38 用卡规检查挤压接头

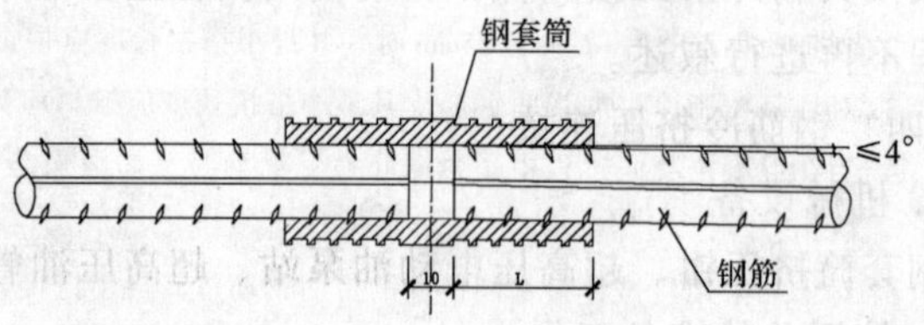

图4-39 钢套筒挤压连接

挤压连接钢筋伸入钢套筒长度 表4-18

规 格	$\phi20$	$\phi22$	$\phi25$	$\phi28$	$\phi32$
L (mm)	60	65	80	90	95
压痕道数	3	3	4	5	5

六、钢筋绑扎

钢筋安装绑扎质量，钢筋的钢种、直径、外形、形状、尺寸、位置、排距、间距、根数、节点构造、锚固长度、搭接接头、接头错位和绑扎牢固以及保护层控制措施等，必须符合规范、规程、标准。

(一) 钢筋绑扎规定

1. 钢筋的交叉点应扎牢。

2. 板和墙的钢筋网，除靠近外围两行钢筋的相交点全部扎牢外，中间部分交叉点可间隔交错扎牢，但必须保证受力钢筋不产生位置偏移；双向受力的钢筋，必须全部扎牢。

3. 梁和柱的箍筋，除设计有特殊要求外，应与受力钢筋垂直设置；箍筋弯钩叠合处，应沿受力钢筋方向错开设置。

（二）钢筋绑扎接头规定

1. 搭接长度的末端距钢筋弯折处，不得小于钢筋直径的10倍。

2. 受拉区域内，I级钢筋绑扎接头的末端应做弯钩。

3. 直径不大于12 mm的受压HPB235级钢筋以及轴心受压构件中任意直径的受力钢筋的搭接长度不应小于钢筋直径的35倍。

4. 钢筋搭接处，应在中心和两端扎牢。

5. 受拉钢筋绑扎接头的搭接长度，应符合表4-19的规定；受压钢筋绑扎接头的搭接长度，应取受拉钢筋绑扎接头搭接长度的0.7倍。

受拉钢筋绑扎接头的搭接长度　　表4-19

钢筋类型		混凝土强度等级			
		C15	C20～C25	C30～C35	≥C40
光圆钢筋	HPB235级	45d	35d	30d	25d
带肋钢筋	HRB335级	55d	45d	35d	30d
	HRB400级、RRB400级	—	55d	40d	35d

注：1. 当纵向受拉钢筋搭接接头面积百分率大于25%，但不大于50%时，其最小搭接长度应按本表中的数值乘以系数1.2取用；当接头面积百分率大于50%时，应按本表中的数值乘以系数1.35取用。

2. 当带肋钢筋直径d大于25mm时，其最小搭接长度应根据相应数值乘以系数1.1取用；

3. 对环氧树脂涂层的带肋钢筋，其最小搭接长度应按相应数值乘以系数1.25取用；

4. 当在混凝土凝固过程中受力钢筋易受扰动时（如滑模施工），其最小搭接长度应按相应数值乘以系数1.1取用；

5. 对末端采用机械连接锚固措施的带肋钢筋，其最小搭接长度可按相应数值乘以系数0.7取用；

6. 当带肋钢筋的混凝土保护层厚度大于搭接钢筋直径的3倍且配有箍筋时，其最小搭接长度可按相应数值乘以系数0.8取用；

7. 对有抗震设防要求的结构构件，其受力钢筋的最小搭接长度对一、二级抗震等级应按相应数值乘以系数1.15采用；对三级抗震等级应按相应数值乘以系数1.05采用；

8. 在任何情况下，受拉钢筋的搭接长度不应小于300mm；

9. 纵向受压钢筋搭接时，其最小搭接长度应根据上述规定确定相应数值后，乘以系数0.7取用。在任何情况下，受压钢筋的搭接长度不应小于200mm。

6. 洞口构造加筋、预埋件、电器线管、线盒、预应力筋及其配件等，位置准确，绑扎牢固，需焊接固定部位，不准咬伤受力钢筋。

七、钢筋质量要求

钢筋安装时，受力钢筋的品种、级别、规格和数量必须符合设计要求。钢筋安装位置的偏差应符合表4-20的规定。

控制保护层的措施要合理有效，竖向、水平、悬挑结构，单层或双层钢筋，要依据其钢筋直径大小，合理安放水泥砂浆垫块、塑料卡子、铁马凳或定型卡具，垫块（卡子）的厚度尺寸、位置、间距、数量应确保混凝土振捣不移位、不脱落。水泥砂浆垫块应具有相应强度。

受力钢筋的混凝土保护层厚度，应符合设计要求；当设计无具体要求时，不应小于受力钢筋直径，并应符合表4-21的规定。

钢筋安装绑扎允许偏差和检查方法（mm）　　表 4-20

<table>
<tr><th>项　次</th><th colspan="2">项　　目</th><th>允许偏差值（mm）</th><th>检查方法</th></tr>
<tr><td rowspan="2">1</td><td rowspan="2">绑扎骨架</td><td>宽、高</td><td>±5</td><td rowspan="2">尺量</td></tr>
<tr><td>长度</td><td>±10</td></tr>
<tr><td rowspan="2">2</td><td rowspan="2">受力主筋</td><td>间　距</td><td>±10</td><td rowspan="2">尺量</td></tr>
<tr><td>排　距</td><td>±5</td></tr>
<tr><td>3</td><td colspan="2">箍筋、构造筋间距</td><td>±10</td><td>尺量连续五个间距</td></tr>
<tr><td>4</td><td colspan="2">钢筋弯起点位移</td><td>±20</td><td>尺量</td></tr>
<tr><td rowspan="3">5</td><td rowspan="3">受力主筋保护层</td><td>基础</td><td>±5</td><td rowspan="3">尺量受力主筋外表面至模板内表面垂直距离</td></tr>
<tr><td>梁、柱</td><td>±3</td></tr>
<tr><td>墙板、楼板</td><td>±3</td></tr>
<tr><td rowspan="3">6</td><td rowspan="3">电弧焊接焊缝</td><td>焊缝宽度$\nless 0.7d$</td><td>$-0.05d$</td><td rowspan="3">量规和尺量</td></tr>
<tr><td>焊缝高度$\nless 0.3d$</td><td>$-0.1d$</td></tr>
<tr><td>焊缝长度</td><td>$-0.5d$</td></tr>
<tr><td>7</td><td>电渣压力焊</td><td>焊包凸出钢筋表面</td><td>≥4</td><td>尺量</td></tr>
<tr><td rowspan="2">8</td><td rowspan="2">不等强锥螺纹接头外露丝扣</td><td>锥筒外整扣</td><td>1个</td><td rowspan="2">目测</td></tr>
<tr><td>锥筒外半扣</td><td>3个</td></tr>
</table>

钢筋的混凝土保护层厚度（mm）　　表 4-21

<table>
<tr><th rowspan="2">环境与条件</th><th rowspan="2">构件名称</th><th colspan="3">混凝土强度等级</th></tr>
<tr><th>低于 C25</th><th>C25 及 C30</th><th>高于 C30</th></tr>
<tr><td rowspan="2">室内正常环境</td><td>板、墙、壳</td><td colspan="3">15</td></tr>
<tr><td>梁和柱</td><td colspan="3">25</td></tr>
<tr><td rowspan="2">露天或室内高湿度环境</td><td>板、墙、壳</td><td>35</td><td>25</td><td>15</td></tr>
<tr><td>梁和柱</td><td>45</td><td>35</td><td>25</td></tr>
<tr><td>有　垫　层</td><td rowspan="2">基　础</td><td colspan="3">35</td></tr>
<tr><td>无　垫　层</td><td colspan="3">70</td></tr>
</table>

注：处于室内正常环境由工厂生产的预制构件，当混凝土强度等级不低于 C20 且施工质量有可靠保证时，其保护层厚度可按表中规定减少 5mm，但预制构件中的预应力钢筋（包括冷拔低碳钢丝）的保护层厚度不应小于 15mm；处于露天或室内高湿度环境的预制构件，当表面另作水泥砂浆抹面层且有质量保证措施时，保护层厚度可按表中室内正常环境中构件的数值采用；

钢筋混凝土受弯构件，钢筋端头的保护层厚度一般为 10mm；预制的肋形板，其主肋的保护层厚度可按梁考虑；

板、墙、壳中分布钢筋的保护层厚度不应小于 10mm；梁柱中箍筋和构造钢筋的保护层厚度不应小于 15mm。

八、钢筋绑扎控制要点

规格、品种、位置、保护层、间距、锚固长度、搭接长度、箍筋绑扎到位、箍筋弯曲角度、箍筋弯钩平直长度、弯曲半径、接头位置、起步筋、绑扎丝朝向、直螺纹拧紧力矩、直螺纹拧紧标识、直螺纹丝扣外露长度、定位措施（梯子筋、定位框）、顶模棍、洞口顶棍、下口顶模棍插筋、施工缝水平筋（间距、保护层、甩筋长度、接头错开长度），见表 4-22，图 4-40～图 4-44。

不同部位起步筋位置 **表 4-22**

序 号	起步筋的位置	要求距离	序 号	起步筋的位置	要求距离
1	框架柱箍筋距楼板	5cm	5	墙第一根水平筋距板面	5cm
2	框架梁箍筋距柱边	5cm	6	暗柱第一根箍筋距板面	3cm
3	板主筋、负弯距筋距梁边	5cm	7	过梁箍筋距暗柱边	5cm
4	第一根墙竖筋距柱边	5cm	8	过梁入柱箍筋距暗柱边	5cm

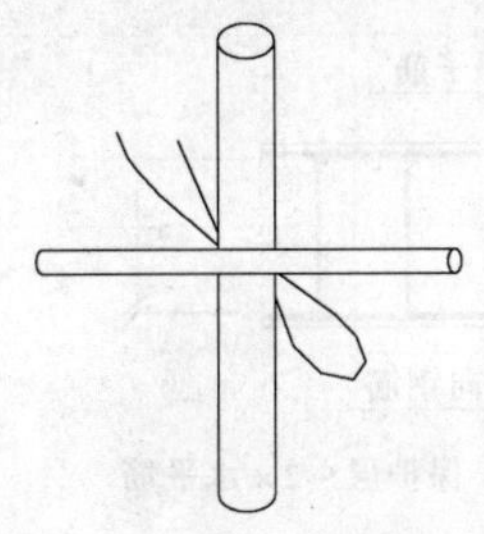

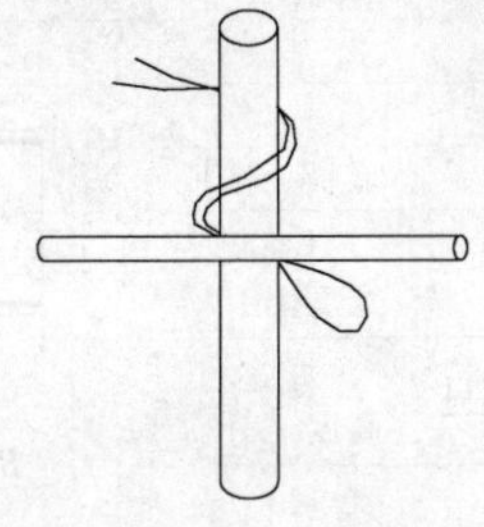

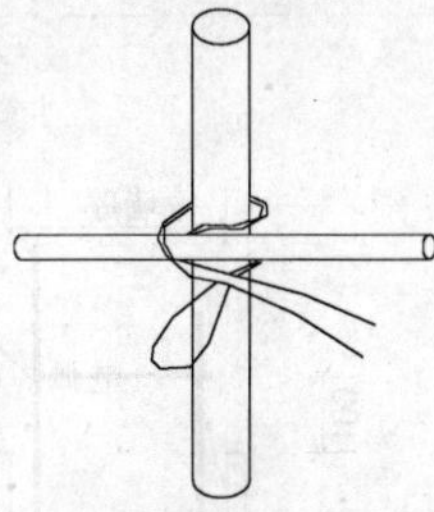

为防止跑位，丝扣不能一顺扣，要间隔采用正反扣。所有丝扣的头最后一律朝里。柱筋采用缠扣绑扎方式

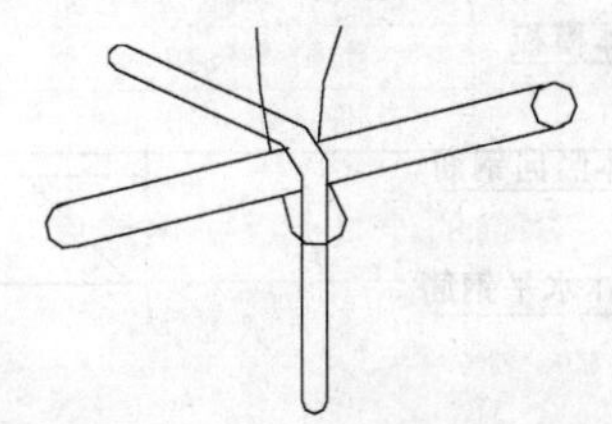

梁上部纵向钢筋的箍筋采用套扣绑扎方式

图 4-40 钢筋绑扎

墙体水平钢筋定位采用竖向“梯子筋”。从墙竖向钢筋的起步筋后面第一根钢筋开始设置。沿墙长方向间距小于等于 2m 布置。

竖向“梯子筋”采用⌀14 的钢筋制作。设上、中、下三道长钢筋，长度与墙体基本等宽，端头采用切割机切割并涂刷防锈漆，保证端头平整且不会出现锈痕。这样既能控制墙体钢筋位置，又能保证墙体截面尺寸，其余钢筋长度满足墙体水平筋放置即可

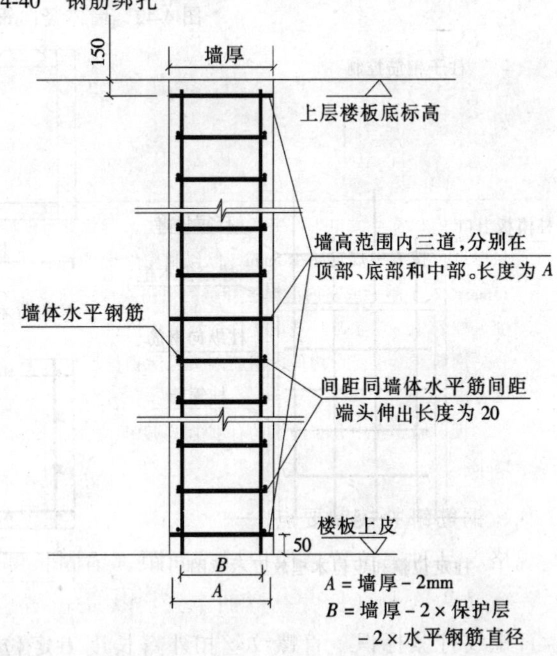

图 4-41 竖向梯子筋制作（一）

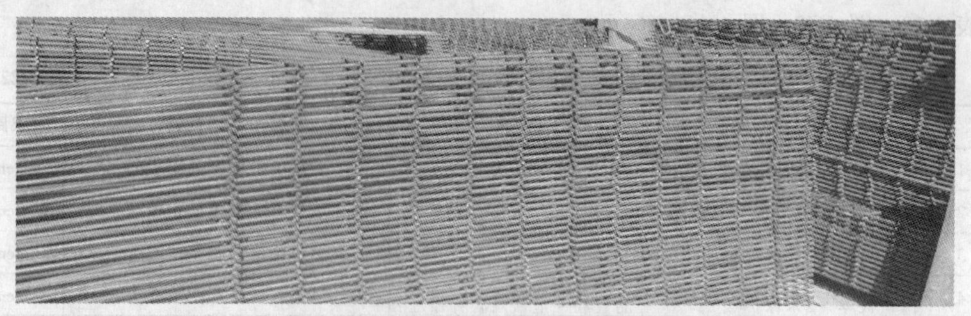

图 4-41 竖向梯子筋制作（二）

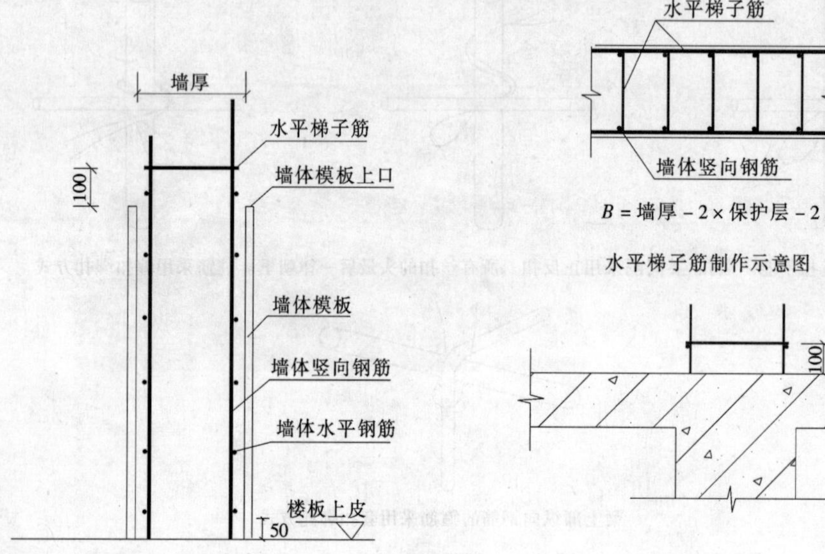

图 4-42 墙体竖向钢筋控制

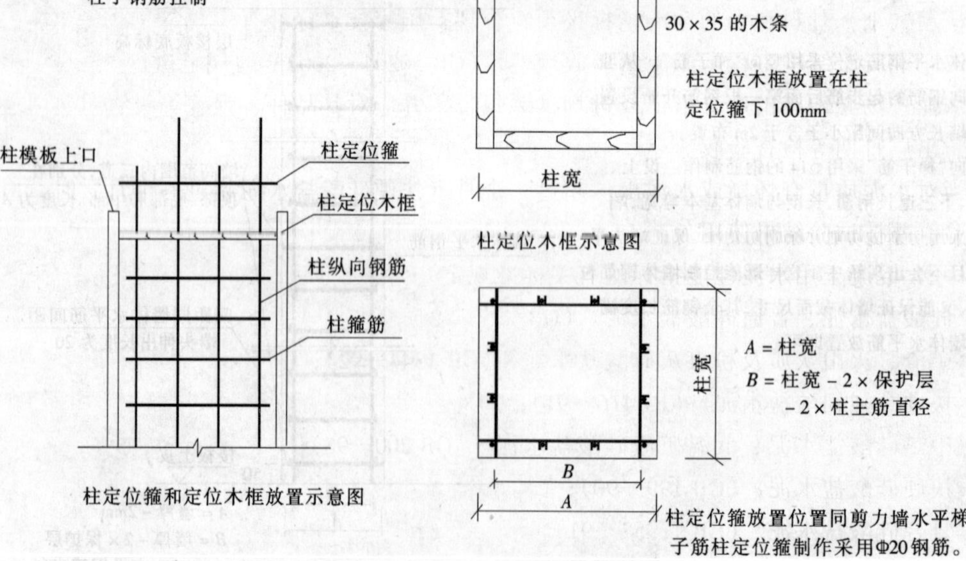

图 4-43 柱子钢筋控制

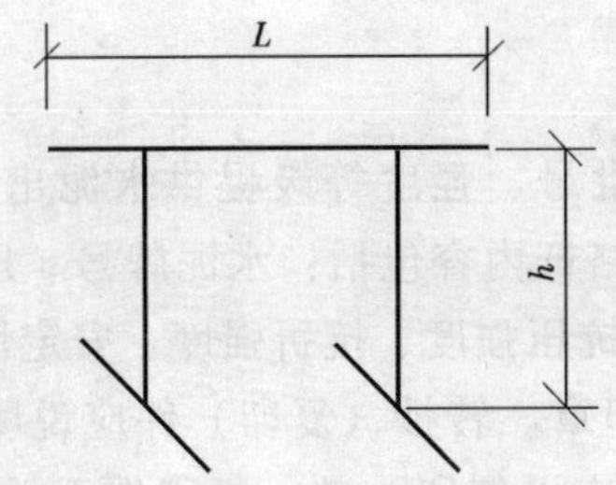

楼板马凳铁分为基础底板和楼层板两种情况，基础底板马凳铁采用ф32 钢筋制作，L＝通长，布置间距为2500；楼层楼板马凳铁采用ф14钢筋制作，L＝1000～2000，布置间距为1000

h＝板厚－2米保护层—下铁主筋直径—上铁双向直径之和

图 4-44 楼板马凳制作图

第四节 混 凝 土 工 程

一、混凝土原材料的质量控制

混凝土的质量取决于配制混凝土的胶结材料、粗（细）骨料以及拌合水的质量。为此水泥、粗（细）骨料和水的性能指标必须符合现行国家技术标准有关规定。

按《混凝土结构工程施工质量验收规范》（GB 50204—2002）的规定执行。

水泥进场必须有出厂合格证或进场试验报告，并应对其品种、强度等级、包装或散装仓号、出厂日期等检查验收。

当对水泥质量有怀疑或水泥出厂超过三个月（快硬硅酸盐水泥超过一个月）时，应复查试验，并按试验结果使用。

（一）混凝土用水泥性能指标的有关标准规定

《硅酸盐水泥、普通硅酸盐水泥》（GB 175—92）；

《矿渣、火山灰质及粉煤灰硅酸盐水泥》（GB 1344—92）；

《快硬高强铝酸盐水泥》（JG 416—91）；

《中热硅酸盐水泥、低温矿渣硅酸盐水泥》（GB 200—98）；

《快硬硅酸盐水泥》（GB 199—90）；

《复合硅酸盐水泥》（GB 12958—91）。

配制混凝土常用水泥品种有硅酸盐水泥、普通硅酸盐水泥、矿渣硅酸盐水泥、火山灰质硅酸盐水泥、粉煤灰硅酸盐水泥，其抗压强度、抗折强度、安定性等检验数据及鉴定结论，必须符合现行国家有关标准的规定。

（二）水泥验收要求

1. 混凝土工程用的水泥均应按厂别、品种、批号、强度等级提供水泥出厂合格证，或由供应部门提供转抄（复印）件给用户单位。合格证内容包括：水泥牌号、厂标、水泥品种、强度等级、出厂日期、批号、合格证编号、抗压强度、抗折强度、安定性等检验数据及鉴定结论。合格证应加盖厂家质量检查部门印章。转抄（复印）件应说明原件存放处、原件编号、转抄人及加盖转抄单位印章（印章应以红印为准，复印件无效）。合格证的备注栏内由施工单位填写单位工程名称及使用部位，单位工程技术负责人签章。

2. 进场水泥凡有下列情况之一者，应进行复试；复试应由法定检测单位进行并应提出试验报告：

无水泥出厂合格证；水泥出厂日期超出三个月（快硬性水泥超出一个月）；水泥出厂合格证内容不完善，缺技术指标者；水泥发生异常现象，如受潮结块等；使用进口水泥者；设计有特殊要求者。

3. 检验项目必须齐全,其项目包括:细度、凝结时间、安定性、抗压强度、抗折强度等。

4. 水泥合格证和试验报告单内容均应符合现行国家技术标准的要求。

（三）水泥品种及适用范围

水泥品种及常用水泥适用范围列于表 4-23。

常用水泥试用范围　　表 4-23

水泥品种	特　性	适　用　范　围
硅酸盐水泥 普通硅酸盐水泥	优点： 1. 早期强度高； 2. 凝结硬化快； 3. 抗冻性好； 4. 硅酸盐水泥和普通水泥在相同强度等级下前者比后者在 3d 到 7d 的强度高 3% ~7% 缺点： 1. 水化热较高； 2. 抗水性差； 3. 耐酸碱和化学侵蚀差	一般地上工程和不受侵蚀性作用的地下工程以及不受水压作用的工程 无腐蚀性水中的受冻工程 早期强度要求较高的工程 在低温条件下，需要强度发展较快的工程
矿渣硅酸盐水泥	优点： 1. 硫酸盐类侵蚀的抵抗能力及抗水性较好； 2. 耐热性好； 3. 水化热低； 4. 在蒸汽养护中强度发展较快； 5. 在潮湿环境中后期强度增进率较大 缺点： 1. 早期强度低，凝结较慢，在低温环境中尤甚； 2. 耐冻性较差； 3. 干缩性大，有泌水现象	地下、水中及海水中的工程以及经常受高水压的工程 大体积混凝土工程 蒸汽养护的工程 受热工程 代替普通硅酸盐水泥用于地上工程，但应加强养护；亦可用于不常受冻融交替作用的受冻工程
火山灰质硅酸盐水泥粉煤灰硅酸盐水泥	优点： 1. 对硫酸盐类侵蚀的抵抗能力强； 2. 抗水性能好； 3. 水化热低； 4. 在湿润环境中后期强度的增进率较大 缺点： 1. 早期强度低，凝结较慢，在低温环境下尤甚； 2. 耐冻性差； 3. 吸水性大； 4. 干缩性较大	地下水中工程及经常受较高水压的工程 受海水及含硫酸盐类溶液侵蚀的工程 大体积混凝土工程 蒸汽养护的工程 远距离运输的砂浆和混凝土

续表

水泥品种	特 性	适 用 范 围
白色硅酸盐水泥	强度高、色泽洁白，可配制各种彩色砂浆及彩色涂料	建筑装饰工程的粉刷和雕塑 制造有艺术性的各种彩色和白色混凝土或混凝土等的装饰结构部件 制造各种颜色的水刷石、假大理石及水磨石等制品 配制彩色水泥
快硬高强铝酸盐水泥	1. 快硬性强，$1d$ 的强度可达 80% 以上，$3d$ 几乎达到 100% 2. 低温硬化快。在 5～10℃时，$1d$ 强度仅较正常养护时（20℃）强度约低 30%，$3d$ 的强度与正常养护时接近 3. 耐热性好。在干热处理过程中强度下降较少 4. 耐蚀性好，在 3% 硫酸盐溶液内，高强铝酸盐水泥 6 个月的抗折强度仅较在淡水内降低 4% 5. 抗渗性与不透水性均好	紧急抢修工程及需要很快使用的军事工程 要求一定早期强度的特殊工段 冬期施工的工程 抵抗硫酸盐侵蚀及冻融交替的工程
中热硅酸盐水泥	1. 水化热较低 2. 抗冻性、耐磨性较高 3. 具有一定的抗硫酸盐能力	适用于大坝溢流面或其他大体积水工建筑物，水位变动区域的覆面层等，要求具较低水化热和较高抗冻性及耐磨的部位 适用于清水或含有较低硫酸盐类侵蚀介质的水中工程
低热矿渣硅酸盐水泥	1. 水化热较低 2. 具有一定的抗硫酸盐能力	适用于大坝或其他大体积水工建筑物以及一般大体积混凝土工程的内部，要求具有较低的水化热的部位 适用于清水或含有较低硫酸盐类侵蚀介质的水中工程
快硬硅酸盐水泥	1. 凝结硬化快 2. 早期强度增进率较快	要求早期强度高的工程 紧急抢修或冬期施工的工程 混凝土预制构件，道路
道路硅酸盐水泥	1. 早期强度高 2. 凝结硬化快 3. 抗冻性好 4. 耐磨性好 5. 有抗干缩性能	适用于耐磨和有抗干缩部位的表露工程 适用于道路路面工程
复合硅酸盐水泥	同硅酸盐水泥相似，掺用两种以上规定的混合材料	同普通硅酸盐水泥相似

（四）普通混凝土所用粗、细骨料的有关标准规定

《普通混凝土用砂质量标准及检验方法》（JGJ 52—92）；

《普通混凝土碎石或卵石质量标准及检验方法》（JGJ 53—92）。

1. 混凝土用粗骨料，其最大颗粒粒径不得超过结构截面最小尺寸的 1/4，且不得超过钢筋间距的 3/4。对混凝土实心板，骨料最大粒径不宜超过板厚的 1/2，且不得超过 50mm。

2. 砂中的含泥量是以重量计的百分率。混凝土强度等级高于或等于 C30，砂的含泥量不应大于 3%；混凝土强度等级等于或低于 C30，含泥量不大于 5%；有抗冻、抗渗或其他特殊要求的混凝土用砂，其含泥量不应大于 3%。

（五）拌制混凝土用水规定

拌制混凝土宜采用饮用水。当采用其他来源的水时，水质必须符合国家现行标准《混凝土拌合用水标准》（JGJ 63—89）的规定。

（六）混凝土中掺用外加剂规定

1. 外加剂的质量应符合国家现行标准《混凝土外加剂应用技术规范》）（GBJ 119—88）和《混凝土防冻剂标准》（JC 475—92）的规定；

2. 外加剂的品种及掺量必须根据对混凝土性能的要求、施工及气候条件、混凝土所采用的原料及配合比等因素经试验确定；

3. 在蒸汽养护的混凝土和预应力混凝土中，不宜掺用引气剂或引气减水剂；

4. 当掺用含氯盐的外加剂时，应符合《混凝土结构工程施工质量验收规范》（GB 50204—2002）的有关规定。

（七）混凝土中掺入粉煤灰技术要求

混凝土中掺入粉煤灰的技术要求，应符合《用于水泥和混凝土中的粉煤灰》（GB 1599—91）的规定。

二、混凝土配合比

混凝土配合比是保证混凝土质量的基础，配制混凝土拌合物的配合比必须准确，以保证设计要求的混凝土的强度等级和耐久性以及施工时和易性的要求。

混凝土配合比应严格遵守《混凝土结构工程施工质量验收规范》（GB 50204—92）的规定。

（一）混凝土配制强度设计规定

1. 混凝土施工配合比，应根据设计的混凝土强度等级和质量检验以及混凝土施工和易性的要求确定，并应符合合理使用材料和经济的原则，对有抗冻、抗渗等要求的混凝土，尚应符合有关的专门规定。

2. 普通混凝土和轻骨料混凝土的配合比，应分别按国家现行标准《普通混凝土配合比设计技术规程》和《轻集料混凝土技术规程》进行计算，并通过试配确定。

3. 混凝土的施工配制强度可按下式确定：

$$f_{cu,0} = f_{cu,k} + 1.645\sigma$$

式中 $f_{cu,0}$——混凝土的施工配制强度（N/mm^2）；

$f_{cu,k}$——设计的混凝土强度标准值（N/mm^2）；

σ——施工单位的混凝土强度标准差（N/mm^2）。

4. 施工单位的混凝土强度标准差应按下列规定确定。

（1）当施工单位具有近期的同一品种混凝土强度资料时，其混凝土强度标准差应按下列公式计算：

$$\sigma = \sqrt{\frac{\sum_{i=1}^{N} f_{cu,i}^2 - Nu_{fcu}^2}{N-1}}$$

式中　$f_{cu,i}$——统计周期内同一品种混凝土第 i 组试件的强度值（N/mm^2）；

u_{fcu}——统计周期内同一品种混凝土 N 组强度的平均值；

N——统计周期内同一品种混凝土试件的总组数，$N \geqslant 25$。

注：

1）同一品种混凝土系指混凝土强度等级相同且生产工艺和配合比基本相同的混凝土；

2）对预拌混凝土厂和预拌混凝土构件厂，统计周期可取为一个月；对现场拌制混凝土的施工单位，统计周期可根据实际情况而定，但不宜超过三个月；

3）当混凝土强度等级为 C20 或 C25 时，如计算得到的 $\sigma < 2.5N/mm^2$，取 $\sigma = 2.5N/mm^2$；当混凝土强度等级高于 C25 时，如计算得到的 $\sigma < 3.5N/mm^2$，取 $\sigma = 3.5N/mm^2$。

（2）当施工单位不具有近期的同一品种混凝土强度资料时，其混凝土强度标准差 σ 可按表 4-24 取用。

混凝土强度标准差 σ 值（N/mm^2）　　**表 4-24**

混凝土强度等级	低于 C20	C20～C35	高于 C35
σ	4.0	5.0	6.0

5．混凝土的最大水灰比和最小水泥用量，应符合表 4-25 的规定。

混凝土的最大水灰比和最小水泥用量　　**表 4-25**

混凝土强度等级	最大水灰比	最小水泥用量（kg/m^3）			
		普通混凝土		轻骨料混凝土	
		配　筋	无　筋	配　筋	无　筋
受雨雪影响的混凝土	不作规定	250		250	225
（1）受雨雪影响的露天混凝土 （2）位于水中或水位升降范围内的混凝土 （3）在潮湿环境中的混凝土	0.70	250	225	275	250
（1）寒冷地区水位升降范围的混凝土 （2）受水压作用的混凝土	0.65	275	250	300	275
严寒地区水位升降范围内的混凝土	0.60	300	275	325	300

注：1．本表中的水灰比，对普通混凝土系指水与水泥（包括外掺混合材料）用量的比值，对轻骨料混凝土系指净用水量（不包括轻骨料 1h 吸水量）与水泥（不包括外掺混合材料）用量的比值；

2．本表中的最小水泥用量，对普通混凝土包括外掺混合材料，对轻骨料混凝土不包括外掺混合材料，当采用人工捣实混凝土时，水泥用量应增加 $25kg/m^3$，当掺用外加剂且能有效地改善混凝土的和易性时，水泥用量可减少 $25kg/m^3$；

3．当混凝土强度等级低于 C10 时，可不受本表的限制；

4．寒冷地区系指最冷月份平均气温在 -5～15℃之间，严寒地区系指最冷月份平均气温低于 -15℃；

5．防水混凝土应符合现行国家标准《地下防水工程施工质量验收规范》的有关规定；

6．混凝土的最大水泥用量不宜大于 $550kg/m^3$。

6．混凝土浇筑时的坍落度，宜按表 4-26 选用，坍落度测定方法应符合现行国家标准《普通混凝土拌合物性能试验方法》的规定。

混凝土浇筑时的坍落度（mm）　表 4-26

结构要求	坍落度
基础或地面等垫层、无配筋的大体积结构（挡土墙、基础等）或配筋稀疏的结构	10~30
板、梁和大型及中型截面的柱子等	30~50
配筋密列的结构（薄壁、斗仓、筒仓、细柱等）	50~70
配筋特密的结构	70~90

（二）泵送混凝土配合比规定

1. 骨料最大粒径与输送管内径之比，碎石不宜大于1:3，卵石不宜大于1:2.5。通过0.315mm的筛孔的砂不应少于15%。砂率宜控制在40%~50%；

2. 最小水泥用量宜为（300~550）kg/m^3；

3. 混凝土的坍落度宜为80~180mm；

4. 混凝土内宜掺加适量的外加剂。

5. 泵送轻骨料混凝土的原材料选用及配合比，应通过试验确定。

三、混凝土的配制

（一）基本要求

混凝土配制应严格按照法定检测单位提供的配合比进行，并应严格控制水灰比和混凝土的和易性及坍落度。拌制混凝土的强度等级必须符合设计的强度等级，并应符合《混凝土强度检验评定标准》（JGJ 107—87）和《混凝土质量控制标准》（GB 50164—92）的规定。

为了满足设计要求的混凝土的强度等级，以及抗渗性、耐蚀性和耐久性等性能，同时也为了满足施工操作要求混凝土拌合物的和易性，必须执行混凝土的设计配合比。因为组成混凝土的各种成分的多少，直接影响混凝土的质量。所以要对水泥、砂、石等组成混凝土级配的原料应进行控制。其温度、湿度和体积经常在变化，同体积的材料有时重量相差很大，所以，拌制混凝土级配应按重量进行计算，才能保证配合比正确、合理，使拌制混凝土质量达到要求。

配制混凝土组成的原材料允许偏差，不得超过表4-27中允许偏差值的规定。

混凝土原材料重量的允许偏差　表 4-27

材料名称	允许偏差（%）
水泥、混合材料	±2
粗细骨料	±3
水、外加剂	±2

注：各种衡器应定期校验，保持准确；骨料含水率应经常测定，雨天施工应增加测定次数。

（二）影响混凝土质量的因素

1. 水泥强度达不到配合比设计强度等级，导致降低混凝土强度等级；水泥用量过大时，如果在大体积混凝土中，水泥水化反应放出的热量会使混凝土内外温差过大而导致裂缝。

2. 砂石骨料级配、砂率过小或过大，粗骨料相对增多或减少，则流动性变差。只有通过实验确定最佳砂率，才能使拌合物有良好的流动性，易于施工和保证混凝土质量。

3. 水灰比的大小不仅影响混凝土的强度等级和密实性，而且也影响混凝土的抗渗性、抗冻性、抗蚀性和抗碳化性能。

4. 混凝土的坍落度小，使混凝土拌合物流动性不良，直接影响混凝土浇筑，而导致混凝土结构杆件产生麻面、蜂窝、孔洞和露筋等质量缺陷，降低混凝土的密实性。

5. 外加剂的掺量过多或过少都会影响混凝土的质量，为了改善混凝土的性能，提高混凝土的早强性、抗冻性、抗渗性，掺入外加剂必须按试验后确定外加剂的品种和掺量来拌制混凝土。

（三）混凝土搅拌

1. 混凝土搅拌的最短时间应符合表 4-28 的规定。

混凝土搅拌的最短时间（s） **表 4-28**

混凝土坍落度（mm）	搅拌机型	搅拌机出料量（L）		
		<250	250～500	>500
≤30	强制式	60	90	120
	自落式	90	120	150
>30	强制式	60	60	90
	自落式	90	90	120

注：1. 混凝土搅拌的最短时间系指自全部材料装入搅拌筒中起到开始卸料为止的时间；
2. 当掺有外加剂时，搅拌时间应适当延长；
3. 当采用其他形式的搅拌设备时，搅拌的最短时间应按设备说明书的规定或经试验确定。

2. 混凝土搅拌应符合以下规定：

原材料计量应建立岗位责任制，计量方法力求简便易行、可靠，特别是水的计量，应制作标准计量量具；外加剂应用台秤计量；应在拌制点和浇筑点定时分别检查混凝土的坍落度或工作度；当拌制混凝土受到外界因素的影响时，应及时调整和修正配合比，使拌制的混凝土达到设计的要求；混凝土拌合物质地必须均匀，且色泽一致。

3. 施工现场搅拌混凝土。

施工现场搅拌混凝土，其配合比必须由具备资格的试验室提供。工程项目现场必须配置与现场试验相适应的简易试验室和相应试验设备及标准养护室（标养箱）。现场试验人员（含制作试块），必须经过专业培训考核，具备相应的试验工作资格。

混凝土配制的强度等级和性能（抗渗、抗冻、低碱及其他特殊要求），必须符合设计要求和规范、标准，并应满足施工需要。

原材料水泥、砂、石、外加剂、掺合料，必须符合相应质量标准，并依照有关规定具有产品出厂合格证和进场复试报告。并分类堆放妥善管理和分批、分品种挂牌标识。

1）水泥、外加剂、掺合料入库房（棚），按进场批分生产厂、品种、强度等级、数量、生产日期、试验单编号、合格、不合格等注明标识。并有防潮、防雨、雪措施。

2）砂石在硬底场地堆放，不同品种、规格砂、石之间以墙相隔，防止混料，并有料堆淋水、排水措施。并应挂标识牌，注明产地、规格等。

3）现场搅拌设备应安装在防风雨的搅拌房内，工艺设备合格，上料系统合理有效运行，计量系统先进准确，并经计量检定合格。采用地磅或吊磅者，要安装平稳。必须采取保证计量准确，坚持昼夜班每车过磅和防止发生计量失控的有效控制措施。预拌混凝土按有关规定执行。

4）现场搅拌配合比起用，应组织有关部门进行开盘鉴定，经按实际条件和要求对设计配合比调整签认后，制作标养试块、抗渗试块。按调整后的施工配合比进行搅拌，并在搅拌台旁设混凝土配合比标牌。标牌的主要内容参照表 4-29。

混凝土搅拌配合比标牌　　**表 4-29**

<table>
<tr><td colspan="8">工程名称：</td></tr>
<tr><td colspan="2">浇筑部位：</td><td colspan="3">浇筑日期：</td><td colspan="3">浇筑总量（m^3）：</td></tr>
<tr><td colspan="2">强度等级：</td><td colspan="3">配合比编号：</td><td colspan="3">初凝时间：</td></tr>
<tr><td colspan="2">水泥品种、强度等级：</td><td colspan="3">砂子规格：</td><td colspan="3">石子规格：</td></tr>
<tr><td colspan="2">外加剂品种：</td><td colspan="3">掺合料品种：</td><td colspan="3">坍落度：</td></tr>
<tr><td rowspan="4">设　计
配合比</td><td>材料名称</td><td>水泥</td><td>水</td><td>砂子</td><td>石子</td><td>外加剂</td><td>掺合料</td></tr>
<tr><td>配合比比例</td><td></td><td></td><td></td><td></td><td></td><td></td></tr>
<tr><td>每 m^3 用量 kg/m^3</td><td></td><td></td><td></td><td></td><td></td><td></td></tr>
<tr><td>每盘用量 kg/盘</td><td></td><td></td><td></td><td></td><td></td><td></td></tr>
<tr><td rowspan="5">施　工
配合比</td><td>每盘实际用量 kg/盘</td><td></td><td></td><td></td><td></td><td></td><td></td></tr>
<tr><td>小车运料每车净重</td><td></td><td></td><td></td><td></td><td></td><td></td></tr>
<tr><td>砂石含水率%</td><td></td><td></td><td></td><td></td><td></td><td></td></tr>
<tr><td>砂石含泥量%</td><td></td><td></td><td></td><td></td><td></td><td></td></tr>
<tr><td colspan="7">电子称加水每秒流量（kg/秒）</td></tr>
<tr><td colspan="8">工程项目技术负责人：
施工配合比调整负责人：
搅拌操作负责人：</td></tr>
</table>

四、混凝土浇筑

（一）混凝土的和易性

浇筑混凝土结构构件混凝土拌合物的和易性是指混凝土运输、浇筑、振捣等过程中便于施工、适合操作和有利于硬凝的一系列性质。因而和易性是混凝土拌合物的流动性、粘聚性和保水性的综合表现。目前，对混凝土拌合物的和易性还只能用坍落度（维勃稠度）来表示其流动性。坍落度对混凝土质量具有重要的影响：坍落度小，将使混凝土拌合物流动性差，混凝土浇筑易产生蜂窝、麻面、孔洞和露筋等质量缺陷；坍落度大，使混凝土拌合物流动性好，便于浇筑，也有利于消除混凝土的质量通病。影响混凝土拌合物和易性的有以下一些因素：

1. 单位用水量：合适的用水量可使构件便于成型，亦可防止内部产生蜂窝。但用水量过大（保持水灰比不变），不仅多用水泥，还会造成混凝土的粘聚性和保水性下降，如用水量过小混凝土稠度大也不易成型密实，施工困难，因此用水量一定要按配合比控制使用，在天气变化时则应予以调整。

2. 混凝土拌合物中的粗（细）骨料颗粒级配合理，可确保混凝土结构的密实度。如果粗（细）骨料颗粒级配不良，会导致混凝土的空隙率增大，使混凝土强度降低。

3. 含砂率适当，不但能用砂填充粗骨料之间的空隙还可部分地起润滑作用，使混凝土和易性好。但砂率过大，则砂石总的表面积也随之增大，混凝土拌合物就显得干稠，流动性减小；如果砂率过小，砂浆量不足，使石子形成松散的状态。因此，砂率过大或过小都会影响混凝土拌合物的和易性。所以，要严格按试验配合比试配确定的最佳砂率。

4. 水灰比是影响混凝土拌合物和易性的重要因素之一，水灰比过大，便水泥浆的粘聚性降低导致拌合物保水性降低，使混凝土出现泌水现象；水灰比小，水泥浆变稠，使混凝土拌合物粘聚性增大，导致拌合物成团；水灰比大，混凝土拌合物的流动性增大，坍落度也增大。在运输、浇筑及捣固过程中会产生分层离析现象，难以保证混凝土拌合物的匀质性。

5. 混凝土拌合时必须保证拌合时间充分和搅拌均匀。

6. 混凝土拌合物掺入的减水剂，是一种表面活性材料。它对混凝土中的水泥颗粒起扩散作用，使水泥浆的凝聚体结构破坏，从而把水泥凝聚体中被水泥颗粒所包围的游离水释放出来，以达到减少拌合用水的目的。

7. 拌合混凝土时掺入适量的早强剂，可以提高混凝土早期强度，对模板周转、施工进度及节约冬期施工费用都有明显效果。

8. 保水性是指混凝土拌合物保持水分不易析出的能力。混凝土在浇捣操作中，随粗、细骨料的下沉，则水分极易上浮到混凝土表面，这就是通常所说的泌水现象。如果混凝土保水性差，泌水现象严重，将直接影响混凝土质量。

综上所述，混凝土拌合物的和易性对混凝土的匀质性、密实性有很大的影响，对保证混凝土的强度，以及抗渗性、抗冻性、抗蚀性、耐久性等指标起着重要的作用。只有混凝土拌合物的和易性性能良好，才能使混凝土的质量达到要求标准。

（二）混凝土的运输

混凝土从搅拌机中卸出到浇筑完毕的延续时间不宜超过表 4-30 的规定。

混凝土从搅拌机中卸出到浇筑完毕的延续时间（min） **表 4-30**

混凝土强度等级	气温	
	不高于 25℃	高于 25℃
不高于 C30	120	90
高于 C30	90	60

1. 运送混凝土，宜采用搅拌运输车，如果运距不远，也可采用翻斗车。运送的容器应严密，其内壁应平整光洁，粘附的混凝土残渣应经常清除。

2. 混凝土运至浇筑地点时，应具有浇筑所规定的坍落度。如果产生分层离析现象，浇筑前必须进行二次搅拌。

3. 泵送混凝土必须符合以下规定：

泵送混凝土必须保证混凝土泵的连续工作；输送管道宜直，转弯宜缓；进行泵送混凝土之前，应预先用水泥砂浆润滑输送管道内壁。如果发现混凝土离析时，应用高压水冲洗管内残留的混凝土；泵送混凝土的受料斗内应经常有足够的混凝土，以防止吸入空气阻塞输送管道。

（三）混凝土浇筑前的准备工作

1. 编制混凝土浇筑施工技术方案。

2. 作好施工组织设计和技术交底。这是两项很重要的工作。其中包括施工前的准备、材料试验、配合比设计、计量器具、施工方法（如需留置施工缝时，应按指定位置及采取适当节点构造，并应符合设计要求和施工规范规定、质量标准等）。

3. 检查施工准备条件。模板制作、钢筋加工、配合比的设计、预埋件及垫块的安装与设置等。

4. 物资准备工作：水泥、砂石、外加剂等要根据同批材料的数量进行质量检验和验收；对所需的搅拌机、运输车辆、料斗、振捣器等机具，要保证机具的完好率，使生产机具处于完好状态。

5. 检查模板、支架、钢筋及预埋件：

1）模板的强度、刚度是否符合规定，标高、位置与结构截面尺寸是否符合设计要求，预留拱度是否正确；

2）支撑系统是否稳定，支架与模板的结合处必须稳定可靠，出现变形时应及时调整；

3）钢筋与埋设件规格、数量、安装的几何尺寸与位置，以及钢筋接头等是否与设计要求相符，对于已变形和位移的钢筋应及时校正；

4）检查和安放保护层垫块、铁马凳，钢筋骨架上应铺设马道跳板，严防踩压钢筋骨架见图 4-46；

5）浇筑混凝土前，应清除模板内的垃圾、木片、刨花、锯屑、泥土等杂物，确保模板内干净，钢筋上的污染物应清除干净，并对竖向钢筋作防污染保护，见图 4-45；

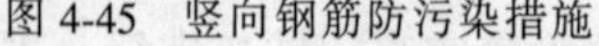

图 4-45　竖向钢筋防污染措施

图 4-46　板筋防踩压措施

6）模板预留的三孔（即观察孔、振捣孔、清扫孔）是否符合施工要求；

7）木模应浇水润湿，并将缝隙塞严，金属模板预留孔洞应堵塞严密，以防漏浆。脱模剂涂刷应均匀；

8）混凝土浇筑令、开盘鉴定等相关准备资料签认完毕；

9）施工缝处混凝土表面必须满足下列条件：已经清除浮浆、剔凿露出石子、用水冲洗干净、湿润后清除明水、松动砂石和软弱混凝土层已经清除、地下结构外墙钢板止水带均已安装、已浇筑混凝土强度≥1.2MPa（通过同条件试块来确定）；

10）混凝土泵、泵管铺设、承台或塔式起重机、吊斗已经准备（或调试）好；

11）浇筑混凝土的人员（包括试验、水电工、振捣工等）、机具（包括振动棒、电箱等）、冬雨等季节性施工的保温覆盖材料、水、电（需要调试的必须预先调试好）等已经安排就位；

12）浇筑前清整现场道路，保证混凝土运输通畅。

（四）混凝土浇筑

1. 混凝土浇筑间歇时间的控制

浇筑混凝土应连续进行。当必须间歇时，其间歇时间宜缩短，并应在前层混凝土凝结之前，即将次层混凝土浇筑完毕。

混凝土运输、浇筑及间歇的全部时间不得超过混凝土初凝时间，当超过时应留置施工缝。

2. 混凝土施工缝的留置

两次浇筑间的接触面称之为施工缝。施工缝的留置会影响混凝土的整体性，并能使混凝土强度降低。所以，施工缝就成为混凝土结构的薄弱环节。为此，施工缝的留置必须遵守设计要求和规范的规定。

《混凝土结构工程施工质量验收规范》（GB 50204—2002）的规定：

施工缝的位置应在混凝土浇筑前确定，并应留置在结构受剪力较小且便于施工的部位；柱，宜留置在基础的顶面、梁或吊车梁牛腿的下面、吊车梁的上面、无梁楼板在柱帽的下面；与板连成整体的大截面梁，留置在板底面以下20～30mm处。当板下有梁托时，留置在梁托下部；单向板，留置在平行于板的短边的任何位置；有主次梁的楼板宜顺着次梁方向浇筑，施工缝应留置在次梁跨度的中间1/3范围内；墙，留置在门口过梁跨中1/3范围内，也可留在纵横墙的交接处；双向受力楼板、大体积混凝土结构、拱、穹拱、薄壳、蓄水池、斗仓、多层刚架及其他结构复杂的工程，施工缝的位置应按设计要求留置。

3. 施工缝处混凝土的浇筑

在施工缝处继续浇筑混凝土时，根据《混凝土结构工程施工质量验收规范》（GB 50204—2002）应符合以下规定：

图4-47 施工缝剔凿清理

已浇筑的混凝土，其抗压强度不应小于1.2N/mm^2；在已硬化的混凝土表面上，应清除水泥薄膜、松动石子以及软弱混凝土层，并充分湿润和冲洗干净，且不得有积水见图4-47；浇筑混凝土前，宜先在施工缝处铺一层与混凝土内成分相同的水泥砂浆；竖向结构混凝土灌注前，应先均匀铺3~5cm厚与混凝土内砂浆相同成分的水泥砂浆。使用泵车浇筑的可以采用润管砂浆，润管后用料斗接回，严禁无接浆浇筑混凝土；混凝土应仔细捣实，使新旧混凝土紧密结合。

4.混凝土分层浇筑

混凝土浇筑层的厚度必须符合混凝土施工及验收规范GB 50204—2002的规定。

浇筑混凝土时为了保证混凝土的密实性和强度，必须分层浇筑和振捣，并应根据不同的振捣方法和使用不同的振捣工具限制投料的厚度。如果一次投料过厚，就会因振捣不实而影响混凝土的密实性，密实性不良会导致混凝土强度降低。因此，浇筑混凝土时必须分层进行，并限制其分层的厚度。可采用测杆检查分层厚度。如50cm一层，测杆每隔50cm刷红蓝标志线，测量时直立在混凝土上表面上，以外露测杆的长度来检验分层厚度，并配备检查、浇筑用照明灯具。为了保证柱子的分层浇筑厚度，可计算出各柱子的分层混凝土用量，并根据用量定制相应规格的小灰斗，用以控制每层浇筑的混凝土量。

5.混凝土振捣

混凝土浇筑后振捣是用各种振动器使混凝土受振，把混凝土内部的空气排挤出，让砂子充满石子间的空隙，水泥浆充满砂子之间的空隙，以达到混凝土的密实。常用的振动器有内部振动器、表面振动器和外部振动器。

(1) 内部振动器，又称插入式振动器。操作方式有两种，一种是垂直振捣，即使振动棒与混凝土表面垂直；一种是斜面振捣，即使振捣棒与混凝土表面成一角度，约40°~50°。采用振动棒振捣时要“快插慢拔”，快插是为了防止先将表面混凝土振实而与下部混凝土产生分层离析，慢拔是为了使混凝土能填满振动器抽出时所造成的空洞。

浇筑混凝土时要分层浇筑，每层混凝土厚度不得超过振动棒长的1.25倍；上层混凝土的振捣要在下层混凝土初凝之前进行；振捣时要插入下层5mm左右。每一插点要掌握好振动时间，对塑性混凝土一般为20~30s。插点要均匀排列，可以排成“行列式”或“交错式”。插点距离应不大于振动棒作用半径的1.5倍。一般振动棒的作用半径为300~400mm，在振动30~60min后，必须停30min；操作中应避免碰撞钢筋、模板、预埋件等等。振动完毕后应将表面清洗干净。

(2) 表面振动器，又称平板振动器，用于振捣平板、地面或预制楼板等。表面振动器在混凝土表面成行列依次移动振捣，在每一振捣位置上应连续振动25~40s，每一振捣位置包括行与行之间的位置应搭接30~40mm。表面振动器的有效作用深度，在无筋及单筋平板中约200mm；在双筋平板中约120mm。振动器使用完毕后要清洗干净。

(3) 外部振动器，又称附着式振动器，仅适用于振捣钢筋较密，厚度较小以及不宜用插入式振动器的结构构件。外部振动器的振捣作用深度约250mm；其设置间距应通过试验确定，并应与模板牢固和紧密连接。

(4) 采用振捣器捣实时，每一振点的振捣延续时间，应使混凝土表面呈现浮浆和不再沉落。

施工中要严防漏振或过振。并应随时检查钢筋保护层和预留孔洞、预埋件及外露钢筋位置，确保预埋件和预应力筋承压板底部混凝土密实，外露面层平整。施工缝符合要求。封闭性模板可增设附着式振捣器辅助振捣。

6.混凝土结构允许偏差和检查方法见表4-31。

混凝土结构允许偏差（mm）　**表 4-31**

项次	项目		允许偏差值（mm）	检查方法
1	轴线位置	基础	10	尺　量
		柱、墙、梁	5	
2	标高	层高	±5	水准仪、尺量
		全高	±30	
3	截面尺寸	基础	±5	尺量
		柱、墙、梁	±2	尺量
4	垂直度	层高	5	经纬仪、吊线、尺量
		全高	$H/1000$ 且≯30	
5	表面平整度		3	2m 靠尺、塞尺
6	角、线顺直		3	线尺
7	预留洞口中心线位置		5	拉线、尺量
8	预埋件、管、预应力筋支承板中心线位置		3	拉线、尺量
9	预埋螺栓	中心线到中心线位置	2	尺量
		外露长度	+10，−0	
10	楼梯踏步宽、高		±3	尺量
11	电梯井筒	井筒长，宽对中心线	+20，−0	吊线、尺量
		井筒全高垂直度	$H/1000$ 且≯30	
12	阳台、雨罩位置		±5	

7. 注意事项

灌筑倾倒混凝土入模，不得集中下料冲击模板或冲砸钢筋骨架，应按浇筑顺序分层均匀下料，柱、墙板灌注高度大于 3m 时，应采用布料管、溜管或串筒下料，出料管口至浇筑层自由高度不宜大于 1.5m，严防混凝土离析，分层灌注混凝土厚度，宜采用尺杆量测，一般厚度可在 40cm 左右。

梁、板与柱和墙连成整体同时浇筑混凝土时，要特别注意在柱和墙浇筑完毕后，必须停歇 1～1.5h，使柱和墙的混凝土达到一定强度后，再继续浇筑梁和板的混凝土。如果忽略了这一点，柱、墙、梁和板连续浇筑，就会造成因柱、墙部位混凝土沉陷量较大，使位于柱、墙部位的梁和板混凝土产生裂缝，影响混凝土结构的整体性和耐久性。

为了确保小截面及钢筋密集部位的混凝土质量，必须采用与母体相同强度等级的细石混凝土浇筑，采取人工捣固工具来配合机械振捣。对小截面及钢筋密集的结构部位，采用的人工捣固工具有：捣固锤、捣固钎、有孔捣固铲和无孔捣固铲；捣固锤是用来捣实混凝土的，捣固钎是用来排放混凝土内空气的。捣固铲是用来插模的。所以，用人工捣固混凝土时应综合使用人工捣固工具。人工捣固操作要精心，使节点混凝土密实，整体性好。

8. 混凝土养护与成品保护

(1) 混凝土的养护（见图 4-48、图 4-49）

混凝土浇筑后，应及时采取有效养护措施，严防脱水和收缩裂缝。采用养护剂宜选用保水性好，且表面涂层薄膜可自行脱落的产品，不宜选用在结构表面残留粉状物的产品；

图 4-48 柱混凝土养护

采用塑料薄膜养护，应封闭严密，防止风吹掀起或脱落；浇水养护应设专人喷水，保持混凝土湿润不脱水。冬期施工应有保温防冻措施。大体积混凝土和冬期施工应有测温措施。

对已浇筑完毕的混凝土，应在 12h 后加以覆盖和浇水。对采用硅酸盐水泥、普通硅酸盐水泥或矿渣硅酸盐水泥拌制的混凝土，不得少于 7h，对掺用缓凝型外加剂或有抗渗性要求的混凝土，不得少于 14h；浇水次数应能保持混凝土处于湿润状态；对立面可以采取涂刷养护剂的办法进行养护，对楼板夏季高温时增加浇水次数并要保证表面湿润，用塑料布覆盖严密，并保持塑料布内有凝结水，严防混凝土裂纹的出现。

(2) 混凝土成品保护

1) 已浇筑的楼板、楼梯踏步的上表面混凝土要加以保护，必须在混凝土强度达到 1.2MPa 后方可上人，为防止现浇板受集中荷载过早而产生变形裂纹，钢筋焊接用电焊机、钢筋不得直接放于现浇板上，外墙外挂架在墙体混凝土达到 7.5MPa 后方可提升。

图 4-49 平面混凝土养护

2) 冬期施工阶段，混凝土表面覆盖时，要站在脚手板上操作，尽量不踏出脚印。

3) 混凝土浇筑振捣及完工时，要保持钢筋的正确位置，保护好洞口、预埋件及水电管线等。

4) 混凝土施工过程中，对玷污墙面、楼面的水泥浆和遗洒在地面的混凝土要及时清理干净，不得损坏棱角。

5) 楼梯踏板可采用废旧的竹胶板或木模板保护，楼梯角处用 $\phi10$ 的圆钢防止破损；门窗洞口、预留洞口、墙体及柱阳角在表面养护剂干后采用废旧的竹胶板或木模板做护角保护，见图 4-50，图 4-51。

五、混凝土质量检验

(一) 混凝土坍落度测试

当采用预拌混凝土时，混凝土坍落度必须做到每车必测。试验员负责对当天施工的混凝土坍落度实行抽测，混凝土责任工程师组织人员对每车坍落度测试，负责检查每车的坍落度是否符合预拌混凝土小票技术要求，并做好坍落度测试记录。如遇不符合要求的，必须退回搅拌站，严禁使用。具体坍落度的控制指标由项目技术部制定，对墙体和楼板等不同构件要有不同的控制范围，以满足不同构件混凝土凝结时间的不同要求。

实测混凝土坍落度与要求坍落度的允许偏差应符合表 4-32 的规定。

图 4-50　楼梯成品保护

图 4-51　柱角成品保护

混凝土坍落度与要求坍落度的允许偏差　　表 4-32

要求坍落度（mm）	允许偏差（mm）
< 50	± 10
50 ~ 90	± 20
> 90	± 30

（二）验收评定混凝土质量有关规范和标准的规定

《混凝土强度检验评定标准》（GBJ 107—87）；

《混凝土抗渗、抗折试件留置、制作、养护及其强度检验评定》（GBJ 82—85）；

《建筑安装工程质量检验评定统标准》（GBJ 301—88）；

《混凝土结构工程施工质量验收规范》（GB 50204—2002）；

《普通混凝土力学性能试验方法》（GBJ 81—85）。

（三）混凝土强度等级检测

应符合《普通混凝土力学性能试验方法》（GBJ 81—85）的有关规定。

1. 混凝土试件一般技术规定：

（1）混凝土物理力学性能试验一般以 3 个试件为 1 组。每组试件所用的拌合物应从同盘或同一车运送的混凝土取出，或者在试验室用机械或人工单独拌制。用以检验现浇混凝土工程或预制构件质量的试件分组及取样原则，应按现行《混凝土结构工程施工质量验收规范》（GB 50204—2002）及其他有关规定执行。

（2）所有试件应在取样后立即制作。在确定混凝土设计特征值、强度等级或进行材料性能研究时，试件的成型方法应视混凝土设备条件、现场施工方法和混凝土稠度而定，可采用振动台、振动棒或人工插捣。检验工程和构件质量的混凝土试件成型方法应尽可能与实际施工采用的方法相同。

棱柱体试件宜采用卧式成型。

特殊方法成型的混凝土（离心法、压浆法、真空作业法及喷射法等），其试件的制作应按相应的规定进行。

(3) 混凝土骨料最大粒径应不大于试件最小边长的 1/3。

2. 试块制作

(1) 检查试模，拧紧螺栓并清刷干净，在其内层涂刷一层矿物油脂。

(2) 室内混凝土拌合应按混凝土拌合规定执行。

(3) 振捣成型。

1) 采用振动台时，应将混凝土拌合物一次装入试模，装料时应用抹刀沿试模内壁插捣并应使拌合物稍有富裕。振动时要防止试模在振动台上自由跳动，并振动到表面呈现水泥浆为止，刮除多余混凝土用抹刀抹平。

2) 用插入式振捣棒时，混凝土拌合物应一次装入试模并稍有富裕。振动时将振捣棒从试模中心插入，振动至表面呈现水泥浆为止，试件面凹坑应及时填补抹平。

3) 人工振捣时，混凝土拌合物分二层装入试模，每层厚度应大致相等。振捣应按螺旋方向从边缘向中心均匀进行。插捣底层时，捣棒应达到试模底面，插捣上层时，应深入层深度约 2 ~ 3mm。捣棒应垂直插捣，并用抹刀沿试模内壁插入数次，防止产生麻面。最后刮除多余混凝土，沿模口初步抹平。

4) 试件成型后，在混凝土初凝前 1 ~ 2h 内须进行抹面，沿模口抹平。

5) 成型后带模试件应用湿布或塑料布覆盖，并在 20 ± 5℃的室内静置 ld（但不得超 2d)，然后拆模编号。

6) 拆模后试件应立即送人工标准养护室图 4-52 养护，试件间应保持 10 ~ 20mm 的距离，并避免直接用水冲淋试件。

图 4-52　标准养护室设施

无标准养护室时，试件可在水温为 20 ± 3℃不流动的水中养护。

同条件养护的试件成型后应将表面加以覆盖。试件拆模时间可与构件的实际拆模时间相同；拆模后，试件放置现场，仍须保持同条件养护，见图 4-53。

3. 混凝土试件质量评定中必须保证的项目

评定混凝土强度的试件，必须按《混凝土强度检验评定标准》（GBJ 107—87）的规定取样、制作、养护和试验，其强度等级评定方法详见《混凝土结构工程施工质量验收规范》（GB 50204—2002）有关规定。

图 4-53　现场同条件混凝土试块

4. 混凝土强度评定

（1）混凝土强度等级检验评定，应符合《混凝土强度检验评定标准》（GBJ 167—87）和《混凝土结构工程施工质量验收规范》（GB 50204—2002）有关的规定。

（2）检验评定混凝土结构构件的强度等级，应按单位工程的验收项目划分验收批，每一验收批混凝土试件的代表性、试件留置部位及组数、养护方法、试压龄期及测定的强度等必须符合设计要求及有关技术标准、规范的规定。

（3）混凝土强度的评定，应符合《混凝土结构工程施工质量验收规范》（GB 50204—2002）的规定。

（4）检验混凝土质量的一般规定。

1）混凝土在拌制和浇筑过程中应按下列规定进行检查：

①检查拌制混凝土所用原材料的品种、规格和用量，每一工作班至少两次；

②检查混凝土在浇筑地点的坍落度，每一工作班至少两次；

③在每一工作班内，当混凝土配合比由于外界影响有变动时，应及时检查；

④混凝土的搅拌时间应随时检查。

2）检查混凝土质量应进行抗压强度试验。对有抗冻、抗渗要求的混凝土，尚应进行抗冻性、抗渗性等试验。

3）当采用预拌混凝土时，预拌厂应提供下列资料：

①水泥品种、强度等级及每立方米混凝土中的水泥用量；

②骨料的种类和最大粒径；

③外加剂、掺合料的品种及掺量；

④混凝土强度等级和坍落度；

⑤混凝土配合比和标准试件强度；

⑥对轻骨料混凝土尚应提供其密度等级。

5. 混凝土试件的留置、取样与规格要求

（1）评定结构构件的混凝土强度应采用标准试件的混凝土强度，即按标准方法制作的边长为150mm的标准尺寸的立方体试件，在温度20±3℃、相对湿度90%以上的环境或水中的标准条件下，养护至28d时按标准试验方法测得的混凝土立方体抗压强度。

结构构件的拆模、出池、出厂、吊装、张拉、放张及施工期间临时负荷时的混凝土强度，应采用与结构构件同条件养护的标准尺寸试件的混凝土强度。

试件强度试验的方法应符合现行国家标准《普通混凝土力学性能试验方法》的规定。

（2）用于检查结构构件混凝土质量的试件，应在混凝土的浇筑地点随机取样制作。试件的留置应符合下列规定：

1）每拌制 100 盘且不超过 100m^3 的同配合比混凝土，其取样不得少于一次；

2）每工作班拌制的同配合比的混凝土不足 100 盘时，其取样不得少于一次；

3）对现浇混凝土结构，其试件的留置尚应符合以下要求：

①每一现浇楼层同配合比的混凝土，其取样不得少于一次；

②从同一单位工程每一验收项目中同配合比的混凝土，其取样不得少于一次；

③每次取样应至少留置一组标准试件，同条件养护试件留置组数，可根据实际需要来定。

注：预拌混凝土除应在预拌混凝土厂内按规定留置试件外，混凝土运到施工现场后，尚应按本条的规定留置试件。

6. 混凝土试件的强度等级取值及其强度等级评定

(1) 每组三个试件应在同盘混凝土中取样制作，并按下列规定确定该组试件的混凝土强度代表值：

1）取三个试件强度的平均值；

2）当三个试件强度中的最大值或最小值之一与中间值之差超过中间值的 15%时取中间值；

3）当三个试件强度中的最大值和最小值与中间值之差均超过中间值的 15%时，该组试件不应作为强度评定的依据。

(2) 混凝土强度的评定应按下列要求进行：混凝土强度应分批进行验收。同一验收批的混凝土应由强度等级相同、生产工艺和配合比基本相同的混凝土组成，对现浇混凝土结构构件，尚应按单位工程的验收项目划分验收批，每个验收项目应按现行国家标准《建筑工程施工质量验收统一标准》（GB 50300—2001）确定。对同一验收批的混凝土强度，应以同批内标准试件的全部强度代表值来评定。

六、混凝土工程控制要点及规矩

（一）梁板

坍落度、严禁混凝土中加水、平整度、标高、拉毛方向一致、塑料薄膜覆盖、浇水养护、初凝前对裂缝二次拉毛收光、禁止上人及上料过早、墙根及柱根 150mm 范围内平整度控制在 3mm 之内、水平施工缝及后浇带剔凿、切割及接浆、墙体交接处门洞下部楼板平整度、布料杆及时移动防止冷缝、浇筑时防止踩踏负弯矩钢筋。

（二）墙柱

模板下口堵缝、接浆防止烂根、下灰高度、冷缝、洞口边下灰顺序、振捣时间、浇筑高度、施工缝切割及剔毛、梁窝留设、养护、气泡、修补、落地灰及墙面流浆清理，见图 4-54、图 4-55。

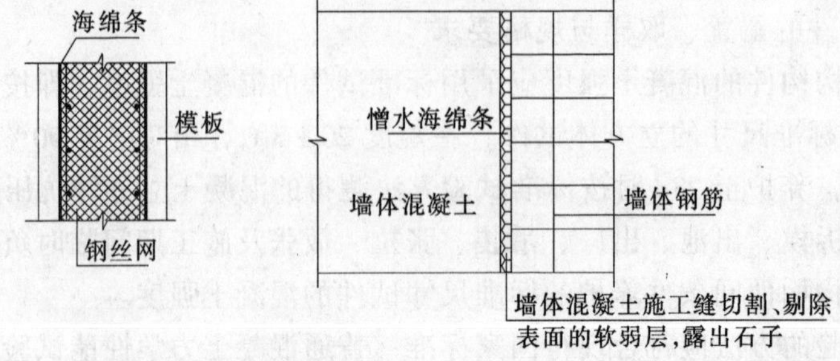

图 4-54　墙体竖向施工缝处理

七、冬期施工

(一) 外加剂

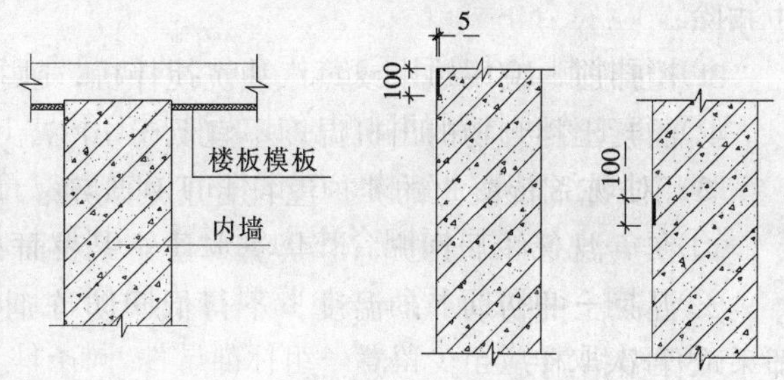

图 4-55 混凝土墙、板成型节点做法

冬期施工中，一般从结构类型、性质、施工部位以及外加剂使用的目的来选择外加剂。选择中应考虑：改善混凝土或砂浆的和易性，减少用水量，提高拌合物的品质，提高混凝土的早期强度；降低拌合物的冻结冰点，促使水泥在低温或负温下加速水化；促进早中期强度的增长，减少干缩性，提高抗冻融性；在保证质量的情况下，提高模板的周转速度，缩短工期，缩短或取消加热养护，降低成本；选择外加剂时要注意其对混凝土后期强度的影响、对钢筋的锈蚀作用及对环境的影响，如含氨的混凝土外加剂；冬期施工尽量不使用水化热较小的矿渣水泥等。

冬期施工所有的外加剂，其技术指标必须符合相应的质量标准，应有产品合格证。对已进场外加剂性能有疑问时，须补做试验，确认合格后方可使用。外加剂成分的检验内容包括：成分、含量、纯度、浓度等。常用外加剂的掺加量在一般情况下，可按有关规定使用。遇特殊情况时要根据结构类型、使用要求、气温情况、养护方法，通过试验确定外加剂的掺加量。

冬期施工搅拌混凝土和砂浆所使用的外加剂配置和掺加应设专人负责，认真做好记录。外加剂溶液应事先配成标准浓度溶液，再根据使用要求配成混合溶液。各种外加剂要分置于标识明显的容器内，不得混淆。每配置一批溶液，最少满足一天的使用量。外加剂使用时要经常测定浓度，注意加强搅拌，保持浓度均匀。

在钢筋混凝土中掺用氯盐类防冻剂时，氯盐掺量按无水状态计算不得超过水泥重量的1%。掺用氯盐的混凝土必须振捣密实。

在下列钢筋混凝土结构中不得掺用氯盐：

1. 在高湿度空气环境中使用的结构；
2. 处于水位升降部位的结构；
3. 露天结构或经常受水淋的结构；
4. 与含有酸、碱或硫酸盐等侵蚀性介质相接触的结构；
5. 使用冷拉钢筋或冷拔低碳钢丝的结构；
6. 直接靠近直流电源的结构；
7. 直接靠近高压电源（发电站、变电所）的结构；
8. 预应力混凝土结构。

当采用素混凝土时，氯盐掺量不得大于水泥重量的3%。

混凝土所用骨料必须清洁，不得含有冰、雪等冻结物及易冻裂的矿物质。在掺用含有钾、钠离子防冻剂的混凝土中，不得混有活性骨料。

拌制掺用防冻剂的混凝土应符合下列规定：

1. 防冻剂溶液的配制及防冻剂的掺量应符合有关规定；
2. 严格控制混凝土水灰比，由骨料带入的水分及防冻剂溶液中的水分均应从拌合水中扣除；

3. 搅拌前，应用热水或蒸汽冲洗搅拌机，搅拌时间应取常温搅拌时间的1.5倍；

4. 混凝土拌合物的出机温度不宜低于10℃，入模温度不得低于5℃。

掺用防冻剂混凝土的养护应符合下列规定：

1. 在负温条件下养护，严禁浇水且外露表面必须覆盖；

2. 混凝土的初期养护温度，不得低于防冻剂的规定温度，达不到规定温度时，应立即采取保温措施；

3. 掺用防冻剂的混凝土，当温度降低到防冻剂的规定温度以下时，其强度不应小于3.5N/mm^2；

4. 当拆模后混凝土的表面温度与环境温度差大于15℃时，应对混凝土采用保温材料覆盖养护。

（二）混凝土的拌制

严格按照试验室发出的配合比通知单进行生产，不得擅自修改配合比。搅拌前先用热水冲洗搅拌机10min，搅拌时间为47.5±2.5s（为常温搅拌时间的1.5倍）。搅拌时投料顺序为石→砂→水→水泥和掺和料→外加剂。生产期间，派专人负责骨料仓的下料，以清除砂石冻块。保证水灰比不大于0.6，从拌和水中扣除由骨料及防冻剂溶液中带入的水分，严格控制粉煤灰最大取代量。搅拌站要与气象单位保持密切联系，对预报气温仔细分析取保险值，分别按－5℃、－10℃和－15℃对防冻剂试验，严格控制其掺量。必须随时测量拌和水的温度，水温控制在50±10℃，砂子温度控制在20~40℃，保证水泥不与温度大于80℃的水直接接触。保证混凝土的坍落度不超过200mm。防冻剂掺量见表4-33。

防冻剂掺量表　　　　表4-33

混凝土浇筑后未来7d的最低气温	－5℃	－10℃	－15℃
防冻剂掺量（水泥重量的百分数）	2.5%	3%	5%

（三）混凝土的运输

保证混凝土在运输中，不得有表层冻结、混凝土离析、水泥砂浆流失、坍落度损失等现象。保证运输中混凝土降温速度不得超过5℃/h，并保证混凝土的入模温度不得低于5℃。严禁使用有冻结现象的混凝土。罐车必须装上保温套，接料前用热水湿润后倒净余水，以减少混凝土的热损失。

（四）混凝土的现场浇筑

冬期浇筑的混凝土，在受冻前，混凝土的抗压强度不得低于下列规定：

硅酸盐水泥或普通硅酸盐水泥配制的混凝土，为设计的混凝土强度标准值的30%；矿渣硅酸盐水泥配制的混凝土，为设计的混凝土强度标准值的40%，但不大于C10的混凝土，不得小于5.0/mm^2。

遇下雪天气绑扎钢筋，绑好钢筋的部分加盖塑料布，减少积雪清理难度。浇筑混凝土前及时将模板上的冰、雪清理干净。做好准备工作，提高混凝土的浇筑速度。在混凝土泵体料斗、塔式起重机吊斗、混凝土泵管上包裹阻燃草帘被。

入模温度的控制：塔式起重机浇筑时每车首吊、末吊、中间吊各测一次；混凝土拖式泵浇筑时每车测一次。用小桶在吊斗下、泵管端部接混凝土测温。测定数据填入冬期混凝土入模温度统计表，要与车号对上。

浇筑时混凝土的升温速度不得超过5℃/h，可通过测温查出。

(五) 混凝土的养护

养护措施十分关键，正确的养护能避免混凝土产生不必要的温度收缩裂缝和受冻。在冬施条件下必须采取冬施测温，监测混凝土表面和内部温差不超过25℃，测温的具体方法参见《建筑工程冬期施工规程》。

混凝土养护可以采取多种措施，如蓄热法养护和综合蓄热法养护等方法。可采用塑料薄膜加盖保温草帘养护，防止受冻并控制混凝土表面和内部温差。

综合蓄热法即采用少量防冻剂与蓄热保温相结合，以下为供参考的综合蓄热法具体实施的办法。

1. 墙体混凝土养护：在模板背楞间用50mm厚聚苯板填塞，模板支设完成后用铁丝将阻燃草帘被固定在外侧，转角地方必须保证有搭接。

2. 柱混凝土养护：钢柱模板混凝土养护同墙体，视测温情况加挂草帘被。

3. 顶板、梁混凝土养护：顶板、梁混凝土下部保温为在下层紧贴建筑物周圈（整层高度）通过在脚手架上附加横杆满挂彩条布，楼梯口满铺跳板上绑草帘被。在新浇筑的混凝土表面先覆盖塑料布，再覆盖二层草帘被。对于边角等薄弱部位或迎风面，应加盖草帘被并做好搭接。

4. 养护时注意事项：测量放线必须掀开保温材料（5℃以上）时，放完线要立即覆盖；在新浇筑混凝土表面先铺一层黑色塑料薄膜，再严密加盖阻燃草帘被。对墙、柱上口保温最薄弱部位先覆盖一层塑料布，再加盖两层小块草帘被压紧填实、周圈封好。拆模后混凝土采用刷养护液养护。混凝土初期养护温度，不得低于-15℃，不能满足该温度条件时，必须立即增加覆盖草帘被保温。拆模后混凝土表面温度与外界温差大于15℃时，在混凝土表面，必须继续覆盖草帘被；在边角等薄弱部位，必须加盖草帘被并密封严实。

(六) 拆模

施工现场可建立小型试验室，进行试块强度检验。如无现场试验室，应将试块及时送交中心试验室。当混凝土未达到受冻临界强度均不得拆除保温加热设备。混凝土冷却到5℃，且超过临界强度并满足常温混凝土拆模要求时方可拆模。混凝土温度通过温度计来测定；可通过3d同条件试验与4MPa比较来确定混凝土是否超过临界强度（4MPa）。当墙体混凝土强度达1.0MPa时，墙体模板轻轻脱离混凝土，继续养护到拆模。工地负责人根据试验结果填写混凝土拆模申请，报施工技术负责人和相关人员批准，重点部位或有特殊要求的结构拆模要特加批准。冬施时由于拆模时间的限制，为更好的组织流水和加快进度，应适当增加模板投入量。

(七) 冬施测温

我国现行《建筑工程冬期施工规程》（JGJ 104—87）规定：当室外日平均气温连续5d稳定低于5℃即进入冬期施工；当室外日平均气温连续5d高于5℃时解除工期施工。

1. 冬期施工的测温范围

冬期施工的测温范围：大气温度，水泥、水、砂子、石子等原材料的温度，混凝土或砂浆棚室内温度，混凝土或砂浆出罐温度、入模或上墙温度，混凝土入模后初始温度和养护温度等。

2. 测温孔的设置

(1) 测温孔的布置一般选在温度变化较大、容易散失热量、构件易遭冻结的部位设置。

(2) 现浇混凝土梁、板、圈梁的测温孔应与梁、板水平方向垂直留置。梁侧孔每 3m 长设置 1 个，每跨至少 1 个，孔深 1/3 梁高。圈梁每 4m 长设置 1 个，孔深 10cm。楼板每 $15m^2$ 设置 1 个，每间至少设置 1 个，孔深 1/2 板厚。

(3) 现浇混凝土柱在柱头和柱脚各设测温孔 1 对，与柱面成 30°倾斜角，孔深 1/2 柱断面长。

(4) 预制框架现浇柱头，每个柱上端接头设测孔 1 个，孔深为 1/2 混凝土接头高度。每个柱下端接头设 1 对测温孔，孔深为 1/3 柱断面长，测孔与柱面成 30°倾斜角。

(5) 现浇钢筋混凝土构造柱，每根柱上、下端各设 1 个测温孔，孔深 10cm，测孔与柱面成 30°倾斜角。

(6) 现浇框架结构的板墙每 $15m^2$ 设测孔 1 个，每道墙至少设 1 个，孔深 10cm。

(7) 剪力墙结构的板墙（大模板工艺），横墙每条轴线测一块模板，纵墙轴线之间采取梅花形布置。每块板单面设测温孔 3 个，对角线布置，上、下测孔距大模板上、下边缘 30～50cm，孔深 10cm。

(8) 预制大梁的叠合层，每根梁设测孔 1 个，孔深 10cm。

(9) 现浇阳台挑檐、雨罩及室外楼梯休息平台等零星构件每个设测温孔 2 个。

(10) 钢筋独立柱基，每个设测孔 2 个，孔深 10cm；条形基础，每 5m 长设测孔 1 个，孔深 15cm；箱型基础底板，每 $20m^2$ 设测孔 1 个，孔深 15cm；厚大的底板应在底板的中、下部增设一层或两层测温点，以掌握混凝土的内部温度。

3. 测温管理

(1) 施工现场管理人员在技术人员的指导下，负责工程的测温、保温、掺外加剂等项领导工作，每天要看测温记录，发现异常及时采取措施并汇报有关领导及技术负责人。

(2) 项目技术人员要每日查询测温、保温、供热等情况和存在的问题，及时向主管领导汇报并协助现场施工管理人员解决冬施疑难问题。

(3) 施工测温人员在每层或每段停止测温时交一次测温记录，平时发现问题应及时向现场管理人员和技术人员汇报，以便立即采取措施。

(4) 测温人员每天 24h 都应有人上岗，并实行严格的交接班制度。测温人员要分项填写并妥善保管。

(5) 测温记录要交给技术人员归档备查。

八、大体积混凝土

(一) 热工计算

以某工程为例，混凝土为 C40S12，厚 2m，浇筑体量大，选用大连小野田普 42.5 级水泥，为降低水泥水化热，利用外加剂延缓混凝土初凝时间，使水泥水化热缓慢释放，并辅以掺合料Ⅰ级粉煤灰按 30%替代水泥以减少水泥用量。根据实际试验提供的资料（大体混凝土每立方米用料），普 42.5 级水泥发热量 550kJ/kg，预计 6 月份施工大气温度平均为 20℃左右，最低气温为 17℃左右，混凝土浇筑温度控制在 15℃以内，进行计算分析。

目前参考配比为水泥 275kg、水 184kg、砂 798kg、石子 1016kg、粉煤灰 150kg 和外加剂 47.2kg。

1. 混凝土温度应力分析

(1) 混凝土最终绝热温升

$$T_h = \frac{WQ_0}{C\gamma} = \frac{275 \times 550}{0.97 \times 2400} = 64.97℃$$

式中　T_h——混凝土最终绝热温升；

W——每 m^3 混凝土水泥用量；

Q_0——每公斤水泥水化热量；

C——混凝土比热；

γ——混凝土密度。

(2) 混凝土内部不同龄期温度（见表 4-34）

$$T(t) = \frac{WQ_0}{C\gamma}(1 - e^{-m\tau}) = T_h(1 - e^{-m\tau})$$

式中　$T(t)$——混凝土不同龄期的绝热温升；

m——随水泥品种、比表面及浇筑温度而异，取值为 0.340；

τ——龄期（d）。

不同龄期混凝土绝热温升（℃）　**表 4-34**

龄期	3d	7d	10d	15d	20d	25d	30d
绝热温升	41.52	58.93	62.83	64.58	64.90	64.96	64.97

大体积混凝土内的实际温度是一个"由低到高，又由高变低"的变化曲线。即混凝土从浇筑完毕后，就有一个初始温度——浇筑温度。以后由于水泥水化热的影响，混凝土内部温度不断上升，然后通过天然散热或人工冷却，温度又逐渐下降。混凝土块体的实际温升，受到混凝土块体厚度变化的影响，因此与绝热温升有一定的差异。根据水电科学院资料，算得水化热温升与混凝土块体厚度有关的系数 ξ 值，如表 4-35。

不同龄期水化热温升与混凝土厚度有关系数 ξ 值　**表 4-35**

厚度 \ 龄期	3d	7d	10d	15d	20d	25d	30d
2m	0.57	0.54	0.485	0.295	0.175	0.135	0.07

$$T_{max} = T_j + T(t) \cdot \xi$$

式中　T_{max}——混凝土不同龄期的中心温度（℃）；

T_j——混凝土的浇筑温度（℃）。

经计算列于表 4-36。

混凝土不同龄期的中心温度（℃）　**表 4-36**

龄期（d）	3	7	10	15	20	25	30
温度（℃）	38.67	46.82	45.47	34.05	26.36	23.77	19.55

(3) 混凝土温度应力

本底板面积为1100m²，按外约束为二维时的温度应力（包括收缩）来考虑计算

1）各龄期混凝土的收缩变形值及收缩当量温差

①各龄期收缩变形

$$\&\gamma(t)=\&0\gamma(1-e^{-0.01t})\times M1\times M2\times\cdots\cdots\times Mn$$

式中 $\&\gamma(t)$——龄期 t 时混凝土的收缩变形值；

$\&0\gamma$——混凝土的最终收缩值，取 $3.24\times10^{-4}/℃$；

$M1$、$M2$……Mn——各种非标准条件下的修正系数。

本工程根据用料及施工方式修正系数取值如表4-37。

修正系数取值 表4-37

$M1$	$M2$	$M3$	$M4$	$M5$	$M6$	$M7$	$M8$	$M9$	$M10$	积 M
1.0	0.93	1.00	1.56	1.10	1.11	1.1	0.81	1.00	0.85	1.34

经计算得出收缩变形如表4-38。

各龄期混凝土收缩变形值 表4-38

龄期（d）	3	7	10	15	20	25	30
收缩变形值 $\&\gamma(t)$	13×10^{-6}	26.4×10^{-6}	35.7×10^{-6}	50.5×10^{-6}	65.8×10^{-6}	80.3×10^{-6}	94.1×10^{-6}

②各龄期收缩当量温差

将混凝土的收缩变形换算成当量温差

$$T\gamma(t)=\frac{\&\gamma(t)}{\alpha}$$

式中 $T\gamma(t)$——各龄期混凝土收缩当量温差（℃）；

$\&\gamma(t)$——各龄期混凝土收缩变形；

α——混凝土的线膨胀系数，取 $10\times10^{-6}/℃$。

计算结果列于表4-39。

各龄期收缩当量温差（℃） 表4-39

龄期（d）	3	7	10	15	20	25	30
当量温差 $T\gamma(t)$	1.30	2.64	3.57	5.05	6.58	8.03	9.41

2）各龄期混凝土的最大综合温度差

$$\Delta T(t)=T_j+2/3\cdot T(t)+T\gamma(t)-T_q$$

式中 $\Delta T(t)$——各龄期混凝土最大综合温差；

T_j——混凝土浇筑温度，取15℃；

$T(t)$——龄期 t 时的绝热温升；

$T\gamma(t)$——龄期 t 时的收缩当量温差；

T_q——混凝土浇筑后达到稳定时的温度，取月平均气温20℃。

计算结果列表4-40。

各龄期混凝土最大综合温度差（℃） 表 4-40

龄期（d）	3	7	10	15	20	25	30
综合温差 ΔT（t）	21.38	31.65	33.32	33	31.69	30.28	28.9

3）各龄期混凝土弹性模量

$$E(t)=E_h(1-e^{-0.09t})$$

式中 $E(t)$——混凝土龄期 t 时的弹性模量（MPa）；

E_h——混凝土最终弹性模量（MPa）C40 混凝土取 3.3×10^4（MPa）。

计算结果列表 4-41。

混凝土龄期 t 时的弹性模量 表 4-41

龄期（d）	3	7	10	15	20	25	30
弹性模量 E（t）	0.78×10^4	1.54×10^4	1.96×10^4	2.44×10^4	2.75×10^4	2.95×10^4	3.08×10^4

4）混凝土徐变松弛系数、外约束系数、泊桑比及线膨胀系数

①松弛系数，根据有关资料取值列于表 4-42。

混凝土龄期 t 时的松弛系数 表 4-42

龄期（d）	3	7	10	15	20	25	30
松弛系数 S_h（t）	0.570	0.502	0.462	0.411	0.374	0.350	0.327

②外约束系数（R_k）：

取 $R_k=0.5$

③混凝土泊松比（μ）：

取 0.15

④混凝土线膨胀系数（α）：

α 取 $10\times10^{-6}/℃$

5）不同龄期混凝土的温度应力

$$\sigma(t)=-\frac{E(t)\times\alpha\times\Delta T(t)}{1-\mu}\times S_h(t)\times R_k$$

式中 $\sigma(t)$——龄期 t 时混凝土温度（包括收缩）应力；

$E(t)$——龄期 t 时混凝土弹性模量；

α——混凝土线膨胀系数；

$\Delta T(t)$——龄期 t 时混凝土综合温差；

μ——混凝土泊松比；

$S_h(t)$——龄期 t 时混凝土松弛系数；

R_k——外约束系数。

计算结果列表 4-43。

不同龄期混凝土温度（包括收缩）应力 表 4-43

龄期（d）	3	7	10	15	20	25	30
温度应力 σ（MPa）	0.56	1.43	1.77	1.95	1.91	1.83	1.71

（4）结论

C40 混凝土；28d $RL=2.45$MPa。

而现在 7d、10d 混凝土温度应力就达 1.43、1.77MPa，可见前期混凝土温度应力过大，若不采取可靠措施，混凝土将要产生贯穿性裂缝

2. 保温分析

此计算不考虑混凝土内部降温因素，而直接计算保温材料的厚度

$$\sigma=\frac{0.5h\lambda_i\ (T_b-T_q)}{\lambda\ (T_{max}-T_b)}k$$

式中 σ——保温材料的厚度；

h——混凝土板块厚度，取 2m；

T_b——混凝土表面温度；

T_q——大气平均温度，取 20℃；

T_{max}——混凝土中心平均最高温度，取 46.82℃；

k——传热系数修正值，取 2.3；

λ——混凝土导热系数，取 2.33；

λ_i——保温材料导热系数，取 0.14。

根据工程混凝土浇筑时间考虑：

$$T_b=T_{max}-25℃=46.82-25℃=21.82℃$$

$$\sigma=\frac{0.5\times2\times0.14\times\ (21.82-20)}{2.33\times\ (46.82-21.82)}\times2.3=0.01\text{m}=1\text{cm}$$

可考虑一层塑料布和一层草帘保温被（在塑料布下洒水养护）。在施工时保温层的厚度根据实际测温结果再进行验算，看是否需要增加。

在实际施工时还应进行浇筑后温度应力计算。

（二）施工准备

1. 预拌混凝土搅拌站

（1）砂石、粉煤灰、外加剂、水泥、水、备料

按混凝土总方量进行准备，砂每 400m³ 做一次复试，中粗砂；石每 400m³ 做一次复试，粒径 1~3cm；粉煤灰每 60t 做一次复试，进场离地 20cm 放置，要求有防潮防雨措施，用苫布覆盖，提前复试；水泥袋装 500t 做一次复试，散装 800t 做一次复试，要求防潮防雨措施，离地 20cm，提前复试；外加剂每 120t 做一次复试，进场离地 20cm 放置，要求有防潮防雨措施，用苫布覆盖，提前复试；水要求使用自来水，严禁地下水。所有资料按时到位。

（2）车辆搅拌站机械

搅拌机械：搅拌能力，每小时产量，保养状况，易损件备用情况，搅拌机械操作人员数量，熟练程度，机械上料能力，人工上料数量、位置、作业面，现场供电情况是否有备

用电源，计量称量是否经过校核。

车辆：数量，维修保养状况，每罐方量，车辆司机人员数，是否具有两班倒的可能性，办理道路通行证件，是否自备水箱。

汽车泵：泵司，臂长，机械维修保养状况，柴油标号使用量/h。

(3) 实验室、内业检查

1) 实验室：现场是否具备制作混凝土成型的能力，是否具备标养条件，试验人员是否具备上岗证，150×150抗渗、抗压试模组数，振动平台、机油是否到位，有几组试验人员。

2) 内业：混凝土配比单；各种材料合格证，复试报告；混凝土罐车：车号、司控人员、出场时间、坍落度；预拌混凝土合格证提供日期；根据试配单调整施工配合比；混凝土申请程序。

(4) 站里、现场设调度

站里、现场必须各设专职调度一名，使用手机保持联系，能够与司机保持联系，准备调度司机联系方式、方法。

(5) 混凝土罐车行走路线

从预拌混凝土站到现场有几条行车路线，确定最优路线，备用路线，平时到现场需多少时间，上下班高峰期需多少时间；浇筑混凝土期间是否会有大型活动；办理相关证件。

2. 施工现场

(1) 基坑以上

试验室：普通试模，抗渗试模准备情况；检查振动平台，标养室温湿度，自动温控仪；收到试验委托书；检查每车坍落度，并做好记录；按要求成型试块，备用试块；确定现场混凝土配比；备用天平，准备随时调整现场混凝土配比。

车辆协调指挥：进场车辆场内行走路线，在何门进出场，并在门口冲洗车辆。派专人清扫，进场车辆要求门卫有记录；根据现场混凝土浇筑情况，调整车辆，必要时压车放灰；现场积车时，停车位置的确定。

电源线、柴油发电机：检查电源线、电箱，明确各配电箱线路走向，供应部位；检测电箱，用电设备的电阻情况；柴油发电机，检查，维修，保养，备用两桶柴油，发电机试运行1h；做好停电准备工作：保证现场照明、振动棒的运行、塔式起重机的运转。

现场行走路线：行走路线的确定；清理路面障碍物，钢筋、模板、红砖、办公区前围档拆掉，土方外运；出门洗车、派专人清扫；路面硬化，保证行走，顺畅。

混凝土拖式泵、汽车泵、塔式起重机、振动棒准备工作：汽车泵提前一天进场，就位，自带两节30m软管；混凝土拖式泵泵管架搭设完毕，立向泵管搭设完成，泵司就位，电源线就位；塔式起重机钢筋丝绳备用，灰斗完成。溜槽搭设完成，信号工、塔司到位；振动棒准备15台振动器，振动棒50根，每台振动器2人，其中7台振动器备用，提前试运转。振动器与手提电箱配套。

混凝土养护、温度计、测温管：混凝土养护材料塑料布、保温被、水泵、水管（自来水养护）到位；普通温度计拴好小白线、测温记录纸；测温管，铁皮成型。

现场照明：现场备有6个镝灯，其中2个备用，塔式起重机2个镝灯，搅拌站一个镝灯，门口一个镝灯，正常照明；碘钨灯10盏灯和灯架，灯管多个，放灰处2盏碘钨灯；

现场若停电，须保证柴油发电机立即启动，并保证照明。

内业：各种材料及试验合格证的收集报验；钢筋隐检，模板预检的报验；混凝土申请单，浇筑申请书，试验委托单的填写；测温记录表格。

(2) 基坑内

混凝土浇筑协调指挥：确定混凝土浇筑顺序、方向使用机械；注意控制导墙浇筑时间；要接班时，注意换岗到位后换人；混凝土覆盖塑料布，浇水养护；平面图显示各部位浇筑时间；落实基坑内振动棒根数，振动器数量；基坑内电源线架空；基坑上下联系准备2面红、绿小旗（各2面），夜间使用手电筒、规定好联系办法。

看模：跟踪检查积水坑，导墙模板；注意观察砖胎模变形状况；安排专人清除返浆混凝土。

看筋：钢筋定位措施；扶正钢筋；柱筋保护，插筋保护（缠塑料布）。

混凝土浇筑：安排专人负责做好浇筑记录，注明：溜槽、塔式起重机、汽车在混凝土小票上；安排组织人员将混凝土溢出的泌水清除，并在面层适当的撒粒石。

混凝土测温管设置、实测：测温管应做成下口封闭的铁皮管；测温管口用木塞封堵；按方案测试混凝土温度，整理后报至技术部；根据技术部的要求对混凝土进行保温或采取其他措施；测温管高出底板面15~20cm。

混凝土养护：混凝土压光后，刚泛白时即洒水覆盖塑料布；夜间温度降低时，采取保温被覆盖；白天温度高，采取砌砖蓄水养护措施。

防雨措施：准备好充足的塑料布、泥浆泵，将水排至坑外。

混凝土供应、停止方式：搅拌站与现场间的供应由站里两个调度相互联系，控制混凝土量；现场供应方式：白天以红绿小旗为信号，夜间使用手电筒或信号灯为联系办法。

安全巡视：检查溜槽搭设；检查塔式起重机丝绳，吊具；检查现场用电情况；混凝土罐车出场指挥；清理基坑边物料，防止物体坠落伤人；检查工人劳保用品安全帽、绝缘靴、绝缘手套等。

(3) 后勤保证工作

场外交通：协助搅拌站保障混凝土运输的畅通，选择最佳行车路线。

工人、管理人员伙食：夜间必须准备夜班饭，送至现场；伙食标准适当提高。

防暑措施：严禁工人疲劳作业；督促协力单位备些绿豆汤、茶水、盐水、仁丹、十滴水等；督促食堂备些苦瓜、西瓜等清火蔬菜、水果等；

防止民扰，了解近期重大情况：与业主联系民扰事件出现时的应急措施；通过报纸、电视了解近期地区的重大活动，是否对浇筑混凝土有影响；收集一周内的天气预报，便于混凝土浇筑的统一安排。

(三) 大体积混凝土的浇筑

大体积混凝土的浇筑应合理分段分层进行，使其混凝土沿高度均匀上升，浇筑应在室外气温较低时进行，混凝土浇筑温度不宜超过28℃（混凝土浇筑温度系指混凝土振捣后，在混凝土50~100mm深处的温度）。

1. 大体积混凝土应一次性连续浇筑，以保证混凝土结构的整体性，且保证上下层混凝土在初凝之前结合好，防止形成施工缝隙。

2. 大体积混凝土分段分层浇筑，适用于厚度不太大而面积或长度较大的结构。分层的厚度应根据振捣器的棒长和振动力的大小，并应考虑混凝土的供应量，一般为200~300mm。

3. 混凝土浇筑时，必须防止混凝土产生离析现象。浇筑时应控制混凝土的自由下落的高度，如高度超过2m，应采用串筒、溜槽、溜管等卸落。串筒设置位置应适应浇筑面积、浇筑速度和摊平混凝土堆的能力，间距不得大于3m，设置位置应成交错式或行列式，保证混凝土不会离析。

4. 浇筑大体积混凝土时，由于凝结过程中水泥会散发大量的水化热，因而产生内外温度差，容易导致混凝土产生裂缝。因此，应采取以下技术措施：

(1) 选用水化热较低的水泥（矿渣水泥、火山灰质或粉煤灰水泥），掺加缓凝剂或缓凝型减水剂；

(2) 严格控制砂石级配，尽量减少水泥用量，降低水化热；

(3) 混凝土拌合时，严格控制水灰比，尽量减少单位体积混凝土的用水量；

(4) 在混凝土内部预埋冷却水管，利用循环水来降低混凝土温度；

(5) 当混凝土拌合物泌水性较大时，浇筑完毕后，应及时排除泌水，必要时应进行二次振捣；

(6) 大体积混凝土中可掺填适量的石块，且应符合以下规定：

对较厚大体积无筋或稀疏配筋结构的块体结构，为节约混凝土用量，掺填适量石块。块石的粒径应大于150mm，但最大尺寸不宜超过300mm，抗压强度应大于30N/mm。石块应为坚硬的岩石，填充前，应用水冲洗干净，严禁使用有裂缝、夹层、条形片状石块和卵石。填充的石块应大面向下，均匀分布，其间距一般不小于100mm。石块与模板的距离不应小于150mm，亦不得与钢筋接触。填充第一层石块前，应先浇筑100~150mm厚的混凝土。在最顶层石块的表面上，必须有100mm以上厚度的混凝土保护层。

第五节　预应力混凝土工程

预应力混凝土工程，按照施加预应力的方式，分为机械张拉和电热张拉两类；按施加预应力的时间，分为先张法和后张法两类。在后张法中，预应力又可分为有粘结和无粘结两种。

一、预应力筋的制作、运输

预应力筋的下料长度，应由计算确定。计算时应考虑下列因素：结构的孔道长度、锚夹具厚度、千斤顶长度、焊接接头或镦头的预留量、冷拉伸长值、弹性回缩值、张拉伸长值、台座长度等。钢丝束两端采用镦头锚具时，同一束中各根钢丝下料长度的相对差值，应不大于钢丝束长度的1/5000，且不得大于5mm。对长度不大于6m的先张法预应力构件，当钢丝成组张拉时，同组钢丝下料长度的相对差值，不得大于2mm。

钢丝、钢铰线、热处理钢筋及冷拉RRB400（Ⅳ级）钢筋，宜采用砂轮锯或切断机切断，不得采用电弧切割。

成束预应力筋宜采用穿束网套穿束。穿束前应逐根理顺，捆扎成束，不得紊乱。

预应力筋在储存、运输和安装过程中，应采取防止锈蚀及损坏的措施。

预应力筋的制作与钢筋的直径、钢材的品种、锚具的形式、张拉工艺有关，目前常用的预应力钢筋有单根钢筋、钢筋束（钢绞线束）和钢丝束三类。按施工图上结构尺寸和数量，考虑预应力筋的曲线长度、张拉设备及不同形式的组装要求，每根预应力筋的每个张拉端预留张拉长度进行下料。对一端锚固、一端张拉的预应力筋要逐根进行组装，然后将各种类型的预应力筋按照图纸的不同规格进行编号堆放。

预应力筋及配件运输及吊装过程中尽量避免碰撞挤压。对无粘结筋应尽量避免外皮破损，破损处应及时用胶带缠好。对有粘结筋应尽量避免波纹管挤压变形。

预应力筋、锚具、波纹管及配件在铺放使用前，应按规格分类标识，将其妥善保存在干燥平整的地方，下边要有垫木，上面采取防雨措施，以避免材料锈蚀；锚具、配件要存在室内，码放整齐，按规格分类，避免长期受潮，切忌砸压和接触电气焊作业，避免损伤。

二、预应力筋锚具、夹具和连接器

（一）预应力锚具的选用

1. 预应力筋锚具，应按设计要求采用。锚具按锚固性能不同分为两类：Ⅰ类锚具适用于承受动载、静载的预应力混凝土结构；Ⅱ类锚具仅适用于有粘结预应力混凝土结构，且锚具只能处于预应力筋应力变化不大的部位。

2. Ⅰ、Ⅱ类锚具的静载锚固性能，应由预应力锚具组装件静载试验测定的锚具效率系数 η_a 和达到实测极限拉力时的总应变 $\varepsilon_{apu,tot}$ 确定，其值应符合表 4-44 的规定。

锚具效率系数与总应变 **表 4-44**

锚具类别	锚具效率系数 η_a	实测极限拉力时的总应变 $\varepsilon_{apu,tot}$（%）
Ⅰ	≥0.95	≥2.0
Ⅱ	≥0.90	≥1.7

3. 锚具效率系数 η_a 应按下式计算：

$$\eta_a = F_{apu} / (\eta_P \times F_{apu}^c)$$

式中 F_{apu}——预应力筋锚具组装件的实测极限拉力（kN）；

F_{apu}^c——预应力筋锚具组装件中各根预应力钢材计算极限拉力之和（kN）；

η_a——预应力筋的效率系数。

4. 预应力筋效率系数 η_p 应按下列规定取用：

(1) 对于重要预应力混凝土结构工程使用的锚具，应按国家现行标准《预应力锚具、夹具和连接器应用技术规程》计算确定；

(2) 对于一般预应力混凝土结构工程使用的锚具，当预应力筋为钢丝、钢绞线或热处理钢筋时，预应力筋效率系数 η_p 取 0.97；当预应力筋为冷拉 HRB335、HRB400、RRB400 级钢筋时，预应力筋效率系数 η_p 取 1.00。

5. 试验采用的预应力筋锚具（夹具、连接器）组装件，应由锚具（夹具、连接器）的全部零件和预应力筋组装而成。组装应符合设计要求，当设计无具体要求时，不得在锚固零件上添加影响锚固性能的物质，如金刚砂、石墨等。预应力筋应等长平行，使之受力均匀，其受力长度不得小于 3m。

注：(1) 单根预应力筋的锚具组装件试件，预应力筋的受力长度不得小于 0.6m；

(2) 钢丝镦头锚具组装件试验前，应进行6个试件的镦头强度试验，其镦头强度不得低于钢丝标准强度的98%。

6. Ⅰ类锚具组装件，除必须满足静载锚固性能外，尚必须满足循环次数为200万次的疲劳性能试验。疲劳性能试验的荷载按下列规定取用：

(1) 当预应力筋为钢丝、钢绞线或热处理钢筋时，试验应力上限 σ_{max} 为预应力筋强度标准值的65%，应力幅度为80N/mm^2；

(2) 当预应力筋为冷拉HRB335、HRB400、RRB400级钢筋时，试验应力上限 σ_{max} 为预应力筋强度标准值的80%，应力幅度为80N/mm^2。

7. Ⅰ类锚具组装件在抗震结构中，尚应满足循环次数为50次的周期荷载试验。试验荷载应按下列规定取用：

(1) 当预应力筋为钢丝、钢铰线或热处理钢筋时，试验应力上限为预应力筋强度标准值的80%，下限为预应力筋强度标准值的40%；

(2) 当预应力筋为冷拉HRB335、HRB400、RRB400级钢筋时，试验应力上限为预应力筋强度标准值，下限为预应力筋强度标准值的40%。

8. 锚具尚应符合下列规定：

(1) 当预应力筋锚具组装件达到实测极限拉力时，除锚具设计允许的现象外，全部零件均不得出现肉眼可见的裂缝或破坏；

(2) 除能满足分级张拉及补张拉工艺外，宜具有能放松预应力筋的性能；

(3) 锚具或其附件上宜设置灌浆孔道，灌浆孔道应有使浆液通畅的截面面积。

9. 夹具的静载锚固性能，应符合Ⅰ类锚具的效率系数 η_a 的要求，并具有良好的自锚与松锚性能。

10. 用于后张法的预应力筋连接器，必须符合Ⅰ类锚具的锚固性能的要求；用于先张法的预应力筋连接器，必须符合夹具的锚固性能要求。

(二) 预应力筋锚具、夹具和连接器的验收

1. 预应力筋锚具、夹具和连接器验收批的划分，在同种材料和同一生产条件下，锚具、夹具应以不超过1000套组为一个验收批，连接器应以不超过500组套为一个验收批。

2. 预应力筋锚具、夹具和连接器应有出厂合格证，并在进场时按下列规定进行验收。

(1) 外观检查：应从每批中抽取10%但不少于10套的锚具，检查其外观和尺寸。当有一套表面有裂纹或超过产品标准及设计图纸规定尺寸的允许偏差时，应另取双倍数量的锚具重做检查，如仍有一套不符合要求，则不得使用或逐套检查，合格者方可使用。

(2) 硬度检查：应从每批中抽取5%但不少于5件的锚具，对其中有硬度要求的零件做硬度试验，对多孔夹片式锚具的夹片每套至少抽5片。每个零件测试三点，其硬度应在设计要求范围内，当有一个零件不合格时，应另取双倍数量的零件重做试验，如仍有一个零件不合格，则不得使用或逐个检查，合格者方可使用。

(3) 静载锚固性能试验：经上述两项试验合格后，应从同批中抽取6套锚具（夹具或连接器）组成3个预应力筋锚具（夹具、连接器）组装件，进行静载锚固性能试验，当有一个试件不符合要求时，应另取双倍数量的锚具（夹具或连接器）重做试验，如仍有一套不合格，则该批锚具（夹具或连接器）为不合格。

注：对一般工程的锚具（夹具或连接器）进场验收，其静载锚固性能，也可由锚具生产厂提供试验

报告。

三、施加预应力

(一) 施加预应力设备要求

1. 施加预应力所用的机具设备及仪表，应定期维护和校验。张拉设备应配套校验，以确定张拉力与仪表读数的关系曲线。压力表的精度不宜低于 1.5 级，校验张拉设备用的试验机或测力计精度不得低于 ±2%。校验时千斤顶活塞的运行方向，应与实际张拉工作状态一致。张拉设备的校验期限，不宜超过半年。如在使用过程中，张拉设备出现反常现象或在千斤顶检修以后，应重新校验。

2. 安装张拉设备时，直线预应力筋，应使张拉力的作用线与孔道中心线重合；曲线预应力筋，应使张拉力的作用线与孔道中心线末端的切线重合。

(二) 预应力张拉控制

1. 预应力筋的张拉控制应力，应符合设计要求；当施工中预应力筋需超张拉时，可比实际要求提高 5%，但其最大张拉控制应力不得超过表 4-45 规定。

最大张拉控制应力允许值 **表 4-45**

钢种	张拉方法	
	先张法	后张法
碳素钢丝、刻痕钢丝、钢铰线	$0.80f_{tk}$	$0.75f_{tk}$
热处理钢筋、冷拔低碳钢丝	$0.75f_{tk}$	$0.70f_{ptk}$
冷拉钢筋	$0.95f_{pyk}$	$0.90f_{pyk}$

2. 预应力筋张拉锚固后实际预应力值与工程设计规定检验值的相对允许偏差为 ±5%。

3. 当采用超张拉方法减少预应力筋的松弛损失时，预应力筋的张拉程序宜为：从零应力开始张拉至 1.05 倍预应力筋的张拉控制应力 σ_{con}，持荷 2min 后，卸荷至预应力筋的张拉控制应力；或从应力为零开始张拉至 1.03 倍预应筋的张拉控制应力（其中的 σ_{con} 为预应力筋的张拉控制应力）。

4. 当采用应力控制方法张拉时，应校核预应力筋的伸长值。如实际伸长值比计算伸长值大于 10%或小于 5%，应暂停张拉，在采取措施予以调整后，方可继续张拉。

5. 预应力筋的计算伸长值 Δl（mm），可按下式入算：

$$\Delta l = F_p \times l / (A_p \times E_s)$$

式中 F_p——预应力筋的平均张拉力(kN),直线筋取张拉端的拉力；两端张拉的曲线筋，取张拉端的拉力与跨中扣除孔道摩阻损失后拉力的平均值；

A_p——预应力筋的截面面积（mm^2）；

l——预应力筋的长度（mm）；

E_s——预应力筋的弹性模量（kN/mm^2）。

预应力筋的实际伸长值，宜在初应力为张拉控制应力 10%左右时开始量测，但必须加上初应力以下的推算伸长值；对后张法，尚应扣除混凝土构件在张拉过程中的弹性压缩值。

6. 张拉过程中预应力钢材（钢丝、钢铰线或钢筋）断裂或滑脱的数量，对后张法构件，严禁超过结构同一截面预应力钢材总根数的3%，且一束钢丝只允许一根；对先张法构件，严禁超过结构同一截面预应力钢材总根数的5%，且严禁相邻两根断裂或滑脱。先张法构件在浇筑混凝土前发生断裂或滑脱的预应力钢材必须予以更换。

7. 锚固阶段张拉端预应力筋的内缩量，不宜大于表4-46规定。

锚固阶段张拉端预应力筋的内缩量允许值 **表4-46**

锚 具 类 别	内缩量允许值（mm）
支承式锚具（镦头锚、带有螺丝端杆的锚具等）	1
锥塞式锚具	5
夹片式锚具	5
每块后加的锚具垫板	1

8. 预应力筋张拉和放张时，均应填写施加预应力记录表，其格式按规范表格采用。

四、先张法施工

（一）先张法施工工艺

1. 先张法施工是在混凝土浇筑前张拉预应力筋并将张拉的预应力筋临时固定在台座或钢模上，然后浇筑混凝土，待混凝土达到一定强度（一般不低于设计强度标准值的75%），保证预应力筋与混凝土有足够的粘接力时，放松预应力筋，借助混凝土与预应力筋的粘结，使混凝土产生预应压力。

2. 先张法工艺流程见图4-56。

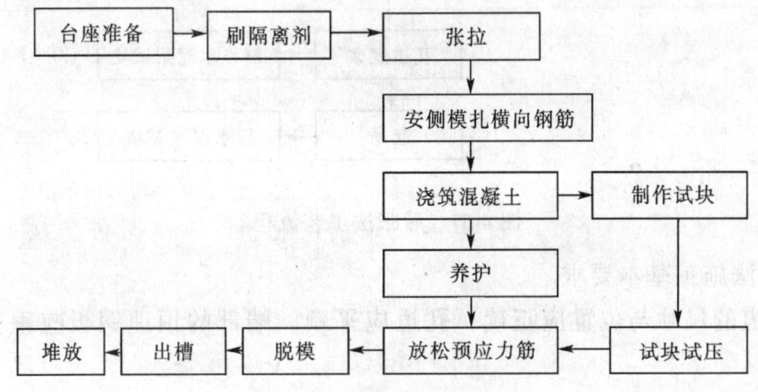

图4-56 先张法工艺流程

（二）先张法的基本要求

1. 先张法墩式台座的承力台墩，其承载能力和刚度必须满足要求，且不得倾覆和滑移，其抗倾覆和抗滑移安全系数，应符合现行国家标准《建筑地基基础设计规范》的规定。台座的构造，应适合构件生产工艺的要求；台座的台面，宜采用预应力混凝土。

2. 在铺放预应力筋时，应采取防止隔离剂玷污预应力筋的措施。

3. 当同时张拉多根预应力筋时，应预先调整初应力，使其相互之间的应力一致。

4. 张拉后的预应力筋与设计位置的偏差不得大于5mm，且不得大于构件截面最短边长的4%。

5. 放张预应力筋时，混凝土强度必须符合设计要求；当设计无专门要求时，不得低于设计的混凝土强度标准值的75%。

6. 预应力筋的放张顺序，应符合设计要求；当设计无专门要求时，应符合下列规定：

对承受轴心预压力的构件（如压杆、桩等），所有预应力筋应同时放张；对承受偏心预压力的构件，应先同时放张预应力较小区域的预应力筋，再同时放张预压力较大区域的预应力筋；当不能按上述规定放张时，应分阶段、对称、相互交错地放张。

7. 放张后预应力筋的切断顺序，宜由放张端开始，逐次切向另一端。

五、后张法施工

（一）后张法施工工艺

1. 后张法施工是在浇筑混凝土构件时，在放置预应力筋的位置处留设孔道，待混凝土达到一定强度（一般不低于设计强度的75%），将预应力筋穿入孔道进行张拉，然后用锚具将预应力筋锚固在构件上，最后进行孔道灌浆。

2. 后张法工艺流程见图4-57。

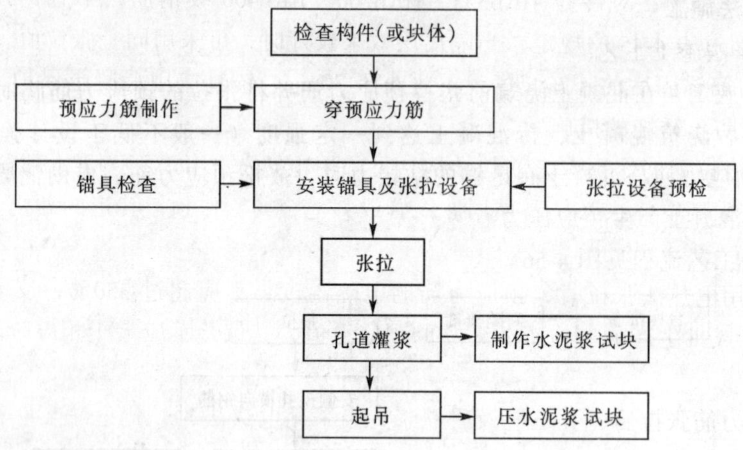

图4-57 后张法工艺流程

（二）后张法施工基本要求

1. 预留孔道的尺寸与位置应正确，孔道应平顺。端部的预埋钢板应垂直于孔道中心线。

2. 孔道可采用预埋波纹管、钢管抽芯、胶管抽芯等方法成形。钢管应平直光滑，胶管宜充压力水或其他措施以增强刚度，波纹管应密封良好并有一定的轴向刚度，接头应严密，不得漏浆。固定各种成孔管道用的钢筋井字架间距：钢管不宜大于1m；波纹管不宜大于0.8m；胶管不宜大于0.5m，曲线孔道宜加密。灌浆孔间距：预埋波纹管不宜大于30m；抽芯成形孔道不宜大于12m；曲线孔道的曲线波峰部位，宜设置泌水管。

3. 当铺设已穿有预应力筋的波纹管或其他金属管线时，严禁电火花损伤管道内的钢丝或钢绞线。

4. 孔道成形后，应立即逐孔检查，发现堵塞，应及时疏通。

5. 预应力筋张拉时，结构的混凝土强度应符合计要求，当设计无具体要求时，不应低于设计强度标准值的75%。

6. 预应力筋的张拉顺序应符合设计要求，当设计无具体要求时，可采取分批、分阶段对称张拉。采用分批张拉时，应计算分批张拉的预应力损失值，分别加到先张拉预应力筋的张拉控制应力值内，或采用同一张拉值逐根复拉补足。

7. 预应力筋张拉端的设置，应符合设计要求，当设计无具体要求时，应符合下列规定。

（1）抽芯成形孔道：对曲线预应力筋和长度大于24m的直线预应力筋，应在两端张拉；对长度不大于24m的直线预应力筋，可在一端张拉。

（2）预埋波纹管孔道：对曲线预应力筋和长度大于30m的直线预应力筋，宜在两端张拉；对长度不大于37m的直线预应力筋可在一端张拉。当同一截面中有多根一端张拉的预应力筋时，张拉端宜分别设置在结构的两端。当两端同时张拉同一根预应力筋时，宜先在一端锚固，再在另一端补足张拉力后进行锚固。

8. 平卧重叠浇筑的构件，宜先上后下逐层进行张拉。为了减少上下层之间因摩阻引起的预应力损失，可逐层加大张拉力。底层张拉力，对钢丝、钢铰线、热处理钢筋，不宜比顶层张拉力大5%；对冷拉HRB335、HRB400、RRB400级钢筋，不宜比顶层张拉力大9%，且不得超过表4-45的规定。当隔离层效果较好时，可采用同一张拉值。

9. 预应力筋锚固后的外露长度，不宜小于30mm，锚具应用混凝土保护，当需长期外露时，应采取防止锈蚀的措施。

10. 采用冷拉钢筋作预应力筋的结构，可采用电热法张拉，但对严格要求不出现裂缝的结构，不宜采用电热法张拉。采用波纹管或其他金属管作预留孔道的结构，不得采用电热法张拉。

11. 当采用电热法张拉时，预应力筋的电热温度，不应超过350℃，反复电热次数不宜超过三次。成批生产前应检查所建立的预应力值，其偏差不应大于相应阶段预应力值的10%或小于5%。

12. 预应力筋张拉后，孔道应及时灌浆；当采用电热法时，孔道灌浆应在钢筋冷却后进行。

13. 用连接器连接的多跨连续预应力筋的孔道灌浆，应张拉完一跨随即灌注一跨，不得在各跨全部张拉完毕后，一次连续灌浆。

14. 孔道灌浆应采用强度不低于32.5级普通硅酸盐水泥配制的水泥浆；对空隙大的孔道，可采用砂浆灌浆。水泥浆及砂浆强度，均不应小于20N/mm^2。

15. 灌浆用水泥浆的水灰比宜为0.4左右，搅拌后3h泌水率宜控制在2%，最大不得超过3%，当需要增加孔道灌浆的密实性时，水泥浆中可掺入对预应力筋无腐蚀作用的外加剂（注：矿渣硅酸盐水泥，按上述要求试验合格后，也可使用）。

16. 灌浆前孔道应湿润、洁净，灌浆顺序宜先灌注下层孔道；灌浆应缓慢均匀地进行，不得中断，并应排气通顺；在灌满孔道并封闭排气孔后。宜再继续加压至0.5～0.6MPa，稍后再封闭灌浆孔。不掺外加剂的水泥浆，可采用二次灌浆法。

六、无粘结预应力施工

（一）基本规定

1. 无粘结筋宜采用钢丝、钢铰线等预应力钢材制作。

2. 无粘结筋的涂料层，可采用防腐油脂或防腐沥青制作，涂料成分、配比及性能应符合有关专门规定。

3. 无粘结筋的外包层，可采用高压聚乙烯塑料制作，外包层应符合下列要求：

在 - 20 ~ + 70℃温度范围内，低温不脆化，高温化学稳定性好；必须具有足够的韧性，抗破损性强；对周围材料无侵蚀作用；防水性好。

4. 制作单根无粘结筋时，宜优先选用防腐油脂作涂料层，塑料外包层宜采用塑料注塑机注塑成形。防腐油脂应充足饱满，外包层应松紧适度。

5. 成束无粘结筋可用防腐沥青或防腐油脂作涂料层。当使用防腐沥青时，应用密缠塑料带作外包层，塑料带各圈之间的搭接宽度应不小于带宽的二分之一，缠绕层数不应小于四层。

6. 无粘结预应力筋的包装、运输、保管应符合：对不同规格的无粘结预应力筋应有标记；当无粘结预应力筋带有镦头锚具时，应有塑料袋包裹；无粘结预应力筋应堆放在通风干燥处，露天堆放应搁置在架板上，并加以覆盖。

7. 无粘结筋的锚具性能，应符合Ⅰ类锚具的规定。

8. 无粘结筋使用前，应逐根检查外包层的完好程度，对有轻微破损者，可用塑料带补好，对破损严重者应予以报废。

9. 铺设无粘结筋时，无粘结筋的曲率，可垫铁马凳控制。铁马凳高度应根据设计要求的无粘结筋曲率确定，铁马凳间隔不宜大于 2m，并应用铁丝与无粘结筋扎紧。

10. 铺设双向配筋的无粘结筋时，应先铺设标高低的无粘结筋，再铺设标高较高的无粘结筋。宜避免两个方向的无粘结筋相互穿插编结。

11. 无粘结筋张拉过程中，当有个别钢丝发生滑脱或断裂时，可相应降低张拉力，但滑脱或断裂的数量，不应超过结构同一截面无粘结预应力筋总量的 2%。（注：对多跨双向连续板，其同一截面应按每跨计算）

12. 无粘结筋的锚固区，必须有严格的密封防护措施，严防水汽进入，锈蚀预应力筋。对外露的预应力筋应分散弯折后，再浇筑在封头混凝土内。无粘结筋及端头锚固区的防护措施，尚应符合有关专门规定。

（二）无粘结预应力的施工工艺

1. 无粘结预应力筋铺设

（1）在单向连续梁板中，如普通钢筋一样铺设在设计位置上。

（2）在双向连续平板中，无粘结筋一般为双向曲线，两个方向互相穿插，应先铺设标高低的无粘结筋。并尽量避免两个方向的无粘结筋互相穿插编结。人工编序比较繁琐而且极易出错，根据编序特点采用电子计算机处理较为合理。无粘结筋应严格按设计要求的曲线形状就位并固定牢靠。铺设无粘接结筋时，无粘接筋的曲率可垫铁马凳控制。铁马凳高度应根据设计要求的无粘结筋曲率确定，铁马凳间隔不宜大于 2m 并应用铁丝与无粘接筋扎紧。也可以用铁丝将无粘结筋与非预应力钢筋绑扎牢固，其绑扎点的间距为 0.7 ~ 1.0m，防止无粘结筋在浇筑混凝土过程中发生位移。无粘结筋控制点的安装偏差：矢高方向 ± 5mm；水平方向 ± 30mm。

2. 无粘结预应力筋的张拉

由于无粘结预应力筋一般为曲线配筋，故应采用两端同时张拉。无粘结筋的张拉顺序，应根据其铺设顺序，先铺设的先张拉，后铺设的后张拉。成束无粘结筋正式张拉前，宜先用千斤顶往复抽动 1 ~ 2 次以降低张拉摩擦损失。无粘结筋在张拉过程中，当有个别钢丝发生滑脱或断裂时，可相应降低张拉力，但滑脱或断裂的数量不应超过结构同一截面无粘结预应力筋总量的2%。

3. 无粘结预应力筋的端部锚头处理

对无粘结筋端部锚头的防腐处理应特别重视。采用钢丝束镦头锚具时，当锚杯被拉出后塑料套筒内产生空隙，必须用油枪通过锚杯的注油孔向套筒内注满防腐油脂，避免长期与大气接触造成锈蚀，

4. 无粘结预应力梁的施工

(1) 铺筋前的准备工作

① 准备端模：预应力梁端模必须采用木模，若施工工艺有特殊要求也可采用其他模板。根据预应力筋的平、剖面位置在端模上打孔，孔径25mm。

②架立筋制作：根据施工图纸预应力筋曲线矢高的要求，加工架立筋，并按架立筋型号不同，编号保管。

(2) 支梁底模和铺设普通钢筋骨架

① 安放架立筋：按照施工图纸中预应力筋矢高的要求，将编号的架立筋安放就位并固定（焊接)，其高度为预应力筋中线距梁底板的高度减去预应力筋或集束半径。为保证预应力钢筋的矢高准确、曲线顺滑，要求板中每隔1.5m左右设置一个架立筋。

②铺放预应力筋：根据施工图所示的无粘结预应力筋埋入长度，将其进行了统一编号，并根据施工图预应力筋集团束在梁剖面内布置方法及曲线高度布置预应力筋。

③节点安装：按施工翻样图在端模板上确定打孔位置。求预应力筋伸出承压板长度（预留张拉长度）不小于50cm，将木端模固定好；凸出混凝土表面的张拉端承压板应用钉子固定在端模上；螺旋筋应固定在张拉端及锚固端的承压板后面，圈数不得少于3~4圈；预应力筋必须与承压板面垂直，其在承压板后应有不小于30cm的直线段。

(3) 预应力筋张拉

①预应力筋张拉前标定张拉机具。张拉机具采用专门研制的系列千斤顶和配套油泵。根据设计和预应力工艺要求的实际张拉力对泵顶进行标定。实际使用时，由此标定曲线上找到控制张拉力值相对应的值，并将其打在相应的泵顶标牌上，以方便操作和查验。标定书在张拉资料中给出。

②张拉控制应力和实际张拉力。根据设计要求的预应力筋张拉控制应力取值，实际张拉力根据实际状况进行1%~3%的超张拉。

③混凝土达到设计要求的强度后方可进行预应力筋张拉，具体张拉时间按土建施工进度要求进行。张拉时的混凝土强度应有书面试压强度报告单。

④一般预应力筋张拉可根据平面图依次顺序进行。设计有特殊要求及预应力张拉对结构或构件有较大影响的张拉部位，应制定详细的张拉方案，按方案依次张拉。

⑤单端筋，一端张拉。双端筋，先张拉一端，再补拉另一端。每束预应力筋张拉完后，应立即测量校对伸长值。如发现异常，应暂停张拉，待查明原因，并采取措施后，再继续张拉。

(4) 张拉后预应力筋张拉端处理

①对于预应力筋张拉端外露锚具的情况，用机械方法，将外露预应力筋切断，且保留在锚具外侧的外露预应力筋长度不应小于3cm，然后用加注油脂的专用塑料帽将锚具封闭

严密，最后根据设计要求封锚。

②对于无粘结预应力筋张拉端为穴模的情况，用机械方法，将外露预应力筋切断，然后用加注油脂的专用塑料盖将锚具封闭严密，最后根据设计要求用专门砂浆封堵穴模。见图 4-58。

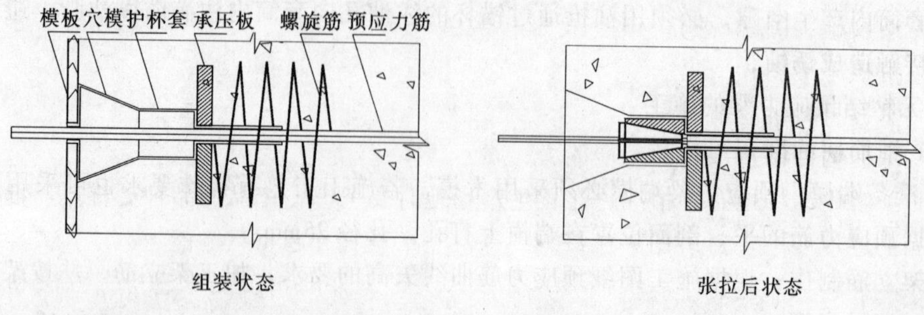

图 4-58　穴模张拉端锚具示意图（无粘结筋）

③对于预应力筋张拉端在板面的情况，若预应力筋外露长度由于变角张拉后预应力筋外翘，使预应力筋超出板面，先将其超出部分用机械方法切断，然后用加注油脂的专用塑料帽将锚具封闭严密，最后根据设计要求浇筑预留槽混凝土。

第六节　钢结构工程

一、钢结构详图设计

（一）钢结构详图设计概述

钢结构详图设计是继钢结构施工图设计之后的设计阶段，在此阶段中，设计人员根据施工图提供的构件布局、构件形式、构件截面及各种有关数据和技术要求，严格遵守现行《钢结构设计规范》（GBJ 17—88）的规定，对构件的构造予以完善，同时通过焊缝连接或螺栓连接的计算，以确定某些构件焊缝的长度和连接板的尺寸；进而按照《钢结构工程施工质量验收规范》（GB 50205—2001）的标准，根据制造厂的生产条件和便于施工的原则，确定构件中连接节点的形式，并考虑运输部门、安装部门的运输和安装能力，确定构件的分段；最后在《建筑制图标准》规定的基础上，运用钢结构制图专门的工程语言，将众多构件的整体形象，构件中各零件的加工尺寸和要求，以及零件间的连接方法等，详尽地介绍给构件制作人员，也将各构件所处的平面和立面位置，以及构件之间的连接方法详尽地介绍给构件安装人员，以便制造和安装人员通过图纸，即能容易地领会设计意图和要求，并贯穿到工作中去。

钢结构详图设计还应准确地编制构件表和材料表，以便施工图预算人员根据表中提供的各种数据和详图表达的构件加工难易程度，迅速地编制施工图预算。另外，业主可以通过阅读施工详图，很快地了解对构件的质量要求及施工的难度。钢结构详图在业主和总包商之间架起了一座桥梁，起到了沟通作用。

钢结构详图的特点虽然突出一个“详”字，但表述仍需精练。设计人员在表达上一定要意图明确，文字简洁，以尽量少的语言和图形，最清楚地说明问题。

（二）钢结构详图设计工作流程

1. 准备工作

钢结构详图设计必须严格遵循现行规范、标准的规定，并依据施工设计图进行设计。设计人员不但要牢记规范和标准的有关规定，而且必须熟悉施工图，对所要设计的工程做到心中有数。为此，必须做好如下几项工作：

(1) 阅读施工图总说明；

(2) 审核施工图；

(3) 掌握材料供应情况；

(4) 掌握构件制造部门的生产能力；

(5) 了解生产场地布置情况，布置生产场地时要考虑：产品的品种、特点、批工艺流程、产品的进度要求、每班的工作量、现有的生产设置和起重运输能力；

(6) 了解施工工艺，了解成品技术要求，关键零件的精度要求、检查方法和检查工具，主要构件的工艺流程、工序质量标准、为保证构件达到工艺标准而采用的工艺措施(组装次序、焊接方法等)、采用的加工设备和工艺装备等；

(7) 了解运输情况；

(8) 了解安装施工现场情况。

由于构件的分段要在详图中确定，故以上各项工作必须在详图设计之前做好，只有这样才能保证详图设计工作的顺利进行。

2. 详图设计

详图设计包括布置图设计和详图绘制两个内容，现分述如下。

(1) 布置图设计

布置图设计分为6个部分：

1) 绘制布置图的平、立面图形；

2) 绘制节点详图；

3) 每一个构件分别编号并标注在布置图的平面图或立面图上；

4) 编制构件表；

5) 绘制图例；

6) 编写总说明，对制造和安装施工人员强调技术条件和提出施工要求。

(2) 绘制详图

绘制详图主要有以下几个内容：放大样、绘制构件图形、零件编号、编制材料表、书写说明等。

1) 放大样

与钢筋混凝土工程不同，钢结构工程是由零件组合成构件，且构件与构件之间的连接精度要求较高（毫米级)，这就需要在绘制详图前，通过放大样来确定零件的精确尺寸(例如桁架式构件的杆件长度和节点板尺寸）和构件的详细尺寸（例如多根梁与柱相交处梁翼缘的切肢、空间斜撑、折线构件的尺寸）

2) 绘制构件图形

绘图前要根据构件表确定绘制构件图形的多少。为了减少绘图量，应将那些有“相反”、“图形相同”、“图形相反”关系的构件挑出，采用“二合一”的办法，将两个构件用一个图形描述，以节省时间和减少绘图量。

确定了所需绘制的构件图形数量后，要对这些图形分类排版，即按各类构件在图纸上不同的排放原则，尽量将同一类构件集中绘制在一张或几张图纸上，对其余构件图形可以综合安排。

3）零件编号

零件编号也是一项细致的工作。它的原则是：

①对于多图形的图纸，应按“从左至右，自上而下”的顺序，依次给各构件的零件编号。

②对于单个大型构件，应先给主材编号，然后按顺序给其他零件编号。

③对于由型材和板材共同组成的构件，一般先给型材零件编号，然后再给板材零件编号。这不但可以使材料表的编制井井有条，也给构件的制造和施工图预算带来很大的方便。

④对于属图形相同、图形相反的两个构件，当构件 A1 的零件比 A2 多时，只需给构件 A1 编号就行了，因 A1 的零件中包含了 A2 的全部零件；但若 A1 中某零件的加工方法与 A2 该零件不同时，应在 A1 的全部零件编完号以后，再给 A2 零件在 A1 零件号的尾部续编一个号，并从两个零件号引线注明各属哪个构件；当构件 A1 与 A2 相反时，若画面上绘制的是 A1 的图形，则只给 A1 的构件编零件号就行了。

⑤属对称关系的零件应编成同一个零件号。

(3) 绘制材料表

材料表是一张图纸上全部构件所用材料的汇总表格。材料表的内容为：

①构件号；

②零件号：

③零件图号；

④规格（零件的截面尺寸)；

⑤材质；

⑥数量（此栏包括正、反两种。若两个零件的截面、长度都相同，但呈轴对称现象，则以其中一个为正，另一个为反，虽然它们可以编为一个零件号，但在填写数量时须将它们按各自的实际数量分别填写在正、反栏中)；

⑦重量（分单重和总重，单位为 kg，单重指一个构件中一个零件的重量，总重指一个构件中多个相同零件的重量和)；

⑧共重，指多个相同构件的重量和（当只有一个构件时，只填该构件的重量)；

⑨备注（说明特殊材质要求或特殊加工要求)。

(4) 说明

说明是钢结构详图中对某些钢构件吊装、加工要求的文字描述，主要阐述每类构件加工制造方面的工艺要求。

（三）钢结构详图连接设计

钢结构中的构件一般都是由若干零件连接而成的,其连接方式的设计是否合理直接影响到结构的使用寿命、施工工艺和工程造价;连接节点的设计同构件本身的设计一样重要。

绘制钢结构详图前，首先应根据施工图所示的节点形式和节点内力，通过计算确定所需焊缝的长度或螺栓数量，再根据连接构造要求，决定节点板的尺寸。连接节点的计算是钢结构详图设计的一项重要内容。

二、钢构件的制作

（一）放样

1. 放样工作包括：核对图纸的安装和孔距；以 1:1 的大样放出节点；核对各部分的尺寸；制作样板和样杆作为下料、弯制、铣、刨、制孔等加工的依据。

2. 放样使用的度量工具，必须经计量单位检验合格，与现场安装单位所采用的度量工具必须一致。高层钢结构制作、安装、验收及图鉴施工用的量具，必须用同一标准进行鉴定，应具有相同的精度等级。

制作样板和放样号料时，应根据工艺要求预留切割、刨铣的加工余量和焊接收缩量，样板上的标记应细小且清晰。样板、样杆上应注明工号、图号、零件号、数量及加工边、坡口部位、弯折线和弯折方向、孔径和滚圆半径等。

3. 放样应在放样平台上进行，平台必须平整稳固。放样平台严禁受外力冲击，以免影响平台的水平度。

4. 样板常用厚度 0.3～0.7mm 的薄铁皮制作，样板的宽度宜为 20～40mm，厚度 1.0～1.5mm 的带钢或塑料板制作，当长度较短时可用木尺杆。样板必须经质量部门鉴定后放可投入使用。使用过程中，经常校对。如需修整，应经放样负责人同意，修整后的样板必须经过质检部门的验收。样板尺寸偏差应符合表 4-47 规定。

样板允许偏差表　　表 4-47

偏差名称	极限偏差（mm）		
	<1500	1501～3000	>3000
零件划线用的样板	-1.0～0.0	-1.5～0.0	-1.5～0.0
矩形样板平面两对角线之差	0.5	1.0	2
曲线位移量	1.0	1.5	2

5. 放样、号料前，对影响放样、号料的钢材，进行初步矫正，号料时应根据零件不同的材质统一采用不同颜色标注、放样。根据配料表和样板进行套裁，尽可能节约材料，应有利于切割和保证零件质量。当工艺有规定时，应按规定的方向取料。号料的尺寸偏差应符合表 4-48 的规定。

号料允许偏差表　　表 4-48

偏差名称	极限偏差（mm）	偏差名称	极限偏差（mm）
划针号料	±0.5	同一组内任意两孔间	±0.5
石笔号料	±1.0		
同一组内相邻两孔间	±0.3	相邻两组的端孔间	±1.0

（二）下料

1. 切割前，钢材表面沿切割线宽度 50～80mm 范围内的铁锈、油污应清除。切割后清除切口表面的毛刺、飞溅物等。

2. 剪切前必须检查核对材料规格、号牌时符合图纸要求。

3. 剪切时，必须看清断线符号，确定剪切程序。

4. 火焰切割。火焰切割是以氧气和燃料燃烧时产生的高温来熔化钢材，并以高压氧气流予以氧化和吹扫，造成割缝达到切割金属的目的。氧气切割会引起钢材产生淬硬倾向，对16锰材料更显著，当淬硬深度约0.5~1.0mm时，会增加边缘加工的难度，熔点高于火焰温度或难以氧化的材料，则不宜采用气割。

(1) 腹板翼缘板采用自动或半自动气割，其他可用手工气割，气割的尺寸偏差应符合以下规定：

手工切割：≤±2.00mm；自动、半自动切割：≤±1.5mm；精密切割：≤±0.5mm

(2) 自动、半自动、精密切割面应符合表4-49的规定。

自动切割允许偏差表　　**表4-49**

偏差名称	极限偏差（mm）
表面粗糙度 G	切割边缘承受拉力 $\delta \leqslant 100$，$G \leqslant 25\mu m$；$\delta \leqslant 100$，$G \leqslant 25\mu m$
	切割边缘不受拉力时 $G \leqslant 25\mu m$
平面度	当板厚度 $\delta \leqslant 20$ 时 $B \leqslant 3\%\delta$
	当板厚度 $\delta > 20$ 时 $B \leqslant 2\%\delta$
	不受外力作用的自由边 $B \leqslant 3\%\delta$
垂直度	$\leqslant 3\%\delta$
直线度	$\leqslant 2$
切割线偏移	$\leqslant 1$
气割面上的熔化度	边缘塌边宽度 $\leqslant 1.5$

(3) 手工切割面质量应符合表4-50的规定。

手工切割允许偏差表　　**表4-50**

偏差名称	极限偏差（mm）	偏差名称	极限偏差（mm）
表面粗糙度 G	$120 < G \leqslant 250\mu m$	垂直度	$\leqslant 4\%\delta$（板厚）
	不受力的自由边缘 $G \leqslant 1.5$	直线度	$\leqslant 4$
平面度	$\leqslant 4\%\delta$（板厚）	切割线偏移	$\leqslant 2$

(4) 所有的切口阴角处，均设有半径不小于12mm的圆弧过度，严禁裂口。切割后必须清除熔渣、夹渣、气孔等缺陷。对于气割边缘的缺陷深度，采用磨削法进行10%的抽样检查。

5. 机械剪切。用带锯机、砂轮锯、无齿锯、剪冲机等工具利用剪切力切断钢材。

(1) 厚度小于等于16mm的材料可以剪切。

(2) 当环境温度低于下列温度时，不得进行冲孔、锤击和剪切：普通碳素结构钢-20℃;低合金钢结构-15℃。

(3) 剪切后，所有切口边缘不得有裂纹和超过1.0mm缺楞，切口毛刺应清除干净。

(4) 机械剪切的尺寸偏差应符合表4-51的规定。

(5) 剪切面质量应符合表4-52的规定。

6. 边缘和端部加工。在钢结构加工中，当图纸有要求或下述部位一般需要边缘加工：吊车梁翼缘板、支座支承面等图纸有要求的加工面；焊接坡口；尺寸要求的加劲板、隔板、腹板和有孔眼的节点板等。

机械剪切允许偏差表　表 4-51

偏差名称	极限偏差（mm）	
1. 按画线切断时：	≤3000	>3000
主板	±1.5	±3.0
肋板	-1.0	
节点板	±3.0	
2. 用固定器固定切割时	±1.0	±2.0
3. 长度偏差	±2.0	±2.0

剪切面允许偏差表　表 4-52

偏差名称	偏差极限
型钢端部的剪切斜度	≤1.5
边缘斜度	≤1/10 厚度
剪切线偏移	≤±2.0

(1) 边缘加工后的尺寸偏差及表面粗糙度应符合表 4-53 的规定。

边缘加工允许偏差表　表 4-53

偏差名称	极限偏差（mm）	
	≤6000	>6000
外形尺寸	±1.0	±1.5
刨后两对角线长度差	±1.5	±2.0
刨边线与号料线偏移	±1.0	±1.5
刨边线弯矢高	≤1/5000 且≤1.5mm	
表面粗糙度	不低于 25 μm	不低于 25Gμm

(2) 坡口尺寸及角度偏差应符合表 4-54 的规定。

坡口允许偏差表　表 4-54

	不清根（mm）	清根（mm）
接头钝边 f	±1.5	无限制
有垫板的根部间隙 R	±1.5	+1.5 -3.0
无垫板的根部间隙 R	+6.0 -1.5	不适用
坡口角 Δ	+10° -5°	+10° -5°

(3) 柱端部顶紧面的不平度不大于 0.3mm，倾斜度不大于 $B/1500$，且顶紧后，边缘最大间隙不大于 0.8mm，端面粗糙度不低于 25μm。

7. 矫正与修整

(1) 矫正

1) 在低于下列环境温度时，不得进行冷矫正和冷弯曲。

对于普通碳素结构 -16℃；

对于低合金结构钢 －12℃。

2）火焰矫正的加热温度不得超过下列温度，并应避免局部过热：

对于普通碳素结构不超过590℃；

对于低合金钢结构不超过650℃。

3）机械矫正前，应先检查其厚度并清除表面上的毛刺等。

4）矫正后的质量偏差应符合表4-55的规定。

构件成型允许偏差表 表4-55

偏差名称	极限偏差（mm）
局部弯曲矢高	板厚大于或等于14时，$f_1 \leqslant 1.0$，板厚小于14时，$f_1 \leqslant 1.5$
边缘弯曲矢高	弧长/3000且不大于2.0
角钢肢的不垂直度	Δ≤（肢长）/100
疤痕深度	板厚不大于20时不大于0.5 板厚大于20时不大于1.0

（2）修整

1）气割和剪切边缘出现气孔等局部缺陷时，可按表4-56的规定进行修整。补焊后的表面应磨平，不补焊的修整面应平缓过渡，而且其斜率不大于1:10。

缺陷修整表 表4-56

缺陷状态		修整要求
长度（mm）	深度（mm）	
≤25		不需探测，不需修整
＞25	≤3	不需修理，但需探测深度
＞25	＞3，≤6	需清除修平，不必补焊
＞25	＞6，≤25	全部清除并补焊，补焊累计长度应不大于边缘总长度的20%
＞25	＞25	由技术负责人提出修整方案

2）制孔后应清除孔边毛刺，清除孔边毛刺时不得使孔塌边和凹陷。

3）连接件，接触面上的毛刺飞边，焊瘤飞溅等影响接触面密贴的突出物，必须彻底清除。

8．制孔。

（1）Ⅰ类螺栓孔的直径应与螺栓公称直径相等，孔应具有H12的精度，孔壁表面粗糙度 $R_a \leqslant 25\mu m$。其允许偏差应符合表4-57的规定。

Ⅰ类螺栓孔径的允许偏差（mm） 表4-57

序号	螺栓公称直径、螺栓孔直径	螺栓公称直径允许偏差	螺栓孔直径允许偏差
1	10～18	00 －0.21	＋0.18 0.00
2	8～30	00 －0.21	＋0.21 0.00
3	30～50	00 －0.25	＋0.25 0.00

(2) Ⅱ类螺栓孔（大六角头螺栓、扭剪型螺栓等普通螺钉孔、半圆头铆钉等）的孔直径应比螺栓杆、钉杆公称直径大 1.0~3.0mm。螺孔孔壁粗糙度 $R_a \leqslant 25\mu m$。

(3) 高强螺栓孔采用钻孔。钻孔前要磨好钻头，合理地选择切削余量。制成的螺栓孔，应为正圆柱形，并垂直于所在位置的钢板表面，孔周边应无毛刺、破裂、喇叭口或凹凸的痕迹，切屑应清理干净。

(4) 高强螺栓孔径尺寸偏差应符合表 4-58 和表 4-59 的规定。

高强螺栓制孔偏差　　**表 4-58**

名　称		直径允许偏差（mm）						
螺栓	直径	12	16	20	22	24	27	30
	允许偏差	±0.43		±0.52			±0.84	
螺栓孔	直径	13.5	17.5	22	24	26	30	33
	允许偏差	+0.43，0		+0.52，0			+0.84，0	

高强螺栓连接构件的孔距允许偏差　　**表 4-59**

项　次	项　　目	螺栓孔距（mm）			
		≤500	501~1200	1201~3000	>3000
1	同一组内任意两孔间	±1.0	±1.2	~	~
2	相邻两组的端孔间	±1.2	±1.5	±2.0	±3.0

(5) 螺栓孔的偏差超过表 4-58 所规定的允许值时，允许采用与母材材质相匹配的焊条补焊后重新制孔，严禁采用钢块填塞。

9. 拼接、组装。

(1) 由于受运输、起吊等条件的限制，构件为了检验其制作的整体性，有设计规定或合同要求在出场前进行工厂拼装。预拼装均在工厂支凳（平台）进行，因此对所用的支承凳或平台应测量找平，且预拼装时不应使用大锤锤击，检查适应拆除全部临时固定和拉紧装置。分段构件预拼装或构件的总体预拼装，如为螺栓连接，在预拼装时，所有节点连接板均应装上，除检查各部各尺寸外，还应采用试孔器检查板叠孔的通过率。一般均为平面预拼装，预拼装的构件应处于自由状态，不得强行固定。

(2) 焊接结构的拼装。

1) 组装前，零件、部件应经检查合格；连接接触面和沿焊缝边缘每边 30~50mm 范围内的铁锈、毛刺、污垢、冰雪等应清除干净。

2) 板材、型材的拼接，应在组装前进行；构件的组装应在部件组装、焊接、矫正后进行。

3) 组装顺序应根据结构形式、焊接方法和焊接顺序等因素确定。

4) 构件的隐蔽部位应焊接、涂装，并经检查合格后方可封闭；完全密闭的构件内表面可不涂装。

5) 焊接 H 型钢的翼缘缝板拼接和腹板拼接缝的间距不应小于 200mm。翼缘板拼接长度不应小于 2 倍板宽；腹板拼接宽度不应小于 300mm，长度不应小于 600mm。

6) 桁架结构杆件轴线交点的允许偏差不得大于 3.0mm。

7) 吊车梁和吊车桁架不应下挠。检查方法：构件直立，在两端支承后，用水准仪和钢尺检查。

8）当采用夹具组装时，拆除夹具时不得损伤母材；对残留的焊疤应修磨平整。

9）顶紧接触面应有75%以上的面积紧贴，用0.3mm塞尺检查，其塞入面积应小于25%，边缘间隙不应大于0.8mm。

(3) 铆接结构的拼装

1）铆接结构的各部件在拼装前应清除表面的杂质和毛刺。

2）铆接结构拼装胎应至少把构件下表面架离地面800mm以上，以便装卸零件和螺栓。

3）原则上应每隔一个孔眼把紧一个螺栓。螺孔密集时，把紧螺栓的总数不得少于孔眼总数的25%～30%，其间距不大于300mm。

4）构件用螺栓把紧后，应保证板叠之间的间隙小于0.3mm（0.3塞尺插入深度不超过20mm)。磨光顶紧面的间隙亦不得超过0.3mm。

5）装配后经检验合格方许扩孔。

6）当垫板厚度与翼缘厚度的偏差超过0.5mm时，加紧角钢即不能密合，此时应配用适当厚度的垫板，必要时垫板用软厚材料刨削加工配作。

10. 制作过程中的质量控制

(1) 构件制作过程中，驻厂质量责任师对下料、加工、焊接等各工艺流程全程跟踪，按要求进行抽检，对重要工序进行重点监控。监控的重点放在构件的原材料质量、钢材下料、拼装、焊接、焊缝的超声波探伤检验以及外观质量检验上。

(2) 构件主要零件的放样、下料、切割及坡口制作等按图纸要求和焊接规程（JGJ 81—91）进行检验。

(3) 构件组（拼）装，主要控制构件的长度，截面尺寸，平直度，中心线位置，拼装间隙，预留焊接收缩余量等。加工厂自检合格后，报驻厂质量责任师复验，合格后，签发《报验单回执联》，才可进入下道工序。

(4) 主焊缝的焊接质量控制。

1）检查焊接的操作人员资质等级，是否按照焊接工艺中的要求操作，现场是否有厂方专职质检人员进行质量控制及检测。

2）焊缝外观检查，按GB 50205—95、JGJ 81—91规范进行，要求加工厂做记录，填写质量评定表，驻厂质量工程师进行抽查复测。

3）按国家标准，对全熔透焊缝进行内部缺陷超声波探伤，100%检测。超声波检测人员编写检测工艺卡，检测时应做好记录（记录是否有超标的焊缝缺陷及其位置和人小）并写出探伤报告。每检查一次，有一次记录，并及时报驻厂质量责任师。如检查出问题，应填报《质量问题报表》，对有问题的焊缝，按规程“低合金钢的焊接，同一处返修不得超过两次”的原则处理。主焊缝焊完后，驻厂质量责任师应亲自监控超声波探伤检验。工厂自行检测合格后将结果报告驻厂质量责任师。业主委托的第三方机构将对焊缝进行超声波检测抽样复检，重点部位和重要构件100%复检。

4）制孔：孔的位置和直径控制在允许误差范围内。

5）栓钉焊接：对构件逐批进行1%抽样打弯15°，根部无裂纹为合格。

6）除锈：对构件表面喷砂和涂料涂刷质量进行检查。

7）检查构件上的焊工标识。

三、构件运输、卸货、存储和验收

(一) 构件运输

依据构件进场计划单安排运输，以每节柱划分单元，并按不同类别，如柱、雨篷、连接板等分别装车。装车时应捆扎好，以避免构件变形，确保运输安全。

(二) 进场和卸货

1. 钢结构构件为便于现场安装应进行编号

2. 构件进场根据现场安装分区要求分批进场。

3. 卸车临时放置必要时对构件进行临时支撑。要求每台塔式起重机准备两副卸货用吊索、挂钩等辅助用具周转使用，以节省卸货时间。运送构件时，轻拿轻放，不可拖拉，以避免将表面划伤。

(三) 现场构件验收要点

1. 检查构件出厂合格证、材料试验报告记录、焊缝无损检测报告记录、焊接工艺评定、板材质量证明等随车资料。

2. 检查进场构件外观，主要内容有构件挠曲变形、摩擦面表面破损与变形、焊缝外观质量、焊缝坡口几何尺寸及构件表面锈蚀等，若有问题，应及时组织有关人员制定返修工艺，进行修理。外观检查要填写构件外观检查表，同时，外观检查的允许偏差如表4-60,构件进场外观检查记录见表4-61。

允许偏差表 表4-60

检查项目	允许偏差（mm）	检查项目	允许偏差（mm）
柱脚底板平面度	5.0	柱身弯曲矢高	$H/1500$、5.0
柱脚螺栓孔中心对柱轴线的距离	3.0	柱连接处的截面尺寸	±3.0
翼缘板对腹板连接处的垂直度	1.5	柱其他处的截面尺寸	±4.0
翼缘板对腹板其他处的垂直度	5.0	柱身板平面度	$H(b)/150$、5.0
柱高度	±3.0		

构件进场外观检查记录 表4-61

检查日期				检查人员		
检查项目		检查偏差（mm）				
截面尺寸偏差	腹板厚度					
	翼缘板厚度					
	几何长度					
柱脚板偏差	柱脚螺栓孔中心对柱轴线距离					
	柱脚底板平面度					
	螺栓孔对角线长度差					
焊缝外观	焊缝宽度					
	焊缝饱满度					
牛腿位置偏差	牛腿位置					
	牛腿垂直度					
螺栓连接孔偏差	螺栓孔距					
	螺栓孔径					
	螺栓位置					
	螺栓孔对角线长度					

(四) 钢构件现场堆放管理

依据塔式起重机的起重能力确定构件堆放位置，成品堆放应防止失散和变形。堆放场地应平整干燥，并备有足够的垫木、垫块，使构件得以放平、放稳。现场构件分类单层摆放，以便于起吊。进场钢柱、钢梁下须加垫木，并且须注意预留穿吊索的空间。堆场须留出吊装机械通道。小件及零配件应集中保管于仓库，做到随用随领，如有剩余，应在下班前作退库处理。仓库保管员对小件及零配件应严格作好发放领用记录及退库记录。

四、钢结构安装

(一) 安装流水段的划分。

平面流水段划分应考虑钢结构安装过程中的整体稳定性和对称性，安装顺序一般由中央向四周扩展，以减少焊接误差。并根据杆件的重量和安装现场条件选择起吊机械。

(二) 现场转运

1. 钢构件供应要自上而下，配套运送。应严格执行钢结构构件配套供应指示单，确保吊装顺序和进度。按照安装流水顺序由中转堆场配套运入现场的钢构件，利用现场的装卸机械尽量将其就位到安装机械的回转半径内。由于运输造成的构件变形，在施工现场要加以校正。

2. 钢构件配套供应指示单，由施工方根据现场实际，指定专人负责，提前提出。

3. 构件进入施工现场，原则上提前一天输送，当天完成安装。

4. 转运构件至现场时，要注意控制当天构件的运送节奏。

5. 验收人员根据装箱单数量、规格对构件进行验收和签字。

(三) 柱基础准备

1. 地脚螺栓预埋

首节柱采用地脚螺栓固定，柱底标高用螺母调整。见图 4-59。

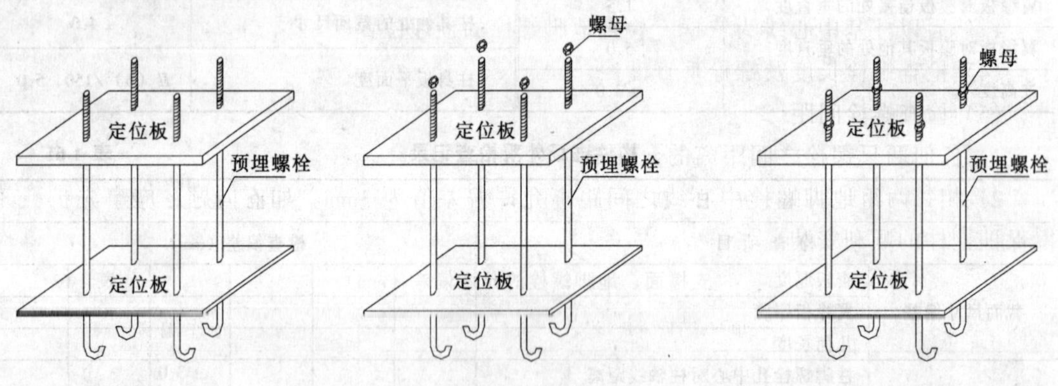

图 4-59 地脚螺栓预埋示意图

2. 埋设顺序

(1) 轴线确定

根据设计要求，将轴线按规定弹在底板混凝土面上，在此基础上初步确定地脚螺栓的位置，对梁筋做局部的间距调整，达到螺栓能顺利穿过梁筋。

(2) 定位箍筋位置确定

定位箍筋是用来辅助固定地角螺栓的，根据混凝土浇筑顶面标高和柱脚底板标高来确定其位置，箍筋高出混凝土浇筑顶面50mm为宜。

(3) 箍筋定位

箍筋标高确定后，将箍筋点焊在柱箍筋上，并根据螺栓的位置再加焊两根辅助定位箍筋。箍筋应保持水平，不得倾斜。

(4) 法兰盘就位

箍筋定位后，将法兰盘放置在箍筋上，检查其位置是否合适，否则再做局部调整。

(5) 地脚螺栓就位

将地脚螺栓插入柱中，并套好法兰盘，根据给出的轴线位置来确定螺栓位置。此时应确定螺栓露出混凝土面的长度。

(6) 地脚螺栓的最终定位

螺栓位置初步确定后，经纬仪找准轴线，无误后将法兰盘与箍筋点焊，并将螺栓底部用4根钢筋连成整体。混凝土浇筑前将上部螺栓丝扣抹黄油后包裹保护起来。

(7) 混凝土浇筑过程中的螺栓调整

安装完毕后，进行混凝土浇筑。在浇筑过程中，振动棒应避免和螺栓接触，防止螺栓移位。在混凝土初凝后终凝前，用经纬仪校核螺栓的轴线位置，对螺栓进行微小调整。

3. 钢柱基础地脚螺栓验收

(1) 在钢柱吊装前，必须对已完成施工的预埋螺栓的轴线间距进行认真核查、验收办理交接（支撑面、地脚螺栓的允许偏差表4-62）。当基础工程分批交接时，每次交接验收不应超过一个安装单元的柱基础。对超过规范，不合格者，要提请有关方会同解决；对弯曲变形的地脚螺栓，要进行校正；已损伤的螺牙要进行修理，并对所有的螺栓予以保护。

(2) 检查柱间距，柱距偏差应严格控制在±3mm范围内。

(3) 检查单独柱基的中心线同定位轴线之间的误差，调整柱基中心线使其同定位轴线重合，然后以柱基中心线为依据，检查地脚螺栓的预埋位置。

(4) 检查螺栓长度及螺栓垂直度。

(5) 检查螺栓间距。

1) 任何两只螺栓之间距离的允许偏差为3mm。

2) 相邻两组地脚螺栓中心线之间距离允许偏差值为3mm。如有问题，应事先扩孔，以保证钢柱的顺利安装。

支撑面、地脚螺栓的允许偏差（mm） **表4-62**

项目		允许偏差
支撑面	标　高	±3.0
	水平度	1/1000
地脚螺栓（锚径）	螺栓中心偏移	5.0
	螺栓露出长度	0~+20.0
	螺纹长度	0~+20.0
预留孔中心偏移		10.0

4. 柱基础轴线确定

清除混凝土灰渣，去掉原定位铁皮，设立桩基础定位轴线，根据控制桩将定位轴线引渡到柱基钢筋混凝土底板面上，要用红色油漆明显标示准确的“+”字轴线，以确保与钢柱轴线吻合。

（四）钢柱的安装

1. 吊装准备

钢柱吊装前，先在柱身安好爬梯、操作平台，拴好缆风绳，且柱接柱耳板也已设置在指定位置处，牢固无误后，方可进入下步工作。

底层钢柱吊装前，必须对钢柱的定位轴线，基础轴线和标高，地脚螺栓直径和伸出长度等进行检查和办理交接验收，并对钢柱的编号、外形尺寸、螺孔位置及直径、承剪板的方位等等，进行全面复核。确认符合设计图纸要求后，划出钢柱上下两端的安装中心线和柱下端标高线。见图 4-60、图 4-61。

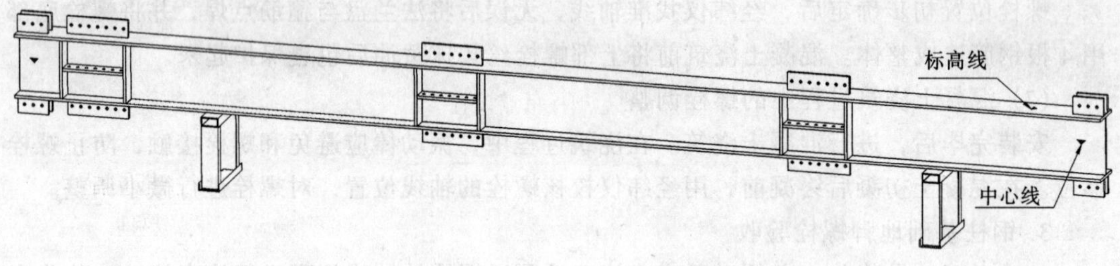

图 4-60 钢柱安装中心线及标高线

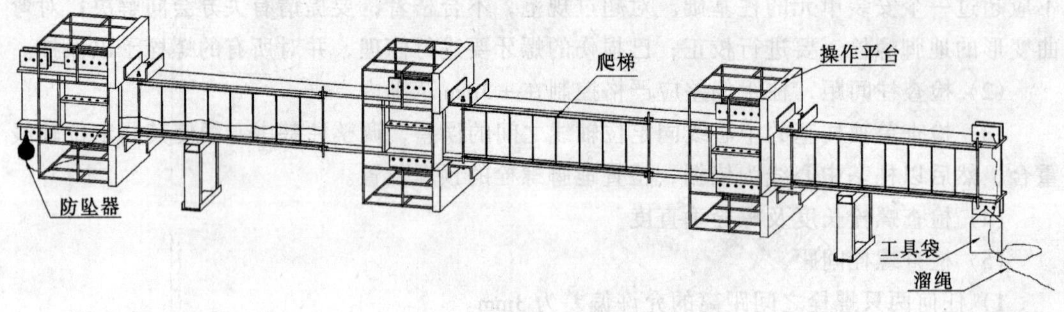

图 4-61 钢柱吊装准备

2. 吊点设置及吊装方式

（1）吊点设置

钢柱吊点设置在预先焊好的吊耳连接件处，即柱接柱临时连接板上。为防止吊耳起吊时的变形，采用专用吊具吊装。此吊具用普通螺栓与耳板连接，起吊时，为保证吊装均衡，在吊钩下挂设两根足够强度的单绳进行吊运。见图 4-62。

（2）起吊方法

钢柱的起吊方法，拟采用单机回转法起吊。起吊时，主设备塔式起重机吊在钢柱柱头部位，辅助汽车吊吊在钢柱柱脚部位，不得使柱端在地面上有拖拉现象。见图 4-63。

3. 第一节钢柱临时固定及校正方法

（1）钢柱就位

当钢柱吊至距其就位位置上方 200mm 时，使其稳定，对准螺栓孔，缓慢下落，下落过程中避免磕碰地脚螺栓丝扣。落实后用专用角尺检查，调整钢柱使钢柱的定位线与基础

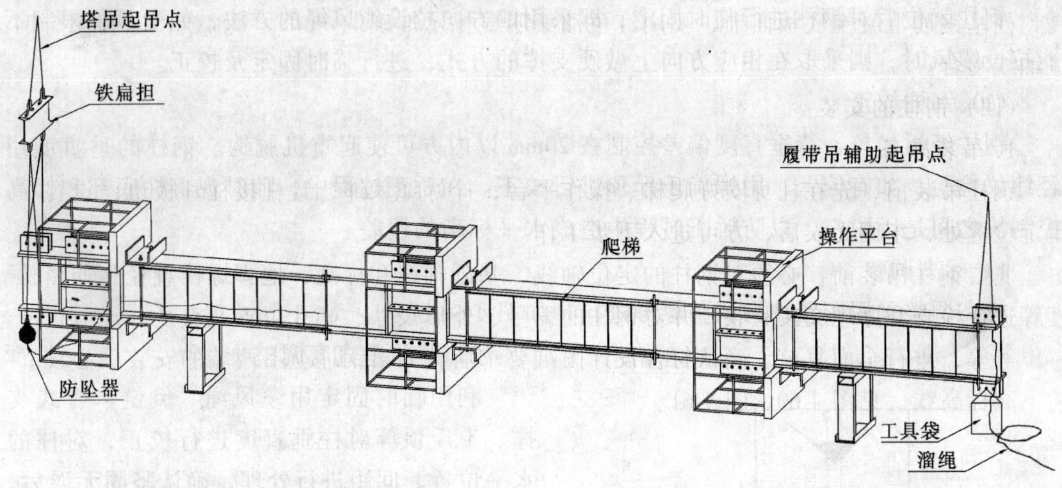

图 4-62 钢柱吊点设置

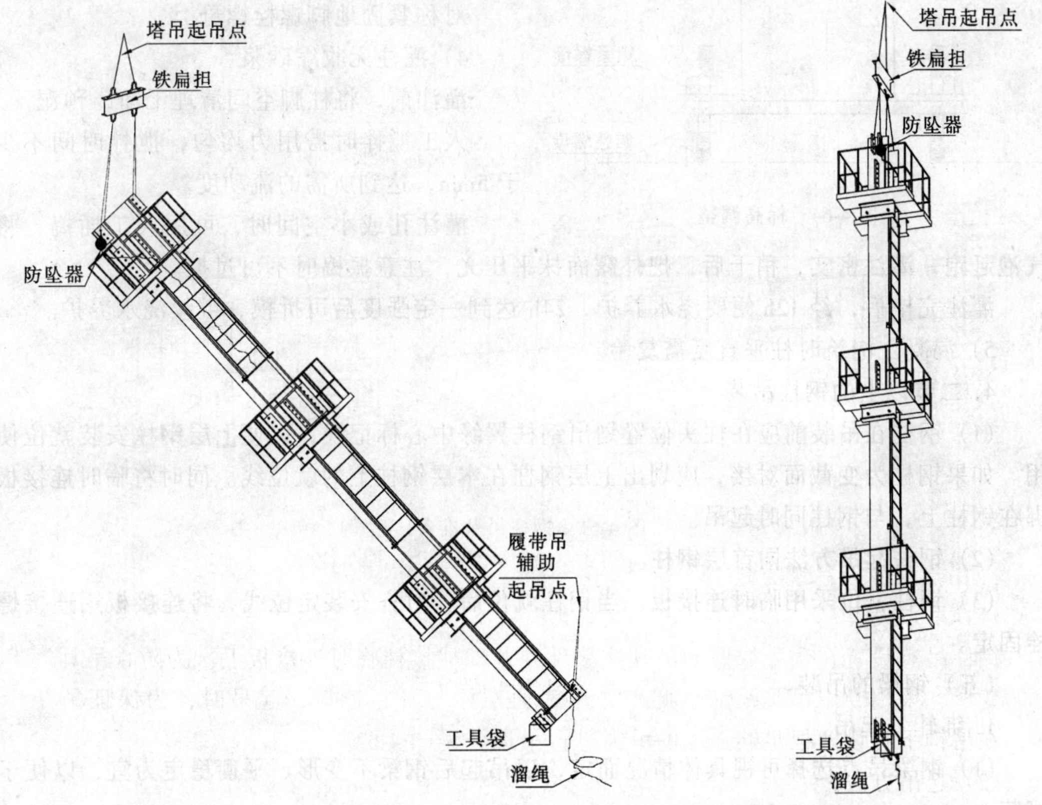

图 4-63 单机回转法起吊钢柱

定位轴线重合。调整时需三人操作，一人移动钢柱，一人协助稳定，另一人进行检测。就位误差确保在 3mm 以内。

（2）临时固定

钢柱就位后对钢柱进行临时固定，即采用四方向拉设缆风绳的方法，如受环境限制不能拉设缆风时，则采取在相应方向上做硬支撑的方式，进行临时固定及校正。

(3) 钢柱校正

钢柱经过初校，待垂直度偏差控制在20mm以内方可使起重机脱钩。钢柱的垂直度用经纬仪检验，如有偏差，用螺旋千斤顶进行校正。在矫正过程中，随时观察柱底部和标高控制块之间是否脱空，以防矫正过程中造成水平标高的误差。

1) 标高调整

标高调整采用调整柱脚调整螺母进行，如图4-64所示。

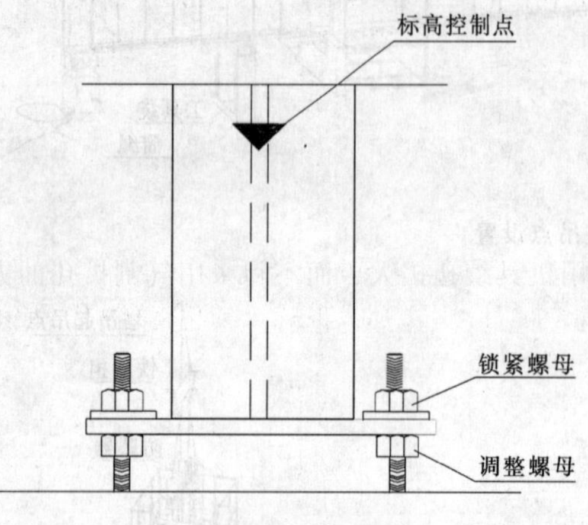

图4-64 标高调整

2) 跨间垂直度调整

利用临时固定用缆风绳、倒链、管式支撑、千斤顶等对柱垂直度进行校正，对柱的水平位置、间距进行处理，确认坚固无误后，进入下一步工作。

3) 钢柱固定

对称紧固地脚螺栓螺母。

4) 灌注无收缩砂浆

灌注前，将柱脚空间清理干净，预湿。

人工搅拌时需用力均匀，搅拌时间不少于5min，达到所需的流动度。

灌注孔或小空间时，可用人工插捣，将气泡赶跑，灌注密实，稍干后，把外露面抹平压光，注意振捣时不可过振。

灌注完毕后，经12h便要浇水养护，24h达到一定强度后可拆模，继续浇水养护。

5) 混凝土浇筑时柱垂直度需复验。

4. 二节以上的钢柱吊装

(1) 钢柱在吊装前应在柱头位置划出钢柱翼缘中心标记线，以便上层钢柱安装就位使用。如果钢柱为变截面对接，应划出上层钢柱在本层钢柱上的就位线。同时将临时连接板绑在钢柱上，与钢柱同时起吊。

(2) 钢柱起吊方法同首层钢柱。

(3) 钢柱就位采用临时连接板。当钢柱就位后，对齐安装定位线，将连接板用连接螺栓固定。

(五) 钢梁的吊装

1. 绑轧、起吊

(1) 钢梁吊点选择可视具体情况而定，以吊起后钢梁不变形、平衡稳定为宜，以便于安装。

(2) 确保安全，防止钢梁锐边割断钢丝绳，要对钢丝绳进行防护，吊索角度不小于45°，钢梁可以使用钢丝绳直接绑扎，或采用专用夹具进行吊运。

(3) 为加快进度，提高工效，可采用多头吊索一次吊装三根钢梁的方法。

(4) 钢梁吊装前在钢梁上装上安全绳，钢梁与柱连接后，将安全绳固定在柱上。

(5) 梁与柱连接用的安装螺栓，按所需数量装入帆布桶内，挂在梁两端，与梁同时起吊。

2. 钢梁临时对位、固定

(1) 钢梁吊升到位后，按施工图进行对位，要注意钢梁的起拱，正、反方向和钢柱上连接板的轴线不可安错。较长梁的安装，应用冲钉将梁两端孔打紧、对正，然后再用普通螺栓拧紧。普通安装螺栓数量不得少于该节点螺栓总数的 30%，且不得少于一个。

(2) 为确保吊装质量，保证构架稳定及方便校正，安装多层柱节时，应首先固定顶层梁，再固定下层梁，最后固定中层梁。

(3) 吊装固定钢梁时，要进行测量监控，保证梁水平度调整，保证已校正单元框架整体安装精度。

3. 钢梁安装的注意事项

(1) 梁与连接板的贴合方向。

(2) 高强螺栓的穿入方向。

(3) 吊装分区顺序进行。

(4) 钢梁安装时孔位偏差的处理，只能采用机具绞孔扩大，而不得采用气割扩孔的方式。

五、钢结构焊接

(一) 预热

不同钢种不同温度的推荐预热温度值，见表 4-63。

钢材预热温度（℃） 表 4-63

钢种	焊接方式	板厚（mm）			
		$t=22$	$22<t\leqslant38$	$38\leqslant t\leqslant50$	$50\leqslant t\leqslant75$
Q235	手工电弧焊				60
	CO_2 埋弧焊				60
16Mn	手工电弧焊	36	60	60	100
	CO_2 埋弧焊	36	60	60	100

预热范围应沿焊缝中心向两侧至少各 100mm 以上，按最大板厚三倍以上范围实施过程力求均匀。对于刚性较大、约束应力较大的焊接接头，预热范围必须高于三倍板厚，预热范围均匀达到预定值后，恒温 20～30min。预热的温度测试须在离坡口边沿距板厚三倍（最低 100mm）的地方进行。采用表面温度计测试。预热热源采用氧-乙炔中性火焰加热。

(二) 焊接

1. 一般规定

焊接时，焊缝间的层间温度应始终控制在 85～110℃之间，每个焊接接头应一次性焊完。施焊前，注意收集气象预报资料。预计恶劣气候到来，并无确切把握抵抗的，应放弃施焊。若焊缝已开焊，要抢在恶劣气候来临前，至少焊完板厚的 1/3 方能停焊；且严格做好后热处理，记下层间温度。各种不同钢种、不同厚度钢材的焊接层间温度见表 4-64。

2. 十字钢柱焊接

(1) 先由两名焊工在无夹板的翼缘板两侧对称焊至板厚的 1/3 厚度，换到另外两侧焊至翼缘板厚的 1/3，去掉腹板侧夹板。

层间温度控制表　　表 4-64

钢　种	板厚（mm）	焊接层间温度（℃）
Q235	22 ~ 75	> 50 ~ 85
16Mn	22 ~ 50	> 60 ~ 100

(2) 然后由两名焊工在腹板的两侧对称焊至板厚的1/3。

(3) 再由两名焊工分别承担相邻两面的焊接，一名焊工在一面焊完一层后，立即拐过90°接着焊另一面，另一名焊工在对称侧以相同方式保持对称同步焊接。如此交替进行，直至完成焊接。

(4) 待以上步骤完成后，由两名焊工分别将柱——柱错口处腹板与翼缘板之间的立焊缝完成。

(5) 每两层之间焊道的接头应相互错开，两名焊工焊接的焊道接头也要注意每层错开，每道焊完要清除焊渣和飞溅物，如有焊瘤要铲除磨掉，焊接过程中要注意检测层间温度。

3. 箱形钢柱焊接

箱形钢柱焊接采用两名电焊工在箱形柱的对称面同时焊接。

4. H 型钢钢柱焊接

H 型钢钢柱也采用两名焊工在 H 型钢两翼缘板对称焊接，然后焊接腹板。

5. 钢梁焊接

钢梁焊接采用先焊接下翼缘后焊接上翼缘的顺序焊接。

6. 安装焊接准备工作

(1) 应针对工程中数量较多的或具有代表性的接头形式进行相应焊接方法的工艺评定试验，焊后经自检及超声波检验应符合设计要求，以上试验均应按本项工程规定采用的技术标准进行。

(2) 采用的焊接材料和焊接设备、技术条件应符合国家标准，性能优良，清渣、加热、气刨、打磨、焊条保温、温度测量等装置应齐全就手。

(3) 手工电弧焊及二氧化碳气体保护焊、焊材和设备

1) 焊条应在高温烘干箱中烘干，低氢型焊条烘烤温度为：焊条在高温箱中加热到350 ~ 400℃后保温 1.5h，再在高温中降温到 110℃后保存；使用时从烘箱中取出立即放入100 ~ 110℃的焊条保温筒中，并须在 4h 内用完。用剩余的焊条应重新放入高温中烘干后方可使用，焊条烘干次数不得超过两次，焊剩余焊条如未立即放回焊条保温筒中保存，则须重新烘干后方可使用。

2) 焊丝包装应完好，如有破损而导致焊丝污染或弯折紊乱时应部分废弃。

3) 二氧化碳气瓶应倒置 24h 后打开阀门把水放尽方可使用，瓶内气体高压低于 1MPa 时应停止使用。焊接前要先检查气体压力表上的指示，然后检视气体流量计并调节气体流量。

4) 电焊机及电压应正常，地线压紧牢固接触可靠，电缆及焊钳无破损，送丝机应能均匀送丝，气管应无漏气或堵塞。

(4) 正确确定焊接顺序，能减少焊接变形，保证焊接质量。一般情况下应从中心向四

周扩展，采用结构对称、节点对称的焊接顺序。

(5) 气象条件检测，避免因气象条件影响焊接质量。当电焊直接受雨雪影响时，原则上应停止作业。在雨雪后要根据焊接区水分情况决定是否进行电焊。当焊接部位附近的风速超过 10m/s 时，原则上不进行焊接，但在有防风措施，确认对焊接作业无妨碍时亦可进行焊接。

(6) 与柱、柱与梁上下翼缘的坡口焊接，电焊前应对坡口组装的质量进行检查，焊接前对坡口进行清理，去除对焊接有妨碍的水分、垃圾、油污和锈等。

(7) 坡口焊均用垫板和引弧板，目的是使底层焊接质量有保证。垫板和引弧板均用低碳钢板制作。

7. 焊接工艺参数见表 4-65。

焊接参数表　　表 4-65

序号	位置	焊材类型	焊材规格 (mm)	焊接电流 (A)	焊接电压 (V)	气体流量 (V)	电流极性
1	定位焊	J507 (E4315)	$\phi3.2$	90～120	28～32	/	直流反接
		H08Mn2SiA	$\phi1.2$	190～210	25～30	55	直流反接
2	打底焊	J507 (E4315)	$\phi3.2$	90～120	28～32	/	直流反接
		H08Mn2SiA	$\phi1.2$	210～240	29～33	55～65	直流反接
3	填充焊	J507 (E4315)	$\phi4.0$	160～190	32～35	/	直流反接
		H08Mn2SiA	$\phi1.2$	250～320	29～35	55～65	直流反接
4	覆面焊	J507 (E4315)	$\phi4.0$	160～190	30～32	/	直流反接
		H08Mn2SiA	$\phi1.2$	210～240	29～33	55～65	直流反接

(三) 焊接检验

钢结构焊接缝质量检验分三级：1 级检验的要求是全部焊接缝进行外观检查和超声波检查，焊缝长度的 2%进行 X 射线检查，并至少应有一张底片；2 级检验的要求是全部焊接缝进行外观检查，并有 50%的焊缝长度进行超声波检查；3 级检验的要求是全部焊缝进行外观检查。

1. 焊缝外观检验

Q235 系列钢结构在焊缝冷却到环境温度，Q345 等低合金钢在焊毕 24h 后均需进行 100%外观检验。要求焊缝的焊波均匀平整，表面无裂纹、气孔、夹渣、未熔合和深度咬边，并没有明显焊瘤和未填满的弧坑。

2. 焊缝的无损检测

焊缝在完成外观检查，确认外观质量符合标准后，进行超声波探伤无损检测，其标准执行“GB 11345—89 钢焊缝手工超声波探伤方法和结果分级”规定的检验等级或执行 AWS.D1.1 的质量等级标准。对不合格的焊缝，根据超标缺陷的位置，采用刨、切除、砂磨等方法去除后，以与正式焊缝相同的工艺方法补焊，同样的标准核验。

(1) 检测方法：

1）探伤灵敏度不低于评定线灵敏度。

2）扫描速度不应大于150mm/s，相邻两次探头移动间隔保证至少有探头宽度10%的重叠。

3）对波幅超过评定线的反射波，应根据探头的位置、方向、反射波的位置，判断其是否为缺陷。判断为缺陷的部位应在焊缝表面做标记。

4）对接接头的焊缝，对于磨平的焊缝可将斜探头直接放在焊缝上平行移动，对有加强层的焊缝，可在焊缝两侧边缘使探头与焊缝成一定角度（10°～45°）做平行或斜平行移动，但灵敏度要适当提高。

5）T形接头，斜探头可在腹板一侧做直射法和一次反射法探伤。

（2）检查数量

全熔透焊缝Ⅱ级检验的标准为超声波检测每条焊逢长度的20%。

六、高强度螺栓连接

（一）材料及施工准备

高强度螺栓连接前要做好高强度螺栓连接副检验，摩擦面抗滑检验以及扭矩扳手校正工作，并对结构件制孔进行验收，对装配面进行清理。安装高强度螺栓时，构件的摩擦面应保持干净，不得在雨中安装。摩擦面如用生锈处理方法时，安装前应以细钢丝刷去除摩擦面上的浮锈。大六角头高强度螺栓施工所用的扭矩扳手，班前必须校正，其扭矩误差不得大于±5%。校正用的扭矩扳手，其扭矩误差不得大于±3%。

（二）高强度螺栓运输与储存

1. 运输

高强度螺栓由制造厂按批配套制作供货，有出厂合格证，高强度螺栓的形式、尺寸及技术条件，均应符合国家标准GB1228～1231—84和GB3632～3633—83的规定。钢结构用扭剪型高强度螺栓连接副由一个螺栓、一个螺母和一个垫圈组成。使用组合应符合国家标准规定，高强度螺栓连接副在同批内要配套储运供应。

高强度螺栓在装车、卸车和运输及保管过程中要轻装、轻放，防止包装箱损坏、损伤螺栓。

2. 高强度螺栓仓库保管

（1）高强度螺栓按包装箱注明的规格、批号、编号、供货日期进行清理，分类保管，存放在室内仓库中，堆积不要高于3层以上，室内防潮，长期保持干燥，防止生锈和被脏物玷污，螺纹不应损伤，防止扭矩系数发生变化。其底层应距地面不小于300mm以上。

（2）工地安装时，应按当天需要高强度螺栓的数量发放。剩余的，要妥善保管。不得乱放，损伤螺纹，被脏物沾污。

（3）经长期存放的高强度螺栓副，在使用前还要再次作全面的质量检验，开箱后发生有异常现象时也应进行检验，检验标准按国家标准GB1228～1231—84及GB3632～3633—83的有关规定进行。经鉴定合格再进行使用。

（三）高强度螺栓安装

1. 对钢柱、钢梁的安装精度确认无误后，方可进入高强度螺栓安装阶段。高强度螺栓穿入方向要一致，以施工便利为准。扭剪型高强度螺栓连接副的螺母带台的一侧应朝向垫圈有导角的一侧，并应朝向螺栓尾部。

高强度螺栓应自由穿入螺栓孔，严禁强行穿入螺栓；如不能穿入时，用绞刀进行修整，用绞刀修整前对其四周的螺栓全部拧紧，使板贴紧后再进行，不应采用气割扩孔。修整时应防止铁屑落入板叠缝中。

2. 检查螺栓孔的质量，发现质量问题及加工毛刺等应予以修正。

3. 检查和处理安装摩擦面上的铁屑、浮锈等污物。摩擦面上不允许存在钢材卷曲变形及凹陷变形等现象。除设计要求外摩擦面不得涂漆，认真注意和处理连接板的紧密贴合，对因钢板厚度偏差或制作误差造成的接触面间隙，就按连接面处理方法表 4-66 中的方法进行处理。

连接面处理方法　　表 4-66

间隙大小	处理方法
1mm 以下	不作处理
3mm 以下	将高出的一侧磨成 1:5 的斜度，方向与外力垂直
3mm 以上	加垫板，垫板两面摩擦面处理与构件同

4. 高强度螺栓的紧固

高强度螺栓的紧固分初拧和终拧。

高强度螺栓的拧紧分为初拧和终拧。大型节点分为初拧、复拧、终拧。初拧扭矩值如表 4-67 所示，复拧扭矩值等于初拧扭矩值。施工终拧采用定值电动扭矩扳手，尾部梅花头拧掉即达到终拧值。

初拧扭矩值表　　表 4-67

螺栓直径 d（mm）	16	20	(22)	24
初拧扭矩（N·m）	115	220	300	390

(1) 初拧。初拧扭矩值应在 100.2～133.6kNm 同时在初拧完毕后应在高强螺栓上做出标记见图 4-65。

(2) 终拧。扭剪型终拧以拧落螺栓的梅花头为准。扭矩型必须按计算终拧值进行紧固。高强度螺栓连接副终拧后，螺栓丝扣外露应为 2～3 扣，其中允许有 10%的螺栓丝扣外露 1 扣或 4 扣，要遵守登高作业的安全注意事项。拧掉的高强度螺栓尾部应随时放入工具袋内，严禁随便抛落。

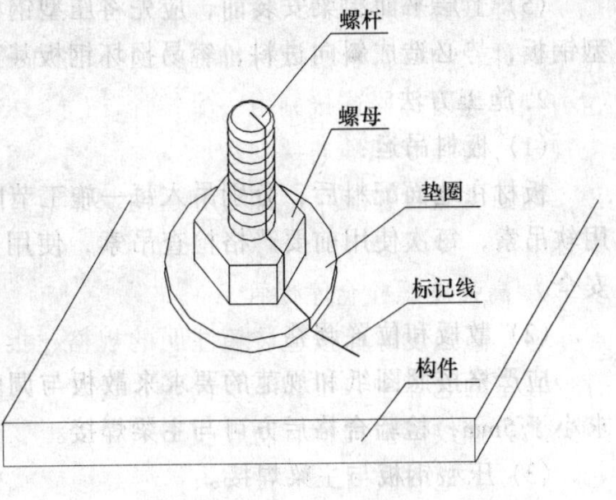

图 4-65　初拧

5. 高强度螺栓的拧紧顺序

每组高强度螺栓拧紧顺序应从节点中心向边缘依次拧紧。

6. 对于大六角头高强度螺栓，先用小锤（0.3kg）敲击法进行普查，以防漏拧。然后对每个节点螺栓数的 10%（不少于一个）进行扭矩检查。检查时先在螺栓杆端面和螺母上画一直线，然后将螺母拧松约 60°，再用扭矩扳手重新拧紧，使两线重合。

七、压型钢板的安装

在高层钢结构工程施工中，压型钢板以其施工速度快、与结构连接性能可靠而得到广泛应用。

（一）压型钢板的作用与分类

1. 压型钢板在组合楼板中的作用

压型钢板是钢-混凝土组合楼盖的重要组成部分。组合楼盖包括组合梁和组合板。组合梁是指钢梁与钢筋混凝土板通过抗剪连接件组合的结构，组合板是指压型钢板与钢筋混凝土通过各种不同剪力连接件组合的结构。

组合板结构又分两种：一种是压型钢板部分地或全部地起受拉钢筋的作用；另一种是压型钢板仅作为永久性模板使用。

压型钢板既可作为浇筑混凝土的模板，又可作为工作平台。施工速度快，预留洞口快捷简便。

2. 压型钢板的分类

压型钢板可分为无痕开口式压型钢板、无痕闭合式压型钢板、有痕开口式压型钢板、有痕闭合式压型钢板等形式。

（二）压型钢板施工

1. 施工条件

为配合安装作业顺序，压型钢板铺设前应具备以下条件：

(1) 主体框架结构焊接完毕并已经超声波探伤合格；

(2) 主体框架结构焊接完成后，柱垂直度偏差复测合格；

(3) 施工层平面次梁安装并终拧全部高强度螺栓；

(4) 施工专用操作平台拆除；

(5) 上层平面次梁安装前，应先将压型钢板放置于下层梁上；若在次梁安装后再吊压型钢板，势必造成斜向进料，容易损坏钢板甚至发生危险。

2. 施工方法

(1) 板料吊运：

板材在地面配料后，分别吊入每一施工节间。为保护压型钢板在吊运时不变形，应使用软吊索，每次使用前要严格检查吊索，使用次数达到20次后，吊索必须更换，以确保安全。

(2) 散板和位置调整：

应严格按照图纸和规范的要求来散板与调整位置，板的直线度为10mm，板的错口要求小于5mm，检验合格后方可与主梁焊接。

(3) 压型钢板与主梁焊接。

(4) 封堵头板。

(5) 洞口制作：

洞口分为先开洞和后开洞两种形式。洞口尺寸小于500mm×500mm为后开洞，洞口大于500mm×500mm为先开洞，洞口四周有小梁。

后开洞形式：拉条与洞口板焊接宜采用氩弧焊机，避免烧穿。

先开洞形式：封沿板与主梁焊接采用交流弧焊机。

(6) 放线。

(7) 边缘切割，采用等离子切割机进行切割。

八、栓钉焊接

栓钉焊接端质量鉴定及试验报告，包括拉伸试验及弯曲试验。

压型钢板铺设前必须认真清扫钢梁顶面，并应认真除锈。安装好的压型钢板不应起拱、翘曲，压型钢板与钢梁顶面应紧密贴合不应有间隙。如有间隙用锤敲等办法减少空隙，以确保栓焊质量。

在每日开工前，若焊接设备及栓钉规格未改变，且焊接参数仍为特定值时，最先焊的两个栓钉应做试验，试验栓钉可直接焊在结构工件上，并应按实际焊接位置施焊。见图 4-66。

图 4-66 栓钉焊接

栓焊施工中，若焊接设备和已确认的焊接参数有变动，必须按确定焊接参数要求进行检验。

施工过程中对焊接部位应随时检查，发现焊缝有缺陷的应及时进行修补，焊缝缺损与修补要求见表 4-68。

焊缝缺陷及修补要求 表 4-68

	焊缝缺陷	修 补 要 求
1	挤出焊脚不足 360°	修补焊缝应超过缺陷两端 9.5mm
2	构件受拉部位铲除的不合格栓钉的母材表面	应打磨光洁、平整；若母材出现凹坑，可用手工焊方法填足修平
3	构件受压部位的不合格栓钉	可以不铲除；在原栓钉附近重焊一枚；若进行铲除后母材缺损处可按本表第 2 项处理；若缺损深度小于 3mm，且小于母材厚度的 70%，则可不做修补

栓焊施工后首先对成型焊肉进行外观检查合格后，应在主要构件上逐批进行 1% 抽样打弯 15°检查，若栓钉根部无裂纹则认为通过弯曲检验。

九、防火喷涂

（一）拌料

严格地按照涂料配比进行配料，加水的比例要视气候而定，夏季宜多，冬季宜少。搅拌后的涂料，以用手抓起掌心向下，涂料不落下为宜。搅拌与喷涂要紧密配合，随拌随喷，以防涂料凝固。

（二）喷涂

一般来讲，喷嘴宜小，喷压宜大，以使表面平整。但喷嘴过小，粒状涂料喷不出去；气压过大，涂料反弹损耗大。因此喷嘴口径、枪口离喷涂面的距离和角度、气压和泵压都要严格掌握。

防火涂料涂装基层不应有油污、灰尘和砂浆等污垢。

薄涂型防火涂料的涂层厚度应符合有关耐火极限的设计要求。厚涂型防火涂料涂层的厚度，80%及以上面积应符合有关耐火极限的设计要求，且最薄处厚度不应低于设计要求的85%。

薄涂型防火涂料涂层表面裂纹宽度不应大于0.5mm；厚涂型防火涂料涂层表面裂纹宽度不应大于1mm。

每次喷涂不宜过厚，否则易出现流淌堆积，薄厚不匀。如果太厚，在固化过程中易产生裂纹。一般第一遍以喷4~8mm厚为宜。不同防火要求构件的喷涂遍数大致如下：

耐火极限3h（35mm厚）喷4遍；

耐火极限2h（25mm厚）喷3遍；

耐火极限1.5h（15mm厚）喷2遍。

防火涂料不应有误涂、漏涂、涂层应闭合无脱层、空鼓、明显凹陷、粉化松散和浮浆等外观缺陷，乳突已剔除。

常温下涂料在喷涂后经8h表面固化，可以进行下一遍喷涂。刚喷好的涂层应避免雨水冲淋。涂层在24~48h内完全固化，固化后的涂层，雨淋一般不会再影响其质量。

第七节 外脚手架工程

一、脚手架工程概述

(一) 脚手架的分类

脚手架为使用脚手架材料（杆件、构件和配件）所搭设的、用于施工要求的各种临设性构架，其分类方法主要有以下几种：

1. 按用途划分（见表4-69）

表4-69

序号	脚手架名称	解释	备注
1	操作脚手架	为施工作业提供高处作业条件的脚手架，主要包括结构作业脚手架和装修作业脚手架	
2	防护脚手架	只用作安全防（围）护的脚手架	主要包括栏护架和棚架
3	承重、支撑用脚手架	用于材料转运、存放、支撑以及其他承载用途的脚手架	如：受料台、转运平台、模板支撑架等

2. 按设置形式划分（见表4-70）

表4-70

序号	脚手架名称	解释	备注
1	单排脚手架	只有一立杆的脚手架，其横向平杆的另一端搁置在墙体结构上	
2	双排脚手架	具有双排立杆的脚手架	
3	多排脚手架	具有3排以上立杆的脚手架。	
4	满堂脚手架	按施工作业范围满设的、两个方向各有3排以上立杆的脚手架	
5	满高脚手架	按墙体或施工作业最大高度、由地面起满高度设置的脚手架	
6	交圈脚手架	沿建筑物或作业范围周边设置并相互交圈连接的脚手架	
7	特形脚手架	具有特殊平面和空间造型的脚手架。如水塔、烟囱等构筑物用脚手架	

3. 按支固方式划分（见表 4-71）

表 4-71

序号	脚手架名称	解　　释	备注
1	落地式脚手架	搭设在地面、楼面、屋面或其他平台结构之上的脚手架	
2	悬挑式脚手架	采用悬挑方式支固的脚手架	
3	附墙悬挂脚手架	在架体的上部或中部挂设于墙体挑挂件上的定型脚手架，多为整体吊升降	
4	悬吊式脚手架	悬吊于悬挑梁或结构之下的脚手架，常用于装修工程中，如吊篮等	

4. 按搭拆和移动方式划分（见表 4-72）

表 4-72

序号	脚手架名称	解　　释	备注
1	人工装拆脚手架	采用以人工搭设和拆除为主的脚手架	
2	附墙升降脚手架	采用起重机具完成升降的附墙悬挂脚手架	
3	整体提升脚手架	采用机械提升机构整体升降的脚手架	
4	水平移动脚手架	带行走装置的脚手架（段）或操作平台架	

此外常见的分类形式还有：以脚手架的搭设材料进行划分的方法，以构架方式进行划分等等。

脚手架工程技术是指解决脚手架的材料、构造、搭设、使用和拆除等方面的方案选择、设计计算、检查验收和施工应用中问题的处理，以满足施工要求和确保使用安全。

不同的脚手架系列均有其自身特点的构架特点、适用性能和应用方面的限制，在它们之间有共同性、也有差异性；不同的建筑工程对脚手架的设置要求也有其共同性和差异性；不同的建筑施工企业在架设工具的配备、技术和管理水平方面的差异性则更大一些。因此在解决施工中脚手架的设置问题时，就必须综合考虑各种条件和因素，解决实际存在的各种问题，以满足施工的需要和确保安全。

（二）脚手架的构架组成

脚手架的构架由构架基本结构、整体稳定和抗侧力杆连墙件和卸载装置、作业层设施、其他安全防护设施等五部分组成。

1. 构架基本结构

脚手架构架的基本结构为直接承受和传递脚手架垂直荷载作用的构架部分。在多数情况下，构架基本结构由基本结构单元组合而成。

（1）基本结构单元的类型

基本结构单元为构成脚手架基本结构的最小组成部分，由可以承受或传递荷载作用的杆件组成，包括毗邻基本结构单元的共用杆件。

（2）对构架基本结构的一般要求：杆部件的质量和允许缺陷应符合规范和设计的要求；节点构造尺寸和承载能力应符合规定；具有稳定的结构；具有可满足施工要求的整体、局部和单肢的稳定性；具有可将脚手架荷载传给地基基础或支承结构的能力。

2. 整体稳定和抗侧力杆件

这是附加在构架基本结构上的，加强整架稳定和抵抗侧力作用的杆件，如剪刀撑、斜杆、抛撑以及其他撑拉杆件。

此外，“一”字形脚手架的整体稳定性较差。设置周边交圈脚手架，在角部相接处加强整体性连接措施，是增强脚手架的整体稳定性和抗侧力能力的重要措施。而其中增设的连接杆件也属于这类杆件。

这类杆件设置的基本要求为：设置的位置和数量应符合规定和需要；必须与基本结构杆件进行可靠连接，以保证共同作用；抛撑以及其他连接脚手架体和支承物的支、拉杆件，应确保杆件和其两端的连接能满足撑、拉的受力要求；撑拉件的支承物应具有可靠的承受能力。

3. 连墙件、挑挂和卸载设施

(1) 连墙件

采用连墙件实现的附壁联结，对于加强脚手架的整体稳定性，提高其稳定承载能力和避免出现倾倒或坍塌等重大事故具有很重要的作用。

对附墙连接的基本要求为：

确保连墙点的设置数量，一个连墙点的覆盖面为 $20\sim50m^2$。脚手架越高，则连墙点的设置应越密。连墙点的设置位置遇到洞口、墙体构件、墙边或窄的窗间墙、砖柱等时，应在近处补设，不得取消；连墙件及其两端连墙点，必须满足抵抗最大计算水平力的需要；沿伸入室内，用竖杆和别杠固定于墙的内侧，插口架底部伸出横杆支顶于外墙面上。在设置连墙件时，必须保持脚手架立杆垂直，避免产生不利的预加侧向变形；设置连墙件处的建筑结构必须具有可靠的支持力。

(2) 卸载设施

1) 卸载设施是指将超过搭设限高的脚手架荷载部分地卸给工程结构承受的措施，即在立杆连续向上搭设的情况下，通过分段设置支顶和斜拉杆件以减小传至立杆底部的荷载。

当将立杆断开，设置挑支构造以支承其上部脚手架的办法，实际上即为挑脚手架，它不属于卸载措施的范围。

2) 卸载设施的种类有：

无挑梁上拉式，仅设斜拉（吊）杆；

无挑梁下支式，仅设斜支顶杆；

无挑梁上拉、下支式，同时设置拉杆和支杆。

3) 对卸载设施的基本要求为：

脚手架在卸载措施处的构造常需予以加强；

支拉点必须工作可靠；支承结构应具有足够的支承能力。

卸载措施的实际承受荷载经常难以准确判断，在设计时须按较小的分配值考虑。

4. 作业层设施

作业层设施包括扩宽架面构造、铺板层、侧面防（围）护设施（挡脚板、栏杆、围护、板网）以及其他设施，如梯段、过桥等。

作业层设施的基本要求：

采用单横杆挑出的扩宽架面的宽度不宜超过300mm，否则应进行构造设计或定型扩宽构件。扩宽部分一般不堆物料并限制其使用。

防（围）护设施应按规定的要求设置，间隙要合适、固定要牢固。外立杆一侧扩宽时，防（围）护设施应相应外移。

铺板一定要满铺，不得花铺，且脚手板必须铺放平稳，必要时还要加以固定。

（三）脚手架构架和设置的要求

1. 脚手架构架和设置要求的一般规定

脚手架的构架设计应充分考虑工程的使用要求、各种实施条件和因素，并符合以下各项规定：

（1）构架尺寸规定

双排结构脚手架和装修脚手架的立杆纵距和平杆步距应不大于2.0m。

作业层距地（楼）面高度不小于2.0m的脚手架，作业层铺板的宽度不应小于：外脚手架为750mm，里脚手架为500mm。铺板边缘与墙面的间隙应不大于300mm，与挡脚板的间隙应不大于100mm。当边侧脚手板不贴靠立杆时，应予可靠固定。

（2）连墙点设置规定

当架高不小于6m时，必须设置均匀分布的连墙点，其设置应符合以下规定：

扣件式或碗扣式钢管落地（或底支托）式脚手架：当架高不大于20m时，不小于40m^{2}一个点，且连墙点的竖向间距应不大于6m；当架高大于20m时，不小于30m^{2}一个点，且连墙点的竖向间距应不大于4m；脚手架上部未设置连墙点的自由高度不得大于6m；当设计位置及其附近不能装设连墙件时，应采取其他可行的刚性拉结措施予以弥补。

（3）整体性拉结杆件设置规定

脚手架应根据确保整体稳定和抵抗侧力作用的要求，按以下规定设置剪刀撑或其他有相应作用的整体性拉结杆件：

周边交圈设置的单、双排扣件式钢管脚手架，当架高为6～25m时，应于外侧面的两端和其间按不大于15m的中心距并自下而上连续设置剪刀撑；当架高大于25m时，应于外侧面满设剪刀撑。

周边交圈设置的碗扣式钢管脚手架，当架高＞25m时，按不小于外侧面框格总数的1/3设置斜杆。

“一”字形单双排脚手架按上述相应要求增加50%的设置量。

满堂脚手架应按构架稳定要求设置适量的竖向和水平整体拉结杆件。

剪刀撑的斜杆与水平面的交角宜在45°～60°之间，水平投影宽度应不小于2跨或4m和不大于4跨或8m。斜杆应与脚手架基本构架杆件加以可靠连接，且斜杆相邻连接点之间杆段的长细比不得大于60。

在脚手架立杆底端之上100～300mm处一律遍设纵向和横向扫地杆，并与立杆连接牢固。

（4）杆件连接构造规定

脚手架的杆件连接构造应符合以下规定：

多立杆式脚手架左右相邻立杆和上下相邻平杆的接头应相互错开并置于不同的构架框格内。

搭接杆件接头长度：扣件式钢管脚手架应不小于0.8m；

杆件在结扎处的端头伸出长度应不小于0.1m。

(5) 脚手架必须按以下规定设置安全防护措施，以确保架上作业和作业影响区域内的安全：

作业层距地（楼）面高度大于或等于 2.5m 时，在其外侧边缘必须设置挡护高度不小于 1.1m 的栏杆和挡脚板，且栏杆间的净空高度应不大于 0.5m。

临街脚手架，架高大于或等于 25m 的外脚手架以及在脚手架高空落物影响范围内同时进行其他施工作业或有行人通过的脚手架，应视需要采用外立面全封闭，半封闭以及搭设通道防护棚等适合的防护措施。

架高 9~25m 的外脚手架，除执行构架尺寸规定外，可视需要加设安全立网维护。

挑脚手架、吊篮和悬挂脚手架的外侧面应按防护需要采用立网围护或执行连墙点设置的规定。

(6) 遇有下列情况时，应按以下要求加设安全网：

1) 架高超过 9m，未作外侧面封闭、半封闭或立网封护的脚手架，应按以下规定设置首层安全（平）网和层间（平）网：首层网应距地面 4m 设置，悬出宽度应不小于 3m；层间网自首层网每隔 3 层设一道，悬出高度应不小于 3m。

2) 外墙施工作业采用栏杆或立网围护的吊篮、架设高度不大于 6m 的挑脚手架、挂脚手架和附墙升降脚手架时，应于其下 4~6m 起设置两道相隔的 3m 的随层安全网，其距外墙面的支架宽度应不小于 3m。

3) 上下脚手架的梯道、坡道、栈桥、斜梯、爬梯等均应设置扶手、栏杆或其他安全防（围）护措施并清除通道中的障碍，确保人员上下的安全。

采用定型的脚手架产品时，其安全防护配件的配备和设置应符合以上要求；当无相应安全防护配件时，应按上述要求增配和设置。

(7) 搭设高度限制和卸载规定

脚手架的搭设高度一般不应超过表 4-73 的限值。

脚手架搭设高度的限值 **表 4-73**

连墙件设置	立杆横距 l_b (m)	步距 h (m)	下列荷载时的立杆纵距 l_a (m)				脚手架允许搭设高度 H (m)
			一层装修作业 2+4×0.35	二层装修作业 2+2+4×0.35	一层结构作业 3+4×0.35	一层结构，一层装修作业 3+2+4×0.35	
二步三跨	1.05	1.20~1.35	2.0	1.8	1.5	1.5	50
		1.80	2.0	1.8	1.5	1.5	50
	1.30	1.20~1.35	1.8	1.5	1.5	1.5	50
		1.80	1.8	1.5	1.5	1.2	50
	1.55	1.20~1.35	1.8	1.5	1.5	1.5	50
		1.80	1.8	1.5	1.5	1.2	37
三步三跨	1.05	1.20~1.35	2.0	1.8	1.5	1.5	50
		1.80	2.0	1.5	1.5	1.5	34
	1.30	1.20~1.35	1.8	1.5	1.5	1.5	50
		1.80	1.8	1.5	1.5	1.2	30

当需要搭设超过表4-73规定高度的脚手架时，可采取下述方式及其相应的规定解决：

在架高20m以下采用双立杆和在架高30m以上采用部分卸载措施。

架高50m以上采用分段全部卸载措施。

采用挑、挂、吊形式或附墙升降脚手架。

(8) 脚手架的计算规定

建筑施工脚手架，凡有以下情况之一者，必须进行计算或进行1:1实架段的荷载试验，验算或检验合格后，方可进行搭设和使用：

架高不小于20m，且相应脚手架安全技术规范没有给出不必计算的构架尺寸规定；

实际使用的施工荷载值和作业层数大于以下规定：

结构脚手架施工荷载的标准值取3kN/m^2，允许不超过2层同时作业；

装修脚手架施工荷载的标准值取2kN/m^2，允许不超过3层同时作业；

全部或局部脚手架的形式、尺寸、荷载或受力状态有显著变化；

作支撑和承重用途的脚手架；

吊篮、悬吊脚手架，挑脚手架和挂脚手架；

特种脚手架；

尚未制定规范的新型脚手架；

其他无可靠安全依据搭设的脚手架。

2. 脚手架设计计算的统一规定

(1) 脚手架的设计内容

建筑施工脚手架的设计包含以下三项相互关联的内容：

设置方案的选择，包括：①脚手架的类别；②脚手架构架的形式和尺寸；③相应的设置措施（基础。支承、整体拉结和附墙连接。进出（或上下）措施等）。

承载可靠性的验算，包括：①构架结构验算；②地基、基础和其他支承结构的验算；③专用加工件验算。

安全使用措施，包括：①作业面的防（围）护；②整架和作业区域（涉及的空间环境）的防（围）护；③进行安全搭设，移动（升降）和拆除的措施；④安全使用措施。

(2) 脚手架构架结构的计（验）算项目

构架的整体稳定性计算。可转化为立杆稳定性计算；

单肢立杆的稳定性计算。当单肢立杆稳定性计算已包括在整体稳定性计算中，且立杆未显著超出构架的计算长度和使用荷载时，可以略去此项计算；

平杆的抗弯强度和挠度计算；

连墙件的强度和稳定验算；

抗倾覆验算；

悬挂件、挑支撑拉件的验算（根据其受力状态确定验算项目)。

二、双排落地式脚手架

(一) 脚手架计算

脚手架的计算项目：

1. 纵横向水平杆受弯强度和连接扣件的抗滑承载力计算；

2. 立杆的稳定性计算；

3. 连墙件的强度，稳定性和连接强度计算；

4. 立杆地基承载力计算。

（二）构造设定

搭设高度 H 单立杆双排脚手极限高度不大于 50m

当高大于 50m 时一般上部 30m 用单立杆，下部用双立杆，双立杆高度不宜小于 6m，或采用卸荷措施其分段高为 12～18m。

立杆横距 l_b，一般取 900～1500mm。

立杆纵距 l_a，一般取 1200～2100mm。

大横杆步距 h，一般取 1200～2000mm。

脚手板层数/作业种类和层数，结构脚手架施工荷载的标准值取 $3kN/m^2$；允许不超过 2 层同时作业；装修脚手架施工荷载的标准值取 $2kN/m^2$，允许不超过 3 层同时作业。

连墙件设置步×跨，常用 $2\times 3l_a$ 或 $3h\times 3l_a$，要求不大于 4.5m×6m。

安全网设置，一般作业层满兜安全网，为满挂

（三）计算例题

某建筑工程结构为框架剪力墙结构，高度为 60m，需搭设双排落地脚手架，初步拟定内立杆离开外墙皮的距离 $b_1=0.35m$，立杆横距 $l_b=1.05m$，立杆纵距 $l_a=1.5m$，步距 $h=1.8m$，全架共铺设钢脚手板 4 层，一层结构作业，连墙点按 2 步 3 跨设置，整个外架采用 800 目/cm^2 的密目网封闭。下部采用双立杆，需计算双立杆的设置高度？

1. 荷载作用计算

计算立杆由恒载、活载和风载标准值产生的轴向力 N_{GK}、ΣN_{QK}和 N_{WK}。由于外立杆有围挡材料的荷载作用，而内立杆有靠墙脚手板的荷载作用，因此，应分别计算内立杆和外立杆的荷载作用。

（1）恒载 N_{GK}计算

变截面处以上单立杆钢管脚手架每 m 立杆承受的结构自重标准值 $g_{k1}=0.1248kN/m$

变截面处以下的钢管脚手架每 m 立杆承受的结构自重标准值 $g_{k2}=0.5$（$g_{k1}+0.038$［钢管重量］$+0.013/1.8$［扣件重量］）$=0.5$（$0.1248+0.038+0.007$）$=0.0850kN/m$

取变截面处以上单立杆脚手架的高度为 H_{s1}，变截面以下的双立杆脚手架高度为 H_{s2}，脚手架全高 $H_s=H_{s1}+H_{s2}$，全高的结构自重标准值 $g_k=(H_{s1}g_{k1}+H_{s2}g_{k2})/H_s=[(H_s-H_{s2})g_{k1}+H_{s2}g_{k2}]/H_s=g_{k1}-H_{s2}(g_{k1}-g_{k2})/H_s=0.1248-0.0398H_{s2}/H_s$

$$N_{GK内}=N_{GK外}=g_k\times H_s$$

（2）活载作用 ΣN_{QK}计算

1）作业层施工荷载作用 N_{QK1}

作业层数 $n_1=1$，作业层荷载 $q_{k1}=3kN/m^2$，内、外立杆的承载面积分别为：$S_内=l_a(0.5l_b+b'_1)=1.5(0.5\times 1.05+0.25)=1.1625m^2$，其中在内立杆里边铺一块钢脚手板，宽 $b'_1=0.25m$；$S_外=0.5l_a\times l_b=0.7875m^2$。则 $N_{QK1内}=1\times 3\times 1.1625=3.488kN$；$N_{QK1外}=1\times 3\times 0.7875=2.363kN$。

2）铺板层构造荷载作用 N_{QK2}

铺板层数 $n=4$，铺板层构造包括钢脚手板和平接头下增加的支撑横杆及其连接扣件

(按每跨有1根2m长横杆计)，即 $q_{k2}=0.3$［钢脚手板］$+2$（0.038［钢管］+0.013［扣件］）/（1.3×1.5）$=0.3+0.052=0.352\text{kN/m}^2$。则 $N_{QK2内}=4\times1.1625\times0.352=1.637\text{kN}$；$N_{QK2外}=4\times0.7875\times0.352=1.109\text{kN}$

3）围挡防护材料作用 N_{QK3}

仅外立杆有此作用，采用800目/cm² 密目网沿架高全封闭 $N_{QK3}=l_a(n_2q_{k31}+H_sq_{k32})=1.5\times(2\times0.11+60\times0.002)=0.51\text{kN}$

式中 n_2 为设挡脚板和栏杆的层数；q_{k31}为挡脚板、栏杆自重查《建筑施工扣件式钢管脚手架安全技术规范》（JGJ 130—2001）表4.2.1-2取用；q_{k32}为围挡材料单位面积自重，安全网、编织布为 0.002kN/m^2，竹席为 0.005kN/m^2，竹笆板为 0.045kN/m^2。

由此得到内、外立杆的 ΣN_{QK}值为：$\Sigma N_{QK内}=N_{QK1内}+N_{QK2内}=3.488+1.637=5.125\text{kN}$

$$\Sigma N_{QK外}=N_{QK1外}+N_{QK2外}+N_{QK3}=2.363+1.109+0.51=3.982\text{kN}$$

（3）风载作用 N_{WK}计算

立杆受风载作用产生的 $N_{WK}=M_{WK}\times A/W$，式中立杆截面积 $A=489\text{mm}^2$ 时，立杆截面模量 $W=5078\text{mm}^3$，则 $N_{WK}=M_{WK}\times A/W=0.0963\ (\text{mm}^{-1})\ M_{WK}$。

1）计算风载标准值

$$\omega_K=0.7\mu_Z\cdot\mu_S\cdot\omega_0$$

ω_0 为基本风压北京地区为 0.35kN/m^2

μ_Z 为风压高度变化系数，按城市市区（C类）地区，从风压高度变化系数表中 $\mu_Z=0.74$（5m高处）；0.84（20m高处）；1（30m高处）；1.13（40m高处）；1.25（50m高处）；1.35（60m高处）。

μ_S 为风载体型系数，采用全封闭围挡做法，脚手架背靠的建筑物为框架时，$\mu_S=1.3\phi$。内、外立杆都要考虑风载作用，且挡风系数不同。内立杆所在内立面无围挡，当 $l_a=1.5\text{m}$、$h=1.8\text{m}$ 时，可从《建筑施工扣件式钢管脚手架安全技术规范》（JGJ 130—2001）附录表A-3中查得 $\phi_1=0.089$；外立杆采用800目/cm² 密目网全封闭 $\phi_2=0.48$。

则内立杆的 $\mu_{S内}=1.3\times0.089=0.116$；外立杆的 $\mu_{S外}=1.3\times0.48=0.624$

不同高度处内、外立杆计算的风载标准值 ω_K 列入表4-74。

ω_K的取值 表4-74

类别	ω_K (kN/m²)，当计算高度为 (m)			
	5	20	30	50
内立杆	0.021	0.0239	0.0284	0.0355
外立杆	0.113	0.129	0.153	0.191

2）计算风线荷载 q_{wk}

q_{wk}即立杆所受到的均布风载，$q_{wk}=l_a\times\omega_K$

3）计算风载弯矩 M_{wk}

按受均布荷载 q_{wk}作用的三跨连续梁计算，$M_{wk}=1/10\ (q_{wk}\times h^2)$

4）计算风载引起的轴力 N_{wk}

将 M_{wk}的单位化为kN·mm，即可用 $N_{wk}=0.0963M_w$ 计算出 N_{wk}。见表4-75。

q_{wk}、M_{wk}和 N_{wk}的计算值 **表 4-75**

<table>
<tr><th rowspan="2">项 目</th><th rowspan="2">单 位</th><th rowspan="2">类 别</th><th colspan="4">风压计算高度（m）</th></tr>
<tr><th>5</th><th>20</th><th>30</th><th>50</th></tr>
<tr><td rowspan="2">q_{wk}</td><td rowspan="2">kN/m</td><td>内立杆</td><td>0.0315</td><td>0.03585</td><td>0.0426</td><td>0.05325</td></tr>
<tr><td>外立杆</td><td>0.169</td><td>0.193</td><td>0.229</td><td>0.287</td></tr>
<tr><td rowspan="2">M_{wk}</td><td rowspan="2">kN·mm</td><td>内立杆</td><td>10.206</td><td>11.615</td><td>13.802</td><td>17.253</td></tr>
<tr><td>外立杆</td><td>54.821</td><td>62.597</td><td>74.261</td><td>92.923</td></tr>
<tr><td rowspan="2">N_{wk}</td><td rowspan="2">kN</td><td>内立杆</td><td>0.983</td><td>1.119</td><td>1.329</td><td>1.661</td></tr>
<tr><td>外立杆</td><td>5.279</td><td>6.028</td><td>7.151</td><td>8.949</td></tr>
</table>

2. 计算双管立杆搭设高度

组合风载时 $N=1.2N_{GK}+0.85\times1.4\ (\Sigma N_{QK}+N_{wk})\ =1.2g_k\times H_s+1.19\ (\Sigma N_{QK}+N_{wk})$ $=1.2\ (0.1248-0.0398H_{s2}/H_s)\ \times H_s+1.19\ (\Sigma N_{QK}+N_{wk})$

$$N/\varphi A\leqslant f$$

因此 $[1.2\ (0.1248-0.0398H_{s2}/H_s)\ \times H_s+1.19\ (\Sigma N_{QK}+N_{wk})]\ /\varphi A\leqslant f$

式中 $A=489\text{mm}^2$，$f=205\text{N/mm}^2=0.205\text{kN/mm}^2$，稳定系数 φ 确定如下：

查《建筑施工扣件式钢管脚手架安全技术规范》表 5.3.3 二步三跨的立杆计算长度系数 $\mu=1.5$，立杆的计算长度 $l_0=K\mu h=1.155\times1.5\times1.8=3.119\text{m}=3119\text{mm}$，立杆的回转半径 $i=15.78\text{mm}$，则立杆的计算长细比 $\lambda=l_0/i=3119/15.78=197.66$，查《建筑施工扣件式钢管脚手架安全技术规范》附录 C 得 $\varphi=0.185$。

$$0.0398H_{s2}\geqslant0.1248H_s-\ [f\varphi A-1.19\ (\Sigma N_{QK}+N_{wk})]\ /1.2$$

$$0.0398H_{s2}\geqslant0.1248\times H_s-\ [0.205\times0.185\times489-1.19\ (\Sigma N_{QK}+N_{wk})]\ /1.2$$

$$H_{s2}\geqslant3.136H_s+24.916\ (\Sigma N_{QK}+N_{wk})\ -388.302$$

$$H_{s2}\geqslant3.136\times60+24.916\times\ (3.982+5.279)\ -388.302$$

$$H_{s2}\geqslant30.605\text{m}$$

副立杆高度超过 31m 将满足安全要求。见表 4-76。

双排脚手架副立杆搭设高度 **表 4-76**

<table>
<tr><th>搭设</th><th colspan="2">$l_a=1.5\text{m}$，$l_b=1.05\text{m}$，$h=1.8\text{m}$</th><th colspan="3">$l_a=1.5\text{m}$，$l_b=1.05\text{m}$，$h=1.2\sim1.5\text{m}$</th></tr>
<tr><th>高度</th><th>800 目/cm² 密目网</th><th>2000 目/cm² 密目网</th><th>800 目/cm² 密目网</th><th>2000 目/cm² 密目网</th><th>编织布</th></tr>
<tr><td>40</td><td rowspan="3">单立杆</td><td>单立杆</td><td colspan="3" rowspan="8">按规范构造要求搭设</td></tr>
<tr><td>45</td><td>17</td></tr>
<tr><td>50</td><td>33</td></tr>
<tr><td>55</td><td>15</td><td>48</td></tr>
<tr><td>60</td><td>31</td><td rowspan="4"></td></tr>
<tr><td>65</td><td>47</td></tr>
<tr><td>70</td><td>62</td></tr>
<tr><td>75</td><td colspan="2">需有其他卸荷措施</td></tr>
</table>

3. 连墙件验算（略）

4. 地基验算（略）

三、碗扣式脚手架

（一）碗扣式钢管脚手架的构造特点及性能

1. 构造特点

WDJ 碗扣型多功能脚手架用独创的带齿碗扣接头连接各种杆件，采用目前用量最多的扣件式钢管脚手架 $\phi48\times3.5$mmQ235 焊接钢管做主构件，立杆和顶杆是在一定长度的钢管上每隔 0.60m 安装 1 套碗扣接头制成，碗扣分上碗扣和下碗扣，下碗扣焊在钢管上，上碗对应地套在钢管上，其销槽对准焊在钢管上的限位销即能上、下滑动。横杆是在钢管两端焊接横杆接头制成。连接时，只需将横杆接头插入下碗扣内，将上碗扣沿限位销扣下，并顺时针旋转，靠上碗扣螺旋面使之与限位销顶紧，从而将横杆和立杆牢固地连在一起，形成框架结构。每个下碗扣内可同时任意装 4 个横杆接头，可以相互垂直或偏转一定角度，位置任意。

2. 性能特点

(1) 多功能。能根据具体施工要求，组成不同组架尺寸、形状和承载能力的单、双排脚手架，支撑架，支撑柱，物料提升架，爬升脚手架，悬挑架等多种功能的施工装备。

(2) 高功效。该脚手架常用杆件中最长为 3130mm，重 17.07kg，横杆与立杆连接的全套动作只需 6s，接头拼拆速度比常规快 5 倍以上，拼拆快速省力，工人用一把铁锤即可完成全部作业，完全避免了螺栓作业。

(3) 承载力大。立杆连接是同轴心承插，横杆同立杆靠碗扣接头连接，各杆件轴心线交于一点，节点在框架平面内，接头具有可靠的抗弯、抗剪、抗扭力学性能，因此，结构稳固可靠，承载力大。

(4) 安全可靠。接头设计时，考虑到上碗扣螺旋摩擦力和自重力作用，使接头具有可靠的自锁能力。作用于横杆上的荷载通过下碗扣传递给立杆，下碗扣具有很强的抗剪能力(最大为 199kN)，上碗扣即使没被压紧，横杆接头也不致脱出而造成事故。

(5) 加工容易。主构件采用 $\phi48\times3.5$mm、Q235 焊接钢管，制造工艺简单，成本适中，可直接对现有扣件式脚手架进行加工改造，不需要复杂的加工设备。

(6) 不丢失。该脚手架无零散易丢失扣件，把构件丢失减少到最小程度。

(7) 维修少。该脚手架构件消除了螺栓连接，构件经碰耐磕，一般锈蚀不影响拼拆作业，不需特殊养护、维修。

(8) 易运输。该脚手架最长构件 3130mm，最重构件 40.53kg，便于搬运和运输。

3. 杆配件规格及其用途

WDJ 碗扣型多功能脚手架的杆配件，共计有 23 种，53 种规格，按其用途可分为主构件、辅助构件、专用构件三类。

（二）碗扣式钢管脚手架的标准构造

1. 构造类型

用于构造双排外脚手架时，一般立杆横向间距（即脚手架宽度）取 1.2m（用 HG-120），横杆步距取 1.8m，立杆纵向间距根据建筑物结构、脚手架搭设高度及作业荷载等具体要求确定，可选用 0.9m、1.2m、1.5m、1.8m、2.4m 等多种尺寸，并选用相应的横杆，可有以下几种构造形式：

（1）重型架

这种结构脚手架取较小的立杆纵距（0.90m 或 1.20m）用于重载作业或高层外脚手架的底部。对于高层脚手架，为了提高其承载力和搭设高度，采取上、下分段，每段立杆纵距不等的组架方式。组架时，下段立杆纵距取 0.90m（或 1.20m），上段则采用 1.80m（或 2.40m），即每隔一根立杆取消一根，用 1.80m（HG—180）或 2.40m（HG—240）的横杆取代 0.90m（HG—90）或 1.20m（HG—120）横杆。

（2）普通架

这种结构形式脚手架是最常用的一种，构造尺寸为 1.50m（立杆纵距）×1.20m（立杆横距）×1.80m（横杆步距）（以下表示同）或 1.80m×1.20m×1.80m，可作为砌墙、模板工程等结构施工用脚手架。

（3）轻型架

这种结构脚手架主要用于装修、维护等作业荷载要求的脚手架，构架尺寸为 2.40m×1.20m×1.80m。

2. 标准构造

（1）斜杆设置

斜杆可增强脚手架稳定强度，它的合理设置对提高脚手架的承载力，保证施工安全具有重要意义。

斜杆同立杆的连接与横杆同立杆的连接相同。对于不同尺寸的框架应配备相应长度斜杆。斜杆可装成节点斜杆（即斜杆接头同横杆接头装在同一碗扣接头内），或装成非节点斜杆（即斜杆接头同横杆接头不装在同一碗扣接头内）。

斜杆应尽量布置在框架节点上，对于高度在 30m 以下的脚手架，可根据荷载情况，设置斜杆的面积为整架立面面积的 1/2～1/5；对于高度超过 30m 的高层脚手架，设置斜杆的框架面积要不小于整架面积的 1/2。在拐角边缘及端部必须设置斜杆，中间可均匀间隔布置。

脚手架的破坏一般是横向框架失稳所致，因此，在横向框架内设置斜杆即廊道斜杆，对于提高脚手架的稳定程度尤为重要。对于一字形及开口形脚手架，应在两端横向框架内沿全高连续设置节点斜杆；对于 30m 以下的脚手架，中间可不设廊道斜杆；对于 30m 以上的脚手架，中间应每隔 5～6 跨设置一道沿全高连续设置的廊道斜杆；对于高层和重载脚手架，除按上述构造要求设置廊道斜杆外，当横向平面框架所承受的总荷载达到或超过 25kN 时，该框架应增设廊道斜杆。用碗扣式斜杆设置廊道斜杆时，除脚手架两端框架可以设成节点斜杆外，中间框架只能设成非节点斜杆。

当设置高层卸荷拉结杆时，须在拉结点以上第一层加设廊道水平斜杆，以防止卸荷时水平框架变形。斜杆既可用碗扣脚手架系列斜杆，也可用钢管和扣件代替，这样可使斜杆设置更加灵活，而不受接头内所装杆件数量的限制。特别是用钢管和扣件设置大剪刀撑，既可减少碗扣式斜杆的用量，又能使脚手架的受力性能得到改善。

竖向剪刀撑的设置应与碗扣式斜杆的设置相配合，一般高度在 30m 以下的脚手架，可每隔 4～6 跨设置一组沿全高连续搭设的剪刀撑，每道剪刀撑跨越 5～7 根立杆，设剪刀撑的跨内不再设置碗扣式斜杆；对于高度在 30m 以上的高层脚手架，应沿脚手架外侧以及全高方向连续设置，两组剪刀撑之间用碗扣式斜杆。

纵向水平剪刀撑对于增强水平框架的整体性，均匀传递连墙撑的作用具有重要意义。对于30m以上的高层脚手架，应每隔3~5步架设置一层连续封闭的纵向水平剪刀撑。

(2) 连墙撑布置

连墙撑是脚手架与建筑物之间的连接件，对提高脚手架的横向稳定性，承受偏心荷载和水平荷载等具有重要作用。

连墙撑的设置按其承受全部水平荷载(包括风荷载及其他水平荷载),同时满足整架稳定竖向间距的要求而设计,每个连墙撑能承受的轴向力按±风荷载水平力+3.0kN计算。

一般情况下，对于高度在30m以下的脚手架，可四跨三步设置一个（约40m^2）；对于高层及重载脚手架，则要适当加密，50m以下的脚手架至少应三步三跨布置一个（约25m^2）；50m以上的脚手架至少应二步三跨布置一个（约20m^2）；连墙撑设置应尽量采用梅花形布置方式。另外当设置挑梁、提升滑轮、安全网支架，高层卸荷拉结杆等构件时，应增设连墙撑，对于物料提升架也要相应地增设连墙撑数目。

连墙撑应尽量连接在横杆层碗扣接头内，同脚手架、墙体保持垂直，并随建筑物及架子的升高及时设置，设置时要注意调整间隔，使脚手架竖向平面保持垂直。碗扣式连墙撑同脚手架连接与横杆同立杆连接相同。扣件式连墙撑同脚手架的连接是靠扣件把连墙撑同脚手架横杆或立杆连接起来，其设置同扣件式脚手架连墙撑的设置方法。

(3) 高层卸荷拉结杆设置

高层卸荷拉结杆主要是为减轻脚手架荷载而设计的一种构件。高层卸荷拉结杆的设置要根据脚手架高度和作业荷载而定，一般每30m高卸荷一次，但总高度在50m以下的脚手架可不用卸荷（注：高层卸荷拉结杆所卸荷载的大小取决于卸荷拉结杆的几何性能及其装配的预紧力，可以通过选择拉杆截面尺寸，吊点位置以及调整索具螺旋扣等来调整卸荷的大小。一般在选择拉杆及索具螺旋时，按能承受卸荷层以上全部荷载来设计；在确定脚手架卸荷层及其位置时，按能承受卸荷层以上全部荷载的1/3来计算）。

卸荷层应将拉结杆同每一根立杆连接卸荷，设置时，将拉结杆一端用预埋件固定在墙体上，另一端固定在脚手架横杆层下碗扣底下，中间用索具螺旋调节拉力，以达到悬吊卸荷目的。卸荷层要设置水平廊道斜杆，以增强水平框架刚度。另外，要用横托撑同建筑物顶紧，以平衡水平力。上、下两层增设连墙撑。

(三) 碗扣式钢管脚手架的计算实例

碗扣式钢管脚手架由于其杆件之间采用轴心连接，碗扣节点的承载能力和约束作用大以及斜杆设置的有利作用等，使其承载能力比扣件式脚手架约提高15%以上。其计算可沿用扣件式钢管脚手架的计算方法，但其计算长度系数μ值可采用表4-77的建议值。

碗扣式钢管脚手架稳定性计算长度系数 μ 的建议值 **表4-77**

立杆横距 l_b（m）		当连墙件的布置为下值时，μ值	
		2步3跨	3步3跨
双排架	0.9	1.37	1.56
	1.2	1.43	1.61
	1.5	1.50	1.67
单排架		1.73	

四、附墙悬挂脚手架

采用挂置于主体结构的外脚手架称为附墙外挂脚手架。在主体结构的墙体或钢筋混凝土框架柱、梁内埋设挂钩，将定型的脚手架挂至于挂钩上；也可在钢筋混凝土墙体上预留孔洞，使用螺栓固定，随结构施工往上逐层提升。

（一）附墙外挂架结构简介

外挂架又名支模平台，是一种和大型模板（简称大模板）配套使用的施工料具和大模板一样，外挂架适用于剪力墙结构或框架剪力墙结构外墙部位的施工。

现行设计的附墙外挂架是一种三角型架的分跨、不落地的工具式脚手架。其高度为一般为2100mm，一般防护高度为4m左右（可根据楼层高度设定），悬挂在外墙穿墙拉杆上，依靠塔式起重机分层提升，可以用作结构工程外墙模板支架和施工操作平台并和搭设其上的片架起到施工安全防护的作用。它具有制作、装拆、搬运方便、节约脚手材料和劳动力等优点，但其杆件必须具有较好的整体刚度，以满足反复升降的要求，并在使用时要求墙体必须达到一定的强度才能进行安装。

外挂架整体结构是由三角型架、大小横杆、立杆、斜杆、安全防护栏杆、安全网、操作平台封板、穿墙拉杆、保险螺栓、吊钩等组成。见图4-67。

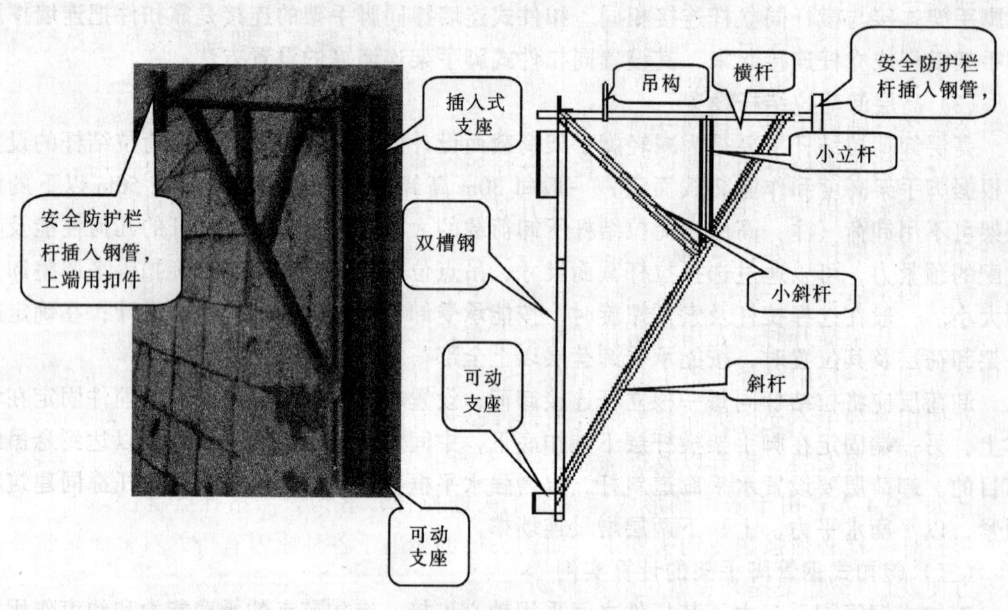

图4-67 外挂架构造示意图

（二）外挂架标准构造做法

1. 外挂架标准构造做法：

组装用的立杆间距不超过1.8m，大面必须加十字盖，转角小面必须加单斜杆，大面及小面用小眼密眼网，在杆件内侧封闭，底面用大眼安全网作为网兜。脚手板的长度根据每跨挂架的尺寸选取，板与板的接头处的空隙不得大于50mm，并加密小横杆，板的两端必须用8号铁丝与钢管连接牢固。

挂脚手架的底部应设顶墙杆（件）和相应拉结，以避免或减小脚手架使用时出现的晃动。

在使用前应进行不低于1.5倍使用施工荷载的静载试验和起吊试验，试验合格（未发现焊缝开裂、结构变形等情况）后方能投入使用。

设计的脚手架段应能满足塔式起重机整体吊升（降）的起吊能力和塔式起重机吊次。

必须严格控制架上荷载，每跨同时作业人员不得超过3人。

每跨挂架与挂架间的距离不得大于150mm，中间空隙挂架与挂架连成整体。

每组挂架的钩头螺栓均采用直径24mm的圆钢制作，应为低碳镇静钢。室内螺栓加10mm厚垫板及双螺母拧紧，松紧一致。

必须待外墙混凝土强度达规定的设计强度后方可提升挂架。

每跨外挂架必须绑扎牢固，立杆及水平杆应横平竖直，挂架整体应牢固美观。

除大模板外，挂架上的荷载最大允许值为1500N/m^2，并且不得过于集中布置。因此对使用中的外挂架必须每天检查，重点是钩头螺栓与架体焊缝，挂架严禁堆放材料。

部分钩头螺栓位于窗洞口上方必须采取100mm×100mm木方支顶。

2. 外挂架的安装与提升

常温施工时，混凝土强度达到7.5MPa设计强度后即可组装挂架；冬期施工期间，混凝土强度达到10MPa设计强度后方可组装挂架。

首层墙体模板拆除后，待混凝土强度达到10MPa设计强度后即可组装挂架。组装使用顺序为：A层墙体施工→A层顶板施工→穿钩头螺栓→钩头螺栓安装检查→挂三角钢架→组装架体→铺脚手板、挂网→荷载实验→安全验收→投入使用→B层墙体施工→B层顶板施工→穿钩头螺栓→钩头螺栓安装检查→挂架提升→挂架检查验收→投入使用。

二层以上结构每跨挂架整体提升。提升时，先挂好吊环，松开内侧螺母后，垂直慢速提升到上层穿墙拉杆处，紧固内侧螺母，落钩。挂架在提升时不要相互钩挂，逐组提升。挂架提升固定后，下一层的钩头螺栓在挂架下层平台内拆除，以备周转使用。

阳台处片架提升时，先用挂钩挂住片架上端纵向水平杆，松开横向挑杆与斜撑后垂直慢速提升到上一层阳台处，待上一层阳台上的横向挑杆及斜撑与片架铰接后，方可落钩。

在使用过程中不允许拆除挂架的任何部件，只有落地后才能拆除。

一榀外挂架安装、提升以及拆除需5~6人即可，指挥1人，信号工1人，拆装螺栓、牵引挂架3~4人；由于采用圆形或椭圆形端头的拉杆，落钩只需吊挂点就位即可，无须像L形拉杆一样必须强制使钩头朝上（而钩头很可能出于各种原因有所偏斜，而导致外挂架不方便就位），挂架提升、就位效率较高。

（三）设计计算

1. 外挂架的设计

外挂脚手架设计的关键是悬挂点和三角钢架设计。

三角型架，是由槽钢（一般采用6.3）焊接而成，是外挂架的受力主体，每片挂架一般按0.9m间距设置，最大不大于1.265m，以3~4片一组，组成一个相对独立的使用及提升单元；架子的一侧设有2个附墙支座，三角斜撑和加强斜杆采用钢管（一般采用$\phi48\times3.5$）焊接，供现场安装时用十字扣件相互连接。

横杆、立杆、斜杆、安全栏杆，均采用钢管（一般采用$\phi48\times3.5$）用十字扣件连接成整体。见图4-68。

图 4-68　三角架示意图

（1）每个三角型架上附墙支座有 2 处，一处为铰支即利用大模板拆卸后留下的穿墙螺栓孔用穿墙拉杆固定（支座上有下宽上窄的挂钩槽，便于提升和挂钩插入）；另一端为可动支座。见图 4-69。

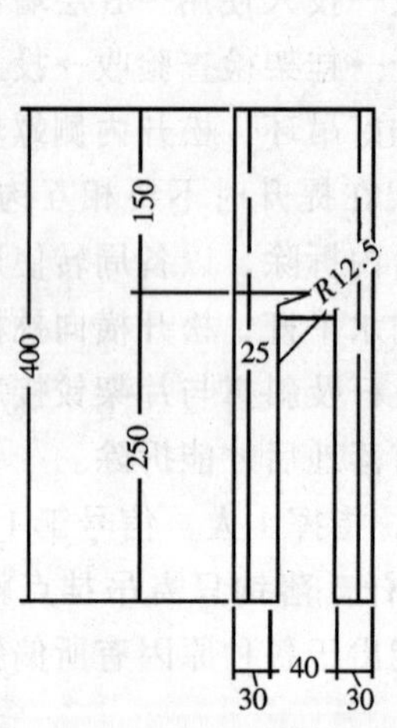

图 4-69　附墙支座示意图

（2）穿墙拉杆一般采用 ϕ24 圆钢（一般为镇静钢）制作，一端为圆形（也有椭圆形）挂钩，另一端有 M24 螺纹，配 M24 双螺母和 120×100×10 垫片；由于采用圆形或椭圆形端头的拉杆，落钩只需吊挂点就位即可，无须像 L 形拉杆一样必须强制使钩头朝上（而钩头很可能出于各种原因有所偏斜，而导致外挂架不方便就位），挂架提升、就位效率较高。

（3）保险螺栓采用 M12×150 螺栓，每组挂架设 2 个用于外挂架支座与穿墙拉杆固定，见穿墙拉杆示意图（图 4-70）。

（4）提升外挂架时使用的吊钩一般使用 ϕ16 圆钢焊接成环，每组设两个。结构施工时

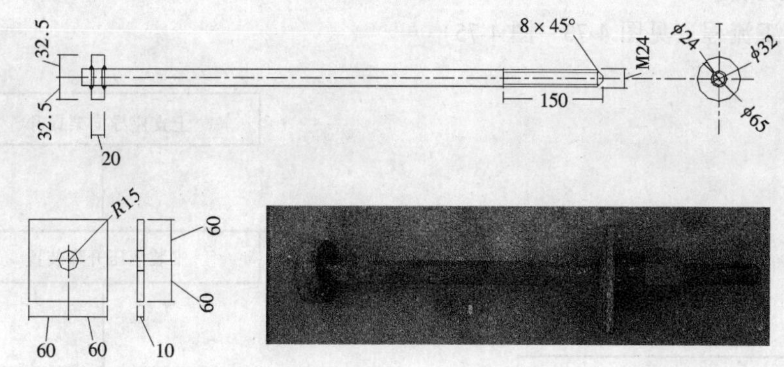

图 4-70 穿墙拉杆示意图

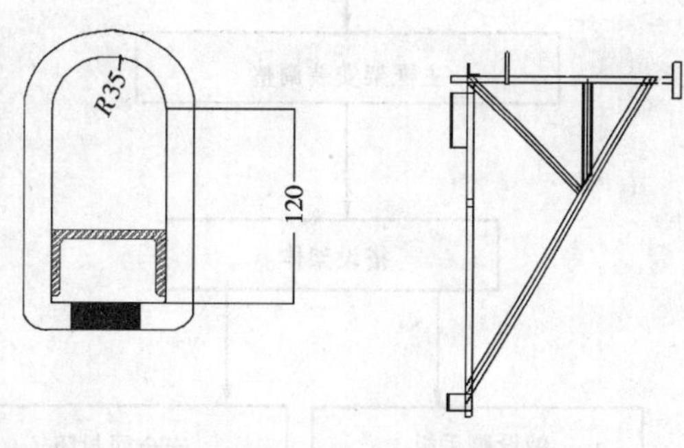

图 4-71 吊环大样图

在所防护的两层的阳台上预埋 φ14 铁环（间距 1.80m～2.0m）；提升外挂架时在铁环中插进横向水平杆，挑支片架；每层阳台板上设 2 根纵向水平杆，与横向水平杆铰接；用 3m 钢管设斜撑，分别与片架、纵向水平杆铰接。见图 4-71。

（5）安全网从外挂架外侧顶部开始向下设置密眼安全网，绕过外挂架底部后到墙边架子处绑扎。见图 4-72。

（6）封板为 $\delta = 50$mm 厚的木板，作为操作人员通道及防止物体坠落。考虑施工中施工防护与提升要求，挂架组装采用 φ48×3.5mm 脚手钢管扣件连接，高度为 7.2m，作业面宽度为 0.5～1.5m 不等，采用 50mm 厚木板铺设，架体结构作业面以上高度 3.9m 采用扣件式钢管脚手架防护，结构操作面以下高度 3.3m 另设一层辅助作业面作为外墙修补及拆除钩头螺栓使用。

图 4-72 安全防护示意图

五、导轨式爬架

(一) 施工流程 (见图4-73～图4-75)

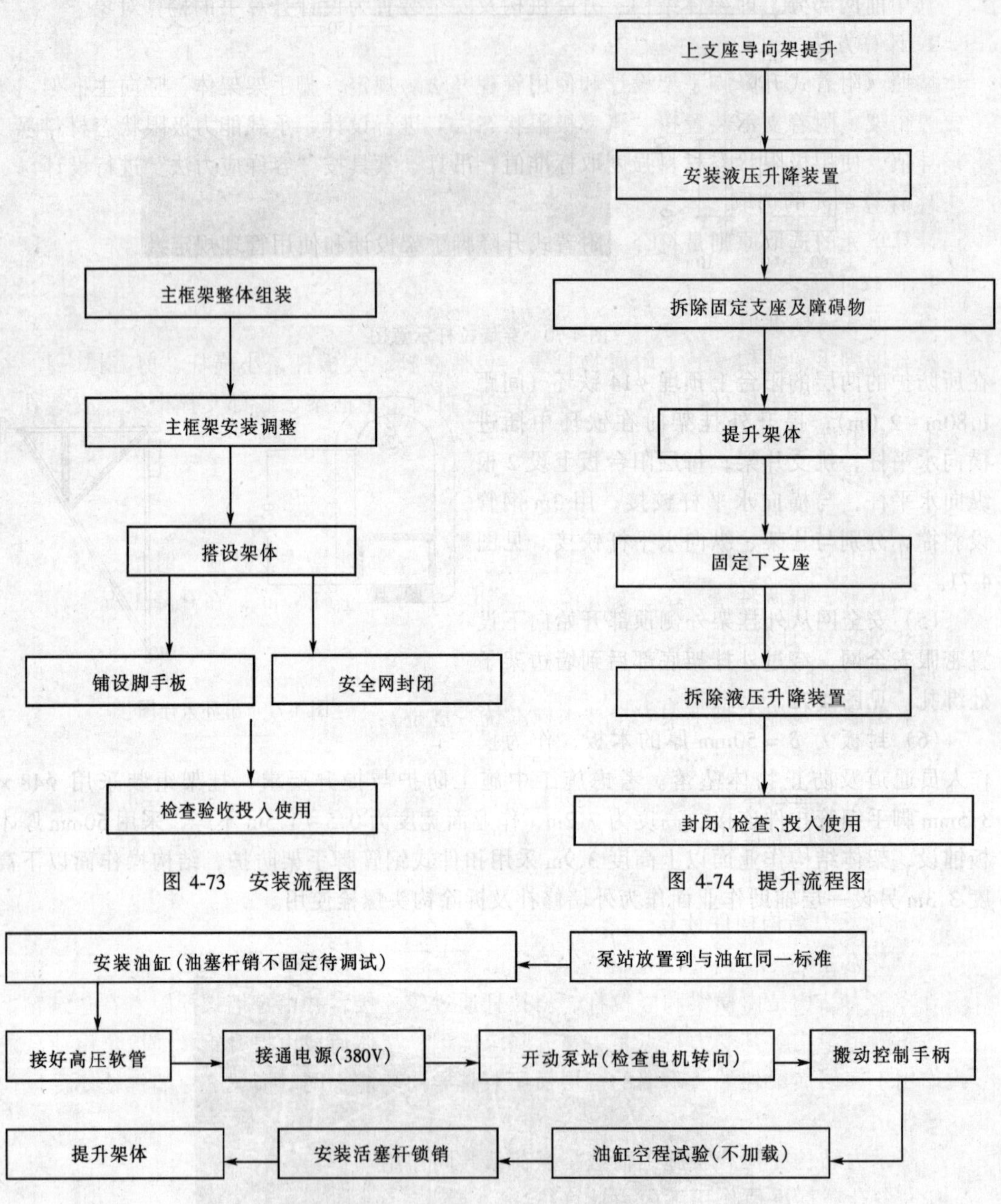

图4-73 安装流程图

图4-74 提升流程图

图4-75 液压提升装置的操作步骤

(二) 桁架导轨式爬架设计计算

1. 概述

桁架导轨式爬架从功能上可划分为三部分：架体结构，由竖向主框架、水平支撑桁架、脚手管、脚手板等组成；升降机构及安全装置，由横梁、拉杆、穿墙螺栓、提升钢丝绳、斜拉钢丝绳、吊点横梁、底座、制动轨、导轨等组成；升降动力设备，由电动葫芦、电缆线、电控柜等组成。

其中前两部分，即架体结构、升降机构及安全装置为设计计算书的检算对象。

2. 计算方法

按照《附着式升降脚手架设计和使用管理办法》规定，脚手架架体、竖向主框架、水平支撑桁架、附着支承装置按“概率极限状态法”进行设计，承载能力极限状态材料强度取设计值，使用极限状态材料强度取标准值；吊具、索具按“容许应力法”进行设计。

3. 计算单元的选取

计算单元的选取原则是符合《附着式升降脚手架设计和使用管理规定》。

4. 荷载计算

(1) 恒载（标准值）

恒载即脚手架结构及其上附属物自重，包括立杆、大横杆、小横杆、剪刀撑、护栏、扣件、安全网、脚手板（挡脚板）、电闸箱、控制箱、主框架、底部支撑桁架、安装在脚手架上的爬升装置自重。

(2) 活载（标准值）：

1) 施工荷载

在使用工况下，结构施工时按两层（每层 $3kN/m^2$）计算，装修施工时按三层（每层 $2kN/m^2$）计算，且两种情况下，施工荷载总和均不得超过 $6kN/m^2$；在升降工况下，施工荷载按 $0.5kN/m^2$ 计算。

2) 风荷载计算

按《编制建筑施工脚手架安全技术标准统一规定》：

$$\omega_k = 0.7\mu_s\mu_z\omega_0$$

式中 μ_s——风荷载体型系数，脚手架外挂密目安全网。挡风系数 $\phi = 0.5$，$\mu_s = 1.3\phi = 0.65$；

μ_z——风压高度比系数。按地面粗糙度 b 类，200m 高空考虑，$\mu_z = 2.61$；

ω_0——基本风压，取 $\omega_0 = 0.35kN/m^2$。

5. 升降承力结构构件计算

(1) 受力分析

升降承力结构是由横梁和竖拉杆、斜拉杆通过铰连接，并由穿墙螺栓附着在建筑物上的一次超静定结构。其受力特点是：在升降工况下，架体荷载由提升钢丝绳以集中荷载的形式作用于底层横梁外端。附墙的三层横梁兼具导向功能，同时横梁、穿墙螺栓还受风荷载水平作用。

升降承力结构受恒载 + 施工荷载 + 风荷载共同作用。

(2) 各荷载标准值作用下内力计算

计算简图如图 4-76。

在计算简图中，横梁附墙用的穿墙螺栓简化为铰支座，此简化偏于安全；竖拉杆受力与层高无关，而横梁和斜拉杆受力与层高大小成反比，与横梁长度成正比。

风荷载对墙面表现为压力时，对横梁形成压力，它与恒载 + 施工荷载对横梁产生的压力叠加，是横梁最不利受力状态。风荷载作用由三根横梁共同承担，为安全计，乘不均匀系数 1.5。

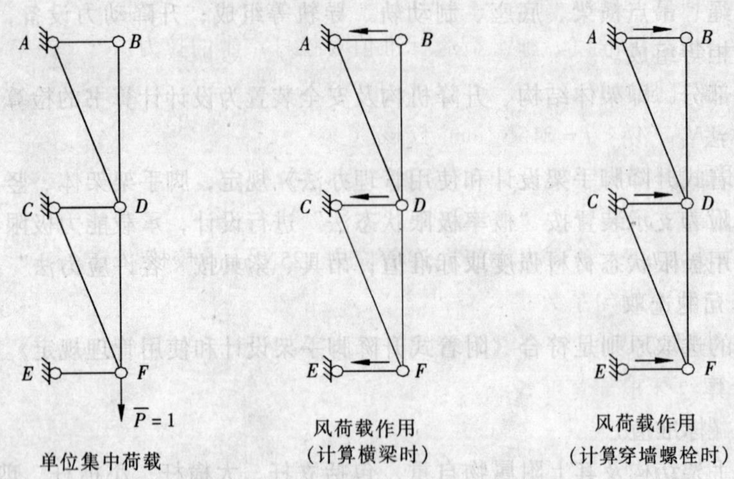

图 4-76 升降承力结构计算简图

风荷载对墙面表现为吸力时，穿墙螺栓产生拉力峰值，是穿墙螺栓最不利受力状态。风荷载作用由三对穿墙螺栓共同承担，为安全计，乘不均匀系数 1.5。

风荷载对竖拉杆和斜拉杆没有影响。

(3) 横梁稳定计算

1) 内力组合

在恒载 + 施工荷载共同作用下，横梁 CD、EF 受压值同为最大，这里以横梁 EF 为计算对象。内力组合设计值算式为：

$$N_{\mathrm{EF}} = \gamma_0\ (\gamma_{\mathrm{G}}\gamma_{\mathrm{d}}K_jN_{\mathrm{G}} + \gamma_{\mathrm{Q}}\psi_{\mathrm{C施}}\gamma_{\mathrm{d}}K_jN_{\mathrm{Q施}} + \gamma_{\mathrm{Q}}\psi_{\mathrm{C风}}N_{\mathrm{Q风}})$$

式中 γ_0——结构重要性系数，$\gamma_0 = 0.9$；

γ_{G}、γ_{Q}——恒载、活载分项系数，$\gamma_{\mathrm{G}} = 1.2$，$\gamma_{\mathrm{Q}} = 1.4$；

γ_{d}——动力系数，$\gamma_{\mathrm{d}} = 1.05$；

$\psi_{\mathrm{C施}}$、$\psi_{\mathrm{C风}}$——施工荷载、风荷载的组合值系数，其值均为 0.85；

K_j——荷载变化系数，$K_j = 2.0$；

N_{G}、$N_{\mathrm{Q施}}$、$N_{\mathrm{Q风}}$——恒载标准值、施工荷载标准值、风荷载标准值对横梁 EF 产生的拉力。

2) 横梁稳定计算

用公式 $\sigma = N_{\mathrm{EF}}/A\phi < f = 215\mathrm{N/mm^2}$ 校核。

(4) 拉杆计算

斜拉杆与竖拉杆相比，长细比及所受拉力均较大，将其作为计算对象。

1) 内力组合：

$$N = \gamma_0 K_j\gamma_{\mathrm{d}}\ (\gamma_{\mathrm{G}}N_{\mathrm{G}} + \gamma_{\mathrm{Q}}\psi_{\mathrm{C施}}N_{\mathrm{Q施}})$$

式中 γ_0——结构重要性系数，$\gamma_0 = 0.9$；

γ_{G}、γ_{Q}——恒载、活载分项系数，$\gamma_{\mathrm{G}} = 1.2$，$\gamma_{\mathrm{Q}} = 1.4$；

γ_{d}——动力系数，$\gamma_{\mathrm{d}} = 1.05$；

$\psi_{\mathrm{C施}}$——施工荷载的组合值系数，其值均为 0.85；

K_j——荷载变化系数，$K_j = 2.0$；

N_G、$N_{Q施}$——恒载标准值、施工荷载标准值对拉杆产生的拉力。

2）套管、螺杆强度计算

用公式 $\sigma = N_{EF}/A\phi < f = 215N/mm^2$ 校核。

3）螺纹牙强度计算

外螺纹剪应力：

$\tau = N/(K_Z \pi d_1 bz)$，剪应力小于允许剪应力 $125N/mm^2$ 校核。

式中　K_Z——荷载不均匀系数；

d_1——外螺纹小径；

b——螺纹牙根部宽度；

z——螺纹圈数。

外螺纹弯曲应力：

$$\sigma = 3Nh/(K_Z \pi d_1 b^2 z) < f = 215N/mm^2 \text{ 校核}$$

式中　h——螺纹牙工作高度。

4）焊缝强度计算

$$\sigma_f = N/(0.7h_f l_f) = < 1.22f\omega_f = 1.22 \times 160N/mm^2 = 195N/mm^2 \text{ 校核}$$

式中　h_f——焊缝高度；

l_f——焊缝长度。

6. 制动轨计算

防坠制动装置是为了防止在升降过程中，提升机具发生故障而引发脚手架坠落事故。即当提升机具发生故障失效时，升降过程中的恒载和施工荷载转而由制动轨来承担。

(1) 内力组合

按《附着式升降脚手架设计和使用管理规定》要求，内力组合设计值算式为：

$$N = \gamma_0 K_z K_j (\gamma_G N_G + \gamma_Q N_{Q施})$$

式中　γ_0——结构重要性系数，$\gamma_0 = 0.9$；

γ_G、γ_Q——恒载、活载分项系数，$\gamma_G = 1.2$，$\gamma_Q = 1.4$；

K_z——冲击系数，$K_z = 1.5$；

K_j——荷载变化系数，$K_j = 2.0$；

N_G、$N_{Q施}$——恒载标准值、施工荷载标准值对制动轨产生的拉力。

(2) 轨身强度计算

用公式 $\sigma = N/A\phi < f = 215N/mm^2$ 校核。

(3) 焊缝强度计算

吊点板之间焊缝相对较短，作为检算对象。

$$\sigma_f = N/(0.7h_f l_f) = < 1.22f\omega_f = 1.22 \times 160N/mm^2 = 195N/mm^2 \text{ 校核}$$

式中　h_f——焊缝高度；

l_f——焊缝长度。

(4) 吊点挂板截面强度计算

吊点挂板截面为 $120mm \times 12mm$，上有一 $\phi 38$ 销轴孔，板净截面积：

用公式 $\sigma = N/A\phi < f = 215\text{N/mm}^2$ 校核。

(5) 连接销轴强度计算

连接销轴受双剪，每个剪面承受剪力：

用公式 $\tau = P/A = < f_v = 125\text{N/mm}^2$ 校核

7. 提升钢丝绳计算

提升钢丝绳的设计破断力：

根据 $F_g = KQ$ 选用钢丝绳

式中 K——安全系数，$K = 6.0$；

Q——起重重量（升降工况下荷载标准值）。

8. 斜拉钢丝绳计算

在使用工况下，恒载和施工荷载由四根斜拉钢丝绳共同承担；

斜拉钢丝绳竖向分力 $T =$（恒载标准值 + 施工荷载标准值）/4；

外侧斜拉钢丝绳与水平面夹角较小，其所受拉力较大；

外侧斜拉钢丝绳水平投影 l；

外侧斜拉钢丝绳铅垂面投影为一个层高，取 h；

取安全系数 $K = 6$；

根据 $F_g = KT$ 选用钢丝绳。

9. 附着支承处结构强度计算

爬架附着支承点设于混凝土边梁上，需验算梁垂直方向的局部压力。

按配置间接钢筋考虑，梁两侧分别与横梁座板和垫板接触，垫板面积相对较小，与其接触的混凝土局部承压相对不利。依据垫板的尺寸验算混凝土局部受压承载力。

第五章　结构精品工程质量标准

目前国家规范所提出的验收标准仅为合格标准，作为结构精品工程必须高于国家标准。北京市建委通过六年的结构长城杯评审，积累了大量结构精品工程的验收经验，在2003年2月1日依据新的国家规范，颁布执行了《建筑结构长城杯工程质量评审标准》，现将评审标准进行摘录以供参考。

第一节　混凝土结构工程质量评审标准

一、施工项目管理工作质量评审标准

（一）组织机构及管理文件、措施

1. 评审施工项目管理，主要是抽查项目的组织机构及其编制的管理文件、措施，对于实现项目质量目标的指导与控制作用。参照《建设工程项目管理规范》（GB/T50326），结合结构专业特点抽查项目组织机构对其生产要素管理、现场管理等的组织协调情况。重点抽查施工组织设计、施工方案、技术交底措施和质量体系在结构施工过程对内业、外业管理的运行程序及管理行为、水平、成果的有效性，初评评价施工项目管理工作质量。

2. 项目的组织机构、质量体系、人员素质等与项目的规模、结构专业特点相适应。管理规划、内容、程序能够满足项目管理要求。部门职责分工明确，制度、措施可行。质量控制、材料、技术、现场管理和人力资源管理等，岗位责任落实，有严格的过程控制，体现持续改进过程，质量体系运行有效。

（二）工程技术文件

1. 施工组织设计的编制程序、内容和编制依据符合有关规定。其中，直接涉及结构工程的内容符合实际，对结构工程施工具有合理的指导性。

工程概况、施工部署、主要施工方法、进度、资源配置、施工技术组织措施、技术经济指标、施工现场平面图等内容与工程性质、规模、特点和施工条件具有针对性（注重抽查项目中标后的施工组织设计有关结构工程内容）。

2. 施工方案符合施工组织设计、规范、标准和设计要求。并针对分部、分项重点工程、关键施工工艺或季节性施工等均有方案和技术措施。施工方案对项目任务、施工部署、施工组织、施工方法、工艺流程和材料、质量等具体内容，均有较强的针对性和实用性。

3. 技术交底应是施工组织设计和施工方案的具体化。并应按项目施工阶段进行前期交底或过程交底。有设计交底、施工组织设计交底、分部、分项工程施工技术交底等。

初评检查注重主体结构分项工程施工技术交底：地基基础工程，防水工程、模板、钢筋、混凝土工程，相关的预应力、预制装配、砌体、钢结构工程，回填土工程和结构中预留孔洞及预埋管线等隐蔽工程。施工技术交底的内容，必须具有可行性和可操作性。

3. 项目的施工组织设计、施工方案、技术交底资料和文件制度措施等应按规定具备审批手续。在实施过程中有调整变更时，应对原文件资料进行修改或附有修改资料依据。确保制定与实施的严肃性和文件资料真实、齐全。

（三）项目施工管理

1. 施工项目管理，应管理手段先进，技术创新，做到施工管理有程序，施工组织有秩序，工艺操作有规程，现场料具堆放整齐，标识清晰，场容整洁，文明施工。

2. 混凝土结构所属的预应力结构、预制装配结构、钢结构或砌体结构等，应结合其专业结构特点和设计要求，初评组可按实际需要相应补充调整本节各条施工项目管理工作质量评审标准具体内容。

二、模板工程质量评审标准

（一）模板设计

1. 评审模板工程，主要是抽查模板设计、制作质量和模板安装、拆除操作质量及其对混凝土结构质量反映的效果。

依据施工方案、设计要求和《混凝土结构工程施工质量验收规范》（GB 50204），按照本标准综合评价模板工程质量。

2. 设计模板，应依据工程结构形式、施工方法、承受荷载，地基土类别和选用材料等条件。模板、支架及节点构造应合理；并有足够的承载力、强度、刚度及稳定性，且便于组装和支拆。

拼装型大钢模板、组合型小钢模板、滑升模板、模壳等应符合相应的规范、规程要求。

3. 设计模板的选型、选材和制作量，应力求资金投入合理，兼顾后续工程适用性。模板的规格尺寸宜多标准型、少异型，多通用，多周转次数。

（二）模板制作、安装

1. 模板制作，应保证规格尺寸准确，棱、角平直光洁，面层平整，拼缝严密。采用封闭型模板宜设置排气孔；采用清水饰面混凝土的模板，其板面拼缝痕迹和棱角应不损坏或不影响清水饰面效果；采用毛面混凝土模板，其镶贴的内衬模（网格布、铅丝网）或毛面涂层应与模板内侧面固定牢靠，既便于脱模拆除，又防止振捣滑落。

新制作的模板应进行检查验收和试组装；并按规格类型编号标识。钢模板及其支架、零部件应有防锈蚀措施。

2. 模板安装，应依据施工方案确保模板的位置线、轴线、标高、垂直度、结构构件尺寸、门窗、孔洞位置等符合设计要求。跨度等于或大于 4m 的梁板模板应按设计要求起拱，当设计无要求时，起拱高度宜为跨度的 1/1000 至 3/1000。起拱线要顺直，不得有折线。

3. 多层、高层结构工程，应采取分层分段支模方法，模板的竖向支架、支柱底部支承在土层地基时，基土必须坚实，并铺设垫板；雨期施工应有排水和防基土沉陷措施，冬期施工有防基土冻涨或融陷措施。底部支承在下层楼板顶面时，应铺设垫板。层间高度大于 5m 时，宜采用多层支架支模或桁架支模。上下层支架间应铺设垫板，上下层支架的立柱应垂直在同一中心线上。拉杆、支撑应牢固稳定，垫板应平整。

4. 模板安装应拼缝严密平整；不漏浆、不错台、不跑模、不涨模、不变形。封堵缝隙的胶条、压缝软管或塑料泡沫条等物，不得突出模板表面，严防浇入混凝土内。预埋件、螺栓、插铁、水、电管线、箱盒，应埋设位置尺寸准确，固定牢靠。

5. 结构工程后浇带或施工缝模板安装的位置、留置形式应符合规范和设计要求，并应安装牢固，确保留茬截面齐整和钢筋位置准确。梁柱节点、主次梁节点、板墙与顶板交角和楼梯、阳台、檐口、腰线、滴水槽等模板，应确保尺寸准确，棱角顺直、拼缝平整。

预应力筋、孔道，张拉端、固定端支承垫板、穴模等，必须位置尺寸准确，安装牢固。

6. 新钢模安装前，应在模板外侧刷防锈漆，内侧涂刷隔离剂（脱模剂），隔离剂不得影响结构和装修质量。采用柴油、机油时（不得用粘稠黑色废机油）涂刷的油层应均匀适度，不得汪油、淌油。严禁隔离剂玷污钢筋和混凝土接茬部位。

7. 混凝土接茬处施工缝模板安装前，应预先将已硬化混凝土表面层的水泥薄膜或松散混凝土及其砂浆软弱层剔凿、清理干净。外露钢筋插铁沾有灰浆油污应清刷干净。

（三）模板安装允许偏差及检查方法

现浇结构模板安装质量允许偏差及检查方法，应符合规范和表 5-1 的规定。

模板安装允许偏差及检查方法　表 5-1

项次	项目		允许偏差值（mm）		检查方法
			国家规范标准	结构精品工程标准	
1	轴线位移	柱、墙、梁	5	3	尺量
2	底模上表面标高		±5	±3	水准仪或拉线尺量
3	截面模内尺寸	基　础	±10	±5	尺量
		柱、墙、梁	±4、-5	±3	尺量
4	层高垂直度	层高不大于 5m	6	3	经纬仪或吊线、尺量
		大于 5m	8	5	
5	相邻两板表面高底差		2	2	尺量
6	表面平整度		5	2	靠尺、塞尺
7	阴阳角	方正	—	0	方尺、塞尺
		顺直	—	2	线尺
8	预埋铁件中心线位移		3	2	拉线、尺量
9	预埋管、螺栓	中心线位移	3	2	拉线、尺量
		螺栓外露长度	+10、-0	5、-0	
10	预留孔洞	中心线位移	+10	5	拉线、尺量
		尺寸	+10、0	+5、-0	
11	门窗洞口	中心线位移	—	3	拉线、尺量
		宽、高	—	±5	
		对角线	—	6	
12	插筋	中心线位移	5	5	尺量
		外露长度	+10、0	+10、0	

（四）模板拆除

1. 模板拆除时，结构混凝土强度应符合规范和设计要求：

（1）侧模板拆除时，混凝土强度应以能保证其表面及棱角不因拆模而受损坏，预埋件或外露钢筋插铁不因拆模碰挠而松动；

（2）底模及其支架拆除，当设计无要求时，混凝土强度应符合表5-2的规定。

（3）预应力结构的侧模应在预应力张拉前拆除，底模及支架应在施加预应力以后拆除。

底模拆除时的混凝土强度要求　　表5-2

构件类型	构件跨度(m)	达到设计的混凝土立方体抗压强度标准值的百分率(%)
板	≤2	≥50
	>2，≤8	≥75
	>8	≥100
梁、拱、壳	≤8	≥75
	>8	≥100
悬臂构件	—	≥100

2. 结构拆除底模、支架应依据施工技术方案对其结构上部施工荷载及堆放料具进行严格控制或经验算在结构底部增设临时支撑。悬挑结构均应加临时支撑。

3. 模板的制作、安装和拆除，均应建立自检、互检和专业检查验收制度。拆除的模板，应及时维修保养，清理干净，涂刷油或隔离剂，并分类整齐堆放。

（五）模板工程初评检查方法

模板工程质量初评检查方法，以观感质量为主、必要时对允许偏差值有疑项目辅以尺量。

观感质量初评检查主要是按照本节规定进行抽查，同时通过抽查拆模后的混凝土结构质量状况比照模板工程质量。

三、钢筋工程质量评审标准

（一）钢筋原材和资料管理

1. 评审钢筋工程，主要是抽查钢筋原材料、半成品加工和安装绑扎质量。重点抽查钢筋的品种、规格、形状、尺寸、位置、间距、数量、节点构造，接头连接方式，连接质量、接头位置、数量及其占同截面的百分率，保护层厚度等。

按照北京地区工程抗震设防烈度8度的要求（含7度地区），注重抽查钢筋代换、弯勾角度、节点构造和绑扎要求等项内容以及与结构相关的预应力筋配置、铺设和张拉等项质量。

依据项目施工方案、设计要求和《混凝土结构设计规范》（GB 50010）、《混凝土结构工程施工质量验收规范》（GB 50204）及有关专业规范、标准，并按照本标准综合评价钢筋工程质量。

2. 钢筋原材料（含钢筋、钢丝、预应力筋、钢绞线、钢板、型钢及焊条、焊剂等）应符合现行规范、标准和设计要求。并按有关规定具备产品出厂合格证明，检验报告和进场复检报告。

3. 钢筋原材料入、出库应有管理制度。应按进场批的级别、品种、直径、外形分垛堆放、妥善保管，并挂标识牌注明垛号、产地、规格、品种、数量、复试报告单编号、质量状态等。

4. 钢筋工程有设计图纸变更项目时，必须先办理设计变更手续，并坚持自检、互检和专业检验制。做到隐蔽工程验收手续齐备。

（二）钢筋加工

1. 根据北京地区建筑抗震设防烈度，按照设计要求进行钢筋代换和钢筋加工，当设计无要求时，各类建筑工程均按8度设防采取以下措施：

（1）框架结构，纵向受力钢筋的强度应满足设计要求。当设计无具体要求时，对一、二级抗震等级，钢筋抗拉强度实测值与屈服强度实测值的比值不应小于1.25；钢筋屈服强度实测值与强度标准值的比值不应大于1.3。

（2）箍筋弯钩的弯折角度均为135°，弯钩平直部分的长度应不小于箍筋直径 d 的10倍。

（3）钢筋连接接头不宜设在框架梁端、柱端的箍筋加密区。当无法避开时，可采用焊接接头或等强度高质量机械连接接头。

（4）绑扎梁和柱的箍筋，应与受力钢筋垂直绑牢，每个箍筋弯钩的叠合处，应沿受力钢筋方向相互间隔错开设置。

（5）因缺少设计规定的钢筋品种、规格而采用其他品种、级别、规格的钢筋替换时，应办理设计变更洽商手续。

2. 钢筋的调直、平直、冷拉、切断、弯曲、焊接等半成品加工质量，应符合规范、规程、标准和设计要求，经检验合格的半成品，应按工程使用部位和规格、形状分类堆放。有标识牌，注明钢筋编号、规格、尺寸和使用部位。并应符合以下规定：

（1）冷拔钢丝盘条，应采用调直机调直切断配料。热轧钢筋盘条，宜采用冷拉调直，应严格按照钢筋的级别、品种控制冷拉率。定尺直条粗钢筋局部弯曲可采用锤敲平直或卡盘校直，防止敲击损伤钢筋或采用冷拉措施。

（2）钢筋切断配料，应以钢筋配料表提供的钢筋级别、直径、外形和下料长度为依据。钢筋表面应洁净、不得有颗粒状、片状锈蚀和飞边、翘皮、裂纹损伤及泥浆油污。

用于对焊、电渣压力焊焊接接头的钢筋，应将钢筋端头的热轧弯头或劈裂头切除，用于直螺纹连接接头的钢筋应采用钢锯或无齿锯锯断，保证钢筋端头平直，直径无椭圆、钢筋顶端切口无有碍焊接和直螺纹套丝质量的斜口、马蹄口或扁头。

（3）钢筋弯曲加工的弯折角度大于或小于90°时，其弯弧内直径（弯心柱直径）和钢筋的形状、尺寸，均应符合规范及设计要求。

箍筋弯钩两端平直部分长度相等，弯钩平整不扭翘。箍筋的内净尺寸，应确保主筋绑扎就位和保护层厚度。

设计要求受力主筋、构造筋有弯折或末端有弯钩者，其弯折点位置、角度和弯钩尺寸、平整度等应符合要求。

（三）钢筋、埋件施工

1. 钢筋安装绑扎质量，应保证钢筋级别、规格、直径、形状、尺寸、位置、排距、间距、根数、锚固长度、节点构造、连接接头和保护层厚度等符合规范及设计要求，并应做到措施可靠绑扎牢固。

2. 钢筋机械连接接头、焊接接头和绑扎搭接接头质量，同一构件内的接头相互错开和接头在连接区段长度为 $35d$，且不小于500mm范围内，有接头钢筋截面积与受力钢筋总截面的比值，应符合规范规定。其中：

（1）焊接连接接头（电弧焊、闪光对焊、电渣压力焊），接头质量应符合《钢筋焊接及验收规程》(JGJ 18) 的规定。焊工必须经过培训，考试合格，持有焊接资格证书。

采用钢筋搭接电弧焊时，钢筋搭接端应先预弯后焊接，并保证两根搭焊钢筋轴线在同一直线上。焊缝宽度应不小于主筋直径的 0.7 倍；焊缝厚度应不小于主筋直径的 0.3 倍。焊药皮必须清刷净。焊缝符合质量标准。

采用闪光对焊时，钢筋对接的端头应除锈和油污，不得有弯曲。接头焊缝金属熔透无过烧、无缩孔、裂纹，钢筋对接轴线不偏移，表面无烧伤。用于屋面梁、屋架纵向受拉钢筋应除去接头的飞边、毛刺。采用电渣压力焊连接竖向钢筋接头时，钢筋焊口至焊接夹具的钳口范围应除锈、钢筋端面宜平整。焊包应均匀，凸出钢筋表面的高度应等于或大于 4mm。接头无轴线偏移、弯折、咬边、气孔、烧伤等质量缺陷。

(2) 机械连接接头 (不等强或等强锥螺纹、等强直螺纹、套筒挤压)，接头质量应符合《钢筋机械连接通用技术规程》(JGJ 107) 的规定。

采用不等强锥螺纹钢筋接头，加工制作和安装质量应符合国家行业标准《钢筋锥螺纹接头技术规程》(JGJ 109)。连接套和钢筋锥螺纹套丝加工安装质量必须符合标准。

采用套筒挤压钢筋接头时，必须依据钢套筒技术条件选择钢套筒的机械性能、规格尺寸、硬度，严格控制挤压工艺操作质量。

钢筋机械连接操作人员应经过技术培训考试合格，具有岗位资格证书。

(3) 钢筋焊接网片的点焊加工制作质量、构造、搭接接头、锚固和技术性能等，应符合《钢筋焊接网混凝土结构技术规程》(JGJ/T 114) 和设计要求。

3. 各种预埋铁件加工质量应符合设计要求。埋件所用的钢板、钢带，角、槽型钢等应规格尺寸准确，面层平整，边角整齐，不得有毛边，飞翅，与锚筋电弧焊接牢固，焊药皮清刷干净，焊缝的宽度、厚度及焊口质量合格。

采用电弧焊封闭箍筋或按设计要求在结构钢筋架骨上焊接防雷地线、固定管线、线盒等，不得咬伤钢筋。

(四) 预应力筋施工

后张法预应力混凝土结构应有施工技术方案。无粘结和有粘结预应力筋的材料质量及制作安装质量，应符合以下规定：

1. 无粘结预应力筋的力学性能和外包层材料性能，选用锚具系统，固定端锚固、张拉端构造做法安装和预应力筋铺设等，应符合《无粘结预应力混凝土结构技术规程》(JGJ/T 92)。

2. 有粘结预应力筋的品种、级别、规格和锚具选型制作，预留孔道，预应力筋铺设定位安装、灌浆孔、排水孔设置、预埋锚垫板安装定位等，应符合《混凝土结构工程施工质量验收规范》(GB 50204) 和设计要求。预留孔道采用金属螺旋 (波纹) 管时，应符合《预应力混凝土用金属螺旋管》(JG/T 3013) 标准的规定。

3. 特种预应力结构，必须依据其预应力施工技术方案规定的预应力筋布置特点、锚固体系和特殊张拉工艺等配制、铺设预应力筋、锚固体等。

(五) 钢筋保护层控制

钢筋的混凝土保护层厚度和保证措施必须符合现行规范、标准和设计要求：

1. 控制保护层厚度的各种垫块、卡具、支架应规格尺寸准确，并具有相应的抗压、耐碰撞的强度，摆放或吊挂的位置、间距应与钢筋直径大小相匹配。可采用专项制作的水泥砂浆、塑料垫块、卡子或定型支架、卡具、铁马凳等。并确保浇筑、振捣混凝土时不移位、不脱落、凡有透过混凝土面层的钢筋支撑端头或铁马凳支承点，其端头应预先涂防锈漆或加塑料套垫。不得使用灰浆皮、钢筋头、石子、碎砖、木片等杂物充当垫块。

2. 柱、墙板等竖向结构钢筋骨架控制侧向保护层，宜采用水泥砂浆挤压吊挂垫块（带铅丝或穿丝孔）、塑料卡子或定型卡具。梁、板结构主筋下保护层宜采用水泥砂浆或塑料垫块，侧向保护层可采用塑料卡子或吊挂垫块。

3. 悬挑结构和板类双层钢筋骨架，应增设铁马凳支架或吊挂架措施。

（六）钢筋工程安装质量允许偏差及检查方法

1. 钢筋工程安装质量允许偏差及检查方法应符合规范和表 5-3 的规定。

钢筋工程安装允许偏差及检查方法　　表 5-3

项次	项目		允许偏差值（mm）		检查方法
			国家规范标准	结构精品工程标准	
1	绑扎骨架	宽，高	±5	±5	尺量
		长	±10	±10	
2	受力主筋	间距	±10	±10	尺量
		排距	±5	±5	
		弯起点位置	20	±15	
3	箍筋、横向筋焊接网片	间距	±20	±10	尺量连续 3 个间距
		网格尺寸	±20	±10	
4	保护层厚度	基础	±10	±5	尺量
		柱、梁	±5	±3	
		板、墙、壳	±3	±3	
5	钢筋电弧焊连接焊缝	宽度 ≮0.7d	—	+0.1d、-0	量规或尺量
		厚度 ≮0.3d	—	+0.2d、-0	
		长度	—	+5、-0	
6	电渣压力焊焊包凸出钢筋表面		≥4	≥4	尺量
7	不等强锥螺纹接头外露丝扣	锥筒外露整扣	1 个	≯1 个	目测
		锥筒外露半扣	—	≯3 个	
8	梁板受力钢筋搭接锚固长度	入支座、节点搭接	—	+10，-5	尺量
		入支座、节点锚固	—	±，	
9	两端镦头的预应力钢丝束长度	同一束钢丝长度	≯5	±5	尺量
		同一组钢丝长度	≯2	±2	
10	无粘结筋位置垂直偏差	板内	±5	±5	尺量
		梁内	±10	±5	
11	预应力筋承压板	中心线位置	—	3	尺量
		垂直度	—	0	

2. 钢筋工程质量初评检查方法，主要是通过抽查混凝土浇筑振捣施工或浇筑前抽查钢筋工程施工。以观察实物质量为主，对有疑点部位辅以量测。钢筋工程质量以表 5-3 为

标准。并与抽查混凝土结构质量和施工资料相结合。

有关预应力筋的制作安装质量的初评检查，主要依据工程预应力混凝土结构施工技术方案措施和相关规范规程与设计要求相对应，同是初评结构质量的重点内容，并与普通钢筋工程相结合进行综合评价钢筋工程质量。

四、混凝土工程质量评审标准

（一）混凝土工程施工项目管理及施工资料

1. 评审混凝土工程，是评审结构长城杯的主要内容。重点抽查的内容从混凝土原材料、搅拌、运输、浇筑、振捣至结构工程脱模养护的全过程质量，同时抽查模板、钢筋工程质量及相关的预应力结构、钢结构和砌体结构质量。并抽查施工项目管理及施工资料。

依据项目施工方案、设计要求和规范、规程、标准，结合本标准进行综合评价混凝土结构工程质量。

2. 混凝土的强度等级，功能性（抗渗、抗冻、抗折、轻质、高强、大体积混凝土等），耐久性（氯离子、碱含量），施工性（稠度、泵送、早强、缓凝、免振等），均应符合设计要求和规范标准规定，并应满足施工操作需要。

3. 商品混凝土生产供应单位，应具有企业资质等级证书，并应符合其资质等级营业范围。混凝土质量应符合现行规范、规程和《混凝土质量控制标准》(GB 50164)。

4. 混凝土拌合物的原材料（水泥、砂、石、水）、外加剂、掺合料的质量，必须符合规范、规程、标准，并按有关规定具有产品出厂合格证明和进场复验报告。

5. 混凝土在施工现场自行搅拌生产，应具备以下条件：

(1) 搅拌工艺设备系统应安装在防风、雨的搅拌房内。上料系统程序合理、运行可靠，计量系统先进准确，并经计量检定合格。采用地磅或吊磅人力小车计量者，必须有严格的质量控制责任制，并有预防计量失控的严格保证措施。

(2) 水泥、外加剂、掺合料应入库房（棚、罐）妥善保管。按进场批量、生产厂、品种、生产日期等分类堆、储放，并挂牌标识，说明复验单编号和质量状态。库房应有防潮、防雨雪措施。

(3) 砂、石应堆放在硬底场地，分品种、规格以墙相隔堆放，严防混料或混入杂物。并挂牌标识注明产地、规格和质量状态。

(4) 配有与搅拌混凝土相适应的试验检测设备、标准养护室和具有试验工作资格酌试验员。

(5) 混凝土配合比，必须由具备相应试验资质等级的试验室提供。搅拌起用配合比，应组织开盘鉴定。经试拌将设计的配合比调整为施工配合比后经签认进行生产搅拌。

混凝土搅拌操作台，必须设《混凝土搅拌配合比标牌》，并在标牌栏目注明：工程名称、浇筑部位、浇筑日期、浇筑总量（m^3）、强度等级、坍落度，配合比编号、水泥、外加剂、掺合料的品种。设计配合比比例、水泥、砂、石、水、外加剂、掺合料每 $1m^3$ 用量，每盘用量；施工配合比水泥、砂、石；水、外加剂、掺合料每盘实际用量，小车运料每车重量，砂石含水率，含泥量等，自动加水应注明计量装置每秒流量。还应注明工程项目技术负责人、施工配合比调整负责人、搅拌操作负责人等。

6. 采用商品混凝土的结构工程，项目部应配备与结构工程的规模技术特点相适应的试验设备、标准养护室（标养箱）和经过专业培训考核具有试验工作资格的试验员。有健全的试验管理制度，试验工作规范化。

（二）混凝土施工

1. 混凝土运至浇筑地点及稠度（坍落度、扩展度）应符合施工和设计要求，不分层、不离析。并应夏季有防晒、防雨，冬季有保温、防风雪措施。

2. 浇筑混凝土前，应完成隐蔽工程验收。检查模板拼缝严密、平整度，清除模内杂物或冰雪。检查预埋件、箱盒、孔洞位置；保护层厚度及其定位措施的可靠性。严防浇筑振捣踩压钢筋骨架，板类钢筋骨架应设铁马凳支架，铺搭跳板。

3. 在混凝土已硬化层上浇筑的施工缝处理除按下面第4条规定执行外，浇筑竖向结构，应按施工技术方案措施在施工缝接茬处宜先铺适当厚度与混凝土内成分相同的水泥砂浆（搅拌无石子）或1:2水泥砂浆，且与混凝土融合，拆模后施工缝处不得有砂浆层显露。

4. 混凝土浇筑入模，不得集中倾倒冲击模板或钢筋骨架。应按浇筑程序分层均匀布料。柱、墙板灌注高度大于2m时，应采用串筒、溜管下料，出料管口至浇筑层的倾落自由高度不应大于1.5m。采用插入式振捣，混凝土分层灌注厚度可在40cm左右。

5. 振捣混凝土，应确保密实、预留孔洞、箱盒、预埋件、钢筋位置和保护层厚度准确，面层平整。严防漏振、欠振或过振。

振捣预应力结构，应防止振捣棒碰撞预应力筋、预埋螺旋波纹管道、灌浆孔、排气孔装置、锚固端等，确保承压板位置及底部混凝土密实。

6. 混凝土浇筑后，应在12h以内及时采取覆盖保湿养护措施，严防脱水、裂缝。采用养护剂，应保水性好、喷刷均匀、不污染面层；采用塑料薄膜养护，应覆盖封闭严密，防风吹敞露，保持膜内潮湿；采用浇水养护，应设专人喷水，确保混凝土保持湿润；大体积混凝土养护，应有控温，测温措施。冬期应有保温防冻措施。混凝土的养护时间及其上部安装模板的强度等应符合现行规范。

7. 留置施工缝的位置应在施工技术方案预先确定，并应留置在结构受剪力较小部位。后浇带应按设计要求留置。混凝土截面均应密实整齐。

（三）混凝土检验标准、质量允许偏差及检查方法

1. 混凝土的强度等级、抗渗等级和碱含量、氯离子含量均应符合设计要求和规范、标准规定。

2. 框架结构的围护结构和填充墙砌体质量及其与主体结构拉结或连接质量，均应符合设计要求和相关规范、标准规定。

3. 地下结构的外防水施工质量和回填土质量（含灰土），应符合《地下防水工程质量验收规范》和有关规范、规程、标准规定。

4. 后张法预应力筋张拉，应符合设计要求和规范规定：

(1) 预应力张拉施工单位应具有相应企业资质，张拉操作人员，必须经过专业培训考核，具备张拉施工操作人员资格。

(2) 预应力筋张拉的结构混凝土强度，当设计无要求时，不得低于设计强度等级的75%。

(3) 张拉设备应经校验、千斤顶和油压表计量检定合格。

(4) 无粘结或有粘结预应力筋张拉，均应按其操作程序严格控制张拉操作质量，并有

张拉记录。

(5) 有粘结预应力筋孔道灌浆，必须保证孔道内水泥浆饱满、密实。灌浆所用水泥浆的水灰比不宜大于0.4。3小时泌水率不宜大于2%；且不大于3%。泌水在24小时全部吸收。

(6) 锚具及其预应力筋端头封闭保护的防腐做法和保护厚度，必须符合设计要求。

5. 预制装配混凝土结构，预制构件的生产单位应具备相应企业资质等级，构件产品质量应符合市《预制混凝土构件操作质量标准》(DBJ 01) 和《预制混凝土构件质量检验评定标准》(DBJ 01) 的规定。

构件安装前，应对其型号、规格、尺寸、质量等检查验收，按设计要求在构件和相应的支承结构上标志中心线、标高等控制尺寸，检查其预埋件，连接筋等。

构件安装就位，应保证轴线、标高、位置准确，接头、拼缝符合设计要求。用于接头和拼缝的混凝土或砂浆的配合比、浇筑、养护及强度等级，应符合设计要求和规范规定。

6. 混凝土工程质量允许偏差及检查方法应符合规范和表5-4的规定。

混凝土工程允许偏差及检查方法　　表5-4

项次	项目		允许偏差值 (mm) 国家规范标准	允许偏差值 (mm) 结构精品工程标准	检查方法
1	轴线位置	基础	15	10	尺量
		独立基础	10	10	
		墙、柱、梁	8	5	
2	垂直度	层高≤5m	8	5	经纬仪吊线尺量
		层高>5m	10	8	
		全高 (H)	H/1000、且≤30	H/1000、且 H≤30	
3	标　高	层高	±10	±5	水准仪、尺量
		全高	±30	±30	
4	截面尺寸	基础宽、高	+8、-5	±5	尺量
		柱、墙、梁宽、高	+8、-5	±3	
5	表面平整度		8	3	2m靠尺、塞尺
6	角、蛙属直虞		—	3	拉线、尺量
7	保护层厚度	基础	—	±5	尺量
		柱，露，墙，板	—	+5，-3	
8	楼梯踏步板宽度、高度		—	±3	尺量
9	电梯井筒	长、宽对定位中心线	+25、0	+20、-0	经纬仪尺量
		筒全高 (H) 垂直度	H/1000、且≤30	H/1000、且≤30	
10	阳台、雨罩位移		—	±5	吊线、尺量
11	预留孔，洞中心线位置		15	10	尺量
12	预埋螺栓	中心线位置	10	3	尺量
		螺栓外露长度	5	+5、-0	

续表

项次	项目		允许偏差值（mm）		检查方法
			国家规范标准	结构精品工程标准	
13	张拉端预应力筋的内缩量限值	支承式锚具螺帽缝隙	1	1	观察钢板尺量
		支承式锚具加块垫板缝隙	1	1	
		锥塞式锚具	5	3	
		夹片式锚具有顶压	5	3	
		夹片式锚具无顶压	6～8	6	
14	锚固端保护层厚度	凸出式锚固端锚具	≮50	≮50	观察钢板尺量
		外露预应力筋	≮20	≮20	
		易腐蚀环境外露预应力筋	≮50	≮50	

7. 初评抽查的结构工程，应保持拆除模板后的原貌，无剔凿、磨、抹或涂刷修补处理痕迹。

8. 整体结构混凝土密实整洁，面层平整，棱角整齐平直，梁柱节点、墙板交角、线、面顺直清晰，起拱线、面平顺。无蜂窝、麻面、掉皮、孔洞；无漏浆、跑模、涨模、错台、烂根、裂缝。施工缝结合严密平整、无夹杂物，无冷缝、无砂浆隔层。

9. 结构面层无气泡或轻微气泡分散，且气泡的深度小于 2mm，最大直径在 10mm 以内的气泡面积，在每 $1m^2$ 墙面不大于 $20cm^2$。

10. 保护层准确，无露筋、无透锈，预留孔洞和后浇带、施工缝洞口边缘齐整。预埋件底部密实、表面平整，预埋螺栓外露丝扣合格且有保护措施。

11. 毛面混凝土的面层应麻面均匀、深浅一致、面层平整、棱角顺直，便于镶贴饰面，利于提高粘结强度。

12. 清水饰面混凝土的面层，模板拼缝位置、痕迹形状与清水饰面的装饰线、面相和谐，无影响装饰效果的缺陷。

13. 外檐阴阳大角垂直整齐，折线、腰线顺直，各层窗口、阳台的边角线横平竖直。滴水槽（檐）顺直整齐、做法合理。地下室无渗漏，回填土无沉陷，填充墙砌筑或安装合格。

14. 混凝土工程质量体现了管理到位，科技进步，工艺做法有创新、持续改进，结构质量始终保持高水平，做到文明施工。

15. 初评检查混凝土工程质量，是依据本节质量评审标准与抽查模板、钢筋工程质量及施工项目管理、施工资料相结合，以观感质量为主的内业、外业相对照，并以结构实物质量与工艺操作质量相结合地综合评价混凝土工程质量。

16. 初评评价混凝土结构工程质量，必须同时抽查与其附属同建的其他相关专业结构工程（预应力、预制装配、钢结构、砌体结构、回填土等）质量，初评检查的内容可按照本标准有关专业标准结合设计要求和专业规范进行调整补充，纳入结构工程综合评价。层窗口、阳台的边角线横平竖直。滴水槽（檐）顺直整齐、做法合理。地下室无渗漏，回填土无沉陷，填充墙砌筑或安装合格。

五、混凝土工程施工资料管理工作质量评审标准

评审结构工程施工资料，主要是依据施工项目管理有关条款与结构工程实物质量相结

合进行抽查评价结构施工资料及其管理工作质量，资料评价不合格对结构工程质量具有否决作用。

抽查的重点是从施工准备到抽查时的施工进度部位，已发生并应有的文件、记录资料，主要包括施工管理资料、施工技术资料、施工物资资料，施工记录、测量记录、试验记录，施工验收和质量评定资料等。均应符合（建筑安装工程资料管理规程）（DBJ 01—51）和《建设工程文件归档整理规范》（GB/T 50328）及专业规范、标准的有关规定。

施工资料，应按照结构工程的分部、分项工程施工进度随发生、随整理。做到分类整理、按序排列、目录清晰、层次清楚、内容齐全、管理有序。

施工资料应内容准确、数据可靠、审签手续齐备。原始记录、检验资料填写内容具体、简明扼要、结论清楚有据。对问题有处理结论，资料中不留有疑问或有争议的问题。

资料管理，应按部门职责分工整理，并设专人负责统一收集汇总。资料的格式、内容、书写应符合有关管理规定。

资料必须真实可靠。不得弄虚作假，不得用其他资料复印顶替或撤换，不得因回避问题不填写或随意涂改，他人未受委托不得代替审签。

第二节 钢结构工程质量评审标准

本节评审范围包括：住宅、公共建筑和工业建筑钢结构工程。评审钢结构长城杯工程质量，应依据《钢结构工程施工质量验收规范》和有关专业规范、标准，初评评价五项主要内容如下：

1. 钢结构施工项目管理工作质量评审标准；
2. 钢结构材料质量评审标准；
3. 钢结构件制作质量评审标准；
4. 钢结构安装质量评审标准；
5. 钢结构施工资料管理工作质量评审标准。

钢结构工程附属的混凝土结构、砌体结构等专业结构工程，初评检查时应参照本标准有关专业结构结合钢结构工程实际条件相应执行。

混凝土结构或砌体结构工程附属的钢结构工程，在评审时应参照本章有关条款相应执行。

一、施工项目管理工作质量评审标准

钢结构工程施工项目管理工作质量的评审内容和标准，应结合该结构工程的规模、专业技术特点的施工管理实际需要，参照混凝土施工项目管理工作各有关条款的质量评审标准进行相应地调整补充。重点抽查钢结构工程项目的组织机构、质量体系，施工组织设计、施工方案、技术交底和质量控制措施等具体内容。

依据施工方案、技术交底措施、设计要求和规范、标准，抽查项目质量体系运行的有效性；施工组织设计的针对性；施工方案的实用性和技术交底的可操作性。并对该钢结构工程附属的其他专业结构的相关施工项目管理内容进行抽查。综合评价钢结构工程施工项目管理工作质量。

二、钢结构材料质量评审标准

评审钢结构材料质量的初评抽查范围包括：钢材，钢铸件，焊接材料，连接紧固标准件，焊接球、螺栓球、封板、锥头、套筒，压型板和防腐、防火涂装材料等。

钢结构材料初评抽查的主要内容是原材料的品种、规格、性能，进场应有验收和产品质量合格证明。并依据规范有关检验项目的规定，对原材料或半成品、成品的质量进行抽查。

建筑结构安全等级为一级和大跨度钢结构的主要受力构件材料或进口钢材，均依据规范规定抽查其复验报告。

焊接材料、连接紧固标准件等，依据规范抽查材料的质量合格证明文件、标志及检验报告。

钢结构件焊接的焊条、焊丝、焊剂等焊接材料应与所焊母材相匹配，并应符合设计要求和规范、标准。

三、钢结构件制作质量评审标准

评审钢结构件制作质量，是对钢结构工程所用钢零件、钢部件和钢结构件的制作加工质量进行初评抽查。承包或分包的加工制作单位，应具备与钢结构工程技术特点、规模相适应的企业资质。首次采用的钢材、焊接材料及其焊接方法，应按规范的要求进行焊接工艺评定。焊工必须经培训考试合格、持证施焊。

钢结构件的制作工艺程序、加工质量和预拼装组装质量及规格尺寸允许偏差应控制在规范允许偏差值的范围之内。

焊缝应外形均匀、成型良好，焊道过渡平滑，焊缝的长度、厚度和焊脚符合规范及设计要求。且不得有裂纹、焊瘤、气孔、夹渣、咬边、弧坑、焊渣和飞溅物等缺陷。

设计要求的一、二级焊缝和焊接球节点焊缝或螺栓球节点网架焊缝等，应按规范要求采用超声探伤或射线探伤。

钢结构件采用高强度螺栓连接的摩擦面，必须按规范规定进行抗滑移系数试验，并有试验和复验报告。各型高强度螺栓连接副的施拧方法和螺栓外露丝扣等应符合规范。所用扭矩扳手应经计量检定。

钢结构件防腐涂料涂装前，钢材表面应严格除锈，并应清除焊渣、焊疤、焊瘤、飞边、毛刺和灰尘油污。涂料品种、性能，涂装工艺、遍数、涂层厚度应符合设计要求和规范规定。不应误涂在结构焊口处，涂层不得有脱皮、皱皮、针眼、气泡、流坠，不得有漏涂和返锈。

钢结构件涂装后，应分类编号、标志、标记清晰。现场分类堆放、妥善保管。在起吊运输过程结构件涂装层有损伤处，应进行处理补涂，并应保证原涂层厚度和涂装质量。

有涂层、镀层的压型金属板成型后，涂、镀层不得有可视的裂纹、剥落、擦痕。应面层干净，规格尺寸符合规范允许偏差值的规定。

四、钢结构安装工程质量评审标准

评审钢结构安装工程，包括单层、多层及高层建筑和构筑物的地下钢结构、主体钢结构、屋面钢结构及钢平台、墙架、钢梯、防护栏等施工安装工程。钢结构工程附属的地基基础工程、混凝土工程及填充墙、围护结构等专业工程，参照第5.1节相应标准实施。

钢结构安装前应对结构件质量进行检验。安装方法、程序应按施工技术方案措施实施。柱、梁、屋架、支撑等安装就位后，应及时进行校正、固定。采用扩大拼装单元安装时，应对易变形的结构件进行强度和稳定性验算，必要时应采取加固措施。

钢结构安装前，基础混凝土强度、定位轴线、基础标高、地脚螺栓等应符合设计要求和规范、标准规定。基础应回填土夯实。结构安装形成空间刚度单元后，应及时对柱底板与基础顶面的空隙按设计要求采用细石混凝土或灌浆料进行浇灌，并作好养护。采用座浆垫板时，应采用无收缩砂浆（混凝土），柱子吊装前砂浆（混凝土）强度应符合设计要求。

钢结构件的连接接头安装后，应先经检验合格再进行紧固或焊接。高强螺栓连接副和焊接焊缝质量，应符合设计要求和规范、标准规定。

钢网架结构安装的支座定位轴线和支座锚栓位置，支承面顶板的位置、标高、水平度以及支承垫块的种类、规格、位置、朝向等，必须符合设计要求和规范、标准的规定。建筑结构安全等级为一级，跨度在 40m 及其以上的公共建筑，采用焊接球节点或螺栓球节点的网架结构，应按规范规定进行节点承载力试验合格。网架结构总拼装及屋面工程完成后所测挠度值，应在设计相应值的 1.15 倍以内。

压型金属板安装应平整、顺直、无污物，与主体结构搭接、支承长度符合设计要求，锚固连接可靠，防腐涂层合格。

防火涂料涂装前的钢材表面处理，防火涂料的粘结强度、抗压强度、涂层厚度等、应符合设计要求和规范、标准的有关规定。防火涂料不得有误涂、漏涂，涂层应闭合无脱层、空鼓、裂纹和明显的凹陷、粉化、浮浆等缺陷。

钢结构安装工程质量,是评审钢结构长城杯工程的重要项目。是通过初评检查其安装工程质量和允许偏差,同时抽查材料、钢结构件制作质量。抽查附属的混凝土、砌体等结构质量以及施工项目管理、施工资料等管理工作质量。进行综合考核评价钢结构工程质量。

钢结构安装的各项尺寸偏差，均应在设计要求和在《钢结构工程施工质量验收规范》(GB 50205) 规定的允许偏差值范围之内。

钢结构安装工程允许偏差及检查方法，应符合规范和表 5-5 的规定。

钢结构安装允许偏差及检查方法　　　　表 5-5

序号	项目		允许偏差值 (mm)		检查方法
			国家规范标准	结构长城杯标准	
1	定位轴线	基础上柱、柱高	1	1	经纬仪尺量
		杯口位置	10	5	
		地脚螺栓（锚栓）移位	2	1	
		底层柱对定位轴线	3	2	
2	标　高	支承面、地脚锚栓	±3	2	水准仪尺量
		座浆垫板顶面	0．-3	0．-3	
		杯口底面	0．-5	0．-3	
		基础上柱底	±2	±2	
3	垂直度	杯口、单节柱	$H/1000$、且≯10	8	经纬仪尺量
		单层结构跨中	$H/250$、且≯15	10	
		多层、高层整体结构	$H/1000$、且≯25	20	

续表

序号	项目		允许偏差值（mm）		检查方法
			国家规范标准	结构长城杯标准	
4	网架结构安装	支承面顶板位置	15	10	水准仪尺量
		支座锚栓中心偏移	±5	±5	
		支座中心偏移	≯30	≯20	经纬仪尺量
		纵、横向长度	±30	±20	
		相邻支座高差（周边）	$L/400$、≯15	≯10	
5	压金属板安装	檐口与屋脊平行度	12	10	尺量
		檐口相邻板端错位	6	5	
		墙板包角板垂直度	$H/800$、且≯25	≯20	
		墙板相邻板下端错位	6	5	
6	现场焊缝组对间隙	无垫板间隙	0.＋3	0.＋3	尺量
		有垫板间隙	－2.＋3	0.＋3	

五、钢结构施工资料管理工作质量评审标准

评审钢结构工程施工资料，是初评评价钢结构长城杯工程的重点项目。国家钢结构工程施工质量验收规范对钢结构的材料、零部件制作、安装等在检查、验收、复验、检测鉴定等方面规定应有的文件、记录、资料，是抽查施工资料及其管理工作质量的依据。

初评抽查钢结构工程施工资料，应按照组织初评时钢结构施工进度已达到的安装部位，抽查有关文件、记录、资料。并依据其施工技术方案和钢结构工程技术专业特点，结合其施工项目管理及安装工程实物质量，参照本标准5.1.3.5节的各条规定相应实施。

第三节　砌体结构工程质量评审标准

评审砌体结构长城杯工程的范围，依据《管理办法》规定的评审范围和条件，申报的工程项目应为混凝土小型空心砌块砌体工程、多孔砖砌体工程和混凝土结构、钢结构工程附属的填充墙砌体工程。

初评检查砌体构工程的主要内容是所用材料质量、砌体砌筑质量、砌体工程质量和施工项目管理、施工资料。依据设计要求和《砌体工程施工质量验收规范》（GB 50203）、《多孔砖砌体结构技术规范》（JGJ 137），并按照本标准进行抽查综合评价砌体结构工程质量。

一、施工项目管理工作质量评审标准

评审砌体工程施工项目管理工作质量，应结合该砌体工程规模、砌体材料、砌筑技术特点及设计要求，参照混凝土工程施工项目管理有关条款内容进行相应地调整补充。重点抽查砌体工程项目的组织机构、质量体系，施工组织设计、施工方案、技术交底和质量控制措施等具体内容。

依据施工方案、设计要求和专业规范、标准，抽查质量体系运行的有效性，施工组织设计的针对性，施工方案的实用性和技术交底内容的可操作性。并抽查与砌体工程附属的混凝土、钢结构等专业工程的施工项目管理内容。进行综合评价砌体工程施工项目管理的工作质量。

二、砌体工程材料质量评审标准

评审砌体工程材料包括设计要求采用的各种普通砖、多孔砖（简称砖)、混凝土小型空心砌块（简称小砌块）和砌筑砂浆，包括砌体设置的构造柱、梁、芯柱、基础、楼板、屋面等所用的钢材、混凝土及其制品材料等。

初评检查的主要内容是材料的品种、规格、性能，重点抽查砖和小砌块的规格尺寸、强度等级、生产龄期及边角整齐；色泽均匀状况。并按规定有进场材料验收和产品质量合格证明及抽样复验报告。

砌体工程附属的混凝土结构或钢结构工程，其初评质量内容和标准，应按设计要求和规范标准规定，并参照本标准混凝土和钢结构有关规定相应补充调整质量评审标准的内容。

三、砌体砌筑工程质量评审标准

多孔砖砌体结构，多孔砖的型号、强度等级及其孔洞率、孔型、孔洞尺寸和砌筑砂浆的强度等级、配砖等，应符合设计要求。

多孔砖砌筑应符合以下要求：

1. 在常温，多孔砖砌筑前，应提前浇水湿润，含水率宜控制在10%~15%。

2. 砌体应上下错缝、内外搭砌。多孔砖的孔洞应垂直于受压面。严禁使用断裂多孔砖。

3. 多孔砖砌体的转角处和纵横墙交接处要同时砌筑。临时间断处应砌成斜槎。

4. 北京为抗震设防烈度8度区，砌体砌筑应采用一铲灰、一块砖、一揉压的“三一”砌砖法。灰缝砂浆应饱满，饱满度不得低于80%。采用原浆勾缝者，必须随砌随勾。

5. 砌筑砂浆应随拌随用，并按配合比进行计量搅拌均匀，水泥砂浆拌成以后应在3h内用完毕。超出规范规定时间者，不得使用。

混凝土小型空心砌块砌体结构，小砌块的型号、强度等级、龄期、孔形尺寸和砌筑砂浆的强度等级，应符合设计要求。

砌筑前应清除小型砌块底部的毛边飞翅、表面污物（含芯柱孔内)，剔除断裂、变形的砌块。

砌筑砂浆宜选用专用砂浆，按配合比进行计量搅拌，并有砂浆强度试验报告。

砌筑方法应采用反砌、对孔、错缝的“反、对、错三字”砌筑法。即砌筑时小砌块生产时的底面朝上，上一层小砌块的孔洞对准下一层的孔洞，上、下层小砌块错开砌筑。砌体的水平灰缝砂浆饱满度不得小于90%（按净面积计算)，竖缝饱满度不得小于80%。

墙体转角处和纵横墙交接处应同时砌筑。临时间断处应砌成斜槎，斜槎的水平投影长度不应小于高度的2/3。小砌块对孔错缝搭砌的搭接长度应不小于90mm。灰缝中设置的拉结钢筋或钢筋焊接网片，应被灰缝砂浆包裹严密。

浇灌芯柱的混凝土宜采用大流动混凝土或免振混凝土。芯柱的混凝土密实度、强度等级和插筋及其搭接长度应符合设计要求。

四、砌体工程质量评审标准

多孔砖和混凝土小型空心砌块砌体，应轴线，标高准确，墙面平整洁净，水平灰缝厚度和竖向灰缝宽宜为 10mm，且不应大于 12mm 或小于 8mm。

灰缝应横平竖直、深浅一致、搭接平顺、光滑密实。不得有瞎缝、假缝、透明缝。墙体无裂缝、无渗漏。

构造柱、圈梁、芯柱和底层室内地面以下或防潮层以下，混凝土浇筑质量、硬架支模预制楼板安装节点钢筋构造做法，以及混凝土强度等级，均应符合设计求和规范、标准规定。

墙体预留洞口、暗埋管线的做法和质量、应符合设计要求，严禁随意剔凿墙体或预留沟槽。

填充墙砌体拉结筋或网片的砌筑层、位置和置于灰缝中的长度应符合设计要求。竖向位置偏差应符合规范规定。

填充墙采用空心砖、轻骨料混凝土小型空心砌块的砌体灰缝应为 8 ~ 12mm。蒸压加气混凝土砌块砌体的水平及竖向灰缝宽度宜分别为 15mm 和 20mm。

砌体工程冬期施工，应符合《砌体工程施工质量验收规范》（GB 50203）有关规定。

砌体质量允许偏差及检查方法，应符合规范和表 5-6 的规定。

砌体允许偏差及检查方法　　表 5-6

项次	项目		允许偏差值（mm）		检查方法
			国家规范标准	结构长城杯准	
1	轴线位移		10	10	尺量
2	标　高	基础顶面	± 15	± 10	水准仪或拉线尺量
		楼　面	± 15	± 15	
3	垂直度	每　层	5	5	经纬仪吊线、尺量
		全高 ≤10m	10	8	
		全高 ＞10m	20	15	
4	表面平整度	清水墙、柱	5	5	2m 靠尺塞尺
		混水墙、柱	8	5	
5	门窗洞口	高、宽度	± 5	± 5	拉线尺量
		上下口偏移	20	10	
6	灰　缝	清水墙水平缝	7	5	拉线、尺量
		混水墙水平缝	10	7	
		清水墙竖缝	20	10	吊线、尺量

注：表 5-6 中国家规范允许偏差值为砖砌体一般尺寸允许偏差。

五、砌体工程施工资料管理工作质量评审标准

初评检查砌体工程施工资料，应以组织初评时砌体工程已达到的砌体砌筑部位，抽查已发生和应发生的有关文件、记录、资料。并依据其施工技术方案、设计要求和砌体工程技术特点，结合砌体工程规范、专业规程的有关规定，并参照混凝土工程质量评审标准的各条规定相应实施。

砌体工程施工资料，是评价砌体结构工程施工资料及其管理工作质量的主要依据，施

工资料评价不合格对砌体质量有否决作用。其中包括砌体工程附属的混凝土，钢结构工程的施工资料。

第四节　初评检查评议、评价方法

一、初评检查项目的评议方法

评审结构长城杯工程的基本方法，是以组织初评小组进行初评检查推荐为评审工作的基础和主要依据。对每项申报的结构工程组织初评两次。并依据本标准进行评议评价。

评审结构长城杯工程，为评审混凝土结构、钢结构或砌体结构整体结构工程。属于其中两类或三类专业结构混合的结构工程，应按照本标准对各类专业结构质量分别进行初评检查评议后，再进行综合评议该项整体结构工程质量等级。

本标准依据混凝土结构、钢结构和砌体结构的各五项质量评审标准，按照其内容及其初评项目发生的施工阶段，分别归纳在项目评价表（表 5-7 ~ 表 5-11）的结构类别栏目内，并按结构专业技术特点分别综合为若干初评检查项目（子项）。为便于初评评议、评价并将三类结构工程的五项评审内容综合为五项《质量评价表》和结构长城杯工程质量综合评价表（表 5-12）。

初评小组每次对结构工程初评检查后，应依据评价表及时组织小组进行评议。按照各项质量评审标准结合抽查的实际情况，先评议子项，再评议项目，为评价结构工程质量统一认识、提供依据。

二、初评检查项目的评价方法

（一）质量评价等级

1. 依据《管理办法》对本市结构长城杯工程评审金、银质质量奖项的规定。

初评检查结构长城杯工程的质量评价规定为："精"、"良"、"一般" 三个质量评价等级，其中：

"精"：为初评推荐金质结构长城杯工程的质量评价等级；

"良"：为初评推荐银质结构长城杯工程的质量评价等级；

"一般" 为不具备推荐金、银质结构长城杯工程条件者。

2. 初评检查的基本评价方法，为依据本标准的基本规定和项目质量评审标准，在进行评议的基础上，按照项目评价表（表 5-7 ~ 表 5-12）的规定栏目进行评价。先评价各子项的 "精、良、一般"，再按子项的评价等级分别评价五项初评项目的 "精、良、一般"，最后再按该五项的评价等级进行综合评价结构工程的 "精、良、一般" 等级；并以此为最终评价推荐金、银质结构长城杯工程的依据。

3. 本标准基本规定，为初评检查评价结构工程的必备条件和具有否决作用的要素。必须把基本规定内容纳入评价的主控项目范围。

（二）质量评价方法

1.《结构长城杯工程施工项目管理工作质量评价表》（表 5-7）的评价方法。

表 5-7，是将三类结构的施工项目管理初评质量标准综合为一个通用表。依据各类结构该项质量评审标准内容要求和《建设工程项目管理规范》的有关规定，综合为 8 个初评检查项目（子项），并为便于初评小组结合结构专业需要调整补充内容，在表 5-7 中增设

机动子项其他栏，需要补充的内容填在栏内加注说明，并纳入项目评价范围。评价方法如下：

(1) 子项评价方法：

表 5-7 栏目各子项均为按该项目质量评审标准综合的主控内容。子项的评价等级：

"精"：抽查内容均符合其质量评审标准；

"良"：抽查内容基本符合其质量评审标准，且无低于规范要求的项目；

"一般"：为不符合精、良评价条件者，且无不合格子项。

(2) 项目评价方法：

表 5-7 中带有★符号的子项必须评价为精，项目方可综合评价为精或良。

"精"：其子项评价为精者，应占该项目子项总数的 80%及其以上，且其余子项均评价为良；

"良"：其子项评价为精或良者，应占该项目子项总数的 90%，及其以上，其余子项评价为一般，且无不合格子项；

"一般"：不符合精或良评价条件者。

2.《结构长城杯工程（混凝土模板工程、钢结构材料、砌体结构材料）质量评价表》(表 5-8) 的评价方法。

表 5-8，是将混凝土的模板工程、钢结构的材料和砌体结构材料的质量评审标准，按其结构专业特点分类综合为一个通用表。为便于专业结构及其附属各类混合结构同时综合评价，一表多用。

基本评价方法是先评价相关结构子项的质量评价等级，再综合评价项目的评价等级。被初评结构工程有其他两类附属结构者，可三类结构子项先分别进行评价，不涉及其他类结构者，只评价该结构子项。子项和项目评价方法如下：

(1) 子项评价方法：

1）"精"：

①模板工程质量符合本章第一节质量评审标准（含安装质量允许偏差）。

②钢结构或砌体结构工程材料符合相应章节质量评审标准和规范、设计要求。

2）"良"：

①模板工程质量符合相应节质量评审标准。有的尺寸偏差值或局部观感质量不符合本标准规定，且不低于规范要求。

②钢结构或砌体结构工程材料符合其质量评审标准要求，产品出厂证明、检验、复验等报告基本齐全，且无不合格材料。

3）"一般"：不符合精或良评价条件者。

(2) 项目评价方法：

"精"：其子项评价为精者，应占该项目子项总数量的 80%及其以上，且其余子项均为良（有附属结构者含其子项数）。

"良"：其子项评价为精或良者，应占该项目总数量的 90%及其以上，其余子项评价为一般，且无不合格子项。

"一般"：不符合精或良项目评价者，且无不合格子项。

3.《结构长城杯工程混凝土钢筋工程、钢结构件制作、砌体砌筑工程质量评价表》

（表 5-9）的评价方法。

表 5-9，是将混凝土的钢筋工程、钢结构的钢结构件制作和砌体结构砌筑工程的质量评审标准，按其结构专业特点分类综合为一个通用表。子项和项目评价方法及评价等级条件参照表 5-7 有关子项、项目评价方法相应执行。

4.《结构长城杯工程混凝土工程、钢结构安装工程、砌体工程质量评价表》（表 5-10）的评价方法。

表 5-10，是将混凝土工程，钢结构安装工程和砌体工程的质量评审标准，按其结构专业特点分类综合为一个通用表。子项和项目评价方法及质量评价等级条件，参照表 5-7 有关子项、项目评价方法相应执行。

5.《结构长城杯工程施工资料管理工作质量评价表》（表 5-11）的评价方法。

表 5-11，是将三类结构的施工资料质量评审标准，综合为一个通用表。依据各类结构施工资料标准内容要求和《建设工程文件归档整理规范》有关规定，综合为 9 个评价子项。

有关于项、项目评价方法及评价等级条件，参照上述规定的评价方法相应执行。

三、结构长城杯工程评价方法

（一）综合评价表

依据本章第四节规定的初评检查项目的评价方法和表 5-7 ~ 表 5-11 分别对各类结构工程进行初评项目的最终评价，按照《北京市结构长城杯工程质量综合评价表》（表 5-12）进行评价推荐金、银质结构长城杯工程。

表 5-12，按照本标准对混凝土、钢结构和砌体结构工程规定的各 5 项质量评审标准及其评价结果；分类进行综合评价。

“表 5-12”的结构类别栏内分列三类结构工程评价一表通用；每次初评一张表 5-12 只准评价其中一项结构工程，不得将两项申报工程在同一表进行评价。

（二）金、银质结构长城杯工程评价方法

1. 金质结构长城杯工程：

五项评价为 4 项精、1 项良以上者，且其中带有★符号项目必须有 3 项评价为精。

2. 银质结构长城杯工程：

五项评价为精、良，且其中带有★符号项目必须有 2 项评价为精。

3. 每次初评检查五项综合评价为一般的结构工程即行淘汰，取消其继续参评或推荐资格。

（三）初评检查评价工作

1. 初评检查评价工作应兼顾以下因素：

（1）在五项质量评审标准的内容中，有关强制性条文或主控项目，在抽查或评议、评价时应考虑子项、项目之间的相互关系、主次要作用、工作繁简、技术难度和工作量大小等因素。并对主控项目和关键性子项的问题要从严要求。

（2）对于工程规模大、体量大或造型复杂的结构工程（建筑面积在 5 万 m^2 以上或高层住宅工程），当与其他结构工程评价等同时，宜优先推荐。

2. 初评小组对每次初评检查评价表和有关资料，必须及时整理，妥善保管。为评审工作提供可靠的依据。

结构长城杯工程施工项目管理工作质量评价表

工程名称：　　　　　施工单位　　　　　表 5-7

结构类别	序号	初评检查项目（子项）	第（　）次初评评价			说明
			精	良	一般	
混凝土、钢结构、砌体结构工程	1	质量计划目标和预控措施				
	2	组织机构、质量体系、过程控制有效性				
	3	施工组织设计的指导性				
	4★	技术方案的针对性				
	5	技术交底的可行性				
	6★	管理文件措施贯彻实施的严肃性				
	7★	管理工作的质量在施工现场结构质量的成效				
	8	管理创新、科技进步状况				
	9	其他：				
		本项初评检查综合评价				

初评小组综合评价意见：

初评组长：年　　月　　日

注：1. 子项和本项评价，须在评价等级栏目内打“　”。

2. 表中带有★的子项，必须评价为精，方可综合评价项目为精或良。

混凝土模板工程

结构长城杯工程钢结构材料质量评价表

砌体结构材料

工程名称：　　施工单位：　　**表 5-8**

结构类别	序号	初评检查项目（子项）	第（ ）次初评评价			说明
			精	良	一般	
混凝土结构模板工程	1	模板设计和制作质量				
	2	模板安装质量				
	3★	模板安装观感质量				
	4★	模板安装尺寸偏整差				
	5	模板拆除质量				
	6	模板设计、工艺改革创新				
	7	其他：				
		本项初评检查综合评价				
钢结构工程材料	8★	钢材、钢铸件的品种、规格、性能				
	9★	焊接材料的品种、规格、性能				
	10	连接用紧固标准件的品种、规格、性能				
	11	焊接球、螺栓球等材料品种、规格、性能				
	12	金属压型板、涂装材料品种、规格、性能				
	13	其他：				
		本项初评检查综合评价				
砌体结构工程材料	14	砖的型号、强度等级、边角、色泽				
	5★	小型砌块型号、强度、龄期、孔型尺寸				
	16★	砌筑砂浆原材料、外加剂、掺合料				
	17	浇筑芯柱原材料及钢筋、网片质量				
	18	其他：				
		本项初评检查综合评价				
初评小组综合评价意见： 初评组长：年　月　日						

注：1. 子项和本项评价，须在评价等级栏目内打“ ”。

2. 本表带有★符号的子项，必须评价为精者，本项方可综合评价为精或良。

混凝土钢筋工程
结构长城杯工程钢结构件制作质量评价表
砌体砌筑工程

工程名称：　　　　　　　　　　　　施工单位：　　　　　　　　　　　　**表 5-9**

结构类别	序号	初评检查项目（子项）	第（　）次初评评价			说明
			精	良	一般	
混凝土结构钢筋工程（含预应力）	1★	钢筋原材料质量				
	2	钢筋半成品加工质量				
	3★	钢筋连接接头质量				
	4★	配筋及节点构造质量				
	5★	保护层质量				
	6	钢筋安装绑扎及尺寸偏差				
	7	预应力筋制作、铺设质量				
	8	预应力锚具选型、制作质量				
	9	钢筋工程观感质量及过程控制状况				
	10	其他：				
		本项初评检查综合评价				
钢结构制作	11	钢结构件加工单位资格、焊工资格				
	12★	钢结构件连接质量、零、部件质量				
	13★	焊接焊缝质量、一、二级焊缝探伤				
	14	钢结构件规格尺寸偏差				
	15	防腐涂料涂装、压型金属板镀层质量				
	16	其他：				
		本项初评检查综合评价				
砌体砌筑	17	砌筑选砖质量小砌块底部毛边处理				
	18	砖湿润含水控制，砂浆拌合质量				
	19★	砌筑方法、留槎部位。方式				
	20	灰缝质量，砂浆饱满度				
	21★	构造柱、芯柱质量、灰缝拉结筋质量				
	22	其他：				
		本项初评检查综合评价				

初评小组综合评价意见：

初评组长：年　月　日

注：1. 子项和本项评价，须在评价等级栏目内打“　”。

　　2. 本表带有★符号的子项，必须评价为精者，本项方可综合评价为精或良。

混凝土工程

结构长城杯工程钢结构安装工程质量评价表

砌体工程

工程名称： 施工单位： 表 5-10

结构类别	序号	初评检查项目（子项）	第（ ）次初评评价			说明
			精	良	一般	
混凝土工程	1	现场试验设备、人员条件				
	2	原材料质量和管理情况				
	3	搅拌工艺、配合比、稠度、性能				
	4★	运输、浇筑、振捣、养护、强度				
	5★	预应力张拉、灌浆、锚端封护				
	6★	施工缝质量、结构构件尺寸偏差				
	7★	结构观感质量				
	8	理场管理、过程控制				
	9	其他：				
		本项初评检查综合评价				
钢结构安装工程	10	钢结构人场检验、堆放、吊装管理				
	11★	安装定位轴饯、标高、支承面锚栓位置				
	12★	连接接头紧固、焊接质量				
	13★	网架结构球节点承载力、检测挠度值				
	14	基础顶面与柱底空隙、浇灌、座浆质量				
	15★	结构安装尺寸、偏整				
	16	防腐、防火涂装质量				
	17	其他：				
		本项初评检查综合评价				
砌体结构工程	18★	砌体轴线、标高、墙面灰缝、勾缝				
	19★	混凝土芯柱尺寸、浇筑质量				
	20★	构造柱、圈梁、硬架支模节点质量				
	21	预留洞口、暗埋管线、灰缝拉结筋质量				
	21★	砌体尺寸偏差、留槎方法与处理				
	23	其他：				
		本项初评检查综合评价				

初评小组综合评价意见：

初评组长： 年 月 日

注：1. 子项和本项评价，须在评价等级栏目内打“ ”。

2. 本表带有★符号的子项，必须评价为精者，本项方可综合评价为精或良。

结构长城杯工程施工资料管理工作质量评价表

工程名称：　　　　　　施工单位　　　　　　表 5-11

<table>
<tr><td rowspan="2">结构类别</td><td rowspan="2">序号</td><td rowspan="2">初评检查项目（子项）</td><td colspan="3">第（　）次初评评价</td><td rowspan="2">说明</td></tr>
<tr><td>精</td><td>良</td><td>一般</td></tr>
<tr><td rowspan="12">混凝土结构、钢结构、砌体结构</td><td>1</td><td>施工管理文件资料</td><td></td><td></td><td></td><td></td></tr>
<tr><td>2</td><td>施工现场准备、技术资料</td><td></td><td></td><td></td><td></td></tr>
<tr><td>3</td><td>地基处理记录、设计变更记录等</td><td></td><td></td><td></td><td></td></tr>
<tr><td>4★</td><td>施工物资材料、构配件质量证明、复试报告等</td><td></td><td></td><td></td><td></td></tr>
<tr><td>5★</td><td>施工记录、试验记录、隐蔽工程验收</td><td></td><td></td><td></td><td></td></tr>
<tr><td>6</td><td>施工验收、质量评定资料</td><td></td><td></td><td></td><td></td></tr>
<tr><td>7</td><td>施工资料整理及时性、审签手续完备性</td><td></td><td></td><td></td><td></td></tr>
<tr><td>8★</td><td>施工资料内容齐全、真实、准确性</td><td></td><td></td><td></td><td></td></tr>
<tr><td>9</td><td>施工资料管理水平</td><td></td><td></td><td></td><td></td></tr>
<tr><td>10</td><td>其他：</td><td></td><td></td><td></td><td></td></tr>
<tr><td colspan="2">本项初评检查综合评价</td><td></td><td></td><td></td><td></td></tr>
<tr><td colspan="6">初评小组综合评价意见：

初评组长：年　月　日</td></tr>
</table>

注：1. 子项和本项评价，须在评价等级栏目内打“　”。

2. 本表带有★符号的子项，必须评价为精者，本项方可综合评价为精或良。

北京市结构长城杯工程质量综合评价表

工程名称： 施工单位 表 5-12

结构类别	序号	初评检查项目	第一次初评评价			第二次初评评价			抽查复查评价	子项综合评价	说明
			精	良	一般	精	良	一般			
混凝土结构工程	1	施工项目管理									
	2'	模板工程									
	3★	钢筋工程									
	4★	混凝土工程									
	5★	施工资料									
	五项综合评价										
钢结构工程	1	施工项目管理									
	2	原材料质量									
	3★	钢结构件制作									
	4★	钢结构安装工程									
	5★	施工资料									
	五项综合评价										
砌体结构工程	1	施工项目管理									
	2	砌体材料质量									
	3★	砌体砌筑工程									
	4★	砌体工程质量									
	5★	施工资料									
	五项综合评价										

初评小组综合评价推荐意见：

初评组长：年 月 日

注：1. 混凝土、钢结构、砌体结构在表6各五项初评项目中，带有★符号项目有三项获精者，方可推荐金质结构长城杯；两项获精者，可推荐银质长城杯。

2. 各项评价应在每项评价栏目内打“ ”，抽查复查或子项综合评价在栏目内填精、良、一般。

第六章　案　例

第一节　施工组织设计案例

一、编制依据

（一）××工程合同（表6-1）

表6-1

序　号	合　同　名　称	编　号	签　订　日　期
1	工程总包合同	京合同第××	××年×月×日
2	主分包合同		

（二）××工程施工图纸（表6-2）

表6-2

序　号	图　纸　名　称	图　纸　编　号	出　图　日　期
1	结构图	结施01～结施33	2001.11
2	建筑图	建施01～建施32	2001.11
3	电气图	电施01～电施23	2001.11
4	暖通图	暖施01～暖施31	2001.11
5	给排水图	水施01～水施21	2001.11
6	电信图	讯施01～讯施39	2001.11

（三）××工程应用的主要规程、规范（表6-3）

表6-3

序　号	类　别	规范、规程名称	编　号
1	国家	工程测量规范	GB 50026—93
2	国家	建筑地基基础工程施工质量验收规范	GB 50202—2002
3	国家	地下工程防水技术规范	GB 50108—2001
4	国家	地下防水工程施工质量验收规范	GB 50208—2002
5	国家	混凝土结构工程施工质量验收规范	GB 50204—2002
6	国家	砌体结构设计规范	GB 50003—2001
7	国家	砌体工程施工质量验收规范	GB 50203—2002
8	国家	屋面工程技术规范	GB 50207—2002
9	国家	建筑地面工程施工质量验收规范	GB 50209—2002
10	国家	建设工程施工现场供电安全规范	GB 50194—93
11	国家	制冷设备、空气分离设备安装工程施工及验收规范	GB 50274—98

续表

序　号	类　别	规范、规程名称	编　号
12	国家	建筑给水排水与采暖工程施工质量验收规范	GB 50242—2002
13	国家	通风与空调工程施工质量验收规范	GB 50243—2002
14	国家	电气装置安装工程电梯电气装置施工及验收规范	GB 50182—93
15	国家	自动喷水灭火系统施工及验收规范	GBJ 50261—96
16	国家	电气装置安装工程低压电器施工及验收规范	GB 50254—96
17	国家	电气装置安装工程电气照明装置施工及验收规范	GB 50259—96
18	国家	电气装置工程电缆线路施工及验收规范	GB 50168—92
19	国家	电气装置安装工程接地装置施工及验收规范	GB 50169—92
20	国家	电气装置安装工程母线装置施工及验收规范	GBJ 149—90
21	国家	建筑装饰装修工程质量验收规范	GB 50210—2001
22	行业	建筑装饰工程施工及验收规范	JGJ 73—91
23	行业	玻璃幕墙施工验收规范	JGJ 102—96
24	行业	钢筋焊接及验收规范	JGJ 18—96
25	行业	钢筋机械连接通用技术规程	JGJ 107—96
26	行业	混凝土泵送施工技术规程	JGJ/T 10—95
27	行业	无粘结预应力混凝土结构技术规程	JGJ/T 92—93
28	行业	建筑机械使用安全技术规程	JGJ 33—2001
29	行业	施工现场临时用电安全技术规范	JGJ 46—88
30	行业	建筑施工扣件式钢管脚手架安全技术规范	JGJ 130—2001
31	行业	外墙饰面砖工程施工及验收规程	JGJ 126—2000
32	企业	钢筋滚扎直螺纹接头技术规程	Q/HJ 08—1999

（四）××工程应用的主要图集（表6-4）

表6-4

序　号	类　别	图　集　名　称	编　号
1	国家	混凝土结构施工图平面整体表示方法制图规则和构造详图	00G101
2	国家	建筑物抗震构造详图	97G329
3	国家	建筑电气安装工程图集	92SD56
4	国家	地下室防水构造	96SJ301
5	地方	建筑构造通用图集	88J1-88J12、88JX1-88JX4
6	地方	钢筋混凝土过梁图集	京 92G21
7	地方	框架结构填充空心砌块构造图集	京 94SJ19

（五）××工程应用的主要标准（表6-5）

表6-5

序　号	类　别	标　准　名　称	编　号
1	国家	建筑工程施工质量验收统一标准	GB 50300—2001
2	国家	建筑工程质量检验评定标准	GBJ 301—88
3	国家	混凝土质量控制标准	GB 50164—92
4	国家	混凝土强度检验评定标准	GBJ 107—87
5	国家	钢筋混凝土用热扎带肋钢筋	GB 1499—1998
6	国家	钢筋混凝土用热扎光圆钢筋	GB 13013—91
7	国家	硅酸盐水泥、普通硅酸盐水泥	GB 175—1999
8	国家	建筑电气安装工程质量检验评定标准	GBJ 303—88
9	国家	电气安装工程电气设备交接试验标准	GBJ 150—91
10	行业	建筑工程饰面砖粘结强度检验标准	JGJ 110—97
11	行业	建筑施工安全检查标准	JGJ 59—99

（六）××工程应用的主要法规（表 6-6）

表 6-6

序号	类别	法规名称	编号
1	国家	建筑法	
2	国家	环境保护法	
3	国家	计量法	
4	地方	北京市建筑安装工程资料管理规程	DBJ 01—51—2000
5	地方	关于转发建设部《房屋建筑工程和市政基础设施工程实行见证取样和送检的规定》的通知	京建质〔2000〕578 号
6	地方	北京市建设工程施工试验实行有见证取样和送检制度的暂行规定	京建法〔1997〕172 号
7	地方	北京市建设工程施工试验实行有见证取样和送检制度的暂行规定的补充规定	京建法〔1998〕50 号
8	国家	混凝土碱含量限值标准	CECS 53：93
9	企业	建筑安全法规及文件汇编	

（七）其他（表 6-7）

表 6-7

序号	类别	名称	编号
1	企业	质量、环境、职业安全卫生管理手册	CSCEC/QEOHS/A
2	企业	程序文件	CSCEC/QEOHS/B25
3		地质勘察报告	地-××
5	企业	建筑工程施工技术资料管理实用手册	
6	企业	公司质量手册	
7	企业	公司安全手册	

二、工程概况

（一）工程概况

1. 工程名称、目标：

略。

2. 建筑设计简介：

略。

3. 结构设计概况：

略。

4. 专业设计概况：

略。

（二）两图

典型平面图、剖面图。

（三）工程特点与难点

1. 工程的重要性：略。

2. 施工质量标准高：工程的结构质量目标为××，整体工程质量目标为××。

3. 工程工期紧：工程合同总工期为 12 个半月，比定额工程少近 3 个月，并且还有冬施和春节，为保证××区域和外立面的装修，结构必须在6月底或7月初之前封顶，结构施工只有100d时间。因此，对总承包商的管理、协调、组织能力要求较高。

4. 冬期及雨期的影响：施工总工期内一个雨期和冬期，按总控进度计划安排基础工程施工在3月中旬开始，如要保证后期装修有充裕的施工时间，必须加快结构的施工进度，争取在雨期来临之前结构封顶；室内装修施工在雨期，减少雨期对工程施工的影响。精装饰和安装施工在冬期进行，要做好冬期室内的封闭和供暖工作，保证装修的施工质量。

5. 施工场地比较狭小：现场内只有东侧和北侧有部分场地可以利用，由于北侧为家属楼，为防止扰民，无法布置机械设备，只能作为办公室和库房；建筑物南侧有一条新建污水管线，且在围墙内2m有一条煤气管线，所以南侧无法布置塔式起重机等大型机械，只能在东西设置两台塔式起重机，同时钢筋加工也只能放置在场地的东侧，导致东侧场地十分紧张。现场无法设置循环道造成运输车辆行走困难。

6. 地下水位高：上层滞水静止水位标高为47.28~48.27m（埋深0.60~2.00m），必须先进行降水才能开始土方开挖，而本区域降水的降效期为10~14d，因此更加大了工期的紧迫程度。

7. 地下室层高：地下结构层高为4.65m，墙体厚度为300mm，内墙为250mm。给模板施工和混凝土施工带来很大的难度。

8. 建筑物的单层建筑面积大：建筑物单层面积为4200m^2，且从二层开始中部局部有16m×18m预应力空心板，且在二层下部需搭设近9m高的模板支撑架，并需在预应力张拉结束后方能拆除；同时为加快工程的施工进度，都将造成模板架料的一次性投入非常大，给模板施工和混凝土施工带来很大的难度。

9. 外墙装饰复杂：根据建筑设计要求，外墙装饰由玻璃幕墙、石材幕和外墙面砖组成，跨越战线很长，不同材料的分界线比较多，在前期需进行外墙装饰的深化设计和细部节点的细化，以装修尺寸调整结构门窗的位置，保证后期的装修效果。

10. 新材料、新工艺、新技术的应用：如玻璃幕墙、干挂石材、高强度预应力薄壁管和钢筋直螺纹连接的施工。

11. 机电工程安装量大：机电工程涉及的专业和参与专业施工队伍较多，加之工期紧交叉作业多，工序衔接不连贯，各专业之间施工配合难度大，因此如何组织与协调是项目管理的重点。

三、施工部署

（一）施工组织

1. 项目施工组织系统：

略。

2. 职能分工及职责：

略。

（二）任务划分

1. 各单位负责范围：

略。

2. 工程物资设备采购划分：

略。

3. 工程使用大型设备情况：

略。

（三）施工部署原则

本工程平面面积大、结构和装修质量标准高，总工期却只有356d，根据业主方要求，××区域和建筑物的外墙装饰施工必须在2001年10月中旬前完成，工期非常紧张。为了保证基础、主体、装修均尽可能有充裕的时间施工，保质如期完成施工任务，应该考虑各方面的影响因素，对任务、人力、资源、时间、空间进行总体综合布局。为进一步规范现场的施工作业程序和标准，保证工程质量，使管理水平科学化、规范化，提高建筑施工的技术含量，达到"计划目标明确—技术措施保驾—质量体系严密—施工方法得当—工序流程控制严格—检查验收及时准确"这一科学化、规范化、标准化的施工管理目标；同时也使组织人员明确职责，理会项目运做程序，提高工作效率，保证施工作业能在正常有序的状态下进行，并与公司的施工管理要求相统一、相协调，完善结构精品工程预控能力。

1. 在时间上的部署原则—季节施工的考虑

根据总施工进度的安排，基础结构施工在2002年5月6日整体出地面，地下室外防水、基坑回填要赶在雨期来临前施工完毕。

主体结构在2002年6月30日前封顶；外立面的玻璃幕墙、铝幕墙、石材幕墙在2002年6月底开始施工并在2002年10月10日之前完成，保证密封胶体的施工质量，并确保局部××区域能够在2002年10月16日前投入使用。

为了确保冬期施工之前室内通暖，保证冬期室内装修的正常进行，总图施工在冬期施工之前完成，并调试完毕。

2. 在空间上的部署原则—立体交叉施工的考虑

为了贯彻空间占满时间连续，均衡协调有节奏，力所能及留有余地的原则，保证工程按照总控计划完成，需要采用主体和二次围护结构、主体和安装、主体和装修、安装和装修的立体交叉施工。

3. 总施工顺序上的部署原则

按照先地下，后地上；先结构，后围护；先主体，后装修；先土建，后专业的总施工顺序原则进行部署。

4. 在资源上的部署原则—机械设备的投入：

根据施工工程量和现场实际条件投入机械设备。由于塔式起重机只负责主楼结构施工，并且现场材料加工制作场地主要集中在现场北侧和东侧，所以将一台70m臂的ST70/30型塔式起重机设置在基坑东侧和一台50m臂的ST50/15型塔式起重机设置在基坑西侧，以满足现场施工的需要。由于现场竖向结构采用多层板组拼的大模板，塔式起重机吊次相对紧张，为了降低塔式起重机使用负荷，混凝土浇筑采用拖式输送泵完成。

5. 根据基础、结构、装修三个阶段施工不同的特点安排总体施工部署：

1）基础施工阶段

在基础施工阶段，最棘手的问题是场地狭小，因此，在保证工期和质量的前提下，如何增加现场施工使用面积是非常重要的。

本工程为筏板式基础，地下室剪力墙较多，为了保证剪力墙的混凝土外观效果，墙体模板采用双面覆膜多层板组合模板体系。在施工安排上，基础结构施工的时间尽量缩短，这样有利于保证主体结构开始施工时间，也就保证了主体结构按期封顶的时间。

防水、回填土工程在2002年5月底开始施工，为保证回填土和防水施工的工程质量，必须及时记录分析天气预报信息，必须在雨季来临前完成基坑回填工作。

2）主体施工阶段

主体施工阶段结构形式相对简单，主要难点为中部16m×18m的预应力空心板部分，但是留给主体结构施工的时间很短，仅有56d左右的时间，因此结构施工必须抓紧时间，合理安排严格管理。

主体结构施工的外施工架设计时考虑外墙装饰和幕墙的施工要求。

3）装修施工阶段

我部与业主签订的装修承包范围为室内装修、外墙装修和屋面工程。我部要对业主的总工期负责。

二次围护结构待结构验收、检查完毕后，立即插入施工。

由于机电、设备施工和室内精装修密切相关，因此，为了保证总体工程按期完成，要求业主大力协助配合，业主所确定的内容要符合我部提出的进度控制计划。

（四）工程施工总进度控制计划

根据投标时业主要求，本工程的关门工期已经定死：2003年3月19日。因此，为了保证各分部、分项工程均有相对充裕的时间保证工程施工和施工质量，编制工程施工进度总控计划时，要确立各阶段的目标时间，阶段目标时间不能更改。施工设备、资金、劳动力在满足阶段目标的前提下进行配备。

1. 施工阶段目标控制计划：

略。

2. 施工总控进度计划表：

略。

（五）施工组织协调

工程施工过程是通过业主、设计、监理、总包、分包、供应商等多家合作完成的，如何协调组织各方的工作和管理，是能否实现工期、质量、安全、降低成本等目标的关键之一。因此，为了保证这些目标的实现，制定以下制度，确保将各方的工作组织协调好。

1. 制定图纸会审、图纸交底制度

在正式施工之前，项目经理部工程部、技术协调部和机电安装部的人员认真核对图纸，参加由业主组织的图纸会审、图纸交底会，会中确定的内容形成第一份施工文件，确保工程顺利开工。

由总包方及时组织二次设计方对施工方的设计和图纸交底。

2. 建立周例会制度

在每周的固定时间召开由监理方主持，业主、设计、总承包、各专业施工队伍参与的周例会，会中商讨一周的工程施工和配合情况，解决问题。由于设计参加，可以将一周内的问题在召开周例会时，统一办理洽商。

项目经理部以周为单位，提出工程简报，向业主、监理和有关单位反映，通报工程进展情况及需要解决的问题，使有关方面了解工程的进展情况，及时解决施工中出现的困难和问题。

项目工程部牵头每天下午4:00组织由项目各相关部门、分包管理层参加的生产协调会，及时下达任务，以日计划保证周计划，周计划保证月计划以实现工期要求。

通过预控、过程检验、最终报验、定期教育等主要方式实现本工程质量、安全目标。各主要分项工程均实行样板制，样板经业主、监理、总包三方认可后，方可进行大规模施工。

若遇到急需解决的事情，可以立即找业主、设计、监理商讨解决。

3. 制定专题讨论会议制度

遇到较大问题时，业主、设计、监理、总包、有关专业施工队伍聚到一起，商讨解决。此专题讨论会不定时召开。

4. 制定考察制度

我公司是ISO9001—2000版体系认证企业，根据ISO9001—2000版体系管理要求，项目的分包、分供方要三家以上参与竞争，因此，制定考察制度，组织业主、监理共同对主要供货方进行考察，经过综合评比，最终选定合格、满意的供货方。

(六) 主要项目工程量

主要项目工程量：

略。

(七) 主要劳动力计划

结构施工阶段劳动力计划表：

略。

四、施工准备

(一) 技术准备

1. 相关技术文件的学习、熟悉和落实（表6-8）

表 6-8

序号	培训或交底内容	培训或交底计划时间	参加人员	方式	组织单位
1	内部图纸会审	××	项目全体	书面总结分析	技术部
2	图纸会审交底	××	甲方、监理和施工单位	书面总结分析	甲方
3	《混凝土结构施工图平面整体表示方法制图规则和构造详图》(00G101)	××	施工管理人员	讲课及考试	项目总工
4	《混凝土结构工程施工质量验收规范》(GB 50204)	××	施工管理人员	书面总结分析	项目总工
5	质量教育	每周一次	劳务人员	现场实体讲解	质量部 工程部
6	方案、措施交底	施工作业前	操作工人、管理人员	书面交底及讲解	技术、质量、工程部
7	质量监控核查会	每周一次	施工管理人员	书面总结分析	质量、技术 工程部
8	结构施工管理讲座	每月一次	施工管理人员	集中培训、现场指导及问答	公司相关人员

2. 器具配置

由项目计量员编制工序检验计量流程图，列出项目经理部需要配备的计量器具和各分包单位需要配备的计量器具，对项目已有的器具进行检测，缺少的到合格的供应单位购买，并由计量员检测后编号发放，需分包单位配备的器具，在分包进场后由计量员负责监督落实。

3. 施工组织设计和专项施工方案编制计划（表 6-9）

表 6-9

序号	计划名称	责任部门	截止日期	审批单位
1	临建施工方案	项目技术协调部		公司项目管理部
2	临电施工方案	项目技术协调部		公司项目管理部
3	临水施工方案	项目技术协调部		公司项目管理部
4	降水、土方施工方案	项目技术协调部		项目主任工程师
5	垫层施工方案	项目技术协调部		项目主任工程师
6	防水施工方案	项目技术协调部		公司技术发展部
7	塔式起重机安拆施工方案	项目技术协调部		公司总工
8	地下室施工方案	项目技术协调部		公司技术发展部
9	现场 CI 策划方案	项目技术协调部		公司项目管理部
10	钢筋施工方案	项目技术协调部		项目主任工程师
11	模板施工方案	项目技术协调部		公司技术发展部
12	混凝土施工方案	项目技术协调部		项目主任工程师
13	外架方案	项目技术协调部		公司总工
14	屋面施工方案	项目技术协调部		公司总工
15	初装方案	项目技术协调部		项目主任工程师
16	室内装修方案	项目技术协调部		项目主任工程师
17	门窗安装方案	项目技术协调部		项目主任工程师
18	雨期施工方案	项目技术协调部		项目主任工程师

4. 试验工作计划（表 6-10）

表 6-10

序号	试验内容	取样批量	试验数量	备注
1	钢筋原材	≤60t	1 组	同一钢号的混合批，每批不超过 6 个炉号，各炉罐号含碳量之差不大于 0.02%，含锰量之差不大于 0.15%
		>60t	2 组	
2	钢筋直螺纹接头	500 个接头	3 根拉件	同施工条件，同一批材料的同等级、形式、同规格接头 500 以个为一验收批，不足 500 个也为一验收批
3	水泥（袋装）	≤200t	1 组	每一取样至少 12kg
4	混凝土试块	一次浇筑量不超过 $100m^3$，每 $100m^3$ 为一个取样单位（3 块） 一次浇筑量不小于 $1000m^3$，每 $200m^3$ 为一个取样单位（3 块）		同一配合比
5	混凝土抗渗试块	$500m^3$	1 组	同一配合比，每组 6 个试件
6	砌筑砂浆	$250m^3$	6 块	同一配合比
		一个楼层		
7	高聚物改性沥青防水卷材	100 卷以内	2 组尺寸和外观	≤1000 卷做一卷物理性能检验
		100 499 卷	3 组尺寸和外观	
		1000 卷以内	4 组尺寸和外观	
8	土方回填	基槽回填每层取样 6 点		每层按不大于 50m 取一点

5. 样板、样板间计划

略。

6. 推广新技术应用

略。

7. 坐标点的引入

略。

(二) 生产准备

1. 临电设计

业主提供两路电源，一路为由老变电站用180铝芯铠装电缆引至现场东南角，另一路为新建配电室将电源引至现场配电室，本路电源由于业主未引至现场内，所以要重新接入，距离为250m。总电量共350kVA (见表6-11)。

现场临电负荷　表6-11

序号	设备名称	型　号	单位	数量	换算后的单台功率 (kW)	换算后的总功率 P_j (kW)
1	塔式起重机	$L=70m$	台	1	60	60
	塔式起重机	$L=50m$	台	1	45	45
2	插入式振动棒	$\phi50$，$\phi30$	根	20	1.5	30
3	电焊机		台	4	14.7	58.8
4	钢筋切断机		台	1	35	35
5	钢筋调直机		台	1	5	5
6	钢筋成型机		台	1	30	30
7	钢筋直螺纹连接设备		套	1	4	4
8	木工加工设备		套	2	2	4
9	空压机		台	2	7.5	15
10	蛙式夯机		台	4	10	40
11	潜水泵		台	6	3	18
12	现场照明					20
13	办公用电					20

根据施工现场的经验，现场所需临电容量计算如下：

(1) 老配电室引入电源

老配电室引入一路电源目前主要负责现场 $L=70m$ 的塔式起重机和钢筋加工场的用电供给。

$$P_{j1}=k_1\Sigma P_1\cdot k=0.7\times(60+35+5+30)\times0.8=72.8\text{kW}$$

$$Q_{j1}=P_{j1}\cdot\tan Q=72.8\times0.882=62.2\text{kWr}$$

$$S_{j1}=\sqrt{p_{j1}^2+Q_{j1}^2}=\sqrt{72.8^2+64.2^2}=97.06\text{kVA}$$

$$I_{j1}=\frac{S_{j1}}{\sqrt{3}V_e}=\frac{97.06}{\sqrt{3}\times0.38}=147.47\text{A}$$

经查表，直埋电缆 VLV_{22}-185 的载流量为 260A，计算电流 I_{j1} 为 147.47A，小于其允许载流量，符合要求。

(2) 新配电室引入电源

新配电室引入一路电源为现场主要供电来源，共分出 10 个回路，负责现场内除 1 号塔式起重机和钢筋加工场设备以外的其他机械设备和施工现场和临建办公室的临时用电。

$$P_{j2} = (k_1 \Sigma P_1 + k_2 \Sigma P_2 + k_3 \Sigma P_3) \cdot k$$
$$= [0.7 \times (45 + 30 + 4 + 4 + 15 + 40 + 18) + 0.65 \times 58.8 + 0.95 \times (20 + 20)] \times 0.8$$
$$= 148.3\text{kW}$$

$$Q_{j2} = K_1 \cdot \Sigma P_1 \cdot k \cdot \tan Q$$
$$= 0.7 \times (45 + 30 + 4 + 4 + 15 + 40 + 18) \times 0.8 \times 0.882$$
$$= 77.1\text{kW}$$

$$S_{j1} = \sqrt{p_{j1}^2 + Q_{j1}^2} = \sqrt{148.3^2 + 77.1^2} = 167.1\text{kVA}$$

$$I_{j1} = \frac{S_{j1}}{\sqrt{3}\,V_e} = \frac{167.1}{\sqrt{3} \times 0.38} = 253.9\text{A}$$

经查表，直埋电缆 VV_{22}-150 的载流量为 298A，计算电流 I_{j2} 为 253.9A，小于其允许载流量，符合要求。

P_j：有功计算负荷（kW）；

Q_j：无功计算负荷（kW）；

S_j：视在计算负荷（kVA）；

I_j：计算电流（A）；

V_e：三相用电设备额定电压（kV）；

ΣP_1：电动机额定总功率；

ΣP_2：电焊机额定总容量；

ΣP_3：照明总容量；

k_1、k_2、k_3：需要系数，$k_1 = 0.7$，$k_2 = 0.65$，$k_3 = 0.95$；

k：同时使用系数，$k = 0.8$。

业主提供的电源刚好满足现场目前的需求，由于未考虑结构与装修交叉施工等因素，所以施工中应特别注意协调现场施工机械的合理使用，尽量避免几台用电量大的设备同时集中启动，并要保证总空开与电源的匹配，起到对电源的保护作用，同时加强电源设备的检测和检查工作，确保用电安全。

2. 临水设计

(1) 室外消火栓给水系统

本系统的设置旨在保护施工现场、主体建筑低层部分及邻近建筑物。由于本工程施工现场地域狭小、现场内没有足够通畅的消防环形通道，一旦发生火灾，有些区域消防车根本无法到达，故设计采用临时高压消防给水系统。拟设临时消防泵，平时管网内的水压较低，仅能满足施工生产用水的需要，不能满足消防需要，一旦发生火灾，立即启动消防水泵，临时加压使管网内的流量和水压达到消防要求。本工程室外消火栓系统用水量为

20L/s。

本设计沿土建开挖线外围成环形敷设室外消火栓系统给水主管，环管各处按用水点需要预留甩口，并按不小于于60m的间距布置室外地下式消火栓，消火栓规格为SX100-1.6。共设置4个室外地下式消火栓。

(2) 室内消防及生产给水系统

室内消火栓用水量设计为15L/s。设临时泵房，将市政来水加压后送至楼内。加压泵采用两台，一台为生产用水加压泵，一台为临时消防泵，互作备用。消防泵可满足室内消防及室外消防用。

本方案建筑物内设计一根*DN*100竖管供主楼施工及消防用。竖管上隔层设室内消火栓，并预留甩口，以供施工用水。竖管的具体位置应根据位置明显、易于取用、位于建筑中部的原则现场确定。室内消火栓设计采用19mm喷嘴，$\phi 65$栓口，25m长麻质水龙带。

3. 临时道路及围墙

施工现场除临建、绿化外，道路全部采用100mm厚C10混凝土浇筑，路面坡向围墙$i=2‰$，每隔20m在围墙砖基础露出地面部分设置排水洞口。其他地面采用碎石铺垫，防止扬尘。

现场围墙基础底部为普通砖370mm高，埋深300mm，地上用压型钢板及钢骨架组合拼接而成，钢管立柱间距2m。围墙高度为2m，颜色为白色，其中围墙上端0.2m，下端0.3m高，刷成蓝色。

4. 生产、生活、临时设施

本工程位于××，由于建筑物西侧紧靠道路，南侧有一条改造污水管线，并在南侧围墙内有一条煤气管线，所以现场临建主要布置在东侧和北侧，在场地的东北角布置一排混凝土盒子房作为项目经理部的现场临时办公室。采用17个标准盒子房（3.6×5m）组合成“一”字形三层办公楼，北侧利用2个盒子房对拼成会议室，总共19间盒子房。

在北侧设置一排14间4m×4m的砖砌房屋作为库房、分包办公室及塔司、经警、降水人员休息室；在场地东南角布设现场试验室、配电室和门卫室。现场公用厕所、封闭式垃圾站设在西南角；在现场东侧设置模板堆放区和钢筋加工区。

5. 加工订货计划

略。

(三) 其他准备

业主已提供建设工程规划许可证、建设用地规划许可证、北京市建设工程开工证等证件，其他有关证件（如：卫生、消防等）按北京市有关规定及时办理。

五、主要施工方法及技术措施

(一) 施工流水段划分

1. 底板混凝土浇筑

本工程底板设计为筏式底板，底板厚度400mm，反梁高为850～900mm，底板的投影面积为5141m^2，混凝土总方量为2350m^3，底板只在北侧和中部局域设置沉降后浇带，由后浇带划分的施工段混凝土量差别很大，因此综合考虑且为保证底板的整体性，底板混凝土将一次性浇筑，不再另外留设施工缝。

2. 地下室墙体混凝土流水段施工划分

按照施工规范要求，墙体混凝土一次浇筑不得大于30m，因此，墙体流水段按照30m为原则及温度后浇带沿东西方向划分成三个墙体流水施工段。

3. 地下室独立柱施工流水段划分

地下室独立柱的施工流水段同样按照三个流水段进行划分，混凝土浇筑时和附近的墙体混凝土一起浇筑。

4. 地下室楼板施工流水段划分

地下室楼板施工流水段划分同外墙。

5. 地上结构流水段划分

地上结构流水段划分与地下室楼板施工流水段基本相同。

详见流水段划分图（略）。

（二）大型机械选择

1. 大型挖掘机的选择优化

基础深度为自然地面下 -3.5m，采用大开挖形式，总挖土方量达到 $20500m^3$，配备两台 $1.6\ m^3$ 的日立挖掘机，配20~30台 $10m^3$ 的运土车，计划每天出土 $3000m^3$，计划8d完成。

2. 塔式起重机选择

由于结构工期要求得比较紧，且在建筑物南、北两侧无法设置塔式起重机，建筑物东西方向长度为近100m，设置一台塔式起重机无法覆盖整个建筑物，因此结构施工设置两台塔式起重机。ST70/30行走式塔式起重机最终安装高度为39m，ST50/15固定式塔式起重机最终安装高度为33m。施工平面基本无死角。

3. 混凝土拖式输送泵的选择

本工程预拌混凝土输送主要采用拖式混凝土输送泵，混凝土量大的时候，如果需要，可以调混凝土泵车协助浇筑。

4. 大型机械选择一览表（表6-12）

表6-12

序　号	机械名称	型　号	单　位	数　量	备　注
1	塔式起重机	ST70/30	台	1	臂长70m
2	塔式起重机	ST50/15	台	1	臂长50m
3	插入式振动棒	ϕ50	根	25	
4	反铲挖土机	$1.6m^3$	台	2	
5	自卸式翻斗车	太拖拉	辆	30	
6	混凝土泵	$60m^3/h$	台	2	德国大象拖车泵
7	直螺纹设备	GY40B	台	2	
8	钢筋切断机	GQ20-2A	台	1	
9	钢筋弯曲机	GW40-1	台	2	
10	卷扬机	JK-2B	台	1	
11	砂轮切割机	J1G-335	台	2	
12	电动套丝机	21T-50	台	1	
13	木工电锯	NU104	台	2	
14	四用平压刨木联合机	MJL342	台	2	
15	布料杆		台	1	
16	罐车	$6m^3$	辆	11	

（三）主要分部、分项工程施工顺序

1. 地下部分施工工序

基坑开挖→垫层浇筑→砖台模砌筑→防水卷材施工→防水保护层浇筑→底板钢筋放线→底板钢筋绑扎→底板混凝土浇筑→底板混凝土养护→地下外架搭设→测量放线→地下室墙柱钢筋绑扎→地下室墙柱支模→地下室墙柱混凝土浇筑→墙柱混凝土养护→地下室内架搭设→地下室顶板、梁支模→地下室顶板、梁钢筋→地下室顶板、梁混凝土浇筑→梁板混凝土养护→地下外墙防水（在结构施工到二层挑架搭设完毕开始）→外墙防水保护层→土方回填

2. 地上部分施工工序

外架搭设→平台放线→墙柱钢筋绑扎→墙柱支模→墙柱混凝土→墙柱混凝土养护→内架搭设→梁、板模板支设→梁、板钢筋绑扎→梁、板混凝土浇筑→梁板混凝土养护

（四）主要施工方法

1. 测量放线

施工测量放线内容（表 6-13）。

表 6-13

序　号	工　作　内　容	使用仪器、工具
1	建筑红线及轴线定位，引标高	GPS
2	定位桩放线	经纬仪
3	轴线投测	PTS-III0.5 全站仪和 J2JD 激光经纬仪及接收靶
4	高程投测	S3 水准仪和钢尺
5	垂直度	苏光产 J2JD 激光经纬仪及接收靶
6	结构尺寸线	钢尺

2. 工程施工测量内容

（1）工程轴线的定位

1）内控网的布设

使用工具：PTS-Ⅲ0.5 全站仪。目的是校核控制轴线标志桩投测纵轴及横轴几条主轴线，对边、角值进行校测，边角的各项精度必须符合表 6-14 中的规定。

边角校测允许误差（二级）　表 6-14

等级	测角中误差（″）	边长相对中误差
二级	± 12	1/15000

制作内控基准点：采用 10cm × 10cm 钢板制作，用钢针刻画出十字线，埋设在底板内。

留置测量口：各层楼板的内控基准点正上方相应位置预留一个 150mm × 150mm 孔洞（激光束通孔）。

2）轴线投测方法

仪器采用苏州产 J2JD 激光经纬仪及接收靶。

将 J2JD 激光经纬仪架设在底板的内控基准点上，接收靶放在投测楼层面的相应预留洞口，将最小光斑的激光束投到接收靶的“十”字交点处。

将检定合格的经纬仪架设在接收靶上，依次投测出主轴线。

激光光斑圆的直径允许偏差（指接收靶上的允许偏差）：投测高度小于 50m 允许偏差 ± 5mm。

（2）高程投测

为保证建筑物竖向施工精度要求，在场区内建立高程控制网。高程控制网的建立是根据业主提供的工程测量成果上两个高程控制点进行布置，采用0.3mm级精度的DIN10电子水准仪对所提供的水准基点采用闭合水准路线进行复测检查。校测合格后，测设一条闭合水准路线，连测场区平面控制点，以此作为施工竖向精度控制的首要条件。高程控制网的精度不低于三等水准精度。场区内布设三个易于向上传递标高的高程的标准点，通过往返检测合格后（误差在±3mm内为合格），标注“Ñ”红色油漆标记和建筑标高。

利用首层红“Ñ”为标高基准，用检定合格的钢尺向上传递，并用红“Ñ”作好标记，然后使用S3水准仪往返检测合格后（误差在±3mm内为合格），将该层标记作为向上层引测的标记。每层的墙、柱模板拆除后，采用水准仪和钢卷尺在墙、柱上放出该楼层的1m结构线。

(3) 建筑物垂直度控制

采用苏州产J2JD激光经纬仪及接收靶做轴线投测的过程，同样也是控制建筑物垂直度的过程。

电梯井筒的垂直度控制同样也是采用苏州产J2JD激光经纬仪及接收靶，方法是在电梯井的附近做内控基准点和每层留出的投测口。

(4) 工程放线：

根据投测的轴线使用钢卷尺放墙、柱边线，钢卷尺要求经过计量过或购买免检产品。

放好的线采用红油漆做出标记。

3. 降水、土方施工

本工程基础埋深-3.35m（相对自然地面），地下水位埋深-0.6～-2.0m（相对自然地面），基坑中心处水位降深值为2.75m。水量局部较大，已对基坑边坡的稳定和结构施工造成一定的影响。所以根据场地的地质、水文地质条件和建筑物基础埋深对降深的要求及结合附近地区降水经验，采用轻型井点降水方法降低该处地下水位。

在基坑中部挖设探坑，待水位开始下降后，开始大面积土方开挖，坡道设置在西南角，土方分两步开挖，边坡按1:0.3放坡，坡道坡度为1:3，上铺20cm厚碎石以保证运土方的车辆正常行走。坡道采用挖掘机进行收坡，最后剩余土方人工清理。基坑开挖到位后，应尽量减少暴露时间，及时组织进行土层钎探、验槽和垫层施工。

4. 防水施工

(1) 各部位防水设防体系

略。

(2) 防水材料要求

防水掺加剂、防水卷材、防水涂料均要求有产品合格证、材料检验报告，复试合格方可使用。

防水卷材和防水涂料进场后，首先进行材料复试，复试合格后方准使用。

(3) 防水施工人员要求

防水工程属于重点控制项目和特殊工种操作，防水操作人员必须持有有效的“上岗证”，上岗证要在总包、监理处备案。施工过程中，监理、总包持备案文件检查防水施工人员是否遵照执行，以确保防水施工是经过培训的专业熟练工人完成的。

(4) 底板垫层的质量要求

控制底板垫层的标高，根据底板厚度、积水坑深度以及防水层和防水保护层的厚度，确定底板垫层的标高，通过采用水准仪检查基底标高，通过采用定点拉线方法确定垫层厚度和表面平整度。

为了保证防水卷材的施工质量，垫层的边角均做成圆角。

(5) 防水采用外防外贴法：底板底面和侧面采用贴在垫层和砖胎模上，外墙和外露顶板采用贴在结构。底板钢筋施工前，将砖胎模的内贴防水层做上临时保护层，确保防水不被损坏。

(6) 水平、竖直施工缝的止水物品的要求

选用的遇水膨胀橡胶 BW 止水条应具有缓胀性能，其 7d 的膨胀率不应大于最终膨胀率的 60%。

5. 钢筋工程

(1) 主要部位的钢筋设计

略。

(2) 钢筋的检验

钢筋进场时现场材料员要检验钢筋出厂合格证、炉号和批量，钢筋进现场后，现场实验室根据规范要求立即制作试件，并协同监理将试件送检测中心做钢筋复试，钢筋复试通过后，方能批准使用。剪力墙主筋检验所得的强度实测值还应符合：钢筋的抗拉强度实测值与屈服强度实测值的比值不应小于 1.25；钢筋的屈服强度实测值与强度标准值的比值不应大于 1.3。

(3) 钢筋的加工

现场设置一套钢筋成型机械，进行现场钢筋加工制作。

钢筋配筋工作由负责土建施工的专职配筋人员严格按照《混凝土结构工程施工质量验收规范》(GB 50204—2002)、《混凝土结构施工图平面整体表示方法制图规则和构造详图》(00G101) 和设计要求执行。结构中所有大于 200 的洞口，全部在配筋时，按照洞口配筋原则全部留置出来，不允许出现现场割筋留洞的现象出现。

现场制作钢筋定型加工半成品的检查工具。具体详见钢筋施工方案。

(4) 钢筋的堆放

钢筋要堆放现场指定的场地内，钢筋堆放要进行挂牌标识，标识要注明使用部位、规格、数量、尺寸等内容。钢筋标识牌要统一一致。

钢筋要分类进行堆放，如直条钢筋堆放在一起，箍筋堆放在一起。钢筋下面一定要垫木架空，防止钢筋浸在水中生锈。生锈的钢筋一定要除锈后由现场钢筋责任工程师批准后使用。

(5) 钢筋的定位和间距控制

墙体钢筋的控制：竖向钢筋的控制采用水平梯子筋，层间控制；梯子当杆的间距等于墙体竖筋的间距，并且竖筋与当杆绑扎牢固，位置在混凝土浇筑层上 5cm 处，待混凝土浇筑完成到终凝后拆除水平梯子筋；水平钢筋的控制采用竖向梯子筋，梯子筋的竖向钢筋采用比墙体竖向钢筋大一个型号的同级钢筋，并且代替墙体竖筋，以减少钢筋的浪费，梯子筋按照墙体竖向钢筋的搭接要求错开搭接，其中每一段墙体高度范围内，均匀留设三个支点作为模板的支撑点，支撑宽度为模板的宽度减 3mm。梯子筋间距不大于 2m。

柱子钢筋的定位措施：柱的钢筋采用定距框固定主筋的位置和间距，将定距框放置在混凝土浇筑层上 5cm 处，待混凝土浇筑完成到终凝后拆除，清理干净后下一层重复使用。

（6）钢筋的保护层控制

底板钢筋保护层控制采用同强度等级细石混凝土垫块，其他部位钢筋保护层控制采用塑料垫块。墙体结构放在外侧的水平钢筋上，梁、柱结构放在外侧主筋上。楼板、梁底面塑料垫块应和钢筋很好地联合在一起，保证不偏移和移位。结构各部位钢筋保护层的厚度（略）。

（7）钢筋锚固、接头要求

钢筋锚固和接头搭接要求按照《混凝土结构工程施工质量验收规范》和《混凝土结构施工图平面整体表示方法制图规则和构造详图》施工。墙体为二级抗震，钢筋接头按 50%错开；梁、板钢筋接头按 50%错开，搭接长度且不小于 200mm。

（8）钢筋接头选择

钢筋直径≥22mm 的框架柱钢筋、梁钢筋和墙体暗柱钢筋接头采用直螺纹施工工艺，接头按照 50%错开，错开距离为 $35d$。

底板、墙体和顶板钢筋采用绑扎接头。

（9）钢筋清理

钢筋堆放时，不可避免淋到雨水，因此，钢筋使用前，检查钢筋是否生锈，生锈的钢筋做除锈处理，保证混凝土对钢筋的握裹力。

浇筑混凝土时，竖向钢筋会受到混凝土浆的污染，因此，在混凝土浇筑完毕后，使用湿布将竖向钢筋上的水泥浆擦掉，保证混凝土对钢筋的握裹力。

（10）钢筋施工详细内容将编制钢筋施工方案。

6. 预应力施工方法

（1）工程部位

略。

（2）预应力筋形式

预应力筋采用 1860 级无粘结低松弛钢绞线，直径 15.2mm，其标准强度 $f_{ptk}=1860\text{N/mm}^2$，预应力筋张拉控制应力 $\sigma_{con}=1302\text{N/mm}^2$。

（3）张拉及固定形式

张拉端采用夹片式锚具，固定端采用挤压式锚具。YCW1800 千斤顶 2 台，ZB2×2-500 油压泵 1 台，锚具挤压机 1 台，400 砂轮切割机及手动砂轮切割机各 1 台。

（4）预应力钢筋的制作及存放

无粘结预应力筋按照施工图纸，进行下料和组装后直接运到工地现场。无粘结预应力筋应按施工图上结构尺寸和数量，考虑预应力筋的曲线长度、张拉设备及不同形式的组装要求，每根预应力筋的每个张拉端预留出不小于 50cm 的张拉长度进行下料。

预应力筋下料应用砂轮切割机切割，严禁使用电焊和气焊。

预应力筋在施工工地堆放时应尽量避免污水的污染，并应有避雨措施。

（5）张拉

张拉前应进行同条件试块的试压，当混凝土强度值达到设计要求时，工程管理部填写预应力张拉申请单，经有关人员审批后方可进行张拉。

张拉中，要随时检查张拉结果，理论伸长值与实测伸长值的误差不得超过施工验收规范允许范围（±6%）。否则应停止张拉，待查明原因，并采取措施并予以调整后方可张拉。

预应力筋张拉前严禁拆除梁板下的支撑，待该预应力梁板预应力筋全部张拉后方可拆除。

7. 模板工程

（1）本工程为现浇钢筋混凝土框架剪力墙结构，质量目标为确保结构工程创北京市“结构长城杯”、整体工程争创北京市“长城杯”工程。模板工程是影响工程混凝土外观质量的最关键的因素。为了使混凝土的外形尺寸、外观质量都达到较高要求，我公司将充分发挥在模板工程上的优势，利用最合理的模板体系和施工方法，满足工程质量要求。

（2）模板选型及配置数量：

略。

（3）底板砖胎模施工：

底板砖胎模随垫层施工从基坑南侧开始砌筑，以便后续的抹灰、防水、底板钢筋施工尽早插入，达到流水施工目的，缩短施工工期。

砖胎模采用240mm厚的砖墙。砖胎膜从垫层开始到底板上表面标高共砌450mm高。为了保证砖胎模在底板混凝土浇筑时不移位，浇筑底板混凝土之前，将砖胎模高度的回填土回填完成，回填土采用素土，人工夯实。

为了保证底板侧帮钢筋保护层的厚度，砌筑砖胎模前，在底板垫层上弹出砖胎模的位置线，位置线预留出砖胎模的抹灰层、防水卷材和防水保护层的厚度。

（4）反梁、导墙模板施工：

反梁和地下室外墙四周墙体随底板浇筑450mm高，反梁和导墙模板采用15厚覆膜多层板，横向龙骨为两道50mm×100mm木方，竖向背楞为$\phi48\times3.5$钢管。

（5）墙体模板设计：

墙体模板采用15厚双面覆膜多层板，纵向龙骨为50mm×100mm木方，横向背楞为$\phi48\times3.5$钢管。模板在地面拼装成型，接缝处利用木方设置企口保证接缝混凝土面平整。模板的上、中、下设模板限位支撑，限位支撑做成卡具形式卡在两排钢筋上，既控制了两排钢筋的宽度，又限制模板靠钢筋过近，保证钢筋有足够的保护层。

为了保证墙、板接缝处的质量，在模板上口用木板做出一条企口槽条板，使墙体混凝土浇筑完毕后，在楼板下口的墙面上，留出一条企口槽，楼板模板压在企口槽内，保证该处不漏浆。

（6）门窗洞口模板：

为保证门、窗洞口的位置及尺寸正确，洞口采用便于拆装的木模。角部设活动角，模板两侧设定位钢支撑。

（7）梁板模板：

为了保证梁、板底面的平整、光洁度，日后装修时不再抹灰，梁板模板采用15厚覆膜多层板及50mm×100mm木龙骨，碗扣式脚手架早拆支撑体系，主体结构施工期间主楼配置三层予以周转。

（8）后浇带、施工缝模板

墙体后浇带和施工缝处采用双层钢丝网作为单侧模板，待混凝土初凝后将后浇带或施工缝表面凿毛，以利下一道工序的施工。楼板施工缝采用木方或木条支设。

(9) 模板起拱

本工程主梁跨度为6m和8m，为方便施工，统一起拱高度为10mm。预应力板宽度为18m，起拱高度为28mm。梁板的起拱用碗扣脚手架，上部加可调支撑，以调整起拱高度，木板作辅助，以满足梁板起拱挠度要求，起拱应从支座向板跨中逐渐增大，起拱后模板表面应是平滑曲线，不允许出现模板面因起拱而错台。

(10) 模板脱模剂

为防止脱模剂对钢筋产生污染和环保的要求，模板脱模剂采用无毒水性脱模剂。

(11) 拆模要求

通过制作同条件试块并作试验来确定拆模的日期（见表6-15）。

拆模时的混凝土强度要求　　表6-15

构件类型	构件跨度	达到设计的混凝土立方体抗压强度标准值的百分率（%）
板	≤2	≥50
	>2，≤8	≥75
梁	≤8	≥75

墙柱侧模拆除时，混凝土强度应能保证其表面及棱角不受损伤，达到1.2MPa；预应力梁板拆模需待构件建立预应力后拆除。

8. 混凝土工程

本工程为现浇混凝土框剪结构，整体工程混凝土量约××m^3。混凝土需求量短期很大、工期紧张、结构质量标准高等工程特点决定本工程结构混凝土需要采用预拌泵送混凝土。

(1) 各部位混凝土设计强度等级

略。

(2) 混凝土碱含量的控制

地下室混凝土的碱含量，应符合《混凝土碱含量限值标准》（CECS 53：93）潮湿环境混凝土最大碱含量为3.0kg/m^3的要求。

(3) 搅拌站的选择

通过我公司多年来与其他搅拌站的合作以及对附近搅拌站的考察，决定本工程采用××搅拌站供应混凝土。该搅拌站距现场约20～30km，可以满足现场混凝土施工的要求。

(4) 混凝土运输

场内混凝土运输采用塔式起重机、混凝土混凝土拖式泵和布料杆共同来完成垂直运输和水平运输，使混凝土运输到浇筑面，并保证混凝土浇筑布料的灵活、方便和浇筑的质量。

运输时间（见表6-16）。

混凝土从搅拌机卸出到浇筑完毕的连续时间（min）　　表6-16

温　度	混凝土强度等级（C30）时间	混凝土强度等级（C40）时间
≤25℃	120	90
>25℃	90	90

季节施工：在风雨天气时运输混凝土，罐车上应加遮盖，以防止进水。

质量要求：混凝土送到浇筑地点后，如混凝土拌和物出现离析或分层现象，应对混凝土拌和物进行二次搅拌，同时应检测其坍落度，所测数据应符合施工方案中对此数据的要求，其允许偏差值应符合有关标准的规定。

(5) 混凝土浇筑

在浇筑前要做好充分的准备工作，技术部根据专项施工方案向工程部进行方案技术交底。浇筑前工程部牵头组织责任师、工人进行详细的技术交底，同时检查机具、材料准备，保证水电的供应，要掌握天气季节的变化情况，检查模板、钢筋、预留洞等的预检和隐蔽项目。检查安全设施、劳动力配备是否妥当，能否满足浇筑速度的要求。

1) 浇筑间歇时间见表 6-17。

混凝土浇筑允许间歇时间 (min)　　**表 6-17**

混凝土强度	气温	
	≤25℃	＞25℃
≤ C30	210	180
＞ C30	180	150

2) 浇筑时应注意的要点

在浇筑工序中，应控制混凝土振捣的均匀性和密实性，混凝土拌和物运到浇筑地点后，应立即浇筑入模。

浇筑过程中，各专业需派专人负责各自项目的质量保证，应经常观察模板、支架、钢筋、预埋件和预留洞的稳定情况，当发现有变形、移位时，应立即停止浇筑，并立即采取措施在已浇筑的混凝土凝结前修整完好。

施工缝位置，宜沿次梁方向浇筑楼板混凝土，施工缝应留置在次梁跨中间的 1/3 范围内。施工缝的表面应与梁轴线或板面垂直，不得留斜槎，施工缝用木板或钢丝网挡牢。

3) 后浇带施工

楼板留出后浇带后，将要形成悬挑结构，拆模时此处支撑保留，支撑的间距以结构计算数据为准，楼层后浇带区域防护采用木盖板防护。

待结构沉降稳定后（由设计认可），后浇带采用比原结构高一级的微膨胀混凝土浇筑封闭。

为保证后浇带的接缝质量，事先将后浇带清理干净并将表面凿毛，按设计要求在混凝土中掺 UEA 微膨胀剂，其掺量为 8%，补偿后浇带混凝土的收缩。

(6) 混凝土软卧层的剔除

下层混凝土浇筑之前，要剔除混凝土表面浮浆，直到露出石子为准。并将松动石子除掉。

(7) 底板混凝土施工

底板混凝土浇筑量大，铺开面大，为了在浇筑过程中没有冷缝出现，通过时间计算，按 1:（5～6）的坡度斜向推进，推进层厚度 0.4～0.5m。

为了避免泵管的振动影响底板钢筋的位置，泵管需架设在支设的钢管架上，不得直接放置在钢筋骨架上。架设泵管的脚手架钢管要在底板混凝土初凝前拔出，防止底板混凝土出现纰漏。

由于泵送混凝土坍落度大，混凝土斜坡摊铺较长，故混凝土振捣由坡脚和坡顶同时向坡中振捣，振捣棒必须插入下层内50~100mm，使层间不形成混凝土缝，结合紧密成为一体。

(8) 混凝土养护

1) 基础混凝土养护：①在混凝土浇筑2h后按标高用长刮尺初步刮平后，在初凝前用木抹搓面两遍后立即覆盖一层塑料布（分块进行，边抹平边覆盖），塑料布之间的搭接不少于100mm，遇有钢筋头周围再覆盖一层塑料布，将混凝土表面盖严，以减少水分的损失，同时保温保湿。②在混凝土终凝前对可能产生的微裂缝予以搓压处理。抹平后，开始浇水养护。③待混凝土终凝后，进行4d~5d的少量蓄水养护，之后进行洒水养护，整体养护时间不少于14d。

2) 各部位混凝土浇筑完毕拆除模板后，往墙上喷水进行养护；水平结构的梁、板在表面浇水湿润，必要时在其上面盖塑料布，防止水分蒸发过快而使混凝土失水，常温下浇水养护不少于7d。混凝土的养护要派专人进行，特别是前三天要养护及时。

3) 混凝土柱的养护：采用保水养护的方法，即用塑料布包裹柱子及喷水进行养护。

(9) 混凝土配管设计

1) 配管设计中考虑范围包括：混凝土的输送压力，收缩短管的长度，少用弯管和软管，以及便于装拆维修，排除故障和清洗，特别是混凝土的输送压力。为保证配管的稳定，本工程地上部分采用结构内布管的形式，即配管从首层顶板进入建筑物，沿预留洞口向上伸展。到浇筑平面时，甩出弯管，接水平管，直到要浇筑部位。注意水平管和立管之比要满足规范要求。

2) 配管的固定：配管不得直接支承在钢筋、模板及预埋件上，且应符合下列规定：水平管每隔1.5m左右用支架或台垫固定，以便于排除堵管、装拆和清洗管道。

3) 泵管要在以下部位进行固定

泵管与拖式输送泵接口部位附近—该处受到的冲击力最大，采用埋入地下的混凝土墩固定。

泵管进入楼层，在门口处进行固定—采用架料钢管夹住门口两侧并通过木楔固定泵管。

泵管在首层由水平管变成立管处进行固定—通过架料钢管借助上下楼板将泵管固定。

垂直管在每层楼板（洞口）进行固定—垂直泵管通过木楔将泵管在楼板预留洞处塞死。

9. 脚手架工程

脚手架方案经批准后方可施工，且安装完毕后必须经过安全检查员验收与方案相符合后才能使用，脚手架的拆除也必须申报方案批准后才能进行。

根据工程结构特点和实际施工情况，结构施工时采用局部挑架与双排落地脚手架相结合的外架，待基槽回填完毕后，将全部变为双排落地脚手架，以便今后用于外墙幕墙和外墙贴砖的施工。

脚手架采用$\phi48\times3.5$的钢管，立杆距外墙皮30cm，杆距通过计算确定。脚手架外侧必须挂设密目安全网，其下部设置挡脚板，并在结构施工层北侧外面悬挂隔声降噪布。剪刀撑角度控制在45°~60°之间。挑架和双排外架拉杆均要做到拉撑结合。

在地上外剪力墙处，需逐层在剪力墙内预埋内径 $\phi70$ 塑料套管，间距1500预埋一道。此处的外架小横杆从预埋孔中挑出，剪力墙里侧与楼面上预埋钢筋地锚固定，剪力墙外侧外架的里外立杆与悬挑小横杆固定，大横杆再与小横杆、立杆连接成整体。并且每两层做一道悬挑拉接。

脚手架基底回填土必须经检验符合相关规范、方案规定，并设置临时排水措施。

所有架子工必须具备《北京市特种作业操作证》或《北京市特种作业临时操作证》、《北京市安全资格上岗证》（接受相应三级安全教育）及《暂住证》等准许施工证件。

钢管、扣件、钢脚手板、安全网必须符合相关规范标准。

10．玻璃幕墙工程

（1）本工程幕墙由玻璃幕墙和石材幕墙组成。幕墙施工要经过竞标，由专业幕墙施工企业进行施工。专业幕墙施工企业要配合设计院进行二次设计。

（2）结构施工期间要将幕墙的预埋铁件直接埋入到混凝土结构中。玻璃幕墙的安装要求预埋件的空间位置十分准确，因此施工时需采取可靠的措施予以保证。

埋件设在侧立面时，支模后先将埋件的中心线或边线划在模板上，然后每块埋件用铁钉将其钉牢在模板上，从而保证其位置不会偏移。

浇完混凝土后用1kg线坠吊至下层楼用尺量校核埋件的平面位置，如有异常及时纠正。

玻璃幕墙的预埋件设专人进行，同时，幕墙施工的专业分包商需派人现场配合、指导、检查，使所有质量问题都在过程中解决，为以后的安装顺利进行创造条件。

（3）幕墙施工中成品保护

1）防电焊火花烧伤玻璃、铝板、铝框

外墙装饰施工原则为由上向下进行，但是由于工期紧张，不可避免各工种立体交叉作业。因此，当下层或相邻的铝框、玻璃安装完成后，上层或相邻的电焊作业火花要采取挡遮措施，可用铁皮制作挡火花板设专人扶挡，防止已经做好的幕墙面层被破坏。

2）防物体打击

楼层外围设置细目安全网对楼层周边进行围挡，防止楼内杂物坠落至外脚手架上，反弹后打碎玻璃、打瘪铝板。

（4）施工要点控制

1）连接件的防腐

铝件与埋件之间的连接件在焊接完成后须将焊药皮敲净，然后做冷镀锌处理。镀锌层厚度满足设计及规范要求。

2）玻璃幕与石材幕间节点处理

玻璃幕墙与铝幕、石材幕间处理的好坏将直接影响到幕墙的水密性、气密性，处理不当将产生雨天漏水现象，直接影响建筑物的使用功能。因此，必须做好耐候胶。

3）玻璃幕墙的三性试验

玻璃幕墙的“三性”（气密性、水密性、结构性）试验应在施工图及材料报批完成后委托专业部门进行，合格后方可展开大面积施工。

4）打密封胶的施工环境

幕墙玻璃的密封胶是影响外观的重要因素，打胶前应将缝隙内清擦干净，将缝两侧贴不干胶带防止玻璃的污染及胶缝的顺直、美观。

打胶时需保证空气的洁净度，避开大风天、雨天等不良环境，温度保持在5℃以上，从而保证施工的质量。

11. 装修工程范围（表6-18）

室内装修承包部分列表 表6-18

序号	部 位	装 修 内 容	序号	部 位	装 修 内 容
1	二次结构	抹灰	5	顶棚	轻钢龙骨矿棉吸音板
2	内墙面	白色乳胶漆	6	外墙面	外墙砖和石材
3	浴厕间	防水、找坡、防滑地砖	7	屋面	防水、找坡、保温层、面层
4	地面	地砖为主			

12. 砌筑工程

本工程砌筑工程有煤渣砖砖墙和陶粒混凝土空心砌块。地下室的砌体材料有MU10煤渣砖，M5水泥砂浆砌筑，墙体厚度为240mm。地上的砌体材料为陶粒混凝土空心砌块，砌筑的墙体厚度为250、150mm。

测量人员放出轴线，砌筑施工人员根据图纸、依据轴线弹好墙体边线及门窗洞口位置。

墙体砌筑时应单面挂线，随着砌体的增高要随时用靠尺校正平整度 垂直度。

砌筑时必须遵守“反砌”原则，即砌块底面向上砌筑，上下皮应错缝搭砌。

水平灰缝应平直、砂浆饱满，按净面积计算砂浆的饱满度不应低于90%，竖向灰缝应采用加浆方法，使其砂浆饱满。严禁用水冲浆灌缝，不得出现瞎缝、透明缝，其砂浆饱满度不宜低于80%。

墙体转角处即交接处应同时砌筑，如不能做到，应留马牙槎。

在砌筑砂浆终凝前后时间内，应将灰缝刮平。

13. 抹灰工程

（1）施工顺序

基层处理→规方→浇水润湿（→甩毛或刷界面剂<混凝土墙面>）→标准灰饼→充筋→底层抹灰→中层抹灰→面层抹灰→养护。

（2）施工方法

1）抹灰前对基层表面的灰尘、污垢、碱膜等物均应仔细清理干净。

2）抹灰的工艺流程按“先上后下”的原则进行，以便减少污染，保护成品。

3）在砌体与混凝土结构墙体交接处的基层表面应先铺钉金属网，并绷紧牢固后方可进行施工抹灰。金属网与各类基层搭接宽度不应小于100mm。

4）罩面灰应待中层达到六、七成干后进行，先从阴角、阳角进行，铁板压光应不小于两遍。

（3）质量要求

1）抹灰面层不得有裂缝、空鼓等缺陷。

2）表面光滑、洁净，接槎平整、无缺棱掉角。

3）实测允许偏差按高级抹灰标准来控制。

每遍抹灰厚度为 5 ~ 7 mm，面层经赶平、压实后其厚度一般不超过 3 mm，室内抹灰墙面以及门洞口处的阴阳角要方正，门口处用 1:2 水泥砂浆抹出护角，护角高度为 2 m，每侧宽度为 50 mm，抹灰要求平整，不应有裂纹、气泡、接搓不平现象。要做到阴阳角方正，灰线清晰顺直。

14. 屋面、卫生间防水工程

(1) 材料选择：

屋面防水卷材为改性沥青 SBSⅡ + Ⅱ防水卷材。

卫生间室内防水采用单组份聚氨酯防水涂膜。

(2) 卫生间防水施工

1）施工程序

墙面抹灰→竖向管道安装→地面堵洞找坡找平，地面防水层施工→闭水试验→防水保护层

2）工作安排

本工程厕所间的防水量较大，而且房间面积较小，工序多，直接影响施工进度，渗漏问题也时常发生，解决这一问题的关键是合理安排好工序，且每道工序要认真细致，并做好成品保护工件。工序安排应按以上施工程序，并应提前安排墙面抹灰和竖向管道安装。

3）施工要点

首先应根据地面坡度，地面做法厚度，基准线位置，确定好地漏、出水口顶面标高，安装地漏。出水口时，标高应低 5 ~ 10mm。做防水前，所有竖向管道施工完毕，洞口应用细石混凝土堵严。禁止防水层做完后再凿洞，这是防水的第一道防线，管道根部滴水就是因为在防水层失效的情况下，管道根未堵严造成的，否则仅会出现潮湿现象。

做找平层时，墙角泛水圆角半径应控制在 20mm 左右，不得将圆弧做得太大，否则将会影响墙面装修，在管道根部套管、地漏、出水口周围应留 1cm 宽的小槽，待找平层干燥后用油膏填平。

做完找平层，即涂刷冷底油，做附加层和聚氨酯涂膜防水施工。

试水：防水层做完后，必须试水。蓄水高度不小于 20mm，堵塞点应设在地漏和出水口杯顶 4cm 以下，蓄水时间 24h 以上。

待表面装修层完成后，进行第二次试水。

(3) 屋面防水

1）施工程序

基层清理→管道堵洞→弹线→保温层找坡层铺设→找平层抹灰→防水层

2）施工要点

焦渣找坡：找坡坡度应不小于 2%，操作前应在女儿墙上弹出标明焦渣铺设的厚度及坡度，另外，在屋顶做出找坡灰饼，以示焦渣铺设的厚度及坡度。焦渣铺设由高向低，最低处不得低于 30mm。焦渣应用平板振捣器振实。

屋面保温层：铺设 60mm 厚硬质聚苯乙烯泡沫聚苯保温板，板块之间应拼缝紧密，板块应铺平。

屋面找平层：找平层应按地面做法来做，浇水、冲筋、压光，浇水应适量，以达到找

平层与保温层能牢固结合，找平层应每隔 6m 设一条分隔缝，作为隔潮通气之用。找平层与女儿墙、管道、通风管道等的连接处，均应做成 $\phi80 \sim \phi100$ 的圆弧，做圆弧时应弹线，使半径大致保持一致，在落水管半径 50cm 之内应做成漏斗状，坡度为 5%，管道根部做出一个双曲面的台状。

防水层施工前应检查：

——基层是否有空鼓、起砂现象；

——坡度是否正确；

——出水口标高是否合适；

——泛水高度是否满足。

若达不到要求，应补救使其满足。

淋水：屋面防水做完后，应做淋水试验，雨天时应对顶层板进行检查，看有无渗漏之处。

15. 外墙面砖施工

施工前按照设计图纸和工程实际进行排砖放样，绘制排砖图；

施工现场根据排砖图挂线预排，发现问题及时进行调整；

面砖在使用前应该按照颜色、尺寸相一致的原则进行选砖，并且分类码放备用，正式使用前必须清扫干净，并放入水中浸泡 2h 以上，取出待表面晾干后或擦净后（外干内湿）才能使用。

粘结面砖时砂浆要饱满，但不宜使用砂浆过多。在粘结面砖过程中要做到一次成活，不宜多动，尤其砂浆收水后纠偏挪动，容易引起空鼓。

为防止抹灰收缩引起外墙裂缝导致外墙砖空鼓脱落，需在每层窗下部水平施工缝处用切割机把底层灰切开，并塞入 3mm 厚塑料条，塑料条不外露。

16. 门窗工程

（1）操作工艺流程

弹线找规矩→决定门窗安装位置→安装门窗样板→门窗框安装→门窗扇安装→油漆→小五金安装

（2）在结构和围护结构施工完毕，抹灰和地面施工之前安装门窗框；弹线安装门窗框时应考虑抹灰厚度并根据门的尺寸、标高、位置及开启方向，在墙上弹出安装位置线。

（3）做样板：把门窗扇根据图纸要求安装到门框上，此道工序称为掩扇。对掩扇的质量，按验评标准检查缝隙大小、五金安装位置、尺寸、型号以及牢固性，符合标准作为样板，并以此作为验收标准和依据。

（4）各种门窗的制作的质量要符合规范要求，门窗安装位置、开启方向符合设计要求，安装必须牢固，固定点符合设计要求和规范的规定；窗框与墙体间应嵌填严密，嵌填材料符合要求；门窗扇安装要求顺直，开关灵活、稳定、无回弹和倒翘；小五金安装要求位置适宜，槽边整齐，槽深一致；尺寸准确；门窗表面应洁净，无划痕、碰伤、锈蚀；涂胶表面光滑、平整，厚度均匀，无气孔；门窗安装偏差要控制在允许范围内。

17. 镶贴工程

（1）铺贴顺序

基层处理→打底抹灰→铺贴饰面砖→擦缝（勾缝），铺贴时自下而上，逐块进行。

(2) 施工方法及要求

墙面基层表面的灰尘、污垢和油渍等清除干净，并洒水湿润、冲筋、抹灰，表面用刮尺、木抹子打平整，墙角方正、线条通顺。粘贴前应根据设计要求挑选规格一致、形状平整方正、不缺棱掉角、无凸凹扭曲、颜色均匀一致的砖块。并进行预排，以便拼缝均匀并以此弹出分格线。面砖应避免非整砖，非整砖贴在次要部位或阴角处。在墙面及转角处，每隔2m左右预埋贴面标志，控制面层砖的平整度、垂直度和粘贴结合层的厚度。面砖表面的清理工作应在当天作好。

(3) 质量要求

饰面砖的品种、规格、颜色和图案必须符合设计要求；饰面砖粘贴必须牢固、无歪斜、无缺棱掉角和裂缝等缺陷；饰面砖接缝应填嵌密实，并平直、宽窄均匀、颜色一致，非整砖使用部位适宜；合格率在95%以上。

18. 油漆、涂料工程

(1) 所有涂料和半成品的品名、等级、种类、颜色等须符合要求。

(2) 清漆施工工艺流程

基层清扫、起钉、除油污等→磨砂纸→润粉→磨砂纸→第一遍满刮腻子→磨光→第二遍满刮腻子→磨光→刷油色→第一遍油漆→拼色→复补腻子→磨光→第二遍油漆→磨光→磨水砂纸→第三遍油漆→打砂蜡→打油蜡→擦亮

(3) 施涂注意事项

刷底油时，木材表面、木门四周均须刷到刷匀，不得遗漏；刮腻子时，对于宽缝、深洞要深入压实，刮平刮光；磨砂纸时，要打磨光滑，不能磨穿底油，不可磨损棱角；涂刷油漆时，要做到横平竖直、纵横交错、均匀一致，在涂刷顺序上应先上后下，先内后外，先浅色后深色，按木纹方向理平理直；打蜡时要将砂蜡打均匀，擦油蜡时要薄要匀，赶光一致。

19. 室内顶棚、墙面涂料施工

施工工艺流程：

基层清扫→填补缝隙、局部刮腻子→磨平→第一遍满刮腻子→磨平→第二遍满刮腻子→磨平→干性油打底→第一遍涂料→复补腻子→磨平→第二遍涂料→磨平→第三遍涂料→磨平→第四遍涂料

20. 滚涂

将涂料搅均调至施工粘度、用辊子均匀地蘸取涂料，在墙面上均匀的滚涂，使涂料均匀展开，最后用毛辊按一定方向滚动一遍，阴角及上下口处需用排笔或鬃刷刷涂。

(五) 机电安装工程

1. 主体配合阶段

(1) 结构预留洞口

根据图纸绘制相应结构留洞、套管图和洞口、套管检查表，供施工和检查使用。

洞口、套管检查表采用消项管理。

(2) 吊杆、吊架预埋

工艺流程：预制加工→测定位置→吊杆吊架安装

(3) 预埋套管（地下外墙、水池穿墙部分）

预埋管件制作→管件内部防腐→预埋管件固定→检验→合模

控制要点：预埋管件的制作尺寸、防腐、安装位置、固定方式。

2. 电气工程

(1) 工艺流程（图 6-1）

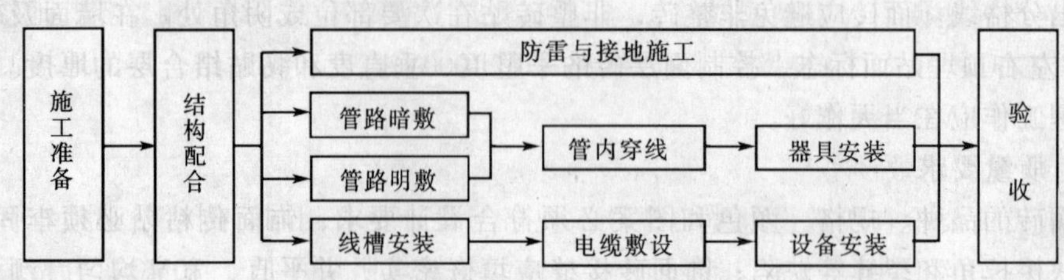

图 6-1 电气工程工艺流程图

(2) 钢管暗敷设

1) 配合施工中，电气专业人员随工程进度密切配合土建作好预埋工作，加强检查，杜绝遗漏，浇筑混凝土时应派专人看护。

2) 暗配的电线管路沿最近的路线敷设，并应减少弯曲；埋入墙或混凝土内的管子，离建筑物、构筑物表面的净距一般管路必须不小于 15mm，消防管路必须不小于 30mm。

3) 进入配电箱、接线箱盒的电线管路，应排列整齐，一管一孔，箱盒严禁开长孔，不得用电、气焊开孔。

4) 钢管连接可采用管箍或套管连接，管箍连接处两端焊跨接接地线，套管的长度为连接管径的 2.2 倍。

5) 穿越外墙的钢管必须焊止水片，埋入土层的钢管做沥青防腐处理。

6) 暗埋在混凝土墙内的钢管外壁不用防腐处理，但必须除锈，暗埋于砖墙或其他墙内的钢管必须用防锈漆处理。

7) 配管阶段采用小流水作业：在未正式配管前，先根据图纸预制出定尺钢管，并与接线盒用锁母牢固连接，一旦土建条件具备，立即进行配合工作。

(3) 钢管明敷设

1) 根据设计图加工支架、吊架、抱箍铁件以及各种盒、箱、弯管。

2) 弯管、支架、吊架预制加工：明管弯管半径不小于管内径的 6 倍。

3) 根据设计图首先测定盒出线口等的准确位置。

4) 管路敷设：水平或垂直敷设明配管，允许偏差值，管路在 2m 以内时，偏差为 3mm，全长不应超过管子内径的 1/2。

(4) 金属线槽、桥架安装

1) 电缆桥架吊装吊杆间距：水平距离为 2m，垂直方向为 1.5m。

2) 敷设电缆的桥架在任何情况下必须保证：其弯曲半径为敷设的外径最大的电缆外径的 10 倍。

3) 保护地线应根据设计图要求敷设在线槽内一侧，接地处螺丝直径不小于 6mm，加平垫和弹簧垫圈，用螺母压接牢固。

4) 金属线槽在穿过防火墙及防火楼板时，采取防火隔离措施，防止火灾沿线路延燃。

(5) 管内穿线

1) 穿线前检查管内加装护口是否齐全，两人配合一拉一送。

2) 穿入管内的导线不允许有接头、局部绝缘损坏及死弯，导线外径总截面不超过管内面积的40%。

3) 绝缘摇测使用摇表摇测线路，照明回路使用500V摇表，线、相、零、地摇测的绝缘电阻值不低于0.5MΩ（兆欧）。动力线路采用1000V摇表，线、相、零、地摇测的绝缘电阻值不低于1MΩ（兆欧）。

(6) 电缆线路敷设

1) 敷设前要检查所敷设电缆的型号、规格与设计是否相同，例行外观检查和各项试验。1kV以下电缆，用1kV摇表测线间及对地的绝缘电阻应不低于10MΩ，合格后方可敷设。

2) 电缆穿楼板时应装套管，敷设完后应将套管用防火材料堵死。并做好封闭措施，防止水从套管内流入下层房间内。

3) 电缆头制作严格遵守工艺规程，一次完成。在电缆敷设前，制定具体施工方案和安全施工措施。

(7) 电气器具安装

1) 有吊顶的灯具或重量超过3kg的灯具及预应力空心板区域，必须在顶板上加独立的吊杆或预埋件，承担灯具全部重量，不得使吊顶龙骨承受灯具荷载。

2) 凡安装距地高度低于或等于2.4m的灯具其金属外壳必须连接保护地线。

3) 灯具、配电箱安装完毕后，对每条支路进行绝缘摇测，阻值大于0.5Ω并做好记录后，方可进行通电试运行。

4) 开关、插座的面板应端正、严密并与墙面平；开关位置应与灯位相对应，同一房间内开关方向应一致；同一室内安装的开关、插座高度差小于5mm，成排安装高度应一致，高度差小于2mm。

5) 手动火灾报警按钮，应安装在墙上距地（楼）面高度1.5m处。

(8) 配电箱（盘）安装

1) 在混凝土墙上固定明装配电箱时，待箱体找准位置后，将导线端头引至箱内，逐个压接在器具上。

2) 配电箱暗装在需抹灰混凝土墙内或砖墙内：结构配合时期在墙体内预留比箱体稍大的预留洞，安装箱体时根据墙面具体做法确定出墙高度，标高符合设计要求，接地正确，其他过程同上。

3) 电箱全部安装完毕后，用500V兆欧表对线路进行绝缘摇测。摇测项目包括相线与相线之间、相线与零线之间、相线与地线之间、零线与地线之间。

(9) 防雷及接地装置安装

1) 利用主筋做引下线时按照设计要求设置测试点，采用暗装，同时加盖，并做好接地标记。

2) 被利用来做引下线的主筋必须做有明显的标记。

3) 接地系统中的所有焊接点（在混凝土中的除外）均要求进行防腐处理。

4) 接地电阻值符合设计要求。

(10) 电机的检查及接线

1) 电动机安装前检查：电动机完好，盘动转子轻快无卡阻及异常声响，电动机的引出线端子焊接或压接良好且编号齐全，附件备件齐全，润滑脂情况正常。

2) 严格按照相线颜色接线，固定牢固，金属软管必须接地。

3) 电动机试运行前测定电机定子线圈、转子线圈及励磁回路的绝缘、轴承座及台板的接触面清洁干燥，用500V摇表测量，绝缘电阻值不小于0.5MΩ。

3. 管道安装工程

(1) 工艺流程图（图6-2）

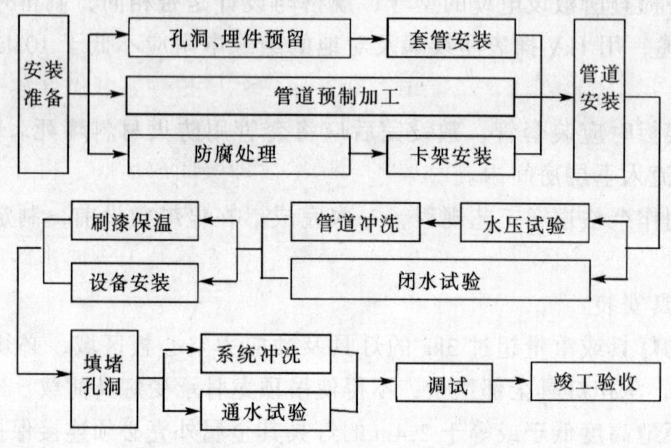

图6-2　管道安装工程工艺流程

(2) 给水管道安装

生活给水管采用热镀锌钢管；消防给水管管径小于或等于100mm时，采用热镀锌钢管，管径大于100mm时，采用焊接钢管。采用管径小于或等于100mm的镀锌钢管应采用螺纹连接。

给水管道系统试压为工作压力的1.5倍，但不得小于0.6MPa。

(3) 排水管道安装

生活污水管除提升以后排水采用镀锌钢管及埋于地下的采用铸铁管外，其他均采用UPVC管，室内雨水管采用热镀锌钢管。

雨水管不得与生活污水管道相连接，室内雨水管安装后应做灌水试验，灌水高度必须到每根立管上部的雨水斗，保证灌水试验持续1h，不渗不漏。

室内UPVC管采用粘接，粘牢后立即将溢出的胶粘剂擦拭干净。多口粘接时应注意预留口方向。

UPVC立管及非埋地管都应设置伸缩节，伸缩节间距不得大于4m。

闭水试验及通球试验：

1) 闭水实验，排水管道安装完毕后，按规定要求，必须进行闭水实验。灌水高度视其立管高度。满水15min后，若水面下降再灌满延续5min，液面不下降，管道及接口无渗漏为合格。

2) 通球实验，排水主立管及水平干管管道均应做通球实验，通球球径不小于管道径的 2/3，通球率必须达到 100%。

3）管道系统安装完毕，应对管道的外观质量和安装尺寸进行复核检查，检查无误后，再分层进行通水试验。排水系统按给水系统 1/3 配水点同时开放，检查排水是否畅通，有无渗漏。

（4）采暖管道安装

采暖管管道小于或等于 *DN*50 时，采用焊接钢管；小于 *DN*50 时采用无缝钢管。

干管安装要按设计要求控制好坡向、坡度，设计未注明按 $i = 0.002$ 敷设。在最高点和最低点分别安装排气和泄水装置。

立管中心距墙控制在 50 ~ 60mm 之内，距地 1.5m 安装双立管管卡，双立管中心距控制在 80mm。立管垂直度不大于 2mm/m。

采暖管道安装完毕后，在管道保温之前，应做试压检验，并做好试压记录。

通暖时应向系统内充软化水。开始先打开系统最高点的放风阀，安排专人看管。慢慢打开系统回水干管的阀门，等最高点放风阀见水后即关闭放风阀，再开总进口的供水管阀门，高点放风阀要反复开放几次，使系统中的冷风排净为止。

需冲洗检修时，则关闭供回水阀门泄水，然后分先后开关供回水阀门放水冲洗，冲净后再通暖运行直到正常。

（5）空调水管安装

空调水管管径小于或等于 *DN*50 时，采用焊接钢管；小于 *DN*50 时采用无缝钢管，冷凝水管采用 UPVC 管。

管道焊缝不得埋入墙内或不便于维修的地方，焊接修补次数不得超过两次，否则应割去换管重焊。

冷凝水的水平管应坡向排水口，坡度不得小于 1%，并将冷凝水管引至厕所水池或就近地漏处排放。

风机盘管冷凝水管按规定要求必须进行闭水、通水试验。冷凝水系统的渗漏试验可采用充水试验，无渗漏为合格。

保温管道与支、吊架之间应垫以经防腐处理的木衬垫，其厚度应与绝热层厚度相同，表面平整。衬垫接合面的空隙填实。

（6）喷洒管道安装

喷洒管道安装的重点是防晃支架的安装，其设置原则如下：

配水管的中点（管径在 50mm 以下时可不设）设防晃支架。

配水干管及配水管、配水支管的长度超过 15m（包括管径为 50mm 的配水及配水支管），每 15m 长度内最少设一个（不大于 40mm 的管段可不算在内）防晃支架。

干管或分支干管的防晃固定支架可设在直管段中间，距立管及开端不宜超过 12m；单杆吊架长度小于 150mm 时，可不加防晃固定支架。

立管要设两个方向的防晃固定支架。

支吊架的位置以不妨碍喷头喷洒效果为原则。一般吊架距喷头应大于 300mm，对圆钢吊架可小到 70mm。

（7）管道防腐保温

管道保温采用橡塑保温材料，水管在管廊内部分需在保温层外敷镀锌钢板保护层。

所有穿过窗井的管线（雨水管除外）均做保温处理。

管道保温应在水压试验合格、防腐已完后方可施工，不能颠倒工序。

管道保温应粘贴紧密，表面平整、圆弧均匀、无环形断裂。保温层厚度应符合设计要求。

(8) 卫生器具安装

卫生器具依据图册进行安装，安装完后做满水通水试验。

(9) 喷洒头的安装

吊顶安装的喷洒头，试压完后冲洗管道，合格后封闭吊顶。

喷洒头安装的保护面积、喷头间距及距墙、柱的距离应符合设计和规范要求。

喷洒头的两翼方向应成排统一安装，护口盘要贴紧吊顶，走廊单排的喷头两翼应横向安装。

向上喷的喷洒头有条件的可与分支干管顺序安装好。其他管道安装完后不易操作的位置也应先安装好向上喷的喷洒头。

(10) 室内消火栓安装

消火栓支管要以栓阀的坐标、标高定位甩口。

根据设计图，以栓阀的坐标、标高核定消火栓支管的甩口后，再找正，按设计定位基准线稳固消火栓箱。

消火栓箱体安装在轻质隔墙上，应有加固措施。

箱体找正稳固后再把栓阀安装好，栓阀侧装在箱内时应在箱门开启的一侧，箱门开启应灵活。

(11) 散热器安装

散热器采用森德散热器，在安装之前应做水压试验，试验压力为工作压力的1.5倍，试验时间为2~3min，压力不降且不漏方可安装。

散热器背面与装饰后的墙内表面安装距离为30mm。

(12) 管道试压、冲洗

1) 管道试压

①为确保管道一次性试压成功，现场成立试压组。把管道系统分成若干段，分段分区单独试压，可分以下几个阶段：

——楼层水平管试压；

——干管、立管及阀部件完成后试压；

——系统全部完成后整体试压。

②试压水源：

试压水源为工程临时用水水源，利用每层设用水点。

③试压方法：

管道在隐蔽前做好单项水压试验。系统安装完后进行综合水压试验。

试压前要先封好堵头，认真检查管路是否连接正确，有无管内堵死现象，注水应从底部缓慢进行，等最高点放气阀出水，确认无空气时再打压。

管路上的各种阀门在安装前应拆开清洗，检查阀柄是否灵活，并经试压不漏后方可安装。

给水管道试压按工作压力的 1.5 倍进行。空调水管道试验压力为工作压力的 1.25 倍，最低不小于 0.6MPa，不渗不漏，在 10min 内压力降≤0.02 MPa 为合格。采暖管道以系统顶点工作压力加 0.1 MPa 进行水压试验（但不小于 0.4MPa）。不渗不漏，在 5min 内压力降不超过 0.02 MPa 为合格。

试压注水应从底部缓慢进行，等最高点放气阀出水，确认无空气时再打压，打至工作压力时检查管道以及各接口、阀门有无渗漏，如无渗透漏时再继续升压至试验压力，如有渗透漏时应及时修好，重新打压。如均无渗漏，持续规定时间内，观察其压力下降在允许范围内，通知有关人员验收，办理交接手续，然后把水泄净。

④试压设备采用电动打压泵，设 3 块压力表进行测试。

⑤试压时应设多人进行巡回检查，严防跑水、冒水现象。

2）管道冲洗

①冲洗要求：在管道系统交付使用前进行冲洗试验，冲洗应以系统最大设计流量或以不小于 1.5m/s 的流速进行冲洗直至水中不带泥沙、铁屑等夹质，且水色不浑浊方为合格。

②冲洗步骤：管路在试压合格后进行清洗；清洗前应将管路上的流量孔板、滤网、温度计、止回阀等阻碍污物通过的部件拆下；向管路内注满水保持系统内一定压力；在系统最低点打开泄水阀，保持最大水量，反复冲洗；清洗合格后再装上拆下的部件。

③泄水方案：试压后泄水关系到电气安全、成品保护和地下室干燥问题，必须加以重视，应单独编制泄水方案。

各系统泄水根据情况，于首层设阀门或三通，试压后，地上部分于阀门或三通处加装临时管线，排至室外排水沟。

地下部分待地上泄水完成后，排至地下集水坑，设潜水泵排至室外。

4. 通风安装工程

(1) 工艺流程图（图 6-3）

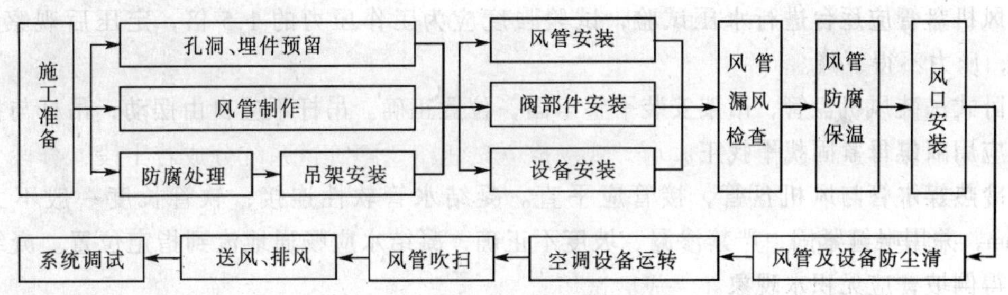

图 6-3　通风安装工程工艺流程

(2) 型钢法兰风管制作安装

风管和部件的板材应按设计要求选用，各系统的板材厚度应符合设计要求。

风管成型前，应检查下料、咬口折方等工序是否无误，核对下料的几何尺寸是否正确。风管合口必须打实、打严以免漏风，且四边平齐。

完成风管翻边后，对风管外形进行检查，对风管翻边四角、三通角处咬口、拼料等有明显缝隙处涂密封胶。处理好的风管要擦拭干净，按加工单标注，标在风管内侧注清相关文字、代号。

(3) 风管支吊架安装

风管支吊架安装必须准确，膨胀螺栓规格与吊杆相同。

吊架间距：无设计要求时，风管大边长小于400mm时不超过4m；大于400mm，不超过3mm。

防火阀、消声器等部件应单独设支吊架。

保温风管支架应设在保温层外，横担处垫木托防止冷桥。

(4) 风管连接

法兰接口处为确保严密，法兰间应有垫料，送回风、新风、排风系统为3mm厚8501阻燃密封胶带，排烟风管为3mm厚石棉板。

连接法兰的螺栓均用镀锌螺栓，连接时螺栓在法兰同一侧。

不允许将可拆卸的接口装设在墙或楼板内。

各种阀件的安装，应装在便于操作的位置。

(5) 测漏

风管吊装好后，在保温前要进行漏风检查，初检时重点检查法兰接缝、人孔、检查门等部件。

合格后，利用漏光法对风管进行进行漏光检测。

漏风量测试，采用专用测量仪器。系统漏风量测试可以整体或分段进行，测试时，被测系统的所有开口均应封闭，不得漏风。

被测系统的漏风量超过标准时，应查出漏风部位，做好标记，修补完工后，重新测试直至合格。

(6) 风机盘管安装

风机盘管应每台进行通电试验检查和电机三速试运转，机械部分不得摩擦，电气部分不得漏电。

风机盘管应逐台进行水压试验，试验强度应为工作压力的1.5倍，定压后观察2～3min，压力不得下降。

卧式吊装风机盘管，吊架安装平整牢固，位置正确。吊杆不应自由摆动，吊杆与托盘相连应用双螺母紧固找平找正。

冷热媒水管与风机盘管，接管应平直。凝结水管软性连接，软管长度一般不大于300mm，并用喉箍紧固，严禁渗漏、坡度不正确，凝结水应畅通地流到指定位置。凝结水盘不得倒坡，应无积水现象。

风机盘管、冷热媒水管连接，应在管道系统冲洗排污后进行连接，以防堵塞热交换器。

(7) 风机安装

风机安装前，应进行开箱检查，应符合设备技术文件的规定。

风机的进风管、出风管等装置应有单独的支撑；风管与风机连接时，不得强迫对口，机壳不应承受其他机件的重量。

风机的传动装置外露部分应有防护罩；当风机的进风口或进风管路直通大气时，应加装保护网或采取其他安全措施。

管道风机的支、吊、托架应设隔振装置，并安装牢固。

(8) 风口（散流器）安装

风口安装前，接风口支管必须到位且保证良好，这一工作要与装饰相配合完成，以确保风口安装好之后，既不破坏、污染装饰面，又保证自身的美观。

风口与风管的连接应严密、牢固；边框与建筑装饰面贴实，外表面应平整不变形，调节应灵活。同一房间内的相同风口的安装高度应一致，排列应整齐。

(9) 通风空调工程调试

通风空调工程的调试工作，就是根据系统的原理，利用机组本身、调节阀、及风口等的调节功能，使整个通风空调系统和风量分布尽量均匀、合理，风速在人们最适合的范围内，风的温度和湿度符合设计要求，从而给人以最大的舒适感。

通风与空调系统无负荷测定与调试主要项目：通风机的风量、风压及转速的测定；空调设备的风量、余压与风机转速的测定；系统与风口的风量测定与调整；通风机、制冷机、空调器噪声的测定；制冷系统运行的压力、温度、流量等各项技术数据应符合有关技术文件的规定；防排烟系统正压送风前室静压的检测；空调系统带冷（热）源的正常联合试运转应大于8h，当竣工季节条件与设计条件相差较大时，仅做不带冷（热）源的试运转，通风、除尘系统的加载试运转应大于2h；设计要求满足的其他调试项目。

5. 大型设备吊运

本工程各层空调室以及B1层泵房、空调机房以及变配电室等设备机房内，具有许多机电设备，其中大型设备均要求于吊装口封闭之前运抵现场，进行设备的吊装运输。

设备运输路线必须根据设备尺寸、门洞尺寸、墙体性质等情况确定，尽量避免墙体预留量太大。

如果设备尺寸许可，尽量使用现场的外用电梯；如果设备外形尺寸较大，室外电梯不能运输，只能选择在各层机房附近，在较大的窗口上搭设小平台，采用塔式起重机吊装放入楼层，然后人工采用地面滚杠加绞磨的运输方式，滚运至设备机房。设备运入时地坪未施工时选用槽钢，地坪已施工完毕时选用木板。设备运入时，视设备重量选用电动葫芦和倒链。设备就位后，做好成品保护工作，尤其是新风机组和组合式空调器，要封闭风口，防止杂物进入，并防止外力碰撞机组的外壳。

6. 系统联合调试

工程最终的调试是重中之重，关系到工程的最终使用功能。

(1) 各系统必须单独编制调试方案。

(2) 系统调试的重点是通风空调系统的调试。

消防系统通水调试应达到消防部门测试规定条件。消防水泵应接通电源并已试运转，测试最不利点的喷洒点和消火栓的压力和流量能否满足设计要求。

(3) 电机试运行：

1）电机试运行前，应做好检查。

2）电动机的第一次启动在空载下运行，首先点动，无问题时，空载运行时间2h。开始运行及每隔1h要测量并记录其电源电压和空载电流、温升、转速等。

3）电动机在运行时进行电机的转向、换向器、滑环及电刷工作情况、电机温升等的检查。

4）交流电动机的带负荷连续起动次数，如生产厂家无规定时，可按下列规定：在冷态时，可连续起动二次；在热态时，可连续起动一次。

(4) 照明器具试运行：

1) 电气照明器具应按系统进行通电试运行，系统内的全部照明灯具均得开启，同时投入运行，运行时间为24h。

2) 全部照明灯具通电运行开始后，要及时测量系统的电源电压负荷电流，并做好记录。试运行过程中每隔8h还需测量记录一次，直到24h运行完为止。上述各项测量的数值要填入试运行记录表内。

(5) 配电柜的试运行：

1) 配电柜试运行前，检查配电柜内有无杂物，安装是否符合质量评定标准，相色、铭牌号是否齐全。

2) 在未关闭主开关时，直投柜要校相。

3) 将开关柜内各分开关处于断开位置。当主开关闭合后，逐个合上分开关。

4) 在空载情况下，检查各保护装置的手动、自动是否灵活可靠。

5) 在负载运行的情况下，切断弱电系统中的线路，测弱电端子、感应电是否符合厂家要求。

6) 送电空载运行24h，无异常现象。

(6) 调试计划见总控计划和各专业验收计划（略）。

(7) 设备安装工程具备联动无负荷试车条件，由自控系统专业分承包商提交系统调试运行方案，我方依据此方案编制整体机电系统联动无负荷调试方案，提交监理批准后实施。我方依据审批通过的调试方案组织试车，并在试车48h前通知业主、各分包商参加，通知包括试车内容、时间、地点和对业主及其他专业分承包商应做准备工作的要求，按要求做好准备工作，配合进行系统联动调试。试车通过，双方代表在试车记录上签字。

(六) 季节性施工措施

1. 冬雨期施工部位

根据本工程的工程特点和进度计划，在工程施工期间将遇到一个冬期和一个雨期，各期的施工项目如下：

(1) 雨期施工

2002年雨期：外墙施工、室内装修、室内机电管线安装。

(2) 冬期施工

2002年冬期：机电设备安装，室内精装修。

2. 冬期施工措施

冬期施工前认真组织有关人员分析冬施生产计划，根据冬施项目编制冬期施工措施，所需材料、设备要在冬施前准备好。

应做好施工人员的冬施培训工作，组织相关人员进行一次全面检查，施工现场的过冬准备工作，包括临时设施、机械设备及保温等项工作。

大型机械要做好冬期施工所需油料的储备和工程机械润滑油的更换补充以及其他检修保养工作，以便在冬施期间运转正常。

冬施中要加强天气预报工作，防止寒流突然袭击，合理安排每日的工作，同时加强防寒、保温、防火、防煤气中毒等项工作。

冬期施工期限：如连续5天日平均气温稳定在5℃以下，则此5天的第一天为冬期施工的初日；天气转暖后后最后一个连续5天日平均气温稳定在5℃以上，则此5天的最后一天为冬期施工的终日。

3. 雨期施工措施

雨期施工前认真组织有关人员分析雨期施工生产计划，根据雨期施工项目编制雨期施工措施，所需材料要在雨期施工前准备好。

成立防汛领导小组，制定防汛计划和紧急预防措施，其应包括现场和周边居民小区。

夜间设专职的值班人员，保证昼夜有人值班并做好值班记录，同时要设置天气预报员，负责收听和发布天气情况。

组织相关人员进行一次全面检查施工现场的准备工作，包括临时设施、临电、机械设备防雨、防护等项工作，检查施工现场及生产生活基地的排水设施，疏通各种排水渠道，清理雨水排水口，保证雨天排水通畅。

在雨期到来前，作好高耸塔式起重机和高脚手架防雷装置，安全检查部门要对避雷装置作一次全面检查，确保防雷安全。

(1) 脚手架工程

1) 雨期前对所有脚手架进行全面检查，脚手架立杆底座必须牢固，并加扫地杆，外用脚手架要与墙体拉结牢固。

2) 外架基础应随时观察，如有下陷或变形，应立即处理。作好外架基础的排水，保证雨水顺利排除。

(2) 屋面工程

1) 保温层的铺设必须避开雨天，并及时做找平层和防水层，以免保温层含水过多，影响保温隔热效果。如做防水前遇雨，应将保温层或找平层覆盖。雨后继续施工时，必须对保温层进行取样测含水率，含水率低于9%方可施工。

2) 新做的防水层遇有天气有雨时，应用塑料薄膜盖牢，不得使新做的防水层遭到冲刷。

(3) 机电安装

1) 设备预留孔洞做好防雨措施。如施工现场地下部分设备已安装完毕，要采取措施防止设备受潮、被水浸泡。

2) 现场中外露的管道或设备，应用塑料布或其他防雨材料盖好。

3) 直埋电缆敷设完后，应立即铺沙、盖砖及回填夯实，防止下雨时雨水流入沟槽内。

4) 室外电缆中间头、终端头制作应选择晴朗无风的天气，油浸纸绝缘电缆制作前须遥测电缆绝缘及校验潮气，如发现电缆有潮气浸入时，应逐段切除，直至没有潮气为止。

5) 敷设于潮湿场所的电线管路、管口、管子连接处应作密封处理。

六、主要施工管理措施

(一) 保证工期措施

1. 制定分级控制保证计划

根据总控计划编制月控制计划，根据月控制计划编制周计划，周计划根据前三天的实际情况，调整后三天计划并且制定下周计划，实行三日保周、周保月、月保总控计划的管理方式。

2. 根据进度计划、工程量和流水段划分合理安排劳动力和投入生产设备，保证按照进度计划的要求完成任务。

3. 加强操作人员对质量意识的培养，提高施工质量和一次成活率。达到质量标准的一次成活率提高了，也就加快了施工速度，从而可以保证施工进度。

4. 加强例会制度，解决矛盾、协调关系，保证按照施工进度计划进行。

(二) 保证质量措施

1. 基础工作

施工前，应严格按照国家现行施工规范和验评标准组织编写工程施工组织设计。

认真组织学习执行有关规章制度，对全体员工进行质量意识教育，牢固树立“质量是企业的生命”和“为用户服务”的思想。

按照 ISO9001—2002 体系运行文件的要求建立质量保证组织体系，设立专职质检员和成品保护管理员岗位，建立岗位责任制，并建立相应的台账，单位的领导要经常检查质量保证体系的运转情况。

要根据专业特点制定本工程的质量管理重点，并成立 QC 小组，经常开展质量分析活动和劳动竞赛活动，做好记录。

2. 物资检验规定

对所有进场的原材料、半成品组织检查验收，建立台账。

所有进场物资如由专业队伍自行采购的，专业队伍必须随材料进场向项目提供合格的材质证明、出厂合格证和试验报告。

对需要做复试的原材料，如：水泥、钢材、钢筋、砂石料、各种附加剂、焊条、焊剂、防水材料等，必须按照规定及时取样试验，并将试验报告向总包报验。

对进场的物资必须进行标识，按照已经经过检验、未经检验和经检验不合格等三种状态进行分种类堆放，严格保管，避免使用不合格的材料。

对不合格物资，坚决要求不准进场，同时要注明处理结果和材料去向。对不合格材料的处理，应建立台账。

3. 过程检验及报验规定

严格执行国家现行规范、标准及企业的各项规定，严格按照设计要求组织施工。

每个分项工程（工序）开工之前，应严格按工艺标准要求对操作班组进行技术、质量交底。

工程施工实行“三检制”，应认真抓好班组的自检工作，设立专职质检员，督促班组的自检及填写自检记录。

分部分项（工序）工程完成后，专业队伍组织自检和工序间的交接检查，不合格的分项或工序，不经返修合格不得进行下道工序的施工。

分项工程或工序达到合格后填好报验单报总包和项目责任工程师复查验收，报验单附自检、交接检记录、隐蔽记录、预检记录、质量评定等资料。

严格按照“三检制”组织检查各道工序的施工质量。做到检查上道工序，保证本道工序，服务下道工序。真正做到严格控制工序质量，不合格的工序不移交。

质检人员必须严格控制施工过程中的质量，在施工过程中严格把关，不得隐瞒施工中的质量问题，并督促操作者及时整改。

4. 不合格分项（工序）处理规定

施工中出现施工质量严重不合格，不得擅自进行处理，必须及时汇报，由项目方会同业主、设计院、监理制定处理方案。施工方必须严格按照处理方案进行返修，并将处理结果报总包方质检部门复查，复查达不到合格的应重新处理，直至达到合格为至。

凡因施工不当造成的一切后果，包括经济损失，一律由专业队伍自负。

施工中出现质量事故，必须按规定填写质量事故报告单，并及时上报项目方质检站。

出现质量事故时，必须认真对待，严格按照三不放过的原则，追查责任者、事故的经过。对责任者进行严格处理，不得讲情面，说人情，包庇责任者。

5. 工程质量检验评定规定

分项工程质量评定应按照国家质量验评标准规定进行实事求是的评定，不得闭门造车。

分项工程质量评定，由协力单位组织自检评定，报项目经理部质检部门进行核定，主要分部由总承包质检部门核定。分项工程质量评定必须在班组自检的基础上由工长组织有关人员进行，由项目经理部专职质检员核定质量等级。

分项工程质量评定过程中出现不合格，由专职质检员填写不合格品通知单，技术部门提出纠正措施，整改后重新评定。

6. 质量保证资料管理规定

质量保证基础资料，由分包单位负责填写、整理、报总包方质检站，并严格执行地方行业标准。

各种质量保证资料，必须与施工同步进行，不得后补，以保证资料的完整、真实、整齐。总包方质检站将会同技术部定期对各分包方进行资料查验。

分包单位质检组，必须编制每周质量检查计划，并列出检查标准的依据，严格按照检查计划进行控制检查、评定。

质量评定资料必须统一，格式要标准化，严格按照《建筑工程质量验收统一标准》进行质量检查、评定。

7. 工程质量奖罚规定

协力单位对工程质量认真负责，分期、分阶段、分部位，达到预期质量目标的给予奖励。奖励额度按照双方约定的合同条款执行。

分项、分部工程质量，达不到预期目标，或经上级部门检查工程质量低劣，给工程带来不良影响的给予处罚。处罚额度按照双方约定的合同条款执行。

进场材料把关严格，保管、发放等管理好的，原材、半成品控制严格，给施工质量创造了良好的基础，按双方合同约定给予奖励。

物资把关不严，使用不合格材料，给工程质量带来不可挽回的损失，按双方合同约定给予处罚。

不按图施工，违章操作，造成返工的根据返工损失大小给予加倍处罚。

（三）技术管理措施

1. 图纸会审和图纸交底管理制度

业主提供我方的施工图纸由项目资料员统一管理，建立图纸收、发放台账。收文台账要注明图纸领取日期、图号、数量以及收、发者的签字；下发时要认真对图纸进行核对，并在发放台账上注明日期、图号、数量以及收、发者的签字。在施工工程中如设计重新修改某部位图纸，技术部以书面形式下发通知，通知中注明新图图号及作废图纸图号，并且作好发放登记工作，确保按有效图纸进行施工。

项目在收到图纸后认真阅图，若发现问题应以书面形式及时反馈，并汇总到技术部，由技术部与设计和业主进行沟通。

由项目主要管理人员参加业主方和设计、监理组织的图纸会审，并做好会议记录，完善图纸会审交底。

2. 洽商变更管理

洽商变更的管理由技术员负责，技术员在领取和发放时要检查洽商变更是否有四方签字（甲方、监理、设计、施工）内容是否书写清楚，施工方的签字必须由项目总工程师负责，其他人无权在洽商变更中代表施工方签字。

设计变更及时反馈到图纸上，做到和施工同步，做到工程竣工前竣工图纸基本完成。

3. 技术交底管理制度

技术交底逐级进行。分包技术负责人必须组织本单位工程技术人员，参加总包组织的图纸交底、技术要求和现场条件的交底。

分包技术部门必须对施工管理层进行图纸和方案交底。

施工管理层对操作层进行交底。

各级交底必须以书面形式进行，并有接受人的签字。分包应将技术交底作为档案资料加以收集记录并将内部的技术交底反馈给总包技术部以备检查。

技术交底包括：专项施工方案措施交底和各分项工序施工前的技术交底。

4. 计量管理制度

现场设置一兼职计量员负责计量工作，建立计量器具台账及器具的标识，负责计量器具的送检，计量员负责绘制工艺计量流程图，并向公司上报本项目的计量台账和工艺流程图。

不合格设备的处理：

凡出现下列特征的设备均为不合格：已经损坏；过载或误操作；显示不正常；功能出现可疑；超过了规定检定周期。

不合格设备应集中管理，由使用单位计量员贴上禁用标识，任何人不准使用，并填写报废申请单，经审核后才能生效。

（四）保证安全措施

1. 安全管理方针

安全管理方针是“安全第一，预防为主”。

2. 安全组织保证体系

以项目经理为首，由现场经理、安全总监、区域责任工程师、专业监理工程师、各专业分包等各方面的管理人员组成安全保证体系。

3. 安全管理

严格执行国家及北京市有关现场安全管理条例及方法。

制定实施现场安全防护基本标准，如：基坑防护标准、施工临时用电安全标准、各类施工机械和设备的安全防护标准、施工现场消防管理标准等。

建立严格的安全教育制度，坚持入场教育、坚持每周按班组召开安全教育研讨会，增强安全意识，使安全工作落实到广大职工上。

编制安全措施，设计和购置安全设施。

强化安全法制观念，严格执行安全工作文字意识，双方认可，坚持特殊工种持安全操作证上岗制度等。

加强施工管理人员的安全考核，增强安全意识，避免违章指挥。

对于各种外架、大型机械安装实行验收制，验收不合格一律不允许使用。

建立定期检查制度。经理部每周组织各部门、各协力方对现场进行一次安全隐患检查，发现问题立即整改；对于日常检查，发现危急情况应立即停工，及时采取措施排除险情。

4. 分析安全难点，确定安全管理难点

在每个施工阶段开始之前，分析该阶段的施工条件、施工特点、施工方法、预测施工安全难点和事故隐患，确定管理点和预措施。安全难点集中在：

高层施工防坠落，立体交叉施工防物体打击；

塔式起重机、外用电梯使用中的违章操作，以及施工人员的防范意识不足；

井筒、楼梯间、楼层洞口、管道井处防坠落；

挑、外架的安全防护措施及操作前的检查、整改；

各种电动工具的不安全使用，对临电设施的维护、检修。

5. 临边与洞口的安全防护

(1) 临边防护措施

所有临边部位均设置防护栏杆，防护栏杆由上、下两道横杆及栏杆柱组成，上杆距地高度为 1.2m，下杆离地高度为 0.5m ；如楼层进行砌筑时，护栏下口需设挡脚板，防护栏杆与框架柱连接紧固。

楼、电梯洞边外用电梯接料平台必须安装临时护栏，外用电梯地面通道上部装设安全防护棚。

屋顶结构施工完毕后，临边设 1.5m 高的防护栏杆，并加挂立网，间隔 2m 设栏杆柱。

(2) 洞口防护措施

进行洞口作业以及在因工程和工序需要而产生的，使人与物有坠落危险或危及人身安全的其他洞口进行高空作业时，必须设置防护设施。

楼层、屋顶等外边长小于 50cm 的洞口，必须加设盖板，盖板须能保持四周均衡，并有固定其位置的措施。

边长为 50～150cm 的洞口，必须设置以扣件接钢管而成的网格，并在上面满铺脚手板。

边长大于 150cm 以上洞口，四周除设防护栏杆外，洞口下面设安全水平网。

(五) 消防保卫措施

由于本工程所处的特殊地理位置，又受现场条件限制，在施工生产全过程中必须认真贯彻实施“预防为主、防消结合”的方针，确保在我项目不出现消防、伤亡事故。

1. 建立完善的保障体系

在施工的全过程，建立以项目经理牵头，行政部及安全部主抓，其他部门配合的管理体系，结合工程施工特点，对每位员工进行消防保卫方面的教育培训，做到每个人在思想上的重视。

2. 消防保证措施

实行逐级防火责任制，明确各级的职责，组建消防小组，负责日常的消防工作。

专业队伍在项目方的监督检查下，建立专业队伍内部的逐级防火责任制，加强民工消防教育。

施工现场不允许吸烟，生活、办公区设置吸烟处，除特殊批准外，不允许使用电炉，并且在生活区、办公区及现场设足够消防器材。

加强对易燃、易爆物品的管理，有专用仓库存放，在存放处挂明显警示牌，对于此类材料严格执行限额领材料制度。

加强对电气焊的管理，操作人员必须持证上岗，严格按规程进行操作。

现场及楼层内的临时设施应经常检修，挂明显标示牌，任何人不允许私自挪动或改为它用。

3. 保卫措施

加强对每位员工的思想教育工作，建立有针对性的保卫制度和处罚制度。

现场经警实行24h值班制度，进出场车辆必须进行登记，并对每辆汽车使用数码相机进行照相并存档。

现场每位员工必须配带胸卡及带有本人信息的磁卡（实行上下班刷卡制度）进出现场，对于来访者要进行登记。

实行材料出门条制度，材料出场必须有物资部签发的出门条，其他部门签发无效，现场贵重物品必须入库保管，专人专管。

（六）环保措施、文明施工

文明施工是建筑施工形象的窗口，是施工现场综合管理水平的体现，贯穿于项目施工管理的始终，文明施工不仅涉及项目每位员工的生产、生活及工作环境，更主要的是本工程地处大学校园内，且离住宅楼较近，对周围环境及居民的影响很大。

我公司在文明施工方面一直注重管理，强调落实，并形成了规范化、制度化，依据公司文明并结合本工程特点，我经理部制定了文明施工的保障体系，责任到人，层层把关。

1. 环境卫生保护措施

在现场北侧大门口设置沉淀池，出场的车辆必须经过冲洗，避免将尘土、泥浆带到场外，运输散装材料的车辆，车厢后封闭，避免撒落。

专人负责现场道路及大门出入口的清扫工作，并经常洒水，防止扬尘，现场内的道路必须压实，表面铺一层豆石混凝土，防止雨季产生泥浆，在现场的东侧设垃圾站，定期进行清运。

行政部抓好办公、生产区域的环境卫生工作，设置专门的生活垃圾回收站，每日有专人清理宿舍，临时宿所要专人每日清扫。

2. 成品保护

上道工序与下道工序之间要办理交接手续，证明上道工序完成后方可进行下道工序。

分包单位在进行本道工序施工时，如需要碰动其他专业的成品，本道工序施工的专业队伍必须以书面形式上报经理部，经理部协调好后方可进行作业。

模板吊装时轻起轻放，拆模时不得用大锤硬砸或撬棍硬撬。拆模时要严格执行拆模强度。

混凝土施工完后未到规定强度不得上人踩动。底板施工随浇筑随时进行覆盖，铺盖完后设专人进行看护。

楼地面施工用砂浆在运输过程中应防止破坏门框等成品，并应在砂浆达到强度后方可上人，严禁在做完的地面上拌和砂浆。

在立好木门框后应在1.2m以下部位使用多层板将门框周圈包钉好，防止碰撞。

砂浆、面砖在运输过程中应注意防止破坏门框及各种饰面阳角。

油漆施工前将地面清理干净，各种五金管件做好保护。油漆未干前，应设专人看护防止触摸。

在施工过程中要注意其他专业成品的保护，不得蹬踏各种卫生器具、水暖管道、铝合金门窗等。

在装修阶段入户进行电气焊作业时，要用挡板等保护焊点周围的瓷砖、地砖、防水材料等成品。

工程进入精装修阶段（或机电工程进入设备及端口器具安装时）应制定切实可行的《成品保护方案》，由经理部保卫部门负责监督执行。

（七）现场料具管理

现场料具管理员施工现场管理的重要内容，也是场容场貌的具体体现，现场料具的管理到位对减少安全隐患，降低施工成本起着关键作用。因此，本施工组织设计特别把料具管理作为独立章节讨论。

1. 材料存放

根据现场平面布置图，各种料具应按指定位置存放，并分规格码放整齐、稳固，做到一头齐，一条线。

施工现场的机具保管中，应依据材料性能采取必要的防雨、防潮、防冻、防火、防爆、防损坏等措施，贵重物品、易燃、易爆和有毒物品应及时入库，专库专管，加设明显标志，严格执行领退料手续。

进入装修阶段后，现场将进入大量砌块，在码放时注意实心砖应成丁、成行，高度不得超过1.5m，空心砌块码放高度不得超过1.8m。

模板要存放在专用的堆放架内，木方、木制多层板必须按规格码放整齐。

地下室顶板在边缘外砌240高的砖坎，严禁拉料车辆开至顶板，顶板上集中堆放超重料具，除非经过结构设计师的核算，同意后方可堆放。

2. 材料节约措施

依据施工方案，总包方与分包单位在施工前，应签订材料投入量明细表，明确材料所用部位以及周转方式，一经确定，任何人无权更改材料投入量，如在施工中出现材料紧缺，必须查明原因，再进行增补。

技术部依据图纸及施工方案，应准确提出材料计划，规格、技术要求、使用部位、进场时间，避免多提或少提，材料计划应下发到物资部、工程部、商务经理。

在施工生产过程中，为杜绝材料浪费及使用不当，各部门应各负其责，把好每道关。技术部：应经常到现场检查方案的执行情况；工程部：对在施工中不正确使用料具应及时纠正；物资部：对施工中发生的料具浪费情况及时做出处理。

物资部应经常对现场进行检查，对零散的料具进行集中，对剩余的料具及时把信息反馈到技术部，由技术部统一考虑用于其他部位。

混凝土浇筑前，工程部应仔细计算工程量，确保用量的准确性，浇筑完毕后，剩余的部分不允许随便处理，现场需制作模具，用于预制盖板的加工。

砌筑砂浆现场搅拌，应控制搅拌量，砂浆应随砌随搅，避免一次搅拌过多。

料具管理过程中，物资部应建立节约计划，效果台账，以及限额领料台账。

（八）降低成本措施

采用高质量的覆膜多层板和覆膜竹胶板和高强度的支撑体系，达到清水混凝土墙标准，减少了抹灰湿作业，缩短了工期，保证了质量。

采用碗扣式支撑体系，可以提高工作效率，加快施工进度，提高施工质量，使现场施工文明有序，缩短工期，节约管理费的开支，使现场清洁、文明、有序。

在施工期间采用先进流水施工工艺，编制合理的施工计划，加强管理，可减少施工资源的投入，缩短施工周期。与定额工期相比可提前工期，节约临水、临电、人工及其他费用。

施工现场道路用混凝土进行硬化处理，非道路部分铺设级配石，保证施工现场不起尘土，同时能周转使用降低成本。

七、经济技术指标

1. 工期指标：本工程从2002年3月5日开工，至2003年3月20日竣工，合同工期381天。

2. 工程质量目标：结构工程质量目标：北京市“结构长城杯”；

3. 单位工程质量目标：北京市优质工程，争创北京市“长城杯”。

4. 安全目标：确保无重大工伤事故，杜绝死亡事故；轻伤频率控制在3‰以内。

5. 文明施工目标：创北京市建筑工程安全文明工地。

6. 消防目标：消除现场消防隐患。

7. 环保目标：达到ISO14001国际环保认证的要求。

8. 竣工回访和质量保修计划：根据我公司对业主服务的承诺，每年夏季对用户进行回访。根据保修合同，质量保修3年。

八、现场平面布置

（一）现场施工条件

在现场的东南角设置配电室，负责现场施工的用电。现场施工用电总柜从变压器引入。经过计算350kVA刚刚满足现场施工用电的要求。

现场提供两条电话线供施工总包、现场监理和主要分承包方使用。

业主提供在现场东侧市政给水井，作为现场搅拌站和生活用水水源，水源的水管为$\phi100$，供水量为$25\sim30m^3/h$。

施工进场前，现场内的障碍物已经基本被清除，须进行面层建筑垃圾清理和地面的平整工作方可进行施工。

建筑红线内面积约$10800m^2$，基坑面积约$6000m^2$，由于建筑物比较靠近场地中心，因此四周所剩余的空间都不是很大，再除掉现场临设占用的面积后，剩余面积已经很少。现场只能设置一些简单的加工设备。

现场南侧道路上有一个市政下水口，现场内的雨水和需要排掉的施工用水将从这个下水口排入市政管线。为了保证排入市政管线的水符合要求，现场内地面全部硬化处理，施工用水从结构的积水坑中经沉淀后抽出，保证排入市政管线的水不带有泥砂。

（二）现场施工现场平面布置

现场大门的布置：现场东南侧的1号大门作为运送材料车辆的出入口，西南侧2号大门作为现场少量材料车辆的出入口及混凝土浇筑备用入口。现场东北角3号大门作为现场施工人员上下班主要出入口。

现场临建设置：在场地的东北角布置一排混凝土盒子房作为项目经理部的现场临时办公室。采用17个标准盒子房（3.6m×5m）组合成"一"字形三层办公楼，北侧利用2个盒子房对拼成会议室，总共19间盒子房。现场北侧设置库房、工具室、分包办公室等，现场南侧设置试验室、配电室木工棚，东侧设置钢筋加工场。

现场堆场：加工成形的木模板堆放在基坑的北侧。

现场环形路：由于基坑周圈场地狭小，并且基坑东侧还需设置塔式起重机，所以施工现场无法设置循环路。

塔式起重机布置：由于工期要求得比较紧，并且建筑较长一台塔式起重机无法覆盖整个建筑物，因此结构施工设置两台塔式起重机，一台50m臂的ST50/15固定式塔式起重机，布置在建筑物西侧中部；另一台70m臂的ST70/30行走式塔式起重机，布置在建筑物东侧中部。

装修期间现场平面布置：现场大门、临建、临时道路同结构期间施工现场平面布置；塔式起重机在结构封顶后拆除；现场堆场：石材、地砖、墙砖、铝合金等材料放置在室外的堆料区内，水泥、腻子、木门窗、木材、板材、吊顶材料存放在楼层内。油漆等挥发性材料存放在库房内。

第二节 钢筋施工案例

一、编制依据

××工程施工合同文本；

××设计院××年××月的设计图纸（工程编号××）；

《混凝土结构工程施工质量验收规范》(GB 50204—2002)；

《建筑施工高空作业安全技术规程》(JGJ 80—91)；

《建筑机械使用安全技术规程》(JGJ 33—86)；

企业标准《钢筋滚压直螺纹接头技术规程》(Q/HJ 08—1999)；

《钢筋机械连接通用技术规程》(JGJ 107—96)；

《混凝土结构施工图平面整体表示方法制图规则和构造详图》(00G101)；

《建筑物抗震构造详图》(97G329)。

二、工程概况

本工程用地面积××m^2，建筑占地面积××m^2，总建筑面积××m^2，其中地上建筑面积××m^2，地下××m^2。为地上×层，地下×层，现浇框架剪力墙结构，檐高××m，层高4.2m，室内外高差1800mm。楼梯间墙及电梯间墙为剪力墙结构，梁板为井字梁结构。三、四、五层大空间楼板采用大跨度现浇无粘结预应力空心板结构。基础采用天然地基，钢筋混凝土筏板基础。在二层与五层间基础交接处预留后浇带。

抗震设防烈度为8度，剪力墙抗震等级为二级，框架抗震等级为三级。各部位构件保护层厚度（略）。直径超过 $\phi20$ 钢筋采用直螺纹连接，其他采用绑扎搭接见表6-19。

钢筋布置明细表（mm） 表6-19

构件名称	钢筋规格	截 面	间 距
底板	$\phi16$、$\phi18$	400	@200双排双向
混凝土墙	$\phi14$、$\phi12$、$\phi10$	250、300	@200双排双向
地梁	$\phi25$	350×850、350×900	箍筋 $\phi10$@100~200
框架柱KZ	$\phi22$、25	600×600、800×800	箍筋 $\phi8$、10@100/200
框架梁KL	$\phi16$、20、22、25	250×400、250×650	箍筋 $\phi6$、8、10@100/200
框架连梁LL	$\phi14$、16、18、20、22、25	250×350、250×400、350×700	箍筋 $\phi6$@200
暗柱	$\phi16$、18、20、22、25、28		箍筋 $\phi8$@100或150

三、钢筋工程施工质量目标

分项工程合格率100%，优良率95%。

四、钢筋原材料的控制

（一）原材料供应

为了保证本工程钢筋原材料的质量，供应厂家选择与我公司长期合作、社会信誉好的合格分供方。本工程各种规格的钢筋供应明细表（略）。

（二）钢筋原材质量控制图（见图6-4）

（三）钢筋检验

1.由于现场施工场地狭小，钢筋进场需按计划单进场，同时必须出具出厂合格证及试验报告（材质证明）报监理审核。钢筋堆放在施工总平面布置图规划出的钢筋区内堆放，分批、分炉号、分规格、分等级挂牌标识，标识牌注明：名称、规格、型号、数量、产地、进货日期、标识人。钢筋堆放时，下垫垫木，离地不少于20cm。

2.原材取样：钢筋进场后同一场别、同一炉号、同一规格、同一交货状态每60t为一验收批，不足60t也按一批计算。HRB335级钢取样数量：二根拉力试验，二根冷弯试验，同时委托试验室出具钢筋强屈比试验报告（本工程剪力墙钢筋检验所得的强度实测值应符合：钢筋的抗拉强度实测值与屈服强度实测值的比值不应小于1.25；钢筋的屈服强度实测值与强度标准值的比值不应大于1:3）。取样部位及取样数量：试件应在距钢筋端头500mm以上截取，在每批中任选两根钢筋，在每根原材上截取一根拉力试件，一根冷弯试件。

3.低碳钢热轧圆盘条，同一场别、同一炉号、同一规格、同一交货状态重量不大于60t为一批，每批中截取1个试件做拉力试验，2根试件做冷弯试验。

4.同牌号、同冶炼方法、同浇筑方法的不同炉罐号，每批不多于6个炉号，每炉罐号含碳量之差不得大于0.02%，含锰量之差不大于0.15%的钢筋可以组成一个混合批。

5.以上拉力、弯曲试验如有一项不满足要求，应取双倍数量进行复试，如果复试仍不满足要求，则该批钢筋为不合格产品，对不合格产品给予封存和退货，内部做好记录，严禁用于工程中。

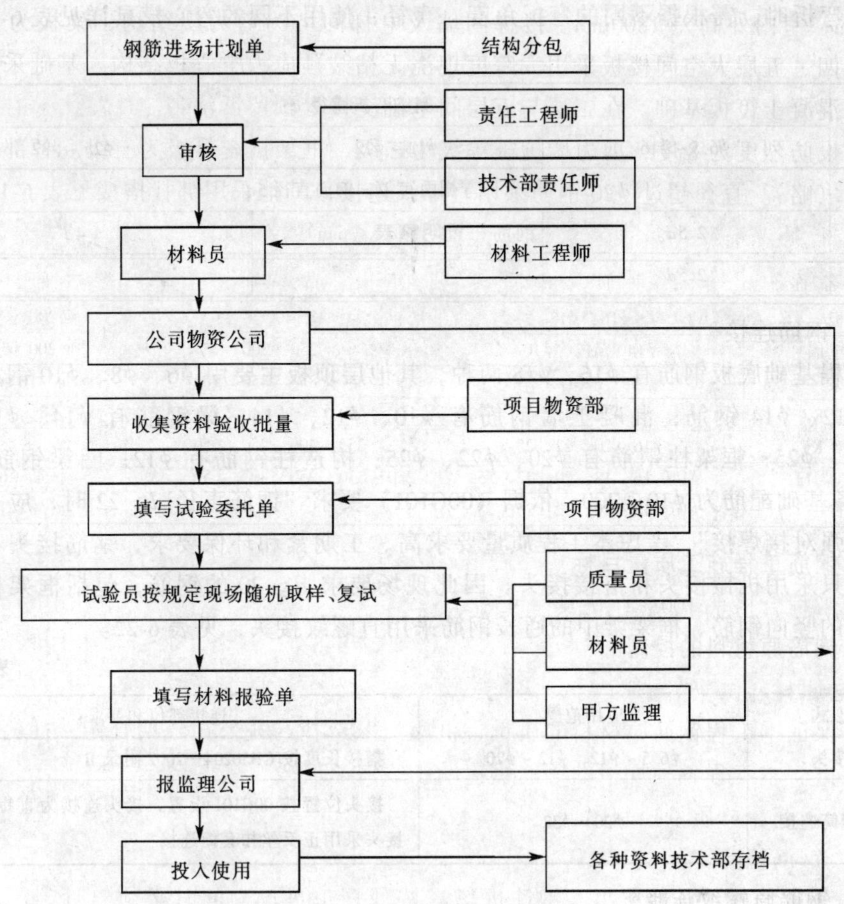

图 6-4　钢筋原材质量控制图

五、钢筋加工、钢筋连接及钢筋锚固和搭接

(一) 施工放样

钢筋加工前，由抽筋人员依据结构施工图、规范要求、施工方案及有关洽商对各种构件的每种规格钢筋放样并填写《钢筋配料单》，《钢筋配料单》中注明钢筋的规格、形状、长度、数量、应用部位等。《钢筋配料单》经项目技术部经理审核签字认可后，开始加工。

(二) 钢筋加工

根据本工程地理位置和所处环境及现场平面布置情况，减轻现场南侧 1 号大门交通压力，减少二次搬运，提高工效，利用现场东部作为钢筋加工场。根据钢筋工程量及钢筋加工能力配备以下加工机械，见表 6-20。

钢筋加工机械设备表　　表 6-20

序号	设备名称	数量（台）	性能	用途
1	弯曲成型机	2	ϕ40	钢筋成型
2	切断机	1	ϕ40	钢筋切断
3	卷扬机	1	2t	钢筋调直
4	砂轮切割机	2	ϕ500	钢筋切断
5	钢筋滚压直螺纹机	2	ϕ40	钢筋丝头加工

钢筋弯折时，需根据不同的弯折角度、直径，使用不同的弯心模具详见表 6-21。

表 6-21

弯折角度	钢筋弯折直径 d		
	ϕ6.5～ϕ16	ϕ12～ϕ22	ϕ25～ϕ32
90°	弯弧内直径≥钢筋直径 5d		
135°	2.5d	4d	4d
180°	2.5d	—	—

（三）钢筋连接

本工程基础底板钢筋有 ϕ16、ϕ18 两种，其他层顶板主要用 ϕ6、ϕ8、ϕ10 钢筋，局部有少量 ϕ12、ϕ14 钢筋；混凝土墙钢筋有 ϕ10、ϕ12、ϕ14；梁钢筋有 ϕ14、ϕ16、ϕ18、ϕ20、ϕ22、ϕ25；框架柱钢筋有 ϕ20、ϕ22、ϕ25；构造柱钢筋有 ϕ12；圈梁钢筋有 ϕ10、ϕ12；设备基础配筋为 ϕ10@200。依据《00G101》要求"钢筋直径 $d>22$ 时，应采用机械连接或等强对接焊接"，考虑本工程质量要求高、工期紧和环保要求，钢筋接头不采用焊接接头，只采用机械接头和搭接接头。因此现场要求 $d \geqslant 20$ 的钢筋，包括框架柱（含墙内暗柱）的竖向钢筋、框架梁中的通长钢筋采用直螺纹接头，见表 6-22。

表 6-22

接头形式	应用范围	连接部位和要求
搭接接头	ϕ6.5～ϕ12，ϕ12～ϕ20	搭接长度按 GB50204—2002 附录 B
直螺纹套筒连接	ϕ20～ϕ32	接头位置按 00G101 设置，接头连接为直螺纹，端部接头采用正反丝扣套筒连接

（四）钢筋直螺纹连接

1. 施工准备

(1) 直螺纹接头选用华北建筑机械设备厂来现场机械加工，见表 6-23。

钢筋机械连接设备明细表 表 6-23

序 号	设备名称	数量（套）	备 注
1	直螺纹套丝机	2	数量随工程要求随时增减
2	工作扳手	20	出现损坏由厂家随时更换
3	接头检测工具	4 套	数量随时增减

(2) 根据现场总平面布置图，将套丝机设在基坑北侧，并架设钢筋套丝支架和防雨棚，每一支架两端各设一台套丝机，支架高度与套丝机刀口中心平齐，以保证被套丝钢筋轴线与刀具轴线重合。

(3) 由厂家根据其工艺要求对操作人员进行技术交底和技术培训，经考核合格发给上岗证后方可上岗操作。

(4) 对钢筋直螺纹接头进行工艺检验，确定其各项工艺参数，见表 6-24。

表 6-24

钢筋规格	ϕ20	ϕ22	ϕ25	ϕ28	ϕ32
套丝牙数（整牙数）	10	12	10	11	13

(5) 提供连接钢套筒合格证和力矩扳手检定证书。

(6) 本工程直螺纹连接套筒分标准型套筒和正反丝套筒。标准型套筒的几何尺寸规定见表 6-25。

标准型套筒的几何尺寸（mm）　表 6-25

规格	螺距（P）	长度（L）	外径（ϕ）	螺纹小径（D_1）
ϕ20	2.5	54	31	18.1
ϕ22	2.5	60	33	20.4
ϕ25	3	64	39	23.0
ϕ28	3	70	44	26.1
ϕ32	3	82	49	29.8

(7) 套筒在运输和储存中，应防止生锈和油污。套筒应有保护盖，保护盖上应注明套筒的规格。

2. 钢筋加工

(1) 按钢筋配料单进行钢筋下料，且钢筋接头距弯折点不少于 10d。采用钢筋切断机下料时，要保证其端部不因挤陷而导致丝扣不饱满。要求下料断面垂直钢筋轴线，无马蹄形或弯曲头，否则用砂轮切割机切掉。如丝扣不饱满者，切掉 2cm 重新套丝。用环规检查其套丝长度时，如出现丝扣超长，则用手持砂轮机磨掉，直至满足规定的长度要求为止。如丝扣长度不足时，需重新调整限位器并重新套丝，直至满足要求为止。不得用气割下料；

(2) 滚压钢筋直螺纹时，采用水溶性切削润滑液，不得用机油作切削润滑液或不加润滑液滚扎丝头；

(3) 钢筋套丝完成后，要求用牙形规、环规逐个检查钢筋丝头的加工质量；

(4) 自检合格的丝头，一头拧上同规格的保护帽，另一头拧上同规格的连接套；

(5) 质检人员用牙形规、环规，按 10% 的加工数量抽检钢筋丝头加工质量，并填写钢筋螺纹加工检验记录，如发现一个不合格丝头，则逐个检查，剔除不合格丝头。

3. 钢筋连接

(1) 拧下待连接钢筋的保护帽和连接套上的密封盖；

(2) 将待连接钢筋拧入连接套。拧入前应仔细检查钢筋规格是否与连接套规格一致，钢筋连接丝扣是否干净完好无损；

(3) 被连接的两钢筋端面应处于连接套的中间位置，偏差不大于 1P（P 为螺距），并用工作扳手拧紧，使两钢筋端面顶紧，同时随手画上油漆标记，以防钢筋接头漏拧。

4. 连接钢筋注意事项

(1) 钢筋丝头经检验合格后应保持干净无损伤；

(2) 所连钢筋规格必须与连接套规格一致；

(3) 连接水平钢筋时，必须从一头往另一头依次连接，不得从两头往中间或中间往两端连接；

(4) 连接钢筋时，一定要先将待连接钢筋丝头拧入同规格的连接套之后，再用工作扳手拧紧钢筋接头，以防损坏接头；连接成型后用红油漆做出标记，以防遗漏。

5. 检查钢筋连接质量

随机抽取同规格接头数的 10% 进行外观检查，钢筋与连接套规格一致，接头外露完整丝扣不大于 3 扣。

6. 直螺纹接头试验

同条件施工，同一批材料的同等级、形式、同规格接头以 500 个为一验收批，不足 500 个也为一验收批。

每一批取 3 个试件作单向拉伸试验。

钢筋机械连接接头应符合《钢筋机械连接通用技术规程》（JGJ 107—96）表 3.0.5 的要求。

（五）钢筋锚固和搭接要求

1. 二级抗震纵向受拉钢筋锚固长度和搭接长度（表 6-26）

钢筋锚固和搭接长度表（二级抗震）　　表 6-26

抗震等级	混凝土强度等级	钢筋级别	钢筋直径	锚固长度		搭接长度	
				(d)	(mm)	(d)	(mm)
二级	C30	HPB235	φ10	25d	250	41.4d	414
		HRB335	φ28	40d	1120	—	—
			φ25	35d	875	—	—
			φ22		770	—	—
			φ20		700	48.3d	966
			φ18		630		869.4
			φ16		560		772.8
			φ14		490		676.2
			φ12		420		579.6

注：墙体钢筋接头按 50% 错开。

2. 三级抗震纵向受拉钢筋锚固长度和搭接长度（表 6-27）

钢筋锚固和搭接长度表（三级抗震）　　表 6-27

抗震等级	混凝土强度等级	钢筋级别	钢筋直径	锚固长度		搭接长度	
				(d)	(mm)	(d)	(mm)
三级	C30	HPB235	φ6	20d	250	37.8d	300
			φ8		250		302.4
			φ10		250		378
		HRB335	φ28	35d	980	—	—
			φ25	30d	750		—
			φ22		660		—
			φ20		600	44.1d	882
			φ18		540		793.8
			φ16		480		705.6
			φ14		420		617.4
			φ12		360		529.2
	C40	HRB335	φ20	25d	500	37.8d	756
			φ14		350		529.2
			φ12		300		453.6

注：梁、板钢筋接头按 50% 错开。受压钢筋搭接为上表相应数值乘以系数 0.7，搭接长度且不小于 200mm。

六、钢筋工程施工

（一）底板钢筋

1. 底板概述

底板钢筋规格主要为 ϕ16 和 ϕ18 二种，底板厚度为 0.4m 中间局部 0.6m 两种，其钢筋设计分别为双层双向 ϕ16@200 和 ϕ18@200。地梁主筋为 ϕ25，箍筋为 ϕ10@100、@150 或@200。地下室墙体钢筋为 ϕ12、ϕ14 两种，框架柱受力筋为 ϕ22、ϕ25 两种。地下室底板钢筋总量约 340t，且主要为 ϕ16 和 ϕ25 二种。为确保工程质量和施工速度，本工程底板结构部分及其以上大于或等于 ϕ20 钢筋采用直螺纹套筒连接，带拐头的接头采用正反丝扣的直螺纹套筒连接，以保证钢筋位置及拐角尺寸正确。

2. 底板钢筋施工程序

(1) 工序流程

基础底板钢筋绑扎及混凝土浇筑顺序为由西向东。

钢筋下料、弹线→绑扎集水坑、电梯井底铁→铺南北向底板下铁→绑扎南北向反梁→铺东西向底板下铁→绑扎东西向反梁→绑扎柱底加强筋→水电避雷接地管道安装→放置马凳筋→铺东西向底板上铁→铺南北向底板上铁→墙柱插筋→自检→验收→隐检→交接→下道工序

(2) 底板钢筋绑扎

1) 基础底板钢筋绑扎之前，根据结构底板钢筋网的间距，先在防水混凝土保护层上弹出黑色墨线，放出集水坑、墙、柱、地梁位置线和后浇带的位置边线。为了醒目以便于日后定位插筋方便，在各边线每隔 2.0m 划上红色油漆三角。墙柱拐角处各划一个红三角，并将边线延长。

为了保证基础底板钢筋位置正确、顺直，保证纵横向均为一条线，绑扎前，在混凝土防水保护层上每两个钢筋间距涂上一道醒目的红色墨线，按线布筋。

2) 为了保证底板上层筋的标高、位置正确，保证钢筋的顺直、美观，采用 ϕ48 钢管脚手架作为上层钢筋的临时支撑，便于施工人员操作。搭设时根据底板上层筋的底标高确定脚手架的横杆上表面标高。待底板上层筋绑扎完成后，由一端逐渐拆除脚手架。随即将上层筋平稳落在支撑马凳筋上，然后将板筋与马凳筋绑扎牢固。绑扎铁丝必须牢固，绑扎节点不得松动（不少于 2 圈半），相邻绑扎节点铁丝必须成“八”字状，使钢筋网格不易变形。

图纸要求设置 ϕ16@800×800 几字形马凳，考虑到几字形马凳容易变形、不稳固，因此改为 ϕ16“工”字形马凳，间距 1300mm，呈梅花状布置。在底板集水坑和电梯井部分设置 ϕ22“工”字形马凳，下部底脚加焊斜撑。

3) 地梁钢筋的绑扎：地梁钢筋为 ϕ25，梁高为 850、900 两种，钢筋上下铁最大数量为 12 根，并有腰筋、拉筋、箍筋。由于地梁钢筋较密，在地梁钢筋下布设的混凝土保护层垫块间距要加密，支撑钢筋上铁的钢管架底部要加垫 15 厚木板，在底板钢筋绑扎时，在有地梁的位置先绑扎地梁钢筋，然后绑扎底板钢筋。待地梁钢筋完成后平稳地坐在底板筋上。

4) 根据底板构造柱的位置，在绑扎底板钢筋时，将构造柱钢筋插在底板钢筋内，并预留一定的搭接长度。

5) 为了保证底板钢筋保护层厚度，钢筋下设 35mm 细石混凝土垫块，间距 800mm，垫块采用与所浇筑的混凝土同强度等级细石混凝土制成，标准养护 28d。

6) 墙、柱插筋在基础底板内的位置及锚固长度必须按施工图要求设置，为了保证墙、柱插筋位置正确，放线人员把墙、柱位置线用红油漆标记在底板上层钢筋上，按标记线进

行插筋施工。为了防止插筋位移，把墙插筋与底板钢筋绑扎并与附加定位筋固定，并在外墙外侧搭设钢筋临时固定架。为保证墙筋保护层厚度，根据墙身厚度设置用 ϕ10 钢筋焊成“Π”字形卡件，作为钢筋网限位，柱筋按要求设置后，在其上口增设一道限位箍。

墙、柱筋插完后，除检查其位置外，用线坠（2kg）检查其垂直度，并拉通线校正，确保竖向筋在同一直线上。防止倾斜、扭转、偏位。

7）底板、墙、柱钢筋接头位置要符合设计要求。底板后浇带跨不设接头，其余跨底板钢筋接头按 25%错开，错开长度 $35\times1.05\times0.65\approx23.9d$（$\phi$16 为 382.4mm，$\phi$18 为 430.2mm）。

8）为了防止墙柱插筋在浇筑混凝土时移位，现场派钢筋工专门看守钢筋，一旦有影响钢筋位置的事情发生，及时更正。如不能看清偏移的尺寸，则由坑上轴线控制桩投测定位，校核其位置，直至正确为止。

（二）墙体钢筋

1．墙体钢筋绑扎流程图（图 6-5）

2．墙筋绑扎

（1）施工条件

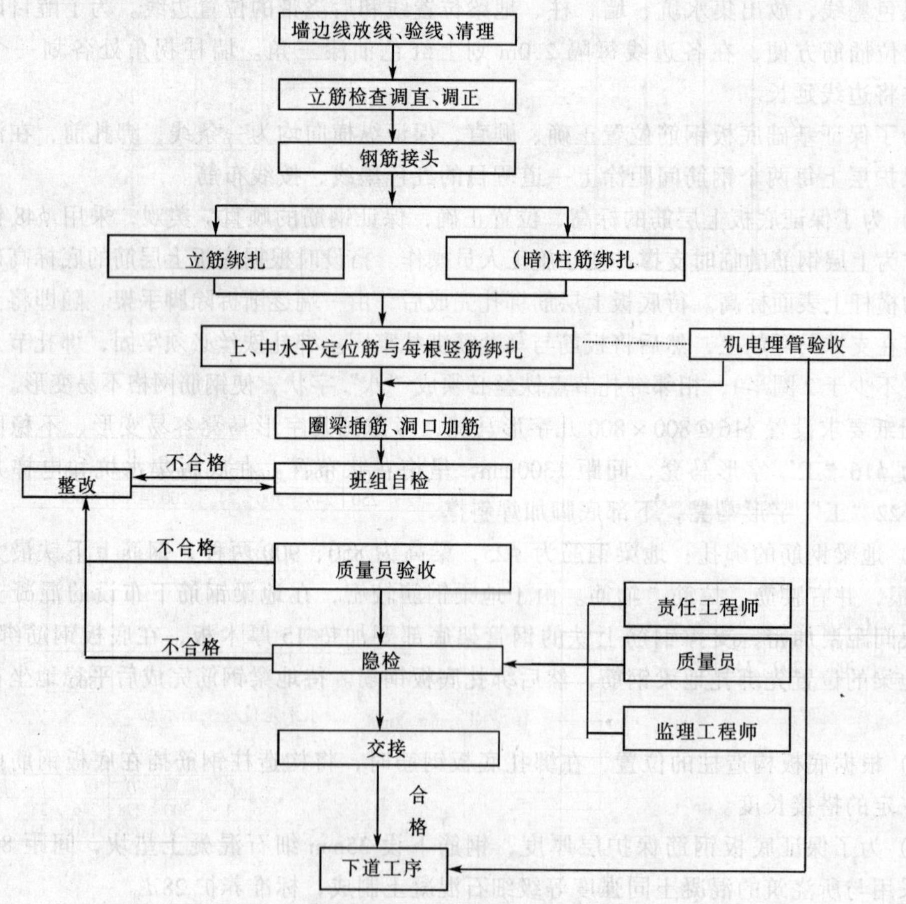

图 6-5 墙体钢筋绑扎流程图

墙筋绑扎前在两侧各搭设两排脚手架，每步高度1.8m，脚手架上满铺钢脚手板，使操作人员具有良好的作业环境。

(2) 墙体钢筋为ϕ10@200、ϕ12@200、ϕ14@200三种，双层双向布置，水平筋在主筋的外侧。内墙墙体钢筋采用搭接接头。绑扎前先对预留竖筋拉通线校正，之后再接上部竖筋。水平筋绑扎时拉通线绑扎，保证水平一条线。竖向钢筋搭接长度为48.3d（详见HRB335级抗震钢筋锚固搭接表6-26)，墙体的水平和竖向钢筋错开搭接，钢筋的相交点全部绑扎，钢筋搭接处，在中心和两端用铁丝扎牢，保证墙体两排钢筋间的正确位置。

外墙钢筋在底板插筋时一步到位，一直到±0.00楼板面，中间不再设接头，浇筑底板混凝土时，外墙筋上、中部用ϕ48钢管与墙竖筋逐根绑扎调整好位置后再与外侧脚手架用扣件相连，保证其位置正确。见图6-6、图6-7。

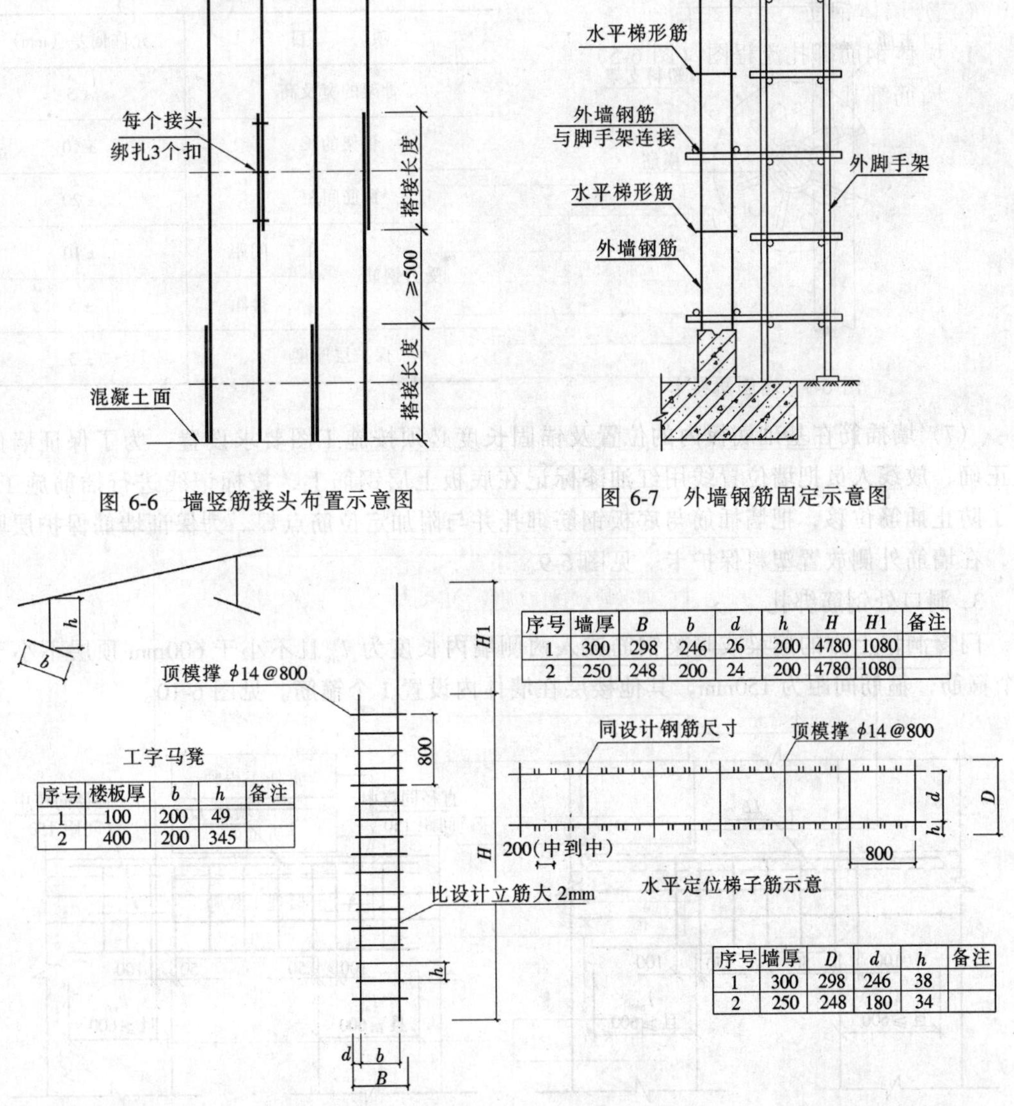

图6-6　墙竖筋接头布置示意图

图6-7　外墙钢筋固定示意图

序号	楼板厚	b	h	备注
1	100	200	49	
2	400	200	345	

序号	墙厚	B	b	d	h	H	H1	备注
1	300	298	246	26	200	4780	1080	
2	250	248	200	24	200	4780	1080	

序号	墙厚	D	d	h	备注
1	300	298	246	38	
2	250	248	180	34	

图6-8　钢筋定位卡加工图

墙筋上口处放置墙筋梯形架（墙筋梯形架用钢筋焊成，周转使用），以此检查墙竖筋的间距，保证墙竖筋的平直。梯形架与模板支架固定，保证其位置的正确性，见图 6-8 钢筋定位卡加工图。

(3) 与框架柱相连的剪力墙在楼层处设置 400mm 高上下铁均为 3Φ20 的暗梁，暗梁钢筋可用连梁钢筋代替；拉筋为 ϕ6@400 梅花形布置。

(4) 根据设计图纸要求保护层厚度，用塑料卡控制保护层厚度 15mm。将塑料卡卡在墙横筋上，每隔 1000 纵横设置一个。

(5) 墙体在高出底板 450mm 和板底或梁底处设置水平施工缝，在地下室外墙施工缝处放置 BW 止水条。

(6) 绑扎骨架外形尺寸的允许偏差见表 6-28。

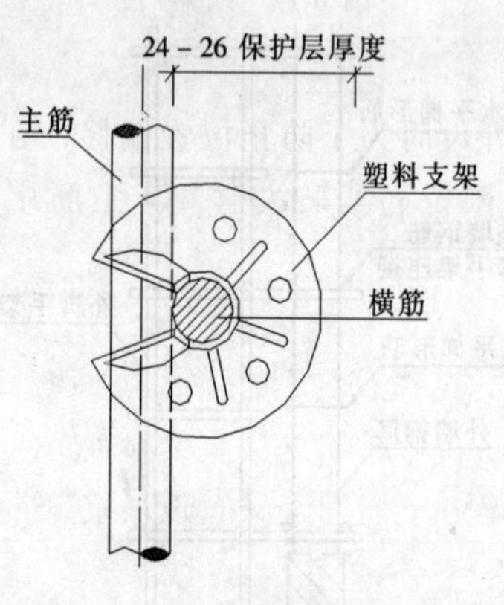

图 6-9　墙筋塑料卡

表 6-28

项　　目		允许偏差（mm）
骨架的宽及高		± 5
骨架的长		± 10
箍筋间距		± 20
受力钢筋	间距	± 10
	排距	± 5
保护层厚度		± 3

(7) 墙插筋在基础底板内的位置及锚固长度必须按施工图要求设置，为了保证墙位置正确，放线人员把墙位置线用红油漆标记在底板上层钢筋上，按标记线进行插筋施工，为了防止插筋位移，把墙插筋与底板钢筋绑扎并与附加定位筋点焊。为保证墙筋保护层厚度，在墙筋外侧放置塑料保护卡。见图 6-9。

3. 洞口处钢筋绑扎

门窗洞口上方的连梁或暗梁钢筋锚入两侧墙内长度为 l_{ae}且不小于 600mm 顶层不小于 3 个箍筋，箍筋间距为 150mm，其他楼层在墙体内设置 1 个箍筋。见图 6-10。

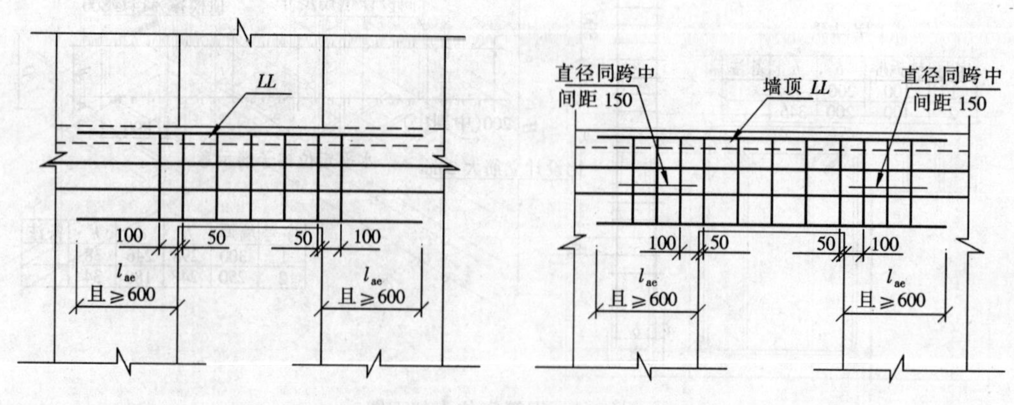

图 6-10　洞口处钢筋绑扎

墙体洞口尺寸300~600mm之间时，增设加强钢筋，加强钢筋的面积相当于被截断的钢筋面积的总量，且不小于2ϕ14，被截断钢筋需设置“U”形钢筋套子。见图6-11。

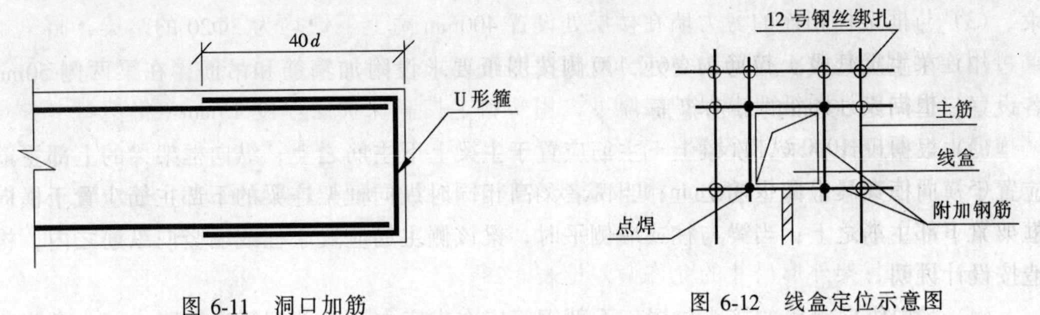

图6-11　洞口加筋　　图6-12　线盒定位示意图

4. 预埋盒的埋设

工程结构中要预埋各种机电预埋管和线盒。在埋设时为了防止位置偏移，在预埋管和线盒用4根附加钢筋箍起来，再与主筋绑扎牢固。限位筋紧贴线盒，与主筋用粗铁丝绑扎，不允许点焊主筋。见图6-12。

(三) 梁钢筋

1. 梁钢筋绑扎流程图

支设梁底模板→布设主梁下、上部钢筋、架立筋和弯起筋→穿主梁箍筋并与主梁上下筋固定→穿次梁下、上部纵筋→穿次梁箍筋并与次梁上下筋固定→布设吊筋。

井字梁交接节点详图见图6-13。

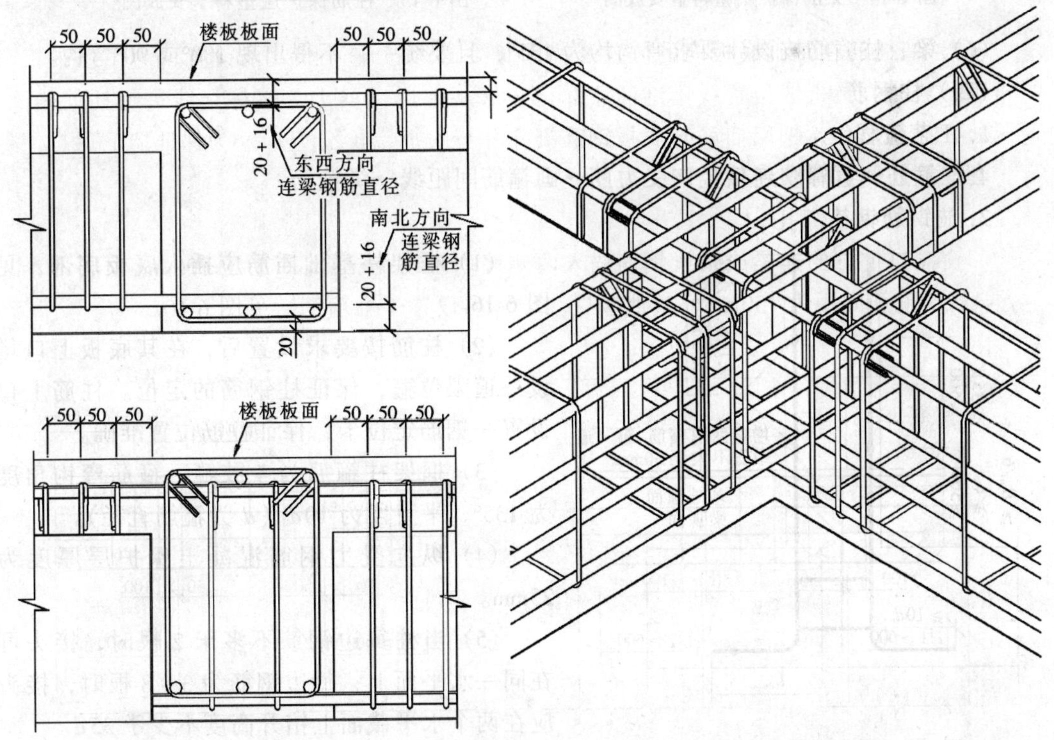

图6-13　井字梁交接节点详图

2. 梁钢筋绑扎

(1) 梁分为框架梁 KL、连梁及次梁 LL、梁 L、基础梁 JL。梁钢筋内设有箍筋、弯起筋、拉筋、附加箍筋、吊筋。梁的箍筋均为封闭箍，弯钩角度及弯折段直线长度按设计要求。

(2) 在主次梁或次梁间相交处，两侧按图纸要求设附加箍筋和吊筋，在梁两侧 50mm 各设置三道间距 50mm 的加密箍筋。

(3) 根据设计要求，次梁上下主筋应置于主梁上下主筋之上；纵向框架梁的上部主筋应置于横向框架梁上部主筋之上；当两者梁高相同时纵向框架连梁的下部主筋应置于横向框架梁下部主筋之上；当梁与柱或墙侧平时，梁该侧主筋应置于柱或墙竖向纵筋之内，构造按设计说明。

(4) 梁内纵向钢筋的接头位置：下部钢筋应在支座内，上部钢筋应在跨中 1/3 净跨范围内。

(5) 在梁、柱箍筋上加设塑料定位卡，保证梁钢筋保护层的厚度。见图 6-14 和图 6-15。

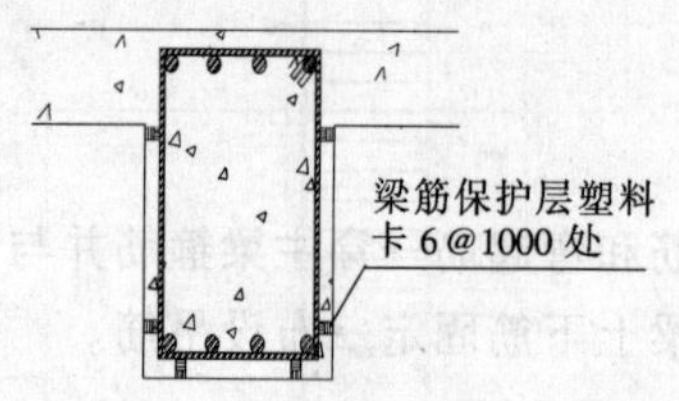

图 6-14 梁筋保护层塑料卡安放图

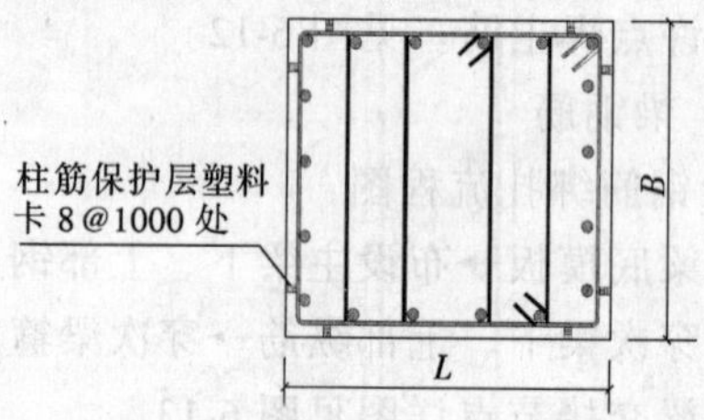

图 6-15 柱筋保护层塑料卡安放图

(6) 梁、柱箍筋按设计要求弯钩均为 135°，且要统一，不得出现 180°或 90°弯钩。

(四) 柱钢筋

1. 工艺流程

套柱箍筋→直螺纹连接竖向受力筋→画箍筋间距线→绑箍筋

2. 柱钢筋绑扎

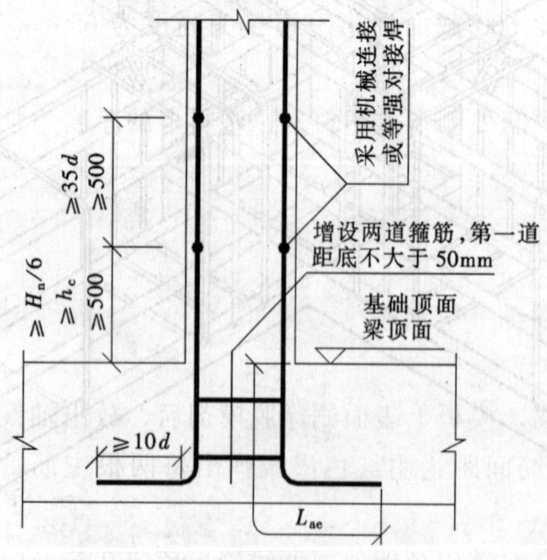

图 6-16 框架柱基础插筋示意图

(1) 框架柱基础插筋应插入底板底部，见图 6-16。

(2) 柱筋按要求设置后，在其底板上口增设一道限位箍，保证柱钢筋的定位。柱筋上口设置一钢筋定位卡，保证柱筋位置准确。

(3) 框架柱箍筋为 4 肢箍，箍筋弯钩角度为 135°，平直段为 10d（d 为箍筋直径）。

(4) 纵向受力钢筋混凝土保护层厚度为 25mm。

(5) 当柱每边钢筋不多于 2 根时，接头可在同一水平面上；每边钢筋为 3～8 根时，接头应在两个水平截面上错开高度不少于 35d。

(6) 当柱有变截面时，截面宽度之差与此

处梁高 $b/a \leqslant 1/6$ 时，柱竖筋可弯折，否则柱筋要重新生根，上筋锚固长度为 $1.45l_{ae}$。

(7) 柱上、下两端箍筋加密，加密区长度及箍筋的间距见图 6-17、图 6-18。

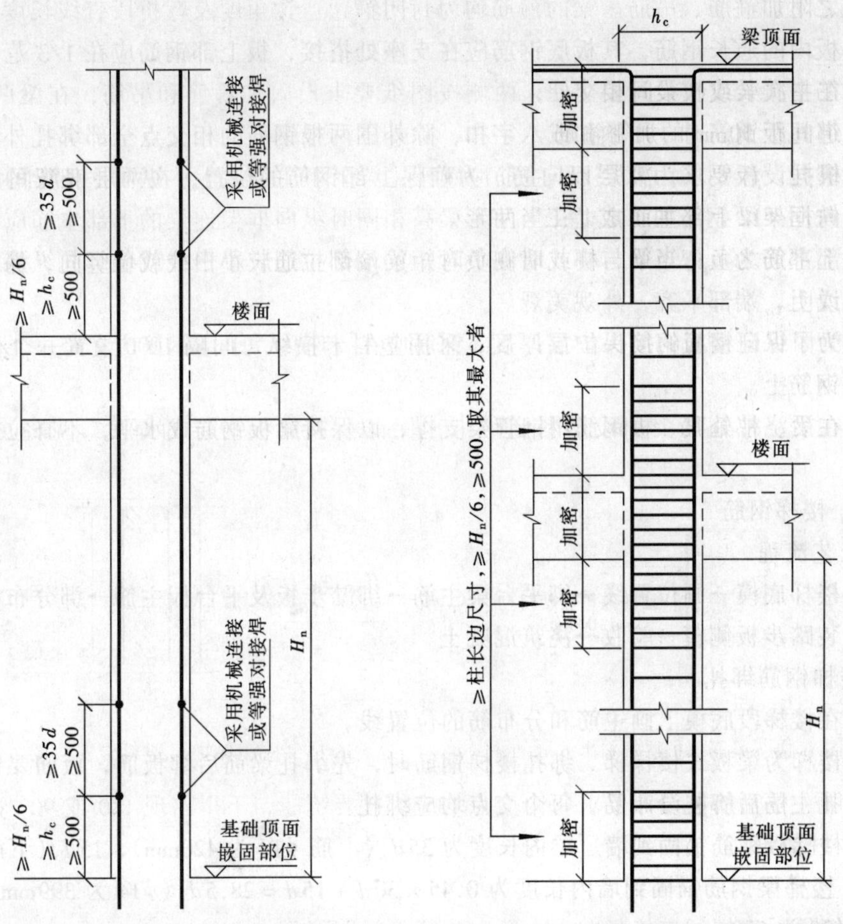

图 6-17 抗震 KZ 纵向钢筋连接构造　　图 6-18 抗震 KZ、QZ、LZ 箍筋加密区

本工程楼层高度为 4.2m，净高为 3.8m，因此 600 截面柱第一道接头高度为 650mm，800 截面柱第一道接头高度为 800mm。

(8) 为了保证柱筋的保护层厚度，采用在柱主筋外侧卡上塑料卡，塑料卡的厚度为柱筋保护层厚度，见图 6-15。

(五) 楼板钢筋

1. 工艺流程

清理模板→模板上画线→绑板下部受力钢筋→绑上层钢筋

2. 板钢筋绑扎

(1) 清扫模板上刨花、碎木、电线管头等杂物。模板上表面刷涂脱模剂后，放出轴线及上部结构定位边线。在模板上划好主筋、分布筋间距，用红色墨线弹出每两根主筋的线，依线绑筋。

(2) 按弹出的间距线，先摆受力主筋，后放分布筋。预埋件、电线管、预留孔等及时配合安装。

(3) 板端的上下部钢筋锚入支座均应不小于30d。

(4) 楼板短跨向上部主筋应置于长跨向上部主筋之上，短跨向下部主筋应置于长跨向下部主筋之下。

(5) 板内的通长钢筋，其板底钢筋应在支座处搭接，板上部钢筋应在1/3范围的跨中搭接，钢筋搭接长度按设计要求。

(6) 绑扎板钢筋时，用顺扣或八字扣，除外围两根钢筋的相交点全部绑扎外，其余各点可交错绑扎。板钢筋为双层双向筋，为确保上部钢筋的位置，在两层钢筋间加设马凳铁，马凳铁用ϕ12钢筋加工成“工”字形。

当板上部筋为负弯矩筋，绑扎时在负弯矩筋端部拉通长小白线就位绑扎，保证钢筋在同一条直线上，端部平齐，外观美观。

(7) 为了保证楼板钢筋保护层厚度，采用塑料卡横纵每间隔1000设置一个固定在楼板最下部钢筋上。

(8) 在后浇带处梁、板钢筋用钢管架支撑，以保持梁板钢筋成水平，不耷拉或不往上翘起。

(六) 楼梯钢筋

1. 工艺流程

铺设楼梯底模→画位置线→绑平台梁主筋→绑踏步板及平台板主筋→绑分布筋→绑踏步筋→安装踏步板侧模→验收→浇筑混凝土

2. 楼梯钢筋绑扎

(1) 在楼梯段底模上画主筋和分布筋的位置线。

(2) 楼梯为梁板式楼梯梯。绑扎楼梯钢筋时，先绑扎梁筋后绑板筋，板筋要锚固到梁内，再绑扎主筋后绑扎分布筋，每个交点均应绑扎。

(3) 楼梯板钢筋锚固到墙、梁内长度为35d（上筋ϕ12为420mm）、15d（下筋ϕ12为180mm）。楼梯梁钢筋锚固到墙内长度为$0.45\times30d+15d=28.5d$（ϕ14为399mm、ϕ18为513mm、ϕ20为570mm）。

(4) 楼梯板钢筋的混凝土保护层厚度为15mm，为保证保护层厚度用塑料卡卡住板下铁。

(七) 构造柱、圈梁钢筋

1. 构造柱

(1) 构造柱断面一边宽同墙厚，另一边宽为240，混凝土强度等级为C20，构造柱钢筋为4ϕ12通长筋，箍筋为ϕ6@200，柱内主筋均锚入上下层梁内30d。

(2) 按设计图纸的要求及位置，构造柱的基础插筋应插入底板内部，并满足30d的锚固长度。插筋前将构造柱的设计位置用红油漆标注在底板上层主筋上，按位插筋。

(3) 柱筋按要求设置后，在其底板上口增设一道限位箍，保证柱钢筋的定位。

(4) 构造柱上部主筋先预留，伸下一个搭接长度，待今后施工时绑扎构造柱钢筋。

2. 圈梁

(1) 圈梁宽同墙厚，梁高180，混凝土强度等级为C20，配上下2ϕ10通长筋，箍筋为ϕ6@200。

(2) 圈梁钢筋预先弯折在柱内，待浇筑完柱混凝土后，将圈梁钢筋剔出，5d双面焊接成圈梁筋。在焊接圈梁钢筋时，必须检查钢筋是否调直，搭接筋位置及搭接长度均要符合设计要求。

(3) 圈梁和构造柱钢筋交叉处，圈梁钢筋放在构造柱受力筋内侧。圈梁钢筋绑扎时应互相交圈。

七、质量保证措施

钢筋的品种和质量必须符合设计要求和有关标准的规定。每次绑扎钢筋时，由责任师对照施工图确认。

钢筋表面应保持清洁。如有油污则必须用棉纱蘸稀料擦拭干净。钢筋的规格、形状、尺寸、数量、锚固长度、接头设置必须符合设计要求和施工规范规定。钢筋机械连接接头性能必须符合钢筋施工及验收规定。弯钩的朝向要正确。箍筋的间距数量应符合设计要求，弯钩角度为135°，弯钩平直长度保证不小于$10d$。

为了防止墙柱钢筋位移，在振捣混凝土时严禁碰动钢筋，浇筑混凝土前检查钢筋位置是否正确，设置定位箍以保证钢筋的稳定性、垂直度。混凝土浇筑时设专人看护钢筋，一旦发现偏位及时纠正。墙体筋在支完模板后，必须把钢筋上端位置间距重新调整一次并临时附加一根水平筋绑扎牢固，门洞口等关键部位处两边柱筋最后用线坠吊直后上口与墙水平筋重点绑牢，防止浇筑混凝土时柱筋跑位。钢筋保护层塑料卡间距根据钢筋的直径、长度随时做调整，确保保护层厚度满足设计要求。

允许偏差项目见表6-29。

钢筋绑扎允许偏差（mm）　　**表6-29**

<table>
<tr><th>项次</th><th colspan="2">项目</th><th>允许偏差</th><th>检查方法</th></tr>
<tr><td>1</td><td colspan="2">骨架的宽度、高度</td><td>±5</td><td rowspan="2">钢尺量检查</td></tr>
<tr><td>2</td><td colspan="2">骨架的长度</td><td>±10</td></tr>
<tr><td rowspan="2">3</td><td rowspan="2">受力钢筋</td><td>间距</td><td>±10</td><td rowspan="2">钢尺量两端、中间各一点取其最大值</td></tr>
<tr><td>排距</td><td>±5</td></tr>
<tr><td>4</td><td colspan="2">绑扎箍筋、构造筋间距</td><td>±20</td><td>钢尺量连续三档取其最大值</td></tr>
<tr><td>5</td><td colspan="2">钢筋弯起点位移</td><td>20</td><td rowspan="6">钢尺量检查</td></tr>
<tr><td rowspan="2">6</td><td rowspan="2">焊接预埋件</td><td>中心线位移</td><td>5</td></tr>
<tr><td>水平高差</td><td>+3，0</td></tr>
<tr><td rowspan="3">7</td><td rowspan="3">受力钢筋保护层</td><td>梁柱</td><td>±5</td></tr>
<tr><td>墙板</td><td>±3</td></tr>
<tr><td>基础</td><td>±10</td></tr>
</table>

八、成品保护

成型钢筋应按总平面布置图指定地点摆放，用垫木垫放整齐，防止钢筋变形、锈蚀、油污。

绑扎墙柱筋时应事先在侧面搭临时架子，上铺脚手板。绑扎钢筋人员不准蹬踩钢筋。底板、楼板上下层钢筋绑扎时，支撑马凳绑牢固，防止操作时蹬踩变形。严格控制马凳加工精度在3mm以内，防止底板、楼板上部混凝土保护层偏差过大。

严禁随意割断钢筋。当预埋套管必须切断钢筋时，按设计要求设置加强钢筋。

绑扎钢筋时禁止碰动预埋件及洞口模板。

钢模板内面涂脱模剂，要在地面事先刷好，防止污染钢筋。

安装电线管、暖卫管线或其他设施时不得任意切断和移动钢筋。如有相碰，则与土建技术人员现场协商解决。

浇筑楼板混凝土时，混凝土输送泵管要用铁马凳架高300mm，防止由于过重的泵管压塌板上部筋。去往操作面的主要通道也需设铁马凳，上铺钢跳板，边浇边撤。浇筑底板时采用钢管架设泵管支撑（图6-19）。

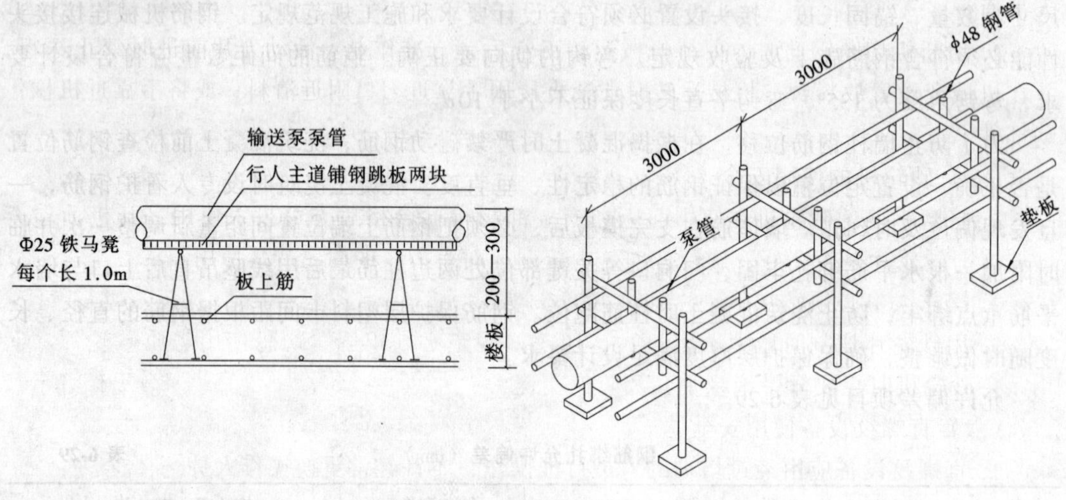

图 6-19　楼板架设泵管示意图

九、安全文明施工

（一）钢筋机械的使用安全

1. 进入现场的钢筋机械在使用前，必须经项目工程部、安全部检查验收，合格后方可使用。操作人员需持证上岗作业，并在机械旁挂牌注明安全操作规定。

2. 钢筋机械必须设置在平整、坚实的场地上，设置机棚和排水沟，防雨雪、防砸、防水浸泡。焊机必须接地，焊工必须穿戴防护衣具，以保证操作人员安全。

3. 钢筋加工机械要设专人维护维修，定期检查各种机械的零部件，特别是易损部件，出现有磨损的必须更换。现场加工的成品、半成品堆放整齐。

4. 钢筋加工机械处必须设置足够的照明，保证操作人员在光线较好的环境下操作。在进行加工材料时，弯曲机、切断机等严禁一次超量上机作业。

（二）钢筋吊运的安全要求

1. 塔式起重机在吊运钢筋时，必须将两根钢丝绳吊索在钢筋材料上缠绕两圈，钢筋缠绕必须紧密，两个吊点长度必须均匀，钢筋吊起时，保证钢筋水平，预防材料在吊运中发生滑移坠落。塔式起重机在吊运钢筋时，要派责任心强的有证信号工指挥，不得无人指挥或乱指挥。

2. 成批量的钢筋严禁集中堆放在非承重的操作架上，只允许吊运到安全可靠处后进行传递倒运。

3. 短小材料必须用容器进行吊运，严禁挂在长料上。

(三) 墙、柱、梁钢筋绑扎安全要求

1. 在进行墙、柱、梁钢筋绑扎时，搭设的脚手架每步高度不大于1.8m，且加斜撑，上铺脚手板。上端防护高度不小于1.2m，设置两道水平防护栏杆。操作架上严禁出现单板、探头和飞跳板，必要时操作工人系挂安全带。

2. 操作架上严禁超量堆放钢筋材料，堆放量每$1m^2$不得超过120kg。

(四) 钢筋加工机械作业的安全要求

1. 钢筋拉直盘圆时，必须用专用卡具，两端设挡板（或挡栏），沿线须设围栏，禁止人员通行。

2. 切断机切断钢筋时，要待机械运转正常后，方准作业。活动刀片前进时禁止送料，并在机械旁设置放料台。机械运转时严禁直接用手靠近刀口附近清料，或将手靠近机械传动部件上。

(五) 砂轮机的使用安全

1. 打磨钢筋的砂轮机在使用前应经安全部门检验合格后方可投入使用。开机前检查砂轮罩、砂轮片是否完好，旋转方向是否正确。对有裂纹的砂轮严禁使用。

2. 操作人员必须站在砂轮片运转切线方向的旁侧。

3. 用砂轮片切割时压力不宜过大，切割件固定必须牢固。切忌使用劣质砂轮片。使用手持砂轮机时，要佩带绝缘手套及防护墨镜。

(六) 直螺纹设备使用安全

1. 直螺纹设备应由经过培训的人员持证操作，不许经常更换操作人员。

2. 直螺纹设备的电源线要及时用绝缘钩和缆线用支架挂好，严禁随意铺设、拖地。

(七) 文明施工

1. 在加工场所产生的垃圾、废屑要及时收集，存放在固定地点，统一清运到北京市规定的垃圾集中地。

2. 在加工场所作业时，必须按工完场清和一日一清的规定执行。

十、环保措施

1. 噪声的控制。现场在进行钢筋加工及成型时，要控制各种机械的噪音。将机械安放在平整度较高的平台上，下垫木板。并定期检查各种零部件，如发现零部件有松动、磨损，及时紧固或更换，以降低噪声。浇筑混凝土时不要振动钢筋，降低噪声排放强度。

2. 钢筋原材、加工后的产品或半产品堆放时要注意遮盖（用苫布或塑料），防止因下雨造成钢筋的锈蚀。如果钢筋已生片状老锈，钢筋在使用前必须用铁丝刷或砂盘进行除锈。为了减少除锈时灰尘飞扬，现场要设置苫布遮挡，并及时将锈屑清理起来，待统一清运到北京市规定的垃圾集中地。

3. 直螺纹套丝的铁屑装入尼龙口袋送废品回收站回收再利用。

4. 为了减少资源的浪费，下料后长度≥300mm的短钢筋用对焊机连接后，用做加工制作构造搭接马凳筋。其余长度小于300mm的钢筋头由专业回收公司回收再利用。

5. 为减轻由于焊接造成的大气污染和节约钢材，钢筋接头采用直螺纹机械连接接头。

第三节 混凝土施工案例

一、编制依据

××工程施工合同文本；

××设计院××年××月的设计图纸（工程编号××）；

《混凝土结构工程施工质量验收规范》（GB 50204—2002）；

《建筑施工高空作业安全技术规程》（JGJ 80—91）；

《建筑机械使用安全技术规程》（JGJ 33—2001）；

《高层建筑混凝土结构技术规范》（JGJ 3—2002）；

《混凝土强度检验评定标准》（GBJ 107—87）；

《混凝土泵送施工技术规程》（JGJ/T 10—95）。

二、工程概况

本工程用地面积××m^2，建筑占地面积××m^2，总建筑面积××m^2，其中地上建筑面积××m^2，地下××m^2。为地上××层，地下××层，现浇框架剪力墙结构，檐高××m，层高××m，室内外高差××mm。楼梯间墙及电梯间墙为剪力墙结构，梁板为井字梁结构。三、四、五层大空间楼板采用大跨度现浇无粘结预应力空心板结构。基础采用天然地基，钢筋混凝土筏板基础。在二层与五层间基础交接处预留后浇带。

抗震设防烈度为8度，剪力墙抗震等级为二级，框架抗震等级为三级。

本工程在现场不设置混凝土搅拌站，混凝土均采用商品混凝土，选择××搅拌站（××搅拌站作为备用站），保证工程混凝土的供应，各部位混凝土强度等级见表6-30。

各部位混凝土强度等级 表6-30

构件名称	混凝土强度等级	种类	备注
基础垫层	C15	普通混凝土	
水池、基础底板地下室外墙	C30	抗渗混凝土（P8）	FS-H防水剂，外墙、底板设计防水等级为P6
首层-五层墙体、柱、梁非预应力板、楼梯地下室内墙	C30	普通混凝土	
2 5层预应力板	C40	普通混凝土	
温度缝、沉降缝后浇带	C35	微膨胀混凝土	UEA膨胀剂
防水保护层	C20	细石混凝土	
底板、外墙沉降缝后浇带	C35	抗渗混凝土（P10）	FS-H防水剂

本工程分别在H~J、B~E/7~10中间区域分别设置沉降后浇带，并在9~10轴之间设置南北通长的温度后浇带。由于沉降后浇带位置比较偏北，而在底板不允许另外设置施工缝，因此底板结构施工时，混凝土只能一次浇筑完成；地下室结构施工以温度后浇带及在4~5轴之间设置南北向的施工缝为界分割成三个流水段；±0.00以上1-2层结构施工同样设置；三层以上由于中部改为预应力板，所以温度后浇带移至10~11轴之间，流水

段仍然划分为三个。各个部位的混凝土浇筑要遵循以下流水段顺序施工：Ⅰ→Ⅱ→Ⅲ由西向东进行分段施工。

三、质量目标

分项合格率为100%，优良率为95%，混凝土外观光洁度均匀一致，外观平整。

四、混凝土配合比设计及审核

(一) 混凝土对原材料的要求

对泵送混凝土除了满足设计规定的强度、耐久性外，还要求满足管道输送的要求，即要求有良好的可泵性，混凝土拌合物具有能顺利通过管道、不离析、不泌水、不阻塞和黏滞性良好的性能。故用于泵送施工工艺的混凝土拌合物，其材料及配合比除满足普通规定外，还要满足下述要求：

1. 水泥

选用普通硅酸盐水泥，配置出的混凝土保水性较好，泌水性较小，满足泵送混凝土要求的粘滞性。

C30、C35 混凝土水泥选用××水泥有限公司生产的 P.O32.5 水泥。

C40 混凝土水泥选用××水泥有限公司生产的 P.O42.5 水泥。

水泥进场时必须有质量证明书及复试试验报告，并对其品种、强度等级、包装、出厂日期等检查验收。

2. 粗骨料

粗骨料的粒径、级配和形状对混凝土拌合物的可泵性有着十分重要的影响。泵送高度在 50m 以内时，碎石粒径为 0.5～2.5cm。粗骨料采用连续级配，针片状颗粒含量不宜大于 10%。

本工程石子选用采用潮白河卵碎石，粒径 5～25mm，含泥量控制在 1%以内。骨料压碎指标值不大于 10%。

3. 细骨料

细骨料对混凝土拌合物的可泵性也有很大影响。混凝土拌合物能在输送管中顺利流动，主要是粗骨料被包裹在砂浆中，而有砂浆直接与管壁接触起到润滑作用。宜选用中砂，采用××水洗中砂，细度模数不小于 2.5，含泥量控制在 3%以内。

对于砂、石的含水率，搅拌站根据实际所用砂、石的具体情况在混凝土配合比水的用量中已做出调整。

4. 水

泵送混凝土所用的水，应符合国家现行标准《混凝土拌合物用水标准》(JGJ 63) 的规定，采用自来水。泵送混凝土的水灰比为 0.4～0.6（抗渗混凝土的水灰比不得大于 0.55）。

5. 掺合料

泵送混凝土中常用的掺合料为粉煤灰，粉煤灰掺入混凝土拌合物中，能使泵送混凝土的流动性显著增加，且能减少混凝土拌合物的泌水和干缩，大大改善混凝土的泵送性能。

本工程粉煤灰采用××产Ⅱ级粉煤灰。符合国家现行标准《粉煤灰混凝土应用技术规范》(GBJ 146)

6. 外加剂

泵送混凝土掺用的外加剂，应符合国家现行标准《混凝土外加剂》（GB 8076—87）《混凝土外加剂应用技术规范》（GBJ 119—88）、《混凝土泵送剂》和《预拌混凝土》的有关规定。

混凝土外加剂选用××公司的 FS-H 防水剂。

7. 碱含量

地下室混凝土的碱含量，应符合《混凝土碱含量限值标准》（CECS 53:93）潮湿环境混凝土最大碱含量为 3.0kg/m^3 的要求。

（二）混凝土的配合比要求

混凝土的配合比，除了必须满足混凝土设计强度和耐久性的要求外，应使混凝土满足可泵性要求。

泵送混凝土的坍落度，考虑到本工程檐口标高为 28.0m，因此依据《混凝土泵送施工技术规程》，入泵时混凝土的坍落度需控制在 100～140mm 之间，考虑Ⅰ段浇筑时水平泵管过长，为防止堵泵和便于现场施工，柱、墙混凝土浇筑入泵坍落度控制在 160±20mm，梁、板混凝土浇筑入泵坍落度控制在 140±20mm。混凝土经时坍落度损失值按表 6-31 选用，坍落度总损失值不应大于 60mm。

（三）混凝土供应

混凝土经时坍落度损失值　　表 6-31

大气温度（℃）	10～20	20～30
混凝土经时坍落度损失值（mm）（掺粉煤灰，经时 1h）	5～25	25～30

混凝土的供应包括拌制和运送。根据施工进度的需要，编制泵送混凝土供应计划，在施工过程中，加强通讯联络和调度，确保连续均匀供给混凝土。避免混凝土坍落度损失过大，影响混凝土的泵送。

混凝土由商品混凝土搅拌站供应，混凝土原材料计量要准确，对原材料的质量进行监控，保证最终成品的质量。××实验室（第三方见证试验室）和××实验室重点对混凝土的质量进行监控，以确保工程质量。

对防水混凝土和普通混凝土不同强度等级、不同品种的混凝土同时使用时，应专车专供，并在罐车前挡风玻璃上贴上标识，以防出现差错。

1. 混凝土的拌制

混凝土各种原材料的质量应符合配合比设计要求，并应根据原材料情况的变化及时调整配合比。拌制泵送混凝土，应严格按设计配合比对各种原材料进行计量。搅拌时其投料次序按规定执行，粉煤灰宜与水泥同步；外加剂的添加应符合配合比设计要求，且宜滞后于水和水泥，泵送混凝土搅拌的最短时间，应按国家现行标准执行。

2. 混凝土输送

混凝土的输送采用混凝土泵车，混凝土供应量根据所选用混凝土泵的输出量决定。

$$Q_1 = Q_{max} \times \alpha \times \eta$$

式中 Q_1——每台混凝土泵的实际平均输出量（m^3/h）；

Q_{max}——每台混凝土泵的最大输出量（m^3/h）；

α——配管条件系数。可取 0.8～0.9；

η——作业效率。根据混凝土搅拌车向混凝土泵供料的间断时间、拆装混凝土输送管和布料停歇等情况，可取 0.5～0.7。

则：$Q_1=60\times0.85\times0.6=30.6\text{m}^3/\text{h}$

当混凝土泵连续作业时，每台混凝土所需配备的混凝土搅拌运输车台数，可按下式计算：

$$N_1=\frac{Q_1}{60V_1}\left(\frac{60L_1}{S_0}+T_1\right)$$

式中 N_1——混凝土搅拌运输车台数（台）；

Q_1——每台混凝土泵的实际平均输出量（m^3/h）；

V_1——每台混凝土搅拌车容量（m^3）；

S_0——混凝土搅拌运输平均行车速度（km/h）；

L_1——混凝土搅拌车往返距离（km）；

T_1——每台混凝土搅拌运输车总计停歇时间（min）。

则：

$$N_1=\frac{Q_1}{60V_1}\left(\frac{60L_1}{S_0}+T_1\right)=\frac{30.6}{60\times6}\left(\frac{60\times40}{25}+30\right)=11(\text{辆})$$

总计：

$$2\times11+2\text{（备用）}=24\text{（辆）}$$

（四）混凝土泵送能力验算

根据混凝土泵的最大出口压力、配管情况、混凝土性能指标和输出量按下式计算：

$$L_{\max}=P_{\max}/\Delta P_{\text{H}}$$

$$\Delta P_{\text{H}}=\frac{2}{\gamma_0}\left[K_1+K_2\left(1+\frac{t_2}{t_1}\right)V_2\right]\alpha_2$$

$$K_1=(3.00-0.01S_1)\times10^2=(3.00-0.01\times140)\times10^2=160$$

$$K_2=(4.00-0.01S_1)\times10^2=(4.00-0.01\times140)\times10^2=260$$

式中 $L_{\max}$——混凝土泵的最大水平输送距离（m）；

P——混凝土泵的最低出口压力（Pa/m）；

ΔP_{H}——混凝土在水平输送管内流动每 m 产生的压力损失（Pa/m）；

γ_0——混凝土输送管半径（m）；

K_1——黏着系数（Pa）；

K_2——速度系数（Pa/（m·s））；

S_1——混凝土坍落度；

t_2/t_1——混凝土泵分配阀切换时间与活塞推压混凝土时间之比。一般取 0.3；

V_2——混凝土拌合物在输送管内的平均流速（m/s）；

α_2——径向压力与轴向压力之比，对普通混凝土取 0.90。

则：

$$\begin{aligned}\Delta P_{\text{H}}&=\frac{2}{\gamma_0}\left[K_1+K_2\left(1+\frac{t_2}{t_1}\right)V_2\right]\alpha_2\\&=\frac{2}{0.0625}[160+260(1+0.3)\times2.04]\times0.9\\&=22939\text{Pa/m}\end{aligned}$$

混凝土泵的最大水平输送距离按100m，最大垂直输送距离按30×4m，弯管水平换算长度按24m，软管水平换算长度按20m，共计264m。

因 $L_{\max} = P_{\max}/\Delta P_{H}$，则 $P_{\max} = L_{\max} \times \Delta P_{H} = 264m \times 22939Pa/m = 6.06MPa$

故6.06MPa＜混凝土泵理论低压值10.8MPa

满足使用要求。

（五）混凝土的运输

1. 由于混凝土是商品混凝土，场外运输是采用混凝土搅拌运输车，由商品混凝土搅拌站运至现场。在运输过程中，考虑施工现场所处闹市区易发生堵车现象，因此混凝土加缓凝剂并考虑途中失水的情况，而且要通过计算来确定浇筑所需配备的运输车台数，来确保现场混凝土浇筑连续进行，避免出现在施工过程出现的自然施工缝。混凝土场内运输采用以拖车泵为主、塔式起重机和汽车泵为辅的方式来完成垂直和水平运输，使混凝土运输到混凝土的浇筑面。

2. 底板浇筑时混凝土运输罐车到达率必须保证50m^3/h以上的供应量，现场与搅拌站必须保持密切联系，随时根据浇筑进度及道路情况调整车辆密度，并设专人管理指挥，以免车辆相互拥挤阻塞。

3. 季节施工：在风雨或暴热天气混凝土拖式泵及泵管上要加遮盖，以防进水、水分蒸发或混凝土温度过高。

4. 质量要求：商品混凝土送到工地后对其检查，如混凝土拌合物出现坍落度过小、过大、离析或分层现象，则应对混凝土进行处理：倒掉或退回。同时检测混凝土的坍落度，所测坍落度应符合施工要求，其允许偏差应符合规定；如果混凝土送到现场时，混凝土坍落度过小，不允许往混凝土内加水，根据厂家、搅拌站要求及坍落度实际损失情况，加少量的FS-H减水剂（往减水剂FS-H粉剂中加入40%水，稀释后形成FS-H溶液。每往6m^3混凝土罐车内加入1kg的FS-H溶液，则增加1个坍落度）。

五、混凝土的浇筑

（一）施工准备

1. 混凝土浇筑申请

浇筑混凝土前，预先与搅拌站办理商品混凝土委托及申请，委托单的内容包括：混凝土强度等级、方量、坍落度、初凝终凝时间，是否加外加剂以及浇筑时间等。

2. 机具和人员（表6-32、表6-33）

机械设备数量表 表6-32

序号	设备名称	型号	单位	数量	性能
1	固定式塔式起重机	ST50/15	台	1	50m臂长
2	行走式塔式起重机	ST70/30	台	1	70m臂长
3	混凝土混凝土拖式泵	60m^3/h	台	1	底板施工为2台
4	混凝土振捣棒	ϕ30、ϕ50	台	15、25	1.5kW
5	混凝土平板振捣器	2.2kW	台	8	楼板的浇筑
6	混凝土罐车	6m^3/辆	辆	11	底板施工时为24辆
7	布料杆		台	1	

结构混凝土施工劳动力组织　表 6-33

工　种	3月	4月	5月	6月	7月	8月	9月	10月
钢筋工	55	135	135	135				
木工	60	160	160	160				
混凝土工	30	100	100	100				
架子工		30	30	30				
特殊工种	2	2	2	2				
起重工		4	4	4				
瓦工				10	60	60	40	
抹灰工					40	40	40	20
水暖工		10	10	10	30	40	40	40
电工		10	10	10	30	40	40	40
通风		10	10	10	30	40	40	40
力工	30	30	40	40	30	20		
月汇总	177	491	501	511	220	240	200	140

机具和人员：施工前，一切施工用的机具、人员准备充分。机具有：尖锹、平锹、混凝土吊斗、插入式振捣棒、木抹子、铝合金长刮杠、塔式起重机。所有机具均应在浇筑混凝土前进行检查，同时配备专职技工，随时检修。在混凝土浇筑期间，要保证水、电、照明不中断。为了防备临时停水停电，事先应在现场准备一定数量的人工拌和捣固用工具，以防出现意外施工缝。

如停电，则及时与公司联系，随时调发电车开进现场发电。如果停水，则由搅拌站用混凝土罐车运水到现场，以保证混凝土浇筑、洗泵、养护等的用水。

(二) 施工条件

1. 对于已浇下层混凝土墙、柱根部，在支设本层墙柱模板前，要清除水泥薄膜和松动石子以及软弱混凝土层，并将墙柱内的渣土用高压空气清理干净。

2. 浇筑混凝土层段的模板、钢筋、预埋件及管线等全部安装完毕，检查和控制模板、钢筋、保护层和预埋件等的尺寸、规格、数量和位置，其偏差值应符合《混凝土结构工程施工质量验收规范》的规定。检查模板支撑的稳定性以及接缝的密合情况，浇筑前应将模板内的垃圾、泥土等杂物及钢筋上的油污清除干净，并检查钢筋的混凝土垫块是否垫好，柱子模板应在清除杂物及积水后再封闭。并办完隐检、预检手续。

3. 依据定位墙、柱控制线和施工平面图校核各楼层墙、柱轴线及边线；门窗洞口位置线是否在规范允许范围内。

4. 浇筑混凝土用的架子及马道已支搭完毕，泵管已搭设完毕、固定牢固并经检查合格。见图 6-20。

5. 水泥、砂、石及外加剂等经检查符合标准要求，试验室已下达混凝土配合比通知单。通知搅拌站运送混凝土，根据浇筑的混凝土工程量、部位、时间的不同，保证混凝土的连续供应，混凝土的连续浇筑。

6. 振捣器等机具经检验试运转正常。

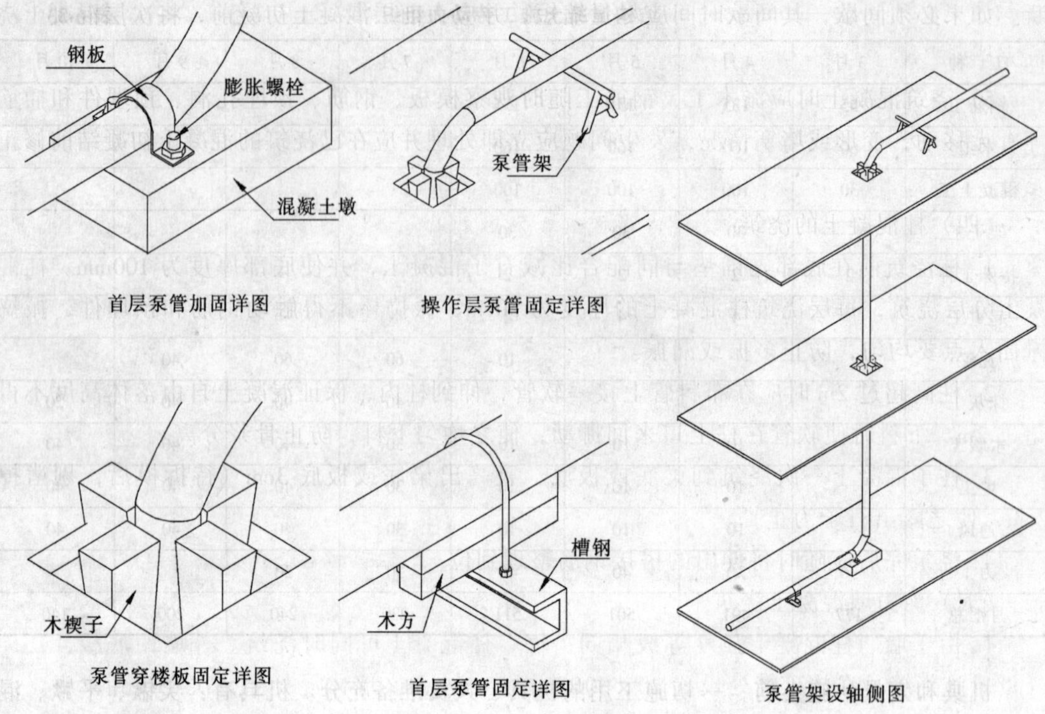

图 6-20 混凝土泵管固定详图

7. 检查安全设施、劳力配备是否妥当，能否满足浇筑速度要求。

8. 混凝土工程责任师根据施工方案对操作班组进行全面施工技术交底。

(三) 混凝土浇筑

1. 工艺流程

作业准备→混凝土搅拌→混凝土运送到浇筑部位→柱、梁、板、剪力墙、楼梯混凝土浇筑与振捣→养护

2. 浇筑过程

(1) 在浇筑墙、柱、梁、楼板时，现场采用混凝土拖式泵输送混凝土到各个部位；只在混凝土方量小，又不方便使用混凝土拖式泵的地方使用塔式起重机吊斗运送混凝土。泵送混凝土时必须保证混凝土泵连续工作，如果发生故障，停歇时间超过 45min 或混凝土出现离析现象，应立即用压力水或其他方法冲洗管内残留的混凝土。

(2) 混凝土浇筑与振捣的要求

1) 混凝土自吊斗口或布料管口下落的自由倾落高度不得超过 2m，浇筑高度如超过 2m 时必须用溜管伸到墙、柱的下部，浇筑混凝土。

2) 浇筑混凝土时要分段分层连续进行，浇筑层高度根据结构特点、钢筋疏密决定，控制在一次浇筑 500mm 高。

3) 使用插入式振捣棒应快插慢拔，插点要均匀排列，逐点移动，顺序进行，不得遗漏，做到均匀振实。移动间距不大于振捣作用半径的 1.5 倍（一般为 30cm～40cm）。振捣上一层时应插入下层 5cm，以消除两层间的接缝。

4) 浇筑混凝土要连续进行。如就餐时间或其他原因，由两班人员换班，现场不得中

断。如果必须间歇，其间歇时间应尽量缩短，并应在前层混凝土初凝前，将次层混凝土浇筑完毕。

5）浇筑混凝土时应派木工、钢筋工随时观察模板、钢筋、预埋孔洞、预埋件和插筋等有无移动，变形或堵塞情况，发生问题应立即处理并应在已浇筑的混凝土初凝结前修正完好。

（四）柱混凝土的浇筑

1. 柱浇筑前在底部先铺垫与同配合比减石子混凝土，并使底部厚度为100mm。柱混凝土分层浇筑，每层浇筑柱混凝土的厚度为50cm，振捣棒不得触动钢筋和预埋件，振捣棒插入点要均匀，防止多振或漏振。

2. 柱高超过2m时应在布料管上接一软管，伸到柱内，保证混凝土自由落体高度不得超过2m。下料时使软管在柱上口来回挪动，使之均匀下料，防止骨浆分离。

3. 柱子混凝土一次浇筑到梁底或板底，且高出梁底或板底3cm（待拆模后，剔凿掉2cm，使之露出石子为止）。

4. 浇筑完后应随时将伸出的搭接钢筋整理到位。

（五）剪力墙混凝土浇筑

1. 由于墙、柱混凝土强度等级相同，墙、柱混凝土可同时浇筑。外墙距底板450高处设置施工缝，在施工缝处设置20×30BW橡胶止水条。墙体混凝土一次浇筑到梁底（或板底），且高出梁底或板底3cm（待拆模后，剔凿掉2cm，使之露出石子为止）施工缝处设置BW止水条。

2. 墙体混凝土浇筑时，采用混凝土拖式泵与布料杆共同进行混凝土输送。墙浇筑混凝土前，先在底部均匀浇筑50mm厚与墙体混凝土成分相同的水泥砂浆。

3. 浇筑墙体混凝土应连续进行，内外墙混凝土浇筑分别按照自身的浇筑顺序进行，每层浇筑厚度控制在50cm左右，上下层的间隔时间不应超过2h，预先安排好混凝土下料点位置和振捣棒操作人员数量、振捣插入点位置。见图6-21。

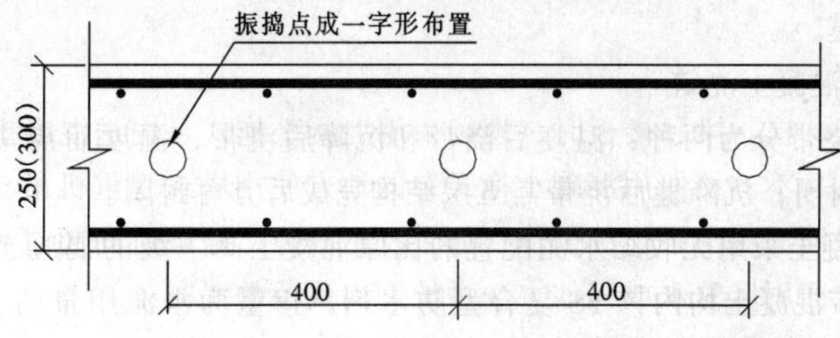

图6-21　250～300mm厚墙体混凝土振捣插入点布置图

4. 振捣棒移动间距小于40cm，每一振点的延续时间以表面呈现浮浆为度，为使上下层混凝土结合成整体，振捣棒应插入下层混凝土5cm。振捣时注意钢筋密集及洞口部位，为防止出现漏振，须在洞口两侧同时振捣，振捣棒应距洞边30cm以上，下灰高度也要大体一致，大洞口的洞底模板应开口，并在此处浇筑振捣。

5. 墙上口找平：墙体混凝土浇筑完后，将上口甩出的钢筋加以整理，用木抹子按标高线添减混凝土，将墙上表面混凝土找平，高低差控制在10mm以内。

（六）梁、板混凝土浇筑

1. 梁、板混凝土应同时浇筑，浇筑方法由一端开始用“赶浆法”即先浇筑梁，根据梁高分层浇筑成阶梯形，当达到板底位置时再与板的混凝土一起浇筑，随着阶梯形不断延伸，梁板混凝土浇筑连续向前进行。浇筑与振捣必须紧密配合，第一层下料慢些，梁底充分振实后再下第二层料，保持水泥浆沿梁底包裹石子向前推进，每层均应振实后再下料，梁底及梁帮部位要注意振实，振捣时不得触动钢筋及预埋件。

2. 梁柱节点钢筋较密时，浇筑此处混凝土时用小粒径石子同强度等级的混凝土用塔式起重机吊斗浇筑，并用 ϕ30 振捣棒振捣。

3. 浇筑板混凝土的虚铺厚度应略大于板厚，用平板振捣器垂直浇筑方向来回拖动振捣，并用铁插尺检查混凝土厚度，振捣完毕后用木刮杠刮平，浇水后再用木抹子压平、压实。施工缝处或有预埋件及插筋处用木抹子抹平。浇筑板混凝土时不允许用振捣棒铺摊混凝土。

（七）楼梯混凝土的浇筑

1. 楼梯间竖墙混凝土随结构剪力墙一起浇筑混凝土。

2. 楼梯段混凝土自下而上浇筑，先振实底板混凝土，达到踏步位置时再与踏步混凝土一起浇捣，不断连续向上推进，并随时用木抹子将踏步上表面抹平。

（八）构造柱、圈梁混凝土浇筑

1. 构造柱混凝土浇筑前，构造柱两侧的砖墙或粘土空心砌块墙需砌筑完毕，在构造柱其他侧面支设模板，再浇筑构造柱混凝土，构造柱混凝土应分层浇筑，每一层厚度控制在50cm。构造柱振捣要密实，每一振点的延续时间，以表面呈现浮浆和不再沉落为度(为使上下层混凝土结合成整体振捣器宜插入下层混凝土 5cm)。要注意不要碰撞各种埋件。

2. 圈梁混凝土浇筑前，要支设梁侧模板，检查钢筋、模板的位置是否准确，浇筑圈梁混凝土时从一端开始向另一端浇筑。圈梁、构造柱混凝土方量较小，只能采用人工送料，用 ϕ48×3.5 钢管搭设操作平台，塔式起重机运送的混凝土临时堆放在操作平台上，工人再用铁锹入模。

（九）后浇带混凝土浇筑

1. 本工程后浇带分为两种，温度后浇带和沉降后浇带，温度后浇带在同层相邻结构完成后一个半月封闭；沉降缝后浇带需五层结构完成后方可封闭。

2. 后浇带混凝土采用无收缩水泥配置的比原混凝土高一级的混凝土。±0.00 以下各梁、板、墙后浇带混凝土均内掺 FS 复合型防水剂，掺量为水泥用量的 8%。地上后浇带混凝土内掺 UEA 膨胀剂，掺量为水泥用量的 8%。

3. 由于后浇带搁置时间较长，为了控制其锈蚀程度，以免影响其受力性能，故在钢筋上刷水泥浆保护，在底板后浇带两侧砌筑两皮砖，并覆盖竹胶板和塑料薄膜，防止垃圾及雨水和施工用水进入后浇带；后浇带两侧梁板要加设支撑，并同时布设水平安全网。

4. 在浇筑后浇带混凝土之前，应清除垃圾、水泥薄膜，剔除表面上松动砂石、软弱混凝土层及浮浆，同时还应加以凿毛，用水冲洗干净并充分湿润不少于 24h，残留在混凝土表面的积水应予清除，并在施工缝处铺 30mm 厚与混凝土内成分相同的一层水泥砂浆，然后再浇筑混凝土。

5. 后浇带在底板、墙位置处混凝土要分层振捣，每层不超过50cm，混凝土要细致捣实，使新旧混凝土紧密结合。

6. 在后浇带混凝土达到设计强度之前的所有施工期间，后浇带跨的梁板的底模及支撑均不得拆除。

六、混凝土试块和养护

（一）混凝土试块的制作

1. 普通混凝土每100m^3制作一组抗压试块（基础一次浇筑为2500m^3左右，按200m^3制作一组抗压试块），试块尺寸100mm×100mm×100mm，一组3块，养护条件20±3℃，相对湿度90%以上，养护龄期28d；抗渗混凝土试块为每500m^3留置两组，抗渗试块尺寸150（175）mm×150mm，一组6块，养护条件同上。

2. 同条件试块的组数根据实际需要确定，每次不少于3组。其中一组作为结构实体检验同条件养护试件，此组试块在达到等效养护龄期时进行检验；另外两组作为模板拆除时，结构强度的参考试块。等效龄期按日平均气温逐日累计达到600℃·d时所对应的龄期；等效龄期不应小于14d，也不宜大于60d。在留设实体检测试块时，必须与施工时的天气温度记录表一同归档。

（二）混凝土养护

1. 基础混凝土养护

（1）在混凝土浇筑2h后按标高用长刮尺初步刮平后，在初凝前用木抹搓面两遍后立即覆盖一层塑料布（分块进行，边抹平边覆盖），塑料布之间的搭接不少于100mm，遇有钢筋头周围再覆盖一层塑料布，将混凝土表面盖严，以减少水分的损失，同时保温保湿。

（2）在混凝土终凝前对可能产生的微裂缝予以搓压处理。抹平后，开始浇水养护。

（3）待混凝土终凝后，进行4～5d的少量蓄水养护，之后进行洒水养护，整体养护时间不少于14d。

2. 各部位混凝土浇筑完毕拆除模板后，往墙上喷水进行养护；水平结构的梁、板在表面浇水湿润，必要时在其上面盖塑料布，防止水分蒸发过快而使混凝土失水，常温下浇水养护不少于7d。混凝土的养护要派专人进行，特别是前三天要养护及时。

3. 混凝土柱的养护：采用保水养护的方法：用塑料布包裹柱子及喷水进行养护。

4. 混凝土强度达到1.2MPa以后，始允许操作人员在上行走，进行一些轻便工作，但不得有冲击性操作。

七、质量保证措施

预拌混凝土所用的水泥、水、骨料、外加剂等必须符合规范规定，检查出厂合格证或试验报告是否符合质量要求。且派人去搅拌站抽查。

检测混凝土在浇筑地点的坍落度，混凝土坍落度损失值控制在30mm/h以内，且坍落度总损失值小于60mm。

在浇筑混凝土时，工人要挂牌操作，严格控制下料的厚度，一次下料不能过厚，浇筑墙、柱混凝土时每层下料厚度控制在50cm，要按顺序振捣，以防少振或漏振。保证浇筑出的混凝土面光滑、密实，不会出现蜂窝。对于墙、柱根部及易发生质量通病部位的振捣要派专人监督控制质量，在浇筑墙、柱根部前，要先接浆，底部浇筑混凝土分层薄一些，增加振捣密实度。

钢筋垫块要与钢筋连接牢固，责任师和质检员要对各个部位的垫块进行检查，防止出现垫块位移、漏放，钢筋紧贴模板造成露筋。

支设模板前要及时涂刷脱模剂并严格控制拆模时间，拆模不要过早，防止构件表面混凝土易粘附在模板上造成麻面脱皮。

在钢筋较密的部位混凝土要细致振捣，振捣密实，防止未经振捣就继续浇筑上层混凝土。

柱接头模板要具有足够的刚度，且支设此部位模板时要严格控制断面尺寸，以保证梁、柱连接处端面尺寸满足规范允许偏差范围。

模板穿墙螺栓要紧固可靠，浇筑时防止混凝土冲击洞口模板，在浇筑洞口两侧混凝土时要两侧浇筑振捣要对称、均匀，防止洞口移位变形。

地下室外墙与基础的防水混凝土要加强养护的管理力度，确保养护及时到位，防止混凝土结构表面出现裂缝。

现浇混凝土结构的允许偏差见表 6-34。

现浇混凝土结构允许偏差　　表 6-34

序号	项目			允许偏差（mm）	检验方法
1	轴线位置	基础		15	钢尺检查
		独立基础		10	
		墙、柱、梁		8	
		剪力墙		5	
2	垂直度	层间	≤5m	8	经纬仪、钢尺检查
			>5m	10	经纬仪、钢尺检查
		全高		$H/1000$ 且不大于 30	经纬仪钢尺检查
3	标高	层高		±10	水准仪或拉线、钢尺检查
		全高		±30	
4	截面尺寸			+8，-5	钢尺检查
5	表面平整度（2m 长度上）			8	2m 靠尺和塞尺检查
6	预埋设施中心线位置	预埋件		10	钢尺检查
		预埋螺栓		5	
		预埋管		5	
7	预留洞中心线位置			15	钢尺检查
8	电梯井	井筒长宽对定位中心线		+25，0	钢尺检查
		井筒全高垂直度		$H/1000$ 且不大于 30	经纬仪、钢尺检查
9	外墙和基础表面裂缝宽度			≤0.2	刻度放大镜检查

八、成品保护

在浇筑混凝土过程中，为了防止钢筋位置的偏移，在人员主要通道处的梁、板钢筋上铺设钢跳板，操作工人站立在钢跳板上，避免踩踏梁板、楼梯的钢筋和弯起钢筋，不碰动预埋件和插筋。

在交叉作业时，严禁操作人员用重物冲击模板，不允许在梁或楼梯踏步模板吊帮上蹬踩，保护模板的牢固和严密。

拆模时，对各部位模板要轻拿轻放，注意钢管或撬棍不要划伤混凝土表面及棱角，不要使用锤子或其他工具剧烈敲打模板面。用塔式起重机吊装模板靠近墙、柱时，要缓慢移动位置，避免模板撞击混凝土墙、柱。

已拆除模板及其支架的结构，应在混凝土达到设计强度后，才允许承受全部计算荷载。施工中不得超载使用，严禁堆放过量建筑材料。当承受施工荷载大于计算荷载时，必须经过核算加设临时支撑。

独立柱及突出墙面的柱角、楼梯踏步、楼梯横梁、处于通道或运输工具所能到达的墙阳角、门窗洞口等处各个阳角均用竹胶板包起来，利用墙体模板支设时留出的穿墙孔用铅丝绑扎固定，防止各个阳角被碰掉或碰坏。

在浇筑完墙、柱等纵向结构构件混凝土后，要派工人及时进行清扫，以保证楼板面的平整与清洁。

楼板混凝土浇筑完成后，楼板堆放物料应放置在梁端柱头位置，或在梁位置上设置垫方。

九、安全文明施工

（一）塔式起重机使用主要安全措施

1. 塔式起重机装、拆、顶升必须是有资质单位和有证操作人员。安、顶、拆按照原厂的规定和安全要求进行。

2. 塔式起重机的“四限位、两保险”必须齐全、可靠。安全部门和信号工经常检查吊具、绳索的磨损程度，安全部门做好检查记录。

3. 当风力达四级以上时不得安、顶和拆卸作业。

4. 夜间施工时塔式起重机的转臂上装有灯光和指示信号，以保证一定的能见度和促进操作人员的安全警惕性。

5. 塔式起重机起吊东西时要派责任心强的有证信号工指挥，不得无人指挥或乱指挥。

6. 起重臂下严禁站人。

7. 机械设备防护罩不得随意拆卸。

（二）混凝土泵送设备的主要安全措施

1. 泵车操作工必须是经培训合格的有证人员，严禁无证操作。

2. 泵管的质量应符合要求，对已经磨损严重及局部穿孔现象的泵管不准使用，以防爆管伤人。

3. 泵管架设的支架要牢固，转弯处必须设置井字式固定架。泵管转弯宜缓，接头密封要严。

4. 泵车料斗内的混凝土保持一定的高度，防止吸入空气造成堵管或管中气锤声和造成管尾甩伤人的现象。

5. 泵车安全阀必须完好，泵送时先试送，注意观察泵的液压表和各部位工作正常后加大行程。在混凝土坍落度较小和开始起动时使用短行程。检修时必须卸压后进行。

6. 当发生堵管现象时，立即将泵机反转把混凝土退回料斗，然后正转小行程泵送，如仍然堵管，则必须经拆管排堵处理后开车，不得强行加压泵送，以防发生炸管等事故。

7. 混凝土浇筑结束前用压力水压泵时，泵管口前面严禁站人。

（三）墙、柱、梁混凝土浇筑要求

1. 在进行墙、柱、梁混凝土浇筑时，搭设的脚手架每步高度不大于1.8m，且加斜撑，上铺脚手板。上端防护高度不小于1.2m，设置两道水平防护栏杆。操作架上严禁出现单板、探头和飞跳板，必要时操作工人系挂安全带。

2. 操作架上严禁超量堆放混凝土材料，堆放量每 m^2 不得超过120kg。

3. 在施工作业层北侧外架上增设一层隔声布，降低混凝土施工时的噪声，防止夜间扰民。

4. 混凝土浇筑过程，在混凝土拖式泵的周围搭设棚子，降低泵车噪声，混凝土罐车在等候进场时必须熄火，以减少噪声扰民。

5. 混凝土罐车撤离现场前，派人用水将下料斗及车身冲洗干净；罐车、泵车和泵管清洗时，污水定向排放，导引到污水沟。建立二级沉淀池，保证现场和周围环境整洁文明。

第四节 模板施工案例

一、编制依据

（一）施工图纸（见表6-35）

表 6-35

序号	图纸名称	图纸编号	出图日期
1	结构图	结施××~结施××	××
2	建筑图	建施××~建施××	××
3	电气图	电施××~电施××	××
4	暖通图	暖施××~暖施××	××
5	给排水图	水施××~水施××	××
6	电信图	讯施××~讯施××	××

（二）主要规程、规范（见表6-36）

表 6-36

序号	类别	规范、规程名称	编号
1	国家	工程测量规范	GB 50026-93
2	国家	混凝土结构工程施工质量验收规范	GB 50204-2002
3	行业	建筑机械使用安全技术规程	JGJ 33-2001
4	行业	施工现场临时用电安全技术规范	JGJ 46-88
5	行业	建筑施工扣件式钢管脚手架安全技术规范	JGJ 130-2001

（三）主要标准（见表6-36）

表 6-37

序号	类别	标准名称	编号
1	国家	建筑工程施工质量验收统一标准	GB 50300—2001
2	国家	混凝土质量控制标准	GB 50164—92
3	国家	直缝电焊钢管	GB/T 13793
4	国家	钢管脚手架扣件	GB 15831
5	行业	建筑施工安全检查标准	JGJ 59—99

二、工程概况

（一）工程概况

本工程用地面积××m^2，建筑占地面积××m^2，总建筑面积××m^2，其中地上建筑面积××m^2，地下××m^2。为地上××层，地下××层，现浇框架剪力墙结构，檐高××m，层高4.2m，室内外高差1800mm。

结构形式：基础采用××m厚筏板式现浇钢筋混凝土底板，主体采用现浇钢筋混凝土框架-剪力墙结构体系。楼面为现浇钢筋混凝土平楼板。

结构断面尺寸：外墙为300mm厚，内墙尺寸有300mm和250mm；框架柱截面尺寸为800mm×800mm和600mm×600mm；装饰柱截面尺寸为1780mm×1070mm；梁断面尺寸规格较多，其中有：250mm×650mm、250mm×450mm、250mm×400mm、250mm×350mm；楼板厚度为100mm，预应力区域楼板厚度为440mm。

（二）工程所需模板量（见表6-38）

表 6-38

序号	所用模板的部位	模板种类	数量（m^2）
1	直形墙体	15厚覆膜多层板	××
2	框架柱	18厚覆膜多层板	××
3	装饰柱	15厚覆膜多层板	××
4	电梯井内筒	18厚覆膜多层板	××
5	楼板和楼梯	15厚覆膜多层板	××
6	底板	砖胎模	××
7	底板反梁和导墙	15厚覆膜竹胶板	××

（三）模板配置高度明细表（见表6-39）

表 6-39

序号	模板配置所在层	层高（m）	梁底距地标高（m）	所配置的模板高度（m）
1	地下	4.75	4.35	4.37
2	地上	4.2	3.8	4.37

三、施工准备

（一）放线

根据平面控制网线，在板面或垫层上放出控制网线，对墙、柱要放5条控制线：一条轴线、两条墙柱截面边线、两条模板控制线。

（二）劳动力计划（见表6-40）

表 6-40

序 号	工 种	人 数
1	木 工	150
2	架子工	60
3	力 工	20

（三）材料准备

1. 各类材料、工具、劳动力以及防护用具施工前到位。

2. 根据施工期间的工程量，施工进度，确定材料的数量及进场时间，由专人负责，确保材料按时进场，并妥善保管。

3. 对于发生变形、翘角、起皮及平面不平整的模板，及时组织退场。

4. 原材料进场后，堆放整齐，上部覆盖严密，下部垫起架空，防止日晒雨淋。

5. 模板脱模剂采用事成水质脱模剂。

6. 模板材料进场计划见表6-41。

模板材料进场计划 表 6-41

序 号	名 称	规格（mm×mm）	数 量	进场时间
1	15mm 覆膜多层板	2440×1220	××m^2	××
2	18mm 覆膜多层板	2440×1220	××m^2	××
3	木 方	50×100	××m^3	××
4	木 方	100×100	××m^3	××
5	扣 件	十字扣 旋转扣 对接扣	×× ×× ××	××
6	顶 托	$L=600$mm	××	××
7	双槽钢背楞	10号槽钢	××根	××
8	碗扣钢管	$\phi48$	××t	××
9	普通砖	240×115×53	××万块	××

（四）技术准备

1. 要熟悉图纸，了解掌握模板的施工工艺，按图纸和项目部的施工进度计划合理安排材料、机具、人员进场施工。

2. 按施工方案和技术规程对操作者进行技术安全交底并下达具有可操作性、可实施的技术交底书。

3. 认真做好材料进场验收检验工作，复查材料材质证明及材料进场存储工作。

4. 做好模板施工的技术资料和施工过程中的检验记录，并及时收集和整理上述资料，以保证技术资料的及时、准确、完整。

四、模板的设计及配置

（一）设计依据

1. 业主提供的建筑、结构图纸及有关施工规范。

2. 按清水混凝土质量要求进行模板设计，在模板满足强度和刚度要求的前提下，尽可能提高表面光洁度，阴阳角模统一整齐。

3. 墙、柱混凝土侧压力按 35kN/m^2 考虑。

4. 在满足塔式起重机起重要求、施工便利和经济条件下，尽可能扩大模板面积，减少拼缝。

5. 模板设计中所用钢材均为 Q235A。

（二）模板设计和配置

1. 底板模板

（1）底板外侧模板综合考虑工程的整体施工，底板外沿采用 450mm 高 240mm 的砖胎模，以利地下室防水的施工。为保证浇筑时不移位，浇筑底板前将砖胎模高度的回填土回填完。具体做法见图 6-22。

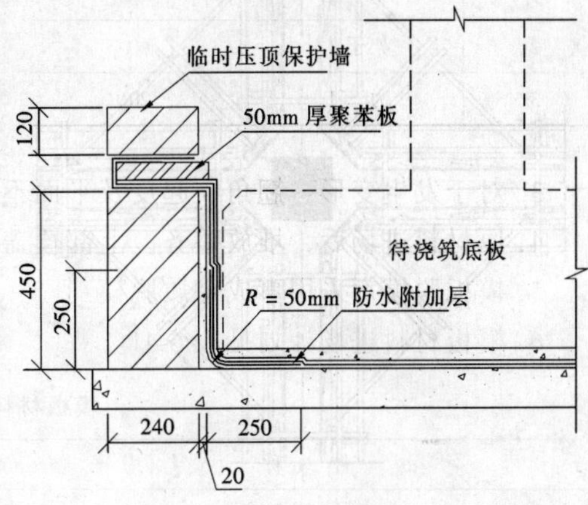

图 6-22 底板外侧模板做法

（2）电梯井和集水坑侧模采用覆膜竹胶板，龙骨为 50mm × 100mm 木方 @300 设置一道；按照图纸尺寸要求事先在现场制作完成，底模采用铺设网格为 5mm × 5mm 的钢丝网两层，与底板上层筋用铅丝绑扎，防止浇筑混凝土时钢丝网的上浮。

1）先铺设集水坑上表面的钢丝网两层，钢丝网与集水坑的上层筋绑扎在一起，并保证上部钢筋的保护层厚度。根据电梯井和集水坑的尺寸将钢丝网每间隔 450 剪出一个 ϕ70 洞，以方便振捣混凝土，边侧的洞距集水坑边侧不小于 300。然后在钢丝网上绑扎一排 ϕ18 钢筋，待浇筑混凝土时防止钢丝网模板的上浮。

2）将集水坑的侧模按照集水坑位置线支设，侧模的背后设置 50mm × 100mm 木方做龙骨，再支设横撑和斜撑固定集水坑侧模，并保证集水坑侧模的垂直度。

3）为检查模板的垂直度和平整度，安装前事先在坑侧竖向主筋上捆绑钢筋保护层垫块，限制坑模侧向移位。支设见图 6-23。

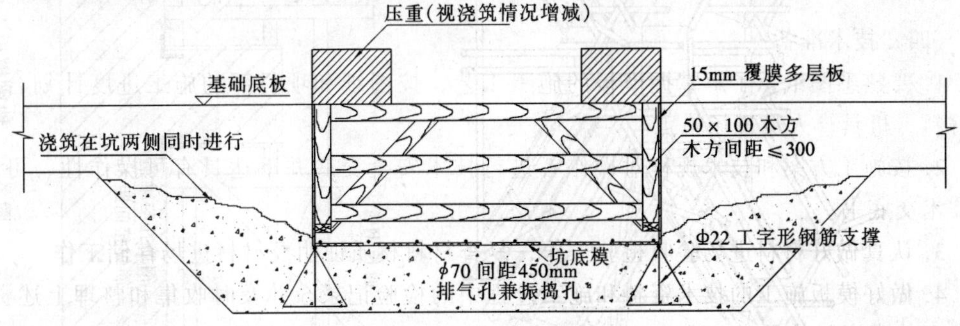

图 6-23 集水坑模板支设

（3）外墙导墙与地梁浇筑同高，比底板高出 450mm 高，导墙和地梁模板采用 15mm 厚覆膜竹胶板，横向龙骨为 50mm × 100mm 木方，竖向背楞为 ϕ48 × 3.5 钢管，模板配置数量为 1905m^2，外墙导墙、地梁和柱底模板支模示意图见图 6-24、图 6-25。

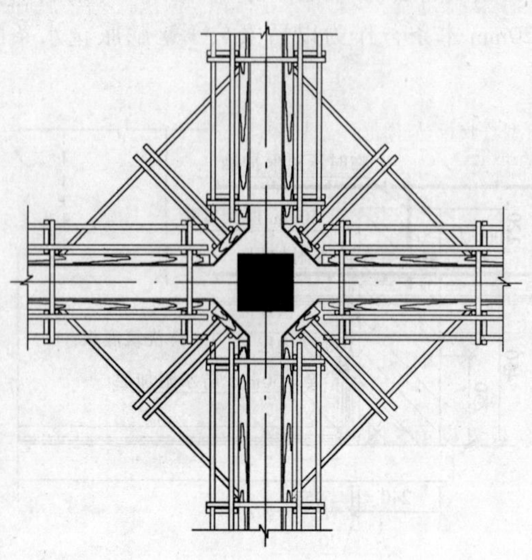

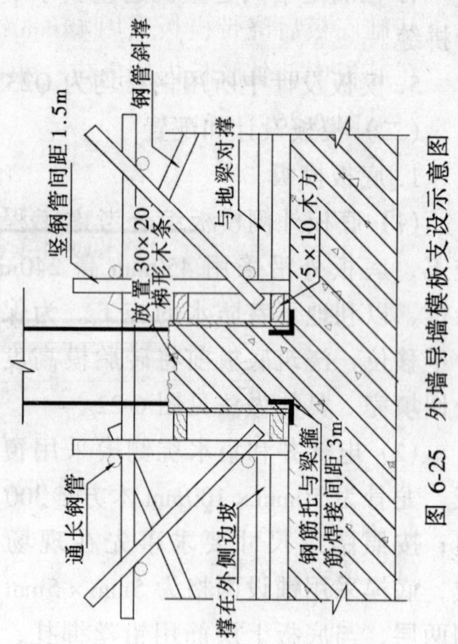

图 6-25 外墙导墙模板支设示意图

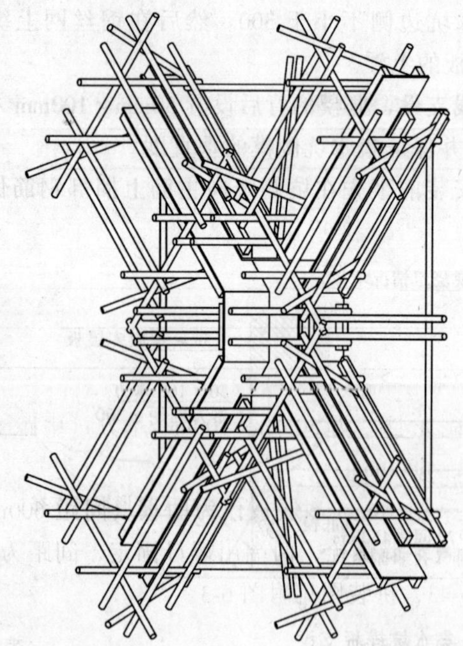

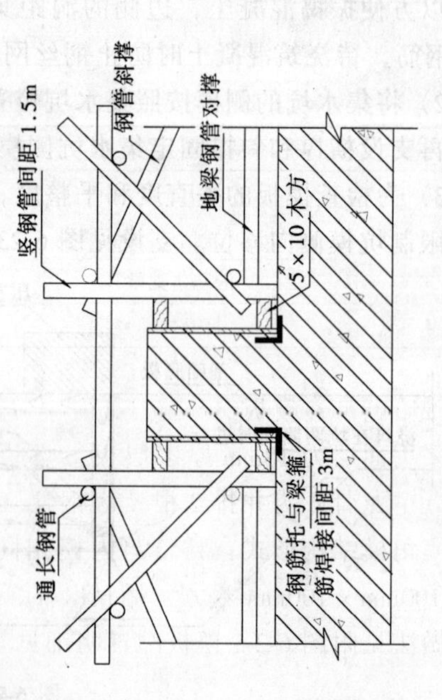

图 6-24 地梁模板支设示意图

(4) 本工程底板后浇带设计为沉降后浇带，沉降后浇带需在五层施工完成后方可补浇。后浇带的位置不得随意更改，为保证其位置正确性，基础底板施工时，在混凝土防水保护层上弹出后浇带位置线。

基础底板后浇带模板采用15mm锯齿形竹胶板后背Φ16钢筋，钢筋用铅丝与钢筋网绑牢。在底板中部竹胶板内侧固定一根30mm×20mm木条，作为以后安放BW膨胀止水条的位置。见图6-26。

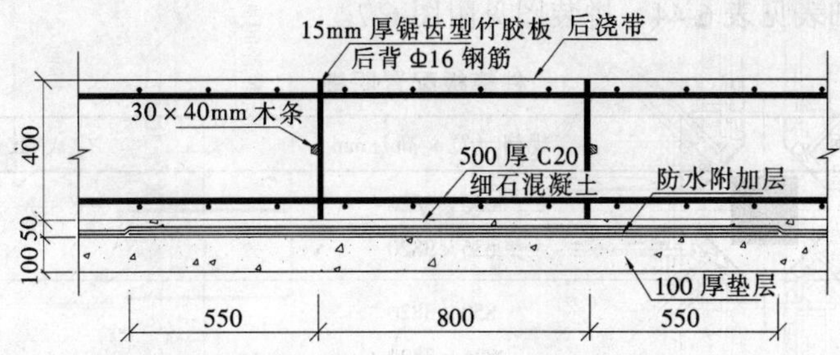

图 6-26 后浇带模板支设示意图

2. 墙体模板

(1) 地下室外墙、剪力墙模板

1) 形式

采用组合木模板，面层为15mm厚双面覆膜多层板，在板面拼缝处增加附加木方。竖楞为50mm×100mm木方，间距为250mm。横背楞采用多道双钢管背楞间距680mm，用穿墙螺栓固定。模板拼缝处后设一根50mm×100mm的通长木方紧贴板缝。对拉螺栓采用ϕ14圆钢对拉，间距为420mm。见附图6-4，拼装图见附图6-5。

2) 墙体厚度、高度明细表见表6-42。

墙体厚度、高度明细表 表6-42

序号	墙体位置	墙体厚度(mm)	墙体高度(m)
1	地下室外墙	300	4.2
2	内 墙	250	4.2
3	消防水池墙体	300	4.2
4	核心筒墙体	250	4.2

(2) 电梯井模板

采用面层为18mm厚多层板，竖肋（副龙骨）为50mm×100mm木方（中距250mm），横肋（主龙骨）为并排2根ϕ48钢管（中距6800mm）。

阴角模结构形式：材料与内模相同，采用18mm多层板作为肋板（间距600mm），角部为100mm×100mm木方。用ϕ14的钢筋做穿墙螺栓，两端用螺母固定，间距为420mm。具体做法见附图6-2。模板配置明细见表6-43，拼装图见附图6-3。

角模板配置明细 表6-43

序号	编号	规格(宽×高)	数量(块)
1	N1	1700mm×4370mm	2
2	N2	2240mm×4370mm	2

3. 柱模板

(1) 形式

框架柱模板采用 18mm 双面覆膜多层板，柱模尺寸有 800mm × 800mm 和 600mm × 600mm两种规格尺寸，采用 50mm × 100mm 木方做竖肋，横肋采用双槽钢背楞，ϕ14 圆钢做对拉螺栓，间距为 500mm。柱体模板的支撑方法同墙体模板。具体见附图 6-6。

装饰柱模板拼装方法与墙模相同。具体见附图 6-8。

(2) 配置明细表见表 6-44，拼装图见附图 6-7。

柱模板配置明细 表 6-44

柱 截 面	规格（宽 × 高）mm	数量（块）
600 × 600	650 × 3820	100
	636 × 3820	100
800 × 800	850 × 3820	32
	836 × 3820	32
1780 × 1070	1830 × 4370	24
	1100 × 4370	24

4. 顶板、梁模板

面板采用 15mm 厚双面覆膜多层板，采用 50mm × 100mm 木方为次搁栅，间距 250mm，下方垂直处平铺 100mm × 100mm 木方主搁栅，间距 1200mm。梁高为 650mm 在梁侧为 3 道 50mm × 100mm 木方背楞，其他梁侧为 2 道 50mm × 100mm 木方背楞。在梁柱接头处对角设置清扫口，并在梁底设一至二个清扫口，以保证在混凝土施工前吹干净木屑等杂物。支撑为碗扣脚手架。具体见附图 6-1。

5. 其他模板

(1) 楼梯模板

楼梯平台梁和平台的模板与肋形楼盖板模板基本相同。楼梯段模板由底模、搁栅、牵杠、牵杠撑、外帮板、踏步侧板、反三角木等组成。

(2) 预留洞口模板

门窗洞口模板为木方框，外包 15mm 厚的覆膜多层板，内角部用 100 × 100 角钢，外用 140mm × 140mm 的角钢，与木方框用螺栓收紧，门窗框四边钉木方支撑和斜撑（见附图 6-9）。

（三）模板验算

1. 直形墙体模板

竖向木方背楞间距 250mm，横向钢管背楞间距 680mm。

(1) 墙模板最大侧压力

根据公式［1］ $F = 0.22 r_c t_0 \beta_1 \beta_2 V^{\frac{1}{2}}$

$$F = 0.22 \times 24 \times 4 \times 1.2 \times 1.15 \times 1.0^{\frac{1}{2}} = 29\text{kN/m}^2$$

式中 F——新浇混凝土对模板的最大侧压力；

t_0——混凝土浇筑的初凝时间 4h；

r_c——混凝土的重力密度，取 24kN/m²；

β_1——外加剂影响系数，掺外加剂取 1.2；

β_2——坍落度修正系数，取 1.15；

V——混凝土的浇筑速度，该段混凝土的浇筑时间长于 6h，墙高 4.2m 取 1.0m/h。

根据公式［2］　$F = r_c H = 24 \times 4.2 = 100.8\text{kN/m}^2$

式中　H——墙浇筑高度 4.2m（最高）。

根据两公式计算结果取较小值 29kN/m²

模板最大侧压力设计值：$q = F \times 1.2 = 29 \times 1.2 = 34.8\ \text{kN/m}^2$

按最大侧压力取 1m 高板带进行模板挠度验算，结构形式按三跨连梁

$$\omega_{\max} = \frac{0.677 \times ql^4}{100EI} = \frac{0.677 \times 34.8 \times 10^3 \times 0.2^4}{100 \times 5 \times 10^3 \times 10^6 \times 2.81 \times 10^{-7}} = 0.27\text{mm} < \left[\frac{l}{400}\right] = 0.5\text{mm}$$

式中　q——纵向长度 1m 范围内，模板均布荷载设计值 $q = 34.8\text{kN/m}^2$；

l——计算净跨度，$l = 0.2\text{m}$；

E——竹胶板的弹性模量，$E = 5 \times 10^3\text{MPa}$；

I——材料截面惯性矩，计算截面为 1m 宽，15mm 高。

$$I = \frac{1}{12}bh^3 = \frac{1}{12} \times 1 \times 0.015^3 = 2.81 \times 10^{-7}\text{m}^4$$

所以，次肋（木方）满足要求。

(2) 主肋间距验算

每根木方间距 250mm，承受荷载为：$q = 34.8 \times 0.25 = 8.7\text{kN/m}^2$

结构形式取三连跨梁，则最大挠度为

$$\omega_{\max} = \frac{0.677ql^4}{100EI} = \frac{0.677 \times 8.7 \times 10^3 \times 0.63^4}{100 \times 10 \times 10^3 \times 10^6 \times 4.17 \times 10^{-6}}$$

$$= 0.28\text{mm} < \left[\frac{l}{1000}\right] = \left[\frac{630}{1000}\right] = 0.63\text{mm}$$

式中　l——钢管背楞净距，间距 680mm，净距 630mm；

E——木材弹性模量，$E = 10 \times 10^3\text{MPa}$；

I——截面惯性矩，计算截面 50mm 高，100mm 宽。

$$I = \frac{1}{12}bh^3 = \frac{1}{12} \times 0.05 \times 0.1^3 = 4.17 \times 10^{-6}\text{m}^4$$

所以：主肋（双钢管背楞）间距符合要求。

(3) 对拉螺栓强度验算

对拉螺栓采用 M14，纵距 680mm，横距 420mm，则对拉螺栓承受拉力为：

$$P = FA = 34.8 \times 0.68 \times 0.42 = 9.94\text{kN}$$

式中　A——模板拉杆分担的受荷面积等于拉杆纵距 × 横距，每根对拉螺栓的受拉强度设计值查表得 29.6kN > 9.94kN。

对拉螺栓间距符合要求。

2. 梁模板

(1) 荷载计算（见表 6-45）：

表 6-45

序 号	荷载种类	标准值（kN/m^2）	分项系数	设计值（kN/m^2）
1	模板自重	0.114	1.2	0.14
2	新浇混凝土自重	15.6	1.2	18.72
3	钢筋自重	1.65	1.2	1.98
4	合 计			20.84

双面覆膜多层板 $0.95g/cm^3$，15mm 厚，混凝土自重 $24kN/m^3$，梁宽 250mm，最高 650mm。根据最不利荷载组合，验算模板刚度时，仅考虑静载。

（2）取 1m 宽板带进行计算：结构形式取单跨简支梁，则模板面最大挠度为：

$$\omega_{\max} = \frac{5ql^4}{384EI} = \frac{5 \times 20.84 \times 10^3 \times 0.2^4}{384 \times 5 \times 10^3 \times 10^6 \times 2.81 \times 10^{-7}}$$

$$= 0.3\text{mm} < \frac{l}{400} = 0.5\text{mm}$$

式中 q——纵向长度 1m 范围内，模板均布荷载设计值 $q = 20.87kN/m^2$；

l——计算净跨度，$l = 0.2m$；

E——竹胶板的弹性模量，$E = 5 \times 10^3 MPa$；

I——材料截面惯性矩，计算截面为 1m 宽，15mm 高。

$$I = \frac{1}{12}bh^3 = \frac{1}{12} \times 1 \times 0.015^3 = 2.81 \times 10^{-7} m^4$$

所以：次肋（木方）间距符合要求。

（3）主肋（钢管）间距验算

按两侧各分担一半荷载计算木方挠度，所承受均布荷载为：

$$q = 20.87 \times 0.125 = 2.61kN/m$$

结构形式取二等跨简支梁，则次肋最大挠度为：

$$\omega_{\max} = \frac{0.521ql^4}{100EI} = 0.04\text{mm} < \left[\frac{l}{1000}\right] = \frac{600}{1000} = 0.6\text{mm}$$

式中 l——主肋钢管间距 600mm；

E——木材弹性模量，$E = 10 \times 10^3 MPa$；

I——截面惯性矩，计算截面 50mm 高，100mm 宽。

$$I = \frac{1}{12}bh^3 = \frac{1}{12} \times 0.05 \times 0.1^3 = 4.17 \times 10^{-6} m^4$$

所以：主肋间距符合要求。

3. 顶板模板

（1）荷载计算（见表 6-46）：

表 6-46

序 号	荷载种类	标准值（kN/m^2）	分项系数	设计值（kN/m^2）
1	模板自重	0.114	1.2	0.14
2	新浇混凝土自重	2.4	1.2	2.88
3	钢筋自重	0.165	1.2	0.2
4	合 计			3.22

双面覆膜多层板 0.95g/cm^2，15mm 厚。混凝土自重取 24kN/m^3，板厚 100mm，根据最不利组合，验算刚度时仅考虑静载。

（2）取 1m 宽板带进行计算，结构形式取 3 跨连梁，则模板最大挠度为：

$$\omega_{\max} = \frac{0.677 \times ql^4}{100EI} = \frac{0.677 \times 3.22 \times 10^3 \times 0.2^4}{100 \times 5 \times 10^3 \times 10^6 \times 2.81 \times 10^{-7}}$$

$$= 0.03\text{mm} < \left[\frac{l}{400}\right] = 0.5\text{mm}$$

式中 q——纵向长度 1m 范围内，模板均布荷载设计值 $q = 3.22\text{kN/m}^2$；

l——计算净跨度，$l = 0.2\text{m}$；

E——竹胶板的弹性模量，$E = 5 \times 10^3\text{MPa}$；

I——材料截面惯性矩，计算截面为 1m 宽，15mm 高。

$$I = \frac{1}{12}bh^3 = \frac{1}{12} \times 1 \times 0.015^3 = 2.81 \times 10^{-7}\text{m}^4$$

所以：次肋（木方）间距符合要求。

（3）主肋（木方）间距验算

每根木方间距 250mm，所承受均布荷载为：

$$q = 3.22 \times 0.25 = 0.81\text{kN/m}$$

结构形式取单跨筒支梁，则次肋最大挠度为：

$$\omega = \frac{5 \times ql^4}{384EI} = \frac{5 \times 0.81 \times 10^3 \times 1.2^4}{384 \times 10 \times 10^3 \times 10^6 \times 4.17 \times 10^{-6}}$$

$$= 0.5\text{mm} < \left[\frac{l}{1000}\right] = 1.2\text{mm}$$

式中 l——木方背楞间距 1200mm；

E——松木的弹性模量，$E = 10 \times 10^3\text{MPa}$；

I——截面惯性矩，计算截面 50mm 高，100mm 宽。

$$I = \frac{1}{12}bh^3 = \frac{1}{12} \times 0.5 \times 0.1^3 = 4.17 \times 10^{-6}\text{m}^4$$

所以，主肋（钢管）间距符合要求。

4. 框架柱模板

竖向木方背楞间距 250mm，横向双槽钢背楞间距 500mm.

（1）柱模板最大侧压力

根据公式［1］ $F = 0.22 r_c t_0 \beta_1 \beta_2 V^{\frac{1}{2}}$

$$F = 0.22 \times 24 \times 4 \times 1.2 \times 1.15 \times 1.0^{\frac{1}{2}} = 29\text{kN/m}^2$$

式中 F——新浇混凝土对模板的最大侧压力；

t_0——混凝土浇筑的初凝时间 4h；

r_c——混凝土的重力密度，取 24kN/m^2；

β_1——外加剂影响系数，掺外加剂取 1.2；

β_2——坍落度修正系数，取 1.15；

V——混凝土的浇筑速度，该段混凝土的浇筑时间长于 6h，柱高 3.8m 取 1.0m/h。

根据公式［2］ $F = r_c H = 24 \times 3.8 = 91.2 \text{kN/m}^2$

其中：H——墙浇筑高度 3.8m（梁底）

根据两公式计算结果取较小值 29kN/m^2

模板最大侧压力设计值：$q = F \times 1.2 = 29 \times 1.2 = 34.8 \text{kN/m}^2$

按最大侧压力取 1m 高板带进行模板挠度验算，结构形式按三跨连梁

$$\omega_{\max} = \frac{0.677 \times ql^4}{100EI} = \frac{0.677 \times 34.8 \times 10^3 \times 0.2^4}{100 \times 5 \times 10^3 \times 10^6 \times 2.81 \times 10^{-7}}$$

$$= 0.27\text{mm} < \left[\frac{l}{400}\right] = 0.5\text{mm}$$

式中 q——纵向长度 1m 范围内，模板均布荷载设计值 $q = 34.8 \text{kN/m}^2$；

l——计算净跨度，$l = 0.2$m；

E——竹胶板的弹性模量，$E = 5 \times 10^3$MPa；

I——材料截面惯性矩，计算截面为 1m 宽，15mm 高。

$$I = \frac{1}{12}bh^3 = \frac{1}{12} \times 1 \times 0.015^3 = 2.81 \times 10^{-7} \text{m}^4$$

所以，次肋（木方）满足要求。

(2) 主肋间距验算

每根木方间距 250mm，承受荷载为：$q = 34.8 \times 0.25 = 8.7 \text{kN/m}^2$

结构形式取三连跨梁，则最大挠度为

$$\omega_{\max} = \frac{0.677ql^4}{100EI} = \frac{0.677 \times 8.7 \times 10^3 \times 0.4^4}{100 \times 10 \times 10^3 \times 10^6 \times 4.17 \times 10^{-6}}$$

$$= 0.04\text{mm} < \left[\frac{l}{1000}\right] = \left[\frac{400}{1000}\right] = 0.4\text{mm}$$

式中 l——钢管背楞净距，间距 500mm，净距 400mm；

E——木材弹性模量，$E = 10 \times 10^3$MPa；

I——截面惯性矩，计算截面 50mm 高，100mm 宽。

$$I = \frac{1}{12}bh^3 = \frac{1}{12} \times 0.05 \times 0.1^3 = 4.17 \times 10^{-6} \text{m}^4$$

所以：主肋（双钢管背楞）间距符合要求。

(3) 对拉螺栓强度验算

对拉螺栓采用 M14，纵距 500mm，横距 800mm，则对拉螺栓承受拉力为：

$$P = FA = 34.8 \times 0.5 \times 0.8/2 = 6.96\text{kN}$$

式中 A——模板拉杆分担的受荷面积等于拉杆纵距×横距，每根对拉螺栓的受拉强度设计值查表得 29.6kN > 6.96kN。

对拉螺栓间距符合要求。

(4) 槽钢背楞强度验算

槽钢背楞采用 10 号双槽钢，纵距 500mm，每根木方传递的集中力为：

$$F = 34.8 \times 0.5 \times 0.4 = 6.96\text{kN}$$

$$\omega_{\max} = \frac{Fa}{24EI}(3l^2 - 4a^2) = \frac{Fa}{24EI}(3l^2 - 4a^2)$$

$$= 0.4\text{mm} < \left[\frac{l}{1000}\right] = \left[\frac{1036}{1000}\right] = 1.04\text{mm}$$

式中　l——对拉螺栓净距，净距 1036mm；

a——集中荷载距对拉螺栓间距离，距离为 393mm；

E——钢材弹性模量，$E = 206 \times 10^3\text{MPa}$；

I——双槽钢组合截面惯性矩。

$$I = i^2 \times A = (0.38 \times 0.1)^2 \times 2 \times 12.748 \times 10^{-4} = 3.68 \times 10^{-6}\text{m}^4$$

双槽钢背楞截面符合要求。

（四）模板放置

大模板在工地加工成型后，下面用木方垫平，防止变形，并应对模板型号、数量进行清点，根据墙体尺寸进行编号，并相应编好角模号。用油漆在编好号的模板上作标记，并用钢管搭好架子，模板双向立起堆放，角度为 68°左右，堆放于现场施工段内，便于吊装。

（五）模板现场吊运

由模板堆放负责人进行模板发放，用塔式起重机运输至安装部位。发放前安装班组应检查模板的几何质量，脱膜剂涂刷等情况，核准其标识与安装的部位是否吻合。模板吊运到使用部位时，安装班组应再次按上述方面核准后方可安装。

（六）模板的安装

1. 施工流程

总体施工流程（按流水段划分确定，以地下部分墙体为例）

地下部分墙体：1 段→2 段→3 段

2. 标准施工

放线→墙、柱钢筋绑扎→安装水、电预埋件→隐检→模板拼装及检查→模板清理，刷脱模剂→安装角模板→安装内侧模板→放置穿墙螺栓→安装外侧模板→加固校正→自检→验收

3. 模板支设

(1) 墙体部分

地下室墙体模板支模时，先清理场地，将要支模角模安装牢固后，吊放一侧大模就位（用满堂架暂时放稳）清理后吊装另一侧对应大模板就位，安装对拉大螺栓，调整轴线位移和垂直度后紧固螺栓和加支撑。待模板完全安装好后，上口拉通线检查。

考虑地下室外墙为抗渗混凝土，对拉螺栓必须焊接止水片。为了防止大模板下部漏浆，模板下口坐浆找平。

(2) 梁部分

1）梁模板的制作

梁模施工前必须有专人根据图纸要求绘制好翻样图，标明各种梁侧板高度，梁标高，截面尺寸。及时通知木工组并作好详细技术交底。

所有侧模及底模拼缝前必须经过刨光，保证接缝严密。

模板所配数量以满足流水施工要求为准。

2）梁模板安装

梁模板采用15mm覆膜多层板，侧模顺梁方向650mm高设三道50mm×100mm木方，其他梁侧放置三道50mm×100mm木方，外楞用ϕ48钢管，间距600mm，底模顺梁方向设二道50mm×100mm木方，梁下支撑用ϕ48钢管作为小横楞，间距600mm，梁底模及侧模要与梁柱节点模板牢固固定，梁模起拱1/1000-3/1000，梁模详见附图6-1。

（3）柱模板

本工程采用先浇柱、后浇板梁的施工工艺，柱模板面板采用18mm覆膜多层板，50mm×100mm木方做背楞，M14螺栓对拉，外侧用10号双槽钢背楞加固，斜撑与地锚钢筋固定。

（4）柱模安装

在底部混凝土施工完毕并能上人后立即请项目测量部投好主控制线，再由班组弹好细部尺寸线。柱模下脚为防止柱模与底表面接缝不吻合，在其下边做30mm高砂浆带，以保证下口不漏浆。模板拼装就位，做好校正检查工作，并经质量部门确认后方可浇筑。

（5）门窗洞口模板

门窗洞口模板为木门框，外包15mm厚覆膜多层板，角部用140×140的角钢，角钢与木门框用M14螺栓收紧，门窗框四边利用对拉螺栓收紧，与大模贴紧，窗框的厚度为墙厚加2mm。

（6）顶板模板

1）顶板模板的制作

模板平面尺寸必须根据结构施工图及模板翻样图在底层加工好后方可进入施工部位，严禁现场切割，避免形成木屑掉入梁内无法清理。模板在制作时，对切割后的模板必须全部刨直，以保证板拼缝严密。

2）顶板模板的安装

顶板模板采用15mm厚的覆膜多层板，次龙骨间距250mm，50mm×100mm的木方，立放，主龙骨为100mm×100mm的木方，间距不大于1200mm，木方表面进行处理，以保证与板模接合面平整，两板拼缝采用硬拼缝。支撑体系立杆及水平杆间距不大于1200mm。

在二层预应力板区域，由于层高较高，需采用增加剪刀撑方法达到支撑的稳定性。

按混凝土结构工程施工及验收规范的要求，现浇钢筋混凝土板当跨度大于或等于4m时，模板应起拱2/1000。

在浇筑混凝土架设布料杆的位置，模板下部支撑需加密，以控制模板的变形。浇筑混凝土时必须有专人对模板进行看护，观察模板是否有变化，及时检查支撑的稳定。

（7）梁柱节点模板

1）梁柱接头模板采用四块用多层板制作带梁豁的柱模组合而成。梁豁模板制作时，紧靠梁豁周边的模板背后加50mm×100mm木方，木方必须双面刨平直，在木方与多层板组成的平面上加一块50mm宽竹胶板，竹胶板一边必须与梁豁多层板内侧对齐，且与背楞木方固定牢固。梁豁以下的柱模长度不小于100mm。

2）多层板模板、背楞和竹胶板是一个固定在一起的梁豁模板，一个梁柱接头的四块带梁豁的模板采用公母扣模，用母扣模顶紧公扣模，这样保证合模严实。在母扣模模板侧面粘贴10mm厚海绵条，防止漏浆，在梁豁下，用柱箍（100mm×100mm刨平木方）将柱模四面抱死。

3）梁的底模和侧模与梁豁相接时，要与梁豁周边贴上的50mm宽竹胶板靠紧平接，且与梁豁周边双面刨光的木方牢固固定，然后加固梁底模和梁侧模。见图6-27。

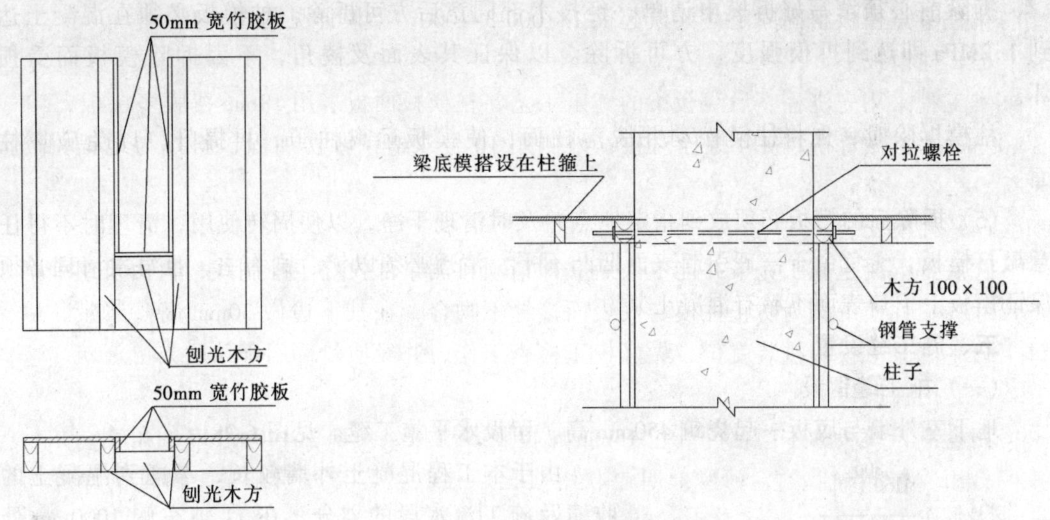

图 6-27 柱头梁豁模板安装

（8）楼梯模板

楼梯平台梁和平台板模板的构造与肋形楼盖板模板基本相同。楼梯段模板是由底模、搁栅、牵杠、牵杠撑、外帮板、踏步侧板、反三角木等组成。

楼梯模板的配制利用放大样的方法：楼梯模板有的部分可以按楼梯详图配制，有的部分须放出楼梯大样图，以便量出模板的准确尺寸。主要质量要求为：

1）楼梯各点标高及部分必须准确。楼梯底板应平整，上下顺平。

2）整体楼梯模板必须牢固、稳定。底板的侧板的拼缝应严密，防止漏浆。

4．模板拆除

模板拆除前必须填写好拆模申请单，经技术部同意后方可拆除。

（1）墙体模板拆除

墙体模板必须在混凝土强度保证其表面及棱角不因拆除模板受损坏方可进行，即拆模强度达到1.2MPa。现场可以简易测定方法：用手指稍用力压混凝土，混凝土略有压痕，即达到拆模强度。拆模后必须及时清理干净，集中指定堆放地点，并堆放整齐，以便于周转使用，并作好清理后的模板养护工作。

（2）梁模板拆除

梁混凝土必须达到表6-47强度后，经技术部同意方可拆除。

表 6-47

结构类型	结构跨度	设计强度标准值百分率（%）
梁	≤8m	≥75
	>8m	≥100

表 6-48

结构类型	结构跨度	强度标准值设计的百分率（%）
板	≤2m	≥50
	>2m、≤8m	≥75

(3) 顶板模板的拆除

混凝土浇筑完毕，应满足表 6-48 强度后，并经技术部同意方可拆除。

(4) 柱模拆除

拆除前必须填写好拆模申请单，经技术部同意后方可拆除。柱模板必须在混凝土达到 1.2MPa 即达到拆模强度，方可拆除。以保证其表面及棱角，不因拆除模板而受损坏。

柱模拆除时，先将柱模松动并脱落柱面，使模板远离柱子，再提升，以免破坏柱面。

(5) 拆除后的模板必须放到指定地点并及时清理干净，以便周转使用，清理时不得任意敲打模板，避免由于清理引起表面凹凸不平，清理必须以铲、刷为主，且每次清理必须保证模板上下口表面不粘有混凝土浆。

五、施工缝设置

(一) 施工缝留设

地下室外墙与底板一起浇筑 450mm 高，留设水平施工缝。见图 6-28。

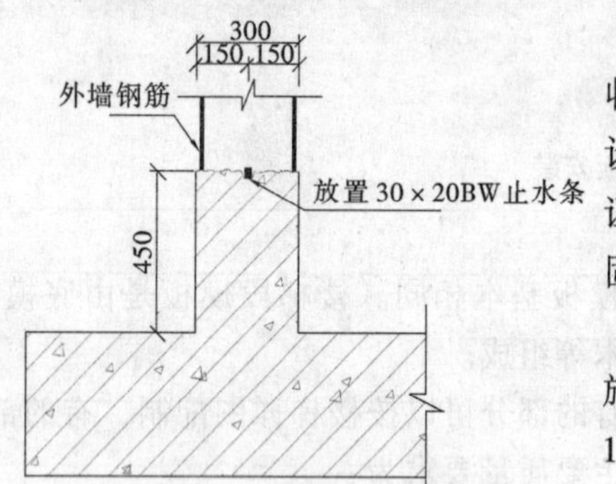

图 6-28 地下室水平施工缝

由于本工程混凝土外墙较长，考虑到混凝土的收缩及施工流水段的划分，在 11 轴东侧 1000mm 处设一道后浇带，后浇带处用密眼钢丝网封堵，以保证混凝土施工的正常进行。外墙留设垂直后浇带处固定 BW 止水条。

楼板施工缝位置留在 5 轴西 1m 和 9 轴东 1m 处，施工缝处用木方封堵。楼梯施工缝留设在楼梯平台 1/3 处，平台梁浇筑一半。

(二) 施工缝处理

在施工缝、后浇带继续浇混凝土时，应按以下规定施工：

1. 已浇筑的混凝土，其抗压强度不小于 1.2kN/mm^2。
2. 在已硬化的混凝土表面上，应清除水泥薄膜和松动石子以及软弱的混凝土层，并加以充分湿润和冲洗干净，且不得积水。
3. 在浇筑混凝土前，应先在施工缝处铺一层水泥浆或混凝土内成分相同的水泥砂浆。
4. 混凝土应细致捣实，使新旧混凝土紧密结合。
5. 后浇带采用比原混凝土提高一级的微膨胀混凝土。

六、质量标准及保证措施

墙柱模板必须在钢筋隐检后方可施工，安装完毕必须经检查验收并得到总包方、监理认可方可交给混凝土工种施工，在浇筑混凝土面同时必须有人看护模板，发现有问题及时组织人员抢修并报总包，反馈质量情况包括对结构质量施工有否影响，抢修时混凝土工种必须积极配合，以保抢修工作的顺利进行。

模板安装前必须检查所有预埋，预留是否正确，水电，暖通等工种和安装是否及时，并通过监理检查合格后方可封模。

浇筑时严格控制保护层厚度，注意查看垫块放置是否脱落。见表 6-49。

各部位保护层厚度及垫块形式　表 6-49

序 号	部　位	保护层厚度	垫 块 形 式
1	底 板	35mm	混凝土垫块
2	地下室外墙、水池	25mm	PVC 垫块
3	梁、柱	25mm	PVC 垫块
4	墙	15mm	PVC 垫块
5	板	15mm	PVC 垫块

楼面模板安装后必须与钢筋工种配合，保证钢筋人员的正常工作。

对于柱、墙模板定位应严格按照五线控制法进行测量施工。

所有模板制作后必须有足够的强度、刚度和稳定性，构件截面尺寸准确并对相同类别构件编号翻录、分类做到不混乱。

模板安装完毕后必须先自检后复检并经工程部验收方可监理确认后方进入下道工序施工。

模板、预埋件安装允许偏差须符合表 6-50、表 6-51 规定。

模板安装允许偏差　表 6-50

项　目		允许偏差（mm）
轴线位置		5
底板上表面标高		±5
截面内部尺寸	基 础	±10
	柱、墙、梁	+4、-5
每层垂直度		6
相邻两板表面高低差		2
表面平整（2m 长度以上）		5

预 埋 件 允 许 差 表　表 6-51

项　目		允许偏差（mm）
预埋钢板中心线位置		3
预埋管、预留孔中心线位置		3
预埋螺栓	中心线位置	5
	外露长度	+10，0
预留洞	中心线位置	10
	截面内部尺寸	+10，0

当梁板跨度大于或等于 4m 时，模板应起拱，本工程起拱高度为梁跨的 2/1000。主次梁交接时，先主梁起拱，后次梁起拱。

所使用钢管和碗扣架规格为 $\phi48\times3.5$mm，对有锈蚀、弯曲、压扁、裂缝等材料杜绝进场。

所用拉杆采用 HPB235 级钢，沿外墙采用止水螺栓。

本项目开展全面质量管理，严格按照一案三工序方法组织施工，严格按照图纸要求、按照工艺标准、按照规范要求施工，并坚持实行自检、互检和交接检的工作方法。

测量人员测设结构施工中轴线、标高后，测量资料报工程部由责任工程师检查已放的小线的施工质量，重点是墙、梁、柱的截面几何尺寸和门窗尺寸是否正确。

由于采用多层板施工，为了保证达到规定标准，模板接缝处采用硬拼，禁止使用胶带粘缝。

梁模板、楼模板拆除前，必须填写拆模申请单报总包和监理，当需要拆模部位的同条件养护的混凝土试块的抗压强度报告出来时，应满足规定的拆模强度要求时方可拆模。拆模时，以总包和监理下发的指令书为拆模依据。

七、安全文明施工

进入现场的施工作业人员必须接受三级安全教育，经考试合格办理上岗资格证，方可上岗操作。所有作业人员必须参加施工现场周一安全活动和施工现场统一组织的安全教育活动。作业人员必须严格遵守劳动保护规定，正确佩带和使用个人防护用品。作业人员必须严格执行安全技术交底和班长班前讲话要求。交叉工作时，要有可靠的防护措施，不得伤害他人，也避免被他人伤害。

任何作业人员不得擅自拆动施工现场的脚手架、防护设施、安全标志和警告牌，如必须拆动时须经施工负责人允许方可。

作业人员不得随意抛撒施工垃圾和排放污水等人为造成环境的污染。

作业人员除必须执行作业时间限制以外，在作业过程中应自觉减少和消除噪声。

作业人员要坚持文明施工，个人行为要适应 CI 形象管理要求。起吊模板挂钩时应用卡环，严禁采用短钢筋拐挂。模板就位应先将大模板与墙柱拉牢，方可摘钩。

拆除模板应确认所有穿墙螺栓杆拔开方可示意信号工指挥起吊。拆除楼板顶板时应一边拆支撑一边拆模板，禁止一次性拆完支撑。

利用卸料平台垂直转运模板，料不得超过围栏或踩围护栏杆工作，起吊模板时，配合人员必须离开平台。

圆盘锯必须有护罩，分料尺柄有靠山。操作前应检查锯片是否上紧，锯盘有无裂口。操作者应站在锯片一侧，手背不得跨越锯片。接料应待料出锯片 15cm，不得用手硬拉。小于 20cm 的短料不得上锯，应使用推棍。超过锯片半径的木料，禁止上锯，截料应设截具。

手持电动锯时应按料厚度调整锯切深度，禁止架在腿上锯切。按锯片齿数划分锯切与截料的功能，不得混用。锯片护罩必须完好，锯片连续断齿三个以上不得使用。

平刨必须设置刨口保护装置或采用机械自动送料。

严禁使用多用木工机械。

现场严禁吸烟。

木工加工棚必须封闭，有降噪隔音措施。

八、附图

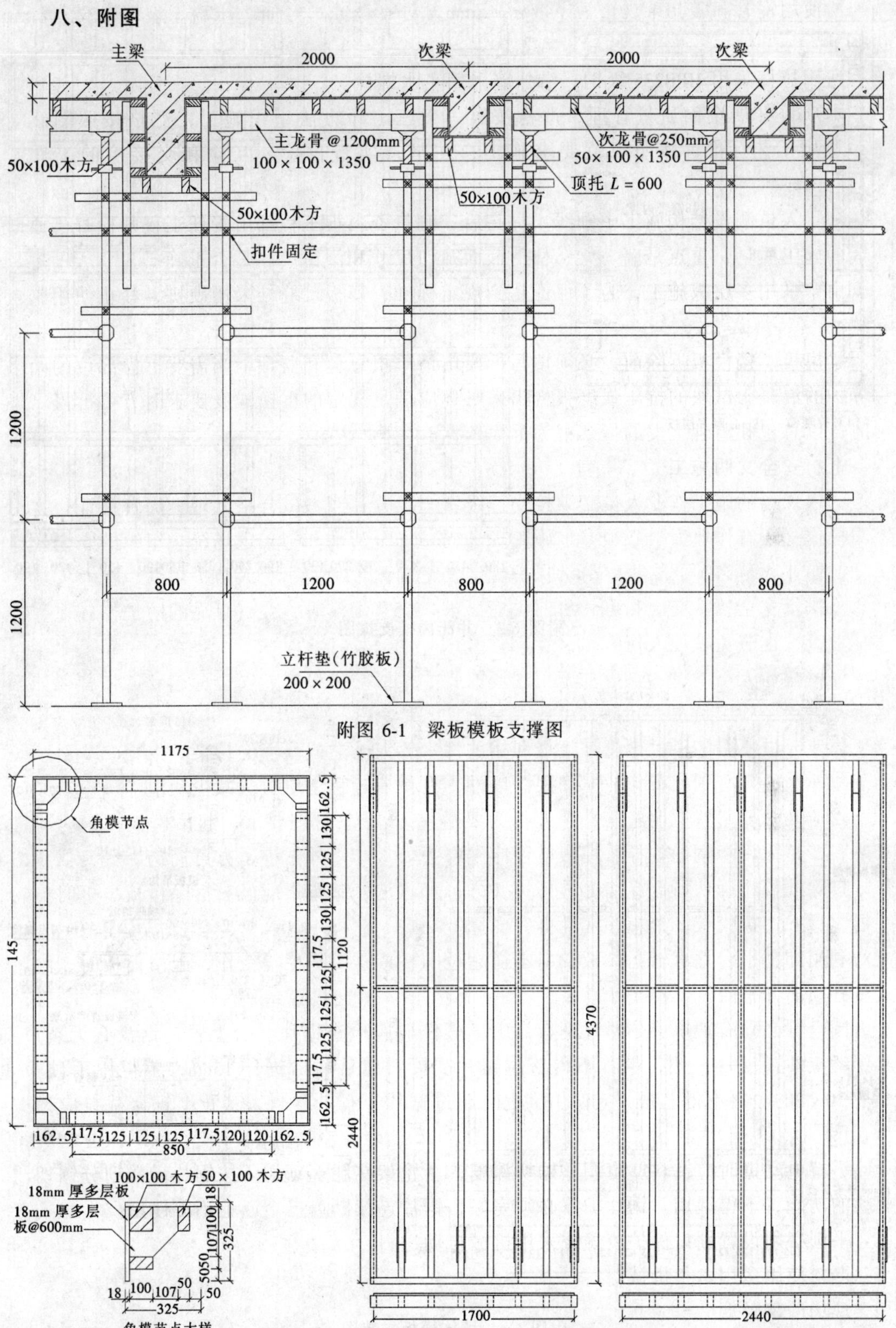

附图 6-1 梁板模板支撑图

附图 6-2 井筒内模拼装图

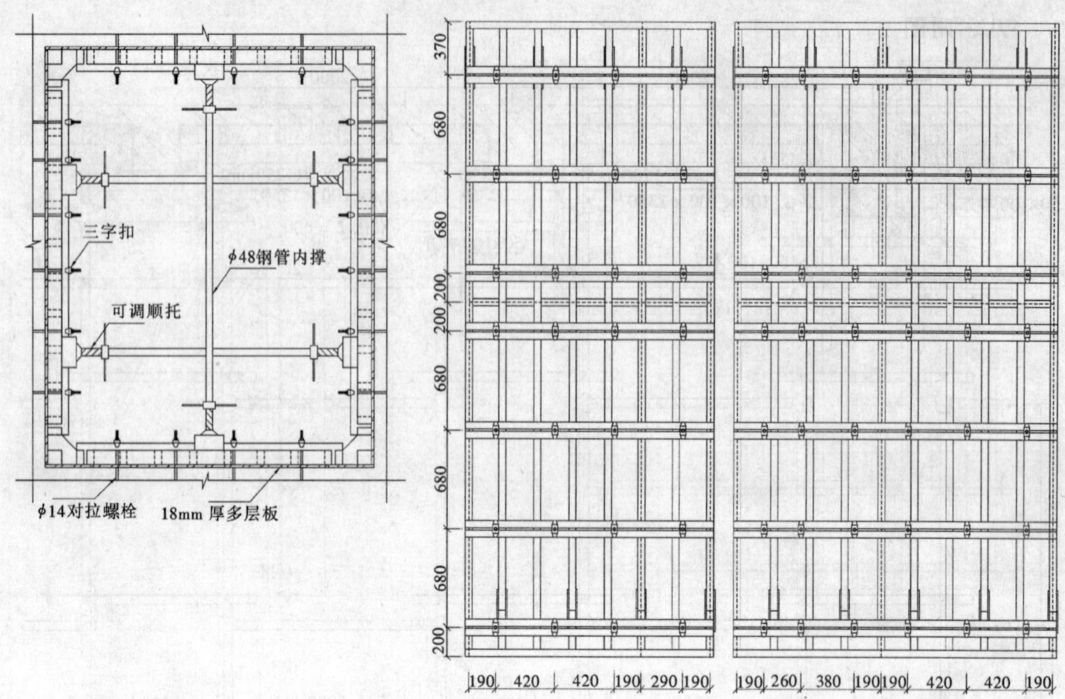

附图 6-3 井筒内模支撑图

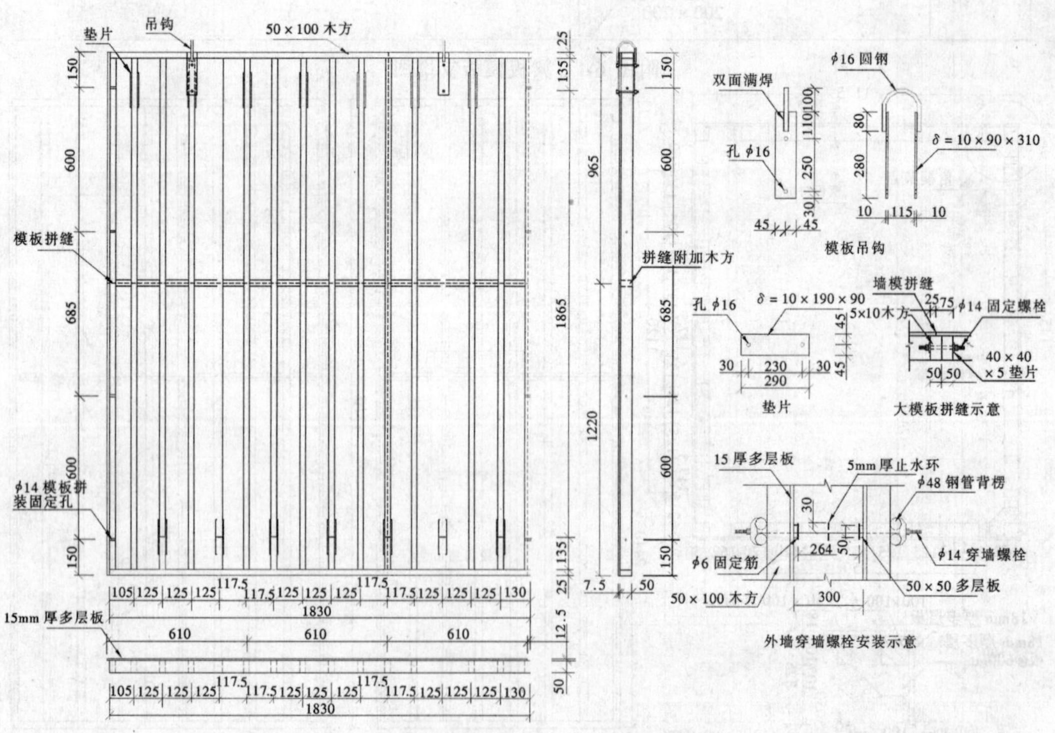

附图 6-4 墙体模板拼装图

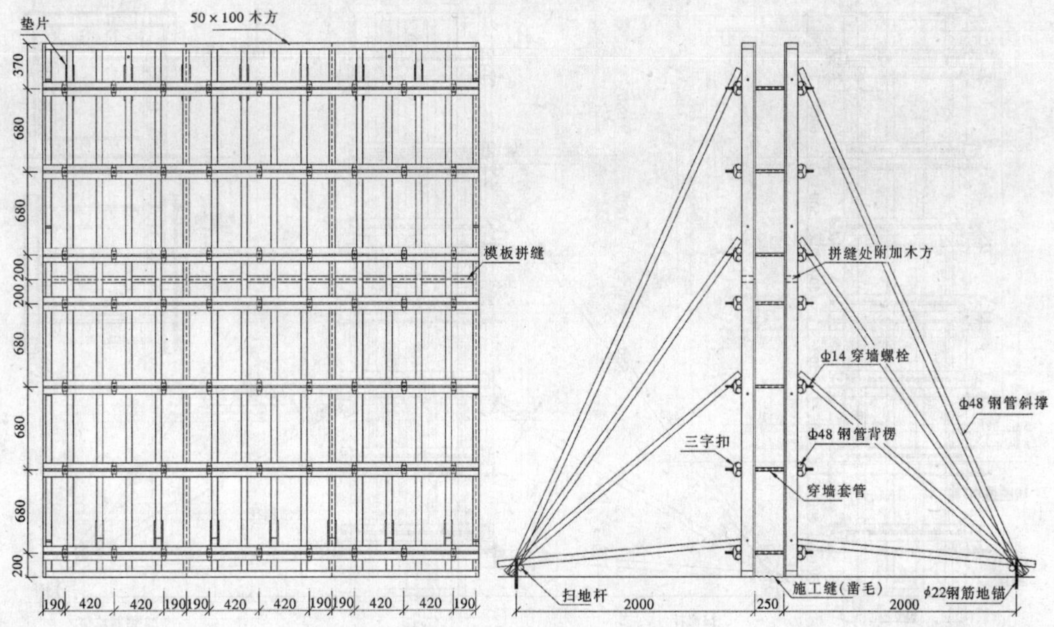

附图 6-5　墙体模板支撑图

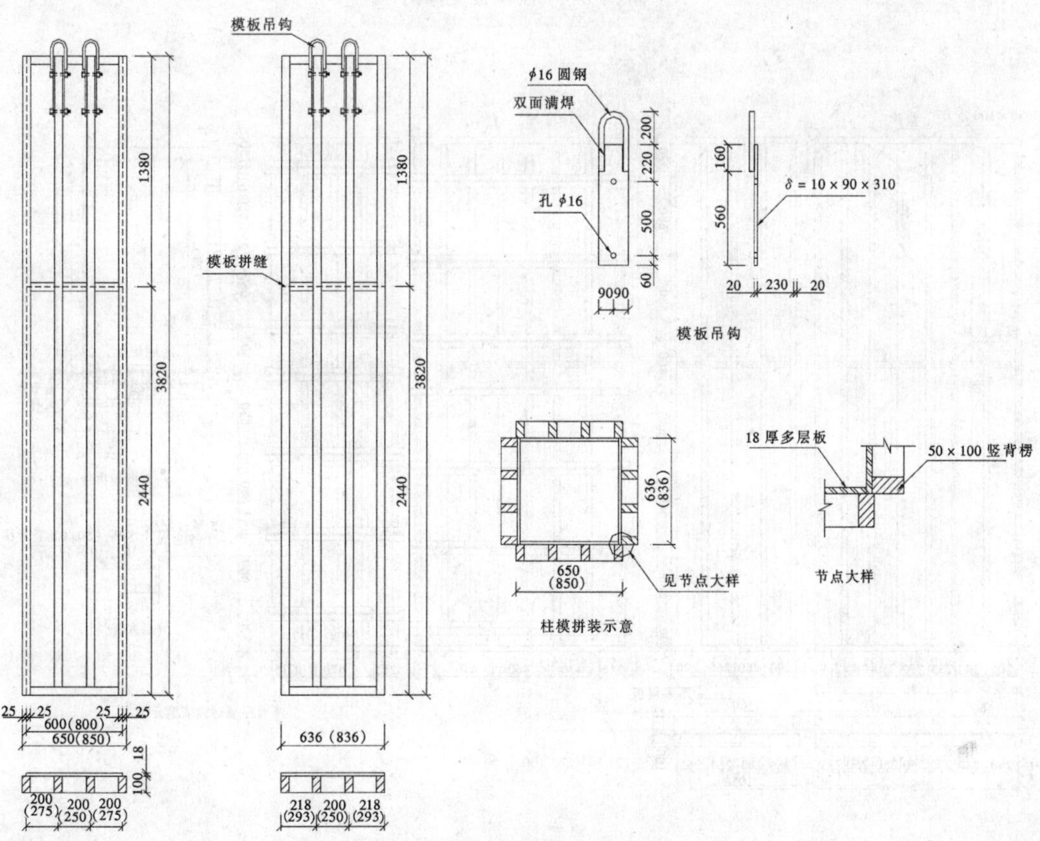

附图 6-6　柱模板拼装图

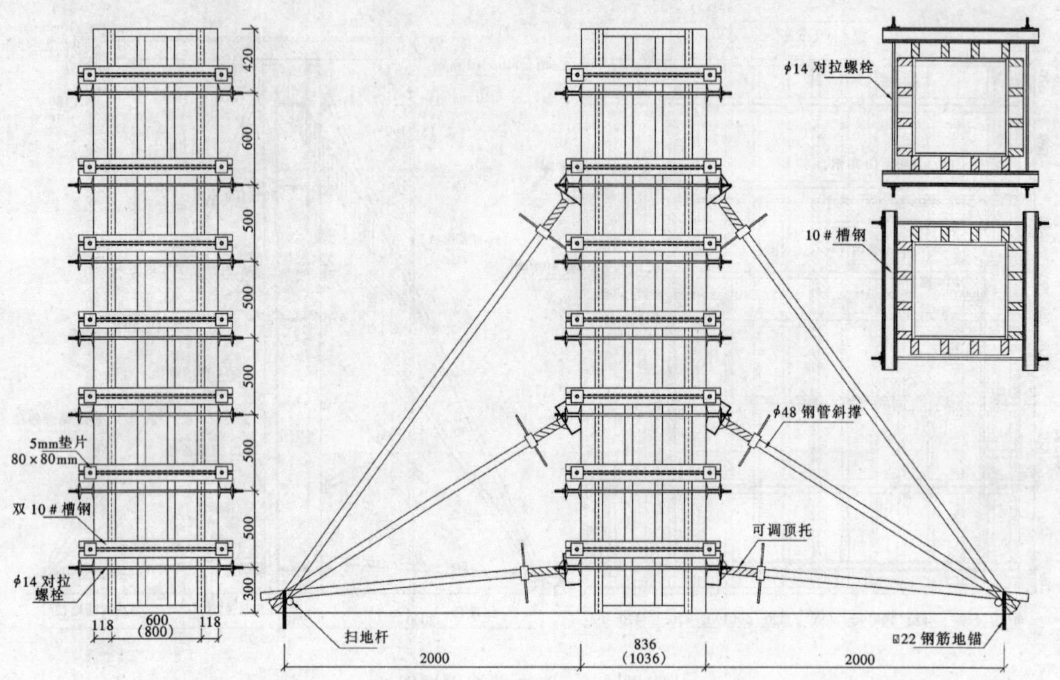

附图 6-7　柱模板支撑图

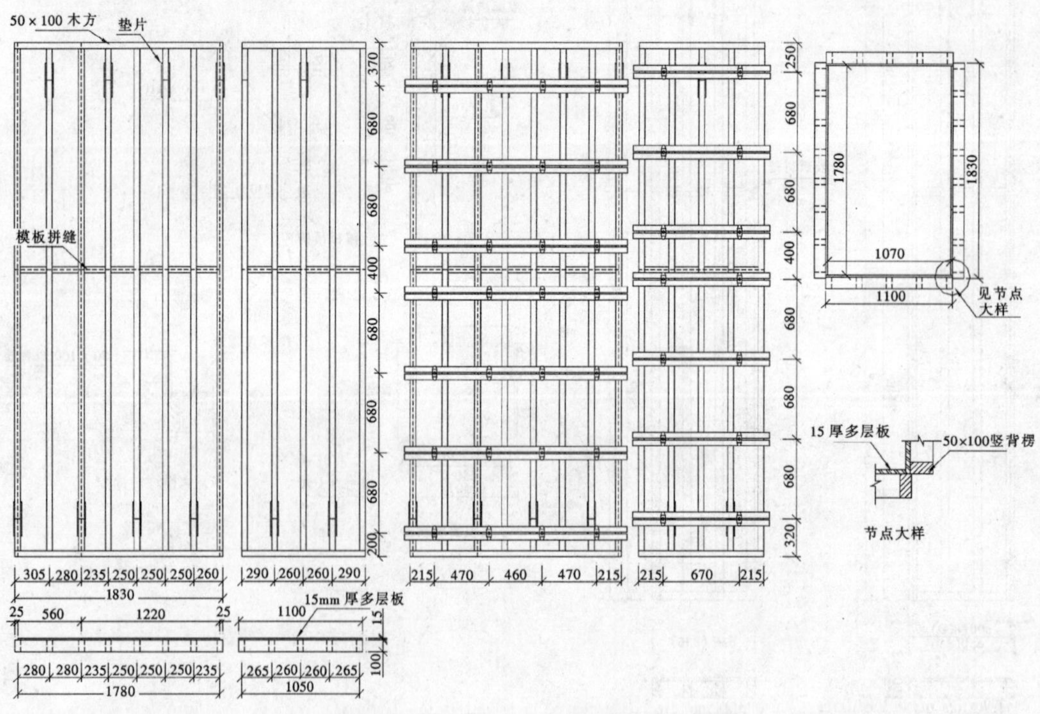

附图 6-8　装饰柱模板拼装图

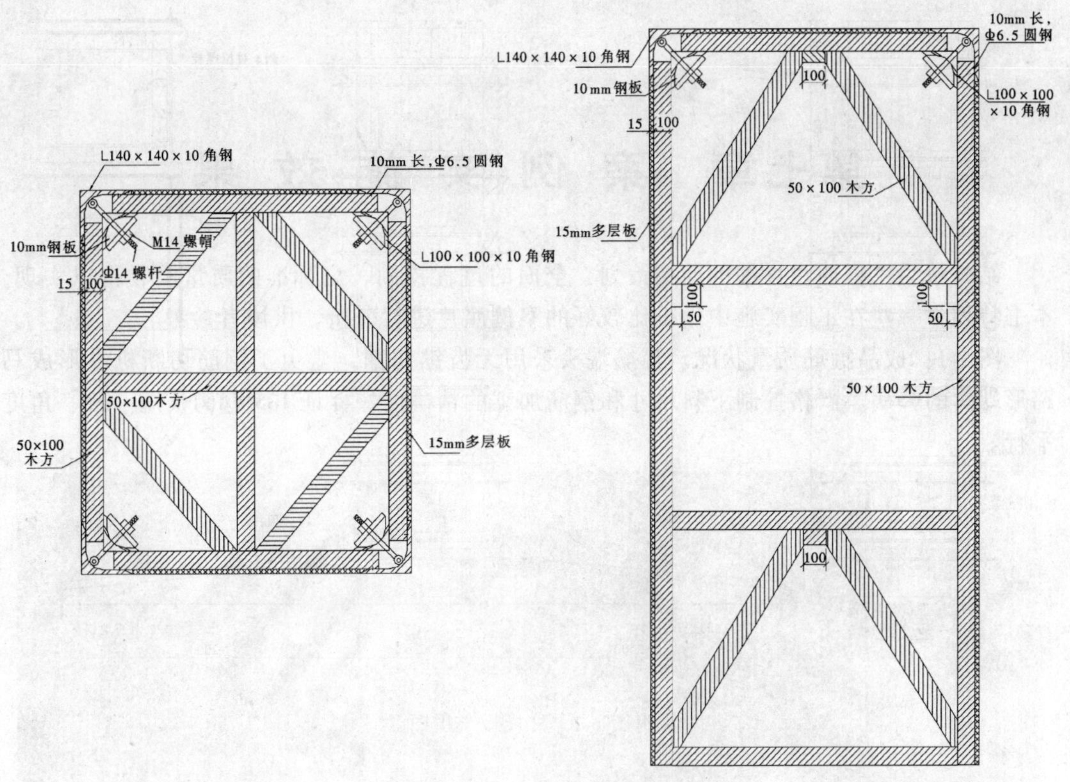

附图 6-9　门窗洞口模板制作图

第七章　案例实施效果

结构精品工程通过详细的前期策划、全面的过程控制、高标准的质量验收得以实现，本书特列举一些在工程实施中做得比较好的案例照片进行分析，供读者参考。

图 7-1：成品箍筋质量状况。箍筋端头采用无齿锯切割，避免了钢筋切断机易形成马蹄形端头的弊病。严格控制下料尺寸和钢筋加工的精确度，保证 135°弯钩长短一致、角度平行。

图 7-1　成品箍筋

图 7-2：箍筋成品码放。箍筋成品分类码放整齐，标识清楚。明确箍筋使用部位，钢筋直径，加工尺寸。

图 7-3：柱箍筋检查模具。按照不同部位所用钢筋的直径、加工尺寸，制作箍筋检查模具，增加一步箍筋预检，严格控制箍筋的加工精度，并保证最终结构钢筋骨架的尺寸准确。

图 7-4：钢筋绑扎拉线调直。顶板钢筋在画线分格绑扎后，拉通线进行检查，对不顺直位置调整，保证板筋横平竖直，间距一致。

图 7-2　箍筋成品码放

图 7-3　柱箍筋检查模具

图 7-4 钢筋绑扎拉线调直

图 7-5 墙体钢筋挂牌施工

图 7-5：墙体钢筋挂牌施工。现场根据不同部位的施工特点，写出具有针对性的技术交底挂于施工现场，明确施工方法、质量要求，供现场的施工人员随时了解，保证工程的施工质量。

图 7-6：底板钢筋冷挤压连接；图 7-7：底板钢筋直螺纹连接。现场钢筋施工的实施情况，严格控制了钢筋下料的长度和加工精度，钢筋接头错开尺寸一致，接头保持在一条线上。

图 7-6 底板钢筋冷挤压连接

图 7-8：冷扎带肋钢筋绑扎。钢结构压型钢板作为顶板模板，板筋采用冷扎带肋钢筋。通过施工过程控制，板筋绑扎横平竖直，间距一致。

图 7-9：顶板钢筋成品保护。由于板筋直径一般较小，在受外力的作用下易产生变形，为控制板筋上铁的高度，保证结构的安全性，在板筋绑扎后架设马凳，铺设跳板供施工人员行走，确保板筋不出现人为损坏。

图 7-10：竖向插筋防污染措施及柱插筋定位卡具。竖向插筋外套 PVC 套管，防止在顶板混凝土浇筑过程中污染插筋，形成隔离层，降低钢筋握裹力。采用定位卡具，保证插筋的位置准确，在混凝土浇筑后不出现偏移。

图 7-11：可调截面柱模支设。利用板面预留的插筋固定模板支撑，严格控制模板的截面尺寸和垂直度。在顶部搭设浇筑平台，为混凝土浇筑提供操作条件。

图 7-12：后浇带模板支设。在钢筋下部采用与钢筋保护层高度相同的木方，上部采用锯齿形木方（锯齿间距同钢筋间距），并在木方间放置海绵条密封。保证后浇带钢筋位置

图 7-7 底板钢筋直螺纹连接

图 7-8 冷扎带肋钢筋绑扎

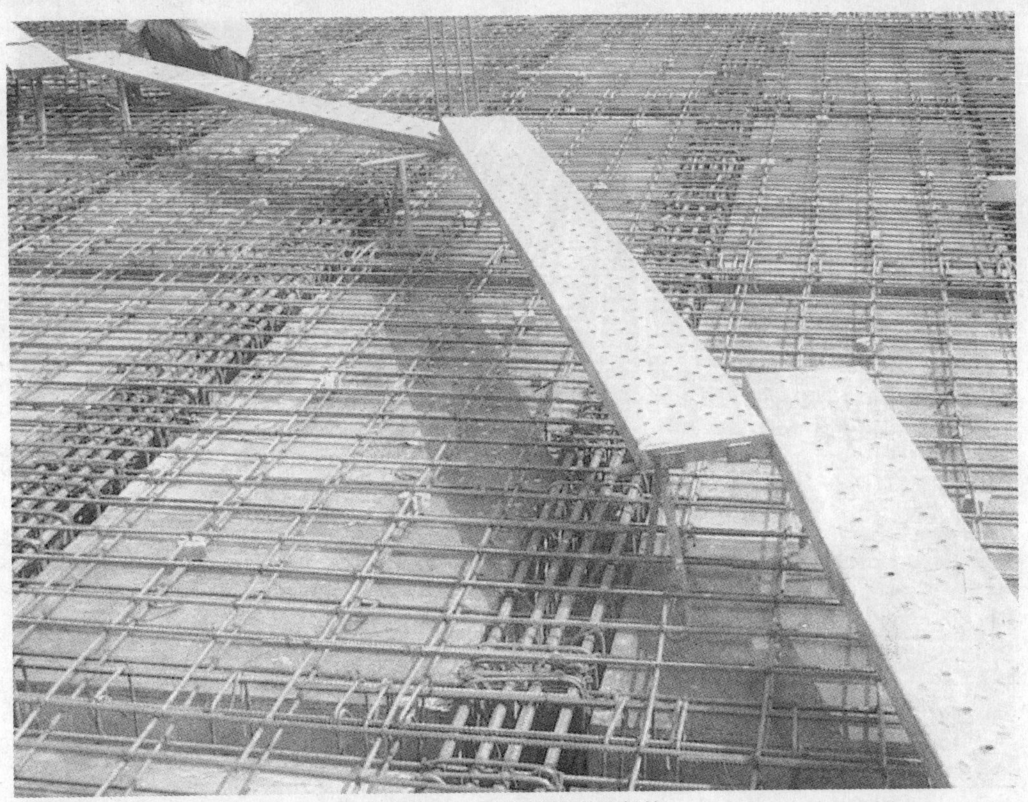

图 7-9 顶板钢筋成品保护

图 7-10 竖向插筋防污染措施及柱插筋定位卡具

图 7-11 可调截面柱模支设

图 7-12 后浇带模板支设

准确，保护层厚度一致。

图 7-13：顶板支撑。顶板支撑下部垫木方卸荷，减小施工荷载对结构顶板的局部压力。顶板支撑上下层位置一致，便于施工荷载的传递。

图 7-13 顶板支撑（下部垫方卸荷）

图 7-14：大钢模连接螺栓加弹簧垫片。在大钢模连接螺栓增加弹簧垫片，防止由于施工中模板变形导致模板连接松动、变形从而影响混凝土的质量。

图 7-15：大钢模表面清理。对大钢模表面进行清理保证模板表面清洁，从而保证混凝土表面的平整。

图 7-16：大钢模清理梯子。

图 7-17：大钢模码放和模板清理操作架。现场设置大钢模码放场地，模板放置角度标准一致，并在模板上部与模板架连接，防止出现倾覆。模板禁止相互叠放，防止出现模板由于放置不正确所产生的变形。

图 7-18：混凝土输送泵管固定架。混凝土输送泵管固定牢固，减少泵送压力损失，保证混凝土的供应；减少泵管对模板和钢筋的影响。

图 7-19：同条件养护试块。现场放置同条件养护试块，保证试块与所代表的位置处于相同的养护条件下，能够正确反映所代表位置混凝土强度的增长情况。现场标识清楚，防止出现试块的错放、误用。

图 7-20：底板柱定位标识。在底板标识清楚柱编号、截面尺寸、轴线，保证柱插筋的位置准确。

图 7-14 大钢模连接螺栓加弹簧垫片

图 7-15 大钢模表面清理

图 7-16 大钢模清理梯子

图 7-17 大钢模码放和模板清理操作架

图 7-18 混凝土输送泵管固定架

图 7-19 同条件养护试块

图 7-20　底板柱定位标识

图 7-21　柱轴线、标高标识

图 7-22 楼面混凝土拉毛效果

图 7-23 结构顶板外观效果

图 7-24　地下室柱帽

图 7-25　梁柱节点

图 7-26 弧形梁板

图 7-27 结构角部外观

图 7-21：柱轴线、标高标识。在施工完的结构构件上注明轴线位置和标高，为后期的结构施工标高传递和装修施工提供控制点。

图 7-22：楼面混凝土拉毛效果。结构顶板压光后拉毛，增加结构面与后期装修面层的结合力。

图 7-28 结构外观

图 7-23：结构顶板外观效果；图 7-24：地下室柱帽；图 7-25：梁柱节点、图 7-26：弧形梁板；图 7-27：结构角部外观；图 7-28：结构外观。通过施工过程的严格管理，确保了最终混凝土结构成品质量，取消了抹灰找平层，不仅避免了由于抹灰空鼓、开裂所带来的质量通病和混凝土剔凿所产生的大量垃圾造成环境污染，还降低了工程的整体造价，创造了经济效益、环境效益、社会效益。

主要参考文献

1 张玉平，顾勇新主编．建筑精品工程策划与实施．第一版．北京：中国建筑工业出版社，2000

2 吴之乃，王有为，吴慧娟主编．建筑业10项新技术及其应用．第一版．北京：中国建筑工业出版社，2001

3 王有为，顾勇新主编．建筑精品工程实施指南．第一版．北京：中国建筑工业出版社，2002

4 蔡金墀，张玉平主编．建筑工程资料管理规程．北京：北京市建筑工程质量监督总站出版，2003

5 刘仲元主编．建筑结构长城杯工程质量评审标准．北京：北京市建设委员会发布，2003